“双一流”高校建设经费资助项目

遥外测数据实时及事后处理方法

何章鸣　曾科军　魏　超　著
徐洪洲　项树林　王炯琦

科学出版社
北京

内 容 简 介

本书以导弹试验任务为背景，以系统建模与辨识理论为指导，面向教育教学、岗前培训、工程实践和科学研究等需求，系统介绍测角定位、测距定位、测速定位、时差定位、卫星定位和惯性导航等体制的数据处理方法及精度鉴定过程. 实时事后，遥外联合；扎根试验，深入研究；章节独立，即学即用，是本书最大特点.

本书可作为应用数学、应用统计学和系统科学高年级本科生和研究生的教学参考书，同时对从事光测、雷测和遥测等导航数据处理人员、算法设计人员也具有重要的工程指导和理论参考价值.

图书在版编目（CIP）数据

遥外测数据实时及事后处理方法 / 何章鸣等著. —北京：科学出版社, 2024.3

ISBN 978-7-03-077353-1

Ⅰ. ①遥…　Ⅱ. ①何…　Ⅲ. ①遥测系统–数据处理　Ⅳ. ①TP873

中国国家版本馆 CIP 数据核字（2023）第 253029 号

责任编辑：李静科　贾晓瑞 / 责任校对：彭珍珍

责任印制：赵　博 / 封面设计：无极书装

科学出版社 出版

北京东黄城根北街 16 号

邮政编码：100717

http://www.sciencep.com

三河市骏杰印刷有限公司印刷

科学出版社发行　各地新华书店经销

*

2024 年 3 月第　一　版　开本：720×1000　1/16

2025 年 1 月第二次印刷　印张：23

字数：447 000

定价：168.00 元

前　　言

可行、高效和高精度是靶场数据处理方法追求的一系列指标，然而“高端的处理方法往往只需要最朴素的测量和算法”，这是作者的深刻体会.

从几何上看，测量数据的过程实质是获取目标状态某个几何视图的过程，包括距离视图、角度视图、投影视图等等. 单站雷达定位实质是圆球、圆锥和平面交会，两站光学交会实质是观目线交会，三站测距雷达定位实质是三球交会，四站时差定位实质是双曲线交会，六站测速定位实质是投影交会.

导航定位就是融合各种视图，借以获得目标状态的过程，这些状态包括位置、速度、姿态等等. 以当前时间为基准，估计历史状态的过程称为平滑，估计当前状态的过程称为滤波，估计未来状态的过程称为预报. 本书将逐章介绍各种外测和遥测导航定位方法以及各种方法的精度度量方法，包括单站测距测角体制、多站测角体制、多站测距体制、多站测距测速体制、多站时差频差体制、卫星导航体制、捷联惯导体制等等.

测量误差和建模误差必然导致定位误差，定位误差的大小称为精度. 从信息融合的角度看，只要处理方法得当，一切有用的信息都有利于提高数据处理的精度. 人们能够获取的信息主要分为轨迹先验和测量数据，而状态空间模型给出了它们的统一模型，其中状态方程概括了轨迹先验所满足的状态转移规律，而测量方程概括了测量数据所满足的测量视图原理. 本书在各章中穿插介绍基于状态空间模型的滤波方法，包括最小二乘滤波、卡尔曼滤波、扩展卡尔曼滤波、无迹滤波、多项式滤波、高斯-牛顿滤波、动力学预报技术、运动学预报技术等等.

本书从 2018 年开始构思，直到 2023 年定稿，其间经过了多轮次多型号的任务研讨、教学演示、仿真验证和工程测试. 本书力求通过最朴素的数学原理和求解算法，为读者们揭开遥外测数据处理的神秘面纱. 各种定位体制，从原理，到仿真，到工程验证，最后到理论闭环修正，经受了多个型号项目、多个操作系统、多个开发平台、多门算法语言的考验. 尽管如此，由于作者理论水平有限，以及研究工作的局限性，不当和疏漏难免，恳请读者批评指正，交流邮箱 hzmnudt@sina.com.

全书共 13 章. 第 1 章到第 8 章主要介绍外测数据处理技术，第 9 章到第 12 章主要介绍遥测数据处理技术，而第 13 章的 DPF 相关技术的灵感源于遥外测数据处理任务，经过多次任务验证，最终沉淀，形成闭环的多项式数据处理理论. 全书由何章鸣、曾科军、魏超、徐洪洲、项树林和王炯琦共同完成，其中何章鸣负责全书构思、统稿和验证，主要负责第 2、4、5、7、11、13 章，剩余各章均有参与. 曾科军主要负责第 1、3 章，魏超主要负责第 6、8 章，徐洪洲主要负责第 9 章，项树林主要负责第10章，王炯琦主要负责第12章. 周海银教授、杨峻巍高工、周萱影讲师、侯博文讲师，以及研究生孙博文、魏居辉、白臻祖、邢尧和路宇等参与了全书研究与讨论. 陈惠宇、张鑫勇、李将、余志辉和黄怡豪等参与了全书校对.

感谢国防科技大学应用数学研究中心的学科建设经费资助. 特别感谢科学出版社老师们在出版全程对作者的支持.

作 者

2023 年 5 月于长沙、大连

目　　录

第 1 章　单站测距测角体制

单站测距测角体制也称为 RAE 体制. 从几何上看, 如图 1-1 所示, RAE 定位体制相当于圆球、平面和圆锥交会定位. 圆球与圆锥交会得到一个圆((c)子图), 圆与半平面交会得到目标位置((d)子图). 从方程数量上看, RAE 定位体制可以获得三个测量方程, 三个方程可以求解三个未知位置参数, 测距方程 R 相当于圆球((b)子图), 俯仰角方程 E 相当于圆锥((c)子图), 方位角方程 A 相当于半个平面((d)子图). 从设备上看, RAE 体制自身有优势也有劣势. 一方面, RAE 体制对设备数量的要求最少, 依赖单个测站获得的 RAE 测元就能实现目标定位. 另一方面, 单站 RAE 体制定位误差与距离成正比例关系, 所以该体制一般适合短距离小型靶场定位.

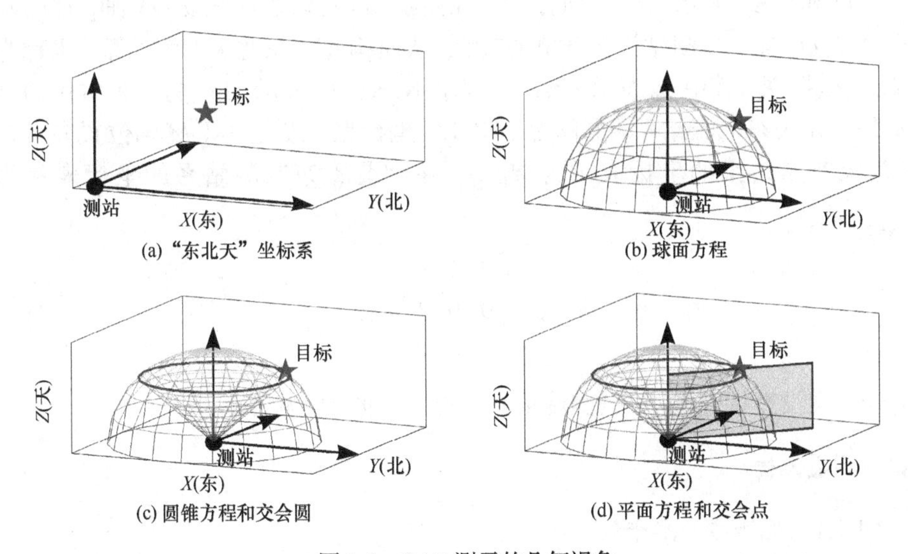

图 1-1　RAE 测元的几何视角

1.1　测站系和测量方程

1.1.1　测站系

如图 1-2 所示, 空中单站雷达定位和水下短基线声学定位属于经典的 RAE

体制. 声波在水中的传播衰减速度远小于电磁波, 因此水下定位主要依赖于水声定位系统. 在短基线测量系统中, 水下目标用 M 表示, O 代表测站, 站址的坐标可以用全球导航系统(GNSS)获得, M 相对于 O 的位置可以通过 RAE 体制获得.

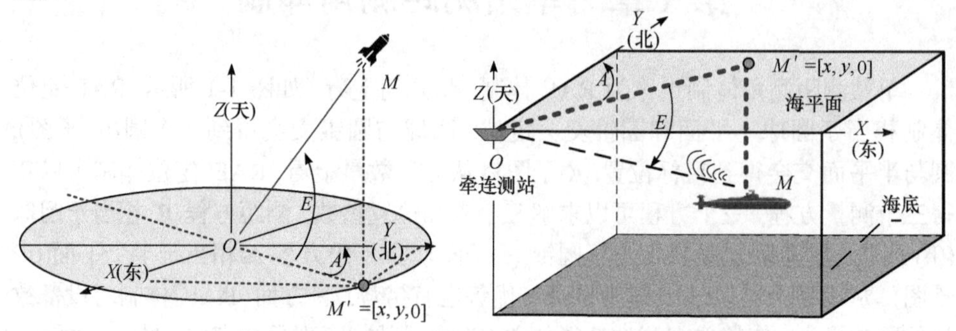

图 1-2　单站雷达(左)和短基线(右)示意图

如图 1-2 所示, 测站系是一个直角坐标系. 假定测站系原点 O 所在的纬度、经度和高程为 $[B,L,H]$, 简称"纬经高", 过测站东向建立 OX 轴, 过测站北向建立 OY 轴, 过测站天向建立 OZ 轴, 从而构建"东北天"测站系, 也称为"ENU"坐标系, 其中 E 表示 East, N 表示 North, U 表示 Up. 另一种常用的测站系是"北天东"测站系, 也称为"NUE"坐标系, 假定目标 M 的位置向量在"东北天"测站系的坐标表示为 $\boldsymbol{X}_{\mathrm{ENU}}$, 在"北天东"测站系的坐标表示为 $\boldsymbol{X}_{\mathrm{NUE}}$, 则有

$$\boldsymbol{X}_{\mathrm{NUE}} = \begin{bmatrix} 0 & 1 & 0 \\ 0 & 0 & 1 \\ 1 & 0 & 0 \end{bmatrix} \boldsymbol{X}_{\mathrm{ENU}} \tag{1.1}$$

若下文没有特殊说明, 则测站系就是指"东北天"测站系.

1.1.2　测量方程

1.1.2.1　观测线和水平线

如图 1-2 所示, 从测站到目标的连线称为观测线, 也称为观目线, 即 OM; 观测线在水平面的投影线称为水平线, 即 OM'. 目标在测站系下坐标为 $[x,y,z]$, OM 的长度就是目标到测站系的距离, 满足

$$R = \sqrt{x^2 + y^2 + z^2} \tag{1.2}$$

称(1.2)为测距方程. OM' 的长度就是测站到目标水平面投影的距离, 满足

$$D=\sqrt{x^2+y^2} \tag{1.3}$$

1.1.2.2 俯仰角

测量设备中的俯仰角和方位角都采用“到角”概念.

逆着东向看, 俯仰角就是水平线 OM' 旋转到观测线 OM 的角, 即 E. 俯仰角的符号规定: 向下为负, 向上为正. 当目标在水上时, 测量的角度范围为 $[0°,90°]$; 当目标在水下时, 测量的角度范围为 $[-90°,0°]$. 数学上, 反正切值函数(atand)取值范围为 $[-90°,90°]$, 与俯仰角的范围一致, 所以俯仰角方程为

$$E=\operatorname{atand}\left(\frac{z}{D}\right) \tag{1.4}$$

需注意区别弧度和度, atan 的值域、tan 的定义域单位都是弧度, atand 的值域、tand 的定义域单位都是度. 同理, acos 的值域、cos 的定义域单位都是弧度, acosd 的值域、cosd 的定义域单位都是度.

1.1.2.3 方位角

逆着天向看, 方位角就是水平线 OM' 旋转到大地北 OY 的角, 即 A. 方位角的符号规定: 在逆着 OZ 轴的视角下, 顺时针为负角, 逆时针为正角. 数学上, 反余弦函数(acosd)取值范围为 $[0°,180°]$, 与方位角的范围 $[0°,360°]$ 不一致, 得方位角方程

$$A=\begin{cases}\operatorname{acosd}\left(\dfrac{y}{D}\right), & x>0,\ \text{第I、IV象限}\\ 360°-\operatorname{acosd}\left(\dfrac{y}{D}\right), & x<0,\ \text{第II、III象限}\end{cases} \tag{1.5}$$

方位角也可以用反正弦函数或者反余切函数定义, 只不过表达式更加复杂, 例如, 用反正弦函数表示方位角的公式为

$$A=\begin{cases}\operatorname{asind}\left(\dfrac{x}{D}\right), & x>0, y>0, \text{第I象限}\\ 180°-\operatorname{asind}\left(\dfrac{x}{D}\right), & x>0, y<0, \text{第IV象限}\\ 180°-\operatorname{asind}\left(\dfrac{x}{D}\right), & x<0, y<0, \text{第III象限}\\ 360°+\operatorname{asind}\left(\dfrac{x}{D}\right), & x<0, y>0, \text{第II象限}\end{cases} \tag{1.6}$$

需要注意的是, (1.5)不是显而易见的, 需要用几何图形以及反余弦的定义分类讨论, 如图 1-3 所示.

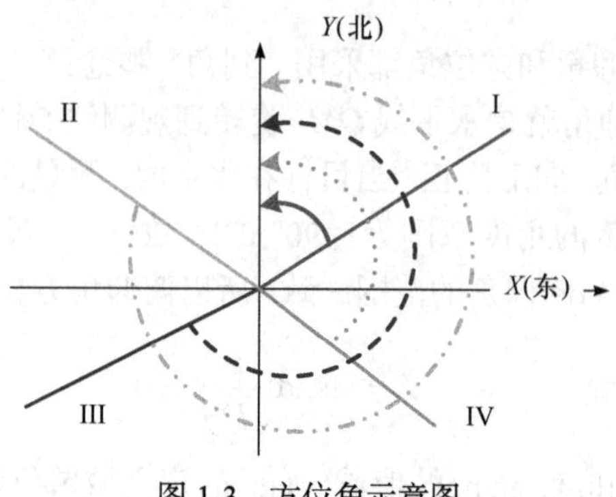

图 1-3　方位角示意图

(1) 在第 I 象限, $x \geqslant 0, y \geqslant 0$, 方位角范围为$[0°,90°]$. 规定, $x=0, y=1$时, $A=0°$, $\mathrm{acosd}\left(\dfrac{y}{D}\right)=0°$, 此时有$A=\mathrm{acosd}\left(\dfrac{y}{D}\right)$;

(2) 在第IV象限, $x \geqslant 0, y \leqslant 0$, 方位角范围为$[90°,180°]$. 规定, $x=1, y=0$时, $A=90°$, $\mathrm{acosd}\left(\dfrac{y}{D}\right)=90°$, 此时有$A=\mathrm{acosd}\left(\dfrac{y}{D}\right)$;

(3) 在第III象限, $x \leqslant 0, y \leqslant 0$, 方位角范围为$[180°,270°]$. 规定, $x=0, y=-1$时, $A=180°$, $\mathrm{acosd}\left(\dfrac{y}{D}\right)=180°$, 此时有$A=360°-\mathrm{acosd}\left(\dfrac{y}{D}\right)$;

(4) 在第 II 象限, $x \leqslant 0, y \geqslant 0$, 方位角范围为$[270°,360°]$. 规定, $x=-1, y=0$时, $A=270°$, 此时有$A=360°-\mathrm{acosd}\left(\dfrac{y}{D}\right)$.

如果量纲不是弧度, 而是度, 那么(1.2), (1.4), (1.5)构成的 RAE 测量方程组为

$$\begin{cases} R=\sqrt{x^2+y^2+z^2}, \qquad D=\sqrt{x^2+y^2} \\ A=\begin{cases} \mathrm{acosd}\left(\dfrac{y}{D}\right), & x \geqslant 0 \\ 360°-\mathrm{acosd}\left(\dfrac{y}{D}\right), & x<0 \end{cases} \\ E=\mathrm{atand}\left(\dfrac{z}{D}\right) \end{cases} \tag{1.7}$$

若引入符号

$$\operatorname{sign}(x)=\begin{cases}1, & x \geqslant 0 \\ -1, & x<0\end{cases} \tag{1.8}$$

则(1.7)变为

$$\begin{cases}R=\sqrt{x^2+y^2+z^2}, \quad D=\sqrt{x^2+y^2} \\ A=180^{\circ}(1-\operatorname{sign}(x))+\operatorname{sign}(x) \cdot \operatorname{acosd}\left(\dfrac{y}{D}\right) \\ E=\operatorname{atand}\left(\dfrac{z}{D}\right)\end{cases} \tag{1.9}$$

1.1.2.4 过零修正

RAE 定位体制的方位角需要考虑过零问题: 设目标在“东北天”测站系坐标为$[x,y,z]$，当东向坐标从负值过渡到正值时，方位角从 360 度突变到 0 度，会给野点剔除、非线性迭代算法、非线性滤波算法带来困难.

(1) 过零问题导致的野点剔除难点: 离散跳跃的测角与预报值不一致，会被误判为异常值.

(2) 过零问题导致的非线性迭代算法、非线性滤波算法难点，参考第 2 章: 新息(残差)暴增可能导致算法发散.

(3) 方位角 A 存在过零离散跳跃问题，但是余弦 $\cos A$ 是连续变化的，所以当检测到过零时，要么将方位角 A 转化为余弦，要么中断野点剔除、非线性迭代算法和非线性滤波算法，并执行过零修正过程. 将消除跳点前的方位角记为 A_j，消除跳点后的方位角记为 $\hat{A}_j$，δ_0 为给定门限，一般取值范围为 350 度至 359 度. 若

$$\begin{cases}\left|A_j-A_{j-1}\right|>\delta_0 \\ \left|A_j-A_{j+1}\right| \leqslant \delta_0\end{cases} \tag{1.10}$$

则认为 A_j 为过零点. 进一步，若 $A_j>A_{j-1}$，则令

$$\hat{A}_j=A_j-360^{\circ} \tag{1.11}$$

若 $A_j<A_{j-1}$，则令

$$\hat{A}_j=A_j+360^{\circ} \tag{1.12}$$

1.2　定位公式与精度公式

1.2.1　定位公式

在“东北天”测站系下, RAE 体制的定位公式为

$$\begin{cases} x = R \cdot \cos E \cdot \sin A \\ y = R \cdot \cos E \cdot \cos A \\ z = R \cdot \sin E \end{cases} \tag{1.13}$$

公式(1.13)中, 三角函数 cos 和 sin 的定义域单位为弧度, 但是在应用中, 方位角 A 和俯仰角 E 单位多数用度, 需要格外注意量纲转化.

1.2.2　精度公式

RAE 的测量存在误差, 记测距误差为 σ_R, 方位角误差为 σ_A, 俯仰角误差为 σ_E, 测量误差可能导致解算误差, 记 X, Y, Z 三个方向上的误差分别为 $\sigma_x, \sigma_y, \sigma_z$, 则(1.13)等号两边取微分得

$$\begin{cases} \sigma_x = \cos E \cdot \sin A \cdot \sigma_R - R \cdot \sin E \cdot \sin A \cdot \sigma_E + R \cdot \cos E \cdot \cos A \cdot \sigma_A \\ \sigma_y = \cos E \cdot \cos A \cdot \sigma_R - R \cdot \sin E \cdot \cos A \cdot \sigma_E - R \cdot \cos E \cdot \sin A \cdot \sigma_A \\ \sigma_z = \sin E \cdot \sigma_R + R \cdot \cos E \cdot \sigma_E \end{cases} \tag{1.14}$$

公式(1.14)的矩阵形式为

$$\begin{bmatrix} \sigma_x \\ \sigma_y \\ \sigma_z \end{bmatrix} = \begin{bmatrix} \cos E \cdot \sin A & -R \cdot \sin E \cdot \sin A & R \cdot \cos E \cdot \cos A \\ \cos E \cdot \cos A & -R \cdot \sin E \cdot \cos A & -R \cdot \cos E \cdot \sin A \\ \sin E & R \cdot \cos E & 0 \end{bmatrix} \begin{bmatrix} \sigma_R \\ \sigma_E \\ \sigma_A \end{bmatrix} \tag{1.15}$$

定位总误差定义为

$$\sigma = \sqrt{\sigma_x^2 + \sigma_y^2 + \sigma_z^2} \tag{1.16}$$

依据(1.16)和(1.14)得

$$\sigma = \sqrt{\sigma_R^2 + R^2 \cdot \sigma_E^2 + R^2 \cdot \cos^2 E \cdot \sigma_A^2} \leqslant \sqrt{\sigma_R^2 + R^2 \left(\sigma_E^2 + \sigma_A^2\right)} \tag{1.17}$$

由(1.17)得如下几个结论:

(1) 测距精度对定位精度的影响: 因为 $\sigma \propto O\left(\sigma_R\right)$, 且 $\sigma^2 \geqslant \sigma_R^2$, 所以定位精度必然比测距精度差.

(2) 测角精度对定位精度的影响: 因为$\sigma \propto O\left(R \cdot \sqrt{\sigma_E^2 + \sigma_A^2}\right)$, 所以 RAE 体制定位方法不适合远程目标定位, 比如R达 1000 千米时, 从测角误差对定位误差的放大倍数达百万.

(3) 测距精度与测角精度对定位精度的影响对比: 若测距精度$\sigma_R \approx 1$米, 测角精度$\sigma_A \approx \sigma_E \approx 1$度, 合0.017弧度, 则当$R < 57$米时, 测距误差的影响占主导, 当$R > 57$米时, 测角误差的影响占主导.

(4) 俯仰角对定位精度的影响: 目标过顶时, $\cos^2 E \approx 0$, $\sigma^2 \approx \sigma_R^2 + R^2 \cdot \sigma_E^2$, 方位角误差对定位误差的影响偏小; 目标接近水平线上时$\cos^2 E \approx 1$, 方位角误差对定位误差的影响偏大.

1.3 轨迹在大地系下可视化

1.3.1 大地系转地心系

地心空间直角坐标系简称为地心系. 如图 1-4 左子图所示, 地心O为原点, OX轴从地心指向起始子午圈与赤道的交点, OY轴从地心指向 90 度经线与赤道的交点, OZ轴从地心指向北极点.

地心系的坐标值比较大, 使得坐标轴方向与 “东北天” 方向无法一一对应, 不方便理解. 例如, 某点的地心系坐标为$[x_d, y_d, z_d]$=[−2760759, 3702095, 4384851], 很难想象该点对应的地球位置; 但是, 该点所在的纬度、经度和高程(大地高)约为$[B, L, H]$= [43.7, 126.7, 200], 可以想象该点对应的地球位置大致在北半球、东半球、海平面以上, 也就是中国东北地区. 把$[B, L, H]$称为大地坐标, 大地坐标广泛应用于轨迹可视化和信息交互中.

如图 1-4 左子图所示, 设目标点M的大地系坐标为$[B, L, H]$, 简称 “纬经高”, 把地球看成一个标准椭球体, 地球长半轴为 a, 短半轴为 b, 偏心率为 e.

如图 1-4 右子图所示, 在$O'O'''$所在的子午圈内, 构造新的平面直角坐标系, 以O为原点, 点O'是子午圈椭圆上的点, 记为$[x, y]$, 则有

$$\frac{x^2}{a^2} + \frac{y^2}{b^2} = 1 \tag{1.18}$$

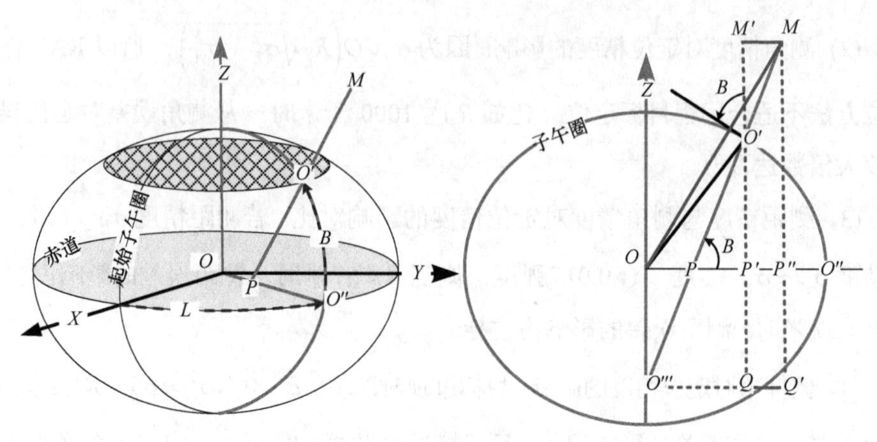

图 1-4　地球椭球体的几何元素

公式(1.18)两边对 x 求导得

$$\frac{2x}{a^2}+\frac{2y\dot{y}}{b^2}=0 \tag{1.19}$$

设直线 $O'O'''$ 与点 O' 处的切线垂直，交地轴于 O'''，称 $O'O'''$ 为卯酉圈半径，记为 N，$\dot{y}$ 为 O' 点切线的斜率，故

$$\begin{cases}\dot{y}=\tan\left(B+\dfrac{\pi}{2}\right)=-\cot B\\ x=\left|O'''Q\right|=N\cos B\end{cases} \tag{1.20}$$

结合(1.19), (1.20)有

$$\cot^2 B=\dot{y}^2=\frac{b^4x^2}{a^4y^2}=\frac{b^4x^2}{a^2(b^2a^2-b^2x^2)}=\frac{b^2}{a^2\left(\dfrac{a^2}{x^2}-1\right)}=\frac{b^2}{a^2\left(\dfrac{a^2}{N^2\cos^2 B}-1\right)}$$

实际上，在点 O' 处，与子午圈垂直的平面，交地球椭球体所得的椭圆称为卯酉圈，卯酉圈半径就是卯酉圈在点 O' 处的曲率半径.

因为 $e^2=\dfrac{a^2-b^2}{a^2}$，所以 $b^2=a^2\left(1-e^2\right)$，代入上式消去 b 得

$$N=\frac{a}{\sqrt{1-e^2\sin^2 B}} \tag{1.21}$$

将(1.21)代入 x=$N\cos B$，再代入(1.18)，不妨假定 $y>0$，得

$$y=\sqrt{1-e^2}\sqrt{a^2-N^2\cos^2 B} \tag{1.22}$$

再把(1.21)代入(1.22), 消去 a, 注意到 $O'P=\dfrac{y}{\sin B}$, 从而

$$O'P=\left(1-e^2\right)N \tag{1.23}$$

设 M 的地心系坐标为 $\left[x_d,y_d,z_d\right]$, $H=O'M$, 由图 1-4 右子图可知, OM 与 $O'''M$ 在 OO'' 上的投影都为 P'', 故

$$OP''=O'''Q'=\left(N+H\right)\cos B \tag{1.24}$$

由图 1-4 左子图得

$$\begin{cases}x_d=\left(N+H\right)\cos B\cos L\\ y_d=\left(N+H\right)\cos B\sin L\end{cases} \tag{1.25}$$

再由公式(1.23)可知 OM 在 OZ 上的投影为

$$z_d=\left(MO'+O'P\right)\sin B=\left(H+N\left(1-e^2\right)\right)\sin B \tag{1.26}$$

综合公式(1.25)和(1.26), 得

$$\begin{cases}x_d=\left(N+H\right)\cos B\cos L\\ y_d=\left(N+H\right)\cos B\sin L\\ z_d=\left(N\left(1-e^2\right)+H\right)\sin B\end{cases} \tag{1.27}$$

简单起见, 下文用记号 $\left[x,y,z\right]$ 代替 $\left[x_d,y_d,z_d\right]$.

1.3.2　地心系转大地系

反正切函数 atan 的值域为 $(-\pi/2,\pi/2)$. 规定大地经度 L 范围为 $\left[-\pi,\pi\right)$, 若目标从东 12 区进入西 12 区时, 经度减 2π, 反之加 2π, 可以如下计算经度:

(1) 若 $x>0,y>0$, 则 $L\in(0,\pi/2)$, 且 $\operatorname{atan}\left(y/x\right)\in(0,\pi/2)$, 则 $L=\operatorname{atan}\left(y/x\right)$;

(2) 若 $x<0,y>0$, 则 $L\in(\pi/2,\pi)$, 且 $\operatorname{atan}\left(y/x\right)\in(-\pi/2,0)$, 则 $L=\operatorname{atan}\left(y/x\right)+\pi$;

(3) 若 $x<0,y<0$, 则 $L\in(-\pi,-\pi/2)$, 且 $\operatorname{atan}\left(y/x\right)\in(0,\pi/2)$, 则 $L=\operatorname{atan}\left(y/x\right)-\pi$;

(4) 若 $x>0,y<0$, 则 $L\in(-\pi/2,0)$, 且 $\operatorname{atan}\left(y/x\right)\in(-\pi/2,0)$, 则 $L=\operatorname{atan}\left(y/x\right)$.

综上, 经度的计算公式为

$$L=\operatorname{atan}\left(y/x\right)+\begin{cases}0, & x>0,y>0\\ \pi, & x<0,y>0\\ -\pi, & x<0,y<0\\ 0, & x>0,y<0\end{cases} \tag{1.28}$$

需要注意的是:

(1) 若 $x=0,y>0$，规定 $L=\pi/2$；若 $x=0,y<0$，规定 $L=-\pi/2$；

(2) 数值软件用命令 $L=\text{atan2d}(y,x)$ 求大地经度，单位为度;

(3) 区别方位角和经度，方位角 A 限定在区间 $[0°,360°)$ 内；经度的定义与方位角的定义类似，都需要分象限讨论，但是经度限定在 $[-180°,180°)$，参考 1.1.2 节公式(1.5).

1.3.3　非线性迭代算法

若把地球看成一个圆球，B 的概略值如下

$$B\approx \text{atan}\frac{z}{\sqrt{x^2+y^2}} \tag{1.29}$$

若已知 B，由(1.21)可得酉半径，重复如下

$$N=\frac{a}{\sqrt{1-e^2\sin^2 B}} \tag{1.30}$$

若已知 B 和 N，由(1.27)的第三个等式得

$$H=\frac{z}{\sin B}-N\left(1-e^2\right) \tag{1.31}$$

由(1.27)前两个等式得

$$\frac{\sqrt{x^2+y^2}}{\cos B}-N=H \tag{1.32}$$

结合(1.31), (1.32)可得

$$B=\text{atan}\frac{z(N+H)}{\sqrt{x^2+y^2}\left(N\left(1-e^2\right)+H\right)} \tag{1.33}$$

公式(1.29), (1.30), (1.31), (1.33)形成 $B\to N\to H\to B$ 依赖嵌套闭环，依此可设计一种简单迭代算法估算 B,N,H，实践表明下列算法在 10 次迭代内收敛(收敛阈值为 10^{-9}):

第一步: 用公式(1.29)对 B 进行初始化;

第二步: 用公式(1.30)计算 N；

第三步: 用公式(1.31)的右等式计算 H，若 B 过小，则采用(1.32);

第四步: 用公式(1.33)计算 B，与上一轮 B 作差，若绝对值小于给定阈值，则

迭代结束，否则返回第二步.

实际上，联立(1.31), (1.32)消去H，再利用$N=\dfrac{a}{\sqrt{1-e^2\sin^2 B}}$消去$N$，得非线性方程

$$\frac{\sqrt{x^2+y^2}}{\cos B}-\frac{z}{\sin B}=\frac{a}{\sqrt{1-e^2\sin^2 B}}e^2 \tag{1.34}$$

也可以借助数值软件的 fsolve 函数和初值$B\approx \operatorname{atan}\dfrac{z}{\sqrt{x^2+y^2}}$，快速求得$B$的迭代解.

1.4 坐标统一与多站融合

1.4.1 坐标统一

多站测量可以抑制随机测距误差、方位角误差、俯仰角误差对定位的影响，不妨设有两台 RAE 设备，目标在第一台设备测站系下的坐标为$\boldsymbol{X}_1$，目标在第二台设备测站系下的坐标为$\boldsymbol{X}_2$，由于不同测站系的原点不同，坐标轴也不平行，所以“不允许”直接用如下平均值表示目标的坐标

$$\boldsymbol{X}=\frac{1}{2}(\boldsymbol{X}_1+\boldsymbol{X}_2) \tag{1.35}$$

两个不同测站系坐标相加没有意义，在加权平均前必须统一坐标，一般统一在地心系下，该过程用如下公式表示

$$\left.\begin{array}{l}\text{测站系1}\rightarrow\text{地心系}\\ \text{测站系2}\rightarrow\text{地心系}\end{array}\right\}\rightarrow\text{加权融合} \tag{1.36}$$

为了区别不同坐标系，记测站系为$O_cX_cY_cZ_c$，地心系为$O_dX_dY_dZ_d$. 假定测站系原点O_c的纬经高为$[B,L,H]$，且$\overrightarrow{O_dO_c}$在地心系下的坐标记为$\boldsymbol{X}_{d0}=[x_{d0},y_{d0},z_{d0}]^{\mathrm{T}}$，依据(1.27)得

$$\begin{cases}x_{d0}=(N+H)\cos B\cos L\\ y_{d0}=(N+H)\cos B\sin L\\ z_{d0}=\left(N(1-e^2)+H\right)\sin B\end{cases} \tag{1.37}$$

其中 $N = a/\sqrt{1-e^2\sin^2 B}$ 为卯酉圈半径，a 为地球椭球体长半轴，e 为地球椭球体偏心率.

1.4.2　测站系转地心系

在(1.37)中，给出了 $\overrightarrow{O_dO_c}$ 在地心系下的坐标表达式，接下来给出目标向量 $\overrightarrow{O_cM}$ 在地心系下的表达式. 需注意: 第 1、2、6、9、12 章用坐标变换表示转换过程, 而第 11 章将会从旋转矢量视角重新论证.

简洁起见, 把 $O_dX_dY_dZ_d$ 记为 $OXYZ$, 如图 1-5 和图 1-6 所示, 向量绕 OZ 轴逆时针旋转，单位向量 $[1,0,0]^{\mathrm{T}}$ 变为 $[\cos L,-\sin L,0]^{\mathrm{T}}$；单位向量 $[0,1,0]^{\mathrm{T}}$ 变为 $[\sin L,\cos L,0]^{\mathrm{T}}$；单位向量 $[0,0,1]^{\mathrm{T}}$ 不改变, 所以绕 OZ 轴逆时针旋转的旋转变换矩阵为

$$\boldsymbol{M}_z(L)=\begin{bmatrix}\cos L & \sin L & 0\\ -\sin L & \cos L & 0\\ 0 & 0 & 1\end{bmatrix} \tag{1.38}$$

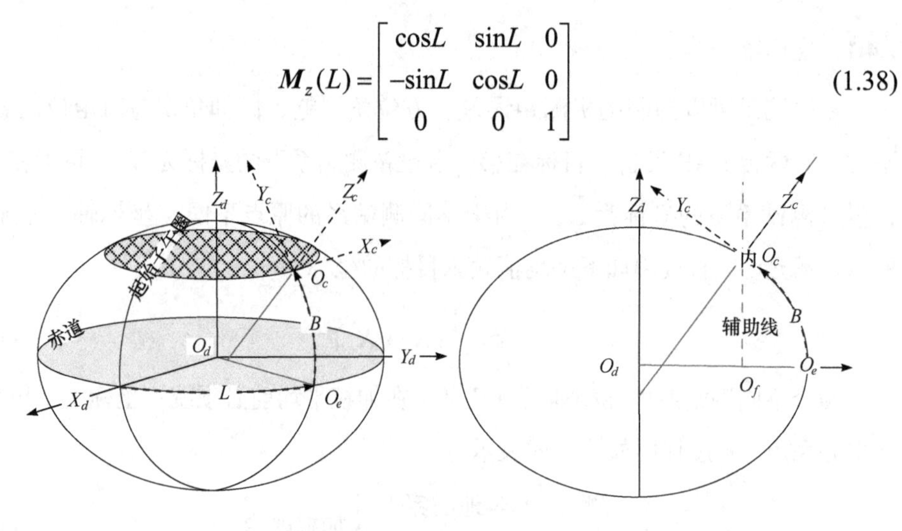

图 1-5　地心系到测站系

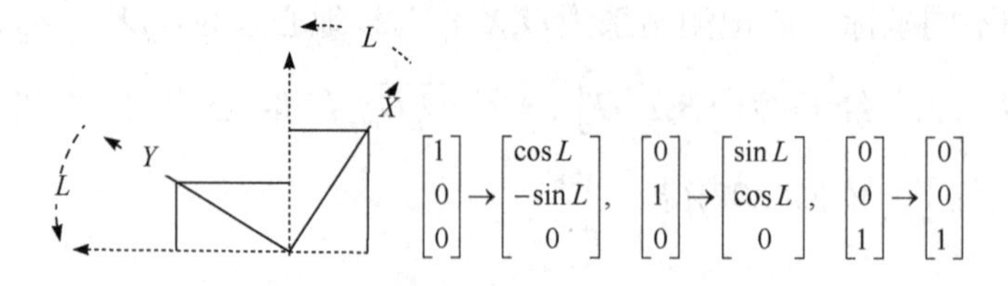

图 1-6　绕 OZ 轴逆时针旋转

如图 1-7 所示, 经过绕 OY 轴逆时针旋转, 单位向量 $[1,0,0]^{\mathrm{T}}$ 变为 $[\cos B,0,\sin B]^{\mathrm{T}}$；

单位向量$[0,1,0]^{\mathrm{T}}$不改变；单位向量$[0,0,1]^{\mathrm{T}}$变为$[-\sin B,0,\cos B]^{\mathrm{T}}$，所以绕$OY$轴逆时针旋转的旋转变换矩阵为

$$\boldsymbol{M}_y(B)=\begin{bmatrix}\cos B & 0 & -\sin B\\ 0 & 1 & 0\\ \sin B & 0 & \cos B\end{bmatrix} \tag{1.39}$$

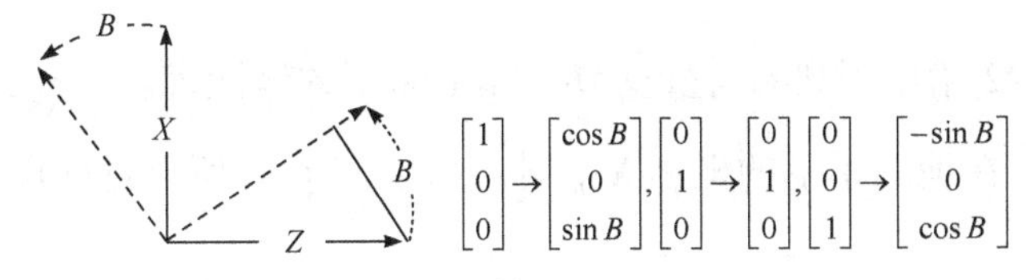

图 1-7 绕OY轴顺时针旋转

总之，经旋转变换可以使得地心系$O_dX_dY_dZ_d$与测站系$O_cX_cY_cZ_c$平行，步骤如下：

第一步：将地心系绕OZ轴逆时针旋转角度L，此时地心系OX轴与卯酉圈平行，OY轴与测站系OX轴平行，变换后的地心系记为"z系"，这个过程记为$\boldsymbol{M}_z(L)$；

第二步：将"z系"绕OY轴顺时针旋转角度B(注意：顺着OY轴视角看逆时针转B，相当于逆着OY轴视角顺时针转B)，此时"z系"的OY轴与测站系OX轴平行，使得OX轴与测站系OZ轴平行，且OZ轴与测站系OY轴平行，变换后的坐标系记为"zy系"，这个过程记为$\boldsymbol{M}_y(-B)$；

第三步：将"zy系"的坐标轴轮换，地心系与测站系重合，这个过程记为$\boldsymbol{M}_{zxy}$.

假定观测向量$\overline{O_cM}$在测站系下坐标为$\boldsymbol{X}_c$，在地心系下坐标为$\boldsymbol{X}_d$，上述过程对应坐标变换为

$$\boldsymbol{X}_c=\boldsymbol{M}(-B,L)\boldsymbol{X}_d \tag{1.40}$$

其中

$$\begin{aligned}\boldsymbol{M}(-B,L)&=\boldsymbol{M}_{zxy}\boldsymbol{M}_y(-B)\boldsymbol{M}_z(L)\\&=\begin{bmatrix}0 & 1 & 0\\ 0 & 0 & 1\\ 1 & 0 & 0\end{bmatrix}\begin{bmatrix}\cos B & 0 & \sin B\\ 0 & 1 & 0\\ -\sin B & 0 & \cos B\end{bmatrix}\begin{bmatrix}\cos L & \sin L & 0\\ -\sin L & \cos L & 0\\ 0 & 0 & 1\end{bmatrix}\\&=\begin{bmatrix}-\sin L & \cos L & 0\\ -\cos L\cdot\sin B & -\sin L\cdot\sin B & \cos B\\ \cos B\cdot\cos L & \cos B\cdot\sin L & \sin B\end{bmatrix}\end{aligned} \tag{1.41}$$

反之,

$$
\boldsymbol{X}_d=\boldsymbol{M}(-B,L)^{\mathrm{T}}\boldsymbol{X}_c=\begin{bmatrix} -\sin L & -\cos L\cdot\sin B & \cos B\cdot\cos L \\ \cos L & -\sin L\cdot\sin B & \cos B\cdot\sin L \\ 0 & \cos B & \sin B \end{bmatrix}\boldsymbol{X}_c \tag{1.42}
$$

1.4.3　多站融合

公式(1.42)给出了观测向量$\overrightarrow{O_cM}$在地心系下的坐标$\boldsymbol{X}_d$，公式(1.37)给出了原点向量$\overrightarrow{O_dO_c}$在地心系下的坐标$\boldsymbol{X}_{d0}=[x_{d0},y_{d0},z_{d0}]^{\mathrm{T}}$，所以目标点$M$在地心系表示为

$$
\boldsymbol{X}=\overrightarrow{O_dM}=\overrightarrow{O_dO_c}+\overrightarrow{O_cM}=\boldsymbol{X}_{d0}+\boldsymbol{X}_d \tag{1.43}
$$

综合(1.37), (1.13)得(1.43)的分量形式

$$
\begin{bmatrix} x \\ y \\ z \end{bmatrix}=\begin{bmatrix} -\sin L & -\cos L\cdot\sin B & \cos B\cdot\cos L \\ \cos L & -\sin L\cdot\sin B & \cos B\cdot\sin L \\ 0 & \cos B & \sin B \end{bmatrix}\begin{bmatrix} R\cdot\cos E\cdot\sin A \\ R\cdot\cos E\cdot\cos A \\ R\cdot\sin E \end{bmatrix}+\begin{bmatrix} (N+H)\cos B\cdot\cos L \\ (N+H)\cos B\cdot\sin L \\ \left(N(1-e^2)+H\right)\sin B \end{bmatrix} \tag{1.44}
$$

其中$[B,L,H]$为测站系原点O_c的纬经高，$[R,A,E]$为测量到的测距、方位角、俯仰角，$N=\dfrac{a}{\sqrt{1-e^2\sin^2B}}$为卯酉圈半径，$a$为地球椭球体长半轴.

把$[B_1,L_1,H_1],[R_1,A_1,E_1]$代入(1.44)得目标在第 1 个测站的定位结果$\boldsymbol{X}_{d1}$，把$[B_2,L_2,H_2],[R_2,A_2,E_2]$代入(1.44)得目标在第2个测站的定位结果$\boldsymbol{X}_{d2}$. 最后，多站融合公式为

$$
\boldsymbol{X}=\frac{1}{2}(\boldsymbol{X}_{d1}+\boldsymbol{X}_{d2}) \tag{1.45}
$$

1.4.4　酉半径的进一步讨论

如图 1-8 所示，经过自转轴OZ_d的平面称为子午面，子午面与参考椭球面的交线$O'O''$称为子午线，子午线也称为经线，零度经线也称为本初子午线、起始子午圈. 子午线上点O'的法线$O'O'''$交自转轴于点O'''，$O'O'''$的长度称为酉半径，为了区别其他法截线半径，记酉半径N为R_N，过$O'O'''$的平面称为法截面，法截面与子午面之间的夹角记为ψ，相当于射向或者偏航角，法截面与椭球的交线(虚线)称为法截线. 当法截面与子午面重合时$\psi=0$，此时法截线即为子午圈，子午

圈在点 O' 处的曲率半径称为子午半径，记为 R_M . 当法截面与子午面垂直时 $\psi=\pi/2$ ，此时法截线称为卯酉圈. 以 O' 为坐标原点建立临时坐标系 $O'X'Y'Z'$ ，其中 $O'X'$ 轴指向天，$O'Z'$ 轴指向法截线切向. 假定经度 $L=0$ ，依据(1.27)，O' 在地心系 $OX_dY_dZ_d$ 下的坐标为

$$\left[x_{d0},y_{d0},z_{d0}\right]^{\mathrm{T}}=\left[R_N\cos B,0,R_N(1-e^2)\sin B\right]^{\mathrm{T}} \tag{1.46}$$

其中 $e=\sqrt{a^2-b^2}/a$ 为偏心率, B 为纬度，R_N 为酉半径，且

$$R_N=\frac{a}{\sqrt{1-e^2\sin^2 B}} \tag{1.47}$$

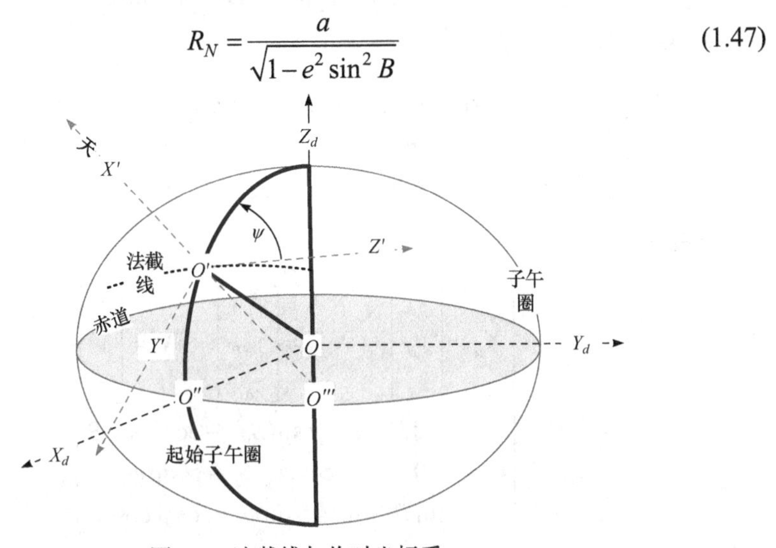

图 1-8 法截线与临时坐标系

首先，将坐标系 $O'X'Y'Z'$ 绕 $O'X'$ 轴旋转角度 ψ 使得 $O'Z'$ 指北，$O'Y'$ 指东. 其次，将 $O'X'Y'Z'$ 绕 $O'Y'$ 旋转纬度 B ，使得 $O'X'Y'Z'$ 与地心系 $OX_dY_dZ_d$ 的平行，然后平移点 O' 到地心 O 使得两坐标系重合. 注意区别: 1.3 节中旋转地心系，使得地心系与测站系重合. 而这一节旋转 $O'X'Y'Z'$ ，使得 $O'X'Y'Z'$ 与地心系重合.

空间中任意一个点在 $O'X'Y'Z'$ 下坐标为 $[x',y',z']^{\mathrm{T}}$ ，在 $OX_dY_dZ_d$ 下坐标为 $[x_d,y_d,z_d]^{\mathrm{T}}$ ，因为坐标变换与基变换互逆，故有

$$\begin{bmatrix}x_d\\y_d\\z_d\end{bmatrix}=\boldsymbol{M}_y(B)\boldsymbol{M}_x(\psi)\begin{bmatrix}x'\\y'\\z'\end{bmatrix}+\begin{bmatrix}x_{d0}\\y_{d0}\\z_{d0}\end{bmatrix} \tag{1.48}$$

或者

$$\begin{bmatrix} x' \\ y' \\ z' \end{bmatrix} = \boldsymbol{M}_x(-\psi)\boldsymbol{M}_y(-B)\left(\begin{bmatrix} x_d \\ y_d \\ z_d \end{bmatrix} - \begin{bmatrix} x_{d0} \\ y_{d0} \\ z_{d0} \end{bmatrix}\right) \tag{1.49}$$

其中

$$\boldsymbol{M}_x(-\psi)\boldsymbol{M}_y(-B) = \begin{bmatrix} 1 & 0 & 0 \\ 0 & \cos\psi & -\sin\psi \\ 0 & \sin\psi & \cos\psi \end{bmatrix}\begin{bmatrix} \cos B & 0 & \sin B \\ 0 & 1 & 0 \\ -\sin B & 0 & \cos B \end{bmatrix} \tag{1.50}$$

结合符号运算可以验证

$$\begin{bmatrix} x_d \\ y_d \\ z_d \end{bmatrix} = \begin{bmatrix} \cos B & \sin\psi\sin B & -\cos\psi\sin B \\ 0 & \cos\psi & \sin\psi \\ \sin B & -\cos B\sin\psi & \cos\psi\cos B \end{bmatrix}\begin{bmatrix} x' \\ y' \\ z' \end{bmatrix} + \begin{bmatrix} R_N\cos B \\ 0 \\ R_N(1-e^2)\sin B \end{bmatrix} \tag{1.51}$$

若记

$$\begin{cases} \boldsymbol{X}_d = \begin{bmatrix} x_d \\ y_d \\ z_d \end{bmatrix}, \quad \boldsymbol{X}_{d0} = \begin{bmatrix} x_{d0} \\ y_{d0} \\ z_{d0} \end{bmatrix}, \quad \boldsymbol{X}' = \begin{bmatrix} x' \\ y' \\ z' \end{bmatrix} \\ \boldsymbol{C} = \begin{bmatrix} \cos B & \sin\psi\sin B & -\cos\psi\sin B \\ 0 & \cos\psi & \sin\psi \\ \sin B & -\cos L\sin\psi & \cos\psi\cos B \end{bmatrix} \end{cases} \tag{1.52}$$

则

$$\boldsymbol{X}_d = \boldsymbol{C}\boldsymbol{X}' + \boldsymbol{X}_{d0} \tag{1.53}$$

因 $O'X'Z'$ 与法截线平行，故法截线上的点在 $O'Y'$ 轴上分量为 0，即

$$y' = 0 \tag{1.54}$$

从而

$$\boldsymbol{X}_d = \begin{bmatrix} x_d \\ y_d \\ z_d \end{bmatrix} = \begin{bmatrix} x'\cos B - z'\cos\psi\sin B + R_N\cos B \\ z'\sin\psi \\ x'\sin B + z'\cos\psi\cos B + R_N(1-e^2)\sin B \end{bmatrix} \tag{1.55}$$

地心系坐标对应的旋转椭球方程为

$$\frac{x_d^2 + y_d^2}{a^2} + \frac{z_d^2}{b^2} = 1 \tag{1.56}$$

即

$$x_d^2 + y_d^2 + z_d^2 + e'^2 z_d^2 - a^2 = 0 \tag{1.57}$$

其中e'为第二偏心率，即

$$e'^2 = \frac{e^2}{1-e^2} \tag{1.58}$$

由(1.46), (1.52)和$y'=0$，结合符号运算可以验证

$$2\boldsymbol{X}'^{\mathrm{T}}\boldsymbol{C}^{\mathrm{T}}\boldsymbol{X}_{d0}=2R_N[x'(1-(\sin B)^2 e^2) - z'e^2\cos\psi\cos B\sin B] \tag{1.59}$$

由(1.46)和(1.47)，结合符号运算可以验证

$$\boldsymbol{X}_{d0}^{\mathrm{T}}\boldsymbol{X}_{d0} - a^2 = \left(e^2-1\right)e^2 R_N^2 \sin^2 B \tag{1.60}$$

由(1.55)知$z_d = x'\sin B + z'\cos\psi\cos B + R_N(1-e^2)\sin B$，再利用(1.58)得

$$\begin{aligned} e'^2 z_d^2 &= e'^2\left(x'\sin B + z'\cos\psi\cos B\right)^2 \\ &\quad + 2R_N(x'e^2\sin^2 B + z'e^2\sin B\cos\psi\cos B)+(1-e^2)e^2R_N^2\sin^2 B \end{aligned} \tag{1.61}$$

把上面三式代入(1.57)，结合(1.53)，并利用$y'=0$得

$$\begin{aligned} 0 &= x_d^2 + y_d^2 + z_d^2 + e'^2 z_d^2 - a^2 = \left(\boldsymbol{C}\boldsymbol{X}' + \boldsymbol{X}_{d0}\right)^{\mathrm{T}}\left(\boldsymbol{C}\boldsymbol{X}' + \boldsymbol{X}_{d0}\right) + e'^2 z_d^2 - a^2 \\ &= \boldsymbol{X}'^{\mathrm{T}}\boldsymbol{X}' + 2\boldsymbol{X}'^{\mathrm{T}}\boldsymbol{C}^{\mathrm{T}}\boldsymbol{X}_{d0} + \boldsymbol{X}_{d0}^{\mathrm{T}}\boldsymbol{X}_{d0} + e'^2 z_d^2 - a^2 \\ &= \left(x'^2 + z'^2\right) + 2\boldsymbol{X}'^{\mathrm{T}}\boldsymbol{C}^{\mathrm{T}}\boldsymbol{X}_{d0} + \boldsymbol{X}_{d0}^{\mathrm{T}}\boldsymbol{X}_{d0} - a^2 + e'^2 z_d^2 \\ &= \left(x'^2 + z'^2\right) + 2R_N x' + e'^2\left(x'\sin B + z'\cos\psi\cos B\right)^2 \end{aligned} \tag{1.62}$$

上式对z'求导得

$$0 = \left(\frac{\mathrm{d}x'}{\mathrm{d}z'}x' + z'\right) + R_N\frac{\mathrm{d}x'}{\mathrm{d}z'} + e'^2\left(\sin Bx' + \cos\psi\cos Bz'\right)\left(\sin B\frac{\mathrm{d}x'}{\mathrm{d}z'} + \cos\psi\cos B\right) \tag{1.63}$$

在O'点有$y'=0$，且x'的增量与z'无关，梯度为 0，该结果也可以由(1.63)推得，即

$$\left.\frac{\mathrm{d}x'}{\mathrm{d}z'}\right|_{(x',z')=(0,0)} = 0 \tag{1.64}$$

继续在(1.63)两边对z'求导得

$$
\begin{aligned}
0=&\left(\frac{\mathrm{d}^2x'}{\mathrm{d}z'^2}x'+\frac{\mathrm{d}x'}{\mathrm{d}z'}\frac{\mathrm{d}x'}{\mathrm{d}z'}+1\right)+R_N\frac{\mathrm{d}^2x'}{\mathrm{d}z'^2}\\
&+e'^2(\sin Bx'+\cos\psi\cos Bz')\sin B\frac{\mathrm{d}^2x'}{\mathrm{d}z'^2}+e'^2\left(\sin B\frac{\mathrm{d}x'}{\mathrm{d}z'}+\cos\psi\cos B\right)^2
\end{aligned}
\tag{1.65}
$$

若 $(x',z')=(0,0)$，结合(1.64), (1.65)得

$$
0=1+R_N\frac{\mathrm{d}^2x'}{\mathrm{d}z'^2}+e'^2(\cos\psi\cos B)^2 \tag{1.66}
$$

得

$$
\left.\frac{\mathrm{d}^2x'}{\mathrm{d}z'^2}\right|_{(x',z')=(0,0)}=\frac{1+e'^2(\cos\psi\cos B)^2}{-R_N} \tag{1.67}
$$

曲率半径是弧长增量 ds 比弧度增量 dα 的极限，将(1.64), (1.67)代入曲率半径公式，可得法截线在点 $[0,0]$ 处的曲率半径为

$$
R_\psi\triangleq\frac{\mathrm{d}s}{\mathrm{d}\alpha}=\frac{\left[1+\left(\frac{\mathrm{d}x'}{\mathrm{d}z'}\right)^2\right]^{3/2}}{\left|\frac{\mathrm{d}^2x'}{\mathrm{d}z'^2}\right|}=\frac{R_N}{1+e'^2(\cos\psi\cos B)^2} \tag{1.68}
$$

(1) 当 $\psi=\frac{\pi}{2}$ 时，法截线称为卯酉圈，酉半径为

$$
R_N=\frac{a}{\sqrt{1-e^2\sin^2B}} \tag{1.69}
$$

(2) 当 $\psi=0$ 时，法截线即为子午圈，子午半径为

$$
R_M=\frac{R_N}{1+e'^2\cos^2B} \tag{1.70}
$$

满足

$$
R_N\geqslant R_M \tag{1.71}
$$

1.5　速度的计算

如何通过目标的位置信息 $[x,y,z]$ 获得目标的速度信息 $\left[v_x,v_y,v_z\right]$？简单起见，只分析 x 分量，t_k 时刻的位置和速度分别记 $x_k=x(t_k),v_k=v_x(t_k)$，假定等时采

样，周期为$h=t_k-t_{k-1}$. 速度函数是位置函数的导数，即$v(t)=\frac{\mathrm{d}}{\mathrm{d}t}x(t)$. 但是应用中无法获得连续的位置函数，只能得到一系列离散时刻对应的位置$\{x_1,x_2,\cdots,x_k\}$，下面介绍利用$\{x_1,x_2,\cdots,x_k\}$计算平滑速度$\{v_1,v_2,\cdots,v_{k-1},v_k,v_{k+1},v_{k+2},\cdots,\}$的方法.

1.5.1 差分求速

只要采样周期h足够小，可以认为速度在区间$(t_{k-1},t_k]$上是恒定的，故可以如下计算速度

$$v_k=\frac{1}{h}(x_k-x_{k-1}) \tag{1.72}$$

依据上式计算速度存在的问题:

(1) 由于不存在数据x_{-1}，所以上述公式无法计算v_0，此时可以用

$$v_0=\frac{1}{h}(x_1-x_0) \tag{1.73}$$

(2) 上述公式只用到当前时刻数据x_k和上一时刻数据x_{k-1}. 实际上可以利用更多定位值计算速度. 下面用$\{x_1,x_2,\cdots,x_k\}$计算v_{k+j}：若$j<0$，称该过程为平滑求速，特别地，当$k=2|j|+1$时，称该过程为中心平滑求速；若$j=0$，称该过程为滤波求速；若$j>0$，称该过程为预报求速.

(3) 表面看，h越小，$(t_{k-1},t_k]$内真实的速度的变化越小. 但是由于存在随机噪声，而且定位随机噪声标准差一般是稳定的，导致h越小计算的速度反而越不稳定. 差分求速精度σ_v存在多个效应，这些效应可以用下式概括

$$\sigma_v\propto\frac{R\cdot\sigma_{AE}}{h\cdot\rho} \tag{1.74}$$

其中，R为测站到目标的距离，σ_{AE}为综合测角误差，h为采样周期，ρ为轨迹曲率半径.

(3.1)测角效应，依据(1.17)，综合测角误差σ_{AE}越大，定位误差就越大，差分求速误差越大.

(3.2)距离效应，依据(1.17)，测站到目标的距离R越远，定位误差就越大，差分求速误差越大.

(3.3)特征点效应，包括角加速特性和线加速特性. 比如，角加速越大，拐弯特性越显著，轨迹曲率半径就ρ越小，差分求速误差越大. 如图1-9所示，在某次挂飞试验中，$k+1$时刻的计算速度方向为由左向右的虚线，但是实际速度方向为由上向下的实线，两者相差90度. 为了减小特征点效应，应该令采样频率尽可能大.

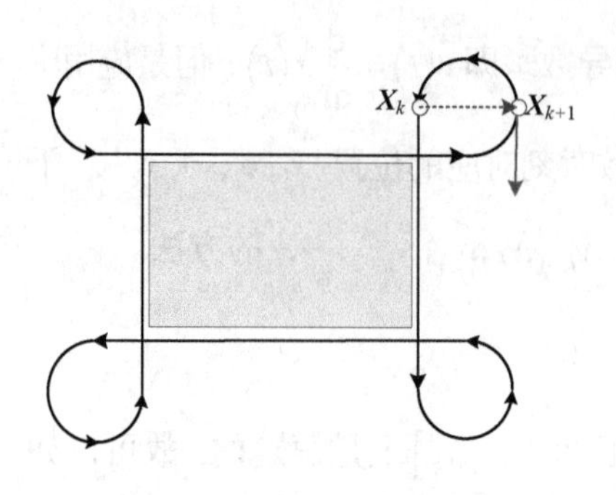

图 1-9　特征点效应

难点在于, 周期 h 过小又会引起采样频率效应.

(3.4)采样频率效应, 采样频率越大, 周期 h 就越小, 当 h 小到一定程度时, 特征点效应将显著消失, 但是如果 h 进一步减小, 差分求速精度反而越差. 实际上, 依据(1.72)可知

$$\sigma_{v_k}^2 = \frac{1}{h^2}(\sigma_{x_k}^2 + \sigma_{x_{k-1}}^2) \tag{1.75}$$

即差分求速的标准差约为定位标准差的 $\frac{\sqrt{2}}{h}$ 倍.

1.5.2　平滑求速

方便起见, 记 $\{x_{k-s}, x_{k-s+1}, \cdots, x_{k-1}, x_{k+0}, x_{k+1}, x_{k+2}, \cdots, x_{k+s}\}$ 为当前定位数据 x_k 前后 $2s+1$ 个数据点, 下面给出中心平滑求速公式及其精度分析公式.

假定轨迹的 x 坐标满足二次多项式, 包括三个未知参数 $[a,b,c]$, 每个采样点满足

$$x_{k+i} = a + b \cdot h \cdot i + c \cdot (h \cdot i)^2 = [1, i, i^2][a, bh, ch^2]^{\mathrm{T}} \tag{1.76}$$

其中 $i = -s, -s+1, \cdots, -1, 0, 1, \cdots, s-1, s$, (1.76)等价于

$$\begin{bmatrix} x_{k-s} \\ \vdots \\ x_{k-1} \\ x_{k+0} \\ x_{k+1} \\ \vdots \\ x_{k+s} \end{bmatrix} = \begin{bmatrix} 1 & -s & (-s)^2 \\ \vdots & \vdots & \vdots \\ 1 & -1 & (-1)^2 \\ 1 & 0 & 0^2 \\ 1 & 1 & 1^2 \\ \vdots & \vdots & \vdots \\ 1 & s & s^2 \end{bmatrix} \begin{bmatrix} a \\ bh \\ ch^2 \end{bmatrix} \tag{1.77}$$

(1.77)两边同时左乘 $\begin{bmatrix} 1 & \cdots & 1 & 1 & 1 & \cdots & 1 \\ -s & \cdots & -1 & 0 & 1 & \cdots & s \\ (-s)^2 & \cdots & (-1)^2 & 0^2 & 1^2 & \cdots & s^2 \end{bmatrix}$ 得

$$\begin{bmatrix} \sum_{i=-s}^{s} x_{k+i} \\ \sum_{i=-s}^{s} i x_{k+i} \\ \sum_{i=-s}^{s} i^2 x_{k+i} \end{bmatrix} = \begin{bmatrix} n & 0 & \sum_{i=-s}^{s} i^2 \\ 0 & \sum_{i=-s}^{s} i^2 & 0 \\ \sum_{i=-s}^{s} i^2 & 0 & \sum_{i=-s}^{s} i^4 \end{bmatrix} \begin{bmatrix} a \\ bh \\ ch^2 \end{bmatrix} \tag{1.78}$$

记

$$\begin{cases} q_1 = \sum_{i=-s}^{s} i^2 = 2\sum_{i=1}^{s} i^2 = \dfrac{s(s+1)(2s+1)}{3} \\ q_2 = \sum_{i=-s}^{s} i^4 = 2\sum_{j=1}^{s} j^4 = \dfrac{s(s+1)(6s^3+9s^2+s-1)}{15} \end{cases} \tag{1.79}$$

则(1.78)等价于

$$\begin{bmatrix} \sum_{i=-s}^{s} x_{k+i} \\ \sum_{i=-s}^{s} i x_{k+i} \\ \sum_{i=-s}^{s} i^2 x_{k+i} \end{bmatrix} = \begin{bmatrix} n & 0 & q_1 \\ 0 & q_1 & 0 \\ q_1 & 0 & q_2 \end{bmatrix} \begin{bmatrix} a \\ bh \\ ch^2 \end{bmatrix} \tag{1.80}$$

对(1.76)求导，结合(1.80)第二个方程得速度

$$\hat{v}_k = b = \frac{1}{h} \frac{\sum_{i=-s}^{s} i x_{k+i}}{q_1} = \sum_{i=-s}^{s} \frac{i}{q_1 h} x_{k+i} \tag{1.81}$$

总之，速度是定位数据$\{x_{k-s}, x_{k-s+1}, \cdots, x_{k-1}, x_{k+0}, x_{k+1}, x_{k+2}, \cdots, x_{k+s}\}$的加权平均，权系数记为$\dot{w}_i$，则

$$\hat{v}_k = \sum_{i=-s}^{s} \dot{w}_i x_{k+i}, \quad \dot{w}_i = \frac{i}{q_1 h} = \frac{3i}{hs(s+1)(2s+1)} \tag{1.82}$$

而且满足

$$\sum_{i=-s}^{s} \dot{w}_i = \sum_{i=-s}^{s} \frac{i}{q_1 h} = 0 \tag{1.83}$$

例如，若$s=5, n=11$，则 11 点中心平滑公式的权系数为

$$\dot{\boldsymbol{w}} = \frac{1}{110h}[-5, -4, -3, -2, -1, 0, 1, 2, 3, 4, 5]^{\mathrm{T}} \tag{1.84}$$

假定定位数据$\{x_{k-s},x_{k-s+1},\cdots,x_{k-1},x_{k+0},x_{k+1},x_{k+2},\cdots,x_{k+s}\}$的不同时刻的误差相互独立，且同分布，方差为$\sigma^2$，利用“独立随机变量和的方差等于方差之和”，求得平滑求速的方差公式

$$\sigma_{v_k}^2=\sum_{i=-s}^{s}\frac{i^2}{q_1^2h^2}\sigma^2=\frac{\sum_{i=-s}^{s}i^2}{q_1^2h^2}\sigma^2=\frac{q_1}{q_1^2h^2}\sigma^2=\frac{1}{q_1h^2}\sigma^2=\frac{1}{h^2\frac{s(s+1)(2s+1)}{3}}\sigma^2 \quad (1.85)$$

或者

$$\sigma_{v_k}=\frac{1}{h\sqrt{q_1}}\sigma=\frac{1}{h\sqrt{\frac{s(s+1)(2s+1)}{3}}}\sigma\approx\frac{1.22}{hs\sqrt{s}}\sigma \quad (1.86)$$

可以得到两个看似相互矛盾的结论:

(1) 直觉上，周期越小，刻画局部时刻的特性越精细，平滑求速的精度就越高.

(2) 理论上，由公式(1.86)可知，周期越小，平滑求速的精度就越差.

上述两个结论是冲突的，如何理解？假定总的采样时间跨度$T=h(2s+1)$为定值，此时公式(1.86)变为

$$\sigma_{v_k}\approx\frac{2.44}{T\sqrt{s}}\sigma \quad (1.87)$$

因为频率越高，周期h越小，s就越大，平滑求速的精度就越高，所以更合理的表述如下:

(1) 时间跨度$T=h(2s+1)$固定的情况下，频率越高，平滑样本数量s就越大，平滑求速的精度就越高;

(2) 平滑样本数量s固定的情况下，频率越高，周期h就越小，时间跨度$T=h(2s+1)$就越小，平滑求速的精度就越低.

1.5.3　边缘求速

边缘是指数据起点和终点. 对于起点的s个数据$\{x_1,\cdots,x_s\}$，它们的前端无法保证有s个数据; 同理对于终点的s个数据，它们的后端也无法保证有s个数据. 边缘平滑有两种策略:

(1) 对称中心平滑策略: 可以近似认为第 1 个数据x_1对应的速度与第 2 个数据x_2对应的速度相同; 第 2 个数据x_2对应的速度用$\{x_1,x_2,x_3\}$进行宽度为 3 的中心平滑处理; 第 3 个数据x_3对应的速度用$\{x_1,x_2,x_3,x_4,x_5\}$进行宽度为 5 的中心平

滑处理; 依次类推.

(2) 非对称平滑策略: 第 1 个数据 x_1 对应的速度用 $\{x_1, x_{1+1}, \cdots, x_{1+s}\}$ 进行宽度为 $s+1$ 的平滑处理; 第 2 个数据 x_2 对应的速度用 $\{x_1, x_2, x_{2+1}, \cdots, x_{2+s}\}$ 进行宽度为 $s+2$ 的平滑处理; 依次类推. 下面给出最前端第 $j\ (j=1,2,\cdots,s)$ 个数据点边缘处理公式

$$\hat{v}_j = \sum_{i=1}^{j+s} \dot{w}_i x_i \tag{1.88}$$

权系数 $\dot{w}_i$ 为

$$\dot{w}_i = \frac{\begin{bmatrix} 24n^3 + (60k - 168i + 54)n^2 \\ +(180i^2 - 360ki + 180k - 6)n \\ +132i + 120k - 360ik + 360i^2 k - 180i^2 - 36 \end{bmatrix}}{h\left(n^5 - 5n^3 + 4n\right)}, \quad n = j + s, k = -s \tag{1.89}$$

同理可以给出倒数第 $j\ (j=1,2,\cdots,s)$ 个数据点边缘处理公式.

1.5.4 不等间隔求速

加权平滑公式(1.82), (1.89)假定了采样时间是等间隔的, 但是环境的时变差异, 加上存在数据丢帧和重帧的情况, 导致数据往往不是等间隔的, 下面给出更一般的速度平滑公式, 设轨迹用 m 次多项式建模,

$$x = b_0 + b_1 t + \cdots + b_m t^m \tag{1.90}$$

采样时间为 $\{t_1, t_2, \cdots, t_k\}$, 记设计矩阵为

$$\boldsymbol{A} = \begin{bmatrix} t_1^0 & t_1^1 & \cdots & t_1^m \\ t_2^0 & t_2^1 & \cdots & t_2^m \\ \vdots & \vdots & & \vdots \\ t_n^0 & t_n^1 & \cdots & t_n^m \end{bmatrix} \tag{1.91}$$

则 $\boldsymbol{\beta} = [b_0, b_1, \cdots, b_m]^{\mathrm{T}}$ 的最小二乘估计为

$$[\hat{b}_0, \hat{b}_1, \cdots, \hat{b}_m]^{\mathrm{T}} = \hat{\boldsymbol{\beta}} = \left(\boldsymbol{A}^{\mathrm{T}} \boldsymbol{A}\right)^{-1} \boldsymbol{A}^{\mathrm{T}} \boldsymbol{x} \tag{1.92}$$

t_{n-k} 时刻的 k 步平滑公式为

$$\hat{x}_{n-k|n} = \hat{b}_0 + \hat{b}_1 (n-k)h + \cdots + \hat{b}_m (n-k)^m h^m \tag{1.93}$$

1.5.5 不完全解析求速

如果单站不仅可以获得测距 R、方位角 A、俯仰角 E，还可以获得测速元 $\dot{R}$，方位角变化率 $\dot{A}$ 和俯仰角变化率 $\dot{E}$，依据(1.13)可以通过下式获得速度值

$$\begin{cases} v_x = \dfrac{\mathrm{d}}{\mathrm{d}t} R \cdot \cos E \cdot \sin A = \dot{R} \cdot \cos E \cdot \sin A + R\left(-\sin E \cdot \sin A \cdot \dot{E} + \cos E \cdot \cos A \cdot \dot{A}\right) \\ v_y = \dfrac{\mathrm{d}}{\mathrm{d}t} R \cdot \cos E \cdot \cos A = \dot{R} \cdot \cos E \cdot \cos A + R\left(-\sin E \cdot \cos A \cdot \dot{E} - \cos E \cdot \sin A \cdot \dot{A}\right) \\ v_z = \dfrac{\mathrm{d}}{\mathrm{d}t} R \cdot \sin E = \dot{R} \cdot \sin E + R \cdot \cos E \cdot \dot{E} \end{cases} \tag{1.94}$$

若 $\dot{A}$ 和 $\dot{E}$ 无法测得，可通过(1.81)平滑处理获得，只需将(1.81)中的 x 换成 A 或 E.

$\dot{R}, \dot{A}, \dot{E}$ 与 v_x, v_y, v_z 满足线性依赖关系，如下：

$$\begin{bmatrix} v_x \\ v_y \\ v_z \end{bmatrix} = \begin{bmatrix} \cos E \cdot \sin A & R\cos E \cdot \cos A & -R\sin E \cdot \sin A \\ \cos E \cdot \cos A & -R\cos E \cdot \sin A & -R\sin E \cdot \cos A \\ \sin E & 0 & R \cdot \cos E \end{bmatrix} \begin{bmatrix} \dot{R} \\ \dot{A} \\ \dot{E} \end{bmatrix} \tag{1.95}$$

和

$$\begin{bmatrix} \dot{R} \\ \dot{A} \\ \dot{E} \end{bmatrix} = \begin{bmatrix} \cos E \cdot \sin A & \cos A \cdot \cos E & \sin E \\ \cos A/(R \cdot \cos E) & -\sin A/(R \cdot \cos E) & 0 \\ -(\sin A \cdot \sin E)/R & -(\cos A \cdot \sin E)/R & \cos E/R \end{bmatrix} \begin{bmatrix} v_x \\ v_y \\ v_z \end{bmatrix} \tag{1.96}$$

第 2 章　多站测角体制

从几何上看，如图 2-1 所示，多站测角体制的实质是圆锥交会定位，每台测角设备获得的俯仰角方程 E 相当于一个圆锥((a)子图)，方位角方程 A 相当于半个平面((b)子图)，单台设备的圆锥与半平面交会得到视线. 从方程数量上看，单台设备只能得到视线，无法实现空间定位，两台测角设备可以获得四个测量方程，即 2 个俯仰角方程、2 个方位角方程，四个方程可以冗余求解三个未知数. 而多站测角体制是两站测角体制的推广，其定位算法原理的数学实质是非线性参数估计. 从设备上看，相对于 RAE 体制，多站测角体制有劣势也有优势. 一方面，多站测角体制对设备和站址的数量要求更苛刻，至少两台测角设备才能实现目标定位，而且高精度测元常需要事后图像识别和判读，导致实时定位具有一定的难度. 另一方面，单站 RAE 体制中往往需要被测量目标主动与测站进行信号交互才能获得高精度的测距 R，而测角体制无需目标的信号交互就能获得方位角 A 和俯仰角 E.

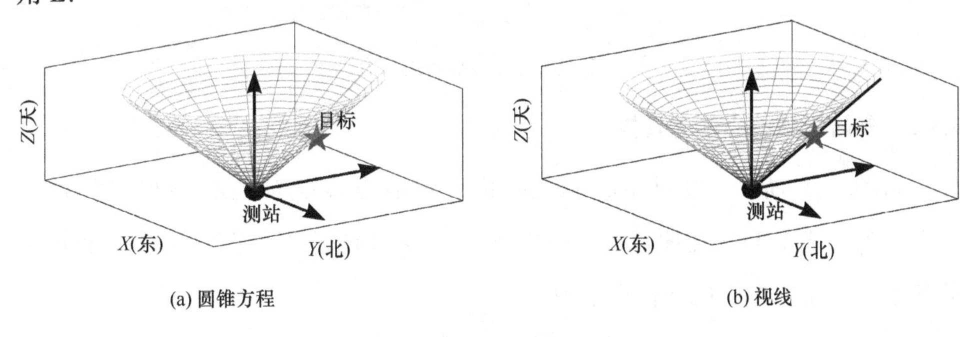

(a) 圆锥方程　　(b) 视线

图 2-1　A E 测元的几何视角

2.1　测角定位中的坐标转化

2.1.1　测角原理

与第 1 章相同，本章使用的测站系是“东北天”测站系，原点 O 为测站中心，OX_c 轴指向东，OY_c 轴指向北，OZ_c 轴指向天，原点 O 的“纬经高”为 $[B,L,H]$，对应的地心坐标为 $\boldsymbol{X}_0=[x_0,y_0,z_0]^{\mathrm{T}}$. 如图 2-2 所示，测站到目标的连线称为观测线; 观测线在水平面的投影线称为水平线. 水平线到观测线的到角为俯仰角, 记为E, 向上为正; 水平线到大地北的到角为方位角, 逆时针为正, 记为A. 设目标在测站系下坐标为$\left[x,y,z\right]$, 水平线长为$D=\sqrt{x^2+y^2}$, 可得测量方程组

$$\begin{cases} A=\begin{cases} \operatorname{acos}\left(\dfrac{y}{D}\right), & x\geqslant 0 \\ 2\pi-\operatorname{acos}\left(\dfrac{y}{D}\right), & x<0 \end{cases} \\ E=\operatorname{atan}\left(\dfrac{z}{D}\right) \end{cases} \tag{2.1}$$

需注意: (2.1)中的角度单位为弧度, 而实际应用中测元的单位经常是度.

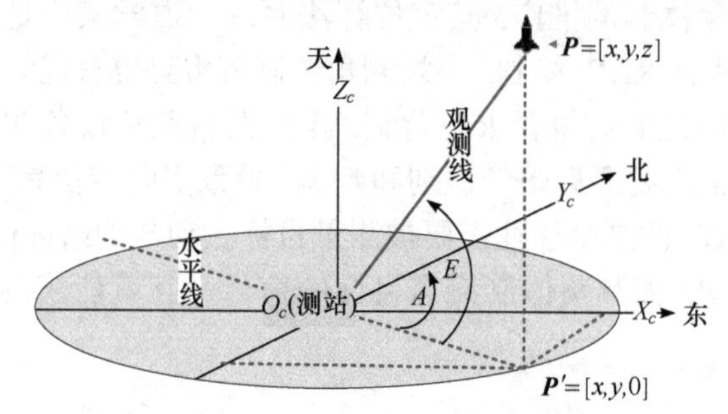

图 2-2　方位角和俯仰角示意图

2.1.2　测站系与地心系的转换

如图 2-3 所示, 经过平移和旋转可以将地心系$O_dX_dY_dZ_d$变换成测站系$O_cX_cY_cZ_c$, 假定目标在地心系下坐标为$\boldsymbol{X}_d$, O_c在地心系下坐标为$\boldsymbol{X}_0$, 目标在测站系下坐标为$\boldsymbol{X}_c$, 则坐标变换为

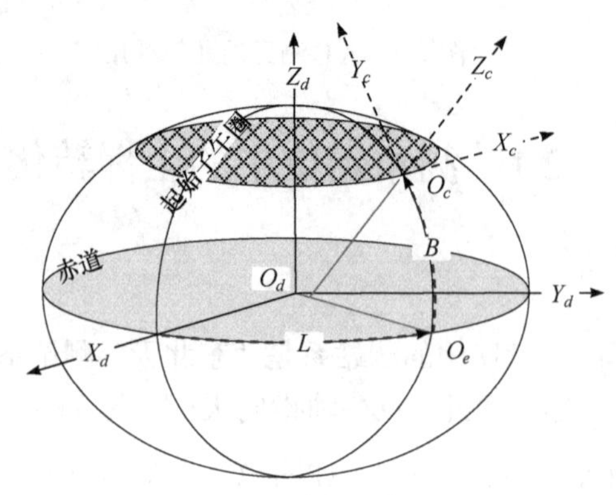

图 2-3　地心系旋转到测站系

$$\boldsymbol{X}_c = \boldsymbol{M}(-B,L)(\boldsymbol{X}_d - \boldsymbol{X}_0) \tag{2.2}$$

其中

$$\boldsymbol{M}(-B,L) = \begin{bmatrix} -\sin L & \cos L & 0 \\ -\cos L \cdot \sin B & -\sin L \cdot \sin B & \cos B \\ \cos B \cdot \cos L & \cos B \cdot \sin L & \sin B \end{bmatrix}$$

反之

$$\boldsymbol{X}_d = \boldsymbol{M}(-B,L)^{\mathrm{T}} \boldsymbol{X}_c + \boldsymbol{X}_0 = \begin{bmatrix} -\sin L & -\cos L \cdot \sin B & \cos B \cdot \cos L \\ \cos L & -\sin L \cdot \sin B & \cos B \cdot \sin L \\ 0 & \cos B & \sin B \end{bmatrix} \boldsymbol{X}_c + \boldsymbol{X}_0 \tag{2.3}$$

2.2 两站测角定位算法

两站交会定位的布站几何如图 2-4 所示，可以采用方向余弦法计算被测目标位置的地心系坐标 $\boldsymbol{X}_d = [x,y,z]^{\mathrm{T}}$. 已知站 1 与站 2 的大地坐标纬经高分别为 $[B_1,L_1,H_1],[B_2,L_2,H_2]$，可以算得两个站址在地心系下的坐标 $\boldsymbol{X}_{01} = [x_{01},y_{01},z_{01}]^{\mathrm{T}}$，$\boldsymbol{X}_{02} = [x_{02},y_{02},z_{02}]^{\mathrm{T}}$，如下

$$\begin{cases} x_{01} = (N_1 + H_1)\cos B_1 \cos L_1, \\ y_{01} = (N_1 + H_1)\cos B_1 \sin L_1, \\ z_{01} = \left(N_1(1-e^2) + H_1\right)\sin B_1, \end{cases} \quad \begin{cases} x_{02} = (N_2 + H_2)\cos B_2 \cos L_2 \\ y_{02} = (N_2 + H_2)\cos B_2 \sin L_2 \\ z_{02} = \left(N_2(1-e^2) + H_2\right)\sin B_2 \end{cases} \tag{2.4}$$

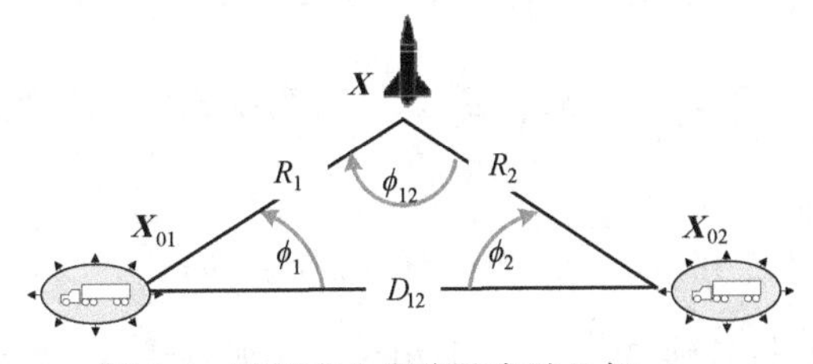

图 2-4 两站交会定位的布站几何

其中 $N_1 = \dfrac{a}{\sqrt{1-e^2\sin^2 B_1}}, N_2 = \dfrac{a}{\sqrt{1-e^2\sin^2 B_2}}$ 为卯酉圈半径，其中，a 为地球椭球体长半轴，e 为地球椭球体偏心率. 测站 1 与测站 2 的连线称为基线，基线长记为 D_{12}，则有

$$D_{12} = \sqrt{(x_{01} - x_{02})^2 + (y_{01} - y_{02})^2 + (z_{01} - z_{02})^2} \tag{2.5}$$

测站 2 到测站 1 的方向向量为

$$[l_{12}, m_{12}, n_{12}] = \left[\frac{x_{01} - x_{02}}{D_{12}}, \frac{y_{01} - y_{02}}{D_{12}}, \frac{z_{01} - z_{02}}{D_{12}} \right] \tag{2.6}$$

以测站 1 为原点的测站系称为 1 号测站系, 测站 1 到目标的方向向量在 1 号测站系下坐标为

$$\boldsymbol{X}_{c1} = \begin{bmatrix} \cos E_1 \cdot \sin A_1 \\ \cos E_1 \cdot \cos A_1 \\ \sin E_1 \end{bmatrix} \tag{2.7}$$

以测站 2 为原点的测站系称为 2 号测站系, 测站 2 到目标的方向向量在 2 号测站系下坐标为

$$\boldsymbol{X}_{c2} = \begin{bmatrix} \cos E_2 \cdot \sin A_2 \\ \cos E_2 \cdot \cos A_2 \\ \sin E_2 \end{bmatrix} \tag{2.8}$$

假定两个测站系相互平行, 可给出两站交会近似解, 见 2.5 节. 但实际上, 两个测站系不仅原点不同, 坐标轴也不平行, 所以需要将 $\boldsymbol{X}_{c1}, \boldsymbol{X}_{c2}$ 在统一的地心系下表示(也可以统一在其他直角坐标系下). 由于方向向量与起点无关, 所以依据(2.3)两个方向向量在地心系下的坐标为

$$\begin{cases} [l_1, m_1, n_1]^{\mathrm{T}} = \boldsymbol{X}_{d1} = \boldsymbol{M}(-B_1, L_1)^{\mathrm{T}} \boldsymbol{X}_{c1} \\ [l_2, m_2, n_2]^{\mathrm{T}} = \boldsymbol{X}_{d2} = \boldsymbol{M}(-B_2, L_2)^{\mathrm{T}} \boldsymbol{X}_{c2} \end{cases} \tag{2.9}$$

其中旋转矩阵 $\boldsymbol{M}(-B_1, L_1)^{\mathrm{T}}$ 和 $\boldsymbol{M}(-B_2, L_2)^{\mathrm{T}}$ 参考(2.3). 两条观测线的夹角为 ϕ_{12}, 其余弦为

$$\cos\phi_{12} = l_1 l_2 + m_1 m_2 + n_1 n_2 \tag{2.10}$$

观测线 $\boldsymbol{X}_{01}\boldsymbol{X}$ 与基线 $\boldsymbol{X}_{01}\boldsymbol{X}_{02}$ 的夹角为 ϕ_1, 观测线 $\boldsymbol{X}_{02}\boldsymbol{X}$ 与基线 $\boldsymbol{X}_{02}\boldsymbol{X}_{01}$ 的夹角为 ϕ_2, 对应的余弦分别为

$$\begin{cases} -\cos\phi_1 = l_{12} l_1 + m_{12} m_1 + n_{12} n_1 \\ \cos\phi_2 = l_{12} l_2 + m_{12} m_2 + n_{12} n_2 \end{cases} \tag{2.11}$$

测站 1 到目标的距离为 R_1, 测站 2 到目标的距离为 R_2, 根据正弦定理有

$$\begin{cases} R_1 = \dfrac{D_{12}}{\left|\sin\phi_{12}\right|}\left|\sin\phi_2\right| \\ R_2 = \dfrac{D_{12}}{\left|\sin\phi_{12}\right|}\left|\sin\phi_1\right| \end{cases} \tag{2.12}$$

式中

$$\begin{cases} \left|\sin\phi_1\right| = \sqrt{1-\cos^2\phi_1} \\ \left|\sin\phi_2\right| = \sqrt{1-\cos^2\phi_2} \\ \left|\sin\phi_{12}\right| = \sqrt{1-\cos^2\phi_{12}} \end{cases} \tag{2.13}$$

依据方向余弦的定义，目标位置在地心系下的坐标可以表示为如下任意一种形式

$$\begin{cases} x_1 = R_1 l_1 + x_{01}, \\ y_1 = R_1 m_1 + y_{01}, \\ z_1 = R_1 n_1 + z_{01}, \end{cases} \quad \begin{cases} x_2 = R_2 l_2 + x_{02} \\ y_2 = R_2 m_2 + y_{02} \\ z_2 = R_2 n_2 + z_{02} \end{cases} \tag{2.14}$$

加权得

$$\begin{cases} x = \left(x_1 + x_2\right)/2 \\ y = \left(y_1 + y_2\right)/2 \\ z = \left(z_1 + z_2\right)/2 \end{cases} \tag{2.15}$$

两站交会定位中，有两方面容易出错：

(1)量纲错误：三角函数 cos、sin 和 tan 的自变量单位是弧度. 三角函数 cosd、sind 和 tand 的自变量单位是角度.

(2)方向错误：方位角与俯仰角都是到角，而不是夹角. 方位角逆时针为正，俯仰角向上为正.

由于地球自转等因素，地面上一点的重力方向与相应椭球面上的法向一般不是重合的，两个方向的夹角称为垂向偏差. 垂向偏差的子午圈分量记为 ξ，垂向偏差的卯酉圈分量记为 η. 天文纬度 φ、天文经度 λ 与大地纬度 B、大地经度 L 的关系满足

$$\begin{cases} \xi = \varphi - B \\ \eta = \left(\lambda - L\right)\cos\varphi \end{cases} \tag{2.16}$$

已知 φ，λ，ξ，η，可以如下算得大地纬度 B、大地经度 L：

$$\begin{cases} B = \varphi - \xi \\ L = \lambda - \eta \sec\varphi \end{cases} \tag{2.17}$$

2.3 脱靶量仿射变换

2.3.1 脱靶量到测角的仿射变换

如图 2-5 所示，目标在像平面上的脱靶量为 $[X, Y]$，经过脱靶量的仿射变换才能获得方位角 A 和俯仰角 E. 仿射变换，又称仿射映射，可以用线性变换和平移来刻画，如下

$$\begin{bmatrix} A \\ E \end{bmatrix} = \begin{bmatrix} k_1 & k_2 \\ k_4 & k_5 \end{bmatrix} \begin{bmatrix} X \\ Y \end{bmatrix} + \begin{bmatrix} k_3 \\ k_6 \end{bmatrix} \tag{2.18}$$

但是其中 $k_1, k_2, k_3, k_4, k_5, k_6$ 是未知的.

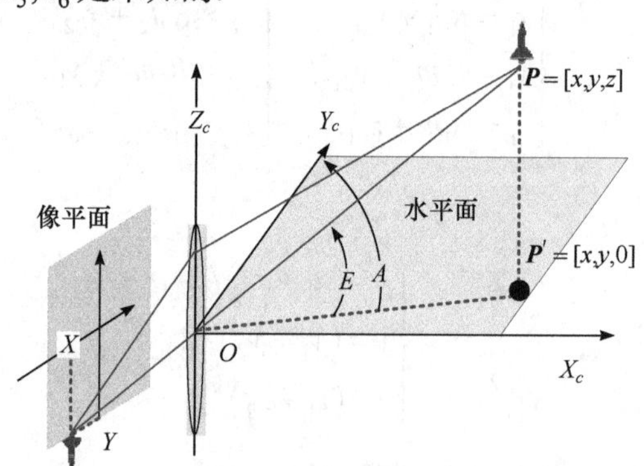

图 2-5 脱靶量示意图

2.3.2 六参数模型算法

在校正装配误差带来的畸变之后，从 $[X, Y]$ 到 $[A, E]$ 的映射可以通过三个靶标的标校来确定，其中靶标的位置坐标已知.

第一步：对于测站 1，待定未知参数为 $k_{11}, k_{12}, k_{13}, k_{14}, k_{15}, k_{16}$. 在参数估计前，有三组信息是已知的：

(1) 站址 $\boldsymbol{X}_{01}$ 和 3 个靶标 $\boldsymbol{X}_1, \boldsymbol{X}_2, \boldsymbol{X}_3$ 的地心系坐标，它们可以由卫星导航定位单元给出；

(2) 靶标在第 1 个测站下的脱靶量 $[X_{11}, Y_{11}], [X_{12}, Y_{12}], [X_{13}, Y_{13}]$；

(3) 靶标在第 1 个测站下的方位角和俯仰角 $[A_{11}, E_{11}], [A_{12}, E_{12}], [A_{13}, E_{13}]$.

构造如下方程

$$\begin{bmatrix} A_{11} \\ E_{11} \end{bmatrix} = \begin{bmatrix} k_{11} & k_{12} \\ k_{14} & k_{15} \end{bmatrix} \begin{bmatrix} X_{11} \\ Y_{11} \end{bmatrix} + \begin{bmatrix} k_{13} \\ k_{16} \end{bmatrix} \tag{2.19}$$

$$\begin{bmatrix} A_{12} \\ E_{12} \end{bmatrix} = \begin{bmatrix} k_{11} & k_{12} \\ k_{14} & k_{15} \end{bmatrix} \begin{bmatrix} X_{12} \\ Y_{12} \end{bmatrix} + \begin{bmatrix} k_{13} \\ k_{16} \end{bmatrix} \tag{2.20}$$

$$\begin{bmatrix} A_{13} \\ E_{13} \end{bmatrix} = \begin{bmatrix} k_{11} & k_{12} \\ k_{14} & k_{15} \end{bmatrix} \begin{bmatrix} X_{13} \\ Y_{13} \end{bmatrix} + \begin{bmatrix} k_{13} \\ k_{16} \end{bmatrix} \tag{2.21}$$

其中 $k_{11},k_{12},k_{13},k_{14},k_{15},k_{16}$ 是未知的；$[A_{11},E_{11}],[A_{12},E_{12}],[A_{13},E_{13}]$ 和 $[X_{11},Y_{11}]$, $[X_{12},Y_{12}],[X_{13},Y_{13}]$是已知的. 基于(2.19)～(2.21)得

$$\begin{bmatrix} A_{11} \\ A_{12} \\ A_{13} \end{bmatrix} = \begin{bmatrix} X_{11} & Y_{11} & 1 \\ X_{12} & Y_{12} & 1 \\ X_{13} & Y_{13} & 1 \end{bmatrix} \begin{bmatrix} k_{11} \\ k_{12} \\ k_{13} \end{bmatrix} \tag{2.22}$$

可以解得 k_{11},k_{12},k_{13}. 同理得

$$\begin{bmatrix} E_{11} \\ E_{12} \\ E_{13} \end{bmatrix} = \begin{bmatrix} X_{11} & Y_{11} & 1 \\ X_{12} & Y_{12} & 1 \\ X_{13} & Y_{13} & 1 \end{bmatrix} \begin{bmatrix} k_{14} \\ k_{15} \\ k_{16} \end{bmatrix} \tag{2.23}$$

可以解得 k_{14},k_{15},k_{16}.

第二步: 对于测站 2, 类似地可以通过 3 个坐标已知的靶标辅助算得 6 个参数: $k_{21},k_{22},k_{23},k_{24},k_{25},k_{26}$.

第三步: 解算被测目标位置$[x,y,z]$.

(1) 依据 k_{11},k_{12},k_{13} 和目标在测站 1 的脱靶量$[X_1,Y_1]$, 解得目标在测站 1 的方位角 A_1:

$$A_1 = k_{11}X_1 + k_{12}Y_1 + k_{13} \tag{2.24}$$

(2) 依据 k_{14},k_{15},k_{16} 和目标在测站 1 的脱靶量$[X_1,Y_1]$, 解得目标在测站 1 的俯仰角 E_1:

$$E_1 = k_{14}X_1 + k_{15}Y_1 + k_{16} \tag{2.25}$$

(3) 依据 k_{21},k_{22},k_{23} 和目标在测站 2 的脱靶量$[X_2,Y_2]$, 解得目标在测站 2 的方位角 A_2:

$$A_2 = k_{21}X_2 + k_{22}Y_2 + k_{23} \tag{2.26}$$

(4) 依据 k_{24},k_{25},k_{26} 和目标在测站 2 的脱靶量$[X_2,Y_2]$, 解得目标在测站 2 的俯仰角 E_2:

$$E_2 = k_{24}X_2 + k_{25}Y_2 + k_{26} \tag{2.27}$$

第四步: 利用$[A_1,E_1],[A_2,E_2]$和 2.2 节“两站测角定位算法”解得目标位置$[x,y,z]$.

需注意的是: 当视场较大时, 距离较近的 3 个靶标在测站的视场内接近共线, 6 参数模型算法无法获得准确的仿射系数, 导致最后的两站测角定位算法失效.

2.4 单靶标张角定位

海上试验在船首、船尾、船中布设三个靶标, 当三个靶标之间的距离远小于测站到靶标的距离时, 三个靶标在视场中无法有效区分, 继而无法稳定估算脱靶量到测角的仿射系数, 也无法获得准确的方位角 A 和俯仰角 E, 最终导致无法实现测角定位.

若已知目标的高程, 且目标与靶标距离较近但可以区分, 则可以使用单靶标辅助定位. 下面以海上 3 千米范围的小型靶场为例, 分析单靶标定位方法. 单靶标经纬仪观测几何如图 2-6 所示, 由于靶标距离较近, 三个靶标可以看作一个靶标, 两个测站的地心系坐标为 $\boldsymbol{X}_{01}=\left[x_1,y_1,z_1\right]^{\mathrm{T}},\boldsymbol{X}_{02}=\left[x_2,y_2,z_2\right]^{\mathrm{T}}$, 靶船标志点的地心系坐标为 $\boldsymbol{X}_b=\left[x_b,y_b,z_b\right]^{\mathrm{T}}$, 目标位置 $\boldsymbol{X}=\left[x,y,z\right]^{\mathrm{T}}$ 未知.

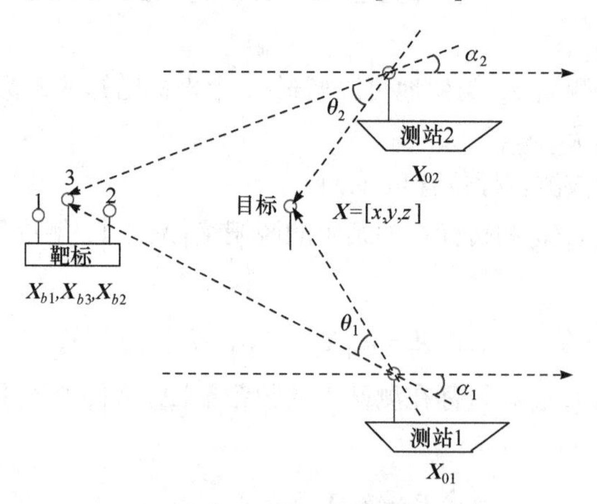

图 2-6 测站-靶标-目标的布设几何

2.4.1 张角方程

与地面站时差定位相似, 张角定位也是利用不同测量站之间的信息差进行定位. 如图 2-6 所示, 单靶标张角定位法也称为圆锥交会定位. 在测站 1 的视野中, 测得目标的方位角与靶标的方位角之差为 ΔA_1, 目标的俯仰角与靶标的俯仰角之差为 ΔE_1. 同理, 在测站 2 的视野中, 测得目标的方位角与靶标的方位角之差为

ΔA_2，目标的俯仰角与靶标的俯仰角之差为 ΔE_2. 在海面目标定位中，俯仰角差满足

$$\Delta E \approx 0 \tag{2.28}$$

把张角定义为

$$\theta = \operatorname{sign}(\Delta A) \cdot \sqrt{\Delta A \cdot \Delta A + \Delta E \cdot \Delta E} \tag{2.29}$$

张角 θ 带符号，由于 $\Delta E \approx 0$，所以 θ 与 ΔA 同号，逆时针为正号，顺时针为负号. 测站 1、靶标与目标形成的张角 θ_1 为

$$\theta_1 = \operatorname{sign}(\Delta A_1) \cdot \sqrt{\Delta A_1 \cdot \Delta A_1 + \Delta E_1 \cdot \Delta E_1} \tag{2.30}$$

假定靶标的位置坐标为 $\boldsymbol{X}_b = [x_b, y_b, z_b]^{\mathrm{T}}$，待测目标位置坐标为 $\boldsymbol{X} = [x, y, z]^{\mathrm{T}}$. 1 号站站址坐标为 $[x_1, y_1, z_1]$，以过 1 号站及靶标的直线为中心线，以张角 θ_1 作圆锥面，圆锥面方程就是夹角余弦方程

$$f_1 = \cos\theta_1 - \frac{(x_b - x_1)(x - x_1) + (y_b - y_1)(y - y_1) + (z_b - z_1)(z - z_1)}{\sqrt{(x_b - x_1)^2 + (y_b - y_1)^2 + (z_b - z_1)^2}\sqrt{(x - x_1)^2 + (y - y_1)^2 + (z - z_1)^2}} \tag{2.31}$$

若测量没有误差，则 $f_1 = 0$. 同理，测站 2、靶标与目标形成的张角 θ_2 为

$$\theta_2 = \operatorname{sign}(\Delta A_2) \cdot \sqrt{\Delta A_2 \cdot \Delta A_2 + \Delta E_2 \cdot \Delta E_2} \tag{2.32}$$

以过 2 号站 $[x_2, y_2, z_2]$ 及靶标的直线为中心线，以张角 θ_2 作圆锥面，对应的圆锥面方程为

$$f_2 = \cos\theta_2 - \frac{(x_b - x_2)(x - x_2) + (y_b - y_2)(y - y_2) + (z_b - z_2)(z - z_2)}{\sqrt{(x_b - x_2)^2 + (y_b - y_2)^2 + (z_b - z_2)^2}\sqrt{(x - x_2)^2 + (y - y_2)^2 + (z - z_2)^2}} \tag{2.33}$$

若测量没有误差，则 $f_2 = 0$. 记测站 1 到目标的距离为 R_1，测站 1 到靶标的距离为 R_{b1}，则有

$$\begin{cases} R_1 = \sqrt{(x - x_1)^2 + (y - y_1)^2 + (z - z_1)^2} \\ R_{b1} = \sqrt{(x_b - x_1)^2 + (y_b - y_1)^2 + (z_b - z_1)^2} \end{cases} \tag{2.34}$$

记目标的方向向量和靶标的方向向量为

$$\begin{cases} [l_1(x), m_1(y), n_1(z)] = \dfrac{1}{R_1}[x - x_1, y - y_1, z - z_1] \\ [l_{b1}, m_{b1}, n_{b1}] = \dfrac{1}{R_{b1}}[x_b - x_1, y_b - y_1, z_b - z_1] \end{cases} \tag{2.35}$$

圆锥面方程(2.31)简记为

$$f_1 = \cos\theta_1 - l_1(x)l_{b1} - m_1(y)m_{b1} - n_1(z)n_{b1} \tag{2.36}$$

同理, 记测站 2 到目标的距离为 R_2, 测站 2 到靶标的距离为 R_{b2}, 则(2.33)简记为

$$f_2 = \cos\theta_2 - l_2(x)l_{b2} - m_2(y)m_{b2} - n_2(z)n_{b2} \tag{2.37}$$

圆锥交会法利用非线性最小二乘迭代公式估计未知参数, 如图 2-6 所示, 对于同一对张角可能出现四个交点, 这 4 个交点都满足方程(2.31)和(2.33), 因此如果初值选择不恰当, 则可能导致迭代收敛到其他 3 个错误的解.

2.4.2　解析初始化

在平面内, 两个方程对应两条曲线, 其交点对应了方程组的解. 在地球表面有目标、靶标、两个测站, 一般来说这四个点不共面, 但是假定它们共面可以快速获得一个带误差的迭代初值.

以靶标为中心构建 “东北天” 测站系, 忽略天向坐标, 第一个测站的坐标为 $[E_1, N_1]$, 第二个测站的坐标为 $[E_2, N_2]$, 靶标的坐标为 $[E_b, N_b] = [0,0]$, 设被测目标的初值坐标估计值为 $[E, N]$, 不妨假定测站 1、测站 2 和目标构成逆时针走向; 测站 1、目标和靶标也构成逆时针走向. 过测站 $[E_1, N_1]$ 和靶标 $[E_b, N_b]$ 的直线斜率为

$$\tan\alpha_1 = \frac{N_1 - N_b}{E_1 - E_b} \tag{2.38}$$

解得东向到靶标观测线的角

$$\alpha_1 = \operatorname{atan}\left(\frac{N_1 - N_b}{E_1 - E_b}\right) < 0 \tag{2.39}$$

假设测站 2、目标和靶标构成顺时针走向, 过测站 $[E_2, N_2]$ 和靶标 $[E_b, N_b]$ 的直线斜率为

$$\tan\alpha_2 = \frac{N_2 - N_b}{E_2 - E_b} \tag{2.40}$$

解得东向到靶标观测线的角

$$\alpha_2 = \operatorname{atan}\left(\frac{N_2 - N_b}{E_2 - E_b}\right) > 0 \tag{2.41}$$

已知 α_1, θ_1 可求得东向到第 1 条目标观测线的到角正切

$$k_1 = \tan(\alpha_1 + \theta_1) = \frac{\tan\alpha_1 + \tan\theta_1}{1 - \tan\alpha_1 \tan\theta_1} \tag{2.42}$$

过测站$[E_1,N_1]$和被测目标$[E,N]$的直线斜率为

$$k_1=\frac{N_1-N}{E_1-E} \tag{2.43}$$

得线性方程

$$N-k_1E=N_1-k_1E_1 \tag{2.44}$$

已知α_2,θ_2可求得东向到第 2 条目标观测线的到角正切

$$k_2=\tan(\alpha_2+\theta_2)=\frac{\tan\alpha_2+\tan\theta_2}{1-\tan\alpha_2\tan\theta_2} \tag{2.45}$$

过测站$[E_2,N_2]$和被测目标$[E,N]$的直线斜率为

$$k_2=\frac{N_2-N}{E_2-E} \tag{2.46}$$

得线性方程

$$N-k_2E=N_2-k_2E_2 \tag{2.47}$$

联立(2.44), (2.47)

$$\begin{bmatrix}-k_1 & 1\\ -k_2 & 1\end{bmatrix}\begin{bmatrix}E\\ N\end{bmatrix}=\begin{bmatrix}N_1-k_1E_1\\ N_2-k_2E_2\end{bmatrix} \tag{2.48}$$

所以

$$\begin{bmatrix}E\\ N\end{bmatrix}=\frac{1}{k_1-k_2}\begin{bmatrix}(N_2-k_2E_2)-(N_1-k_1E_1)\\ k_1(N_2-k_2E_2)-k_2(N_1-k_1E_1)\end{bmatrix} \tag{2.49}$$

总之, 在靶标的靶心系下得到了目标的一个近似初值为

$$[x_0,y_0,z_0]=[E,N,U=0] \tag{2.50}$$

2.4.3 雅可比矩阵

一方面, 若测量没有误差, 则锥面方程(2.36)和(2.37)满足$f_1=0,f_2=0$, 但是实际测量存在多种误差, 导致圆锥面方程$f_1\neq 0,f_2\neq 0$. 另一方面, 锥面方程(2.36)的分母有待估位置参数$[x,y,z]$, 故在式(2.36)两边同时乘以测站到目标的距离R_1, 记$e_1=f_1R_1$, 得

$$e_1=R_1\cos\theta_1-(x-x_1)l_{b1}-(y-y_1)m_{b1}-(z-z_1)n_{b1} \tag{2.51}$$

则e_1对$[x,y,z]$的梯度为

$$\frac{\partial}{\partial[x,y,z]}e_1=[\cos\theta_1 l_1-l_{b1},\cos\theta_1 m_1-m_{b1},\cos\theta_1 n_1-n_{b1}] \tag{2.52}$$

类似地，得

$$e_2 = R_2 \cos\theta_2 - (x - x_2) l_{b2} - (y - y_2) m_{b2} - (z - z_2) n_{b2} \tag{2.53}$$

$$\frac{\partial}{\partial[x,y,z]} e_2 = [\cos\theta_2 l_2 - l_{b2}, \cos\theta_2 m_2 - m_{b2}, \cos\theta_2 n_2 - n_{b2}] \tag{2.54}$$

在地心系下，目标坐标之模 $\sqrt{x^2+y^2+z^2}$ 与海拔高 H 作差可得目标在海平面垂点到地心的距离 r．靶标坐标之模 $\sqrt{x_b^2+y_b^2+z_b^2}$ 与海拔高 H_b 作差可得靶标在海平面垂点到地心的距离 r_b．在小靶场中，目标和靶标距离较近，故 $r \approx r_b$，从而构造如下残差方程

$$e_3 = \sqrt{x_b^2+y_b^2+z_b^2} - H_b - (\sqrt{x^2+y^2+z^2} - H) \tag{2.55}$$

上式假定了被测目标高度 H 是已知的，特别地 $H=0$．记方向向量为

$$[l,m,n] = \frac{1}{\sqrt{x^2+y^2+z^2}}[x,y,z] \tag{2.56}$$

则 e_3 对 $[x,y,z]$ 的梯度为

$$\frac{\partial}{\partial[x,y,z]} e_3 = [-l,-m,-n] \tag{2.57}$$

联立(2.52), (2.54), (2.57)得 $[e_1,e_2,e_3]^{\mathrm{T}}$ 对 $[x,y,z]$ 的雅可比矩阵

$$\boldsymbol{J} = \frac{\partial[e_1,e_2,e_3]^{\mathrm{T}}}{\partial[x,y,z]} = \begin{bmatrix} \cos\theta_1 l_1 - l_{b1} & \cos\theta_1 m_1 - m_{b1} & \cos\theta_1 n_1 - n_{b1} \\ \cos\theta_2 l_2 - l_{b2} & \cos\theta_2 m_2 - m_{b2} & \cos\theta_2 n_2 - n_{b2} \\ -l & -m & -n \end{bmatrix} \tag{2.58}$$

需注意:

(1) 雅可比矩阵 $\boldsymbol{J}$ 中的 $l,m,n,l_1,m_1,n_1,l_{b1},m_{b1},n_{b1},l_{b2},m_{b2},n_{b2}$ 都是关于 $[x,y,z]$ 的函数.

(2) 所有坐标都在地心系下表示，在运算中需要将测站系坐标和大地坐标转化为地心系坐标.

2.4.4 非线性迭代

对于矛盾线性方程组，$\boldsymbol{Y}$ 为已知量，$\boldsymbol{X}$ 为未知量，$\boldsymbol{A}$ 为已知的设计矩阵，有

$$\boldsymbol{Y} = \boldsymbol{A}\boldsymbol{X} \tag{2.59}$$

构建如下优化目标

$$G(\boldsymbol{X})=\frac{1}{2}(\boldsymbol{Y}-\boldsymbol{A}\boldsymbol{X})^{\mathrm{T}}(\boldsymbol{Y}-\boldsymbol{A}\boldsymbol{X}) \tag{2.60}$$

令梯度为零

$$\frac{\partial}{\partial \boldsymbol{X}}G(\boldsymbol{X})=-\boldsymbol{A}^{\mathrm{T}}(\boldsymbol{Y}-\boldsymbol{A}\boldsymbol{X})=\boldsymbol{0} \tag{2.61}$$

求得极值点为

$$\boldsymbol{X}=(\boldsymbol{A}^{\mathrm{T}}\boldsymbol{A})^{-1}\boldsymbol{A}^{\mathrm{T}}\boldsymbol{Y} \tag{2.62}$$

类似地, 对于矛盾非线性方程组, $\boldsymbol{Y}$ 为已知量, $\boldsymbol{X}$ 为未知量, $\boldsymbol{f}$ 为已知的测量原理, 有

$$\boldsymbol{Y}=\boldsymbol{f}(\boldsymbol{X}) \tag{2.63}$$

构建如下优化目标

$$G(\boldsymbol{X})=\frac{1}{2}(\boldsymbol{Y}-\boldsymbol{f}(\boldsymbol{X}))^{\mathrm{T}}(\boldsymbol{Y}-\boldsymbol{f}(\boldsymbol{X})) \tag{2.64}$$

令梯度为零

$$\frac{\partial}{\partial \boldsymbol{X}}G(\boldsymbol{X})=-\boldsymbol{J}^{\mathrm{T}}(\boldsymbol{Y}-\boldsymbol{f}(\boldsymbol{X}))=\boldsymbol{0} \tag{2.65}$$

其中

$$\boldsymbol{J}=\nabla\boldsymbol{f}=\frac{\partial\boldsymbol{f}(\boldsymbol{X})}{\partial\boldsymbol{X}^{\mathrm{T}}}=\begin{bmatrix}\dfrac{\partial f_1}{\partial x_1} & \cdots & \dfrac{\partial f_1}{\partial x_n}\\ \vdots & \ddots & \vdots\\ \dfrac{\partial f_m}{\partial x_1} & \cdots & \dfrac{\partial f_m}{\partial x_n}\end{bmatrix}\in\mathbb{R}^{m\times n} \tag{2.66}$$

方程(2.65)没有显式解. 若 $\boldsymbol{X}$ 的初值为 $\boldsymbol{X}_0$, 则 $\boldsymbol{f}(\boldsymbol{X})$ 的一阶泰勒(Taylor)展式为

$$\boldsymbol{f}(\boldsymbol{X})\approx\boldsymbol{f}(\boldsymbol{X}_0)+\boldsymbol{J}(\boldsymbol{X}-\boldsymbol{X}_0) \tag{2.67}$$

$\boldsymbol{J}$ 就是 $\boldsymbol{f}(\boldsymbol{X})$ 的雅可比矩阵 $\boldsymbol{J}$ 在 $\boldsymbol{X}_0$ 取值. 记

$$\begin{cases}\tilde{\boldsymbol{X}}=\boldsymbol{X}-\boldsymbol{X}_0\\ \tilde{\boldsymbol{Y}}=\boldsymbol{Y}-\boldsymbol{f}(\boldsymbol{X}_0)\end{cases} \tag{2.68}$$

把(2.67)代入到(2.64)得

$$G(\boldsymbol{X}) \approx \frac{1}{2}(\tilde{\boldsymbol{Y}} - \boldsymbol{J}\tilde{\boldsymbol{X}})^{\mathrm{T}}(\tilde{\boldsymbol{Y}} - \boldsymbol{J}\tilde{\boldsymbol{X}}) \tag{2.69}$$

类似(2.62)得

$$\tilde{\boldsymbol{X}} = (\boldsymbol{J}^{\mathrm{T}}\boldsymbol{J})^{-1}\boldsymbol{J}^{\mathrm{T}}\tilde{\boldsymbol{Y}} \tag{2.70}$$

即

$$\boldsymbol{X} = \boldsymbol{X}_0 + (\boldsymbol{J}^{\mathrm{T}}\boldsymbol{J})^{-1}\boldsymbol{J}^{\mathrm{T}}(\boldsymbol{Y} - \boldsymbol{f}(\boldsymbol{X}_0)) \tag{2.71}$$

为了防止迭代步长过大, 加入迭代因子 $\lambda < 1$ 得

$$\boldsymbol{X} = \boldsymbol{X}_0 + \lambda(\boldsymbol{J}^{\mathrm{T}}\boldsymbol{J})^{-1}\boldsymbol{J}^{\mathrm{T}}(\boldsymbol{Y} - \boldsymbol{f}(\boldsymbol{X}_0)) \tag{2.72}$$

将参数初值 $\boldsymbol{X}_0 = [x_0, y_0, z_0]^{\mathrm{T}}$ 代入 $\boldsymbol{e} = \boldsymbol{Y} - \boldsymbol{f}(\boldsymbol{X})$ 得到旧的残差平方和 $\mathrm{SSE}_0 = \|\boldsymbol{e}\|^2$, 然后将初值 $\boldsymbol{X}_0$ 代入雅可比矩阵 $\boldsymbol{J}$, 依据(2.72)更新迭代后的参数为

$$\boldsymbol{X} = \boldsymbol{X}_0 + \Delta\boldsymbol{X} \tag{2.73}$$

将 $\boldsymbol{X}$ 代入 $\boldsymbol{e} = \boldsymbol{Y} - \boldsymbol{f}(\boldsymbol{X})$ 得到新的残差平方和 $\mathrm{SSE}_1 = \|\boldsymbol{e}\|^2$, 如果 $\mathrm{SSE}_1 \geqslant \mathrm{SSE}_0$, 说明步长太大, 迭代无法使得残差平方和变小, 故令步长减半, 即

$$\boldsymbol{X} = \boldsymbol{X}_0 + \frac{1}{2}\Delta\boldsymbol{X} \tag{2.74}$$

重复(2.73)和(2.74), 直到迭代使得残差平方和变小, 即 $\mathrm{SSE}_1 < \mathrm{SSE}_0$, 此时本次迭代完成, 将 $\boldsymbol{X}$ 赋值给 $\boldsymbol{X}_0$, 把 SSE_1 赋值给 SSE_0, 计算减小量

$$\varepsilon = \mathrm{SSE}_0 - \mathrm{SSE}_1 \tag{2.75}$$

当迭代次数 k 达到最大次数 $k_{\max}$, 或者 ε 达到精度需求 $\varepsilon_{\min}$ 时, 退出迭代. $k_{\max}$ 一般低于 50, $\varepsilon_{\min}$ 由定位需求决定.

2.4.5 地心距之差和可视距离

2.4.5.1 地心距之差

由于地球接近椭球, 尽管靶标和目标都在海面上, 但各自到地心的距离是不相同的, 设两个地心距离相差 Δr, 若目标与靶标水平距离为 1 米, 则地心距之差 Δr 大致满足

$$\frac{a-b}{\pi/2} \approx \frac{\Delta r}{1/a} \tag{2.76}$$

其中 $a = 6378137$ 米是地球参考椭球体的长半轴, $b = 6356755$ 米是地球参考椭球体的短半轴, 利用 "(6378137-6356755)/((6378137*pi)/2)" 计算得

$$\Delta r = \frac{2(a-b)}{a\pi} \approx \frac{2}{1000} \tag{2.77}$$

上式意味着：若靶标和目标相距 1 米，最大地心距相差 2 毫米；若靶标和目标相距 1 千米，最大地心距相差 2 米，这也意味着单靶标张角定位的误差大于 2 米.

2.4.5.2 可视距离

如图 2-7 所示，C 表示测站位置，B 表示测站在海平面的投影，A 表示测站可见海平面最远点. 假定海面测站高 2 米，理想情况下测站最多可以观测到多远的海面目标？经计算可知，测站至多可以见 5 千米远的目标. 实际上，简单起见，假定地球半径 $R = BO = AO \approx 6400$ 千米，测站高 $BC = 0.002$ 千米，依据勾股定理 $AO^2 + AC^2 = CO^2$，得

$$AB \approx AC = \sqrt{(CB + BO)^2 - AO^2} \tag{2.78}$$

如图 2-8 所示，A 表示测站位置，B 表示目标发射点，C 表示测站平视目标可见最低点，E 表示测站仰视 15 度目标可见最低点. 假定陆地观测站观测空中目标，观测站到目标的距离为 3000 千米，目标垂直发射，观测站最低仰角为 15 度，理想情况下观测站最多能看到多低的目标？假定地球半径为 $R = BO = AO \approx 6400$ 千米，观测站到目标的直线距离小于 $h = 3000$ 千米，过 A 到 BO 的垂足为 D，依据相似三角形对应边成比例原理，可得 $\frac{BD}{h} = \frac{h/2}{R}$，得 $BD = \frac{h^2}{2R} \approx 703$ 千米，$OD = R - BD = 5697$ 千米，$AD = \sqrt{R^2 - OD^2} = 2916$ 千米. 又因 $\frac{AD}{CD} = \frac{OD}{AD}$，得 $CD = \frac{AD^2}{OD} = 1493$ 千米，$\varphi = \operatorname{atan}\left(\frac{CD}{AD}\right)$，则 $ED = AD \cdot \tan(\varphi + 15°) = 2636$ 千米，最后得最低可视高程为 $EB = ED - BD = 1933 \approx 2000$ 千米.

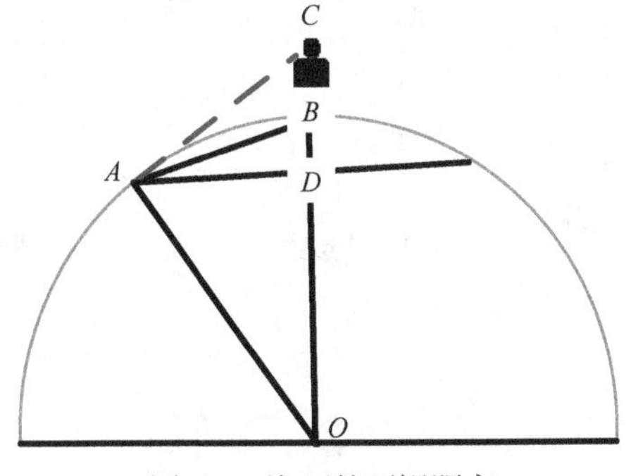

图 2-7 海面的可视距离

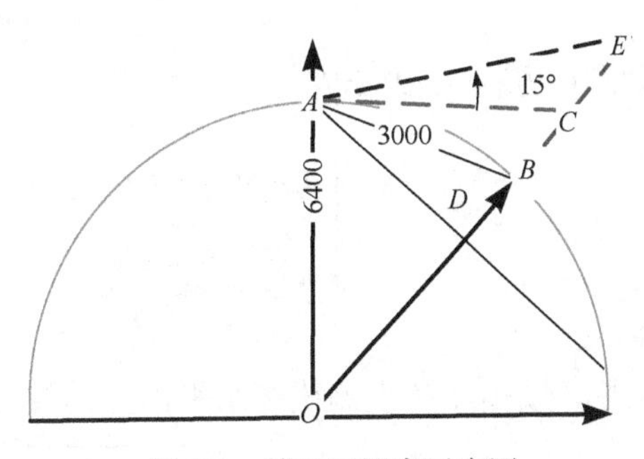

图 2-8 陆地可视高示意图

2.5　小视场多站近似迭代算法

2.5.1　测量方程和迭代困难

在“东北天”测站系下，设$D=\sqrt{x^2+y^2}$，$R=\sqrt{x^2+y^2+z^2}$，$s=\text{sign}(x)$，则方位角、俯仰角测量方程为

$$\begin{cases} A=\pi(1-s)+s\cdot\text{acos}\dfrac{y}{D} \\ E=\text{atan}\dfrac{z}{D} \end{cases} \tag{2.79}$$

非线性迭代算法的难点有:

(1) 过零修正困难: 方位角A限定在 0 到2π，需要过零修正; 方位角A通过反余弦$A=\text{acos}\dfrac{y}{D}$获得，反余弦的范围是 0 到$\pi$；当东向坐标取负值时$A=2\pi-\text{acos}\dfrac{y}{D}$. 所以当东向坐标从负值过渡到正值时(或者从正值过渡到负值)，函数表达式不是连续的.

(2) 坐标统一困难: 实际上无论是方位角还是俯仰角都定义在以测站为中心的“东北天”测站系中，不同测站系的原点是不重合的，坐标轴也不是平行的，需要在统一的坐标系下表示. 在小视场情况下，常忽略坐标轴不平行带来的误差.

2.5.2　小视场近似解算

在小视场情况下，假定所有“东北天”坐标系都是相互平行的，目标在统一的靶心系下表示，坐标为$[x,y,z]$. 设共有m个测站，第i个站址在靶心系下的坐标为$[x_i,y_i,z_i]$，记符号函数为

$$s_i=\text{sign}(x-x_i) \tag{2.80}$$

则测量方程(2.79)变成

$$\begin{cases} A_i=\pi(1-s_i)+s_i\cdot\text{acos}\dfrac{y-y_i}{D_i}, \\ E_i=\text{atan}\dfrac{z-z_i}{D_i} \end{cases} \quad (i=1,\cdots,m) \tag{2.81}$$

其中D_i是第i条观测线在水平面上的投影，即

$$D_i=\sqrt{(x-x_i)^2+(y-y_i)^2} \quad (i=1,\cdots,m) \tag{2.82}$$

记目标到第 i 个测站的距离为 R_i，则

$$R_i=\sqrt{\left(x-x_i\right)^2+\left(y-y_i\right)^2+\left(z-z_i\right)^2}\quad (i=1,\cdots,m) \tag{2.83}$$

2.5.3 雅可比矩阵

2.5.3.1 方位角

注意到反余弦的导数为

$$\operatorname{acos}(t)'=-\frac{1}{\sqrt{1-t^2}} \tag{2.84}$$

依据 $A_i=\pi\left(1-s_i\right)+s_i\cdot\operatorname{acos}\dfrac{y-y_i}{D_i}$，结合 $D_i=\sqrt{(x-x_i)^2+(y-y_i)^2}$ 和符号运算，可得方位角相对 $[x,y,z]$ 的偏导数

$$\begin{cases}\dfrac{\partial}{\partial x}A_i=\dfrac{y-y_i}{D_i^2},\\ \dfrac{\partial}{\partial y}A_i=-\dfrac{x-x_i}{D_i^2},\quad (i=1,\cdots,m)\\ \dfrac{\partial}{\partial z}A_i=0\end{cases} \tag{2.85}$$

实际上，对于 $A=\pi(1-s)+s\cdot\operatorname{acos}\dfrac{y}{D}$，有

$$\frac{\partial}{\partial x}A=s\frac{\partial}{\partial x}\operatorname{acos}\frac{y}{D}=-s\frac{1}{\sqrt{1-\dfrac{y^2}{D^2}}}y\frac{-\dfrac{1}{2}\times 2x}{(D)^{3/2}}=\frac{y}{D^2}$$

$$\frac{\partial}{\partial y}A=s\frac{\partial}{\partial y}\operatorname{acos}\frac{y}{D}=-s\frac{1}{\sqrt{1-\dfrac{y^2}{D^2}}}\frac{D-y\dfrac{y}{D}}{D^2}=-\frac{x}{D^2}$$

2.5.3.2 俯仰角

注意到反正切的导数为

$$\operatorname{atan}(t)'=\frac{1}{1+t^2} \tag{2.86}$$

依据 $E_i=\operatorname{atan}\dfrac{z-z_i}{D_i}$，结合 $D_i=\sqrt{(x-x_i)^2+(y-y_i)^2}$, $R_i=\sqrt{(x-x_i)^2+(y-y_i)^2+(z-z_i)^2}$ 和符号运算，可得俯仰角相对 $[x,y,z]$ 的偏导数

$$
\begin{cases}
\dfrac{\partial}{\partial x}E_i = -\dfrac{1}{R_i^{\,2}}\dfrac{(z-z_i)(x-x_i)}{D}, \\
\dfrac{\partial}{\partial y}E_i = -\dfrac{1}{R^2}\dfrac{(y-y_i)(z-z_i)}{D_i}, \quad (i=1,\cdots,m) \\
\dfrac{\partial}{\partial z}E_i = \dfrac{D_i}{R_i^{\,2}}
\end{cases}
\tag{2.87}
$$

实际上, 对于 $E=\operatorname{atan}\dfrac{z}{D}$, 注意到 x,y 的结果是类似的, 只需求 $\dfrac{\partial}{\partial x}E$ 和 $\dfrac{\partial}{\partial z}E$ 有

$$
\frac{\partial}{\partial x}E = \frac{1}{1+\dfrac{z^2}{x^2+y^2}} z \frac{-\dfrac{1}{2}\times 2x}{\left(x^2+y^2\right)^{3/2}} = -\frac{1}{R^2}\frac{zx}{D}
$$

$$
\frac{\partial}{\partial z}E = \frac{1}{1+\dfrac{z^2}{x^2+y^2}} \frac{1}{\left(x^2+y^2\right)^{1/2}} = \frac{1}{x^2+z^2+y^2}D = \frac{D}{R^2}
$$

2.5.4　第二类雅可比矩阵

如前所述, 若目标在“东北天”测站系下坐标为 $[x,y,z]$, 为了回避量纲对定位的影响, 将测量方程改造如下

$$
\begin{cases}
\cos A = \dfrac{y}{D} \\
\sin E = \dfrac{y}{R}
\end{cases}
\tag{2.88}
$$

其中坐标都是在“东北天”测站系下, $D=\sqrt{x^2+y^2}$, $R=\sqrt{x^2+y^2+z^2}$. 改造后, 方位角、俯仰角相对 $[x,y,z]$ 的偏导数分别为

$$
\begin{cases}
\dfrac{\partial}{\partial x}\cos A = \dfrac{\partial}{\partial x}\dfrac{y}{D} = \dfrac{-y\dfrac{x}{D}}{D^2} = \dfrac{-yx}{D^3} \\
\dfrac{\partial}{\partial y}\cos A = \dfrac{\partial}{\partial y}\dfrac{y}{D} = \dfrac{D-y\dfrac{y}{D}}{D^2} = \dfrac{x^2}{D^3} \\
\dfrac{\partial}{\partial z}\cos A = 0
\end{cases}
\tag{2.89}
$$

$$\begin{cases}\dfrac{\partial}{\partial x}\sin E=\dfrac{\partial}{\partial x}\dfrac{z}{R}=\dfrac{-z\dfrac{x}{R}}{R^2}=-\dfrac{zx}{R^3}\\ \dfrac{\partial}{\partial y}\sin E=\dfrac{\partial}{\partial y}\dfrac{z}{R}=\dfrac{-z\dfrac{y}{R}}{R^2}=-\dfrac{yz}{R^3}\\ \dfrac{\partial}{\partial z}\sin E=\dfrac{\partial}{\partial z}\dfrac{z}{R}=\dfrac{R-z\dfrac{z}{R}}{R^2}=\dfrac{x^2+y^2}{R^3}\end{cases} \tag{2.90}$$

综上, 对于第 i 个测站, 消除量纲后有

$$\begin{cases}\dfrac{\partial\cos A_i}{\partial[x,y,z]}=\left[\dfrac{-(x-x_i)(y-y_i)}{D_i^3}\quad \dfrac{(x-x_i)^2}{D_i^3}\quad 0\right],\\ \dfrac{\partial\sin E_i}{\partial[x,y,z]}=\left[-\dfrac{(z-z_i)(x-x_i)}{R_i^3}\quad -\dfrac{(z-z_i)(y-y_i)}{R_i^3}\quad \dfrac{D_i^2}{R_i^2}\right]\end{cases}\quad (i=1,\cdots,m) \tag{2.91}$$

2.6　大视场多站迭代算法

对于小视场, 不同测站对应的测站系“东北天”方向几乎是平行的. 对于大视场, 不同测站对应的测站系“东北天”方向有显著差异, 必须完成“空间统一”. 空间统一的基本思路为: 先给出统一的坐标系坐标, 这里用地心系; 然后执行非线性迭代或者非线性滤波.

2.6.1　单站雅可比矩阵

在统一的地心系下, 目标的坐标记为 $\boldsymbol{X}_d=[x,y,z]^{\mathrm{T}}$, 目标在不同的测站系下, 坐标不同, 在第 i 个测站系下的坐标记为 $\boldsymbol{X}_{ci}=[x_{ci},y_{ci},z_{ci}]^{\mathrm{T}}$; 假定第 i 个测站的地心系坐标为 $\boldsymbol{X}_{0i}$, 则类似于(2.2), 不同的测站系坐标可以统一到唯一的地心系坐标

$$\boldsymbol{X}_{ci}=\boldsymbol{M}(-B_i,L_i)(\boldsymbol{X}_d-\boldsymbol{X}_{0i})\quad (i=1,\cdots,m) \tag{2.92}$$

类似于公式(1.42)有

$$\boldsymbol{M}(-B_i,L_i)=\begin{bmatrix}-\sin L_i & \cos L_i & 0\\ -\cos L_i\sin B_i & -\sin L_i\sin B_i & \cos B_i\\ \cos B_i\cos L_i & \cos B_i\sin L_i & \sin B_i\end{bmatrix} \tag{2.93}$$

其中 L_i,B_i 是第 i 个测站的经度和纬度. 依据(2.81), 类似得单站测站系下的测角雅可比矩阵

$$\boldsymbol{J}_{ci}=\frac{\partial\left[A_i,E_i\right]^{\mathrm{T}}}{\partial\left[x_{ci},y_{ci},z_{ci}\right]}=\begin{bmatrix}\dfrac{y_{ci}}{D_i^2} & -\dfrac{x_{ci}}{D_i^2} & 0\\ -\dfrac{1}{R_i^2}\dfrac{z_{ci}\cdot x_{ci}}{D_i} & -\dfrac{1}{R_i^2}\dfrac{y_{ci}\cdot z_{ci}}{D_i} & \dfrac{D_i}{R_i^2}\end{bmatrix} \tag{2.94}$$

其中 D_i 是第 i 条测量线的水平投影长, 即

$$D_i=\sqrt{x_{ci}^2+y_{ci}^2}\quad (i=1,\cdots,m) \tag{2.95}$$

R_i 是目标到测站的距离, 即

$$R_i=\sqrt{x_{ci}^2+y_{ci}^2+z_{ci}^2}\quad (i=1,\cdots,m) \tag{2.96}$$

2.6.2　多站雅可比矩阵

注意到 $\boldsymbol{M}$ 和 $\boldsymbol{X}_{0i}$ 都是常量, 由(2.92)可知

$$\frac{\partial\left[x_{ci},y_{ci},z_{ci}\right]^{\mathrm{T}}}{\partial\left[x,y,z\right]}=\boldsymbol{M}\left(-B_i,L_i\right) \tag{2.97}$$

注意到旋转矩阵都是正交的, 行列式等于 1, 基于复合微分公式得统一坐标系下的雅可比矩阵

$$\boldsymbol{J}_{di}=\frac{\partial\left[R_i,A_i\right]^{\mathrm{T}}}{\partial\left[x,y,z\right]}=\frac{\partial\left[R_i,A_i\right]^{\mathrm{T}}}{\partial\left[x_{ci},y_{ci},z_{ci}\right]}\frac{\partial\left[x_{ci},y_{ci},z_{ci}\right]^{\mathrm{T}}}{\partial\left[x,y,z\right]}\triangleq\boldsymbol{J}_{ci}\boldsymbol{M}\left(-B_i,L_i\right) \tag{2.98}$$

其中 $\boldsymbol{J}_{ci}$ 参考(2.94), 在统一的地心系下, 多站测角雅可比矩阵为

$$\boldsymbol{J}_d=\begin{bmatrix}\boldsymbol{J}_{c1}\boldsymbol{M}\left(-B_1,L_1\right)\\ \boldsymbol{J}_{c2}\boldsymbol{M}\left(-B_2,L_2\right)\\ \vdots\end{bmatrix} \tag{2.99}$$

2.6.3　精度分析

以 $m=2$ 为例, 下面分析视场范围 R 、观测构型(交会角) ϕ_{12} 对解算精度的影响. 在小视场条件下, 测角定位的雅可比矩阵为

$$\boldsymbol{J}=\begin{bmatrix}D_1^{-2} & & & \\ & D_2^{-2} & & \\ & & R_1^{-2}D_1^{-1} & \\ & & & R_2^{-2}D_2^{-1}\end{bmatrix}\begin{bmatrix}y-y_1 & -(x-x_1) & 0\\ y-y_2 & -(x-x_2) & 0\\ -(z-z_1)(x-x_1) & -(y-y_1)(z-z_1) & D_1^2\\ -(z-z_2)(x-x_2) & -(y-y_2)(z-z_2) & D_2^2\end{bmatrix} \tag{2.100}$$

简单起见，假定 $D_1 = D_2 = R_1 = R_2 = R$，此时 $z = z_1 = z_2$，则

$$\boldsymbol{J} = R^{-2}\begin{bmatrix} y-y_1 & -(x-x_1) & 0 \\ y-y_2 & -(x-x_2) & 0 \\ 0 & 0 & R \\ 0 & 0 & R \end{bmatrix} \triangleq R^{-1}\begin{bmatrix} l_1 & -m_1 & 0 \\ l_2 & -m_2 & 0 \\ 0 & 0 & 1 \\ 0 & 0 & 1 \end{bmatrix} \triangleq \begin{bmatrix} \boldsymbol{J}_1 & \\ & \boldsymbol{J}_2 \end{bmatrix} \tag{2.101}$$

矩阵前两行实际上是视线关于 y 轴的对称视线，得

$$\boldsymbol{J}\boldsymbol{J}^{\mathrm{T}} = \begin{bmatrix} \boldsymbol{J}_1\boldsymbol{J}_1^{\mathrm{T}} & \\ & \boldsymbol{J}_2\boldsymbol{J}_2^{\mathrm{T}} \end{bmatrix} = R^{-2}\cdot\begin{bmatrix} \begin{bmatrix} 1 & -\cos\phi_{12} \\ -\cos\phi_{12} & 1 \end{bmatrix} & \\ & \begin{bmatrix} 1 & 1 \\ 1 & 1 \end{bmatrix} \end{bmatrix} \tag{2.102}$$

再利用

$$\left(\boldsymbol{J}^{\mathrm{T}}\boldsymbol{J}\right)^{-1} = \begin{bmatrix} \boldsymbol{J}_1^{\mathrm{T}}\boldsymbol{J}_1 & \\ & \boldsymbol{J}_2^{\mathrm{T}}\boldsymbol{J}_2 \end{bmatrix}^{-1} = \begin{bmatrix} (\boldsymbol{J}_1^{\mathrm{T}}\boldsymbol{J}_1)^{-1} & \\ & (\boldsymbol{J}_2^{\mathrm{T}}\boldsymbol{J}_2)^{-1} \end{bmatrix} \tag{2.103}$$

以及迹的线性、交换性得

$$\begin{aligned} \operatorname{trace}((\boldsymbol{J}^{\mathrm{T}}\boldsymbol{J})^{-1}) &= \operatorname{trace}[\left(\boldsymbol{J}_1^{\mathrm{T}}\boldsymbol{J}_1\right)^{-1}] + \operatorname{trace}[\left(\boldsymbol{J}_2^{\mathrm{T}}\boldsymbol{J}_2\right)^{-1}] \\ &= \operatorname{trace}[\left(\boldsymbol{J}_1\boldsymbol{J}_1^{\mathrm{T}}\right)^{-1}] + \operatorname{trace}[\left(\boldsymbol{J}_2^{\mathrm{T}}\boldsymbol{J}_2\right)^{-1}] \\ &= R^2\cdot\operatorname{trace}\left[\begin{bmatrix} 1 & -\cos\phi_{12} \\ -\cos\phi_{12} & 1 \end{bmatrix}^{-1}\right] + \frac{1}{2}R^2 \\ &= \frac{R^2}{\sin^2\phi_{12}}\cdot\operatorname{trace}\left[\begin{bmatrix} 1 & \cos\phi_{12} \\ \cos\phi_{12} & 1 \end{bmatrix}\right] + \frac{1}{2}R^2 \\ &= R^2\left(\frac{2}{\sin^2\phi_{12}} + \frac{1}{2}\right) \end{aligned} \tag{2.104}$$

最终得观测几何因子，即测量误差到解算误差的放大倍数的上确界，如下

$$\mathrm{GDOP} \approx R\sqrt{\frac{2}{\sin^2\phi_{12}} + \frac{1}{2}} \tag{2.105}$$

若测角精度为 σ_{AE}，则定位精度为

$$\mathrm{accuracy}_{2AE} \approx \sigma_{AE}\cdot R\cdot\sqrt{\frac{2}{\sin^2\phi_{12}} + \frac{1}{2}} \tag{2.106}$$

上式表明，两站光学交会定位的精度由三个因素决定:

(1) 测角精度 σ_{AE}：测角精度越高，定位精度越高.

(2) 视场范围 R：视场范围越大，定位精度越低.

(3) 交会角度 $\sin\phi_{12}$：交会角正弦越大(与 90 度越接近)，定位精度越高.

2.7　测角定位精度的量化分析

视场越大，测角定位误差越大；视场越大，靶心系近似解算误差越大. 如果给定设备测角精度，多大视场将会使得近似误差显著占优？如何量化观测视场、测角精度、近似误差对定位精度的影响？本节将逐项分析.

2.7.1　测角误差

如图 2-9 所示，假定测站到目标的距离记为 R，方位角为 A，俯仰角为 $E=45°$，记

$$\begin{cases} x = R\cos E\sin A \\ y = R\cos E\cos A \end{cases} \tag{2.107}$$

两边同时取微分得

$$\begin{bmatrix} \Delta x \\ \Delta y \end{bmatrix} = R\begin{bmatrix} -\sin E\sin A & \cos E\cos A \\ -\sin E\cos A & -\cos E\sin A \end{bmatrix}\begin{bmatrix} \Delta E \\ \Delta A \end{bmatrix} = \frac{\sqrt{2}}{2}R\cdot\begin{bmatrix} -\sin A & \cos A \\ -\cos A & -\sin A \end{bmatrix}\begin{bmatrix} \Delta E \\ \Delta A \end{bmatrix} \tag{2.108}$$

上式记为

$$\begin{bmatrix} \Delta x \\ \Delta y \end{bmatrix} = \frac{\sqrt{2}}{2}R\cdot \boldsymbol{M}\begin{bmatrix} e \\ a \end{bmatrix} \tag{2.109}$$

其中变换矩阵 $\boldsymbol{M}$ 为正交矩阵. 假定俯仰角误差和方位角误差满足联合正态分布，而且 $(e,a)\sim N(0,0,\sigma_e^2,\sigma_a^2,r)$，则密度函数为

$$f(e,a) = \frac{1}{2\pi\sigma_e\sigma_a\sqrt{1-r^2}}\exp\left\{\frac{-1}{2(1-r^2)}\left(\frac{e^2}{\sigma_e^2}+\frac{a^2}{\sigma_a^2}-2r\frac{e}{\sigma_e}\frac{a}{\sigma_a}\right)\right\} \tag{2.110}$$

$[\Delta x,\Delta y]$ 的协方差矩阵为

$$
\boldsymbol{H}=\frac{1}{2}R^2\boldsymbol{M}\begin{bmatrix}\sigma_e^2 & r\sigma_e\sigma_a\\ r\sigma_e\sigma_a & \sigma_a^2\end{bmatrix}\boldsymbol{M}^{\mathrm{T}} \tag{2.111}
$$

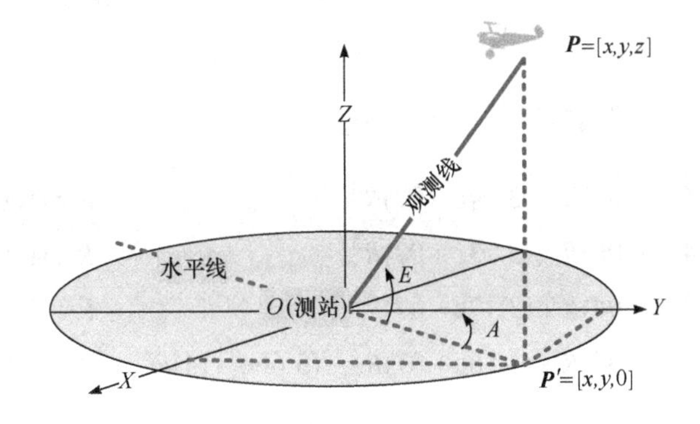

图 2-9 测角定位示意图

特别地，当$\sigma_e=\sigma_a=\sigma,r=0$时，$[\Delta x,\Delta y]$的协方差矩阵为

$$
\boldsymbol{H}=\frac{1}{2}R^2\begin{bmatrix}\sigma^2 & 0\\ 0 & \sigma^2\end{bmatrix} \tag{2.112}
$$

此时，测角误差导致的定位误差约为

$$
\sigma_x=\sigma_y=\frac{\sqrt{2}}{2}R\cdot\sigma \tag{2.113}
$$

总误差可以概略表示为

$$
\sigma_{xyz,1}=R\cdot\sigma \tag{2.114}
$$

由上式可得结论:

(1) 测角误差越大，定位误差越大;

(2) 目标离测站越远，定位误差越大.

2.7.2 小视场近似误差

小视场中观测站到目标的距离比较近，比如一千米内，多个测站对靶标同时进行观测. 各测站的东向、北向大致平行. 若忽视地球曲率对“东北天”坐标系的影响，则仅需坐标平移即可完成“东北天”测站坐标的转换，这是一种简易的近似计算，下面给出近似误差公式.

考虑北纬 38 度海域附近的视场，假定目标在“东北天”靶心系下的坐标为$[0,0,R]$；测站 1 在靶心系下的坐标为$[R,0,0]$(这意味着基线距离与目标距离相当)；测站 2 在靶心系下的坐标为$[-R,0,0]$. 首先，R从 100 米遍历到 10000 米，不考虑测站系差异，算得两站测角定位算法的误差；其次，用多项式模型拟合定位误差，从而得到视场半径 R 引起的定位误差的度量公式；最后给出近似计算与解析计算自动切换算法. 可以发现误差与视场半径存在多项式关系

$$\sigma_{xyz,2} = bR + cR^2 + dR^3 \tag{2.115}$$

具体地，不同视场半径下的表达式为

$$\sigma_{xyz,2} = \begin{cases} (2.45\text{e}-08)R + (3.24\text{e}-07)R^2, & R \in [100,1100] \\ (2.44\text{e}-06)R + (3.23\text{e}-07)R^2, & R \in [1000,11000] \\ (2.39\text{e}-04)R + (3.17\text{e}-07)R^2, & R \in [10000,110000] \\ (1.48\text{e}-04)R + (3.16\text{e}-07)R^2 - (3.66\text{e}-14)R^3, & R \in [100000,1100000] \end{cases} \tag{2.116}$$

注意：在该表达式中，不同子式的定义域有重叠区域. 实际上，值域无显著差异，应用时可用任意一个子式.

2.7.3　近似计算与解析计算自动切换的阈值

小视场定位误差 σ_{xyz} 来源于两部分，测角误差和近似误差，需注意:

(1) 测角误差 σ，测角误差引起的定位误差与视场半径 R 成线性关系:

$$\sigma_{xyz,1} \approx R \cdot \sigma \tag{2.117}$$

(2) 近似误差，坐标系近似误差引起的定位误差与视场半径 R 成多项式关系:

$$\sigma_{xyz,2} = bR + cR^2 + dR^3 \tag{2.118}$$

(3) 总误差公式为

$$\sigma_{xyz} = \sigma_{xyz,1} + \sigma_{xyz,2} = (b+\sigma)R + cR^2 + dR^3 \tag{2.119}$$

(4) 效率和精度是一对矛盾的指标. 当视场半径较小时，总误差主要源于测角误差，可以忽略坐标系近似误差，近似计算可以提高计算效率；当视场半径较大时，总误差主要源于近似误差，需要在统一的坐标系下解算位置坐标.

总之，$\sigma_{xyz,2} > \sigma_{xyz,1}$ 是切换算法的关键判据. 因为

$$\frac{\sigma_{xyz,1}}{\sigma_{xyz,2}} = \frac{R\sigma}{bR + cR^2 + dR^3} \tag{2.120}$$

注意到 $c \gg d$，且当 $R > 10000$ 时，$bR \ll cR^2$，上式可近似为

$$\frac{\sigma_{xyz,1}}{\sigma_{xyz,2}} = \frac{R\sigma}{bR + cR^2 + dR^3} \approx \frac{R\sigma}{cR^2} \approx \frac{\sigma}{3.2\times 10^{-7} R} \tag{2.121}$$

所以切换算法的临界点$\sigma_{xyz,1}=\sigma_{xyz,2}$，满足

$$R\approx\frac{\sigma}{3.2\times10^{-7}}\approx3\times10^{6}\sigma \tag{2.122}$$

图 2-10 给出了在测角精度($\sigma=0.001$弧度和$\sigma=0.01$弧度)的总误差曲线. 例如:

(1) 当$\sigma=0.001$且$R\approx3000$时, 测角误差与近似误差对定位的精度影响相当, 约 3 米.

(2) 当$\sigma=0.01$且$R\approx30000$时, 测角误差与近似误差对定位的精度影响相当, 约 300 米.

(3) 当测角精度为 1 角秒, 合$\sigma=\pi/3600/180=4.84\mathrm{e}-6$且$R\approx10$时, 测角误差与近似误差对定位的精度影响等效, 约 48.4 微米.

(4) 当测角精度为 1 角分, 合$\sigma=\pi/60/180=3\mathrm{e}-4$且$R\approx1000$时, 测角误差与近似误差对定位的精度影响等效, 约 0.3 米.

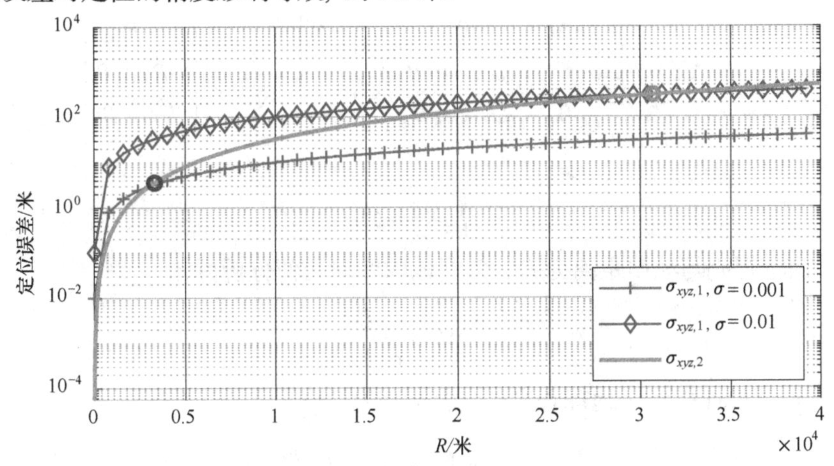

图 2-10　测角误差与近似误差对定位的精度影响

2.7.4　近似误差的进一步讨论

在“东北天”测站系下, 近似坐标会引起如下旋转矩阵不准确:

$$\boldsymbol{M}(-B,L)=\begin{bmatrix}-\sin L & \cos L & 0\\ -\cos L\cdot\sin B & -\sin L\cdot\sin B & \cos B\\ \cos B\cdot\cos L & \cos B\cdot\sin L & \sin B\end{bmatrix} \tag{2.123}$$

简单起见, 靶心的大地坐标为$[B,L,H]$, 假定近似统一的靶心系与测站的纬度相同且 L=0, 经度相差ΔL, 此时的旋转矩阵为

$$\boldsymbol{M}(-B,L+\Delta L)=\begin{bmatrix}-\sin(L+\Delta L) & \cos(L+\Delta L) & 0\\ -\cos(L+\Delta L)\sin B & -\sin(L+\Delta L)\sin B & \cos B\\ \cos B\cos(L+\Delta L) & \cos B\sin(L+\Delta L) & \sin B\end{bmatrix} \tag{2.124}$$

旋转矩阵忽略高阶项，有

$$\boldsymbol{M}(-B,L+\Delta L)-\boldsymbol{M}(-B,L)\approx\begin{bmatrix}-\Delta L & 0 & 0\\ 0 & -\Delta L\cdot\sin B & 0\\ 0 & \Delta L\cdot\cos B & 0\end{bmatrix} \tag{2.125}$$

不妨设测站到目标的向量坐标为

$$\boldsymbol{X}=\frac{1}{\sqrt{2}}[-R,R,0]^{\mathrm{T}} \tag{2.126}$$

近似转化误差为

$$\Delta\boldsymbol{X}=\frac{1}{\sqrt{2}}\begin{bmatrix}-\Delta L & 0 & 0\\ 0 & -\Delta L\cdot\sin B & 0\\ 0 & \Delta L\cdot\cos B & 0\end{bmatrix}\begin{bmatrix}-R\\ R\\ 0\end{bmatrix}=\frac{1}{\sqrt{2}}\Delta L\begin{bmatrix}-R\\ -R\sin B\\ R\cos B\end{bmatrix} \tag{2.127}$$

得

$$\|\Delta\boldsymbol{X}\|\approx\Delta L\cdot R \tag{2.128}$$

假定靶心与测站距离为 D，依据地球椭球几何分析可知

$$\Delta L\approx\frac{D}{a\cos B} \tag{2.129}$$

其中 $a=6378137$ 米为地球长半轴，由(2.129)可得

$$\|\Delta\boldsymbol{X}\|\approx\Delta L\cdot R\approx\frac{R\cdot D}{a\cos B} \tag{2.130}$$

特别地，如果 $D=R$，则有

$$\|\Delta\boldsymbol{X}\|\approx\frac{R^2}{a\cos B} \tag{2.131}$$

综合(2.106)和(2.114)可得如下小视场近似算法精度量化公式:

$$\text{accuracy}_{2AE}\approx\sigma_{AE}\cdot R\cdot\sqrt{\frac{2}{\sin^2\phi_{12}}+\frac{1}{2}}+\frac{R\cdot D}{a\cos B} \tag{2.132}$$

这个公式综合考虑了测角误差、目标距离、交会角、基线长和纬度对小视场近似

算法对定位精度的影响:

(1) 测角误差越大, 定位误差越大;

(2) 目标离测站越远, 定位误差越大;

(3) 交会角正弦越小, 定位误差越大;

(4) 交会角正弦固定的情况下, 基线越长, 定位误差越大;

(5) 纬度越大, 近似误差越大: 如果 $B=0°$, $\|\Delta\boldsymbol{X}\| \approx (1.5\text{e}-7)\cdot R^2$, 如果 $B=40°$, $\|\Delta\boldsymbol{X}\| \approx (2\text{e}-7)\cdot R^2$, 这与(2.116)几乎一致, 因为(2.130)考虑了纬度, (2.130)比(2.116)的适用性更广.

2.7.5 若干常用精度换算公式

下面是几个常用的精度换算公式:

(1) $1:10^5$: 经度或者纬度差, 换算成位置差, 将会放大 10 万倍.

(2) $1:R$: 方位角或者俯仰角误差, 换算成定位误差, 放大倍数是目标距离.

(3) $1:2R^2\times10^{-7}$: 在中纬度, 若忽略测站系的不平行性, 且目标距离与基线长相当, 都为 R , 那么单站定位误差放大 $R^2\times10^{-7}$ 倍, 两站交会定位误差放大 $2R^2\times10^{-7}$ 倍. 例如, 1 千米视场, 单站定位误差对应增加 0.1 米, 两站交会定位误差对应增加 0.2 米.

(4) $10^3:2$: 海平面相距一千米的目标, 距离地心相差最大达 2 米.

(5) $2:5\times10^3$: 海平面上 2 米高测站最多可以平视 5 千米的目标.

2.8 无靶标脱靶量定位

2.8.1 成像原理

如图 2-11 所示, 在成像系统中, 常用 “北天东” 测站系, 与上文的 “东北天” 测站系相差一个坐标轮换, “东北天” 测站系坐标轮换到 “北天东” 测站系的公式为

$$\boldsymbol{X}_{\text{NUE}} = \begin{bmatrix} 0 & 1 & 0 \\ 0 & 0 & 1 \\ 1 & 0 & 0 \end{bmatrix} \boldsymbol{X}_{\text{ENU}} \tag{2.133}$$

测站的经度、纬度和高程为 $[L,B,H]$, 依据(1.42), 从地心系坐标到 “东北天” 测站系坐标的变换可以表示为

$$
\boldsymbol{X}_{\mathrm{ENU}}=\begin{bmatrix} -\sin L & \cos L & 0 \\ -\cos L\cdot\sin B & -\sin L\cdot\sin B & \cos B \\ \cos B\cdot\cos L & \cos B\cdot\sin L & \sin B \end{bmatrix}\boldsymbol{X}_d \tag{2.134}
$$

所以, 从地心系坐标到“北天东”测站系坐标的变换可以表示为

$$
\boldsymbol{X}_{\mathrm{NUE}}=\begin{bmatrix} 0 & 1 & 0 \\ 0 & 0 & 1 \\ 1 & 0 & 0 \end{bmatrix}\begin{bmatrix} -\sin L & \cos L & 0 \\ -\cos L\cdot\sin B & -\sin L\cdot\sin B & \cos B \\ \cos B\cdot\cos L & \cos B\cdot\sin L & \sin B \end{bmatrix}\boldsymbol{X}_d \tag{2.135}
$$

计算得

$$
\boldsymbol{X}_{\mathrm{NUE}}=\begin{bmatrix} -\cos L\cdot\sin B & -\sin L\cdot\sin B & \cos B \\ \cos B\cdot\cos L & \cos B\cdot\sin L & \sin B \\ -\sin L & \cos L & 0 \end{bmatrix}\boldsymbol{X}_d \tag{2.136}
$$

由于坐标变换与坐标系变换互逆, 所以从地心系到“北天东”测站系的变换矩阵为

$$
\boldsymbol{C}=\begin{bmatrix} -\cos L\sin B & \cos B\cos L & -\sin L \\ -\sin B\sin L & \cos B\sin L & \cos L \\ \cos B & \sin B & 0 \end{bmatrix} \tag{2.137}
$$

因为“北天东”测站系是射向为零的发射系, 公式(2.137)也可以通过 12.1 节推导得到.

如图 2-11 所示, 成像平面为OX_cY_c, Z_c为焦距方向. 镜头的焦距f是已知的, 目标的成像点$\boldsymbol{S}_1$在焦平面上的坐标为$[x_c,y_c]^{\mathrm{T}}$, 即脱靶量, 是可直接测量的. 像点$\boldsymbol{S}_1$在成像系的坐标为$[x_c,y_c,0]$, 镜头中心$\boldsymbol{S}_0$在成像系的坐标为$[0,0,f]^{\mathrm{T}}$. 从$\boldsymbol{S}_0$到$\boldsymbol{S}_1$的方向称为视线方向, 记为$\boldsymbol{n}$, $\boldsymbol{n}$在成像系下的坐标记为$\boldsymbol{n}_c$, 具体表达式为

$$
\boldsymbol{n}_c=\frac{1}{\sqrt{x_c^2+y_c^2+f^2}}\begin{bmatrix} -x_c \\ -y_c \\ f \end{bmatrix} \tag{2.138}
$$

假定测站系与成像系的z轴及原点$\boldsymbol{O}$重合, 则两个坐标系只相差一个安装角θ, 从成像系到测站系的旋转矩阵记为$\boldsymbol{C}_\theta$, 则

$$
\boldsymbol{C}_\theta=\begin{bmatrix} \cos\theta & \sin\theta & 0 \\ -\sin\theta & \cos\theta & 0 \\ 0 & 0 & 1 \end{bmatrix} \tag{2.139}
$$

$\boldsymbol{n}$在地心系的坐标记为$\boldsymbol{n}_d$, 则

$$\boldsymbol{n}_d = \boldsymbol{C}\boldsymbol{C}_\theta \boldsymbol{n}_c \tag{2.140}$$

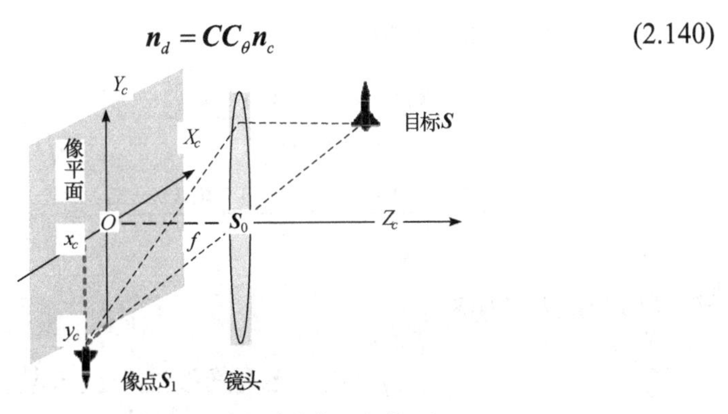

图 2-11 零安装角下的光学成像几何构型

如图 2-11 所示, 不考虑大气折射, 视线方向 $\boldsymbol{n}$ 就是镜头中心 $\boldsymbol{S}_0$ 到目标点 $\boldsymbol{S}$ 的单位向量. $\boldsymbol{S}$ 的地心系坐标为 $[x,y,z]^{\mathrm{T}}$, 成像系的原点的地心系坐标为 $\boldsymbol{O}=[x_d,y_d,z_d]^{\mathrm{T}}$, $\boldsymbol{S}_0$ 的地心系坐标为

$$\boldsymbol{S}_0 = \boldsymbol{C}\boldsymbol{C}_\theta[0,0,f]^{\mathrm{T}} + \boldsymbol{O} \tag{2.141}$$

则 $\boldsymbol{n}$ 在地心系下表示为

$$\boldsymbol{n}_d = \frac{\boldsymbol{S}-\boldsymbol{S}_0}{\|\boldsymbol{S}-\boldsymbol{S}_0\|} = \frac{1}{\|\boldsymbol{S}-\boldsymbol{S}_0\|}[x-x_d, y-y_d, z-z_d]^{\mathrm{T}} \tag{2.142}$$

记

$$\boldsymbol{A} = \begin{bmatrix} a_{11} & a_{12} & a_{13} \\ a_{21} & a_{22} & a_{23} \\ a_{31} & a_{32} & a_{33} \end{bmatrix} = \boldsymbol{C}_\theta^{\mathrm{T}}\boldsymbol{C}^{\mathrm{T}} \tag{2.143}$$

联合(2.138), (2.140)～(2.143)得

$$\frac{\boldsymbol{A}[\boldsymbol{S}-\boldsymbol{S}_0]}{\|\boldsymbol{S}-\boldsymbol{S}_0\|} = \frac{1}{\sqrt{x_c^2+y_c^2+f^2}}\begin{bmatrix} -x_c \\ -y_c \\ f \end{bmatrix} \tag{2.144}$$

由第三分量可知

$$\frac{a_{31}(x-x_d)+a_{32}(y-y_d)+a_{33}(z-z_d)}{\|\boldsymbol{S}-\boldsymbol{S}_0\|} = \frac{f}{\sqrt{x_c^2+y_c^2+f^2}} \tag{2.145}$$

即得

$$\frac{\sqrt{x_c^2+y_c^2+f^2}}{\|\boldsymbol{S}-\boldsymbol{S}_0\|} = \frac{f}{a_{31}(x-x_d)+a_{32}(y-y_d)+a_{33}(z-z_d)} \tag{2.146}$$

由第一分量、第二分量可知

$$\begin{cases} \dfrac{a_{11}(x-x_d)+a_{12}(y-y_d)+a_{13}(z-z_d)}{\|\boldsymbol{S}-\boldsymbol{S}_0\|}=\dfrac{-x_c}{\sqrt{x_c^2+y_c^2+f^2}} \\ \dfrac{a_{21}(x-x_d)+a_{22}(y-y_d)+a_{23}(z-z_d)}{\|\boldsymbol{S}-\boldsymbol{S}_0\|}=\dfrac{-y_c}{\sqrt{x_c^2+y_c^2+f^2}} \end{cases} \tag{2.147}$$

联立(2.146), (2.147)得

$$\begin{cases} x_c=-f\dfrac{a_{11}(x-x_d)+a_{12}(y-y_d)+a_{13}(z-z_d)}{a_{31}(x-x_d)+a_{32}(y-y_d)+a_{33}(z-z_d)} \\ y_c=-f\dfrac{a_{21}(x-x_d)+a_{22}(y-y_d)+a_{23}(z-z_d)}{a_{31}(x-x_d)+a_{32}(y-y_d)+a_{33}(z-z_d)} \end{cases} \tag{2.148}$$

其中未知量为目标的地心系坐标$[x,y,z]$，已知量包括：焦距f，镜头中心位置$[x_d,y_d,z_d]$，目标脱靶量$[x_c,y_c]$，成像坐标系的姿态$\boldsymbol{A}=[a_{ij}]$.

2.8.2　成像系雅可比矩阵

结合公式(2.148)和符号运算，可得目标脱靶量$[x_c,y_c]$关于目标的地心系坐标$[x,y,z]$的偏导数

$$\begin{cases} \dfrac{\partial x_c}{\partial x}=-f\dfrac{(a_{11}a_{32}-a_{31}a_{12})(y-y_d)+(a_{11}a_{33}-a_{31}a_{13})(z-z_d)}{[a_{31}(x-x_d)+a_{32}(y-y_d)+a_{33}(z-z_d)]^2} \\ \dfrac{\partial x_c}{\partial y}=-f\dfrac{(a_{12}a_{31}-a_{32}a_{11})(x-x_d)+(a_{12}a_{33}-a_{32}a_{13})(z-z_d)}{[a_{31}(x-x_d)+a_{32}(y-y_d)+a_{33}(z-z_d)]^2} \\ \dfrac{\partial x_c}{\partial z}=-f\dfrac{(a_{13}a_{31}-a_{33}a_{11})(x-x_d)+(a_{13}a_{32}-a_{33}a_{12})(y-y_d)}{[a_{31}(x-x_d)+a_{32}(y-y_d)+a_{33}(z-z_d)]^2} \end{cases} \tag{2.149}$$

$$\begin{cases} \dfrac{\partial y_c}{\partial x}=-f\dfrac{(a_{21}a_{32}-a_{31}a_{22})(y-y_d)+(a_{21}a_{33}-a_{31}a_{23})(z-z_d)}{[a_{31}(x-x_d)+a_{32}(y-y_d)+a_{33}(z-z_d)]^2} \\ \dfrac{\partial y_c}{\partial y}=-f\dfrac{(a_{22}a_{31}-a_{32}a_{21})(x-x_d)+(a_{22}a_{33}-a_{32}a_{23})(z-z_d)}{[a_{31}(x-x_d)+a_{32}(y-y_d)+a_{33}(z-z_d)]^2} \\ \dfrac{\partial y_c}{\partial z}=-f\dfrac{(a_{23}a_{31}-a_{33}a_{21})(x-x_d)+(a_{23}a_{32}-a_{33}a_{22})(y-y_d)}{[a_{31}(x-x_d)+a_{32}(y-y_d)+a_{33}(z-z_d)]^2} \end{cases} \tag{2.150}$$

记两个测站脱靶量测元$\left[x_c^{(1)},y_c^{(1)},x_c^{(2)},y_c^{(2)}\right]^{\mathrm{T}}$的雅可比矩阵为$\boldsymbol{J}\in\mathbb{R}^{4\times 3}$，则表达式为

$$
\boldsymbol{J}=\frac{\partial}{\partial[x,y,z]}\left[x_c^{(1)},y_c^{(1)},x_c^{(2)},y_c^{(2)}\right]^{\mathrm{T}}=\begin{bmatrix}\dfrac{\partial x_c^{(1)}}{\partial x} & \dfrac{\partial x_c^{(1)}}{\partial y} & \dfrac{\partial x_c^{(1)}}{\partial z}\\ \dfrac{\partial y_c^{(1)}}{\partial x} & \dfrac{\partial y_c^{(1)}}{\partial y} & \dfrac{\partial y_c^{(1)}}{\partial z}\\ \dfrac{\partial x_c^{(2)}}{\partial x} & \dfrac{\partial x_c^{(2)}}{\partial y} & \dfrac{\partial x_c^{(2)}}{\partial z}\\ \dfrac{\partial y_c^{(2)}}{\partial x} & \dfrac{\partial y_c^{(2)}}{\partial y} & \dfrac{\partial y_c^{(2)}}{\partial z}\end{bmatrix} \tag{2.151}
$$

第 3 章　多站测距体制

从几何上看, 如图 3-1 所示, 多站测距体制的实质是圆球交会定位, 每台测距设备到目标的距离方程 R, 相当于一个圆球((a)子图), 两台设备圆球交会得到交会圆((b)子图). 从方程数量上看, 三台测距设备可以获得三个测量方程, 可以求解三个未知数, 而多站测距体制是三站测距体制的推广, 其定位算法原理的数学实质是非线性参数估计. 从设备上看, 相对于 RAE 体制和多站测角体制, 多站测距体制有劣势也有优势. 一方面, 多站测距体制对设备和站址数量的要求更苛刻, 要求至少三台测距设备才能实现目标定位, 而且往往要求被测量目标主动与测站进行信号交互才能获得高精度的测距 R. 另一方面, 单站 RAE 体制和多站测角体制的定位精度随着目标距离 R 变大而变差, 而测距定位的定位精度几乎与距离无关, 一般只依赖电磁波环境、测距精度和布站几何, 所以测距定位多用于远程和超远程高精度定位.

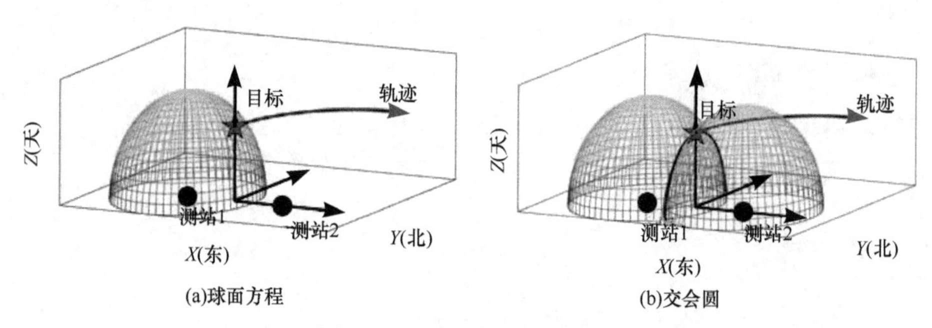

图 3-1　测距元的几何视角

3.1　测距测速测角实时定位流程

图 3-2 给出了实时测距定位流程图, 作业控制、线程控制、预处理和后处理都在主线程中完成, 其中作业控制包括对软件的启动、暂停和停止. UDP 通信输入端完成数据收包和数据拆包. 数据收包就是依据数据码和字节长度过滤公共网络数据流, 获得二进制数据包; 数据拆包就是依据接口协议将二进制数据包转为十进制站址、测元和数据状态. UDP 通信输出端要完成数据打包和数据发包. 数据打包就是依据接口协议将十进制时间和定位结果转为二进制数据包. 数据发包

就是将二进制数据包发送到公共网络.

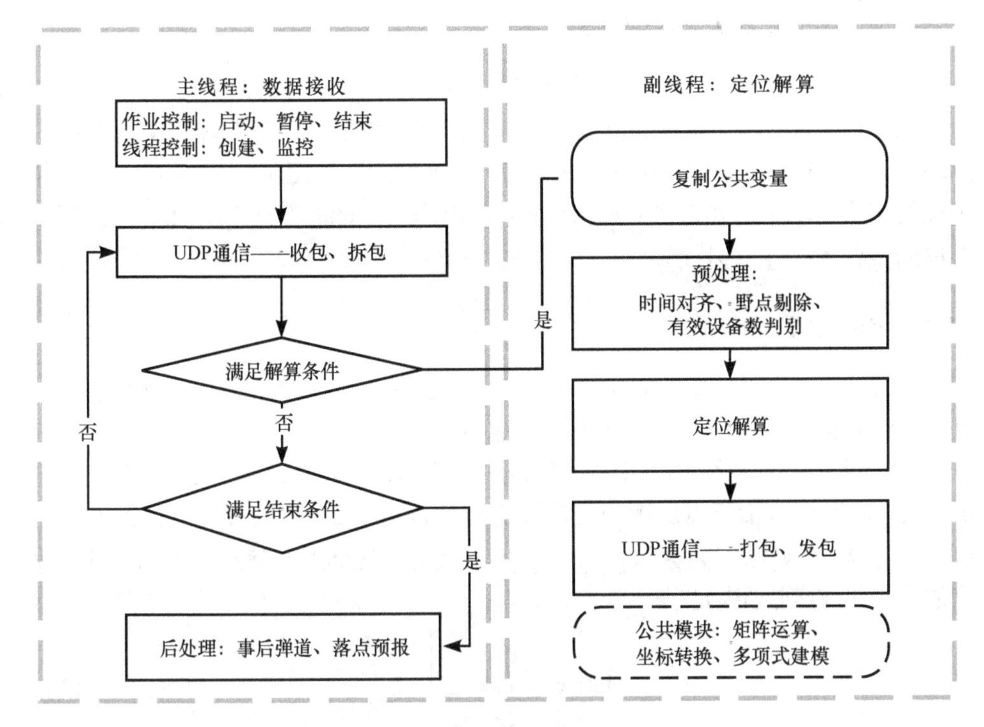

图 3-2 实时测距定位流程图

数据处理软件的核心业务包括三个方面: 预处理、处理和后处理, 矩阵运算、坐标转换和多项式建模贯穿整个过程. 预处理主要包括时间对齐、野点剔除和有效设备数判别等. 难点在野点剔除, 即针对每个独立的测元, 利用测元反算机制、连续有效计数器和统计判别等手段检测并剔除无效数据. 后处理主要包括基于多项式建模和动力学建模的事后弹道和落点预报.

3.2 三球交会原理

3.2.1 测距方程

若某飞行器在地心系下的位置坐标 $\boldsymbol{X}=\left[x,y,z\right]^{\mathrm{T}}$ 为待测物理量, 可用 3 台测距设备确定该物理量. 地心系的原点 O 为地球参考椭球体的中心, OX 轴平行赤道面指向本初子午线, OY 轴平行赤道面指向东经 90 度方向, OZ 轴平行地球自转轴. 第 i 个测站的站址坐标为 $\boldsymbol{X}_i=\left[x_i,y_i,z_i\right]^{\mathrm{T}}$, 如果测站在地面, 可以通过 GNSS 导航或者已知基准站标定获得站址, 相关方法参考第 5 章; 如果测站在水下，往往需要结合 GNSS 和水声时延数据标定站址，相关方法参考第 6、7 章. 飞行器到该测站的距离为 $R_i(i=1,2,3)$，满足

$$R_i=\sqrt{(x-x_i)^2+(y-y_i)^2+(z-z_i)^2}\quad(i=1,2,3)\tag{3.1}$$

从几何上看，两个球面相交得到一个相交圆，该圆与第三个球相交得到两个点，结合一定的先验可以排除一个无效点，从而实现三球定位. 从数学上看，三球定位的实质是求解三元二次方程组的过程，即用三个球面方程 $R_i(i=1,2,3)$ 估算出目标的位置 $\boldsymbol{X}=[x,y,z]^{\mathrm{T}}$ 的过程.

3.2.2　定位公式

三球交会定位中，由于布站的任意性，判断任意三个测站是否构成右手系、判断被测目标是否在测站平面上方是非常关键的步骤.

(1) 如图 3-3 所示，当三个测站构成右手系时，坐标原点即为地心，在测站平面下方，此时行人沿三点所围的三角形逆时针行走，三角形内部始终在行人的左侧. 假定第 i 个测站记为 $\boldsymbol{X}_i=[x_i,y_i,z_i]^{\mathrm{T}}(i=1,2,3)$. 三个测站满足右手系，当且仅当混合积(即行列式)满足

$$\det\begin{bmatrix}x_1 & y_1 & z_1\\ x_2 & y_2 & z_2\\ x_3 & y_3 & z_3\end{bmatrix}>0\tag{3.2}$$

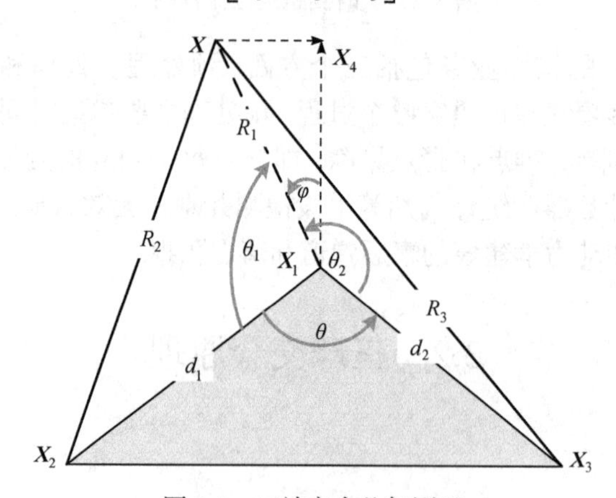

图 3-3　三站交会几何原理

记

$$s_1=\mathrm{sign}\left(\det\begin{bmatrix}x_1 & y_1 & z_1\\ x_2 & y_2 & z_2\\ x_3 & y_3 & z_3\end{bmatrix}\right)\tag{3.3}$$

若 $s_1>0$，则三个测站构成右手系，否则构成左手系. 在极端特殊观测几何下，例如三个测站布设在地球大圆上，地心穿过测站平面，行列式等于 0，则上述方法失效.

(2) 当目标和地心分布在测站平面的异侧时，称目标在测站平面上方，否则称目标在测站平面下方. 设目标点的地心坐标为 $\boldsymbol{X}=\left[x,y,z\right]^{\mathrm{T}}$，目标到三个测站的向量记为 $\tilde{\boldsymbol{X}}_i=\boldsymbol{X}_i-\boldsymbol{X}=\left[\tilde{x}_i,\tilde{y}_i,\tilde{z}_i\right]^{\mathrm{T}}\left(i=1,2,3\right)$，再记

$$s_2=\operatorname{sign}\left(\det\begin{bmatrix}\tilde{x}_1 & \tilde{y}_1 & \tilde{z}_1\\ \tilde{x}_2 & \tilde{y}_2 & \tilde{z}_2\\ \tilde{x}_3 & \tilde{y}_3 & \tilde{z}_3\end{bmatrix}\right) \tag{3.4}$$

一方面，当三个测站构成右手系时有 $s_1>0$，注意到地心在测站平面下方，因为 s_1 相当于 $\boldsymbol{X}=[0,0,0]^{\mathrm{T}}$ 时的 s_2，所以若 $s_2>0$，则目标也在测站平面下方，即目标与地心在测站平面同侧. 否则 $s_2<0$，目标在测站平面上方，即目标与地心在测站平面异侧. 另一方面，当三个测站构成左手系时有 $s_1<0$，注意到地心在测站平面下方，若 $s_2<0$，则目标也在测站平面下方，即目标与地心在测站平面同侧. 否则 $s_2>0$，目标在测站平面上方，即目标与地心在测站平面异侧. 记

$$s=s_1s_2 \tag{3.5}$$

则符号 $s>0$ 表示目标与地心在测站平面同侧，符号 $s<0$ 表示目标与地心在测站平面异侧.

在实际应用中，$\boldsymbol{X}$ 是未知的，所以符号 s_2 无法通过(3.4)算得，只能通过试验的先验信息确定，默认目标与地心在测站平面异侧，有

$$s_2=-s_1 \tag{3.6}$$

一般来说高轨目标在测站平面上方；若测站布设在海面，出水前水下段目标在测站平面下方，出水后在测站平面上方，出水时可能会出现测站平面与目标共面的情况，此时目标位置解算精度非常差，且无法有效计算速度.

测站与测站的连线称为基线，两条基线的方向向量为

$$\begin{bmatrix}a_1\\ b_1\\ c_1\end{bmatrix}=\frac{1}{d_1}\begin{bmatrix}x_2-x_1\\ y_2-y_1\\ z_2-z_1\end{bmatrix},\quad \begin{bmatrix}a_2\\ b_2\\ c_2\end{bmatrix}=\frac{1}{d_2}\begin{bmatrix}x_3-x_1\\ y_3-y_1\\ z_3-z_1\end{bmatrix} \tag{3.7}$$

其中 d_1,d_2 为基线长，且

$$\begin{cases}d_1=\sqrt{\left(x_2-x_1\right)^2+\left(y_2-y_1\right)^2+\left(z_2-z_1\right)^2}\\ d_2=\sqrt{\left(x_3-x_1\right)^2+\left(y_3-y_1\right)^2+\left(z_3-z_1\right)^2}\end{cases} \tag{3.8}$$

注意到两基线夹角在 0 到 180 度以内，故余弦和正弦为

$$\begin{cases}\cos\theta = a_1a_2 + b_1b_2 + c_1c_2 \\ \sin\theta = \sqrt{1-\cos^2\theta}\end{cases} \tag{3.9}$$

如图 3-3 所示，$\overrightarrow{\boldsymbol{X}_1\boldsymbol{X}_4}$ 与测站平面垂直，$\boldsymbol{X}_4$ 为 $\boldsymbol{X}$ 在测站平面垂向上的投影点，$\overrightarrow{\boldsymbol{X}_4\boldsymbol{X}}$ 与测站平面平行，$\overrightarrow{\boldsymbol{X}_1\boldsymbol{X}_4}$ 的方向记为

$$\begin{bmatrix} a_3 \\ b_3 \\ c_3 \end{bmatrix} = \frac{1}{\sin\theta}\det\begin{bmatrix} \boldsymbol{i} & \boldsymbol{j} & \boldsymbol{k} \\ a_1 & b_1 & c_1 \\ a_2 & b_2 & c_2 \end{bmatrix} \tag{3.10}$$

依据余弦定理，R_1 在两基线上的投影为

$$\begin{cases} p_1 = \cos\theta_1 R_1 = \dfrac{R_1^2 + d_1^2 - R_2^2}{2d_1} \\ p_2 = \cos\theta_2 R_1 = \dfrac{R_1^2 + d_2^2 - R_3^2}{2d_2} \end{cases} \tag{3.11}$$

$\overrightarrow{\boldsymbol{X}_4\boldsymbol{X}}$ 与测站平面平行，$\overrightarrow{\boldsymbol{X}_4\boldsymbol{X}}$ 可线性表示为

$$\begin{bmatrix} a_1 & a_2 \\ b_1 & b_2 \\ c_1 & c_2 \end{bmatrix}\begin{bmatrix} q_1 \\ q_2 \end{bmatrix} = \overrightarrow{\boldsymbol{X}_4\boldsymbol{X}} \tag{3.12}$$

由于 $\overrightarrow{\boldsymbol{X}_1\boldsymbol{X}_4}$ 与基线垂直，可知

$$\begin{bmatrix} a_1 & a_2 \\ b_1 & b_2 \\ c_1 & c_2 \end{bmatrix}^{\mathrm{T}}\begin{bmatrix} a_1 & a_2 \\ b_1 & b_2 \\ c_1 & c_2 \end{bmatrix}\begin{bmatrix} q_1 \\ q_2 \end{bmatrix} = \begin{bmatrix} a_1 & a_2 \\ b_1 & b_2 \\ c_1 & c_2 \end{bmatrix}^{\mathrm{T}}\left(\overrightarrow{\boldsymbol{X}_1\boldsymbol{X}_4} + \overrightarrow{\boldsymbol{X}_4\boldsymbol{X}}\right) = \begin{bmatrix} a_1 & a_2 \\ b_1 & b_2 \\ c_1 & c_2 \end{bmatrix}^{\mathrm{T}}\overrightarrow{\boldsymbol{X}_1\boldsymbol{X}} \tag{3.13}$$

整理得

$$\begin{bmatrix} 1 & \cos\theta \\ \cos\theta & 1 \end{bmatrix}\begin{bmatrix} q_1 \\ q_2 \end{bmatrix} = \begin{bmatrix} a_1 & a_2 \\ b_1 & b_2 \\ c_1 & c_2 \end{bmatrix}^{\mathrm{T}}\begin{bmatrix} x - z_1 \\ y - z_1 \\ z - z_1 \end{bmatrix} \tag{3.14}$$

上式右侧实质是 $\overrightarrow{\boldsymbol{X}_1\boldsymbol{X}}$ 在基线上的投影，故

$$\begin{bmatrix} 1 & \cos\theta \\ \cos\theta & 1 \end{bmatrix}\begin{bmatrix} q_1 \\ q_2 \end{bmatrix} = \begin{bmatrix} p_1 \\ p_2 \end{bmatrix} \tag{3.15}$$

解得

$$\begin{bmatrix} q_1 \\ q_2 \end{bmatrix} = \frac{1}{\sin^2\theta}\begin{bmatrix} 1 & -\cos\theta \\ -\cos\theta & 1 \end{bmatrix}\begin{bmatrix} p_1 \\ p_2 \end{bmatrix} \tag{3.16}$$

$$\begin{cases} q_1 = \dfrac{p_1 - p_2\cos\theta}{\sin^2\theta} \\ q_2 = \dfrac{p_2 - p_1\cos\theta}{\sin^2\theta} \end{cases} \tag{3.17}$$

所以直角边 $\boldsymbol{X}_4\boldsymbol{X}$ 模的平方为

$$\begin{aligned} \left\|\overrightarrow{\boldsymbol{X}_4\boldsymbol{X}}\right\|^2 &= \begin{bmatrix} q_1 \\ q_2 \end{bmatrix}^{\mathrm{T}}\begin{bmatrix} a_1 & a_2 \\ b_1 & b_2 \\ c_1 & c_2 \end{bmatrix}^{\mathrm{T}}\begin{bmatrix} a_1 & a_2 \\ b_1 & b_2 \\ c_1 & c_2 \end{bmatrix}\begin{bmatrix} q_1 \\ q_2 \end{bmatrix} \\ &= \begin{bmatrix} q_1 \\ q_2 \end{bmatrix}^{\mathrm{T}}\begin{bmatrix} 1 & \cos\theta \\ \cos\theta & 1 \end{bmatrix}\begin{bmatrix} q_1 \\ q_2 \end{bmatrix} = \begin{bmatrix} q_1 \\ q_2 \end{bmatrix}^{\mathrm{T}}\begin{bmatrix} p_1 \\ p_2 \end{bmatrix} = q_1p_1 + q_2p_2 \end{aligned} \tag{3.18}$$

由勾股定理得

$$\left\|\overrightarrow{\boldsymbol{X}_1\boldsymbol{X}_4}\right\|^2 + \left\|\overrightarrow{\boldsymbol{X}_4\boldsymbol{X}}\right\|^2 = R_1^2 \tag{3.19}$$

记

$$q_3 = s_1\left\|\overrightarrow{\boldsymbol{X}_1\boldsymbol{X}_4}\right\| = s_1\sqrt{R_1^2 - (q_1p_1 + q_2p_2)} \tag{3.20}$$

其中，符号 s_1 源于(3.3)，意义在于：当 $[\boldsymbol{X}_1, \boldsymbol{X}_2, \boldsymbol{X}_3]$ 构成右手系($s_1 > 0$)，且目标与地心在测站平面异侧时，$q_3 > 0$．若符号 s_1 推广为(3.5)，则(3.20)可推广为

$$q_3 = -s\sqrt{R_1^2 - (q_1p_1 + q_2p_2)} \tag{3.21}$$

$\overrightarrow{\boldsymbol{X}_1\boldsymbol{X}}$ 被分解为正交的两部分，如下

$$\begin{bmatrix} x - x_1 \\ y - y_1 \\ z - z_1 \end{bmatrix} = \overrightarrow{\boldsymbol{X}_1\boldsymbol{X}} = \overrightarrow{\boldsymbol{X}_1\boldsymbol{X}_4} + \overrightarrow{\boldsymbol{X}_4\boldsymbol{X}} = \begin{bmatrix} a_1 & a_2 \\ b_1 & b_2 \\ c_1 & c_2 \end{bmatrix}\begin{bmatrix} q_1 \\ q_2 \end{bmatrix} + \begin{bmatrix} a_3 \\ b_3 \\ c_3 \end{bmatrix} q_3 \tag{3.22}$$

移项解得目标的坐标

$$\begin{bmatrix} x \\ y \\ z \end{bmatrix} = \begin{bmatrix} a_1 & a_2 & a_3 \\ b_1 & b_2 & b_3 \\ c_1 & c_2 & c_3 \end{bmatrix}\begin{bmatrix} q_1 \\ q_2 \\ q_3 \end{bmatrix} + \begin{bmatrix} x_1 \\ y_1 \\ z_1 \end{bmatrix} \tag{3.23}$$

3.2.3 精度公式

3.2.3.1 解析精度公式

由(3.23)取微分, 然后记为

$$\begin{bmatrix}\Delta x\\ \Delta y\\ \Delta z\end{bmatrix}=\begin{bmatrix}a_1 & a_2 & a_3\\ b_1 & b_2 & b_3\\ c_1 & c_2 & c_3\end{bmatrix}\begin{bmatrix}\Delta q_1\\ \Delta q_2\\ \Delta q_3\end{bmatrix}\triangleq \boldsymbol{A}_1\begin{bmatrix}\Delta q_1\\ \Delta q_2\\ \Delta q_3\end{bmatrix} \tag{3.24}$$

记 $p_3=q_3$，利用(3.16)可知

$$\begin{bmatrix}\Delta q_1\\ \Delta q_2\\ \Delta q_3\end{bmatrix}=\begin{bmatrix}\sin^{-2}\theta & -\cos\theta\sin^{-2}\theta & 0\\ -\cos\theta\sin^{-2}\theta & \sin^{-2}\theta & 0\\ 0 & 0 & 1\end{bmatrix}\begin{bmatrix}\Delta p_1\\ \Delta p_2\\ \Delta p_3\end{bmatrix}\triangleq \boldsymbol{A}_2\begin{bmatrix}\Delta p_1\\ \Delta p_2\\ \Delta p_3\end{bmatrix} \tag{3.25}$$

利用(3.11)可知

$$\begin{cases}\Delta p_1=\dfrac{R_1\Delta R_1-R_2\Delta R_2}{d_1}\\[2ex] \Delta p_2=\dfrac{R_1\Delta R_1-R_3\Delta R_3}{d_2}\end{cases} \tag{3.26}$$

利用 $q_3=p_3\triangleq -s\left\|\overrightarrow{\boldsymbol{X}_1\boldsymbol{X}_4}\right\|=-s\sqrt{R_1^2-\left(q_1p_1+q_2p_2\right)}$ 可知

$$\Delta p_3=-\frac{1}{2q_3}\left[\left(2R_1\Delta R_1\right)-\Delta q_1p_1-q_1\Delta p_1-\Delta q_2p_2-q_2\Delta p_2\right] \tag{3.27}$$

结合(3.25)～(3.27)可得 Δp_3 关于 $\Delta R_1,\Delta R_2,\Delta R_3$ 的线性组合

$$\Delta p_3=a_{31}^{(3)}\Delta R_1+a_{32}^{(3)}\Delta R_2+a_{33}^{(3)}\Delta R_3 \tag{3.28}$$

综合(3.26), (3.28)可得

$$\begin{bmatrix}\Delta p_1\\ \Delta p_2\\ \Delta p_3\end{bmatrix}=\begin{bmatrix}R_1d_1^{-1} & -R_2d_1^{-1} & 0\\ R_1d_2^{-1} & 0 & -R_3d_2^{-1}\\ a_{31}^{(3)} & a_{32}^{(3)} & a_{33}^{(3)}\end{bmatrix}\begin{bmatrix}\Delta R_1\\ \Delta R_2\\ \Delta R_3\end{bmatrix}\triangleq \boldsymbol{A}_3\begin{bmatrix}\Delta R_1\\ \Delta R_2\\ \Delta R_3\end{bmatrix} \tag{3.29}$$

综合(3.29), (3.25), (3.24)得

$$\begin{bmatrix}\Delta x\\ \Delta y\\ \Delta z\end{bmatrix}=\boldsymbol{A}_1\boldsymbol{A}_2\boldsymbol{A}_3\begin{bmatrix}\Delta R_1\\ \Delta R_2\\ \Delta R_3\end{bmatrix} \tag{3.30}$$

需要注意的是上式只给出了测距不确定性到定位不确定性的传递关系, 精度关系还有待进一步分析, 例如(3.30)中 $\boldsymbol{A}_2$ 可以提取 $\sin^{-2}\theta$，说明布站基线夹角对

定位有影响. 如何刻画视场大小和交会角对定位精度的影响? 这需要用到单位球投影工具, 参考本章 3.5 节、5.2 节.

3.2.3.2 迭代精度公式

下面给出另外一种精度分析过程, 三站测距方程为

$$\begin{cases} R_1 = \sqrt{(x-x_1)^2+(y-y_1)^2+(z-z_1)^2} \\ R_2 = \sqrt{(x-x_2)^2+(y-y_2)^2+(z-z_2)^2} \\ R_3 = \sqrt{(x-x_3)^2+(y-y_3)^2+(z-z_3)^2} \end{cases} \tag{3.31}$$

假设测站没有误差, 只有测距误差 $\Delta R_1,\Delta R_2,\Delta R_3$, 两边取微分得

$$\begin{bmatrix} \Delta R_1 \\ \Delta R_2 \\ \Delta R_3 \end{bmatrix} = \begin{bmatrix} l_1 & m_1 & n_1 \\ l_2 & m_2 & n_2 \\ l_3 & m_3 & n_3 \end{bmatrix} \begin{bmatrix} \Delta x \\ \Delta y \\ \Delta z \end{bmatrix} \triangleq \boldsymbol{J} \begin{bmatrix} \Delta x \\ \Delta y \\ \Delta z \end{bmatrix} \tag{3.32}$$

其中 $\boldsymbol{J}$ 称为方向余弦矩阵, 方向余弦为

$$l_i = \frac{x-x_i}{R_i}, \quad m_i = \frac{y-y_i}{R_i}, \quad n_i = \frac{z-z_i}{R_i} \quad (i=1,2,3) \tag{3.33}$$

由(3.32)可得测距误差对定位的影响

$$\begin{bmatrix} \Delta x \\ \Delta y \\ \Delta z \end{bmatrix} = \boldsymbol{J}^{-1} \begin{bmatrix} \Delta R_1 \\ \Delta R_2 \\ \Delta R_3 \end{bmatrix} \tag{3.34}$$

3.3 多站线性定位原理

3.3.1 三站线性定位原理

假定目标坐标为 $\boldsymbol{X}=[x,y,z]^{\mathrm{T}}$, 三个站址已知, 记为 $\boldsymbol{X}_i=[x_i,y_i,z_i]^{\mathrm{T}}$, 则依据测距方程(3.1)和向量模的定义有

$$R_i^2 = \|\boldsymbol{X}\|^2 + \|\boldsymbol{X}_i\|^2 - 2\boldsymbol{X}_i^{\mathrm{T}}\boldsymbol{X} \quad (i=1,2,3) \tag{3.35}$$

记 $\bar{R}_i^2 = R_i^2 - \|\boldsymbol{X}_i\|^2$, 注意 $\bar{R}_i^2$ 是已知量, 则依据(3.35)得

$$\bar{R}_i^2 = R_i^2 - \|\boldsymbol{X}_i\|^2 = \|\boldsymbol{X}\|^2 - 2\boldsymbol{X}_i^{\mathrm{T}}\boldsymbol{X} \quad (i=1,2,3) \tag{3.36}$$

后两个测距方程减去第一个测距方程, 得

$$\frac{1}{2}\begin{bmatrix} \bar{R}_2^2 - \bar{R}_1^2 \\ \bar{R}_3^2 - \bar{R}_1^2 \end{bmatrix} = \begin{bmatrix} x_1 - x_2 & y_1 - y_2 \\ x_1 - x_3 & y_1 - y_3 \end{bmatrix}\begin{bmatrix} x \\ y \end{bmatrix} + \begin{bmatrix} z_1 - z_2 \\ z_1 - z_3 \end{bmatrix} z \tag{3.37}$$

上式可记为

$$\boldsymbol{b} = \boldsymbol{F}\begin{bmatrix} x \\ y \end{bmatrix} + z\boldsymbol{k} \tag{3.38}$$

如果 z 是已知的，那么(3.37)实质是关于待估参数 x,y 的线性方程组，据此可以得到 x,y 关于 z 的表达式，记为

$$\begin{bmatrix} x \\ y \end{bmatrix} = \boldsymbol{F}^{-1}(\boldsymbol{b} - z\boldsymbol{k}) = \boldsymbol{F}^{-1}\boldsymbol{b} - z \cdot \boldsymbol{F}^{-1}\boldsymbol{k} \triangleq \boldsymbol{p} + z \cdot \boldsymbol{q} \tag{3.39}$$

上述表达式可以表示成

$$\begin{bmatrix} x \\ y \end{bmatrix} = \left(\boldsymbol{F}^{\mathrm{T}}\boldsymbol{F}\right)^{-1}\boldsymbol{F}^{\mathrm{T}}(\boldsymbol{b} - z\boldsymbol{k}) \tag{3.40}$$

表达式写成最小二乘估计的结构，是为了把三站推广到多站. 在实际应用中，(3.39)中的 z 一般是未知的，下面求解 z. (3.39)的分量形式为

$$\begin{cases} x = p_1 + q_1 z \\ y = p_2 + q_2 z \end{cases} \tag{3.41}$$

代入到中 $R_1^2 = (x - x_1)^2 + (y - y_1)^2 + (z - z_1)^2$，得到关于 z 的二次方程

$$R_1^2 = (p_1 + q_1 z - x_1)^2 + (p_2 + q_2 z - y_1)^2 + (z - z_1)^2 \tag{3.42}$$

合并同类项得

$$(q_1^2 + q_2^2 + 1)z^2 + 2(q_1(p_1 - x_1) + q_2(p_2 - y_1) - z_1)z + [z_1^2 - R_1^2 + (p_1 - x_1)^2 + (p_2 - y_1)^2] = 0 \tag{3.43}$$

上式简记为

$$az^2 + bz + c = 0 \tag{3.44}$$

解得

$$z = \frac{-b \pm \sqrt{b^2 - 4ac}}{2a} \tag{3.45}$$

上式两个解中，一个是真值一个是假值，将(3.45)代入(3.39)可求出两组 x,y,z 的估计值 $[x^{(1)}, y^{(1)}, z^{(1)}]$ 和 $[x^{(2)}, y^{(2)}, z^{(2)}]$，将 $[x^{(1)}, y^{(1)}, z^{(1)}]$ 和 $[x^{(2)}, y^{(2)}, z^{(2)}]$ 再分别代入(3.3)和(3.4)中，筛选真值的准则如下:

(1) 若目标与地心在测站平面同侧，则满足 $s = s_1 s_2 > 0$ 者为真值;

(2) 若目标与地心在测站平面异侧，则满足 $s = s_1 s_2 < 0$ 者为真值.

3.3.2 多站解析定位

当测站数等于3时，符号判断是比较复杂的过程. 当测站数大于3时，不需要观测先验信息和符号判别准则筛选真值，可以利用线性公式获得位置坐标 $\boldsymbol{X} = \left[x, y, z\right]^{\mathrm{T}}$. 当测站数大于 3 或者等于 3 时，可以利用线性公式获得速度坐标 $\dot{\boldsymbol{X}} = \left[\dot{x}, \dot{y}, \dot{z}\right]^{\mathrm{T}}$，即 $\boldsymbol{V} = \left[v_x, v_y, v_z\right]^{\mathrm{T}}$. 不失一般性，假定有 4 个测站，目标坐标为 $\boldsymbol{X} = \left[x, y, z\right]^{\mathrm{T}}$，4 个站址已知，记为 $\boldsymbol{X}_i = \left[x_i, y_i, z_i\right]^{\mathrm{T}}$，则依据测距方程(3.1)和向量模的定义有

$$R_i^2 = \left\|\boldsymbol{X}\right\|^2 + \left\|\boldsymbol{X}_i\right\|^2 - 2\boldsymbol{X}_i^{\mathrm{T}}\boldsymbol{X} \quad (i = 1,2,3,4) \tag{3.46}$$

记 $\bar{R}_i^2 = R_i^2 - \left\|\boldsymbol{X}_i\right\|^2$，注意 $\bar{R}_i^2$ 是已知量，则依据(3.46)

$$\bar{R}_i^2 = \left\|\boldsymbol{X}\right\|^2 - 2\boldsymbol{X}_i^{\mathrm{T}}\boldsymbol{X} \quad (i = 1,2,3,4) \tag{3.47}$$

前三个测距方程减去第一个测距方程，得

$$\frac{1}{2}\begin{bmatrix} \bar{R}_2^2 - \bar{R}_1^2 \\ \bar{R}_3^2 - \bar{R}_1^2 \\ \bar{R}_4^2 - \bar{R}_1^2 \end{bmatrix} = \begin{bmatrix} x_1 - x_2 & y_1 - y_2 & z_1 - z_2 \\ x_1 - x_3 & y_1 - y_3 & z_1 - z_3 \\ x_1 - x_4 & y_1 - y_4 & z_1 - z_4 \end{bmatrix}\begin{bmatrix} x \\ y \\ z \end{bmatrix} \tag{3.48}$$

上式可记为

$$\boldsymbol{b} = \boldsymbol{F}\boldsymbol{X} \tag{3.49}$$

式(3.49)实质是关于待估参数 x, y, z 的线性方程组，据此可以得

$$\boldsymbol{X} = \left(\boldsymbol{F}^{\mathrm{T}}\boldsymbol{F}\right)^{-1}\boldsymbol{F}^{\mathrm{T}}\boldsymbol{b} \tag{3.50}$$

上述表达式可以表示成

$$\boldsymbol{X} = \boldsymbol{F}^{-1}\boldsymbol{b} \tag{3.51}$$

表达式写成最小二乘估计的结构，是为了把四站推广到多站. 对比(3.40)与(3.51)，可以发现:

(1) 式(3.51)的表达式更加简洁，也不需要观测先验信息和符号判别准则筛选真值，该方法尤其适合没有任何先验信息的非合作目标定位.

(2) 式(3.51)默认把 1 号站当作中心站，如果把 i 号站当作中心站，解算结果有差别吗？如果有差别，那么哪个站作为中心站是最优的？最优中心站是如何指导前端布站和后端定位算法的？这些问题有待进一步论证.

3.4　多站非线性迭代定位

3.4.1　先定位后定速

如果已经获得目标位置向量 $\boldsymbol{X}$，则可以快速算得速度 $\dot{\boldsymbol{X}}$. 下面给出测距方程组关于位置变量 $\boldsymbol{X}$ 的雅可比矩阵 $\boldsymbol{J}_R$，这是非线性迭代定位法的关键信息. 不失一般性，本节约定多站特指 4 站，即 $m=4$，位置向量 $\boldsymbol{X}$ 是未知的，记为 $\boldsymbol{X}=[x,y,z]^{\mathrm{T}}$，为了防止第 i 个测站索引与第 i 次迭代索引混淆，本节把第 i 个站址记为

$$\boldsymbol{X}_{0i}=\left[x_{0i},y_{0i},z_{0i}\right]^{\mathrm{T}}\quad(i=1,2,3,4)\tag{3.52}$$

其中 0 表示测站，i 表示第 i 个测站，而待估参数 $\boldsymbol{X}$ 的第 i 次迭代值记为

$$\boldsymbol{X}_i=\left[x_i,y_i,z_i\right]^{\mathrm{T}}\quad(i=0,1,2,3,\cdots)\tag{3.53}$$

此时测距公式(3.1)变为

$$R_i=\sqrt{(x-x_{0i})^2+(y-y_{0i})^2+(z-z_{0i})^2}\quad(i=1,2,3,4)\tag{3.54}$$

记距离的观测值向量为 $\boldsymbol{Y}_R$，距离的计算值向量为 $\boldsymbol{f}_R$，则有

$$\boldsymbol{Y}_R=\begin{bmatrix}y_{R_1}\\y_{R_2}\\y_{R_3}\\y_{R_4}\end{bmatrix},\quad \boldsymbol{f}_R(\boldsymbol{X})=\begin{bmatrix}R_1\\R_2\\R_3\\R_4\end{bmatrix}\tag{3.55}$$

由于存在误差，观测值一般不等于计算值，即下列方程组一般是矛盾的

$$\boldsymbol{Y}_R=\boldsymbol{f}_R(\boldsymbol{X})\tag{3.56}$$

记方向余弦为

$$l_i=\frac{x-x_i}{R_i},\quad m_i=\frac{y-y_i}{R_i},\quad n_i=\frac{z-z_i}{R_i}\quad(i=1,2,3,4)\tag{3.57}$$

也即

$$[l_i,m_i,n_i]=\frac{1}{R_i}(\boldsymbol{X}-\boldsymbol{X}_{0i})\quad(i=1,2,3,4)\tag{3.58}$$

得测距方程组对 $\boldsymbol{X}$ 的雅可比矩阵(也称为方向余弦矩阵)如下

$$\boldsymbol{J}_R = \frac{\partial \boldsymbol{f}_R}{\partial \boldsymbol{X}^{\mathrm{T}}} = \begin{bmatrix} \frac{\partial R_1}{\partial x} & \frac{\partial R_1}{\partial y} & \frac{\partial R_1}{\partial z} \\ \vdots & \vdots & \vdots \\ \frac{\partial R_4}{\partial x} & \frac{\partial R_4}{\partial y} & \frac{\partial R_4}{\partial z} \end{bmatrix} = \begin{bmatrix} l_1 & m_1 & n_1 \\ l_2 & m_2 & n_2 \\ l_3 & m_3 & n_3 \\ l_4 & m_4 & n_4 \end{bmatrix} \tag{3.59}$$

有了迭代初值 $\boldsymbol{X}_0$ 和雅可比矩阵 $\boldsymbol{J}_R$，就可以设计算法实现基于非线性迭代的多站测距定位方法.

3.4.2 非线性测量方程的抽象化

为了通用性, 把待估参数 $\boldsymbol{X} \in \mathbb{R}^3$ 抽象为 $\boldsymbol{\beta} \in \mathbb{R}^n$，把(3.56)抽象为

$$\boldsymbol{Y} = \boldsymbol{f}(\boldsymbol{\beta}) \in \mathbb{R}^m \tag{3.60}$$

把(3.59)中雅可比矩阵 $\boldsymbol{J}_R$ 抽象为

$$\boldsymbol{J} = \frac{\partial \boldsymbol{f}}{\partial \boldsymbol{\beta}^{\mathrm{T}}} \in \mathbb{R}^{m \times n} \tag{3.61}$$

总之, 待估参数为 $\boldsymbol{\beta} \in \mathbb{R}^n$，测量值为 $\boldsymbol{Y} \in \mathbb{R}^m$，计算值为 $\boldsymbol{f}(\boldsymbol{\beta}) \in \mathbb{R}^m$，雅可比矩阵为 $\boldsymbol{J} \in \mathbb{R}^{m \times n}$，若测量维数 m 不小于待估参数维数 n，即 $m \geqslant n$，则在给定初值 $\boldsymbol{\beta}_0$ 的条件下依据迭代公式就可以实现未知参数 $\boldsymbol{\beta}$ 的最小二乘估计.

3.4.3 高斯-牛顿迭代

记观测值与计算值之间的残差为

$$\boldsymbol{e}(\boldsymbol{\beta}) = \boldsymbol{Y} - \boldsymbol{f}(\boldsymbol{\beta}) \in \mathbb{R}^m \tag{3.62}$$

则残差 $\boldsymbol{e}$ 的雅可比矩阵满足

$$\frac{\partial \boldsymbol{e}}{\partial \boldsymbol{\beta}^{\mathrm{T}}} = -\frac{\partial \boldsymbol{f}}{\partial \boldsymbol{\beta}^{\mathrm{T}}} = -\boldsymbol{J} \tag{3.63}$$

残差的一阶近似为

$$\boldsymbol{e}(\boldsymbol{\beta} + \Delta\boldsymbol{\beta}) \approx \boldsymbol{e}(\boldsymbol{\beta}) + \frac{\partial \boldsymbol{e}}{\partial \boldsymbol{\beta}^{\mathrm{T}}} \Delta\boldsymbol{\beta} \approx \boldsymbol{e}(\boldsymbol{\beta}) - \boldsymbol{J}\Delta\boldsymbol{\beta} \tag{3.64}$$

记优化目标函数为

$$F(\boldsymbol{\beta}) = \frac{1}{2}\boldsymbol{e}^{\mathrm{T}}\boldsymbol{e} = \frac{1}{2}\sum_{i=1}^{m} e_i^2 \tag{3.65}$$

优化目标函数的递归公式为

$$F(\boldsymbol{\beta}+\Delta\boldsymbol{\beta})\approx\frac{1}{2}[\boldsymbol{e}-\boldsymbol{J}\Delta\boldsymbol{\beta}]^{\mathrm{T}}[\boldsymbol{e}-\boldsymbol{J}\Delta\boldsymbol{\beta}]=F(\boldsymbol{\beta})-\Delta\boldsymbol{\beta}^{\mathrm{T}}\boldsymbol{J}^{\mathrm{T}}\boldsymbol{e}+\frac{1}{2}\Delta\boldsymbol{\beta}^{\mathrm{T}}\boldsymbol{J}^{\mathrm{T}}\boldsymbol{J}\Delta\boldsymbol{\beta} \tag{3.66}$$

高斯-牛顿法的目标是寻找方向 $\Delta\boldsymbol{\beta}$ 使得优化目标函数减小量 $F(\boldsymbol{\beta})-F(\boldsymbol{\beta}+\Delta\boldsymbol{\beta})$ 最大, 最值一般都是极值, 且梯度等于零, 利用二次型微分公式 $\frac{\mathrm{d}\boldsymbol{x}^{\mathrm{T}}\boldsymbol{A}\boldsymbol{x}}{\mathrm{d}\boldsymbol{x}}=2\boldsymbol{A}\boldsymbol{x}$ 可得

$$\frac{\partial}{\partial\Delta\boldsymbol{\beta}}F(\boldsymbol{\beta}+\Delta\boldsymbol{\beta})\approx-\boldsymbol{J}^{\mathrm{T}}\boldsymbol{e}+\boldsymbol{J}^{\mathrm{T}}\boldsymbol{J}\Delta\boldsymbol{\beta}=\boldsymbol{0} \tag{3.67}$$

解得

$$\Delta\boldsymbol{\beta}=\left(\boldsymbol{J}^{\mathrm{T}}\boldsymbol{J}\right)^{-1}\boldsymbol{J}^{\mathrm{T}}\boldsymbol{e} \tag{3.68}$$

若已知上一步估计值 $\boldsymbol{\beta}_{k-1}$, 则下一步的估计值 $\boldsymbol{\beta}_k$ 的表达式为

$$\boldsymbol{\beta}_k=\boldsymbol{\beta}_{k-1}+\Delta\boldsymbol{\beta} \tag{3.69}$$

为了防止迭代步长过大, 引入步长系数 λ, 令

$$\boldsymbol{\beta}_k=\boldsymbol{\beta}_{k-1}+\lambda\Delta\boldsymbol{\beta},\quad 0<\lambda<1 \tag{3.70}$$

用整数 j 调节步长系数

$$\lambda=2^{-j},\quad j\geqslant 1 \tag{3.71}$$

目的是保证迭代过程中目标函数始终随 k 变大而变小, 即

$$F(\boldsymbol{\beta}_{k+1})<F(\boldsymbol{\beta}_k) \tag{3.72}$$

称(3.70)为高斯-牛顿迭代公式, 具体地

$$\boldsymbol{\beta}_k=\boldsymbol{\beta}_{k-1}+2^{-j}\left(\boldsymbol{J}^{\mathrm{T}}\boldsymbol{J}\right)^{-1}\boldsymbol{J}^{\mathrm{T}}\boldsymbol{e},\quad j=0,1,2,\cdots \tag{3.73}$$

或者

$$\boldsymbol{\beta}_k=\boldsymbol{\beta}_{k-1}+2^{-j}\left(\boldsymbol{J}^{\mathrm{T}}\boldsymbol{J}\right)^{-1}\boldsymbol{J}^{\mathrm{T}}\left(\boldsymbol{Y}-\boldsymbol{f}(\boldsymbol{\beta}_{k-1})\right),\quad j=0,1,2,\cdots \tag{3.74}$$

等式右侧依赖三个部分: ①观测值 $\boldsymbol{Y}$; ②上一步的迭代值 $\boldsymbol{\beta}_{k-1}$; ③依据 $\boldsymbol{\beta}_{k-1}$ 计算的雅可比矩阵 $\boldsymbol{J}$.

3.5 状态初始化

通过高斯-牛顿迭代法获取 $\boldsymbol{X}=[x,y,z]^{\mathrm{T}}$ 的数值解, 计算过程可以概括为如下三个步骤:

(1) 初始化, 依据某种方式给出状态初值 $\boldsymbol{X}_0$;

(2) 迭代, 依据 $\boldsymbol{X}_{k+1}=\boldsymbol{X}_k+\Delta\boldsymbol{X}$ 更新状态;

(3) 跳出, 如果 $\|\Delta\boldsymbol{X}\|$ 过小, 则退出迭代.

对于卫星导航, 地心与目标在星座平面同侧, 初始化比较简单, 比如用 $\boldsymbol{X}_0=[0,0,0]^{\mathrm{T}}$ 即可. 但是对于地面站导航, 因为地心与目标可能在测站平面同侧, 也可能在异侧, 使得获取"可行、可靠、快速"的状态初值并不是显而易见的. 如图 3-4 所示, 高次多项式可能有两个极小点, "坏"的初值就可能导致非线性迭代收敛到"假值". 测距定位的站址布设在同一平面上, "真值"和"假值"相对测站平面对称, 因此"真值"和"假值"都满足测距方程. 实心初值点可能收敛到"真值", 而空心初值点可能收敛到"假值".

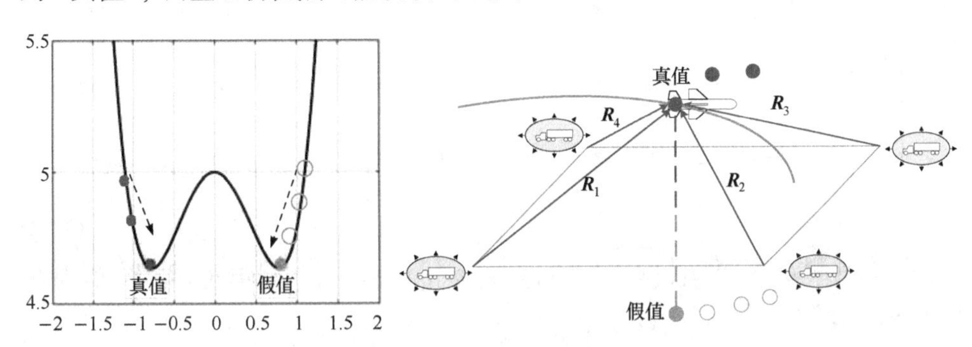

图 3-4 地面站导航的多初值示意图

3.5.1 多次消元法

一般来说, 三个方程可以解得三个未知数, 因此依(3.1)得

$$\begin{cases}R_1^2=(x-x_1)^2+(y-y_1)^2+(z-z_1)^2\\R_2^2=(x-x_2)^2+(y-y_2)^2+(z-z_2)^2\\R_3^2=(x-x_3)^2+(y-y_3)^2+(z-z_3)^2\end{cases}\tag{3.75}$$

利用(3.75)第 3 个方程, 把 z 表示成为 $z=f(x,y)$, 再代入第 1、第 2 个方程, 得到如下方程组

$$\begin{cases}R_1^2=(x-x_1)^2+(y-y_1)^2+(f(x,y)-z_1)^2\\R_2^2=(x-x_2)^2+(y-y_2)^2+(f(x,y)-z_2)^2\end{cases}\tag{3.76}$$

进一步, 利用(3.76)第 2 个方程, 把 y 表示成为 $y=g(x)$, 代入第 1 个方程, 得到如下方程组

$$R_1^2=(x-x_1)^2+(g(x)-y_1)^2+(f(x,g(x))-z_1)^2\tag{3.77}$$

最后利用方程(3.77)可以解得 x, 代入 $y=g(x)$ 和 $z=f(x,y)$ 又可以解得 y,z.

但是, 上述过程依赖 12 个已知量, 即三个测站站址$[x_1,y_1,z_1],[x_2,y_2,z_2],[x_3,y_3,z_3]$和三个测距值$R_1,R_2,R_3$, 变量较多, 借助符号运算功能求解方程(3.75), 可以解得两组解$[x,y,z]$, 表达式约占 5 万个字符(占 50 个 A4 版面). 这意味着: 理论上消元法可以获得位置参数的解析表达式, 但是工程编程实践表明, 超大型表达式不满足“可行性”.

3.5.2　平方作差法

如果有 4 个测距方程, 用前 3 个测距方程减去第 4 个测距方程得

$$\begin{cases}\dfrac{1}{2}(R_1^2-x_1^2-y_1^2-z_1^2-R_4^2+x_4^2+y_4^2+z_4^2)=(x_4-x_1)x+(y_4-y_1)y+(z_4-z_1)z\\ \dfrac{1}{2}(R_1^2-x_2^2-y_2^2-z_2^2-R_4^2+x_4^2+y_4^2+z_4^2)=(x_4-x_2)x+(y_4-y_2)y+(z_4-z_2)z\\ \dfrac{1}{2}(R_1^2-x_3^2-y_3^2-z_3^2-R_4^2+x_4^2+y_4^2+z_4^2)=(x_4-x_3)x+(y_4-y_3)y+(z_4-z_3)z\end{cases} \tag{3.78}$$

注意到测站$[x_1,y_1,z_1],[x_2,y_2,z_2],[x_3,y_3,z_3],[x_4,y_4,z_4]$和测距$R_1^2,R_2^2,R_3^2,R_4^2$都是已知量, 上式可以记为

$$\begin{cases}b_1=a_{11}x+a_{12}y+a_{13}z\\ b_2=a_{21}x+a_{22}y+a_{23}z\\ b_3=a_{13}x+a_{23}y+a_{33}z\end{cases} \tag{3.79}$$

或者

$$\boldsymbol{b}=\boldsymbol{A}\boldsymbol{X} \tag{3.80}$$

得

$$\boldsymbol{X}=\boldsymbol{A}^{-1}\boldsymbol{b} \tag{3.81}$$

当四个测站接近共面时, 系数矩阵$\boldsymbol{A}$接近线性相关, 依(3.81)获得的初值很不稳定. 实际上, 依据奇异值分解定理, 存在正交方阵$\boldsymbol{U}\in\mathbb{R}^{3\times3}$、正交矩阵$\boldsymbol{V}\in\mathbb{R}^{3\times3}$和对角矩阵$\boldsymbol{\Lambda}=\mathrm{diag}(\lambda_1,\lambda_2,\lambda_3)$, 且$\lambda_1\geqslant\lambda_2\geqslant\lambda_3\geqslant0$, 使得

$$\boldsymbol{A}=\boldsymbol{U}\boldsymbol{\Lambda}\boldsymbol{V}^{\mathrm{T}} \tag{3.82}$$

称上式为可逆矩阵$\boldsymbol{A}$的奇异值分解, $\lambda_1,\lambda_2,\lambda_3$为奇异值. 若测量引起的误差为$\Delta\boldsymbol{b}$, 测量误差导致的定位误差记为$\Delta\boldsymbol{X}$, 式(3.80)两边微分得

$$\Delta\boldsymbol{b}=\boldsymbol{A}\Delta\boldsymbol{X} \tag{3.83}$$

也就是说

$$\Delta X = A^{-1}\Delta b \tag{3.84}$$

一方面, 由算子范数不等式可知

$$\|\Delta X\| \leqslant \|A^{-1}\Delta b\| \leqslant \|A^{-1}\|\|\Delta b\| = \lambda_3^{-1}\cdot\|\Delta b\| \tag{3.85}$$

另一方面, 利用 U 和 V 的正交性, 将 $A = U\Lambda V^{\mathrm{T}}$ 代入(3.83)得

$$\Delta X = V\Lambda^{-1}U^{\mathrm{T}}\Delta b \tag{3.86}$$

当测量误差 Δb 刚好为 U 的最后 1 列, 即最小奇异值 λ_3 对应的向量, 则利用 U 和 V 的正交性可知

$$\|\Delta X\| = \|V\Lambda^{-1}U^{\mathrm{T}}\Delta b\| = \|V\Lambda^{-1}U^{\mathrm{T}}\Delta b\| = \lambda_3^{-1} \tag{3.87}$$

式(3.87)说明测量误差 Δb 传递到定位误差 ΔX 上, λ_3^{-1} 是误差放大倍数的上界, 而且 λ_3^{-1} 是误差放大倍数的上确界, 把 λ_3^{-1} 称为设计矩阵 A 的绝对条件数. 注意区别条件数 $\mathrm{cond}(A) = \dfrac{\lambda_1}{\lambda_3}$, 条件数是相对误差放大倍数的上确界; 而 λ_3^{-1} 是绝对误差放大倍数的上确界, 正因如此把 λ_3^{-1} 称为绝对条件数.

以机场挂飞试验为例, 所有测站布设在跑道附近, 几乎是共面的, 使得 λ_3 接近零, 导致 $X = A^{-1}b$ 很不稳定, 测量误差 Δb 会导致解算不稳定: ①如果测量误差 Δb 误差很小, 初始化 X 落在真值附近, 非线性迭代解收敛到真值; ②如果测量误差 Δb 误差很大, 初始化 X “可能” 落在假值附近, 非线性迭代解 “可能” 收敛到假值.

尽管平方作差法思路简单, 计算速度也很快, 但是该方法对测量误差 Δb 和布站几何 A 非常敏感, 当测量误差较大或者测站几乎在一个平面上时, 平方作差法的定位值不具备 “稳定性”.

3.5.3 概略初值法

由先验可知, 机场挂飞试验中, 飞机的位置在布站平面的上方. 初值迭代后: 迭代值要么收敛到测站平面 “上方” 的真值, 要么收敛到测站平面 “下方” 的假值. 如图3-4所示, 只要初值点概略地设置为测站上方, 就可以防止迭代逼近假值. 若只关心是否能收敛到真值, 那么初值中的天向坐标是否精确并不重要, 只要是在测站平面上方即可, 比如令初值点为 1 号站 $[x_1, y_1, z_1]$ 上方 h 米即可. 下面针对不同的坐标系给出对应的初始化方法.

(1) 如果位置坐标在 “东北天” 测站系下表示, 则初值为 $[x_1, y_1, z_1 + h]$;

(2) 如果位置坐标在 “纬经高” 大地系下表示, 1 号站的大地坐标为

$[B_1, L_1, H_1]$，则初值为$[B_1, L_1, H_1 + h]$，此时需要把大地坐标进一步转化为地心系坐标，如下

$$\begin{cases} x_0 = (N_1 + H_1 + h)\cos B_1 \cos L_1 \\ y_0 = (N_1 + H_1 + h)\cos B_1 \sin L_1 \\ z_0 = (N_1(1 - e^2) + H_1 + h)\sin B_1 \end{cases} \tag{3.88}$$

其中 $N_1 = \dfrac{a}{\sqrt{1 - e^2 \sin^2 B_1}}$ 为卯酉圈半径，a为地球椭球体长半轴，e为地球椭球体偏心率.

尽管概略初值法很稳定，但是当真值距离初值较远时，需要较多迭代次数，不具备“快速性”.

3.5.4　最优三球法

3.2 节给出了三球定位的方法，如果有效测站数大于 3，如何从中选择三个测站获得最佳初值呢？一般考虑如下两个准则：

(1) 测站围成的面积越大，目标与测站构成椎体的体积就越大，定位结果的稳定性就越好. 四站定位，可以在 4 种布站中筛选面积最大者，实现最优初始化.

(2) 相同面积条件下，最大内角与最小内角的比值越小布站几何越好. 若用 area 表示面积大小，angle 表示角度比值，得如下混合布站优度度量

$$\text{index} = \frac{\text{area}}{\text{angle}} \tag{3.89}$$

如表 3-1 所示，对比四种定位初值确定方法的工程可行性、稳定性和快速性，可以发现：

(1) 多次消元法理论可行，工程不可行.

(2) 平方作差法计算快速，但是不稳定.

(3) 概略初值法稳定收敛，但是收敛速度慢.

(4) 最优三球法工程可行、计算稳定、收敛快速.

表 3-1　不同方法对比说明

	多次消元法	平方作差法	概略初值法	最优三球法
工程可行性	×	√	√	√
稳定性		×	√	√
快速性			×	√

3.6 状态空间模型

弹道是满足一定机动性和噪声统计特性的空间曲线，可结合目标运动学信息，利用一组简单的数学函数和随机过程来逼近弹道运动. 这里的运动机动性一般指弹道的速度、加速度或加加速度的近似常值特性，而统计特性是指速度、加速度或加加速度的变化满足独立同分布条件. 由此定义，常用模型有匀速模型(Constant Velocity, CV)、匀加速模型(Constant Acceleration, CA)、匀加加速模型(也称为 Jerk 模型). 注意区别(3.1)和(3.90)中变量的下标，其中(3.1)中$[x_i, y_i, z_i]$表示第i个测站的站址坐标，而(3.90)和后续中的$[x_k, y_k, z_k]$表示k时刻目标的坐标.

3.6.1 CV 模型

CV 模型假定速度差分满足

$$[\dot{x}_k, \dot{y}_k, \dot{x}_k]^{\mathrm{T}} - [\dot{x}_{k-1}, \dot{y}_{k-1}, \dot{x}_{k-1}]^{\mathrm{T}} \approx h\boldsymbol{W}_k \tag{3.90}$$

其中h是采样间隔，$\boldsymbol{W}_k$是独立同分布的误差序列，假定在$k-1$到k时刻速度保持常值，则位移为

$$\begin{aligned} &[x_k, y_k, x_k]^{\mathrm{T}} - [x_{k-1}, y_{k-1}, x_{k-1}]^{\mathrm{T}} \approx h[\dot{x}_{k-1}, \dot{y}_{k-1}, \dot{x}_{k-1}]^{\mathrm{T}} + \int_0^h h\boldsymbol{W}_k \mathrm{d}t \\ &= h[\dot{x}_{k-1}, \dot{y}_{k-1}, \dot{x}_{k-1}]^{\mathrm{T}} + \frac{h^2}{2}\boldsymbol{W}_k \end{aligned} \tag{3.91}$$

记$\boldsymbol{X}_k = [x_k, y_k, z_k, \dot{x}_k, \dot{y}_k, \dot{z}_k]^{\mathrm{T}}$，$\boldsymbol{I}_3$是 3 阶单位矩阵，且

$$\boldsymbol{F}_k = \begin{bmatrix} \boldsymbol{I}_3 & h\boldsymbol{I}_3 \\ \boldsymbol{O} & \boldsymbol{I}_3 \end{bmatrix} \in \mathbb{R}^{6\times 6}, \quad \boldsymbol{\Gamma}_k = \begin{bmatrix} \dfrac{h^2}{2}\boldsymbol{I}_3 \\ h\boldsymbol{I}_3 \end{bmatrix} \in \mathbb{R}^{6\times 3} \tag{3.92}$$

则离散形式的状态方程为

$$\boldsymbol{X}_k = \boldsymbol{F}_k \boldsymbol{X}_{k-1} + \boldsymbol{\Gamma}_k \boldsymbol{W}_k \tag{3.93}$$

3.6.2 CA 模型

CA 模型假定加速度差分满足

$$[\ddot{x}_k, \ddot{y}_k, \ddot{x}_k]^{\mathrm{T}} - [\ddot{x}_{k-1}, \ddot{y}_{k-1}, \ddot{x}_{k-1}]^{\mathrm{T}} \approx h\boldsymbol{W}_k \tag{3.94}$$

其中h是采样间隔，$\boldsymbol{W}_k$是独立同分布的误差序列，假定在$k-1$到k时刻加速度保持常值，则速度增量为

$$
\begin{aligned}
&[\dot{x}_k,\dot{y}_k,\dot{x}_k]^{\mathrm{T}}-[\dot{x}_{k-1},\dot{y}_{k-1},\dot{x}_{k-1}]^{\mathrm{T}}=h[\ddot{x}_{k-1},\ddot{y}_{k-1},\ddot{x}_{k-1}]^{\mathrm{T}}+\int_0^h h\boldsymbol{W}_k\mathrm{d}t\\
&=h[\ddot{x}_{k-1},\ddot{y}_{k-1},\ddot{x}_{k-1}]^{\mathrm{T}}+\frac{h^2}{2}\boldsymbol{W}_k
\end{aligned}
\tag{3.95}
$$

位移为

$$
\begin{aligned}
[x_k,y_k,x_k]^{\mathrm{T}}-[x_{k-1},y_{k-1},x_{k-1}]^{\mathrm{T}}&=\frac{h^2}{2}[\ddot{x}_{k-1},\ddot{y}_{k-1},\ddot{x}_{k-1}]^{\mathrm{T}}+\int_0^h\frac{h^2}{2}\boldsymbol{W}_k\mathrm{d}t\\
&=\frac{h^2}{2}[\ddot{x}_{k-1},\ddot{y}_{k-1},\ddot{x}_{k-1}]^{\mathrm{T}}+\frac{h^3}{6}\boldsymbol{W}_k
\end{aligned}
\tag{3.96}
$$

记 $\boldsymbol{X}_k=[x_k,y_k,z_k,\dot{x}_k,\dot{y}_k,\dot{z}_k,\ddot{x}_k,\ddot{y}_k,\ddot{x}_k]^{\mathrm{T}}$，$\boldsymbol{I}_3$ 是 3 阶单位矩阵，且

$$
\boldsymbol{F}_k=\begin{bmatrix}\boldsymbol{I}_3 & h\boldsymbol{I}_3 & h^2\boldsymbol{I}_3/2\\ \boldsymbol{O} & \boldsymbol{I}_3 & h\boldsymbol{I}_3\\ \boldsymbol{O} & \boldsymbol{O} & \boldsymbol{I}_3\end{bmatrix}\in\mathbb{R}^{9\times 9},\quad \boldsymbol{\Gamma}_k=\begin{bmatrix}h^3\boldsymbol{I}_3/6\\ h^2\boldsymbol{I}_3/2\\ h\boldsymbol{I}_3\end{bmatrix}\in\mathbb{R}^{9\times 3}
\tag{3.97}
$$

则离散形式的状态方程为

$$
\boldsymbol{X}_k=\boldsymbol{F}_k\boldsymbol{X}_{k-1}+\boldsymbol{\Gamma}_k\boldsymbol{W}_k
\tag{3.98}
$$

3.6.3 Jerk 模型

Jerk 模型用于描述高机动特性的目标运动, Jerk 模型假定加加速度差分满足

$$
[\dddot{x}_k,\dddot{y}_k,\dddot{x}_k]^{\mathrm{T}}-[\dddot{x}_{k-1},\dddot{y}_{k-1},\dddot{x}_{k-1}]^{\mathrm{T}}\approx h\boldsymbol{W}_k
\tag{3.99}
$$

同理可得离散形式的状态方程, 不再赘述.

3.7 从最小二乘滤波到非线性滤波

3.7.1 最小二乘滤波

实际应用对状态噪声 $\boldsymbol{W}_k$ 和测量噪声 $\boldsymbol{V}_k$ 经常缺乏先验, 考虑如下确定性线性系统

$$
\begin{cases}\boldsymbol{X}_k=\boldsymbol{F}\boldsymbol{X}_{k-1}\\ \boldsymbol{Y}_k=\boldsymbol{H}\boldsymbol{X}_k\end{cases}
\tag{3.100}
$$

目标为: 在已经获得 $k-1$ 时刻滤波值 $\hat{\boldsymbol{X}}_{k-1}$ 的条件下, 求 k 时刻滤波值 $\hat{\boldsymbol{X}}_k$. 式(3.100)中的两个方程一般都是矛盾方程, 不妨 “将错就错” 将方程(3.100)合并为

$$
\begin{bmatrix}\boldsymbol{I}_n\\ \boldsymbol{H}\end{bmatrix}\boldsymbol{X}_k=\begin{bmatrix}\boldsymbol{F}\hat{\boldsymbol{X}}_{k-1}\\ \boldsymbol{Y}_k\end{bmatrix}
\tag{3.101}
$$

两边左乘$\left[\boldsymbol{I}_n,\boldsymbol{H}^{\mathrm{T}}\right]$得

$$\left[\boldsymbol{I}_n+\boldsymbol{H}^{\mathrm{T}}\boldsymbol{H}\right]\boldsymbol{X}_k=\boldsymbol{F}\hat{\boldsymbol{X}}_{k-1}+\boldsymbol{H}^{\mathrm{T}}\boldsymbol{Y}_k \tag{3.102}$$

所以 $\boldsymbol{X}_k$ 的最小二乘估计为

$$\hat{\boldsymbol{X}}_k=\left[\boldsymbol{I}_n+\boldsymbol{H}^{\mathrm{T}}\boldsymbol{H}\right]^{-1}\left[\boldsymbol{F}\hat{\boldsymbol{X}}_{k-1}+\boldsymbol{H}^{\mathrm{T}}\boldsymbol{Y}_k\right] \tag{3.103}$$

如下两个矩阵求逆公式在后续会多次用到

$$(\boldsymbol{A}+\boldsymbol{BCD})^{-1}=\boldsymbol{A}^{-1}-\boldsymbol{A}^{-1}\boldsymbol{B}\left(\boldsymbol{C}^{-1}+\boldsymbol{DA}^{-1}\boldsymbol{B}\right)^{-1}\boldsymbol{DA}^{-1} \tag{*}$$

$$\boldsymbol{CD}(\boldsymbol{A}+\boldsymbol{BCD})^{-1}=\left(\boldsymbol{C}^{-1}+\boldsymbol{DA}^{-1}\boldsymbol{B}\right)^{-1}\boldsymbol{DA}^{-1} \tag{**}$$

利用(*)得

$$\left[\boldsymbol{I}_n+\boldsymbol{H}^{\mathrm{T}}\boldsymbol{H}\right]^{-1}=\boldsymbol{I}_n-\boldsymbol{H}^{\mathrm{T}}\left(\boldsymbol{I}_m+\boldsymbol{HH}^{\mathrm{T}}\right)^{-1}\boldsymbol{H} \tag{3.104}$$

代入(3.103), 再利用(**)得

$$\hat{\boldsymbol{X}}_k=\hat{\boldsymbol{X}}_{k,k-1}+\boldsymbol{K}\left(\boldsymbol{Y}_k-\hat{\boldsymbol{Y}}_{k|k-1}\right) \tag{3.105}$$

其中, $\hat{\boldsymbol{X}}_{k|k-1}=\boldsymbol{F}\hat{\boldsymbol{X}}_{k-1}$ 为状态一步预报, $\hat{\boldsymbol{Y}}_{k|k-1}=\boldsymbol{H}\hat{\boldsymbol{X}}_{k|k-1}=\boldsymbol{HF}\hat{\boldsymbol{X}}_{k-1}$ 为输出一步预报, $\boldsymbol{E}_k=\boldsymbol{Y}_k-\hat{\boldsymbol{Y}}_{k|k-1}$ 为新息, 增益矩阵为

$$\boldsymbol{K}=\boldsymbol{H}^{\mathrm{T}}\left[\boldsymbol{I}_m+\boldsymbol{HH}^{\mathrm{T}}\right]^{-1} \tag{3.106}$$

实际上,

$$\begin{aligned}
\hat{\boldsymbol{X}}_k&=\left[\boldsymbol{I}_n+\boldsymbol{H}^{\mathrm{T}}\boldsymbol{H}\right]^{-1}\left[\boldsymbol{F}\hat{\boldsymbol{X}}_{k-1}+\boldsymbol{H}^{\mathrm{T}}\boldsymbol{Y}_k\right]\\
&\overset{(*)}{=}\left[\boldsymbol{I}_n-\boldsymbol{H}^{\mathrm{T}}\left(\boldsymbol{I}_m+\boldsymbol{HH}^{\mathrm{T}}\right)^{-1}\boldsymbol{H}\right]\boldsymbol{F}\hat{\boldsymbol{X}}_{k-1}+\left[\boldsymbol{I}_n+\boldsymbol{H}^{\mathrm{T}}\boldsymbol{H}\right]^{-1}\boldsymbol{H}^{\mathrm{T}}\boldsymbol{Y}_k\\
&=\boldsymbol{F}\hat{\boldsymbol{X}}_{k-1}+\left(\left[\boldsymbol{I}_n+\boldsymbol{H}^{\mathrm{T}}\boldsymbol{H}\right]^{-1}\boldsymbol{H}^{\mathrm{T}}\boldsymbol{Y}_k-\boldsymbol{H}^{\mathrm{T}}\left(\boldsymbol{I}_m+\boldsymbol{HH}^{\mathrm{T}}\right)^{-1}\boldsymbol{HF}\hat{\boldsymbol{X}}_{k-1}\right)\\
&=\boldsymbol{F}\hat{\boldsymbol{X}}_{k-1}+\left[\boldsymbol{I}_n+\boldsymbol{H}^{\mathrm{T}}\boldsymbol{H}\right]^{-1}\left(\boldsymbol{H}^{\mathrm{T}}\boldsymbol{Y}_k-\left[\boldsymbol{I}_n+\boldsymbol{H}^{\mathrm{T}}\boldsymbol{H}\right]\boldsymbol{H}^{\mathrm{T}}\left(\boldsymbol{I}_m+\boldsymbol{HH}^{\mathrm{T}}\right)^{-1}\boldsymbol{HF}\hat{\boldsymbol{X}}_{k-1}\right)\\
&=\boldsymbol{F}\hat{\boldsymbol{X}}_{k-1}+\left[\boldsymbol{I}_n+\boldsymbol{H}^{\mathrm{T}}\boldsymbol{H}\right]^{-1}\left(\boldsymbol{H}^{\mathrm{T}}\boldsymbol{Y}_k-\boldsymbol{H}^{\mathrm{T}}\left[\boldsymbol{I}_m+\boldsymbol{HH}^{\mathrm{T}}\right]\left(\boldsymbol{I}_m+\boldsymbol{HH}^{\mathrm{T}}\right)^{-1}\boldsymbol{HF}\hat{\boldsymbol{X}}_{k-1}\right)\\
&=\boldsymbol{F}\hat{\boldsymbol{X}}_{k-1}+\left[\boldsymbol{I}_n+\boldsymbol{H}^{\mathrm{T}}\boldsymbol{H}\right]^{-1}\left(\boldsymbol{H}^{\mathrm{T}}\boldsymbol{Y}_k-\boldsymbol{H}^{\mathrm{T}}\boldsymbol{HF}\hat{\boldsymbol{X}}_{k-1}\right)\\
&=\boldsymbol{F}\hat{\boldsymbol{X}}_{k-1}+\left[\boldsymbol{I}_n+\boldsymbol{H}^{\mathrm{T}}\boldsymbol{H}\right]^{-1}\boldsymbol{H}^{\mathrm{T}}\left(\boldsymbol{Y}_k-\boldsymbol{HF}\hat{\boldsymbol{X}}_{k-1}\right)\\
&\overset{(**)}{=}\boldsymbol{F}\hat{\boldsymbol{X}}_{k-1}+\boldsymbol{H}^{\mathrm{T}}\left[\boldsymbol{I}_m+\boldsymbol{HH}^{\mathrm{T}}\right]^{-1}\left(\boldsymbol{Y}_k-\boldsymbol{HF}\hat{\boldsymbol{X}}_{k-1}\right)
\end{aligned}$$

到此为止, 我们已经获得了最小二乘滤波公式, 形式上类似于下一节将要介

绍的卡尔曼滤波公式. 由于没有考虑状态初值方差 $\boldsymbol{P}_0$、状态方差 $\boldsymbol{Q}_x$ 和测量方差 $\boldsymbol{Q}_y$, 导致形式上与后续卡尔曼滤波的表达式略有差异, 实际上可以把卡尔曼滤波看成是推广型最小二乘滤波.

3.7.2 线性卡尔曼滤波

卡尔曼滤波可以看成是一种融合状态方程和测量方程两部分信息的状态估计方法, 推导需要借助条件期望、条件方差、投影等概念, 过程比较复杂. 下面借助广义最小二乘估计(Generalized Least Squares Estimation, GLSE)的思路给出一种简约的卡尔曼滤波公式推导方法. 假定 $\boldsymbol{X}_1,\boldsymbol{Y}_1,\boldsymbol{X}_2,\boldsymbol{Y}_2$ 是已知参数, $\boldsymbol{\beta}$ 是未知参数, 误差向量满足 $\boldsymbol{E}_1 \sim N(\boldsymbol{0},\boldsymbol{Q}_1),\boldsymbol{E}_2 \sim N(\boldsymbol{0},\boldsymbol{Q}_2)$, $\mathrm{Cov}(\boldsymbol{E}_1,\boldsymbol{E}_2)=\boldsymbol{0}$, 而且满足

$$\begin{cases}\boldsymbol{Y}_1=\boldsymbol{X}_1\boldsymbol{\beta}+\boldsymbol{E}_1\\ \boldsymbol{Y}_2=\boldsymbol{X}_2\boldsymbol{\beta}+\boldsymbol{E}_2\end{cases} \tag{3.107}$$

则 $\boldsymbol{\beta}$ 的广义最小二乘估计为

$$\hat{\boldsymbol{\beta}}=\left(\begin{bmatrix}\boldsymbol{X}_1\\ \boldsymbol{X}_2\end{bmatrix}^{\mathrm{T}}\begin{bmatrix}\boldsymbol{Q}_1^{-1} & \boldsymbol{0}\\ \boldsymbol{0} & \boldsymbol{Q}_2^{-1}\end{bmatrix}\begin{bmatrix}\boldsymbol{X}_1\\ \boldsymbol{X}_2\end{bmatrix}\right)^{-1}\begin{bmatrix}\boldsymbol{X}_1\\ \boldsymbol{X}_2\end{bmatrix}^{\mathrm{T}}\begin{bmatrix}\boldsymbol{Q}_1^{-1} & \boldsymbol{0}\\ \boldsymbol{0} & \boldsymbol{Q}_2^{-1}\end{bmatrix}\begin{bmatrix}\boldsymbol{Y}_1\\ \boldsymbol{Y}_2\end{bmatrix} \tag{***}$$

考虑如下包含状态方程和测量方程的线性系统

$$\begin{cases}\boldsymbol{X}_k=\boldsymbol{F}\boldsymbol{X}_{k-1}+\boldsymbol{W}_k\\ \boldsymbol{Y}_k=\boldsymbol{H}\boldsymbol{X}_k+\boldsymbol{V}_k\end{cases} \tag{3.108}$$

其中状态噪声 $\boldsymbol{W}_k$ 和测量噪声 $\boldsymbol{V}_k$ 满足独立性, 即

$$\begin{bmatrix}\boldsymbol{W}_k\\ \boldsymbol{V}_k\end{bmatrix}\sim N\left(\begin{bmatrix}\boldsymbol{0}\\ \boldsymbol{0}\end{bmatrix},\begin{bmatrix}\boldsymbol{Q}_x & \boldsymbol{0}\\ \boldsymbol{0} & \boldsymbol{Q}_y\end{bmatrix}\right) \tag{3.109}$$

$$\mathrm{E}\left(\boldsymbol{W}_i\boldsymbol{W}_j^{\mathrm{T}}\right)=\begin{cases}\boldsymbol{Q}_x, & i=j,\\ \boldsymbol{0}, & i\neq j,\end{cases}\quad \mathrm{E}\left(\boldsymbol{V}_i\boldsymbol{V}_j^{\mathrm{T}}\right)=\begin{cases}\boldsymbol{Q}_y, & i=j\\ \boldsymbol{0}, & i\neq j\end{cases} \tag{3.110}$$

将线性系统(3.108)合并为一个方程

$$\begin{bmatrix}\boldsymbol{I}_n\\ \boldsymbol{H}\end{bmatrix}\boldsymbol{X}_k=\begin{bmatrix}\boldsymbol{F}\boldsymbol{X}_{k-1}\\ \boldsymbol{Y}_k\end{bmatrix}+\begin{bmatrix}\boldsymbol{W}_k\\ -\boldsymbol{V}_k\end{bmatrix} \tag{3.111}$$

但是 $\boldsymbol{X}_{k-1}$ 是未知的, 用 $k-1$ 时刻滤波值 $\hat{\boldsymbol{X}}_{k-1}$ 代替是合理的, 但是不能直接代入. 假定 $\hat{\boldsymbol{X}}_{k-1}$ 的期望为 $\boldsymbol{X}_{k-1}$, 方差为 $\boldsymbol{P}_x$, $\boldsymbol{F}\hat{\boldsymbol{X}}_{k-1}$ 的期望为 $\boldsymbol{F}\boldsymbol{X}_{k-1}$, 方差为 $\boldsymbol{F}\boldsymbol{P}_x\boldsymbol{F}^{\mathrm{T}}$, 且

$$\boldsymbol{U}_k \triangleq \boldsymbol{F}\boldsymbol{X}_{k-1}-\boldsymbol{F}\hat{\boldsymbol{X}}_{k-1}\sim\left(\boldsymbol{0},\boldsymbol{F}\boldsymbol{P}_x\boldsymbol{F}^{\mathrm{T}}\right) \tag{3.112}$$

$$\hat{W}_k \triangleq U_k + W_k \sim \left(0, FP_xF^{\mathrm{T}} + Q_x\right) \tag{3.113}$$

把(3.112), (3.113)代入(3.111)得

$$\begin{bmatrix} I_n \\ H \end{bmatrix} X_k = \begin{bmatrix} F\hat{X}_{k-1} \\ Y_k \end{bmatrix} + \begin{bmatrix} \hat{W}_k \\ -V_k \end{bmatrix} \tag{3.114}$$

需注意: X_{k-1} 是未知的, 而 $F\hat{X}_{k-1}$ 是已知的, 且

$$\begin{bmatrix} \hat{W}_k \\ V_k \end{bmatrix} \sim \left(\begin{bmatrix} 0 \\ 0 \end{bmatrix}, \begin{bmatrix} \hat{P}_x & \\ & Q_y \end{bmatrix} \right) \tag{3.115}$$

记

$$\hat{P}_x = FP_xF^{\mathrm{T}} + Q_x \tag{3.116}$$

依据广义最小二乘估计, 得 X_k 的最优估计为

$$\begin{aligned}
\hat{X}_k &\overset{(***)}{=} \left(\begin{bmatrix} I_n \\ H \end{bmatrix}^{\mathrm{T}} \begin{bmatrix} \hat{P}_x^{-1} & \\ & Q_y^{-1} \end{bmatrix} \begin{bmatrix} I_n \\ H \end{bmatrix} \right)^{-1} \begin{bmatrix} I_n \\ H \end{bmatrix}^{\mathrm{T}} \begin{bmatrix} \hat{P}_x^{-1} & \\ & Q_y^{-1} \end{bmatrix} \begin{bmatrix} F\hat{X}_{k-1} \\ Y_k \end{bmatrix} \\
&= \left(\hat{P}_x^{-1} + H^{\mathrm{T}} Q_y^{-1} H \right)^{-1} \left(\hat{P}_x^{-1} F\hat{X}_{k-1} + H^{\mathrm{T}} Q_y^{-1} Y_k \right) \\
&= \left(I_n + \hat{P}_x H^{\mathrm{T}} Q_y^{-1} H \right)^{-1} \left(F\hat{X}_{k-1} + \hat{P}_x H^{\mathrm{T}} Q_y^{-1} Y_k \right) \\
&\overset{(*)}{=} \left(I_n - \hat{P}_x \left(I_n + H^{\mathrm{T}} Q_y^{-1} H \hat{P}_x \right)^{-1} H^{\mathrm{T}} Q_y^{-1} H \right) \left(F\hat{X}_{k-1} + \hat{P}_x H^{\mathrm{T}} Q_y^{-1} Y_k \right) \\
&= F\hat{X}_{k-1} + \left(I_n + \hat{P}_x H^{\mathrm{T}} Q_y^{-1} H \right)^{-1} \hat{P}_x H^{\mathrm{T}} Q_y^{-1} Y_k - \hat{P}_x \left(I_n + H^{\mathrm{T}} Q_y^{-1} H \hat{P}_x \right)^{-1} H^{\mathrm{T}} Q_y^{-1} H F\hat{X}_{k-1} \\
&= F\hat{X}_{k-1} + \left(\hat{P}_x^{-1} + H^{\mathrm{T}} Q_y^{-1} H \right)^{-1} H^{\mathrm{T}} Q_y^{-1} Y_k - \left(\hat{P}_x^{-1} + H^{\mathrm{T}} Q_y^{-1} H \right)^{-1} H^{\mathrm{T}} Q_y^{-1} H F\hat{X}_{k-1} \\
&= F\hat{X}_{k-1} + \left(\hat{P}_x^{-1} + H^{\mathrm{T}} Q_y^{-1} H \right)^{-1} H^{\mathrm{T}} Q_y^{-1} \left[Y_k - HF\hat{X}_{k-1} \right] \\
&\overset{(**)}{=} F\hat{X}_{k-1} + \hat{P}_x H^{\mathrm{T}} \left(Q_y + H\hat{P}_x H^{\mathrm{T}} \right)^{-1} \left[Y_k - HF\hat{X}_{k-1} \right]
\end{aligned}$$

记

$$\begin{cases} P_{xy} = \hat{P}_x H^{\mathrm{T}} \\ P_y = Q_y + H\hat{P}_x H^{\mathrm{T}} \\ K = P_{xy} P_y^{-1} \end{cases} \tag{3.117}$$

有

$$\hat{X}_k = F\hat{X}_{k-1} + K\left[Y_k - HF\hat{X}_{k-1} \right] \tag{3.118}$$

用 $\hat{\boldsymbol{X}}_k$ 估计 $\boldsymbol{X}_k$ 的均方误差为

$$\begin{aligned}\mathrm{Cov}(\boldsymbol{X}_k-\hat{\boldsymbol{X}}_k)&=\mathrm{Cov}\left(\boldsymbol{X}_k-\boldsymbol{F}\hat{\boldsymbol{X}}_{k-1}-\boldsymbol{K}\left[\boldsymbol{Y}_k-\boldsymbol{H}\boldsymbol{F}\hat{\boldsymbol{X}}_{k-1}\right]\right)\\&=\mathrm{Cov}\left(\boldsymbol{X}_k-\boldsymbol{F}\hat{\boldsymbol{X}}_{k-1}-\boldsymbol{K}\left[\boldsymbol{H}\boldsymbol{X}_k-\boldsymbol{H}\boldsymbol{F}\hat{\boldsymbol{X}}_{k-1}+\boldsymbol{V}_k\right]\right)\\&=\mathrm{Cov}\left((\boldsymbol{I}-\boldsymbol{K}\boldsymbol{H})\left[\boldsymbol{X}_k-\boldsymbol{F}\hat{\boldsymbol{X}}_{k-1}\right]-\boldsymbol{K}\boldsymbol{V}_k\right)\\&=(\boldsymbol{I}-\boldsymbol{K}\boldsymbol{H})\hat{\boldsymbol{P}}_x(\boldsymbol{I}-\boldsymbol{K}\boldsymbol{H})^{\mathrm{T}}+\boldsymbol{K}\boldsymbol{Q}_y\boldsymbol{K}^{\mathrm{T}}\end{aligned}\tag{3.119}$$

注意到

$$\boldsymbol{K}=(\hat{\boldsymbol{P}}_x^{-1}+\boldsymbol{H}\boldsymbol{Q}_y^{-1}\boldsymbol{H}^{\mathrm{T}})^{-1}\boldsymbol{H}^{\mathrm{T}}\boldsymbol{Q}_y^{-1}\tag{****}$$

得

$$\begin{aligned}\boldsymbol{I}-\boldsymbol{K}\boldsymbol{H}&\overset{(****)}{=}\boldsymbol{I}-(\hat{\boldsymbol{P}}_x^{-1}+\boldsymbol{H}\boldsymbol{Q}_y^{-1}\boldsymbol{H}^{\mathrm{T}})^{-1}\boldsymbol{H}^{\mathrm{T}}\boldsymbol{Q}_y^{-1}\boldsymbol{H}\\&=(\hat{\boldsymbol{P}}_x^{-1}+\boldsymbol{H}\boldsymbol{Q}_y^{-1}\boldsymbol{H}^{\mathrm{T}})^{-1}\left((\hat{\boldsymbol{P}}_x^{-1}+\boldsymbol{H}\boldsymbol{Q}_y^{-1}\boldsymbol{H}^{\mathrm{T}})-\boldsymbol{H}^{\mathrm{T}}\boldsymbol{Q}_y^{-1}\boldsymbol{H}\right)\\&=(\hat{\boldsymbol{P}}_x^{-1}+\boldsymbol{H}\boldsymbol{Q}_y^{-1}\boldsymbol{H}^{\mathrm{T}})^{-1}\hat{\boldsymbol{P}}_x^{-1}\end{aligned}\tag{3.120}$$

把(3.120)代入到(3.119)得

$$\begin{aligned}\mathrm{Cov}(\boldsymbol{X}_k-\hat{\boldsymbol{X}}_k)&=(\boldsymbol{I}-\boldsymbol{K}\boldsymbol{H})\hat{\boldsymbol{P}}_x(\boldsymbol{I}-\boldsymbol{K}\boldsymbol{H})^{\mathrm{T}}+\boldsymbol{K}\boldsymbol{Q}_y\boldsymbol{K}^{\mathrm{T}}\\&\overset{(****)}{=}(\hat{\boldsymbol{P}}_x^{-1}+\boldsymbol{H}\boldsymbol{Q}_y^{-1}\boldsymbol{H}^{\mathrm{T}})^{-1}\hat{\boldsymbol{P}}_x^{-1}\hat{\boldsymbol{P}}_x(\boldsymbol{I}-\boldsymbol{K}\boldsymbol{H})^{\mathrm{T}}+(\hat{\boldsymbol{P}}_x^{-1}+\boldsymbol{H}\boldsymbol{Q}_y^{-1}\boldsymbol{H}^{\mathrm{T}})^{-1}\boldsymbol{H}^{\mathrm{T}}\boldsymbol{Q}_y^{-1}\boldsymbol{Q}_y\boldsymbol{K}^{\mathrm{T}}\\&=(\hat{\boldsymbol{P}}_x^{-1}+\boldsymbol{H}\boldsymbol{Q}_y^{-1}\boldsymbol{H}^{\mathrm{T}})^{-1}(\boldsymbol{I}-\boldsymbol{K}\boldsymbol{H})^{\mathrm{T}}+(\hat{\boldsymbol{P}}_x^{-1}+\boldsymbol{H}\boldsymbol{Q}_y^{-1}\boldsymbol{H}^{\mathrm{T}})^{-1}\boldsymbol{H}^{\mathrm{T}}\boldsymbol{K}^{\mathrm{T}}\\&=(\hat{\boldsymbol{P}}_x^{-1}+\boldsymbol{H}\boldsymbol{Q}_y^{-1}\boldsymbol{H}^{\mathrm{T}})^{-1}\left[(\boldsymbol{I}-\boldsymbol{K}\boldsymbol{H})^{\mathrm{T}}+\boldsymbol{H}^{\mathrm{T}}\boldsymbol{K}^{\mathrm{T}}\right]\\&=(\hat{\boldsymbol{P}}_x^{-1}+\boldsymbol{H}\boldsymbol{Q}_y^{-1}\boldsymbol{H}^{\mathrm{T}})^{-1}\hat{\boldsymbol{P}}_x^{-1}\hat{\boldsymbol{P}}_x\\&=(\boldsymbol{I}-\boldsymbol{K}\boldsymbol{H})\hat{\boldsymbol{P}}_x\end{aligned}\tag{3.121}$$

将滤波公式拆分成如下 5 套公式:

(1) $\hat{\boldsymbol{P}}_x$ 实质是状态一步预报 $\hat{\boldsymbol{X}}_{k|k-1}$ 的方差, 故把 $\hat{\boldsymbol{P}}_x$ 记为 $\boldsymbol{P}_{x,k|k-1}$

$$\begin{cases}\hat{\boldsymbol{X}}_{k|k-1}=\boldsymbol{F}\hat{\boldsymbol{X}}_{k-1}\\\boldsymbol{P}_{x,k|k-1}=\boldsymbol{F}\boldsymbol{P}_{x,k-1}\boldsymbol{F}^{\mathrm{T}}+\boldsymbol{Q}_x\end{cases}\tag{3.122}$$

其中 $\boldsymbol{Q}_x$ 为状态噪声的方差, $\boldsymbol{P}_{x,k-1}$ 是上一时刻的滤波的方差.

(2) 输出一步预报和预报误差的方差

$$\begin{cases}\hat{\boldsymbol{Y}}_{k|k-1}=\boldsymbol{H}\hat{\boldsymbol{X}}_{k|k-1}\\ \boldsymbol{P}_{y,k|k-1}=\boldsymbol{H}\boldsymbol{P}_{x,k|k-1}\boldsymbol{H}^{\mathrm{T}}+\boldsymbol{Q}_y\end{cases} \tag{3.123}$$

(3) 状态-测量的协方差、滤波增益, 由(3.117)得

$$\begin{cases}\boldsymbol{P}_{xy,k|k-1}=\boldsymbol{P}_{x,k|k-1}\boldsymbol{H}^{\mathrm{T}}\\ \boldsymbol{K}=\boldsymbol{P}_{xy,k|k-1}\boldsymbol{P}_{y,k|k-1}^{-1}\end{cases} \tag{3.124}$$

(4) 滤波的实质是状态更新, 由(3.118)得

$$\hat{\boldsymbol{X}}_k=\hat{\boldsymbol{X}}_{k|k-1}+\boldsymbol{K}\left[\boldsymbol{Y}_k-\hat{\boldsymbol{Y}}_{k|k-1}\right] \tag{3.125}$$

(5) $\mathrm{Cov}(\boldsymbol{X}_k-\hat{\boldsymbol{X}}_k)$ 为滤波方差, 记为 $\boldsymbol{P}_{x,k}$, 由(3.121)得

$$\boldsymbol{P}_{x,k}=\left[\boldsymbol{I}-\boldsymbol{K}\boldsymbol{H}\right]\boldsymbol{P}_{x,k|k-1} \tag{3.126}$$

最小二乘滤波可以看成是卡尔曼滤波的特例. 若状态初值方差 $\boldsymbol{P}_0=\boldsymbol{I}_n$、状态方差 $\boldsymbol{Q}_x=\boldsymbol{I}_n$ 和测量方差 $\boldsymbol{Q}_y=\boldsymbol{I}_m$, 则卡尔曼滤波退化为最小二乘滤波. 卡尔曼滤波的应用存在以下应用难点:

(1) 滤波初值 $\hat{\boldsymbol{X}}_0$ 的确定, 并不是任意初值都能保证滤波快速收敛, 可以通过逐点解算方法获得.

(2) 初始滤波方差 $\boldsymbol{P}_0$, 状态方差 $\boldsymbol{Q}_x$, 测量方差 $\boldsymbol{Q}_y$, 在方差未知的条件下, 滤波公式无法执行, 如果随意确定方差又会导致滤波依赖的条件不成立, 实时估算状态方差和测量方差的方法参考 5.5 节.

(3) 野点处理, 如果测量出现故障(比如, 野点、失锁、跳帧), 滤波将出现错误, 即使测量已经恢复正常, 滤波仍然可能无法恢复正常, 或者很长时间后才收敛, 这个问题在工程中非常棘手.

(4) 机动目标, 当目标处于机动状态时, 运动学的状态方程不足以刻画机动特性, 基于运动学的方法不再适用, 强行实施滤波方法可能起反作用.

(5) 失锁和接力问题, 可用的测站和测量体制实时变化, 当测量系统改变时, 测量方程应该及时切换.

(6) 时间问题, 滤波假定等周期采样, 对于跳帧、重帧、失锁场景, 这样的假设是不现实的.

(7) 上述推导未假定噪声满足高斯分布, 滤波的最优性有待确认.

3.7.3 扩展卡尔曼滤波

扩展卡尔曼滤波(Extended Kalman Filter, EKF), 作为一种常用的非线性滤波

算法，通过一阶泰勒展式逼近非线性状态方程和测量方程，而线性化带来的误差可以看成是状态噪声和测量噪声. 假设目标的状态转移方程和测量方程用如下非线性变换刻画

$$\begin{cases} \boldsymbol{X}_k = \boldsymbol{f}\left(\boldsymbol{X}_{k-1}\right) + \boldsymbol{W}_k \\ \boldsymbol{Y}_k = \boldsymbol{h}\left(\boldsymbol{X}_k\right) + \boldsymbol{V}_k \end{cases} \tag{3.127}$$

其中状态向量 $\boldsymbol{X}$ 为 n 维随机变量，$\boldsymbol{W}_k$ 为状态噪声，$\boldsymbol{V}_k$ 为测量噪声，它们都是白噪声序列，满足

$$\mathrm{E}\left(\boldsymbol{W}_i \boldsymbol{W}_j^{\mathrm{T}}\right) = \begin{cases} \boldsymbol{Q}_x, & i = j, \\ \boldsymbol{0}, & i \neq j, \end{cases} \quad \mathrm{E}\left(\boldsymbol{V}_i \boldsymbol{V}_j^{\mathrm{T}}\right) = \begin{cases} \boldsymbol{Q}_y, & i = j \\ \boldsymbol{0}, & i \neq j \end{cases} \tag{3.128}$$

已知 $k-1$ 时刻的滤波 $\hat{\boldsymbol{X}}_{k-1}$ 及其方差 $\boldsymbol{P}_{x|k-1}$，类似卡尔曼滤波，一步最优“状态”预报为

$$\hat{\boldsymbol{X}}_{k|k-1} = \boldsymbol{f}\left(\hat{\boldsymbol{X}}_{k-1}\right) \tag{3.129}$$

一步最优输出预报为

$$\hat{\boldsymbol{Y}}_{k+1|k} = \boldsymbol{h}\left(\hat{\boldsymbol{X}}_{k|k-1}\right) \tag{3.130}$$

计算非线性状态方程 $\boldsymbol{f}(\boldsymbol{X})$ 在上一时刻滤波 $\hat{\boldsymbol{X}}_{k-1}$ 处的雅可比矩阵

$$\boldsymbol{F}_k = \frac{\partial}{\partial \boldsymbol{X}^{\mathrm{T}}} \boldsymbol{f}(\boldsymbol{X}) \bigg|_{\boldsymbol{X}=\hat{\boldsymbol{X}}_{k-1}} = \begin{bmatrix} \frac{\partial}{\partial x_1} f_1 & \frac{\partial}{\partial x_2} f_1 & \cdots & \frac{\partial}{\partial x_n} f_1 \\ \frac{\partial}{\partial x_1} f_2 & \frac{\partial}{\partial x_2} f_2 & \cdots & \frac{\partial}{\partial x_n} f_2 \\ \vdots & \vdots & \ddots & \vdots \\ \frac{\partial}{\partial x_1} f_n & \frac{\partial}{\partial x_2} f_n & \cdots & \frac{\partial}{\partial x_n} f_n \end{bmatrix}_{\boldsymbol{X}=\hat{\boldsymbol{X}}_{k-1}} \tag{3.131}$$

显然，若 $\boldsymbol{f}$ 是线性函数，则 $\boldsymbol{F}_k$ 就是状态转移矩阵. 对于“CA 模型”，状态为

$$\boldsymbol{X}_k = [x_k, y_k, z_k, \dot{x}_k, \dot{y}_k, \dot{z}_k, \ddot{x}_k, \ddot{y}_k, \ddot{x}_k]^{\mathrm{T}} \tag{3.132}$$

状态雅可比矩阵为

$$\boldsymbol{F}_k = \begin{bmatrix} \boldsymbol{I}_3 & T\boldsymbol{I}_3 & T^2\boldsymbol{I}_3/2 \\ \boldsymbol{0} & \boldsymbol{I}_3 & T\boldsymbol{I}_3 \\ \boldsymbol{0} & \boldsymbol{0} & \boldsymbol{I}_3 \end{bmatrix} \in \mathbb{R}^{9\times 9} \tag{3.133}$$

其中 T 是采样间隔，因为不确定性传递函数近似为

$$\Delta\hat{\boldsymbol{X}}_k = \boldsymbol{F}_k \Delta\hat{\boldsymbol{X}}_{k-1} + \boldsymbol{W}_k \tag{3.134}$$

所以一步最优状态预报的方差为

$$\boldsymbol{P}_{x,k|k-1} = \boldsymbol{F}_k \boldsymbol{P}_{x,k-1} \boldsymbol{F}_k^{\mathrm{T}} + \boldsymbol{Q}_x \tag{3.135}$$

其中 $\boldsymbol{P}_{x,k-1}$ 是上一时刻滤波 $\hat{\boldsymbol{X}}_{k-1}$ 的方差, $\boldsymbol{Q}_x$ 为状态噪声 $\boldsymbol{W}_k$ 的方差. 对于 CA 模型可以如下计算

$$\boldsymbol{Q}_x = \sigma_{CA}^2 \cdot \mathrm{diag}\left(\frac{T^3}{6},\frac{T^3}{6},\frac{T^3}{6},\frac{T^2}{2},\frac{T^2}{2},\frac{T^2}{2},T,T,T\right) \tag{3.136}$$

其中 σ_{CA}^2 是 CA 模型的不确定度, 未知情况下取

$$\sigma_{CA}^2 = 1 \tag{3.137}$$

同理, 非线性测量方程 $\boldsymbol{h}(\boldsymbol{X})$ 在 $\hat{\boldsymbol{X}}_{k|k-1}$ 处的雅可比矩阵为

$$\boldsymbol{H}_k = \frac{\partial}{\partial \boldsymbol{X}^{\mathrm{T}}} \boldsymbol{h}(\boldsymbol{X})\bigg|_{\boldsymbol{X}=\hat{\boldsymbol{X}}_{k|k-1}} = \begin{bmatrix} \frac{\partial}{\partial x_1}h_1 & \frac{\partial}{\partial x_2}h_1 & \cdots & \frac{\partial}{\partial x_n}h_1 \\ \frac{\partial}{\partial x_1}h_2 & \frac{\partial}{\partial x_2}h_2 & \cdots & \frac{\partial}{\partial x_n}h_2 \\ \vdots & \vdots & \ddots & \vdots \\ \frac{\partial}{\partial x_1}h_m & \frac{\partial}{\partial x_2}h_m & \cdots & \frac{\partial}{\partial x_n}h_m \end{bmatrix}_{\boldsymbol{X}=\hat{\boldsymbol{X}}_{k|k-1}} \tag{3.138}$$

显然, 若 $\boldsymbol{h}$ 是线性函数, 则 $\boldsymbol{H}_k$ 就是测量矩阵. 不确定性传递函数近似为

$$\Delta\hat{\boldsymbol{Y}}_k = \boldsymbol{H}_k \Delta\hat{\boldsymbol{X}}_k + \boldsymbol{V}_k \tag{3.139}$$

所以一步最优输出预报的方差为

$$\boldsymbol{P}_{y,k|k-1} = \boldsymbol{H}_k \boldsymbol{P}_{x,k|k-1} \boldsymbol{H}_k^{\mathrm{T}} + \boldsymbol{Q}_y \tag{3.140}$$

其中 $\boldsymbol{P}_{x,k|k-1}$ 是一步最优状态预报的方差, $\boldsymbol{Q}_y$ 为状态噪声 $\boldsymbol{V}_k$ 的方差. $\boldsymbol{Q}_y$ 一般由测量设备说明书提供或者通过实时估算获取之. 类似于线性卡尔曼滤波, 状态-测量的预报方差为

$$\boldsymbol{P}_{xy,k|k-1} = \boldsymbol{P}_{x,k|k-1} \boldsymbol{H}_k^{\mathrm{T}} \tag{3.141}$$

滤波增益为

$$\boldsymbol{K}_k = \boldsymbol{P}_{xy,k|k-1} \boldsymbol{P}_{y,k|k-1}^{-1} \tag{3.142}$$

状态更新为

$$\hat{\boldsymbol{X}}_k = \hat{\boldsymbol{X}}_{k|k-1} + \boldsymbol{K}_k\left(\boldsymbol{Y}_k - \boldsymbol{h}(\hat{\boldsymbol{X}}_{k|k-1})\right) \tag{3.143}$$

其中$\boldsymbol{Y}_k-\boldsymbol{h}(\hat{\boldsymbol{X}}_{k|k-1})$是测量值与预报值的残差，该残差称为新息，滤波方差更新为

$$\boldsymbol{P}_{x,k}=(\boldsymbol{I}_n-\boldsymbol{K}_k\boldsymbol{H}_k)\boldsymbol{P}_{x,k|k-1} \tag{3.144}$$

3.7.4 无迹卡尔曼滤波

EKF 通过雅可比矩阵计算方差矩阵和协方差矩阵，而无迹卡尔曼滤波(Unscented Kalman Filter, UKF)通过 Sigma 点计算一步预报、方差矩阵和协方差矩阵. 已知$k-1$时刻的滤波$\hat{\boldsymbol{X}}_{k-1}$及其方差$\boldsymbol{P}_{x|k-1}$，通过无迹变换(Unscented Transformation, UT)变换得到$2n+1$个 Sigma 点$\{\boldsymbol{\chi}_i\}_{i=0}^{2n}$，表达式为

$$\boldsymbol{\chi}_i=\hat{\boldsymbol{X}}_{k-1}+\begin{cases}\boldsymbol{0}, & i=0\\ \left[\sqrt{(n+\lambda)\boldsymbol{P}_{x|k-1}}\right]_i, & i=1,\cdots,n\\ -\left[\sqrt{(n+\lambda)\boldsymbol{P}_{x|k-1}}\right]_i, & i=n+1,\cdots,2n\end{cases} \tag{3.145}$$

其中$[\ ]_i$表示矩阵的第i列；λ表示缩放比例参数，用来降低总的预报误差，一般$\lambda=0$. 通过 UT 变换获得状态转移值$\boldsymbol{f}(\boldsymbol{\chi}_0),\boldsymbol{f}(\boldsymbol{\chi}_1),\cdots,\boldsymbol{f}(\boldsymbol{\chi}_{2n})$和观测预报值$\boldsymbol{h}[\boldsymbol{f}(\boldsymbol{\chi}_0)],\boldsymbol{h}[\boldsymbol{f}(\boldsymbol{\chi}_1)],\cdots,\boldsymbol{h}[\boldsymbol{f}(\boldsymbol{\chi}_{2n})]$，依此获得滤波所需的预报值、方差和协方差.

(1) 状态$\boldsymbol{X}_k$的一步预报值为$\hat{\boldsymbol{X}}_{k|k-1}$，$\boldsymbol{X}_k$的预报方差为$\boldsymbol{P}_{x,k|k-1}$

$$\begin{cases}\hat{\boldsymbol{X}}_{k|k-1}=\sum\limits_{i=0}^{2n}w_i^m f(\boldsymbol{\chi}_i)\\ \boldsymbol{P}_{x,k|k-1}=\sum\limits_{i=0}^{2n}w_i^c\left[\hat{\boldsymbol{X}}_{k|k-1}-f(\boldsymbol{\chi}_i)\right]\left[\hat{\boldsymbol{X}}_{k|k-1}-f(\boldsymbol{\chi}_i)\right]^{\mathrm{T}}+\boldsymbol{Q}_x\end{cases} \tag{3.146}$$

其中$\boldsymbol{Q}_x$为状态噪声$\boldsymbol{W}_k$的方差，一般通过实时估算获取，状态权值为$\{w_i^m\}_{i=0}^{2n}$(其中m表示 mean)，方差权值为$\{w_i^c\}_{i=0}^{2n}$(其中c表示 covariance)，权系数之和未必等于 1，满足

$$w_i^m=\begin{cases}\dfrac{\lambda}{n+\lambda}, & i=0\\ \dfrac{1}{2(n+\lambda)}, & i=1,\cdots,2n\end{cases} \tag{3.147}$$

$$w_i^c=\begin{cases}\dfrac{\lambda}{n+\lambda}+\left(1-\alpha^2+\beta\right), & i=0\\ \dfrac{1}{2(n+\lambda)}, & i=1,\cdots,2n\end{cases} \tag{3.148}$$

其中α表示比例缩放因子，用于控制 Sigma 点分布的范围，取[0, 1]中较小值；β表示一个非负的权系数，可以合并方程中高阶项的动差，一般$\beta=2$．若$\lambda=0,\alpha=0,\beta=2$，则

$$w_i^m=\begin{cases}0, & i=0\\ \dfrac{1}{2n}, & i=1,\cdots,2n\end{cases} \tag{3.149}$$

$$w_i^c=\begin{cases}3, & i=0\\ \dfrac{1}{2n}, & i=1,\cdots,2n\end{cases} \tag{3.150}$$

(2) 测量$\boldsymbol{Y}_k$的一步预报值为$\hat{\boldsymbol{Y}}_{k|k-1}$，$\boldsymbol{Y}_k$预报方差为$\boldsymbol{P}_{y,k|k-1}$

$$\begin{cases}\hat{\boldsymbol{Y}}_{k|k-1}=\sum\limits_{i=0}^{2n}w_i^m\boldsymbol{h}\left(\boldsymbol{f}\left(\boldsymbol{\chi}_i\right)\right)\\ \boldsymbol{P}_{y,k|k-1}=\sum\limits_{i=0}^{2n}w_i^c\left[\hat{\boldsymbol{Y}}_{k|k-1}-\boldsymbol{h}\left(\boldsymbol{f}\left(\boldsymbol{\chi}_i\right)\right)\right]\left[\hat{\boldsymbol{Y}}_{k|k-1}-\boldsymbol{h}\left(\boldsymbol{f}\left(\boldsymbol{\chi}_i\right)\right)\right]^{\mathrm{T}}+\boldsymbol{Q}_y\end{cases} \tag{3.151}$$

其中$\boldsymbol{Q}_y$为测量噪声$\boldsymbol{V}_k$的方差，$\boldsymbol{Q}_y$一般由测量设备供应商提供或者通过实时估算获取.

(3) 状态$\boldsymbol{X}_k$与测量$\boldsymbol{Y}_k$的预报协方差$\boldsymbol{P}_{xy,k|k-1}$

$$\boldsymbol{P}_{xy,k|k-1}=\sum_{i=0}^{2n}w_i^c\left[\hat{\boldsymbol{X}}_{k|k-1}-\boldsymbol{f}\left(\boldsymbol{\chi}_i\right)\right]\left[\hat{\boldsymbol{Y}}_{k|k-1}-\boldsymbol{h}\left(\boldsymbol{f}\left(\boldsymbol{\chi}_i\right)\right)\right]^{\mathrm{T}} \tag{3.152}$$

滤波增益公式类似(3.142)，如下

$$\boldsymbol{K}_k=\boldsymbol{P}_{xy,k|k-1}\boldsymbol{P}_{y,k|k-1}^{-1} \tag{3.153}$$

状态更新公式类似(3.143)，如下

$$\hat{\boldsymbol{X}}_k=\hat{\boldsymbol{X}}_{k\text{-}1}+\boldsymbol{K}_k\left(\boldsymbol{Y}_k-\boldsymbol{h}(\hat{\boldsymbol{X}}_{k|k-1})\right) \tag{3.154}$$

滤波方差更新公式类似(3.144)，如下

$$\boldsymbol{P}_{x,k}=(\boldsymbol{I}_n-\boldsymbol{K}_k\boldsymbol{H}_k)\boldsymbol{P}_{x,k|k-1} \tag{3.155}$$

其中$\boldsymbol{H}_k$是$\boldsymbol{h}(\boldsymbol{X})$对$\boldsymbol{X}$在$\hat{\boldsymbol{X}}_{k|k-1}$处的雅可比矩阵，见(3.138).

3.8 非递归滤波

非递归滤波也称为高斯-埃肯特滤波[13-15]. 在机动目标跟踪任务中，就跟踪精度和稳定性而言，高斯-埃肯特滤波和多项式滤波方法具有明显优势. 高斯-埃肯

特方法早在 20 世纪 50 年代就已提出，之所以没有被广泛使用，是因为它采用堆累解析的方法，运算量大，相比卡尔曼滤波来说耗时太多. 然而，现代计算机技术和高频采样技术的飞速发展，该滤波方法的工程实际应用已经变为现实. 有文献表明：非递归滤波是雷达滤波工程未来发展的方向.

非递归滤波的特点如下:

(1) 不需要初值，只需缓存长度为 n 的历史数据 $\boldsymbol{Y}_1,\cdots,\boldsymbol{Y}_n$，就可解得 $\hat{\boldsymbol{X}}_1$，代价是 n 步延迟，对于高频采样跟踪系统，该延迟可以忽略.

(2) 可以截断野点对滤波的影响，如果某个时刻出现误差非常大的野点，卡尔曼滤波可能很久都无法恢复正常，但是非递归滤波只需 n 个时刻滤波值必然可以回归正常.

(3) 由于测量误差等原因逐点解有较多毛刺，非递归滤波有 n 步平滑功能，平滑后的定位值更加接近于目标的真实位置坐标值.

(4) 如果状态方程或者测量方程为非线性向量函数，则状态矩阵和测量矩阵中的 $\boldsymbol{F},\boldsymbol{H}$ 可用雅可比矩阵代替，这个属于高斯-牛顿滤波的范畴.

(5) 不依赖噪声假设，回避了状态方差初值设定、实时状态方差估计、实时测量方差估计等任务.

对于可观测的线性系统，非递归滤波通过输出变量 $\boldsymbol{Y}_1,\cdots,\boldsymbol{Y}_n$ 估算第 1 个时刻的状态 $\boldsymbol{X}_1$；通过输出变量 $\boldsymbol{Y}_2,\cdots,\boldsymbol{Y}_{n+1}$ 估算第 2 个时刻的状态 $\boldsymbol{X}_2$，依次类推. 对于线性系统

$$\begin{cases}\boldsymbol{X}_k=\boldsymbol{F}\boldsymbol{X}_{k-1}+\boldsymbol{W}_k\\\boldsymbol{Y}_k=\boldsymbol{H}\boldsymbol{X}_k+\boldsymbol{V}_k\end{cases}\tag{3.156}$$

若忽略噪声 $\boldsymbol{W}_k,\boldsymbol{V}_k$，因为

$$\boldsymbol{X}_{k+1}=\boldsymbol{F}\boldsymbol{X}_k=\boldsymbol{F}^2\boldsymbol{X}_{k-1}=\cdots=\boldsymbol{F}^k\boldsymbol{X}_1\tag{3.157}$$

所以

$$\begin{cases}\boldsymbol{Y}_1=\boldsymbol{H}\boldsymbol{F}^0\boldsymbol{X}_1\\\boldsymbol{Y}_2=\boldsymbol{H}\boldsymbol{F}^1\boldsymbol{X}_1\\\quad\vdots\\\boldsymbol{Y}_n=\boldsymbol{H}\boldsymbol{F}^{n-1}\boldsymbol{X}_1\end{cases}\tag{3.158}$$

把(3.158)表示成方程组的形式

$$\boldsymbol{B}=\boldsymbol{A}\boldsymbol{X}_1\tag{3.159}$$

其中

$$\boldsymbol{B}=\begin{bmatrix}\boldsymbol{Y}_1\\ \boldsymbol{Y}_2\\ \vdots\\ \boldsymbol{Y}_n\end{bmatrix},\quad \boldsymbol{A}=\begin{bmatrix}\boldsymbol{HF}^0\\ \boldsymbol{HF}^1\\ \vdots\\ \boldsymbol{HF}^{n-1}\end{bmatrix} \tag{3.160}$$

如果系统是可观测的，则利用最小二乘估计可知状态滤波值为

$$\hat{\boldsymbol{X}}_1=\left(\boldsymbol{A}^{\mathrm{T}}\boldsymbol{A}\right)^{-1}\boldsymbol{A}^{\mathrm{T}}\boldsymbol{B} \tag{3.161}$$

第4章　多站测距测速体制

第 3 章给出了测距定位体制的几何描述、参数估计和滤波定位过程. 一般来说, 测距测速体制常用于首区跟踪任务, 而全测速体制常用于航区自由段跟踪任务. 本章给出全测距、全测速以及测距测速联合的测量方程和精度分析方法. 从几何上看, 如图 4-1 所示, 每个测距方程实质是圆球方程((a)子图), 每个测速方程实质是速度在视线上的投影((b)子图). 从方程数量上看, 三台测距测速设备或者六台测速设备可以获得六个测量方程, 可以求解六个未知数, 而多站测距测速体制是三站测距体制的推广, 其定位算法原理的数学实质是非线性参数估计. 从设备上看, 相对于多站测距体制, 多站测速体制有优势也有劣势. 一方面, 多站测速体制中测速元的精度通常比多站测距体制的测距元精度高两个数量级, 因此测速定位的精度可能更高. 另一方面, 多站测速体制的测速元需要经过短时积分获取, 所以与测距元相比, 测速元一般有时延.

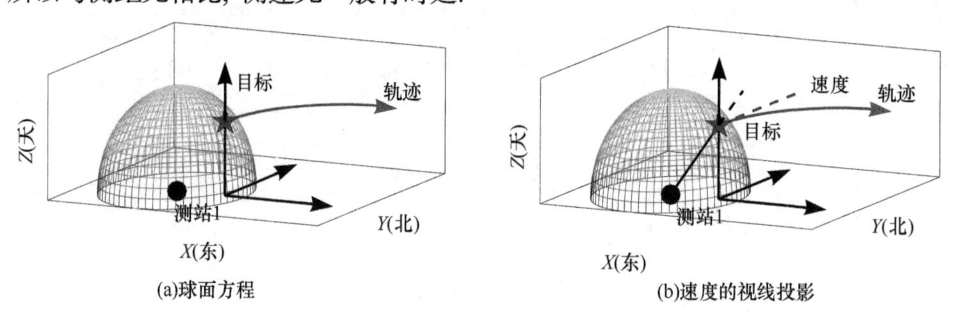

(a)球面方程　　(b)速度的视线投影

图 4-1　测距元和测速元的几何视角

不同定位体制对测站数量需求是不一样的, 如表 4-1 所示.

表 4-1　测量体制与测站数

章节	第 1 章	第 2 章	第 3 章	第 4 章	第 4 章	第 5 章	第 5 章	第 5 章
定位体制	测距测角	测角	测距	测速	测距测速	时差	频差	时差频差
代号	RAE	AE	R	$\dot{R}$	$R\dot{R}$	DR	$D\dot{R}$	$DRD\dot{R}$
待估状态	位置	位置	位置	位置 速度	位置 速度	位置	位置 速度	位置速 度
测站数	1	2	3	6	3	4	7	4

(1) 若只估算 3 个位置状态参数, 测距测速测角定位只要 1 个站, 测角定位至少需要 2 个站, 测距定位至少需要 3 个站, 时差定位至少需要 4 个站, 见第 5 章.

(2) 若要同时估算位置和速度这 6 个状态参数, 测速定位至少需要 6 个站, 测距测速定位至少需要 3 个站, 时差频差定位至少需要 4 个站, 频差定位至少需要 7 个站, 见第 5 章.

4.1 全测距解算及精度分析

4.1.1 全测距解算原理

全测距体制下的待估参数为目标的位置坐标 $\boldsymbol{X}=\left[x,y,z\right]^{\mathrm{T}}$, 测量方程为

$$R_i=\sqrt{(x-x_{0i})^2+(y-y_{0i})^2+(z-z_{0i})^2}\quad (i=1,\cdots,m) \tag{4.1}$$

其中 $\boldsymbol{X}_{0i}=\left[x_{0i},y_{0i},z_{0i}\right]^{\mathrm{T}}$ 表示第 i 个测站的站址坐标. 需注意: $\boldsymbol{X}_{0i}(i=1,\cdots,m)$ 表示第 i 个测站的站址坐标, 而 $\boldsymbol{X}_k\left(k=0,1,2,\cdots\right)$ 表示第 k 次迭代所得的目标位置坐标. 径向 $\left[l_i,m_i,n_i\right]$ 也称为视线、方向余弦, 为

$$l_i=\frac{x-x_i}{R_i},\quad m_i=\frac{y-y_i}{R_i},\quad n_i=\frac{z-z_i}{R_i}\quad (i=1,\cdots,m) \tag{4.2}$$

满足

$$\frac{\partial}{\partial x}R_i=l_i,\quad \frac{\partial}{\partial y}R_i=m_i,\quad \frac{\partial}{\partial z}R_i=n_i\quad (i=1,\cdots,m) \tag{4.3}$$

实际上, $\left[l_i,m_i,n_i\right](i=1,\cdots,m)$ 是第 i 个测站 $\boldsymbol{X}_{0i}$ 到目标 $\boldsymbol{X}$ 的方向向量, 记 m 个测站观测到的测距元为 $\boldsymbol{Y}_R=\left[y_{R_1},y_{R_2},\cdots,y_{R_2}\right]^{\mathrm{T}}$, 测量方程为 $\boldsymbol{f}_R\left(\boldsymbol{X}\right)=\left[R_1,R_2,\cdots,R_m\right]^{\mathrm{T}}$, 其中 R_i 的表达式见(4.1), 由于存在误差, 下列方程组一般是矛盾的

$$\boldsymbol{Y}_R=\boldsymbol{f}_R\left(\boldsymbol{X}\right) \tag{4.4}$$

非线性观测方程(4.4)的雅可比矩阵可以写为

$$\boldsymbol{J}_R=\begin{bmatrix} l_1 & m_1 & n_1 \\ l_2 & m_2 & n_2 \\ \vdots & \vdots & \vdots \\ l_m & m_m & n_m \end{bmatrix}\in\mathbb{R}^{m\times 3} \tag{4.5}$$

假定不同测站的观测噪声相互独立, 且服从均值为 0 标准差为 σ_R 的高斯分

布，依据非线性最小二乘估计原理，对于给定的初始估计 $\boldsymbol{X}_0$，可以通过以下高斯-牛顿迭代公式得到位置向量的稳定估计

$$\boldsymbol{X}_{k+1} = \boldsymbol{X}_k + \lambda(\boldsymbol{J}_R^{\mathrm{T}}\boldsymbol{J}_R)^{-1}\boldsymbol{J}_R^{\mathrm{T}}(\boldsymbol{Y}_R - \boldsymbol{f}_R(\boldsymbol{X}_k)) \tag{4.6}$$

其中 $\boldsymbol{Y}_R - \boldsymbol{f}_R(\boldsymbol{X}_k)$ 为 OC(Observed-Computed)残差，λ 是不大于 1 的正实数，用于调整步长，使得迭代前后 OC 残差满足降序关系，即

$$\|\boldsymbol{Y}_R - \boldsymbol{f}_R(\boldsymbol{X}_{k+1})\| < \|\boldsymbol{Y}_R - \boldsymbol{f}_R(\boldsymbol{X}_k)\| \tag{4.7}$$

假定不同测站的观测噪声不再满足独立同分布条件，且观测噪声协方差矩阵为已知的正定矩阵 $\boldsymbol{\Lambda}_R$，则可以通过下式获得位置向量的稳定估计

$$\boldsymbol{X}_{k+1} = \boldsymbol{X}_k + \lambda(\boldsymbol{J}_R^{\mathrm{T}}\boldsymbol{\Lambda}_R^{-1}\boldsymbol{J}_R)^{-1}\boldsymbol{J}_R^{\mathrm{T}}\boldsymbol{\Lambda}_R^{-1}(\boldsymbol{Y}_R - \boldsymbol{f}_R(\boldsymbol{X}_k)) \tag{4.8}$$

4.1.2 全测距解算精度分析

记距离的观测误差向量为

$$\Delta\boldsymbol{R} = \left[\Delta R_1, \cdots, \Delta R_m\right]^{\mathrm{T}} \tag{4.9}$$

第 i 个测站的站址误差为

$$\Delta\boldsymbol{X}_{0i} = \left[\Delta x_{0i}, \Delta y_{0i}, \Delta z_{0i}\right]^{\mathrm{T}} \quad (i = 1, \cdots, m) \tag{4.10}$$

测距误差和站址误差导致的定位误差记为

$$\Delta\boldsymbol{X} = \left[\Delta x, \Delta y, \Delta z\right]^{\mathrm{T}} \tag{4.11}$$

注意到测距 $R_i = \sqrt{(x - x_{0i})^2 + (y - y_{0i})^2 + (z - z_{0i})^2}\ (i = 1, \cdots, m)$ 中目标位置 $\boldsymbol{X} = \left[x, y, z\right]^{\mathrm{T}}$ 与 $\boldsymbol{X}_{0i} = \left[x_{0i}, y_{0i}, z_{0i}\right]^{\mathrm{T}}$ 的位置是对等的，所以

$$\frac{\partial}{\partial x_{0i}} R_i = -l_i, \quad \frac{\partial}{\partial y_{0i}} R_i = -m_i, \quad \frac{\partial}{\partial z_{0i}} R_i = -n_i \quad (i = 1, \cdots, m) \tag{4.12}$$

测距方程 $R_i = \sqrt{(x - x_{0i})^2 + (y - y_{0i})^2 + (z - z_{0i})^2}\ (i = 1, \cdots, m)$ 两边取微分得

$$\Delta R_i = \left[l_i, m_i, n_i\right]\left(\begin{bmatrix}\Delta x \\ \Delta y \\ \Delta z\end{bmatrix} - \begin{bmatrix}\Delta x_{0i} \\ \Delta y_{0i} \\ \Delta z_{0i}\end{bmatrix}\right) \quad (i = 1, \cdots, m) \tag{4.13}$$

其中 $\left[l_i, m_i, n_i\right]$ 就是方向余弦，参考(4.2)，整理得如下误差传递方程

$$\begin{bmatrix}\Delta R_1\\\Delta R_2\\\vdots\\\Delta R_m\end{bmatrix}=\begin{bmatrix}l_1&m_1&n_1\\l_2&m_2&n_2\\\vdots&\vdots&\vdots\\l_m&m_m&n_m\end{bmatrix}\begin{bmatrix}\Delta x\\\Delta y\\\Delta z\end{bmatrix}-\begin{bmatrix}l_1,m_1,n_1&&&\\&l_2,m_2,n_2&&\\&&\ddots&\\&&&l_m,m_m,n_m\end{bmatrix}\begin{bmatrix}\Delta \boldsymbol{X}_{01}\\\Delta \boldsymbol{X}_{02}\\\vdots\\\Delta \boldsymbol{X}_{0m}\end{bmatrix} \tag{4.14}$$

上式可以记为

$$\begin{bmatrix}\Delta R_1\\\vdots\\\Delta R_m\end{bmatrix}=\boldsymbol{J}_R\begin{bmatrix}\Delta x\\\Delta y\\\Delta z\end{bmatrix}-\boldsymbol{A}\begin{bmatrix}\Delta \boldsymbol{X}_{01}\\\vdots\\\Delta \boldsymbol{X}_{0m}\end{bmatrix} \tag{4.15}$$

其中 $\boldsymbol{J}_R$ 就是雅可比矩阵(4.5)，$\boldsymbol{A}$ 是由方向向量构成的准对角矩阵，满足

$$\boldsymbol{A}=\begin{bmatrix}l_1,m_1,n_1&&\\&\ddots&\\&&l_m,m_m,n_m\end{bmatrix}\in\mathbb{R}^{m\times 3m} \tag{4.16}$$

解算得到位置估计误差向量

$$\begin{bmatrix}\Delta x\\\Delta y\\\Delta z\end{bmatrix}=(\boldsymbol{J}_R^{\mathrm{T}}\boldsymbol{J}_R)^{-1}\boldsymbol{J}_R^{\mathrm{T}}\left(\begin{bmatrix}\Delta R_1\\\vdots\\\Delta R_m\end{bmatrix}+\boldsymbol{A}\begin{bmatrix}\Delta \boldsymbol{X}_{10}\\\vdots\\\Delta \boldsymbol{X}_{0m}\end{bmatrix}\right) \tag{4.17}$$

再分别记位置误差向量、测距误差向量和测站的误差向量为

$$\Delta\boldsymbol{X}=\begin{bmatrix}\Delta x\\\Delta y\\\Delta z\end{bmatrix},\quad \Delta\boldsymbol{R}=\begin{bmatrix}\Delta R_1\\\vdots\\\Delta R_m\end{bmatrix},\quad \Delta\boldsymbol{X}_{\text{station}}=\begin{bmatrix}\Delta \boldsymbol{X}_{10}\\\vdots\\\Delta \boldsymbol{X}_{0m}\end{bmatrix} \tag{4.18}$$

则(4.17)变为

$$\Delta\boldsymbol{X}=(\boldsymbol{J}_R^{\mathrm{T}}\boldsymbol{J}_R)^{-1}\boldsymbol{J}_R^{\mathrm{T}}\left(\Delta\boldsymbol{R}+\boldsymbol{A}\Delta\boldsymbol{X}_{\text{station}}\right) \tag{4.19}$$

假定由测距观测误差导致的观测误差协方差矩阵为 $\boldsymbol{\Lambda}_R$，站址误差满足独立同分布条件，服从均值为 0 标准差为 σ_s^2 的高斯分布，依据非线性最小二乘估计原理，状态估计协方差矩阵为

$$\boldsymbol{P}_R=(\boldsymbol{J}_R^{\mathrm{T}}\boldsymbol{J}_R)^{-1}\boldsymbol{J}_R^{\mathrm{T}}\left(\boldsymbol{\Lambda}_R+\sigma_s^2\boldsymbol{A}\boldsymbol{A}^{\mathrm{T}}\right)\boldsymbol{J}_R(\boldsymbol{J}_R^{\mathrm{T}}\boldsymbol{J}_R)^{-1} \tag{4.20}$$

全测距定位几何精度因子(Geometric Dilution of Precision, GDOP)如下

$$\mathrm{GDOP}_R=\sqrt{\mathrm{trace}[(\boldsymbol{J}_R^{\mathrm{T}}\boldsymbol{J}_R)^{-1}]} \tag{4.21}$$

当 $m>3$ 时，可以利用 OC 残差 $\boldsymbol{Y}_R-\boldsymbol{f}_R(\boldsymbol{X}_k)$ 统计得到测量的精度

$$\sigma_R^2 = \frac{\left\| \boldsymbol{Y}_R - \boldsymbol{f}_R(\boldsymbol{X}_k) \right\|^2}{m-3} \tag{4.22}$$

定位精度可以用如下公式刻画

$$\text{Accuracy}_R = \text{GDOP}_R \cdot \sigma_R \tag{4.23}$$

4.1.3 确定性精度分析法

依据(4.19), 利用算子范数不等式得

$$\left\| \Delta \boldsymbol{X} \right\| \leqslant \left\| (\boldsymbol{J}_R^{\mathrm{T}} \boldsymbol{J}_R)^{-1} \boldsymbol{J}_R^{\mathrm{T}} \right\| \cdot \left\| \Delta \boldsymbol{R} + \boldsymbol{A} \Delta \boldsymbol{X}_{\text{station}} \right\| \tag{4.24}$$

若向量 $\boldsymbol{x} \in \mathbb{R}^{n \times 1}$ 的范数定义为

$$\left\| \boldsymbol{x} \right\| = \sqrt{x_1^2 + x_2^2 + \cdots + x_n^2} \tag{4.25}$$

则向量范数满足三角不等式

$$\left\| \boldsymbol{x} + \boldsymbol{y} \right\| \leqslant \left\| \boldsymbol{x} \right\| + \left\| \boldsymbol{y} \right\| \tag{4.26}$$

对于任意矩阵 $\boldsymbol{B} \in \mathbb{R}^{m \times n}$, 算子范数定义为

$$\left\| \boldsymbol{B} \right\| = \max_{\left\| \boldsymbol{x} \right\| = 1} \left\| \boldsymbol{B} \boldsymbol{x} \right\| \tag{4.27}$$

则算子范数 $\left\| \boldsymbol{B} \right\|$ 与向量范数 $\left\| \boldsymbol{x} \right\|$ 是相容的, 即

$$\left\| \boldsymbol{B} \boldsymbol{x} \right\| \leqslant \left\| \boldsymbol{B} \right\| \cdot \left\| \boldsymbol{x} \right\| \tag{4.28}$$

若 $\lambda_{\max}$ 是 $\boldsymbol{B}$ 的最大奇异值, 即 $\lambda_{\max}^2$ 是 $\boldsymbol{B}^{\mathrm{T}} \boldsymbol{B}$ 的最大特征值, 则满足

$$\left\| \boldsymbol{B} \right\| = \lambda_{\max} \tag{4.29}$$

由(4.29)可以验证: 矩阵 $\boldsymbol{J}_R$ 的算子范数恰好是它的最大奇异值, 而 $(\boldsymbol{J}_R^{\mathrm{T}} \boldsymbol{J}_R)^{-1} \boldsymbol{J}_R^{\mathrm{T}}$ 是 $\boldsymbol{J}_R$ 的左逆, 所以 $(\boldsymbol{J}_R^{\mathrm{T}} \boldsymbol{J}_R)^{-1} \boldsymbol{J}_R^{\mathrm{T}}$ 的算子范数恰好是 $\boldsymbol{J}_R$ 的最小非零奇异值的倒数, 即

$$\left\| (\boldsymbol{J}_R^{\mathrm{T}} \boldsymbol{J}_R)^{-1} \boldsymbol{J}_R^{\mathrm{T}} \right\| = \lambda_{\min}^{-1} \tag{4.30}$$

因为方向向量长度等于 1, 所以 $\boldsymbol{A} \boldsymbol{A}^{\mathrm{T}} = \boldsymbol{I}_m$, 所以 $\boldsymbol{A}$ 的算子范数满足

$$\left\| \boldsymbol{A} \right\| = 1 \tag{4.31}$$

综上(4.24), (4.26), (4.28)～(4.30)得

$$\left\| \Delta \boldsymbol{X} \right\| \leqslant \lambda_{\min}^{-1} \left(\left\| \Delta \boldsymbol{R} \right\| + \left\| \Delta \boldsymbol{X}_{\text{station}} \right\| \right) \tag{4.32}$$

把 $\lambda_{\min}^{-1}$ 称为绝对条件数, 它是测量误差的放大倍数的“上确界”. “上界”是指误差放大倍数必然不会超过 $\lambda_{\min}^{-1}$; “确界”是指在某些特殊情况下放大倍数必然达

到 $\lambda_{\min}^{-1}$.

对于固定站，通过站址标定可以使得 $\|\Delta \boldsymbol{X}_{\text{station}}\|$ 很小. 若忽略 $\|\Delta \boldsymbol{X}_{\text{station}}\|$，则有

$$\|\Delta \boldsymbol{X}\| \leqslant \lambda_{\min}^{-1} \cdot \|\Delta \boldsymbol{R}\| \tag{4.33}$$

$\Delta \boldsymbol{R}$ 中包含 m 个测站的测距误差，假定每个测站的测距误差大致相当，为 σ_R，测距误差一般由钟差和路径传播误差决定，所以总测距误差大致满足

$$\|\Delta \boldsymbol{X}\| \leqslant \lambda_{\min}^{-1} \cdot \sqrt{m} \cdot \sigma_R \tag{4.34}$$

需注意:

(1) 测站数 m 越大，测量总误差 $\|\Delta \boldsymbol{R}\|$ 就越大. 但是不能据此认为测站数 m 越大，定位精度就越差. 因为 $\lambda_{\min}^{-1}$ 也依赖 m，在某些特殊情形下可以获得 $\lambda_{\min}^{-1}$ 关于 m 的解析表达式，具体分析见 4.1.4 节.

(2) 对于系统误差，公式(4.33)是重要的分析工具，一个普遍的认识是：系统误差对定位的影响未必随着测站数 m 的变多而变小. 相反，站数 m 的变多很可能引入新的误差项，见后续反例.

(3) 对于随机误差，尽管(4.33)等式有可能成立，但是可能性极小，甚至接近零，所以用标准差 σ_R 代替 $\|\Delta \boldsymbol{R}\|$ 更合理，具体分析见 4.1.4 节.

反例 如图 4-2 所示，在静态试验中，忽略距离的量纲，假定目标静止不动，坐标为 $[0,0,h]$，m 个测站在水平面圆形均匀布站，记 $\theta = \dfrac{2\pi}{m}$，站址为 $[\cos i\theta, \sin i\theta, 0]\ (i=1,\cdots,m)$，方向余弦为

$$[l_i, m_i, m_i] = \frac{1}{\sqrt{1+h^2}}[-\cos i\theta, -\sin i\theta, h] \quad (i=1,\cdots,m) \tag{4.35}$$

则方向余弦矩阵为

$$\boldsymbol{J}_R = \begin{bmatrix} l_1 & m_1 & n_1 \\ l_2 & m_2 & n_2 \\ \vdots & \vdots & \vdots \\ l_m & m_m & n_m \end{bmatrix} = \frac{1}{\sqrt{1+h^2}} \begin{bmatrix} -\cos(1\theta) & -\sin(1\theta) & h \\ -\cos(2\theta) & -\sin(2\theta) & h \\ \vdots & \vdots & \vdots \\ -\cos(m\theta) & -\sin(m\theta) & h \end{bmatrix} \tag{4.36}$$

对于 m 阶复根 $\xi^i = \cos(i\theta) + j \cdot \sin(i\theta)$，其中 j 是虚数单位，因为

$$0 = 1 - \xi^m = (1-\xi)\left(\xi^{m-1} + \xi^{m-2} + \cdots + \xi^0\right) = (1-\xi)\left(\sum_{i=0}^{m}\cos(i\theta) + j \cdot \sum_{i=0}^{m}\sin(i\theta)\right) \tag{4.37}$$

所以

$$\sum_{i=1}^{m}\cos(i\theta)=0\,,\quad \sum_{i=1}^{m}\sin(i\theta)=0 \tag{4.38}$$

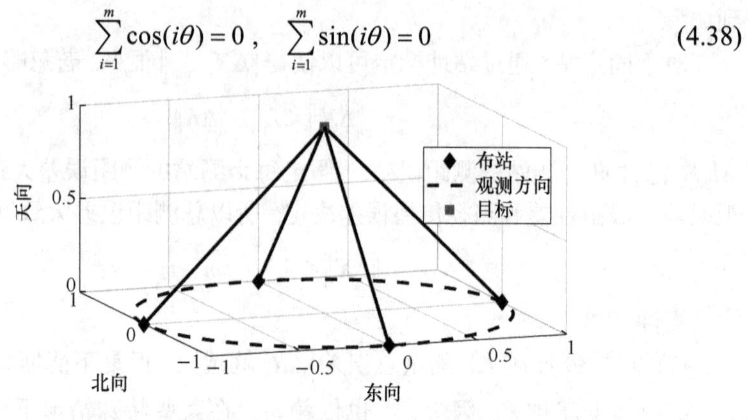

图 4-2　测距定位平面布站几何[21]

结合上式和三角函数的倍角公式可得

$$\begin{cases}\displaystyle\sum_{i=1}^{m}\cos^2(i\theta)=\frac{1}{2}\left(\sum_{i=1}^{m}(\cos(2i\theta)+1)\right)=\frac{m}{2}\\ \displaystyle\sum_{i=1}^{m}\sin^2(i\theta)=\frac{1}{2}\left(\sum_{i=1}^{m}(1-\cos(2i\theta))\right)=\frac{m}{2}\end{cases} \tag{4.39}$$

从而

$$\boldsymbol{J}_R^{\mathrm{T}}\boldsymbol{J}_R=\begin{bmatrix} m/4 & & \\ & m/4 & \\ & & m/2 \end{bmatrix}\triangleq\begin{bmatrix}\lambda_{\min}^2 & & \\ & \lambda_{\min}^2 & \\ & & \lambda_{\max}^2\end{bmatrix} \tag{4.40}$$

$$\lambda_{\min}^{-1}=\sqrt{4/m} \tag{4.41}$$

$$\mathrm{GDOP}=\sqrt{\mathrm{trace}\left(\boldsymbol{J}_R^{\mathrm{T}}\boldsymbol{J}_R\right)^{-1}}=\sqrt{4/m+4/m+2/m}=\sqrt{10/m} \tag{4.42}$$

(1) 不妨 $m=4$. 若 $\Delta\boldsymbol{R}_1=\boldsymbol{J}_R(:,1)$，对应最小奇异值 $\lambda_{\min}=1$ 的特征方向，则 $\|\Delta\boldsymbol{R}_1\|=1$，且 $\Delta\boldsymbol{X}_1=\left(\boldsymbol{J}_R^{\mathrm{T}}\boldsymbol{J}_R\right)^{-1}\boldsymbol{J}_R^{\mathrm{T}}\Delta\boldsymbol{R}_1=[1,0,0]^{\mathrm{T}}$，有 $\|\Delta\boldsymbol{X}_1\|=1$. 若 $\Delta\boldsymbol{R}_2=\frac{1}{\sqrt{2}}\boldsymbol{J}_R(:,3)$，对应最大奇异值 $\lambda_{\max}=\sqrt{2}$ 的特征方向，则 $\|\Delta\boldsymbol{R}_2\|=1$，且 $\Delta\boldsymbol{X}_2=\left(\boldsymbol{J}_R^{\mathrm{T}}\boldsymbol{J}_R\right)^{-1}\boldsymbol{J}_R^{\mathrm{T}}\Delta\boldsymbol{R}_2=\left[0,0,1/\sqrt{2}\right]^{\mathrm{T}}$，有 $\|\Delta\boldsymbol{X}_2\|=1/\sqrt{2}$. 这意味着，在测量误差幅值给定的条件下，定位误差的大小与测量误差的方向有关. 当误差刚好在最小特征值对应的特征方向时，定位误差刚好放大最大倍数，$\lambda_{\min}^{-1}$ 倍，这正是绝对条件数的几何意义.

(2) 若测量没有随机误差，只存在常值系统误差，不妨每个测距都存在相同的系统误差 e_{system}，水平向误差相互抵消，测距误差引起的定位误差为

$$\Delta \boldsymbol{X} = \left(\boldsymbol{J}_R^{\mathrm{T}}\boldsymbol{J}_R\right)^{-1}\boldsymbol{J}_R^{\mathrm{T}}\Delta\boldsymbol{R}$$

$$= \frac{1}{\sqrt{2}}\begin{bmatrix} 4/m & & \\ & 4/m & \\ & & 2/m \end{bmatrix}\begin{bmatrix} -\cos(1\theta) & -\sin(1\theta) & 1 \\ -\cos(2\theta) & -\sin(2\theta) & 1 \\ \vdots & \vdots & \vdots \\ -\cos(m\theta) & -\sin(m\theta) & 1 \end{bmatrix}^{\mathrm{T}}\begin{bmatrix} 1 \\ 1 \\ \vdots \\ 1 \end{bmatrix} e_{\text{system}} \tag{4.43}$$

$$= \frac{1}{\sqrt{2}}\begin{bmatrix} 4/m & & \\ & 4/m & \\ & & 2/m \end{bmatrix}\begin{bmatrix} 0 \\ 0 \\ m \end{bmatrix} e_{\text{system}} = \begin{bmatrix} 0 \\ 0 \\ \sqrt{2} \end{bmatrix} e_{\text{system}}$$

可以发现$\|\Delta\boldsymbol{X}\| = \sqrt{2}\cdot e_{\text{system}}$，它不受测站数量$m$的影响，也就是说在等常值系统误差条件下，增加测站未必可以抑制系统误差对定位的影响.

(3) 若测量没有系统误差，只存在随机误差. 随着m变大，最小奇异值$\lambda_{\min} = \sqrt{m/4}$变大，$\lambda_{\min}^{-1}$变小，这意味着定位误差放大最大倍数变小，仿真表明尽管测距误差的模$\|\Delta\boldsymbol{R}\|$依概率变大，但是定位误差的模$\|\Delta\boldsymbol{X}\|$依概率变小. 需注意大小变化规律只在统计意义下成立，详见后续分析.

4.1.4 不确定性精度分析法

若$\boldsymbol{x}$是服从期望为$\boldsymbol{u}$协方差矩阵为$\boldsymbol{\Sigma}$的m维正态分布随机向量，记为$\boldsymbol{x} \sim N(\boldsymbol{u}, \boldsymbol{\Sigma})$，则对任意常量$\boldsymbol{A} \in \mathbb{R}^{m\times n}, \boldsymbol{b} \in \mathbb{R}^n$，有

$$\boldsymbol{A}\boldsymbol{x} + \boldsymbol{b} \sim N\left(\boldsymbol{A}\boldsymbol{u} + \boldsymbol{b}, \boldsymbol{A}\boldsymbol{\Sigma}^2\boldsymbol{A}^{\mathrm{T}}\right) \tag{4.44}$$

若$\lambda = 1$，迭代公式(4.6) $\boldsymbol{X}_{k+1} = \boldsymbol{X}_k + \lambda(\boldsymbol{J}_R^{\mathrm{T}}\boldsymbol{J}_R)^{-1}\boldsymbol{J}_R^{\mathrm{T}}(\boldsymbol{Y}_R - \boldsymbol{f}(\boldsymbol{X}_k))$可近似写成

$$\Delta\boldsymbol{X} = (\boldsymbol{J}_R^{\mathrm{T}}\boldsymbol{J}_R)^{-1}\boldsymbol{J}_R^{\mathrm{T}}\Delta\boldsymbol{R} \tag{4.45}$$

若测距误差$\Delta\boldsymbol{R}$的每个分量满足独立同分布条件，且测距误差向量的分布满足$\Delta\boldsymbol{R} \sim N\left(\boldsymbol{0}, \sigma_R^2\boldsymbol{I}_m\right)$，则依据(4.44)可知定位误差$\Delta\boldsymbol{X} = [\Delta x, \Delta y, \Delta z]^{\mathrm{T}}$的分布满足

$$\Delta\boldsymbol{X} \sim N\left(\boldsymbol{0}, \sigma_R^2\cdot\left(\boldsymbol{J}_{\mathrm{R}}^{\mathrm{T}}\boldsymbol{J}_R\right)^{-1}\right) \tag{4.46}$$

再令$\boldsymbol{A} = [1,1,1,]$，则

$$\Delta x + \Delta y + \Delta z = \boldsymbol{A}\Delta\boldsymbol{X} \tag{4.47}$$

得$\boldsymbol{A}\left(\boldsymbol{J}_R^{\mathrm{T}}\boldsymbol{J}_R\right)^{-1}\boldsymbol{A}^{\mathrm{T}} = \mathrm{trace}\left(\boldsymbol{J}_R^{\mathrm{T}}\boldsymbol{J}_R\right)^{-1}$，所以三个方向总误差服从

$$\Delta x + \Delta y + \Delta z \sim N\left(0, \sigma_R^2\cdot\mathrm{trace}[(\boldsymbol{J}_R^{\mathrm{T}}\boldsymbol{J}_R)^{-1}]\right) \tag{4.48}$$

也就是说 $\Delta\boldsymbol{X}$ 的方差为

$$\mathrm{var}_{\Delta X} = \sigma_R^2 \cdot \mathrm{trace}[(\boldsymbol{J}_R^{\mathrm{T}}\boldsymbol{J}_R)^{-1}] \tag{4.49}$$

若 $\boldsymbol{J}_R$ 的所有奇异值为 $\lambda_1,\lambda_2,\lambda_3$，它的几何精度因子定义为

$$\mathrm{GDOP}(\boldsymbol{J}_R) = \sqrt{\sum_{i=1}^{3}\lambda_i^{-2}} \tag{4.50}$$

$\Delta\boldsymbol{X}$ 的标准差为

$$\sigma_{\Delta X} = \sigma_R \cdot \sqrt{\mathrm{trace}[(\boldsymbol{J}_R^{\mathrm{T}}\boldsymbol{J}_R)^{-1}]} = \mathrm{GDOP}(\boldsymbol{J}_R)\cdot\sigma_R \tag{4.51}$$

上式表明测距误差传递到定位标准差的放大倍数恰好是 GDOP .

对比(4.34)和(4.51)，两者差别如下：

(1) 前者(4.34)是不等式，属于确定的量化分析方法，常用于分析系统误差，用误差模长 $\|\Delta\boldsymbol{R}\|$ 和 $\lambda_{\min}^{-1}$ 刻画了测量误差对定位影响的“上确界”，定位误差 100%不会超过测距误差的 $\lambda_{\min}^{-1}$ 倍. 在定位残差图中，若定位残差幅值很大，可反推测距误差必然很大；反之不成立，即测距误差幅值很大未必导致定位残差幅值很大，因为定位残差幅值还与测距误差向量的方向有关.

(2) 后者(4.51)是等式，属于随机的量化分析方法，常用于分析随机误差，用标准差和 $\mathrm{GDOP}(\boldsymbol{J}_R)$ 刻画了测量误差对定位影响的“平均上界”，在定位残差图中，约有 68%的残差幅值不会超过测距标准差的 $\mathrm{GDOP}(\boldsymbol{J}_R)$ 倍. 量化依据为：若 $\xi \sim N\left(0,\sigma^2\right)$，则 $P\left\{|\xi|<\sigma\right\}\approx 0.68$. 另外，仍有约 32%的残差幅值可能超过测距标准差的 $\mathrm{GDOP}(\boldsymbol{J}_R)$ 倍.

(3) 两个指标的关联公式为 $\lambda_{\min}^{-1} < \mathrm{GDOP}(\boldsymbol{J}_R)$. 在靶场试验的定标精度鉴定中，常用前者(4.33)和(4.34)解释系统误差对定位精度的影响，常用后者(4.51)解释随机误差对定位精度的影响.

(4) 反例表明增加测站未必可以抑制系统误差对定位的影响，假定 h=1，因 $\mathrm{GDOP}=\sqrt{10/m}$ ，简单起见假定测量没有系统误差，只存在标准差为 σ_R 的随机误差，依据(4.51)得

$$\sigma_{\Delta X} = \mathrm{GDOP}\cdot\sigma_R = \sqrt{10/m}\cdot\sigma_R \tag{4.52}$$

也就是说对于随机误差，测站增多可以提高定位的精度.

4.1.5　四种精度指标

布站设计的优度可以用多种指标刻画，如相对条件数(Relative Conditional

Number, RCN)、绝对条件数(Absolute Conditional Number, ACN)、几何精度因子(Geometric Dilution of Precision, GDOP)、体积条件数(Volume Conditional Number, VCN).

(1) 相对条件数：相对条件数也称为条件数，若 $\boldsymbol{J}_R$ 的所有奇异值为 $\lambda_1 \geqslant \lambda_2 \geqslant \lambda_3 > 0$，它的相对条件数定义为最大奇异值与最小奇异值的比值，即

$$\mathrm{RCN} = \lambda_1 / \lambda_3 \tag{4.53}$$

相对条件数是相对测量误差的放大倍数的“上确界”，即

$$\frac{\|\Delta \boldsymbol{X}\|}{\|\boldsymbol{X}\|} \leqslant \mathrm{RCN} \cdot \frac{\|\Delta \boldsymbol{R}\|}{\|\boldsymbol{R}\|} \tag{4.54}$$

“上界”是指相对误差放大倍数必然不会超过RCN；“确界”是指在某些特殊情况下放大倍数必然达到RCN．需注意的是：一般来说，测距设备的测量误差不会因为视场的变大而显著变大，而且相对误差没有量纲，不利于理解，所以应用中很少用到相对条件数的概念.

(2) 绝对条件数：若 $\boldsymbol{J}_R$ 的所有奇异值为 $\lambda_1 \geqslant \lambda_2 \geqslant \lambda_3$，它的绝对条件数定义为最小奇异值的逆

$$\mathrm{ACN} = \lambda_3^{-1} \tag{4.55}$$

绝对条件数是绝对测量误差的放大倍数的“上确界”，即

$$\|\Delta \boldsymbol{X}\| \leqslant \mathrm{RCN} \cdot \|\Delta \boldsymbol{R}\| \tag{4.56}$$

“上界”是指误差放大倍数必然不会超过ANC；“确界”是指在某些特殊情况下放大倍数必然达到ANC．但是奇异值分解算法比较复杂，所以工程应用中常采用另一个更大上界——几何精度因子.

(3) 几何精度因子：若 $\boldsymbol{J}_R$ 的所有奇异值为 $\lambda_1 \geqslant \lambda_2 \geqslant \lambda_3$，它的几何精度因子定义为

$$\mathrm{GDOP} = \sqrt{\lambda_1^{-2} + \lambda_2^{-2} + \lambda_3^{-2}} \tag{4.57}$$

显然有

$$\mathrm{GDOP} > \mathrm{ACN} \tag{4.58}$$

故而几何精度因子是绝对测量误差的放大倍数的“上界”，即绝对误差放大倍数必然不会超过GDOP，也即

$$\|\Delta \boldsymbol{X}\| < \text{GDOP} \cdot \|\Delta \boldsymbol{R}\| \tag{4.59}$$

利用迹与特征值的关系可以快速计算 GDOP，如下

$$\text{GDOP} = \sqrt{\text{trace}[(\boldsymbol{J}_R^{\text{T}} \boldsymbol{J}_R)^{-1}]} \tag{4.60}$$

另外，还有一个方便运算，而且方便视觉理解的精度评价因子——体积精度因子.

(4) 体积条件数：若 $\boldsymbol{J}_R$ 的所有奇异值为 $\lambda_1 \geqslant \lambda_2 \geqslant \lambda_3$，它的体积条件数定义为

$$\text{VCN} = \sqrt[3]{\lambda_1^{-1} \cdot \lambda_2^{-1} \cdot \lambda_3^{-1}} \tag{4.61}$$

显然有

$$\text{GDOP} > \text{ACN} \geqslant \text{VCN} \tag{4.62}$$

式(4.62)表明：体积条件数未必是测量误差的放大倍数的“上界”，所以不适合“静态地”刻画从测量误差到定位误差的量化传递关系，但是在“动态地”刻画从轨迹变化到定位误差变化规律方面，体积条件数有非常重要的工程意义，表现如下：

第一，计算方便. 可用行列式代替矩阵分解. 相对于奇异值分解，行列式的运算更简单快速. 依据特征值与行列式的关系得

$$\text{VCN} = \sqrt{\det[(\boldsymbol{J}_R^{\text{T}} \boldsymbol{J}_R)^{-1}]} \tag{4.63}$$

特别地，当 $\boldsymbol{J}_R \in \mathbb{R}^{3\times 3}$ 时，利用行列式的性质可知

$$\text{VCN} = [\det(\boldsymbol{J}_R)]^{-1} \tag{4.64}$$

第二，空间意义明确. 适合通过视觉查看定位精度的变换规律，且在对称观测条件下，其趋势与绝对条件数趋势、精度几何因子趋势是一致的. 如图 4-3 所示，三个实心点表示测站 $\boldsymbol{X}_1, \boldsymbol{X}_2, \boldsymbol{X}_3$，以观测目标 $\boldsymbol{X}$ (星形)为中心作单位球，球上有三个空心点 $\boldsymbol{N}_1, \boldsymbol{N}_2, \boldsymbol{N}_3$，$\boldsymbol{N}_i$ 是 $\boldsymbol{X}_i\boldsymbol{X}$ 与单位球的交点(称为单位球投影点). 而 $\boldsymbol{X}, \boldsymbol{N}_1, \boldsymbol{N}_2, \boldsymbol{N}_3$ 构成的四面体的体积(箭头实线)的倒数正好正比于三站测距定位的体积条件数 VCN. 作为反例的推广，当目标 $\boldsymbol{X}$ 靠近布站平面，而且从高到低“动态”下降时，三个站投影点 $\boldsymbol{N}_i$ 相对单位球面上移，$\boldsymbol{X}$ 到 $\boldsymbol{N}_1\boldsymbol{N}_2\boldsymbol{N}_3$ 所在圆的距离变小，但是 $\boldsymbol{N}_1\boldsymbol{N}_2\boldsymbol{N}_3$ 所在圆的面积变大，两个变化耦合，使得对应四面体的体积的先变大后变小. 如图 4-4 所示，可以发现：VCN 先变小后变大，这意味着随目标降落，测距定位精度先变高后变低.

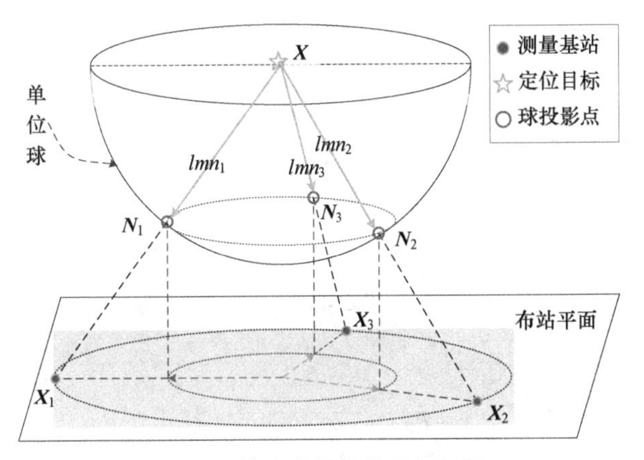

图 4-3 体积条件数的几何解释

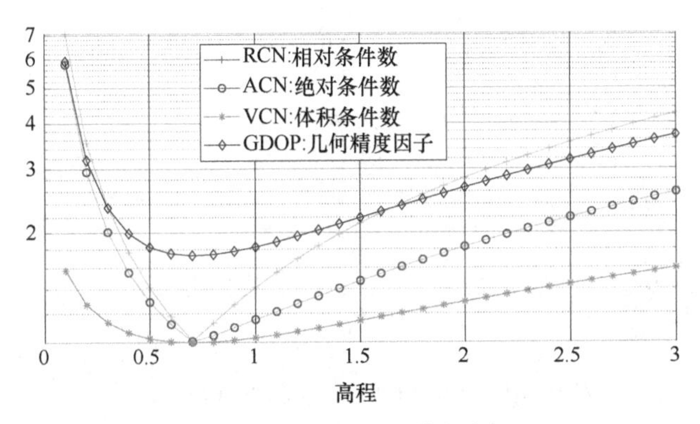

图 4-4 测距定位的精度指标

4.2 全测速解算及精度分析

4.2.1 全测速解算原理

全测速体制下的待估参数为目标的位置坐标和速度坐标

$$\boldsymbol{\beta}=\begin{bmatrix}\boldsymbol{X}\\ \dot{\boldsymbol{X}}\end{bmatrix}=\left[x,y,z,\dot{x},\dot{y},\dot{z}\right]^{\mathrm{T}} \tag{4.65}$$

若 R_i 表示测站到目标的距离

$$R_i=\sqrt{(x-x_{0i})^2+(y-y_{0i})^2+(z-z_{0i})^2}\quad (i=1,\cdots,m) \tag{4.66}$$

将 R_i 对时间 t 求微分，利用全微分公式可得测速方程

$$\dot{R}_i=\frac{(x-x_{0i})}{R_i}\dot{x}+\frac{(y-y_{0i})}{R_i}\dot{y}+\frac{(z-z_{0i})}{R_i}\dot{z}\quad (i=1,2,\cdots,m) \tag{4.67}$$

记

$$\boldsymbol{X}=[x,y,z]^{\mathrm{T}},\quad \dot{\boldsymbol{X}}=[\dot{x},\dot{y},\dot{z}]^{\mathrm{T}} \tag{4.68}$$

$$[l_i,m_i,n_i]=\frac{\boldsymbol{X}-\boldsymbol{X}_{0i}}{R_i}\quad (i=1,2,\cdots,m) \tag{4.69}$$

则有

$$\dot{R}_i=l_i\dot{x}+m_i\dot{y}+n_i\dot{z}\quad (i=1,2,\cdots,m) \tag{4.70}$$

而且

$$\begin{cases}\dfrac{\partial}{\partial x}\dot{R}_i=\dfrac{\dot{x}-\dot{R}_i l_i}{R_i},\quad \dfrac{\partial}{\partial \dot{x}}\dot{R}_i=l_i\\ \dfrac{\partial}{\partial y}\dot{R}_i=\dfrac{\dot{y}-\dot{R}_i m_i}{R_i},\quad \dfrac{\partial}{\partial \dot{y}}\dot{R}_i=m_i\quad (i=1,\cdots,m)\\ \dfrac{\partial}{\partial z}\dot{R}_i=\dfrac{\dot{z}-\dot{R}_i n_i}{R_i},\quad \dfrac{\partial}{\partial \dot{z}}\dot{R}_i=n_i\end{cases} \tag{4.71}$$

实际上

$$\begin{aligned}\frac{\partial}{\partial x}\dot{R}_i&=\frac{\partial}{\partial x}\left(\frac{\dot{x}(x-x_{0i})+\dot{y}(y-y_{0i})+\dot{z}(z-z_{0i})}{R_i}\right)\\&=\frac{\dot{x}R_i-\left[\dot{x}(x-x_{0i})+\dot{y}(y-y_{0i})+\dot{z}(z-z_{0i})\right]\dfrac{(x-x_{0i})}{R_i}}{R_i^2}\\&=\frac{\dot{x}-\left[\dot{x}l_i+\dot{y}m_i+\dot{z}n_i\right]l_i}{R_i}=\frac{\dot{x}-\dot{R}_i l_i}{R_i}\end{aligned} \tag{4.72}$$

又因

$$\frac{\partial}{\partial t}l_i=\frac{\partial}{\partial t}\left(\frac{x-x_{0i}}{R_i}\right)=\frac{\dot{x}R_i-(x-x_{0i})\dot{R}_i}{R_i^2}=\frac{\dot{x}-l_i\dot{R}_i}{R_i} \tag{4.73}$$

故引入如下记号

$$\dot{l}_i=\frac{\partial}{\partial x}\dot{R}_i,\quad \dot{m}_i=\frac{\partial}{\partial y}\dot{R}_i,\quad \dot{n}_i=\frac{\partial}{\partial z}\dot{R}_i \tag{4.74}$$

记 m 个测站观测到的测速元为 $\boldsymbol{Y}_{\dot{R}}=[y_{\dot{R}_1},y_{\dot{R}_2},\cdots,y_{\dot{R}_m}]^{\mathrm{T}}$，测量方程为 $\boldsymbol{f}_{\dot{R}}(\boldsymbol{\beta})=\left[\dot{R}_1,\dot{R}_2,\cdots,\dot{R}_m\right]^{\mathrm{T}}$，其中 $\dot{R}_i$ 的表达式见(4.67)，由于存在误差，下列方程组一般是矛盾的

$$\boldsymbol{Y}_{\dot{R}}=\boldsymbol{f}_{\dot{R}}(\boldsymbol{\beta}) \tag{4.75}$$

非线性观测方程(4.75)的雅可比矩阵可以写为

$$\boldsymbol{J}_{\dot{R}}=\frac{\partial \dot{R}_i}{\partial[x,y,z,\dot{x},\dot{y},\dot{z}]}=\begin{bmatrix} \dot{l}_1 & \dot{m}_1 & \dot{n}_1 & l_1 & m_1 & n_1 \\ \dot{l}_2 & \dot{m}_2 & \dot{n}_2 & l_2 & m_2 & n_2 \\ \vdots & \vdots & \vdots & \vdots & \vdots & \vdots \\ \dot{l}_m & \dot{m}_m & \dot{n}_m & l_m & m_m & n_n \end{bmatrix}\in\mathbb{R}^{m\times 6} \tag{4.76}$$

假定不同测站的观测噪声相互独立, 且服从均值为 0, 标准差为$\sigma_{\dot{R}}$的高斯分布, 依据非线性最小二乘估计原理, 对于给定的初始估计$\boldsymbol{\beta}_0$, 可以通过以下高斯-牛顿迭代公式得到系统状态的稳定估计

$$\boldsymbol{\beta}_{k+1}=\boldsymbol{\beta}_k+\lambda\left(\boldsymbol{J}_{\dot{R}}^{\mathrm{T}}\boldsymbol{J}_{\dot{R}}\right)^{-1}\boldsymbol{J}_{\dot{R}}^{\mathrm{T}}\left(\boldsymbol{Y}_{\dot{R}}-\boldsymbol{f}_{\dot{R}}(\boldsymbol{\beta}_k)\right) \tag{4.77}$$

其中λ是不大于 1 的正实数, 用于调整步长, 使得迭代前后 OC 残差满足降序关系, 即

$$\left\|\boldsymbol{Y}_{\dot{R}}-\boldsymbol{f}_{\dot{R}}(\boldsymbol{\beta}_{k+1})\right\|<\left\|\boldsymbol{Y}_{\dot{R}}-\boldsymbol{f}_{\dot{R}}(\boldsymbol{\beta}_k)\right\| \tag{4.78}$$

假定不同测站的观测噪声不再独立, 其观测噪声协方差矩阵为$\boldsymbol{\Lambda}_{\dot{R}}$, 则可以通过下式获得系统状态的稳定估计

$$\boldsymbol{\beta}_{k+1}=\boldsymbol{\beta}_k+\left(\boldsymbol{J}_{\dot{R}}^{\mathrm{T}}\boldsymbol{\Lambda}_{\dot{R}}^{-1}\boldsymbol{J}_{\dot{R}}\right)^{-1}\boldsymbol{J}_{\dot{R}}^{\mathrm{T}}\boldsymbol{\Lambda}_{\dot{R}}^{-1}\left(\boldsymbol{Y}_{\dot{R}}-\boldsymbol{f}_{\dot{R}}(\boldsymbol{\beta}_k)\right) \tag{4.79}$$

4.2.2 全测速解算精度分析

记测速误差向量为$\left[\Delta\dot{R}_1,\Delta\dot{R}_2,\cdots,\Delta\dot{R}_m\right]^{\mathrm{T}}$, 第 i 个测站的站址误差为$\Delta\boldsymbol{X}_{0i}=\left[\Delta x_{0i},\Delta y_{0i},\Delta z_{0i}\right]^{\mathrm{T}}(i=1,\cdots,m)$, 由此导致的目标位置估计误差和速度估计误差分别为$\Delta\boldsymbol{X}=[\Delta x,\Delta y,\Delta z]^{\mathrm{T}}$和$\Delta\dot{\boldsymbol{X}}=[\Delta\dot{x},\Delta\dot{y},\Delta\dot{z}]^{\mathrm{T}}$. 类似于(4.14), 通过对(4.75)求全微分, 可以得到如下误差传递方程

$$\begin{bmatrix}\Delta\dot{R}_1\\ \Delta\dot{R}_2\\ \vdots\\ \Delta\dot{R}_m\end{bmatrix}^{\mathrm{T}}=\boldsymbol{J}_{\dot{R}}\begin{bmatrix}\Delta\boldsymbol{X}\\ \Delta\dot{\boldsymbol{X}}\end{bmatrix}-\begin{bmatrix}\dot{l}_1,\dot{m}_1,\dot{n}_1 & & & \\ & \dot{l}_2,\dot{m}_2,\dot{n}_2 & & \\ & & \ddots & \\ & & & \dot{l}_m,\dot{m}_m,\dot{n}_m\end{bmatrix}\begin{bmatrix}\Delta\boldsymbol{X}_{01}\\ \Delta\boldsymbol{X}_{02}\\ \vdots\\ \Delta\boldsymbol{X}_{0m}\end{bmatrix} \tag{4.80}$$

再记

$$\boldsymbol{C}=\begin{bmatrix} \dot{l}_1,\dot{m}_1,\dot{n}_1 & & \\ & \ddots & \\ & & \dot{l}_m,\dot{m}_m,\dot{n}_m \end{bmatrix} \tag{4.81}$$

$$\Delta\boldsymbol{\beta}=\begin{bmatrix}\Delta\boldsymbol{X}\\ \Delta\dot{\boldsymbol{X}}\end{bmatrix},\quad \Delta\dot{\boldsymbol{R}}=\begin{bmatrix}\Delta\dot{R}_1\\ \vdots\\ \Delta\dot{R}_m\end{bmatrix},\quad \Delta\boldsymbol{X}_{\text{station}}=\begin{bmatrix}\Delta\boldsymbol{X}_1\\ \vdots\\ \Delta\boldsymbol{X}_m\end{bmatrix} \tag{4.82}$$

则(4.80)变为

$$\Delta\dot{\boldsymbol{R}}=\boldsymbol{J}_{\dot{R}}\Delta\boldsymbol{\beta}-\boldsymbol{C}\Delta\boldsymbol{X}_{\text{station}} \tag{4.83}$$

解得状态估计误差向量为

$$\begin{bmatrix}\Delta\boldsymbol{X}\\ \Delta\dot{\boldsymbol{X}}\end{bmatrix}=(\boldsymbol{J}_{\dot{R}}^{\mathrm{T}}\boldsymbol{J}_{\dot{R}})^{-1}\boldsymbol{J}_{\dot{R}}^{\mathrm{T}}\left(\Delta\dot{\boldsymbol{R}}+\boldsymbol{C}\Delta\boldsymbol{X}_{\text{station}}\right) \tag{4.84}$$

假定由测速观测误差导致的观测误差协方差矩阵为 $\boldsymbol{\Lambda}_{\dot{R}}$，站址误差满足独立同分布条件，服从均值为 0，标准差为 σ_s^2 的高斯分布，依据非线性最小二乘估计原理，全测速定位的状态估计协方差矩阵为

$$\boldsymbol{P}_{\dot{R}}=(\boldsymbol{J}_{\dot{R}}^{\mathrm{T}}\boldsymbol{J}_{\dot{R}})^{-1}\boldsymbol{J}_{\dot{R}}^{\mathrm{T}}\left(\boldsymbol{\Lambda}_{\dot{R}}+\sigma_s^2\boldsymbol{C}\boldsymbol{C}^{\mathrm{T}}\right)\boldsymbol{J}_{\dot{R}}(\boldsymbol{J}_{\dot{R}}^{\mathrm{T}}\boldsymbol{J}_{\dot{R}})^{-1} \tag{4.85}$$

全测速定位-定速 GDOP 如下

$$\mathrm{GDOP}_{\dot{R}}=\sqrt{\mathrm{trace}[(\boldsymbol{J}_{\dot{R}}^{\mathrm{T}}\boldsymbol{J}_{\dot{R}})^{-1}]} \tag{4.86}$$

当 $m>6$ 时，利用 OC 残差 $\boldsymbol{Y}_{\dot{R}}-\boldsymbol{f}_{\dot{R}}(\boldsymbol{\beta}_k)$ 统计得到测量的精度

$$\sigma_{\dot{R}}^2=\frac{\left\|\boldsymbol{Y}_{\dot{R}}-\boldsymbol{f}_{\dot{R}}(\boldsymbol{\beta}_k)\right\|^2}{m-6} \tag{4.87}$$

定位-定速精度可以用如下公式刻画

$$\mathrm{Accuracy}_{\dot{R}}=\mathrm{GDOP}_{\dot{R}}\cdot\sigma_{\dot{R}} \tag{4.88}$$

4.2.3 全测速体制的局限性分析

测速方程中有 6 个未知参数，即 3 个位置参数 $\boldsymbol{X}=[x,y,z]^{\mathrm{T}}$、3 个速度参数 $\dot{\boldsymbol{X}}=[\dot{x},\dot{y},\dot{z}]^{\mathrm{T}}$. 理论上，只要测速方程数量 m 大于等于 6(不妨等于 6)，就可以用非线性最小二乘法估计唯一估算出位置和速度. 为了保证非线性最小二乘法收敛，有些需要注意的技术细节:

(1) 迭代初值足够精确: 当采样频率较高时，可以用上一时刻的位置和速度作为初值，风险在于，如果上一时刻的状态出现严重误差，会导致后续状态估计

全部失效. 所以常采用概略初值, 比如, 用发射点的位置$[x, y, z]$和速度$[0, 0, 0]$当作初值.

(2) 迭代步长足够小: 当 OC 残差的模减小时, 可以令步长翻倍, 否则令步长减半, 这样的方法称为膨胀-紧缩法.

(3) 雅可比矩阵必须列满秩, 且最小奇异值应该尽可能大: 若记测速元为$\dot{R}_i$, 测站到目标的方向向量为$\left[l_i, m_i, n_i\right]$ 、方向向量的微分为$\left[\dot{l}_i, \dot{m}_i, \dot{n}_i\right]$, 则全测速解算的雅可比矩阵为

$$J_{\dot{R}} = \frac{\partial \dot{R}_i}{\partial\left[x, y, z, \dot{x}, \dot{y}, \dot{z}\right]} = \begin{bmatrix} \dot{l}_1 & \dot{m}_1 & \dot{n}_1 & l_1 & m_1 & n_1 \\ \dot{l}_2 & \dot{m}_2 & \dot{n}_2 & l_2 & m_2 & n_2 \\ \vdots & \vdots & \vdots & \vdots & \vdots & \vdots \\ \dot{l}_m & \dot{m}_m & \dot{n}_m & l_m & m_m & n_n \end{bmatrix} \tag{4.89}$$

以$m = 6$为例, 将雅可比矩阵$J_{\dot{R}}$拆分成A, B两部分

$$J_{\dot{R}} = \begin{bmatrix} \dot{l}_1 & \dot{m}_1 & \dot{n}_1 & 0 & 0 & 0 \\ \dot{l}_2 & \dot{m}_2 & \dot{n}_2 & 0 & 0 & 0 \\ \dot{l}_3 & \dot{m}_3 & \dot{n}_3 & 0 & 0 & 0 \\ \dot{l}_4 & \dot{m}_4 & \dot{n}_4 & 0 & 0 & 0 \\ \dot{l}_5 & \dot{m}_5 & \dot{n}_5 & 0 & 0 & 0 \\ \dot{l}_6 & \dot{m}_6 & \dot{n}_6 & 0 & 0 & 0 \end{bmatrix} + \begin{bmatrix} 0 & 0 & 0 & l_1 & m_1 & n_1 \\ 0 & 0 & 0 & l_2 & m_2 & n_2 \\ 0 & 0 & 0 & l_3 & m_3 & n_3 \\ 0 & 0 & 0 & l_4 & m_4 & n_4 \\ 0 & 0 & 0 & l_5 & m_5 & n_5 \\ 0 & 0 & 0 & l_6 & m_6 & n_6 \end{bmatrix} = A + B \tag{4.90}$$

因

$$\left[\dot{l}_i, \dot{m}_i, \dot{n}_i\right] = \left[\frac{\dot{x} - \dot{R}_i l_i}{R_i}, \frac{\dot{y} - \dot{R}_i m_i}{R_i}, \frac{\dot{z} - \dot{R}_i n_i}{R_i}\right] = \frac{1}{R_i}\left[\dot{x}, \dot{y}, \dot{z}\right] - \frac{\dot{R}_i}{R_i}\left[l_i, m_i, n_i\right] \tag{4.91}$$

故雅可比矩阵又可拆分成C, D两部分

$$J_{\dot{R}} = \begin{bmatrix} R_1^{-1} \\ R_2^{-1} \\ R_3^{-1} \\ R_4^{-1} \\ R_5^{-1} \\ R_6^{-1} \end{bmatrix} \left[\dot{x}\ \dot{y}\ \dot{z}\ 0\ 0\ 0\right] + \begin{bmatrix} -R_1^{-1}\dot{R}_1 l_1 & -R_1^{-1}\dot{R}_1 m_1 & -R_1^{-1}\dot{R}_1 n_1 & l_1 & m_1 & n_1 \\ -R_2^{-1}\dot{R}_2 l_2 & -R_2^{-1}\dot{R}_2 m_2 & -R_2^{-1}\dot{R}_2 n_2 & l_2 & m_2 & n_2 \\ -R_3^{-1}\dot{R}_3 l_3 & -R_3^{-1}\dot{R}_3 m_3 & -R_3^{-1}\dot{R}_3 n_3 & l_3 & m_3 & n_3 \\ -R_4^{-1}\dot{R}_4 l_4 & -R_4^{-1}\dot{R}_4 m_4 & -R_4^{-1}\dot{R}_4 n_4 & l_4 & m_4 & n_4 \\ -R_5^{-1}\dot{R}_5 l_5 & -R_5^{-1}\dot{R}_5 m_5 & -R_5^{-1}\dot{R}_5 n_5 & l_5 & m_5 & n_5 \\ -R_6^{-1}\dot{R}_6 l_6 & -R_6^{-1}\dot{R}_6 m_6 & -R_6^{-1}\dot{R}_6 n_6 & l_6 & m_6 & n_6 \end{bmatrix} = C + D \tag{4.92}$$

下面用拆分后的矩阵$J_{\dot{R}} = A + B = C + D$分析测速定位可能存在的局限性.

4.2.3.1　有效测元少于 6

测距定位只要三个测元就能实现定位, 但是测距定位要求至少 6 个有效元, 否则无法定位, 因为

$$\operatorname{rank}\left(\boldsymbol{J}_{\dot{R}}\right) \leqslant m < 6 \tag{4.93}$$

4.2.3.2　目标静止-秩 3

在静态试验中, 目标静止, 其方向向量$[l_i, m_i, n_i]$不变, 故变化率为零, 即

$$\begin{cases} \dot{l}_i = \dfrac{\partial}{\partial x}\dot{R}_i = \dfrac{\partial}{\partial t}l_i = 0 \\ \dot{m}_i = \dfrac{\partial}{\partial y}\dot{R}_i = \dfrac{\partial}{\partial t}m_i = 0 \\ \dot{n}_i = \dfrac{\partial}{\partial z}\dot{R}_i = \dfrac{\partial}{\partial t}n_i = 0 \end{cases} \tag{4.94}$$

此时有 $\boldsymbol{A} = \boldsymbol{0}$, 从而

$$\boldsymbol{J}_{\dot{R}} = \boldsymbol{B} = \begin{bmatrix} 0 & 0 & 0 & l_1 & m_1 & n_1 \\ 0 & 0 & 0 & l_2 & m_2 & n_2 \\ 0 & 0 & 0 & l_3 & m_3 & n_3 \\ 0 & 0 & 0 & l_4 & m_4 & n_4 \\ 0 & 0 & 0 & l_5 & m_5 & n_5 \\ 0 & 0 & 0 & l_6 & m_6 & n_6 \end{bmatrix} \tag{4.95}$$

从而

$$\operatorname{rank}\left(\boldsymbol{J}_{\dot{R}}\right) = \operatorname{rank}(\boldsymbol{B}) \leqslant 3 \tag{4.96}$$

4.2.3.3　平面对称布站-秩 4

若所有测站共面且成正多边形, 则当目标在 “中轴线” 做直线运动时, 目标到各测站距离相同, 速率变化率也相同, 即

$$\begin{cases} R_i = R, \\ \dot{R}_i = \dot{R} \end{cases} \quad (i = 1, \cdots, 6) \tag{4.97}$$

此时有

$$
\boldsymbol{J}_{\dot{R}}=\frac{1}{R}\begin{bmatrix}\dot{x}&\dot{y}&\dot{z}&0&0&0\\\dot{x}&\dot{y}&\dot{z}&0&0&0\\\dot{x}&\dot{y}&\dot{z}&0&0&0\\\dot{x}&\dot{y}&\dot{z}&0&0&0\\\dot{x}&\dot{y}&\dot{z}&0&0&0\\\dot{x}&\dot{y}&\dot{z}&0&0&0\end{bmatrix}-\begin{bmatrix}l_1&m_1&n_1&l_1&m_1&n_1\\l_2&m_2&n_2&l_2&m_2&n_2\\l_3&m_3&n_3&l_3&m_3&n_3\\l_4&m_4&n_4&l_4&m_4&n_4\\l_5&m_5&n_5&l_5&m_5&n_5\\l_6&m_6&n_6&l_6&m_6&n_6\end{bmatrix}\begin{bmatrix}\frac{\dot{R}}{R}\boldsymbol{I}_3&\\&\boldsymbol{I}_3\end{bmatrix}\tag{4.98}
$$

导致 $\operatorname{rank}(\boldsymbol{C})\leqslant 1$，$\operatorname{rank}(\boldsymbol{D})\leqslant 3$，从而

$$
\operatorname{rank}\left(\boldsymbol{J}_{\dot{R}}\right)\leqslant\operatorname{rank}(\boldsymbol{C})+\operatorname{rank}(\boldsymbol{D})\leqslant 4\tag{4.99}
$$

4.2.3.4 平面对称布站-秩 5

若所有测站共面, 则当目标穿过测站平面时, $\boldsymbol{J}_{\dot{R}}$ 的后三列共线, $\operatorname{rank}(\boldsymbol{B})<3$，故

$$
\operatorname{rank}\left(\boldsymbol{J}_{\dot{R}}\right)\leqslant\operatorname{rank}(\boldsymbol{A})+\operatorname{rank}(\boldsymbol{B})\leqslant 5\tag{4.100}
$$

如果目标靠近测站平面, 尽管 $\operatorname{rank}(\boldsymbol{B})=3$，但是 GDOP 仍然很大, 速度解算精度变差, 这是测距测速定位共有的现象, 这也为攻防对抗提供了理论依据, 利用单位球投影工具(参考 5.2 节)可知:

(1) 对于进攻方, 尽量采用低空飞行, 压扁观测几何, 减小可观测空域体积, 达到隐身的目的.

(2) 对于防守方, 尽量加大布站体积, 或者在不增加测站的条件下增加测元, 近目标增加测角元, 远目标增加测距元.

4.2.3.5 平面布站的一般性问题

只要是平面布站, 必然存在 “穿面” 问题. 实际上, $\boldsymbol{D}$ 可以分解为

$$
\begin{aligned}
\boldsymbol{D}&=-\operatorname{diag}\left(\frac{\dot{R}_1}{R_1},\cdots,\frac{\dot{R}_6}{R_6}\right)\begin{bmatrix}l_1&m_1&n_1&0&0&0\\l_2&m_2&n_2&0&0&0\\l_3&m_3&n_3&0&0&0\\l_4&m_4&n_4&0&0&0\\l_5&m_5&n_5&0&0&0\\l_6&m_6&n_6&0&0&0\end{bmatrix}+\begin{bmatrix}0&0&0&l_1&m_1&n_1\\0&0&0&l_2&m_2&n_2\\0&0&0&l_3&m_3&n_3\\0&0&0&l_4&m_4&n_4\\0&0&0&l_5&m_5&n_5\\0&0&0&l_6&m_6&n_6\end{bmatrix}\\
&=\qquad\qquad\qquad\qquad\boldsymbol{G}\qquad\qquad\qquad+\qquad\qquad\boldsymbol{B}
\end{aligned}\tag{4.101}
$$

故依据(4.92)得

$$
\boldsymbol{J}_{\dot{R}}=\boldsymbol{A}+\boldsymbol{B}=\boldsymbol{C}+\boldsymbol{D}=\boldsymbol{C}+(\boldsymbol{G}+\boldsymbol{B})\tag{4.102}
$$

只要是平面布站，当目标穿面时，必有 $\operatorname{rank}(\boldsymbol{C}) \leqslant 1, \operatorname{rank}(\boldsymbol{G}) \leqslant 2, \operatorname{rank}(\boldsymbol{B}) \leqslant 2$，从而

$$\operatorname{rank}\left(\boldsymbol{J}_{\dot{R}}\right) \leqslant \operatorname{rank}(\boldsymbol{C})+\operatorname{rank}(\boldsymbol{G})+\operatorname{rank}(\boldsymbol{B}) \leqslant 5 \tag{4.103}$$

4.2.3.6 椎体布站-秩 5

(1) 只要目标静止，必有 $\operatorname{rank}(\boldsymbol{A})=0$，下面总是假定目标非静止，即 $\operatorname{rank}(\boldsymbol{A}) \geqslant 1$.

(2) 只要共面布站，必有 $\operatorname{rank}(\boldsymbol{B}) \leqslant 3$，下面总是假定立体布站，有 $\operatorname{rank}(\boldsymbol{B})=3$.

在目标运动且立体布站的情况下，是否也存在定位盲区呢？假定第 1, 2, 3, 4, 5 个站共面，第 6 站不共面，则当目标垂直“穿面”时，有 $\dot{R}_1=\dot{R}_2=\dot{R}_3=\dot{R}_4=\dot{R}_5=0$，$\dot{R}_6 \neq 0$，故 $\operatorname{rank}(\boldsymbol{G}) \leqslant 1$，$\operatorname{rank}(\boldsymbol{C}) \leqslant 1$，$\operatorname{rank}(\boldsymbol{D}) \leqslant 3$ 得

$$\operatorname{rank}(\boldsymbol{J}) \leqslant \operatorname{rank}(\boldsymbol{C})+\operatorname{rank}(\boldsymbol{G})+\operatorname{rank}(\boldsymbol{D}) \leqslant 5 \tag{4.104}$$

这意味着全测速定轨在立体布站时仍然存在定位盲区.

4.3 测距测速联合解算及精度分析

4.3.1 测距测速联合解算原理

测距测速体制既包含了测距又包含测速，测量方程如下

$$\left\{\begin{array}{l}
R_i=\sqrt{\left(x-x_{0i}\right)^2+\left(y-y_{0i}\right)^2+\left(z-z_{0i}\right)^2}, \\
\dot{R}_i=\dfrac{\left(x-x_{0i}\right)}{R_i} \dot{x}+\dfrac{\left(y-y_{0i}\right)}{R_i} \dot{y}+\dfrac{\left(z-z_{0i}\right)}{R_i} \dot{z}
\end{array}\right. \quad (i=1,2,\cdots,m) \tag{4.105}$$

待估参数为

$$\boldsymbol{\beta}=\left[\begin{array}{l}
\boldsymbol{X} \\
\dot{\boldsymbol{X}}
\end{array}\right] \tag{4.106}$$

其中 $\boldsymbol{X}$ 为位置参数，$\dot{\boldsymbol{X}}$ 为速度参数. 记不同测站观测到的测距元和测速元分别为

$$\boldsymbol{Y}_{R\dot{R}}=\left[\begin{array}{l}
\boldsymbol{Y}_R \\
\boldsymbol{Y}_{\dot{R}}
\end{array}\right] \tag{4.107}$$

其中 $\boldsymbol{Y}_R$ 是由测距元构成的向量，$\boldsymbol{Y}_{\dot{R}}$ 是由测速元构成的向量. 测距方程和测速方程构成的函数向量为

$$\boldsymbol{f}_{R\dot{R}}(\boldsymbol{\beta})=\begin{bmatrix}\boldsymbol{f}_R(\boldsymbol{X})\\ \boldsymbol{f}_{\dot{R}}(\boldsymbol{X},\dot{\boldsymbol{X}})\end{bmatrix} \tag{4.108}$$

其中 $\boldsymbol{f}_R(\boldsymbol{X})$ 是测距函数向量，$\boldsymbol{f}_{\dot{R}}(\boldsymbol{X},\dot{\boldsymbol{X}})$ 是测速函数向量. 测量方程的雅可比矩阵为

$$\boldsymbol{J}_{R\dot{R}}=\begin{bmatrix}\boldsymbol{J}_R & \boldsymbol{0}\\ \boldsymbol{J}_{\dot{R},X} & \boldsymbol{J}_{\dot{R},\dot{X}}\end{bmatrix}=\begin{bmatrix} l_1 & m_1 & n_1 & 0 & 0 & 0\\ l_2 & m_2 & n_2 & 0 & 0 & 0\\ \vdots & \vdots & \vdots & \vdots & \vdots & \vdots\\ l_m & m_m & n_m & 0 & 0 & 0\\ \dot{l}_1 & \dot{m}_1 & \dot{n}_1 & l_1 & m_1 & n_1\\ \dot{l}_2 & \dot{m}_2 & \dot{n}_2 & l_2 & m_2 & n_2\\ \vdots & \vdots & \vdots & \vdots & \vdots & \vdots\\ \dot{l}_m & \dot{m}_m & \dot{n}_m & l_m & m_m & n_n \end{bmatrix} \tag{4.109}$$

假定不同测站的观测噪声相互独立，且测距误差服从均值为 0，标准差为 σ_R 的高斯分布，测速误差服从均值为 0，标准差为 $\sigma_{\dot{R}}$ 的高斯分布，依据非线性最小二乘估计原理，对于给定初始估计 $\boldsymbol{\beta}_0$，可以通过以下高斯-牛顿迭代公式得到系统状态的稳定估计

$$\boldsymbol{\beta}_{k+1}=\boldsymbol{\beta}_k+\lambda\left(\boldsymbol{J}_{R\dot{R}}^{\mathrm{T}}\boldsymbol{\Lambda}_{R\dot{R}}^{-1}\boldsymbol{J}_{R\dot{R}}\right)^{-1}\boldsymbol{J}_{R\dot{R}}^{\mathrm{T}}\boldsymbol{\Lambda}_{R\dot{R}}^{-1}\left(\boldsymbol{Y}_{R\dot{R}}-\boldsymbol{f}_{R\dot{R}}(\boldsymbol{\beta}_k)\right) \tag{4.110}$$

其中

$$\boldsymbol{\Lambda}_{R\dot{R}}=\begin{bmatrix}\sigma_R^2\boldsymbol{I}_m & \\ & \sigma_{\dot{R}}^2\boldsymbol{I}_m\end{bmatrix} \tag{4.111}$$

4.3.2 测距测速联合解算精度分析

假定由观测误差以及站址误差导致的观测误差向量为 $\left[\Delta R_1,\Delta R_2,\cdots,\Delta R_m,\Delta\dot{R}_1,\Delta\dot{R}_2,\cdots,\Delta\dot{R}_m\right]^{\mathrm{T}}$，则对式(4.108)求全微分可得以下误差传递方程

$$\begin{bmatrix}\Delta R_1\\ \vdots\\ \Delta R_m\\ \Delta\dot{R}_1\\ \vdots\\ \Delta\dot{R}_m\end{bmatrix}^{\mathrm{T}}=\boldsymbol{J}_{R\dot{R}}\begin{bmatrix}\Delta x\\ \Delta y\\ \Delta z\\ \Delta\dot{x}\\ \Delta\dot{y}\\ \Delta\dot{z}\end{bmatrix}-\begin{bmatrix}\boldsymbol{A}\\ \boldsymbol{C}\end{bmatrix}\begin{bmatrix}\Delta x_{01}\\ \Delta y_{01}\\ \Delta z_{01}\\ \vdots\\ \Delta x_{0m}\\ \Delta y_{0m}\\ \Delta z_{0m}\end{bmatrix} \tag{4.112}$$

记

$$\Delta \boldsymbol{X}=\begin{bmatrix}\Delta x\\ \Delta y\\ \Delta z\end{bmatrix},\quad \Delta \dot{\boldsymbol{X}}=\begin{bmatrix}\Delta \dot{x}\\ \Delta \dot{y}\\ \Delta \dot{z}\end{bmatrix},\quad \Delta \boldsymbol{\beta}=\begin{bmatrix}\Delta \boldsymbol{X}\\ \Delta \dot{\boldsymbol{X}}\end{bmatrix},\quad \Delta \dot{\boldsymbol{R}}=\begin{bmatrix}\Delta \dot{R}_1\\ \vdots\\ \Delta \dot{R}_m\end{bmatrix},\quad \Delta \boldsymbol{X}_{\text{station}}=\begin{bmatrix}\Delta \boldsymbol{X}_{01}\\ \vdots\\ \Delta \boldsymbol{X}_{0m}\end{bmatrix} \tag{4.113}$$

则(4.112)变为

$$\begin{bmatrix}\Delta \boldsymbol{R}\\ \Delta \dot{\boldsymbol{R}}\end{bmatrix}=\begin{bmatrix}\boldsymbol{J}_R & \boldsymbol{0}\\ \boldsymbol{J}_{\dot{R},X} & \boldsymbol{J}_R\end{bmatrix}\begin{bmatrix}\Delta \boldsymbol{X}\\ \Delta \dot{\boldsymbol{X}}\end{bmatrix}-\begin{bmatrix}\boldsymbol{A}\\ \boldsymbol{C}\end{bmatrix}\begin{bmatrix}\Delta \boldsymbol{X}_{01}\\ \vdots\\ \Delta \boldsymbol{X}_{0m}\end{bmatrix} \tag{4.114}$$

解得状态估计误差向量为

$$\begin{bmatrix}\Delta \boldsymbol{X}\\ \Delta \dot{\boldsymbol{X}}\end{bmatrix}=(\boldsymbol{J}_{R\dot{R}}^{\mathrm{T}}\boldsymbol{J}_{R\dot{R}})^{-1}\boldsymbol{J}_{R\dot{R}}^{\mathrm{T}}\left(\begin{bmatrix}\Delta \boldsymbol{R}\\ \Delta \dot{\boldsymbol{R}}\end{bmatrix}+\begin{bmatrix}\boldsymbol{A}\\ \boldsymbol{C}\end{bmatrix}\Delta \boldsymbol{X}_{\text{station}}\right) \tag{4.115}$$

假定测距测速观测误差的协方差矩阵为$\boldsymbol{\Lambda}_{R\dot{R}}$，站址误差满足独立同分布条件，服从均值为 0，标准差为σ_s^2的高斯分布，依据非线性最小二乘估计原理，则测距测速体制的系统状态估计误差协方差矩阵为

$$\boldsymbol{P}_{R\dot{R}}=(\boldsymbol{J}_{R\dot{R}}^{\mathrm{T}}\boldsymbol{J}_{R\dot{R}})^{-1}\boldsymbol{J}_{R\dot{R}}^{\mathrm{T}}\left(\boldsymbol{\Lambda}_{R\dot{R}}+\sigma_s^2\begin{bmatrix}\boldsymbol{A}\\ \boldsymbol{C}\end{bmatrix}\begin{bmatrix}\boldsymbol{A}\\ \boldsymbol{C}\end{bmatrix}^{\mathrm{T}}\right)\boldsymbol{J}_{R\dot{R}}(\boldsymbol{J}_{R\dot{R}}^{\mathrm{T}}\boldsymbol{J}_{R\dot{R}})^{-1} \tag{4.116}$$

测距测速的定位-定速 GDOP 如下

$$\text{GDOP}_{R\dot{R}}=\sqrt{\text{trace}[(\boldsymbol{J}_{R\dot{R}}^{\mathrm{T}}\boldsymbol{J}_{R\dot{R}})^{-1}]} \tag{4.117}$$

当$m>6$时，利用 OC 残差$\boldsymbol{Y}_{R\dot{R}}-\boldsymbol{f}_{R\dot{R}}(\boldsymbol{\beta}_k)$统计得到测量的精度

$$\sigma_{R\dot{R}}^2=\frac{\left\|\boldsymbol{Y}_{R\dot{R}}-\boldsymbol{f}_{R\dot{R}}(\boldsymbol{\beta}_k)\right\|^2}{m-6} \tag{4.118}$$

定位-定速精度可以用如下公式刻画

$$\text{Accuracy}_{R\dot{R}}=\text{GDOP}_{R\dot{R}}\cdot\sigma_{R\dot{R}} \tag{4.119}$$

4.4　速度解算再讨论

4.4.1　滤波求速

需注意：全测距定位无法直接估计速度$\dot{\boldsymbol{X}}=[\dot{x},\dot{y},\dot{z}]^{\mathrm{T}}$和加速度$\ddot{\boldsymbol{X}}=[\ddot{x},\ddot{y},\ddot{z}]^{\mathrm{T}}$，

下面通过 Jerk 模型(3 次多项式模型), 给出速度和加速度的滤波解算过程.

以 x 坐标轴为例, 假定轨迹满足 Jerk 模型

$$x = a + bt + ct^2 + dt^3 \tag{4.120}$$

在 k 时刻, 前端缓存中保存了 k 个历史状态, 记为

$$\boldsymbol{x} = [x_1, \cdots, x_k]^{\mathrm{T}} \tag{4.121}$$

假定采样周期为 1, 则对应的设计矩阵为

$$\boldsymbol{A} = \begin{bmatrix} 1 & 1 & 1 & 1^3 \\ 1 & 2 & 2^2 & 2^3 \\ \vdots & \vdots & \vdots & \vdots \\ 1 & k & k^2 & k^3 \end{bmatrix} \tag{4.122}$$

若采样不是均匀的, 前端缓存中保存了 k 个历史时间, 记为 $t = [t_1, \cdots, t_k]^{\mathrm{T}}$, 则对应的设计矩阵为

$$\boldsymbol{A} = \begin{bmatrix} 1 & t_1 & t_1^2 & t_1^3 \\ 1 & t_2 & t_2^2 & t_2^2 \\ \vdots & \vdots & \vdots & \vdots \\ 1 & t_k & t_k^2 & t_k^3 \end{bmatrix} \tag{4.123}$$

待估计的 4 个参数为 $\boldsymbol{\beta}_x = \left[a, b, c, d\right]^{\mathrm{T}}$, 依据最小二乘原理得

$$\boldsymbol{\beta}_x = (\boldsymbol{A}^{\mathrm{T}} \boldsymbol{A})^{-1} \boldsymbol{A}^{\mathrm{T}} \boldsymbol{x} \tag{4.124}$$

位置(Position) $x_k = a + bt_k + ct_k^2 + dt_k^3$ 的滤波值为

$$\hat{x}_k = \boldsymbol{A}(k,:) \boldsymbol{\beta}_x \tag{4.125}$$

其中 $\boldsymbol{A}(k,:)$ 表示 $\boldsymbol{A}$ 的第 k 行.

速度(Velocity) $\dot{x}_k = b + 2ct_k + 3dt_k^2$ 的滤波值为

$$\hat{\dot{x}}_k = \boldsymbol{A}(k, 1:3) \begin{bmatrix} \boldsymbol{\beta}_x(2) \\ 2\boldsymbol{\beta}_x(3) \\ 3\boldsymbol{\beta}_x(4) \end{bmatrix} \tag{4.126}$$

其中 $\boldsymbol{A}(k, 1:3)$ 表示 $\boldsymbol{A}$ 的第 k 行第 1, 2, 3 列, $\boldsymbol{\beta}_x(2), \boldsymbol{\beta}_x(3), \boldsymbol{\beta}_x(4)$ 表示 $\boldsymbol{\beta}_x$ 的第 2, 3, 4 个分量.

加速度(Acceleration) $\ddot{x}_k = 2c + 6dt_k$ 的滤波值为

$$\hat{\ddot{x}}_k = \boldsymbol{A}(k, 1:2) \begin{bmatrix} 2\boldsymbol{\beta}_x(3) \\ 6\boldsymbol{\beta}_x(4) \end{bmatrix} \tag{4.127}$$

其中 $\boldsymbol{A}(k,1:2)$ 表示 $\boldsymbol{A}$ 的第 k 行第 1, 2 列, $\boldsymbol{\beta}_x(3),\boldsymbol{\beta}_x(4)$ 表示 $\boldsymbol{\beta}_x$ 的第 3, 4 个分量.

4.4.2 多站解析定速

假定已经由测距方程获得位置向量 $\boldsymbol{X}=[x,y,z]^{\mathrm{T}}$，记速度向量为 $\dot{\boldsymbol{X}}=[\dot{x},\dot{y},\dot{z}]^{\mathrm{T}}$，或者记为 $\boldsymbol{V}=[v_x,v_y,v_z]^{\mathrm{T}}$，依据 $\dot{R}_i=l_i\dot{x}+m_i\dot{y}+n_i\dot{z}(i=1,2,\cdots,m)$，设 $\boldsymbol{Y}_{\dot{R}}$ 为径向速率 $[\dot{R}_1,\dot{R}_2,\cdots,\dot{R}_m]^{\mathrm{T}}$ 的观测值, $\boldsymbol{J}_R$ 为测距方程向量对 $\boldsymbol{X}$ 的雅可比矩阵, 也即

$$\boldsymbol{Y}_{\dot{R}}=\begin{bmatrix} y_{\dot{R}_1} \\ y_{\dot{R}_2} \\ \vdots \\ y_{\dot{R}_m} \end{bmatrix},\quad \boldsymbol{J}_R=\begin{bmatrix} l_1 & m_1 & n_1 \\ l_2 & m_2 & n_2 \\ \vdots & \vdots & \vdots \\ l_m & m_m & n_m \end{bmatrix},\quad \dot{\boldsymbol{X}}=\begin{bmatrix} \dot{x} \\ \dot{y} \\ \dot{z} \end{bmatrix} \tag{4.128}$$

在没有误差的条件下有

$$\boldsymbol{Y}_{\dot{R}}=\boldsymbol{J}_R\dot{\boldsymbol{X}} \tag{4.129}$$

无论是否有误差, 都可以依据下式解得速度向量

$$\dot{\boldsymbol{X}}=\left(\boldsymbol{J}_R^{\mathrm{T}}\boldsymbol{J}_R\right)^{-1}\boldsymbol{J}_R^{\mathrm{T}}\boldsymbol{Y}_{\dot{R}} \tag{4.130}$$

第 5 章　多站时差频差体制

从几何上看, 如图 5-1 所示, 多站时差体制的实质是双曲交会定位, 每个副站测距与主站测距的作差方程相当于双叶双曲面的一个分支((a)子图), 两个副站一个主站形成两个双曲面分支, 这两个分支交会得到交会双曲线((b), (c), (d)子图). 从方程数量上看, 三个副站与一个主站共同作用可以获得三个测量方程, 可以求解三个未知数, 而多站时差体制是四站时差体制的推广, 其定位算法可通过非线性参数估计实现. 从设备上看, 相对于单站 RAE 体制、多站测角体制和多站测距测速体制, 多站时差体制有劣势也有优势. 一方面, 多站时差体制对设备数量和站址布设的要求最苛刻, 至少四台(一主三副)基带设备才能实现目标定位. 若测站数量大于四, 则在实时定位中可能出现四站定位和多站定位交替现象. 另外, 双曲面具有形态无限延伸特性, 导致低精度小范围静态缩比试验难以实现.

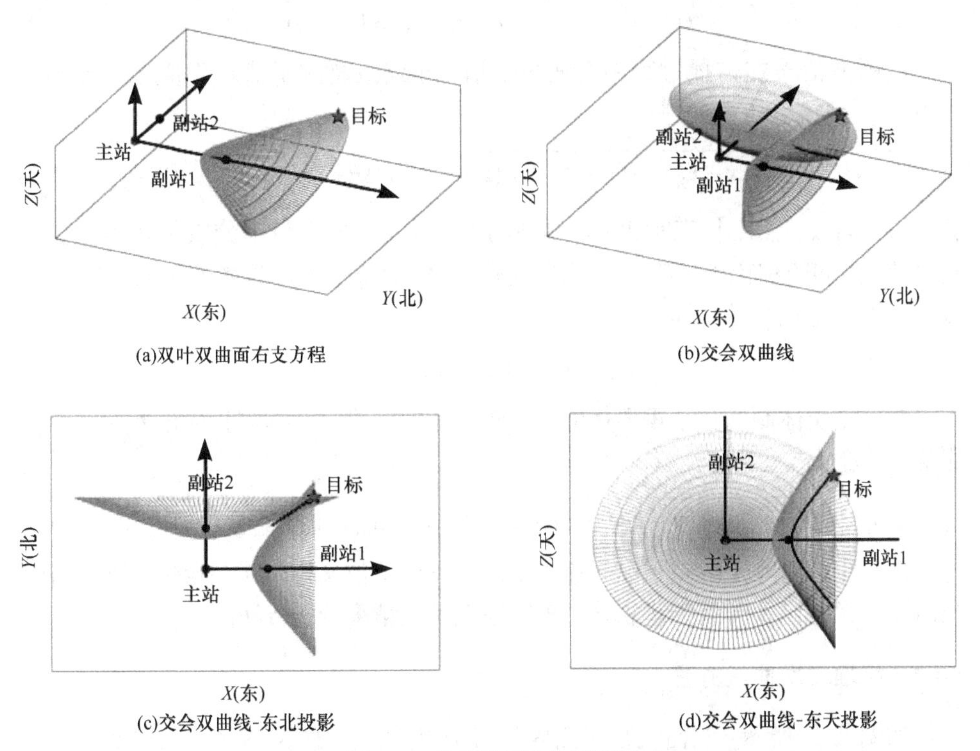

(a)双叶双曲面右支方程

(b)交会双曲线

(c)交会双曲线-东北投影

(d)交会双曲线-东天投影

图 5-1　时差测元的几何视角

另一方面，多站时差定位体制属于无源定位体制，只接收目标信号却不向目标发送信号，使得无源定位体制具有功率低、通信带宽要求低、隐蔽性好等特点[8-9]，而且距离作差可以显著抑制相似路径折射误差对定位的影响，但是无源特性使得接收的信号没有帧序号，导致时间对齐预处理比较复杂. 另外，与测距测速体制相比，时差体制布站灵活，不存在穿面问题，尤其适合目标落区跟踪任务.

5.1 平面时差定位

5.1.1 时差定位的工程需求

假定目标在 t 时刻发出信号，t 是未知的，第 i 个测站在 t_i 时刻收到信号，t_i 是已知的，于是测站到目标的距离为

$$R_i = c(t_i - t) \quad (i = 0,1,\cdots,m) \tag{5.1}$$

其中 t_0 是中心站时刻，$t_1,\cdots,t_m$ 是副站时刻，距离差记为 DR_i，可以通过时间差算得，如下

$$DR_i = R_i - R_0 = c(t_i - t_0) \quad (i = 1,\cdots,m) \tag{5.2}$$

电磁波信号在传播过程中会发生折射，导致距离测量值与真值有差异 ΔR_i，如下

$$R_i = \sqrt{(x - x_{0i})^2 + (y - y_{0i})^2 + (z - z_{0i})^2} + \Delta R_i \quad \left(i = 0,1,\cdots,m\right) \tag{5.3}$$

其中 $\boldsymbol{X}_{0i} = \left[x_{0i}, y_{0i}, z_{0i}\right]^{\mathrm{T}}$ 表示第 i 个测站的站址坐标，而根号部分表示几何直线距离真值. 站间距离称为基线长， 当基线较短时，目标到不同设备的折射路径相似，则折射误差是相当的，即

$$\Delta R_i \approx \Delta R_j \quad \left(i, j = 0,1,\cdots,m\right) \tag{5.4}$$

时差定位体制的一个重要优势在于距离作差可以显著抑制折射误差对定位的影响，时差公式变为

$$DR_i = \sqrt{(x - x_{0i})^2 + (y - y_{0i})^2 + (z - z_{0i})^2} - \sqrt{(x - x_{00})^2 + (y - y_{00})^2 + (z - z_{00})^2} \tag{5.5}$$

由于距离差等于时差乘以光速，所以距离差定位又称作时差定位. 下文将给出时差、频差以及时差频差联合的解算原理及其精度分析方法.

5.1.2 标准二次曲线方程

如图 5-2 所示，双曲线是平面内与两个焦点 F_1, F_2 的距离之差的绝对值等于常数 $2a$ 的点 M 的轨迹，满足

$$|MF_1| - |MF_2| = \pm 2a \tag{5.6}$$

其中$|MF_1| - |MF_2| = 2a$表示双曲线右支，$|MF_1| - |MF_2| = -2a$表示双曲线左支. 平面上的标准双曲线方程为

$$\frac{x^2}{a^2} - \frac{y^2}{b^2} = 1 \tag{5.7}$$

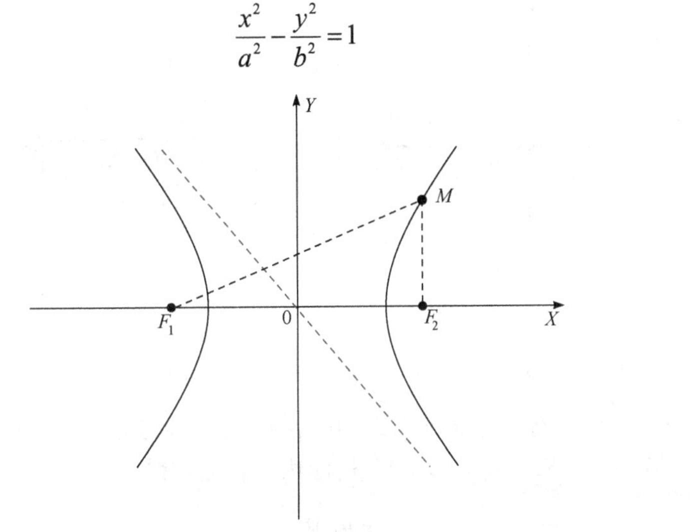

图 5-2 标准双曲线示意图

双曲线的半焦距为$c = \sqrt{a^2 + b^2}$，表示F_1, F_2距离(基线)的一半，双曲线的离心率e(双曲线的开口大小)定义为

$$e = \frac{c}{a} = \frac{\sqrt{a^2 + b^2}}{a} = \sqrt{1 + \frac{b^2}{a^2}} \tag{5.8}$$

双曲线的两条开口渐近线方程为

$$y = \pm \frac{b}{a} x = \pm \sqrt{e^2 - 1} \cdot x \tag{5.9}$$

显然双曲线的离心率$e > 1$，且离心率越大，双曲线的开口就越大.

5.1.3 时差定位的几何表示

如图 5-3 所示，如果站 1 的焦点在原点，时差定位的双曲方程为

$$\frac{(x-c)^2}{a^2} - \frac{y^2}{b^2} = 1 \tag{5.10}$$

下面介绍一种简单的平面时差定位构型，如图 5-3 和图 5-4 所示. 左焦点[0,0]表示 0 号站(主站)的位置，目标到 1 号站(副站 1)的距离为R_1；右焦点

$[2c,0]=[4,0]$ 表示 2 号站(副站 2)的位置, 目标到 2 号站的距离为 R_2. 令 $a=1$, 若 $R_1>R_0$, 则 $DR_1=R_1-R_0=2a=2$, $b^2=c^2-a^2=3$, 对应轨迹为(5.10)的双曲线左支.

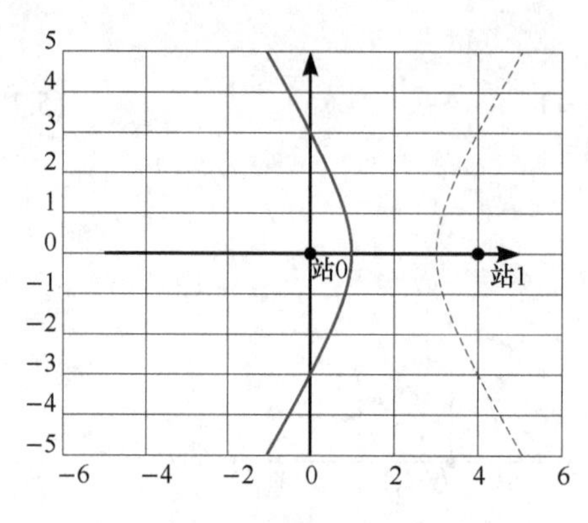

图 5-3　两站的观测示意图

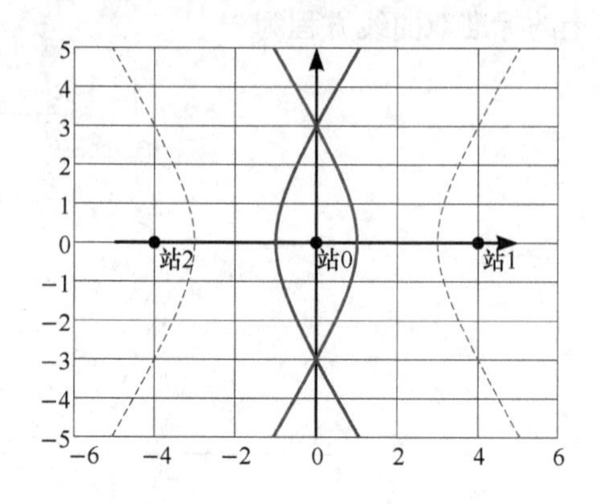

图 5-4　三站的观测示意图

类似地, 2 号站的站址为 $[-2c,0]=[-4,0]$, 目标到 2 号站的距离为 R_2, 若 $R_2>R_0$, 则 $DR_2=R_2-R_0=2a=2$, 目标轨迹满足方程

$$\frac{(x+c)^2}{a^2}-\frac{y^2}{b^2}=1 \tag{5.11}$$

对应轨迹为(5.11)的双曲线右支.

(1) 左双曲线和右双曲线可能没有交点, 最多可能有四个交点, 不妨有两个交点, 分别为 P_1 和 P_2, 若先验可知目标在横坐标上方, 则 P_1 是真值, P_2 是假值.

(2) 参数 a 表示距离差参数, 参数 c 表示站址参数, 时间误差 Δa 和站址误差 Δc 必然引起定位误差. 如图 5-5 所示, 本来目标真值在 $P_1=[0,3]$, 误差原因导致计算的值在 P_3. 例如, 如果 $\Delta a=-0.5$, 则定位结果为 $P_3=[-0.65,4.3]$, 与真值的相距 1.5, 相对于测距误差, 定位误差放大了 3 倍.

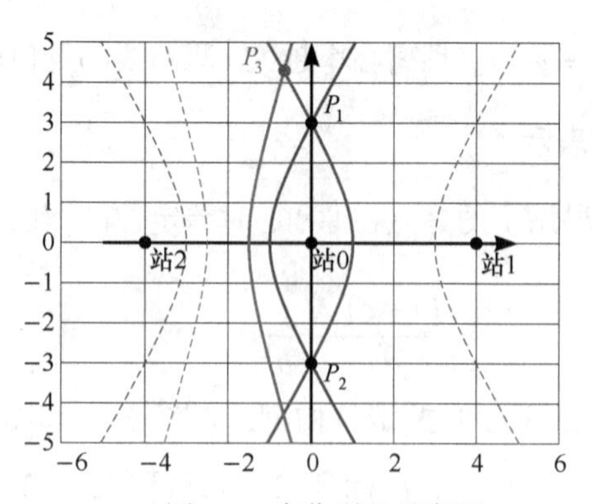

图 5-5　定位误差示意图

(3) 假定三站共线，距离差越接近 0，则 a 越小，双曲线的渐近线 $y=\pm\frac{b}{a}x$ 斜率越大，两对双曲线的渐近线越接近平行，则定位误差对测时误差 Δa 越敏感；相反，两对双曲线的渐近线越接近垂直，定位对误差越不敏感. 由于两组双曲线有 2 个交点，其中 1 个为真值 1 个为假值，如果初值不合适，后续迭代算法可能收敛到错误的遥远的假值.

5.1.4 二维 Chan 算法

对于平面定位，(5.5)变为

$$DR_i=\sqrt{(x-x_{0i})^2+(y-y_{0i})^2}-\sqrt{(x-x_{00})^2+(y-y_{00})^2}\quad(i=1,2) \tag{5.12}$$

将 $R_i^2=(x-x_{0i})^2+(y-y_{0i})^2$ 和 $R_0^2=(x-x_{00})^2+(y-y_{00})^2$ 作差可以消除位置平方项，得

$$\begin{cases}R_1^2-R_0^2+(-x_{01}^2-y_{01}^2+x_{00}^2+y_{00}^2)=2(x_{00}-x_{01})x+2(y_{00}-y_{01})y\\R_2^2-R_0^2+(-x_{02}^2-y_{02}^2+x_{00}^2+y_{00}^2)=2(x_{00}-x_{02})x+2(y_{00}-y_{02})y\end{cases} \tag{5.13}$$

但是 $R_i^2-R_0^2$ 是未知的，需要转化为已知量 DR_i 的表达式，因为

$$DR_i+R_0=R_i\quad(i=1,2) \tag{5.14}$$

两边取平方得

$$DR_i^2+R_0^2+2\cdot DR_i\cdot R_0=R_i^2\quad(i=1,2) \tag{5.15}$$

移项得

$$DR_i^2+2DR_i\cdot R_0=R_i^2-R_0^2\quad(i=1,2) \tag{5.16}$$

记 $\|\boldsymbol{X}_{0i}\|^2\triangleq x_{0i}^2+y_{0i}^2\quad(i=0,1,2)$，把(5.16)代入(5.13)，得

$$\begin{cases}DR_1^2-\|\boldsymbol{X}_{01}\|^2+\|\boldsymbol{X}_{00}\|^2+2DR_1\cdot R_0=2(x_{00}-x_{01})x+2(y_{00}-y_{01})y\\DR_2^2-\|\boldsymbol{X}_{02}\|^2+\|\boldsymbol{X}_{00}\|^2+2DR_2\cdot R_0=2(x_{00}-x_{02})x+2(y_{00}-y_{02})y\end{cases} \tag{5.17}$$

进一步记

$$\begin{cases}b_{10}=DR_1^2-\|\boldsymbol{X}_{01}\|^2+\|\boldsymbol{X}_{00}\|^2+2DR_1\cdot R_0\\b_{20}=DR_2^2-\|\boldsymbol{X}_{02}\|^2+\|\boldsymbol{X}_{00}\|^2+2DR_2\cdot R_0\end{cases} \tag{5.18}$$

$$\boldsymbol{B}=\begin{bmatrix}b_{10}\\b_{20}\end{bmatrix},\quad\boldsymbol{X}=\begin{bmatrix}x\\y\end{bmatrix},\quad\boldsymbol{F}=2\begin{bmatrix}x_{00}-x_{01}&y_{00}-y_{01}\\x_{00}-x_{02}&y_{00}-y_{02}\end{bmatrix} \tag{5.19}$$

则(5.17)变为

$$\boldsymbol{B}=\boldsymbol{F}\boldsymbol{X} \tag{5.20}$$

依据最小二乘原理得

$$\boldsymbol{X}=(\boldsymbol{F}^{\mathrm{T}}\boldsymbol{F})^{-1}\boldsymbol{F}^{\mathrm{T}}\boldsymbol{B} \tag{5.21}$$

实际上(5.21)等价于 $\boldsymbol{X}=\boldsymbol{F}^{-1}\boldsymbol{B}$，写成 $\boldsymbol{X}=(\boldsymbol{F}^{\mathrm{T}}\boldsymbol{F})^{-1}\boldsymbol{F}^{\mathrm{T}}\boldsymbol{B}$ 的目的是推广到多站. 再记

$$\boldsymbol{C}=\begin{bmatrix} DR_1^2-\|\boldsymbol{X}_{01}\|^2+\|\boldsymbol{X}_{00}\|^2 & 2DR_1 \\ DR_2^2-\|\boldsymbol{X}_{02}\|^2+\|\boldsymbol{X}_{00}\|^2 & 2DR_2 \end{bmatrix}\in\mathbb{R}^{2\times2} \tag{5.22}$$

则有

$$\boldsymbol{B}=\boldsymbol{C}\begin{bmatrix}1\\R_0\end{bmatrix}\in\mathbb{R}^{2\times2} \tag{5.23}$$

又记

$$\boldsymbol{D}=\begin{bmatrix}p_1 & q_1\\ p_2 & q_1\end{bmatrix}=(\boldsymbol{F}^{\mathrm{T}}\boldsymbol{F})^{-1}\boldsymbol{F}^{\mathrm{T}}\boldsymbol{C}\in\mathbb{R}^{2\times2} \tag{5.24}$$

并将(5.23)代入(5.21)

$$\begin{bmatrix}x\\y\end{bmatrix}=\boldsymbol{X}=(\boldsymbol{F}^{\mathrm{T}}\boldsymbol{F})^{-1}\boldsymbol{F}^{\mathrm{T}}\boldsymbol{B}=(\boldsymbol{F}^{\mathrm{T}}\boldsymbol{F})^{-1}\boldsymbol{F}^{\mathrm{T}}\boldsymbol{C}\begin{bmatrix}1\\R_0\end{bmatrix}=\boldsymbol{D}\begin{bmatrix}1\\R_0\end{bmatrix}=\begin{bmatrix}p_1 & q_1\\ p_2 & q_1\end{bmatrix}\begin{bmatrix}1\\R_0\end{bmatrix}=\begin{bmatrix}p_1+q_1R_0\\ p_2+q_2R_0\end{bmatrix} \tag{5.25}$$

把(5.25)代入到 $R_0^2=(x-x_{00})^2+(y-y_{00})^2$，得到关于 R_0 的一元二次方程

$$\begin{aligned} R_0^2&=(p_1+q_1R_0-x_{00})^2+(p_2+q_2R_0-y_{00})^2\\ &=(q_1^2+q_2^2)R_0^2+2[q_1(p_1-x_{00})+q_2(p_2-y_{00})]R_0+(p_1-x_{00})^2+(p_2-y_{00})^2 \end{aligned} \tag{5.26}$$

最后记

$$\boldsymbol{P}=\begin{bmatrix}p_1\\p_2\end{bmatrix},\quad \boldsymbol{Q}=\begin{bmatrix}q_1\\q_2\end{bmatrix} \tag{5.27}$$

则(5.26)可简单记为

$$(\|\boldsymbol{Q}\|^2-1)R_0^2+2\boldsymbol{Q}^{\mathrm{T}}(\boldsymbol{P}-\boldsymbol{X}_{00})R_0+\|\boldsymbol{P}-\boldsymbol{X}_{00}\|^2=0 \tag{5.28}$$

最终简记为

$$aR_0^2+bR_0+c=0 \tag{5.29}$$

方程有两个解

$$R_0^{(1)} = \frac{-b+\sqrt{b^2-4ac}}{2a}, \quad R_0^{(2)} = \frac{-b-\sqrt{b^2-4ac}}{2a} \tag{5.30}$$

其中一个为真值, 一个为假值, 需要利用目标运动的先验信息进行筛选.

可以发现: $\boldsymbol{D},\boldsymbol{P},\boldsymbol{Q},R_1,\boldsymbol{X}$ 都是关于 6 个站址参数 $x_{00},y_{00},x_{01},y_{01},x_{02},y_{02}$ 和 2 个时差参数 DR_1,DR_2 的解析表达式, 但是这些表达式非常庞大, 比如 $\boldsymbol{X}$ 的代码表达式超过 5000 个字符, 所以本节没有给出这些表达式, 而是借助上述中间记号将算法表达式变得非常简洁, 在标准型下的表达式将会更简洁, 参考 5.1.5 节.

5.1.5 二维改进型 Chan 算法

若三个测站 $[x_{01},y_{01}],[x_{02},y_{02}],[x_{03},y_{03}]$ 共线, 则(5.19)中 $\boldsymbol{F}$ 列线性相关, 导致(5.21)中解 $\boldsymbol{X}$ 不唯一. 若所有测站接近共线, 则解不稳定. 下面给出二维改进型 Chan 算法, 以缓解完全共线不可解和接近共线解不稳定的矛盾.

第一步: 仿射标准化, 因为三个测站共线, 所以经过一次平移可以将 $[x_{00},y_{00}]$ 移到原点, 再经过一次旋转可以将所有测站的 y 轴坐标变为零, 该过程记为

$$[x_{00},y_{00}]\to[0,0], \quad [x_{01},y_{01}]\to[x_1^t,0], \quad [x_{02},y_{02}]\to[x_2^t,0] \tag{5.31}$$

把这样的布站称为二维共线布站标准型, 简称标准型. 平移变换和旋转变换的共同作用称为仿射变换, 假定 $[\xi_1,\xi_2]$ 是变换前的坐标, $[\eta_1,\eta_2]$ 是变换后的坐标, 则仿射变换用矩阵表示如下

$$\begin{bmatrix}\eta_1\\ \eta_2\end{bmatrix}=\begin{bmatrix}\cos\theta & -\sin\theta\\ \sin\theta & \cos\theta\end{bmatrix}\left(\begin{bmatrix}\xi_1\\ \xi_2\end{bmatrix}-\begin{bmatrix}x_{00}\\ y_{00}\end{bmatrix}\right) \tag{5.32}$$

其中 $\theta>0$ 表示逆时针, $\theta<0$ 表示顺时针, 经过仿射变换 y 轴坐标变为零, x 轴坐标为 x^t, 把 $[x_{01},y_{01}]$ 代入 $[\eta_1,\eta_2]$, $[x_1^t,0]$ 代入 $[\eta_1,\eta_2]$, 可得

$$\begin{bmatrix}x_1^t\\ 0\end{bmatrix}=\begin{bmatrix}\cos\theta & -\sin\theta\\ \sin\theta & \cos\theta\end{bmatrix}\begin{bmatrix}x_{01}-x_{00}\\ y_{01}-y_{00}\end{bmatrix} \tag{5.33}$$

由第二个方程得

$$y_{01}-y_{00}=(x_{01}-x_{00})\tan(-\theta) \tag{5.34}$$

若要考虑所有测站, 考虑如下模型

$$\begin{bmatrix}y_{01}-y_{00}\\ y_{02}-y_{00}\end{bmatrix}=\begin{bmatrix}x_{01}-x_{00}\\ x_{02}-x_{00}\end{bmatrix}\tan(-\theta) \tag{5.35}$$

记为

$$\boldsymbol{Y}_d=\boldsymbol{X}_d k \tag{5.36}$$

依据最小二乘原理, 得

$$k = \tan(-\theta) = (\boldsymbol{X}_d^{\mathrm{T}} \boldsymbol{X}_d)^{-1} \boldsymbol{X}_d^{\mathrm{T}} \boldsymbol{Y}_d \tag{5.37}$$

得旋转矩阵

$$\boldsymbol{T} = \begin{bmatrix} \cos\theta & -\sin\theta \\ \sin\theta & \cos\theta \end{bmatrix} = \frac{1}{\sqrt{1+k^2}} \begin{bmatrix} 1 & -k \\ k & 1 \end{bmatrix}, \quad \begin{cases} \cos\theta = 1/\sqrt{1+k^2} \\ -\sin\theta = -k/\sqrt{1+k^2} \end{cases} \tag{5.38}$$

标准化后, 副站 1 和副站 2 的坐标为 $\left[x_1^t, 0\right], \left[x_2^t, 0\right]$, 结合(5.33)和(5.38)可知, 标准化后 $\boldsymbol{X}_{00}$ 变为原点, $\boldsymbol{X}_{01}$ 和 $\boldsymbol{X}_{02}$ 变换后整理得

$$\begin{bmatrix} x_1^t \\ x_2^t \end{bmatrix} = \begin{bmatrix} x_{01} - x_{00} & y_{01} - x_{00} \\ x_{02} - y_{00} & y_{02} - y_{00} \end{bmatrix} \begin{bmatrix} \cos\theta \\ -\sin\theta \end{bmatrix} \tag{5.39}$$

第二步: 标准共线算法. 记目标经仿射变换后的坐标为 $[x^t, y^t]$, 注意到站址的 y 轴坐标已经为 0, 标准化后 $\boldsymbol{X}_{00}, \boldsymbol{X}_{01}, \boldsymbol{X}_{02}$ 变成 $[0,0], \left[x_1^t, 0\right], \left[x_2^t, 0\right]$, 坐标 $\left[x_1^t, 0\right], \left[x_2^t, 0\right]$ 代入(5.17)得

$$\begin{cases} 2DR_1 \cdot R_0 + 2x_1^t \cdot x^t = x_1^t \cdot x_1^t - DR_1^2 \\ 2DR_2 \cdot R_0 + 2x_2^t \cdot x^t = x_2^t \cdot x_2^t - DR_2^2 \end{cases} \tag{5.40}$$

记

$$\boldsymbol{B} = \begin{bmatrix} x_1^t \cdot x_1^t - DR_1^2 \\ x_2^t \cdot x_2^t - DR_2^2 \end{bmatrix}, \quad \boldsymbol{F} = 2 \begin{bmatrix} DR_1 & x_1^t \\ DR_2 & x_2^t \end{bmatrix}, \quad \boldsymbol{X} = \begin{bmatrix} R_0 \\ x^t \end{bmatrix} \tag{5.41}$$

则(5.40)等价于

$$\boldsymbol{B} = \boldsymbol{F}\boldsymbol{X} \tag{5.42}$$

依据最小二乘原理得

$$\boldsymbol{X} = (\boldsymbol{F}^{\mathrm{T}} \boldsymbol{F})^{-1} \boldsymbol{F}^{\mathrm{T}} \boldsymbol{B} \tag{5.43}$$

实际上(5.43)就是 $\boldsymbol{X} = \boldsymbol{F}^{-1}\boldsymbol{B}$, 写成 $\boldsymbol{X} = (\boldsymbol{F}^{\mathrm{T}}\boldsymbol{F})^{-1}\boldsymbol{F}^{\mathrm{T}}\boldsymbol{B}$ 的目的是推广到多站. 把(5.43)代入到 $R_0^2 = x^t \cdot x^t + y^t \cdot y^t$, 需注意站址的 y 轴坐标 y_i^t 为 0, 但是目标的 y 轴坐标 y^t 未必为 0, 得

$$y^t = \pm\sqrt{R_0^2 - x^t \cdot x^t} \tag{5.44}$$

共线布站条件下, 必须依靠先验才能排除一个定位假值. 仿真表明: 在布站线上的定位精度远高于布站线的垂向方向定位精度.

第三步: 反向标准化, 把 x^t, y^t 分别代入(5.32)中的 η_1, η_2, 那么 ξ_1, ξ_2 就是目标在原始坐标系下的坐标 x, y

$$\begin{bmatrix} x \\ y \end{bmatrix} = \boldsymbol{T}^{\mathrm{T}} \begin{bmatrix} x^t \\ y^t \end{bmatrix} + \begin{bmatrix} x_{01} \\ y_{01} \end{bmatrix} \tag{5.45}$$

5.1.6 三维 Chan 算法

对于立体定位, (5.5)变为

$$\begin{aligned} DR_i = &\sqrt{(x-x_{0i})^2+(y-y_{0i})^2+(z-z_{0i})^2} \\ &-\sqrt{(x-x_{00})^2+(y-y_{00})^2+(z-z_{00})^2} \quad (i=1,2,3) \end{aligned} \tag{5.46}$$

将 $R_i^2=(x-x_{0i})^2+(y-y_{0i})^2+(z-z_{0i})^2$ 和 $R_0^2=(x-x_{00})^2+(y-y_{00})^2+(z-z_{00})^2$ 作差可以消除位置平方项, 得

$$\begin{cases} R_1^2-R_0^2+(-x_{01}^2-y_{01}^2-z_{01}^2+x_{00}^2+y_{00}^2+z_{00}^2)=2(x_{00}-x_{01})x+2(y_{00}-y_{01})y+2(z_{00}-z_{01})z \\ R_2^2-R_0^2+(-x_{02}^2-y_{02}^2-z_{02}^2+x_{00}^2+y_{00}^2+z_{00}^2)=2(x_{00}-x_{02})x+2(y_{00}-y_{02})y+2(z_{00}-z_{02})z \\ R_3^2-R_0^2+(-x_{03}^2-y_{03}^2-z_{03}^2+x_{00}^2+y_{00}^2+z_{00}^2)=2(x_{00}-x_{03})x+2(y_{00}-y_{03})y+2(z_{00}-z_{03})z \end{cases} \tag{5.47}$$

但是 $R_i^2-R_0^2$ 是未知的, 需要转化为已知量 DR_i 的表达式, 因为

$$DR_i+R_0=R_i \quad (i=1,2,3) \tag{5.48}$$

两边取平方得

$$DR_i^2+R_0^2+2\cdot DR_i\cdot R_0=R_i^2 \quad (i=1,2,3) \tag{5.49}$$

移项得

$$DR_i^2+2DR_i\cdot R_0=R_i^2-R_0^2 \quad (i=1,2,3) \tag{5.50}$$

记 $\|\boldsymbol{X}_{0i}\|^2 \triangleq x_{0i}^2+y_{0i}^2+z_{0i}^2$, 把(5.50)代入(5.47), 并把未知量 R_0 移项到等式左边得

$$\begin{cases} DR_1^2-\|\boldsymbol{X}_{01}\|^2+\|\boldsymbol{X}_{00}\|^2+2DR_1\cdot R_0=2(x_{00}-x_{01})x+2(y_{00}-y_{01})y+2(z_{00}-z_{01})z \\ DR_2^2-\|\boldsymbol{X}_{02}\|^2+\|\boldsymbol{X}_{00}\|^2+2DR_2\cdot R_0=2(x_{00}-x_{02})x+2(y_{00}-y_{02})y+2(z_{00}-z_{02})z \\ DR_3^2-\|\boldsymbol{X}_{03}\|^2+\|\boldsymbol{X}_{00}\|^2+2DR_3\cdot R_0=2(x_{00}-x_{03})x+2(y_{00}-y_{03})y+2(z_{00}-z_{03})z \end{cases} \tag{5.51}$$

进一步记

$$b_{i1}=DR_i^2-\left\|\boldsymbol{X}_{0i}\right\|^2+\left\|\boldsymbol{X}_{00}\right\|^2+2DR_i\cdot R_0 \quad (i=1,2,3) \tag{5.52}$$

$$\boldsymbol{B}=\begin{bmatrix}b_{11}\\b_{21}\\b_{31}\end{bmatrix},\quad \boldsymbol{X}=\begin{bmatrix}x\\y\\z\end{bmatrix},\quad \boldsymbol{F}=2\begin{bmatrix}x_{00}-x_{01} & y_{00}-y_{01} & z_{00}-z_{01}\\x_{00}-x_{02} & y_{00}-y_{02} & z_{00}-z_{02}\\x_{00}-x_{03} & y_{00}-y_{03} & z_{00}-z_{03}\end{bmatrix}\in\mathbb{R}^{3\times3} \tag{5.53}$$

则(5.17)变为

$$\boldsymbol{B}=\boldsymbol{F}\boldsymbol{X} \tag{5.54}$$

式(5.20)实质是关于待估参数 $\boldsymbol{X}$ 的线性方程组，据此可得

$$\boldsymbol{X}=(\boldsymbol{F}^{\mathrm{T}}\boldsymbol{F})^{-1}\boldsymbol{F}^{\mathrm{T}}\boldsymbol{B} \tag{5.55}$$

实际上(5.55)等价于 $\boldsymbol{X}=\boldsymbol{F}^{-1}\boldsymbol{B}$，写成 $\boldsymbol{X}=(\boldsymbol{F}^{\mathrm{T}}\boldsymbol{F})^{-1}\boldsymbol{F}^{\mathrm{T}}\boldsymbol{B}$ 的目的是推广到多站. 再记

$$\boldsymbol{C}=\begin{bmatrix}DR_1^2-\|\boldsymbol{X}_{01}\|^2+\|\boldsymbol{X}_{00}\|^2 & 2DR_1\\DR_2^2-\|\boldsymbol{X}_{02}\|^2+\|\boldsymbol{X}_{00}\|^2 & 2DR_2\\DR_3^2-\|\boldsymbol{X}_{03}\|^2+\|\boldsymbol{X}_{00}\|^2 & 2DR_3\end{bmatrix}\in\mathbb{R}^{3\times2} \tag{5.56}$$

$$\boldsymbol{D}=\begin{bmatrix}p_1 & q_1\\p_2 & q_2\\p_3 & q_3\end{bmatrix}=(\boldsymbol{F}^{\mathrm{T}}\boldsymbol{F})^{-1}\boldsymbol{F}^{\mathrm{T}}\boldsymbol{C}\in\mathbb{R}^{3\times2} \tag{5.57}$$

则有

$$\boldsymbol{B}=\boldsymbol{C}\begin{bmatrix}1\\R_0\end{bmatrix} \tag{5.58}$$

将(5.58)代入(5.55)，整理的结果记为

$$\begin{bmatrix}x\\y\\z\end{bmatrix}=\boldsymbol{X}=(\boldsymbol{F}^{\mathrm{T}}\boldsymbol{F})^{-1}\boldsymbol{F}^{\mathrm{T}}\boldsymbol{B}=(\boldsymbol{F}^{\mathrm{T}}\boldsymbol{F})^{-1}\boldsymbol{F}^{\mathrm{T}}\boldsymbol{C}\begin{bmatrix}1\\R_0\end{bmatrix}=\boldsymbol{D}\begin{bmatrix}1\\R_0\end{bmatrix}=\begin{bmatrix}p_1 & q_1\\p_2 & q_2\\p_3 & q_3\end{bmatrix}\begin{bmatrix}1\\R_0\end{bmatrix}=\begin{bmatrix}p_1+q_1R_1\\p_2+q_2R_1\\p_3+q_3R_1\end{bmatrix} \tag{5.59}$$

把(5.59)代入到 $R_1^2=(x-x_{00})^2+(y-y_{00})^2+(z-z_{00})^2$，得到关于 R_1 的方程

$$\begin{aligned}R_0^2&=(p_1+q_1R_0-x_{00})^2+(p_2+q_2R_0-y_{00})^2+(p_3+q_3R_0-z_{00})^2\\&=(q_1^2+q_2^2+q_3^2)R_0^2+2[q_1(p_1-x_{00})+q_2(p_2-y_{00})+q_3(p_3-z_{00})]R_0\\&\quad+(p_1-x_{00})^2+(p_2-y_{00})^2+(p_3-z_{00})^2\end{aligned} \tag{5.60}$$

最后记

$$\boldsymbol{P}=\begin{bmatrix} p_1 \\ p_2 \\ p_3 \end{bmatrix}, \quad \boldsymbol{Q}=\begin{bmatrix} q_1 \\ q_2 \\ q_3 \end{bmatrix} \tag{5.61}$$

则(5.60)可简单记为

$$(\|\boldsymbol{Q}\|^2-1)R_0^2+2\boldsymbol{Q}^{\mathrm{T}}(\boldsymbol{P}-\boldsymbol{X}_{00})R_0+\|\boldsymbol{P}-\boldsymbol{X}_{00}\|^2=0 \tag{5.62}$$

最终简记为

$$aR_0^2+bR_0+c=0 \tag{5.63}$$

二次方程有两个解

$$R_0^{(1)}=\frac{-b+\sqrt{b^2-4ac}}{2a}, \quad R_0^{(2)}=\frac{-b-\sqrt{b^2-4ac}}{2a} \tag{5.64}$$

其中一个为真值, 一个为假值. 将(5.64)代回到(5.59)可求出 x,y,z 的两组估计 $\boldsymbol{X}_1=[x^{(1)},y^{(1)},z^{(1)}]$ 和 $\boldsymbol{X}_2=[x^{(2)},y^{(2)},z^{(2)}]$, 需要利用目标运动的先验信息进行筛选.

仿真表明: 在相同测量精度、相同测站数量的条件下, 三维定位的效果比二维定位效果差得多, 其原因有待进一步理论分析.

5.1.7 三维改进型 Chan 算法

若"一主三副"四个测站 $[x_{00},y_{00},z_{00}],[x_{01},y_{01},z_{01}],[x_{02},y_{02},z_{02}],[x_{03},y_{03},z_{03}]$ 共面, 则(5.55)中 $\boldsymbol{F}$ 列线性相关, 导致(5.59)中解 $\boldsymbol{X}$ 不唯一. 若所有测站接近共面, 则解不稳定. 下面给出三维改进型 Chan 算法, 以缓解完全共面不可解和接近共面解不稳定的矛盾.

第一步: 仿射标准化, 因为四个测站共面, 所以经过一次平移可以将 $[x_{00},y_{00},z_{00}]$ 移到原点, 再经过一次旋转, 可以将 $[x_{0i},y_{0i},z_{0i}]$ 变为 $\left[x_i^t,y_i^t,0\right](i=1,2,3)$. 变换过程可记为

$$\begin{aligned} &[x_{00},y_{00},z_{00}]\to[0,0,0], \quad &&[x_{01},y_{01},z_{01}]\to[x_1^t,y_1^t,0] \\ &[x_{02},y_{02},z_{02}]\to[x_2^t,y_2^t,0], \quad &&[x_{03},y_{03},z_{03}]\to[x_3^t,y_3^t,0] \end{aligned} \tag{5.65}$$

把这样的布站称为三维共面布站标准型, 简称标准型. 假定 $[\xi_1,\xi_2,\xi_3]$ 是变换前的坐标, $[\eta_1,\eta_2,\eta_3]$ 是变换后的坐标, 则仿射变换用矩阵表示如下

$$\begin{bmatrix} \eta_1 \\ \eta_2 \\ \eta_3 \end{bmatrix}=\boldsymbol{T}\left(\begin{bmatrix} \xi_1 \\ \xi_2 \\ \xi_3 \end{bmatrix}-\begin{bmatrix} x_{00} \\ y_{00} \\ z_{00} \end{bmatrix}\right) \tag{5.66}$$

显然, 平移后可以构建一个右手正交坐标系, 如下

$$\left\{\overrightarrow{\boldsymbol{X}_{01}},\overrightarrow{\boldsymbol{X}_{01}}\times\overrightarrow{\boldsymbol{X}_{02}},\overrightarrow{\boldsymbol{X}_{01}}\times(\overrightarrow{\boldsymbol{X}_{01}}\times\overrightarrow{\boldsymbol{X}_{02}})\right\} \tag{5.67}$$

单位化后就是一个标准正交坐标系 $\{\boldsymbol{\alpha}_1,\boldsymbol{\alpha}_2,\boldsymbol{\alpha}_3\}$，从标准正交矩阵 $\boldsymbol{e}_1=[1,0,0]^{\mathrm{T}},\boldsymbol{e}_2=[0,1,0]^{\mathrm{T}},\boldsymbol{e}_3=[0,0,1]^{\mathrm{T}}$ 到 $\{\boldsymbol{\alpha}_1,\boldsymbol{\alpha}_2,\boldsymbol{\alpha}_3\}$ 过渡矩阵就是 $\{\boldsymbol{\alpha}_1,\boldsymbol{\alpha}_2,\boldsymbol{\alpha}_3\}$，所以坐标旋转矩阵为

$$\boldsymbol{C}=[\boldsymbol{\alpha}_1,\boldsymbol{\alpha}_2,\boldsymbol{\alpha}_3]^{\mathrm{T}} \tag{5.68}$$

一个自然的问题：为什么不直接取 $\boldsymbol{X}_{00},\boldsymbol{X}_{01},\boldsymbol{X}_{02}$，然后执行格拉姆-施密特正交化？当测站站址有误差时，$\boldsymbol{X}_{00},\boldsymbol{X}_{01},\cdots,\boldsymbol{X}_{0m}$ 实际上是不完全共面的. 如果直接取 $\boldsymbol{X}_{00},\boldsymbol{X}_{01},\boldsymbol{X}_{02}$ 格拉姆-施密特正交化, 会忽略前三个站以外的站址信息, 对解算精度是不利的. 下面给出更一般的确定 $\boldsymbol{T}$ 的方法.

地对空观测任务中, 测站平面的法向向量在 z 轴上的分量显著大于 x,y 轴上的分量, 所以假定经过 $[x_{00},y_{00},z_{00}]$ 的平面记为

$$(x-x_{00})a+(x-x_{00})b+z-z_{00}=0 \tag{5.69}$$

如果四站共面, 则有

$$\begin{bmatrix} x_{01}-x_{00} & y_{01}-y_{00} & z_{01}-z_{00} \\ x_{02}-x_{00} & y_{02}-y_{00} & z_{02}-z_{00} \\ x_{03}-x_{00} & y_{03}-y_{00} & z_{03}-z_{00} \end{bmatrix}\begin{bmatrix} a \\ b \\ 1 \end{bmatrix}=\begin{bmatrix} 0 \\ 0 \\ 0 \end{bmatrix} \tag{5.70}$$

上式等价于

$$\begin{bmatrix} x_{01}-x_{00} & y_{01}-y_{00} \\ x_{02}-x_{00} & y_{02}-y_{00} \\ x_{03}-x_{00} & y_{03}-y_{00} \end{bmatrix}\begin{bmatrix} a \\ b \end{bmatrix}=\begin{bmatrix} z_{01}-z_{00} \\ z_{02}-z_{00} \\ z_{03}-z_{00} \end{bmatrix} \tag{5.71}$$

记为

$$\boldsymbol{A}_d\boldsymbol{X}_d=\boldsymbol{B}_d \tag{5.72}$$

依据最小二乘原理, 得

$$\begin{bmatrix} a \\ b \end{bmatrix}=\boldsymbol{X}_d=(\boldsymbol{A}_d^{\mathrm{T}}\boldsymbol{A}_d)^{-1}\boldsymbol{A}_d^{\mathrm{T}}\boldsymbol{B}_d \tag{5.73}$$

然后解如下齐次方程

$$ax+by+z=0 \tag{5.74}$$

显然 $[1,0,-a]$ 和 $[0,1,-b]$ 就是上述方程的基础解系, 将 $[1,0,-a]$，$[0,1,-b]$ 和 $[a,b,1]$ 执行格拉姆-施密特正交化, 得到如下正交基

$$\boldsymbol{C}_d=[\boldsymbol{C}_{1d},\boldsymbol{C}_{2d},\boldsymbol{C}_{3d}] \tag{5.75}$$

为了保证 $\boldsymbol{C}_d=\left[\boldsymbol{C}_{1d},\boldsymbol{C}_{2d},\boldsymbol{C}_{3d}\right]$满足右手系，若

$$\left|\boldsymbol{C}_d\right|=-1 \tag{5.76}$$

则把第 1 列乘以–1，或者交换前两列即可．三维标准正交基构成的矩阵就是正交矩阵，该变换把 $\boldsymbol{e}_1=[1,0,0]^{\mathrm{T}},\boldsymbol{e}_2=[0,1,0]^{\mathrm{T}},\boldsymbol{e}_3=[0,0,1]^{\mathrm{T}}$ 变成了 $\boldsymbol{C}_{1d},\boldsymbol{C}_{2d},\boldsymbol{C}_{3d}$，即

$$\left[\boldsymbol{C}_{1d},\boldsymbol{C}_{2d},\boldsymbol{C}_{3d}\right]=\left[\boldsymbol{e}_1,\boldsymbol{e}_2,\boldsymbol{e}_3\right]\boldsymbol{C} \tag{5.77}$$

反之，$\boldsymbol{C}$ 可以把标准正交基 $\boldsymbol{e}_1,\boldsymbol{e}_2,\boldsymbol{e}_3$ 下的坐标，变为标准正交基 $\boldsymbol{C}_{1d},\boldsymbol{C}_{2d},\boldsymbol{C}_{3d}$ 下的坐标，记为

$$\begin{bmatrix}\eta_1\\ \eta_2\\ \eta_3\end{bmatrix}=\boldsymbol{C}\left(\begin{bmatrix}\xi_1\\ \xi_2\\ \xi_3\end{bmatrix}-\begin{bmatrix}x_{00}\\ y_{00}\\ z_{00}\end{bmatrix}\right) \tag{5.78}$$

第二步：标准共面算法．注意到在标准型下的 z 轴坐标已经为 0，记 $\left[x^t,y^t,z^t\right]$ 为目标经仿射变换后的坐标系下的坐标，把标准化坐标 $\left[x_1^t,y_1^t,0\right],\left[x_2^t,y_2^t,0\right],\left[x_3^t,y_3^t,0\right]$代入(5.51)得

$$\begin{cases}2DR_1\cdot R_0+2x_1^t\cdot x^t+2y_1^t\cdot y^t=x_1^t\cdot x_1^t+y_1^t\cdot y_1^t-DR_1^2\\ 2DR_2\cdot R_0+2x_2^t\cdot x^t+2y_2^t\cdot y^t=x_2^t\cdot x_2^t+y_2^t\cdot y_2^t-DR_2^2\\ 2DR_3\cdot R_0+2x_3^t\cdot x^t+2y_3^t\cdot y^t=x_3^t\cdot x_3^t+y_3^t\cdot y_3^t-DR_3^2\end{cases} \tag{5.79}$$

记

$$\boldsymbol{B}=\begin{bmatrix}x_1^t\cdot x_1^t+y_1^t\cdot y_1^t-DR_1^2\\ x_2^t\cdot x_2^t+y_2^t\cdot y_2^t-DR_2^2\\ x_3^t\cdot x_3^t+y_3^t\cdot y_3^t-DR_3^2\end{bmatrix},\quad \boldsymbol{F}=2\begin{bmatrix}DR_1 & x_1^t & y_1^t\\ DR_2 & x_2^t & y_2^t\\ DR_3 & x_3^t & y_3^t\end{bmatrix},\quad \boldsymbol{X}=\begin{bmatrix}R_0\\ x^t\\ y^t\end{bmatrix} \tag{5.80}$$

则(5.79)等价于

$$\boldsymbol{B}=\boldsymbol{F}\boldsymbol{X} \tag{5.81}$$

依据最小二乘原理得

$$\boldsymbol{X}=(\boldsymbol{F}^{\mathrm{T}}\boldsymbol{F})^{-1}\boldsymbol{F}^{\mathrm{T}}\boldsymbol{B} \tag{5.82}$$

实际上(5.82)就是 $\boldsymbol{X}=\boldsymbol{F}^{-1}\boldsymbol{B}$，写成 $\boldsymbol{X}=(\boldsymbol{F}^{\mathrm{T}}\boldsymbol{F})^{-1}\boldsymbol{F}^{\mathrm{T}}\boldsymbol{B}$ 的目的是推广到多站．把(5.82)代入到 $R_0^2=x^t\cdot x^t+y^t\cdot y^t+z^t\cdot z^t$，得

$$z^t=\pm\sqrt{R_0^2-x^t\cdot x^t-y^t\cdot y^t} \tag{5.83}$$

第三步：反向标准化，把 x^t,y^t,z^t 分别代入(5.78)中的 η_1,η_2,η_3，那么 ξ_1,ξ_2,ξ_3 就是目标在原始坐标系下的坐标 x,y,z，即

$$\begin{bmatrix} x \\ y \\ z \end{bmatrix} = \boldsymbol{T}^{\mathrm{T}} \begin{bmatrix} x^t \\ y^t \\ z^t \end{bmatrix} + \begin{bmatrix} x_{00} \\ y_{00} \\ z_{00} \end{bmatrix} \tag{5.84}$$

实际上, 还可以通过奇异值分解实现上述仿射变换定位算法, 假设(5.55)中 $\boldsymbol{F}$ 的简约奇异值分解为

$$\boldsymbol{F} = \boldsymbol{U\Lambda V}^{\mathrm{T}} = [\boldsymbol{U}_1, \boldsymbol{U}_2, \boldsymbol{U}_3] \begin{bmatrix} \lambda_1 & & \\ & \lambda_2 & \\ & & \lambda_3 \end{bmatrix} [\boldsymbol{V}_1, \boldsymbol{V}_2, \boldsymbol{V}_3]^{\mathrm{T}} \tag{5.85}$$

其中 $\boldsymbol{U} \in \mathbb{R}^{(m-1)\times 3}, \boldsymbol{V} \in \mathbb{R}^{3\times 3}$, $\lambda_1 > \lambda_2 > \lambda_3$.

(1) 当测站完全共面时, (5.55)中 $(\boldsymbol{F}^{\mathrm{T}}\boldsymbol{F})^{-1}$ 无法执行, 可以用广义逆代替,

$$\boldsymbol{F}^{+} = [\boldsymbol{V}_1, \boldsymbol{V}_2, \boldsymbol{V}_3] \begin{bmatrix} \lambda_1^{-1} & & \\ & \lambda_2^{-1} & \\ & & 0 \end{bmatrix} [\boldsymbol{U}_1, \boldsymbol{U}_2, \boldsymbol{U}_3]^{\mathrm{T}} \tag{5.86}$$

(2) 当测站接近共面时, (5.55)中 $(\boldsymbol{F}^{\mathrm{T}}\boldsymbol{F})^{-1}\boldsymbol{F}^{\mathrm{T}}$ 计算可执行, 但是解算不稳定, 到底是用 $(\boldsymbol{F}^{\mathrm{T}}\boldsymbol{F})^{-1}\boldsymbol{F}^{\mathrm{T}}$ 还是用 $\boldsymbol{F}^{+}$, 需进一步量化, 量化工具之一就是有偏估计, 比如改进主元估计. 仿真表明, 当测站共面或者接近共面时, 与传统三维 Chan 算法相比, 改进型 Chan 算法的更加集中, 偏差略大, 但是总体精度要高得多.

5.2　空间时差定位

5.2.1　时差定位原理

多站时差体制下的待估参数为目标的位置 $\boldsymbol{X} = [x, y, z]^{\mathrm{T}}$, 测量方程为

$$DR_i = R_i - R_0 \quad (i = 1, 2, \cdots, m) \tag{5.87}$$

将距离公式代入(5.87)得

$$DR_i = \sqrt{(x - x_{0i})^2 + (y - y_{0i})^2 + (z - z_{0i})^2} - \sqrt{(x - x_{00})^2 + (y - y_{00})^2 + (z - z_{00})^2} \tag{5.88}$$

实际上, 上式为 DR_i 的计算值, 故记为 $f_i(\boldsymbol{X})(i = 1, 2, \cdots, m)$,

$$f_i(\boldsymbol{X}) = \sqrt{(x - x_{0i})^2 + (y - y_{0i})^2 + (z - z_{0i})^2} - \sqrt{(x - x_{00})^2 + (y - y_{00})^2 + (z - z_{00})^2} \tag{5.89}$$

计算值向量实质为 $\boldsymbol{X}$ 的非线性观测方程组, 即

$$\boldsymbol{f}_{DR}(\boldsymbol{X})=\left[f_1(\boldsymbol{X}),\cdots,f_m(\boldsymbol{X})\right]^{\mathrm{T}} \tag{5.90}$$

DR_i 的观测值为 $y_i(i=1,\cdots,m)$, 记时差观测向量为

$$\boldsymbol{Y}_{DR}=\left[y_1,\cdots,y_m\right]^{\mathrm{T}} \tag{5.91}$$

分别记未知的目标位置和站址为

$$\begin{cases}\boldsymbol{X}=\left[x,y,z\right]^{\mathrm{T}}\\ \boldsymbol{X}_{0i}=\left[x_{0i},y_{0i},z_{0i}\right]^{\mathrm{T}}\end{cases} \tag{5.92}$$

记方向余弦为

$$\left[l_i,m_i,n_i\right]=\frac{\boldsymbol{X}-\boldsymbol{X}_{0i}}{R_i}\quad (i=1,2,\cdots,m) \tag{5.93}$$

由于存在建模和观测误差, 计算值和观测值往往不等, 使得下列方程组一般是矛盾的

$$\boldsymbol{Y}_{DR}=\boldsymbol{f}_{DR}(\boldsymbol{X}) \tag{5.94}$$

记观测值与计算值的残差为

$$\boldsymbol{e}(\boldsymbol{X})=\boldsymbol{Y}_{DR}-\boldsymbol{f}_{DR}(\boldsymbol{X}) \tag{5.95}$$

非线性观测方程组 $\boldsymbol{f}_{DR}(\boldsymbol{X})$ 对 $\boldsymbol{X}$ 的雅可比矩阵如下

$$\boldsymbol{J}_{DR}=\begin{bmatrix}l_1 & m_1 & n_1\\ \vdots & \vdots & \vdots\\ l_m & m_m & n_m\end{bmatrix}-\begin{bmatrix}l_0 & m_0 & n_0\\ \vdots & \vdots & \vdots\\ l_0 & m_0 & n_0\end{bmatrix} \tag{5.96}$$

根据如下高斯-牛顿迭代公式可以得到 $\boldsymbol{X}$ 的最小二乘估计

$$\boldsymbol{X}_{k+1}=\boldsymbol{X}_k+\lambda(\boldsymbol{J}_{DR}^{\mathrm{T}}\boldsymbol{J}_{DR})^{-1}\boldsymbol{J}_{DR}^{\mathrm{T}}(\boldsymbol{Y}_{DR}-\boldsymbol{f}_{DR}(\boldsymbol{X}_k)) \tag{5.97}$$

依据广义最小二乘原理, 当观测噪声不独立或者不服从相同分布时, 记观测噪声的协方差矩阵为 $\boldsymbol{\Lambda}_{DR}$, 则迭代公式变更为

$$\boldsymbol{X}_{k+1}=\boldsymbol{X}_k+\lambda(\boldsymbol{J}_{DR}^{\mathrm{T}}\boldsymbol{\Lambda}_{DR}^{-1}\boldsymbol{J}_{DR})^{-1}\boldsymbol{J}_{DR}^{\mathrm{T}}\boldsymbol{\Lambda}_{DR}^{-1}(\boldsymbol{Y}_{DR}-\boldsymbol{f}_{DR}(\boldsymbol{X}_k)) \tag{5.98}$$

其中 λ 默认等于 1, 可调整步长, 使得迭代前后残差的模满足降序关系

$$\left\|\boldsymbol{Y}_R-\boldsymbol{f}_{DR}(\boldsymbol{X}_{k+1})\right\|<\left\|\boldsymbol{Y}_R-\boldsymbol{f}_{DR}(\boldsymbol{X}_k)\right\| \tag{5.99}$$

注意(5. 97)中 $\boldsymbol{X}_k$ 的下标 k 表示第 k 次迭代, 而 $\boldsymbol{X}_{0i}=\left[x_{0i},y_{0i},z_{0i}\right]^{\mathrm{T}}$ 的下标 i 表示第 i 个测站. 迭代退出机制为: 如果 $\left\|\boldsymbol{Y}_R-\boldsymbol{f}_{DR}(\boldsymbol{X}_{k+1})\right\|$ 与 $\left\|\boldsymbol{Y}_R-\boldsymbol{f}_{DR}(\boldsymbol{X}_k)\right\|$ 相当, 说

明迭代接近收敛了，如果 $k > k_{\max}$ 说明迭代算法可能不收敛. 无论哪种情况发生都需要强制退出迭代运算，应用中 $k_{\max}$ 一般在 $[10,50]$ 之间.

5.2.2　时差定位精度分析

记观测误差向量为

$$\Delta \boldsymbol{DR} = \left[\Delta DR_1, \cdots, \Delta DR_m\right]^{\mathrm{T}} \tag{5.100}$$

第 i 个测站的站址误差为

$$\Delta \boldsymbol{X}_{0i} = \left[\Delta x_{0i}, \Delta y_{0i}, \Delta z_{0i}\right]^{\mathrm{T}} \quad (i = 0, 1, \cdots, m) \tag{5.101}$$

观测误差和站址误差导致的定位误差记为

$$\Delta \boldsymbol{X} = \left[\Delta x, \Delta y, \Delta z\right]^{\mathrm{T}} \tag{5.102}$$

对(5.88)求全微分，可以得到如下误差传递方程

$$\begin{bmatrix} \Delta DR_1 \\ \vdots \\ \Delta DR_m \end{bmatrix} = \boldsymbol{J}_{DR} \begin{bmatrix} \Delta x \\ \Delta y \\ \Delta z \end{bmatrix} - \boldsymbol{A} \begin{bmatrix} \Delta \boldsymbol{X}_{01} \\ \vdots \\ \Delta \boldsymbol{X}_{0m} \end{bmatrix} + \boldsymbol{B} \begin{bmatrix} \Delta x_{00} \\ \Delta y_{00} \\ \Delta z_{00} \end{bmatrix} \tag{5.103}$$

其中

$$\boldsymbol{A} = \begin{bmatrix} l_1, m_1, n_1 & & \\ & \ddots & \\ & & l_m, m_m, n_m \end{bmatrix} \in \mathbb{R}^{m \times 3m} \tag{5.104}$$

$$\boldsymbol{B} = \begin{bmatrix} l_0 & m_0 & n_0 \\ \vdots & \vdots & \vdots \\ l_0 & m_0 & n_0 \end{bmatrix} \tag{5.105}$$

则由式(5.103)可以解得到状态估计误差向量，如下

$$\begin{bmatrix} \Delta x \\ \Delta y \\ \Delta z \end{bmatrix} = (\boldsymbol{J}_{DR}^{\mathrm{T}} \boldsymbol{J}_{DR})^{-1} \boldsymbol{J}_{DR}^{\mathrm{T}} \left(\begin{bmatrix} \Delta DR_1 \\ \vdots \\ \Delta DR_m \end{bmatrix} + \boldsymbol{A} \begin{bmatrix} \Delta \boldsymbol{X}_{01} \\ \vdots \\ \Delta \boldsymbol{X}_{0m} \end{bmatrix} - \boldsymbol{B} \begin{bmatrix} \Delta x_{00} \\ \Delta y_{00} \\ \Delta z_{00} \end{bmatrix} \right) \tag{5.106}$$

假定观测误差协方差矩阵为 $\boldsymbol{\Lambda}_{DR}$，站址误差独立同分布，均值为 0，方差为 σ_s^2，则定位误差协方差矩阵如下

$$\boldsymbol{P}_{DR} = (\boldsymbol{J}_{DR}^{\mathrm{T}} \boldsymbol{J}_{DR})^{-1} \boldsymbol{J}_{DR}^{\mathrm{T}} \left(\boldsymbol{\Lambda}_{DR} + \sigma_s^2 \boldsymbol{A}\boldsymbol{A}^{\mathrm{T}} + \sigma_s^2 \boldsymbol{B}\boldsymbol{B}^{\mathrm{T}} \right) \boldsymbol{J}_{DR} (\boldsymbol{J}_{DR}^{\mathrm{T}} \boldsymbol{J}_{DR})^{-1} \tag{5.107}$$

时差定位的几何精度因子(Geometric Dilution of Precision, GDOP)如下

$$\mathrm{GDOP}_{DR} = \sqrt{\mathrm{trace}[(\boldsymbol{J}_{DR}^{\mathrm{T}} \boldsymbol{J}_{DR})^{-1}]} \tag{5.108}$$

当 $m>3$ 时，利用残差 $\boldsymbol{Y}_{DR}-\boldsymbol{f}_{DR}(\boldsymbol{X}_k)$ 可以统计得到时差测量精度

$$\sigma_{DR}^2=\frac{\left\|\boldsymbol{Y}_{DR}-\boldsymbol{f}_{DR}(\boldsymbol{X}_k)\right\|^2}{m-3} \tag{5.109}$$

定位精度可以用如下公式刻画

$$\text{Accuracy}_{DR}=\text{GDOP}_{DR}\cdot\sigma_{DR} \tag{5.110}$$

5.2.3 定位精度的几何评价

与 4.1 节类似，本节分析 4 种精度指标：①相对测量误差的放大倍数的上确界——相对条件数 RCN；②绝对测量误差的放大倍数的上确界——绝对条件数 CAN；③绝对测量误差的放大倍数的上界——几何精度因子 GDOP；④绝对测量误差的放大倍数的体积概略表示——体积条件数 VCN. 若 $\boldsymbol{J}_{DR}$ 的所有奇异值为 $\lambda_1\geqslant\lambda_2\geqslant\lambda_3>0$，则相对条件数、绝对条件数、几何精度因子、体积条件数分别为

$$\text{RCN}=\lambda_1/\lambda_3 \tag{5.111}$$

$$\text{ACN}=\lambda_3^{-1} \tag{5.112}$$

$$\text{GDOP}=\sqrt{\lambda_1^{-2}+\lambda_2^{-2}+\lambda_3^{-2}} \tag{5.113}$$

$$\text{VCN}=\sqrt[3]{\lambda_1^{-1}\cdot\lambda_2^{-1}\cdot\lambda_3^{-1}} \tag{5.114}$$

实际上，VCN 相当于几何平均数，GDOP 相当于算数平均数的 $\sqrt{3}$ 倍，ACN 相当于最大值，满足

$$\text{GDOP}>\text{ACN}\geqslant\text{VCN} \tag{5.115}$$

尽管体积条件数未必是测量误差的放大倍数的“上界”，但是体积条件数有非常重要的工程意义，表现如下：

第一，计算方便. 可用行列式代替矩阵分解. 依据特征值与行列式的关系得

$$\text{VCN}=\sqrt{\det[(\boldsymbol{J}_{DR}^{\mathrm{T}}\boldsymbol{J}_{DR})^{-1}]} \tag{5.116}$$

第二，空间意义明确. 如图 5-6 所示，四个测站 $\boldsymbol{X}_0,\boldsymbol{X}_1,\boldsymbol{X}_2,\boldsymbol{X}_3$ (实心点)，以观测目标 $\boldsymbol{X}$ (星形)为中心作单位球，球上有四个点 $\boldsymbol{N}_0,\boldsymbol{N}_1,\boldsymbol{N}_2,\boldsymbol{N}_3$ (空心点). $\boldsymbol{N}_i$ 是 $\boldsymbol{X}_i\boldsymbol{X}$ 与单位球的交点(称为单位球投影点). $\boldsymbol{X},\boldsymbol{N}_1,\boldsymbol{N}_2,\boldsymbol{N}_3$ 构成的“上四面体”的体积(箭头实线)的倒数正好正比于三站测距定位的体积条件数 VCN_R. $\boldsymbol{N}_0,\boldsymbol{N}_1,\boldsymbol{N}_2,\boldsymbol{N}_3$ 构成的“下四面体”的体积(箭头虚线)的倒数正好正比于四站时差定位的体积条件数 VCN_{DR}. 如图 5-7 所示，当目标 $\boldsymbol{X}$ 靠近布站平面，而且从高到低“动态”下降时，三个副站投影点 $\boldsymbol{N}_i$ 相对投影点 $\boldsymbol{N}_0$ 上移，“上四面体”和“下四面体”的变化规律不同.

(1) “上四面体”的高在变小，底面积变大，VCN 的变化不定. 总体而言，随目

标降落, 测距定位精度先变高后变低.

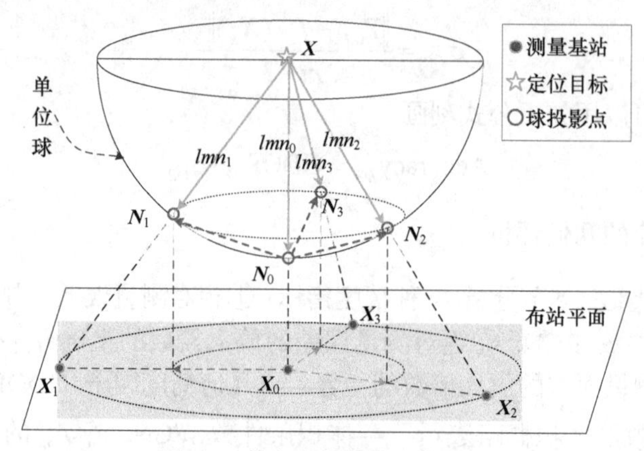

图 5-6　体积条件数的几何解释

(2) “下四面体” 的高在变大, 底面积和高同时变大, VCN 变大, 这意味着随目标降落, 时差定位精度越来越高.

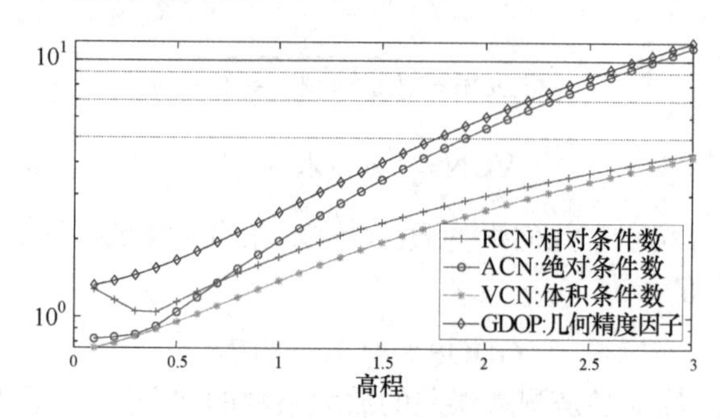

图 5-7　时差定位的精度指标

5.2.4　一种新型几何评价指标

本节给出一种新的几何因子: 交会条件数(Intersection Condition Number, ICN). 在二维平面时差定位中, 在双曲线交会点处, 两条双曲线的切向夹角 θ_{12} 的余弦定义为交会条件数

$$\mathrm{ICN} = \cos\left(\theta_{12}\right) \tag{5.117}$$

比如, 两条双曲线交会点比较远时, 交会点切线方向分别为 $[1, b_1 a_1^{-1}], [1, b_2 a_2^{-1}]$, 所以交会条件数为

$$\mathrm{ICN} = \frac{\left\langle [1, b_1 a_1^{-1}], [1, b_2 a_2^{-1}] \right\rangle}{\sqrt{1 + b_1^2 a_1^{-2}} \sqrt{1 + b_2^2 a_2^{-2}}} \tag{5.118}$$

很多工程实践表明：ICN 越小，解算定位精度越高．但是，定位精度不仅依赖交会角大小，还依赖视场范围，其中的量化表达式有待进一步分析．

5.3 频 差 定 位

5.3.1 频差定位原理

多站频差体制下的系统待估参数为位置向量和速度向量，记为

$$\boldsymbol{\beta}=\begin{bmatrix}\boldsymbol{X}\\ \dot{\boldsymbol{X}}\end{bmatrix}=\left[x,y,z,\dot{x},\dot{y},\dot{z}\right]^{\mathrm{T}} \tag{5.119}$$

测量方程为

$$D\dot{R}_i=\dot{R}_i-\dot{R}_0\quad\left(i=1,2,\cdots,m\right) \tag{5.120}$$

依据 $R_i=\sqrt{(x-x_{0i})^2+(y-y_{0i})^2+(z-z_{0i})^2}\left(i=0,1,\cdots,m\right)$ 和 $\dot{R}_i=l_i\dot{x}+m_i\dot{y}+n_i\dot{z}$ 得

$$D\dot{R}_i=(l_i-l_0)\dot{x}+(m_i-m_0)\dot{y}+(n_i-n_0)\dot{z}\quad\left(i=1,2,\cdots,m\right) \tag{5.121}$$

其中$\left[l_i,m_i,n_i\right]$是方向余弦，即

$$\left[l_i,m_i,n_i\right]=\frac{\boldsymbol{X}-\boldsymbol{X}_{0i}}{R_i}\quad\left(i=0,1,2,\cdots,m\right) \tag{5.122}$$

设观测到的频差为$\boldsymbol{Y}_{D\dot{R}}$，计算的频差为$\boldsymbol{f}_{D\dot{R}}$，则

$$\boldsymbol{Y}_{D\dot{R}}=\begin{bmatrix}y_{D\dot{R}_1}\\ y_{D\dot{R}_2}\\ \vdots\\ y_{D\dot{R}_m}\end{bmatrix},\quad \boldsymbol{f}_{D\dot{R}}\left(\boldsymbol{\beta}\right)=\begin{bmatrix}D\dot{R}_1\\ D\dot{R}_2\\ \vdots\\ D\dot{R}_m\end{bmatrix} \tag{5.123}$$

由于存在误差，下列方程组一般是矛盾的

$$\boldsymbol{Y}_{D\dot{R}}=\boldsymbol{f}_{D\dot{R}}\left(\boldsymbol{\beta}\right) \tag{5.124}$$

因为

$$\begin{cases}\dfrac{\partial}{\partial x}\dot{R}_i=\dfrac{\dot{x}-\dot{R}_il_i}{R_i},\quad \dfrac{\partial}{\partial \dot{x}}\dot{R}_i=l_i,\\ \dfrac{\partial}{\partial y}\dot{R}_i=\dfrac{\dot{y}-\dot{R}_im_i}{R_i},\quad \dfrac{\partial}{\partial \dot{y}}\dot{R}_i=m_i,\quad (i=0,1,\cdots,m)\\ \dfrac{\partial}{\partial z}\dot{R}_i=\dfrac{\dot{z}-\dot{R}_in_i}{R_i},\quad \dfrac{\partial}{\partial \dot{z}}\dot{R}_i=n_i\end{cases} \tag{5.125}$$

所以(5.124)的雅可比矩阵为

$$\boldsymbol{J}_{D\dot{R}}=\begin{bmatrix}\dot{l}_1 & \dot{m}_1 & \dot{n}_1 & l_1 & m_1 & n_1\\ \vdots & \vdots & \vdots & \vdots & \vdots & \vdots\\ \dot{l}_m & \dot{m}_m & \dot{n}_m & l_m & m_m & n_m\end{bmatrix}-\begin{bmatrix}\dot{l}_0 & \dot{m}_0 & \dot{n}_0 & l_0 & m_0 & n_0\\ \vdots & \vdots & \vdots & \vdots & \vdots & \vdots\\ \dot{l}_0 & \dot{m}_0 & \dot{n}_0 & l_0 & m_0 & n_0\end{bmatrix} \tag{5.126}$$

假定不同测站的观测噪声相互独立，且服从均值为 0，标准差为$\sigma_{D\dot{R}}$的高斯分布，依据非线性最小二乘估计原理，对于给定初始估计$\boldsymbol{\beta}_0$，可以通过以下高斯-牛顿迭代公式得到$\boldsymbol{\beta}$的稳定估计

$$\boldsymbol{\beta}_{k+1}=\boldsymbol{\beta}_k+\lambda\left(\boldsymbol{J}_{D\dot{R}}^{\mathrm{T}}\boldsymbol{J}_{D\dot{R}}\right)^{-1}\boldsymbol{J}_{D\dot{R}}^{\mathrm{T}}\left(\boldsymbol{Y}_{D\dot{R}}-\boldsymbol{f}_{D\dot{R}}(\boldsymbol{\beta}_k)\right) \tag{5.127}$$

依据广义最小二乘原理，当观测噪声不独立或者不服从相同分布时，假定观测噪声的协方差矩阵为$\boldsymbol{\Lambda}_{D\dot{R}}$，则迭代公式变更为

$$\boldsymbol{\beta}_{k+1}=\boldsymbol{\beta}_k+\lambda\left(\boldsymbol{J}_{D\dot{R}}^{\mathrm{T}}\boldsymbol{\Lambda}_{D\dot{R}}^{-1}\boldsymbol{J}_{D\dot{R}}\right)^{-1}\boldsymbol{J}_{D\dot{R}}^{\mathrm{T}}\boldsymbol{\Lambda}_{D\dot{R}}^{-1}\left(\boldsymbol{Y}_{D\dot{R}}-\boldsymbol{f}_{D\dot{R}}(\boldsymbol{\beta}_k)\right) \tag{5.128}$$

5.3.2　频差定位精度分析

记频差误差向量为$\left[\Delta D\dot{R}_1,\cdots,\Delta D\dot{R}_m\right]^{\mathrm{T}}$，第$i$个测站的站址误差为$\Delta\boldsymbol{X}_{0i}=\left[\Delta x_{0i},\Delta y_{0i},\Delta z_{0i}\right]^{\mathrm{T}}(i=0,1,\cdots,m)$，由此导致的目标位置估计误差为$\Delta\boldsymbol{X}=\left[\Delta x,\Delta y,\Delta z\right]^{\mathrm{T}}$，速度估计误差为$\Delta\dot{\boldsymbol{X}}=\left[\Delta\dot{x},\Delta\dot{y},\Delta\dot{z}\right]^{\mathrm{T}}$，则对(5.124)求全微分，可以得到如下误差传递方程

$$\begin{bmatrix}\Delta D\dot{R}_1\\ \Delta D\dot{R}_2\\ \vdots\\ \Delta D\dot{R}_m\end{bmatrix}=\boldsymbol{J}_{D\dot{R}}\begin{bmatrix}\Delta\boldsymbol{X}\\ \Delta\dot{\boldsymbol{X}}\end{bmatrix}-\boldsymbol{C}\begin{bmatrix}\Delta\boldsymbol{X}_{01}\\ \vdots\\ \Delta\boldsymbol{X}_{0m}\end{bmatrix}+\boldsymbol{D}\begin{bmatrix}\Delta x_{00}\\ \Delta y_{00}\\ \Delta z_{00}\end{bmatrix} \tag{5.129}$$

其中$\boldsymbol{J}_{D\dot{R}}$见(5.126)，$\boldsymbol{C}$和$\boldsymbol{D}$分别为

$$\boldsymbol{C}=\begin{bmatrix}\dot{l}_1,\dot{m}_1,\dot{n}_1 & & \\ & \ddots & \\ & & \dot{l}_m,\dot{m}_m,\dot{n}_m\end{bmatrix}\in\mathbb{R}^{m\times 3m},\quad \boldsymbol{D}=\begin{bmatrix}\dot{l}_0 & \dot{m}_0 & \dot{n}_0\\ \vdots & \vdots & \vdots\\ \dot{l}_0 & \dot{m}_0 & \dot{n}_0\end{bmatrix}\in\mathbb{R}^{m\times 3} \tag{5.130}$$

则由式(5.129)可以解算得到状态估计误差向量

$$\begin{bmatrix}\Delta\boldsymbol{X}\\ \Delta\dot{\boldsymbol{X}}\end{bmatrix}=(\boldsymbol{J}_{D\dot{R}}^{\mathrm{T}}\boldsymbol{J}_{D\dot{R}})^{-1}\boldsymbol{J}_{D\dot{R}}^{\mathrm{T}}\left(\begin{bmatrix}\Delta D\dot{R}_1\\ \vdots\\ \Delta D\dot{R}_m\end{bmatrix}+\boldsymbol{C}\begin{bmatrix}\Delta\boldsymbol{X}_{01}\\ \vdots\\ \Delta\boldsymbol{X}_{0m}\end{bmatrix}-\boldsymbol{D}\begin{bmatrix}\Delta x_{00}\\ \Delta y_{00}\\ \Delta z_{00}\end{bmatrix}\right) \tag{5.131}$$

假定观测误差协方差矩阵为$\boldsymbol{\Lambda}_{D\dot{R}}$，站址误差独立同分布，均值为 0，方差为

σ_s^2，则定位误差协方差矩阵如下

$$P_{D\dot{R}} = (J_{D\dot{R}}^{\mathrm{T}} J_{D\dot{R}})^{-1} J_{D\dot{R}}^{\mathrm{T}} \left(\Lambda_{D\dot{R}} + \sigma_s^2 CC^{\mathrm{T}} + \sigma_s^2 DD^{\mathrm{T}} \right) J_{D\dot{R}} (J_{D\dot{R}}^{\mathrm{T}} J_{D\dot{R}})^{-1} \tag{5.132}$$

频差定位的 GDOP 如下

$$\mathrm{GDOP}_{D\dot{R}} = \sqrt{\mathrm{trace}[(J_{D\dot{R}}^{\mathrm{T}} J_{D\dot{R}})^{-1}]} \tag{5.133}$$

当 $m > 6$ 时，利用残差 $Y_{D\dot{R}} - f_{D\dot{R}}(X_k)$ 可以统计得到频差测量精度

$$\sigma_{D\dot{R}}^2 = \frac{\left\| Y_{D\dot{R}} - f_{D\dot{R}}(X_k) \right\|^2}{m-6} \tag{5.134}$$

定位精度可以用如下公式刻画

$$\mathrm{Accuracy}_{D\dot{R}} = \mathrm{GDOP}_{D\dot{R}} \cdot \sigma_{D\dot{R}} \tag{5.135}$$

5.4 时差-频差联合定位

5.4.1 时差-频差联合定位原理

与前文不同的是，本节的测量既包含时差测量又包含频差测量，测量方程可以表示如下

$$\begin{cases} DR_i = DR_i - DR_0, \\ D\dot{R}_i = D\dot{R}_i - D\dot{R}_0 \end{cases} \quad (i = 1, \cdots, m) \tag{5.136}$$

未知参数为

$$\beta = \begin{bmatrix} X \\ \dot{X} \end{bmatrix} \tag{5.137}$$

其中 X 为位置参数，$\dot{X}$ 为速度参数. 记不同测站观测到的时差测元和频差测元为

$$Y_{DR,D\dot{R}} = \begin{bmatrix} Y_{DR} \\ Y_{D\dot{R}} \end{bmatrix} \tag{5.138}$$

其中 Y_{DR} 是由时差测元构成的向量，$Y_{D\dot{R}}$ 是由频差测元构成的向量. 时差方程和频差方程构成的函数向量为

$$f_{DR,D\dot{R}}(\beta) = f_{DR,D\dot{R}}\left(X, \dot{X}\right) = \begin{bmatrix} f_{DR}(X) \\ f_{D\dot{R}}\left(X, \dot{X}\right) \end{bmatrix} \tag{5.139}$$

其中 $f_{DR}(X)$ 是时差函数向量，$f_{D\dot{R}}\left(X, \dot{X}\right)$ 是频差函数向量. 测量方程的雅可比矩阵为

$$
\boldsymbol{J}_{DR,D\dot{R}}=\begin{bmatrix} l_1 & m_1 & n_1 & 0 & 0 & 0 \\ l_2 & m_2 & n_2 & 0 & 0 & 0 \\ \vdots & \vdots & \vdots & \vdots & \vdots & \vdots \\ l_m & m_m & n_m & 0 & 0 & 0 \\ \dot{l}_1 & \dot{m}_1 & \dot{n}_1 & l_1 & m_1 & n_1 \\ \dot{l}_2 & \dot{m}_2 & \dot{n}_2 & l_2 & m_2 & n_2 \\ \vdots & \vdots & \vdots & \vdots & \vdots & \vdots \\ \dot{l}_m & \dot{m}_m & \dot{n}_m & l_m & m_m & n_n \end{bmatrix}-\begin{bmatrix} l_0 & m_0 & n_0 & 0 & 0 & 0 \\ l_0 & m_0 & n_0 & 0 & 0 & 0 \\ \vdots & \vdots & \vdots & \vdots & \vdots & \vdots \\ l_0 & m_0 & n_0 & 0 & 0 & 0 \\ \dot{l}_0 & \dot{m}_0 & \dot{n}_0 & l_0 & m_0 & n_0 \\ \dot{l}_0 & \dot{m}_0 & \dot{n}_0 & l_0 & m_0 & n_0 \\ \vdots & \vdots & \vdots & \vdots & \vdots & \vdots \\ \dot{l}_0 & \dot{m}_0 & \dot{n}_0 & l_0 & m_0 & n_0 \end{bmatrix} \tag{5.140}
$$

假定不同测站的时差和频差观测噪声相互独立，且服从均值为 0，标准差分别为 σ_{DR} 和 $\sigma_{D\dot{R}}$ 的高斯分布，依据非线性最小二乘估计原理，对于给定初始估计 $\boldsymbol{\beta}_0$，可以通过以下高斯-牛顿迭代公式得到系统状态的稳定估计

$$
\boldsymbol{\beta}_{k+1}=\boldsymbol{\beta}_k+\left(\boldsymbol{J}_{DR,D\dot{R}}^{\mathrm{T}}\boldsymbol{\Lambda}_{DR,D\dot{R}}^{-1}\boldsymbol{J}_{DR,D\dot{R}}\right)^{-1}\boldsymbol{J}_{DR,D\dot{R}}^{\mathrm{T}}\boldsymbol{\Lambda}_{DR,D\dot{R}}^{-1}\left(\boldsymbol{Y}_{DR,D\dot{R}}-\boldsymbol{f}_{DR,D\dot{R}}(\boldsymbol{\beta}_k)\right) \tag{5.141}
$$

其中

$$
\boldsymbol{\Lambda}_{DR,D\dot{R}}=\begin{bmatrix} \sigma_{DR}^2\boldsymbol{I}_m & \\ & \sigma_{D\dot{R}}^2\boldsymbol{I}_m \end{bmatrix} \tag{5.142}
$$

5.4.2　时差-频差联合精度分析

与以上分析相似，假定由观测误差以及站址误差导致的观测误差向量为 $\left[\Delta DR_1,\cdots,\Delta DR_m,\Delta D\dot{R}_1,\cdots,\Delta D\dot{R}_m\right]^{\mathrm{T}}$，则对(5.139)求全微分可以得到以下误差传递方程

$$
\begin{bmatrix} \Delta DR_1 \\ \vdots \\ \Delta DR_m \\ \Delta D\dot{R}_1 \\ \vdots \\ \Delta D\dot{R}_m \end{bmatrix}^{\mathrm{T}}=\boldsymbol{J}_{DR,D\dot{R}}\begin{bmatrix} \Delta x \\ \Delta y \\ \Delta z \\ \Delta \dot{x} \\ \Delta \dot{y} \\ \Delta \dot{z} \end{bmatrix}-\begin{bmatrix} \boldsymbol{A} \\ \boldsymbol{C} \end{bmatrix}\begin{bmatrix} \Delta x_{01} \\ \Delta y_{01} \\ \Delta z_{01} \\ \vdots \\ \Delta x_{0m} \\ \Delta y_{0m} \\ \Delta z_{0m} \end{bmatrix}+\begin{bmatrix} \boldsymbol{B} \\ \boldsymbol{D} \end{bmatrix}\begin{bmatrix} \Delta x_{00} \\ \Delta y_{00} \\ \Delta z_{00} \end{bmatrix} \tag{5.143}
$$

记

$$
\Delta\boldsymbol{X}=\begin{bmatrix} \Delta x \\ \Delta y \\ \Delta z \end{bmatrix},\quad \Delta\dot{\boldsymbol{X}}=\begin{bmatrix} \Delta \dot{x} \\ \Delta \dot{y} \\ \Delta \dot{z} \end{bmatrix},\quad \Delta\boldsymbol{\beta}=\begin{bmatrix} \Delta\boldsymbol{X} \\ \Delta\dot{\boldsymbol{X}} \end{bmatrix},\quad \Delta\boldsymbol{R}=\begin{bmatrix} \Delta DR_1 \\ \vdots \\ \Delta DR_m \end{bmatrix},\quad \Delta\dot{\boldsymbol{R}}=\begin{bmatrix} \Delta D\dot{R}_1 \\ \vdots \\ \Delta D\dot{R}_m \end{bmatrix} \tag{5.144}
$$

则(5.143)变为

$$\begin{bmatrix} \Delta \boldsymbol{DR} \\ \Delta \dot{\boldsymbol{DR}} \end{bmatrix} = \boldsymbol{J}_{DR,D\dot{R}} \begin{bmatrix} \Delta \boldsymbol{X} \\ \Delta \dot{\boldsymbol{X}} \end{bmatrix} - \begin{bmatrix} \boldsymbol{A} \\ \boldsymbol{C} \end{bmatrix} \begin{bmatrix} \Delta \boldsymbol{X}_{01} \\ \vdots \\ \Delta \boldsymbol{X}_{0m} \end{bmatrix} + \begin{bmatrix} \boldsymbol{B} \\ \boldsymbol{D} \end{bmatrix} \Delta \boldsymbol{X}_{00} \tag{5.145}$$

解算得到状态估计误差向量为

$$\begin{bmatrix} \Delta \boldsymbol{X} \\ \Delta \dot{\boldsymbol{X}} \end{bmatrix} = (\boldsymbol{J}_{DR,D\dot{R}}^{\mathrm{T}} \boldsymbol{J}_{DR,D\dot{R}})^{-1} \boldsymbol{J}_{DR,D\dot{R}}^{\mathrm{T}} \left(\begin{bmatrix} \Delta \boldsymbol{DR} \\ \Delta \dot{\boldsymbol{DR}} \end{bmatrix} + \begin{bmatrix} \boldsymbol{A} \\ \boldsymbol{C} \end{bmatrix} \begin{bmatrix} \Delta \boldsymbol{X}_{01} \\ \vdots \\ \Delta \boldsymbol{X}_{0m} \end{bmatrix} - \begin{bmatrix} \boldsymbol{B} \\ \boldsymbol{D} \end{bmatrix} \Delta \boldsymbol{X}_{00} \right) \tag{5.146}$$

假定观测误差的协方差矩阵为 $\boldsymbol{\Lambda}_{DR,D\dot{R}}$，站址误差独立同分布于均值为 0, 标准差为 σ_s^2 的高斯分布, 依据非线性最小二乘估计原理, 则时差-频差的系统状态估计误差协方差矩阵为

$$\boldsymbol{P}_{DR,D\dot{R}} = (\boldsymbol{J}_{DR,D\dot{R}}^{\mathrm{T}} \boldsymbol{J}_{DR,D\dot{R}})^{-1} \boldsymbol{J}_{DR,D\dot{R}}^{\mathrm{T}} \left(\boldsymbol{\Lambda}_{DR,D\dot{R}} + \sigma_s^2 \begin{bmatrix} \boldsymbol{A} \\ \boldsymbol{C} \end{bmatrix} \begin{bmatrix} \boldsymbol{A} \\ \boldsymbol{C} \end{bmatrix}^{\mathrm{T}} \right) \boldsymbol{J}_{DR,D\dot{R}} (\boldsymbol{J}_{DR,D\dot{R}}^{\mathrm{T}} \boldsymbol{J}_{DR,D\dot{R}})^{-1} \tag{5.147}$$

时差频差的定位-定速 GDOP 如下

$$\mathrm{GDOP}_{DR,D\dot{R}} = \sqrt{\mathrm{trace}[(\boldsymbol{J}_{DR,D\dot{R}}^{\mathrm{T}} \boldsymbol{J}_{DR,D\dot{R}})^{-1}]} \tag{5.148}$$

当 $m > 6$ 时, 利用残差 $\boldsymbol{Y}_{DR,D\dot{R}} - \boldsymbol{f}_{DR,D\dot{R}}(\boldsymbol{\beta}_k)$ 可以统计得到测量精度

$$\sigma_{DR,D\dot{R}}^2 = \frac{\left\| \boldsymbol{Y}_{DR,D\dot{R}} - \boldsymbol{f}_{DR,D\dot{R}}(\boldsymbol{\beta}_k) \right\|^2}{m-6} \tag{5.149}$$

定位-定速精度可以用如下公式刻画

$$\mathrm{Accuracy}_{DR,D\dot{R}} = \mathrm{GDOP}_{DR,D\dot{R}} \cdot \sigma_{DR,D\dot{R}} \tag{5.150}$$

5.5 无先验方差滤波定位

5.5.1 扩展卡尔曼滤波的通用过程

定位所依赖的信息大致可以分为两类: 先验知识和测量数据. 一方面, 依据事前先验知识可以获得弹道轨迹所满足的状态方程; 另一方面, 依据实时测量原

理可以获得弹道轨迹与测量数据所满足的测量方程. 从信息融合角度来说, 滤波的实质是基于状态方程与测量方程的最优融合方法, 其目的是给出状态的最优估计, 而度量指标就是方差, 方差越小越好. 目标的状态量可抽象为

$$\boldsymbol{X}=[x_1,x_2,\cdots,x_n]^{\mathrm{T}} \tag{5.151}$$

比如, 目标状态只包含位置和速度, 则 $n=6$, 且

$$\boldsymbol{X}=\left[x_1,x_2,x_3,x_4,x_5,x_6\right]^{\mathrm{T}}=\left[x,y,z,\dot{x},\dot{y},\dot{z}\right]^{\mathrm{T}} \tag{5.152}$$

又如, 本节中的目标状态包含位置、速度和加速度, 则 $n=9$, 且

$$\boldsymbol{X}=\left[x_1,x_2,x_3,x_4,x_5,x_6,x_7,x_8,x_9\right]^{\mathrm{T}}=\left[x,y,z,\dot{x},\dot{y},\dot{z},\ddot{x},\ddot{y},\ddot{z}\right]^{\mathrm{T}} \tag{5.153}$$

若状态方程或者测量方程是非线性的, 可以依据多元函数的一阶泰勒展式, 仿照卡尔曼滤波获得扩展卡尔曼滤波. 需注意的是: 在非线性回归中, 常仿照线性回归的方法估算方差. 类似地, 对于非线性状态空间模型, 本节不推导最优状态估计公式, 而是直接仿照线性卡尔曼滤波给出扩展卡尔曼滤波公式(Extended Kalman Filter, EKF), EKF 过程主要包括: 获得确定性状态方程、获得状态噪声的方差、获得确定性测量方程、获得测量噪声的方差, 最后仿照卡尔曼滤波实现 EKF.

第一步: 基于先验知识获得确定性状态方程

$$\boldsymbol{X}_k=\boldsymbol{f}\left(\boldsymbol{X}_{k-1}\right)\in\mathbb{R}^n \tag{5.154}$$

显然弹道的属性很难用某个具体模型 $\boldsymbol{f}$ 完全精确刻画, 否则, 只要结合状态方程和初值 $\boldsymbol{X}_0$ 就可以完全准确地获得任意时刻的状态, 比如 $\boldsymbol{X}_k=\boldsymbol{f}\left(\boldsymbol{f}\left(\boldsymbol{X}_{k-1}\right)\right)=\cdots=\boldsymbol{f}^k\left(\boldsymbol{X}_0\right)$, 以至于任何测量都变得多余. 正因如此, 在状态方程中加入不确定量 $\boldsymbol{W}_k$ 更合理, 如下

$$\boldsymbol{X}_k=\boldsymbol{f}\left(\boldsymbol{X}_{k-1}\right)+\boldsymbol{W}_k \tag{5.155}$$

其中不确定量 $\boldsymbol{W}_k$ 也称为状态噪声, 假定它是多维的零均值白噪声随机向量, 则协方差为

$$\mathrm{E}\left(\boldsymbol{W}_i\boldsymbol{W}_j^{\mathrm{T}}\right)=\begin{cases}\boldsymbol{Q}_x, & i=j\\ \boldsymbol{0}, & i\neq j\end{cases} \tag{5.156}$$

一般来说, 定位算法缺乏对 $\boldsymbol{Q}_x\in\mathbb{R}^{n\times n}$ 的先验认知, 而且 $\boldsymbol{Q}_x$ 是时变的, 简单起见, 假定 $\boldsymbol{Q}_x$ 是定常的, 故而 $\boldsymbol{Q}_x$ 没有对应的时戳 k.

第二步: 基于缓存中的弹道数据, 先拟合趋势后获得拟合残差, 再经统计获得状态噪声的方差 $\boldsymbol{Q}_x$, 参考后文 “状态方差的估计”.

第三步: 基于测量原理获得 m 维确定性测量方程

$$\boldsymbol{Y}_k=\boldsymbol{h}\left(\boldsymbol{X}_k\right)\in\mathbb{R}^m \tag{5.157}$$

显然 $\boldsymbol{h}$ 很难完全精确刻画测量的不确定性，否则只要测量方程数量足够，就可以通过非线性最小二乘估计获得任意时刻的状态，以至于状态方程变得多余.因此，在测量方程中加入不确定量 $\boldsymbol{V}_k$ 更合理，如下

$$\boldsymbol{Y}_k=\boldsymbol{h}\left(\boldsymbol{X}_k\right)+\boldsymbol{V}_k \tag{5.158}$$

其中 $\boldsymbol{V}_k$ 也称为测量噪声，假定它是多维的零均值白噪声随机向量，即

$$\mathrm{E}\left(\boldsymbol{V}_i\boldsymbol{V}_j^{\mathrm{T}}\right)=\begin{cases}\boldsymbol{Q}_y, & i=j\\ \boldsymbol{0}, & i\neq j\end{cases} \tag{5.159}$$

类似于 $\boldsymbol{Q}_x$，定位算法一般缺乏对 $\boldsymbol{Q}_y\in\mathbb{R}^{m\times m}$ 的先验认知，而且 $\boldsymbol{Q}_y$ 也是时变的，简单起见，假定 $\boldsymbol{Q}_y$ 也是定常的，故而 $\boldsymbol{Q}_y$ 没有对应的时戳 k.

第四步：基于缓存中的测量数据反算测元残差，经统计获得测量噪声的方差 $\boldsymbol{Q}_y$，参考后文“测量方差的估计”.

第五步：仿照卡尔曼滤波，获得 EKF.

假定 $k-1$ 时刻的滤波状态为 $\hat{\boldsymbol{X}}_{k-1}$，滤波方差为 $\boldsymbol{P}_{x|k-1}$，k 时刻的状态方差为 $\boldsymbol{Q}_x$，测量方差为 $\boldsymbol{Q}_y$，那么 EKF 包括如下步骤:

(1) 状态一步预报

$$\hat{\boldsymbol{X}}_{k|k-1}=\boldsymbol{f}\left(\hat{\boldsymbol{X}}_{k-1}\right) \tag{5.160}$$

(2) 状态预报方差

$$\boldsymbol{P}_{x,k|k-1}=\boldsymbol{F}_k\boldsymbol{P}_{x,k-1}\boldsymbol{F}_k^{\mathrm{T}}+\boldsymbol{Q}_x \tag{5.161}$$

其中 $\boldsymbol{F}_k\in\mathbb{R}^{n\times n}$ 是 $\boldsymbol{f}\left(\boldsymbol{X}\right)$ 关于 $\boldsymbol{X}^{\mathrm{T}}$ 的雅可比矩阵在 $\hat{\boldsymbol{X}}_{k-1}$ 处的取值，即

$$\boldsymbol{F}_k=\left.\frac{\partial}{\partial\boldsymbol{X}^{\mathrm{T}}}\boldsymbol{f}\left(\boldsymbol{X}\right)\right|_{\boldsymbol{X}=\hat{\boldsymbol{X}}_{k-1}}=\left.\begin{bmatrix}\frac{\partial}{\partial x_1}f_1 & \frac{\partial}{\partial x_2}f_1 & \cdots & \frac{\partial}{\partial x_n}f_1\\ \frac{\partial}{\partial x_1}f_2 & \frac{\partial}{\partial x_2}f_2 & \cdots & \frac{\partial}{\partial x_n}f_2\\ \vdots & \vdots & \ddots & \vdots\\ \frac{\partial}{\partial x_1}f_n & \frac{\partial}{\partial x_2}f_n & \cdots & \frac{\partial}{\partial x_n}f_n\end{bmatrix}\right|_{\boldsymbol{X}=\hat{\boldsymbol{X}}_{k-1}} \tag{5.162}$$

(3) 测量一步预报

$$\hat{\boldsymbol{Y}}_{k|k-1}=\boldsymbol{h}(\hat{\boldsymbol{X}}_{k|k-1})\in\mathbb{R}^m \tag{5.163}$$

(4) 测量预报方差

$$P_{y,k|k-1} = H_k P_{x,k|k-1} H_k^{\mathrm{T}} + Q_y \in \mathbb{R}^{m\times m} \tag{5.164}$$

其中 $H_k \in \mathbb{R}^{m\times n}$ 是 $h(X)$ 关于 X 的雅可比矩阵在 $\hat{X}_{k|k-1}$ 处的取值

$$H_k = \frac{\partial}{\partial X^{\mathrm{T}}} h(X)\bigg|_{X=\hat{X}_{k|k-1}} = \begin{bmatrix} \frac{\partial}{\partial x_1}h_1 & \frac{\partial}{\partial x_2}h_1 & \cdots & \frac{\partial}{\partial x_n}h_1 \\ \frac{\partial}{\partial x_1}h_2 & \frac{\partial}{\partial x_2}h_2 & \cdots & \frac{\partial}{\partial x_n}h_2 \\ \vdots & \vdots & \ddots & \vdots \\ \frac{\partial}{\partial x_1}h_m & \frac{\partial}{\partial x_2}h_m & \cdots & \frac{\partial}{\partial x_n}h_m \end{bmatrix}_{X=\hat{X}_{k|k-1}} \tag{5.165}$$

(5) 计算状态与测量协方差，即滤波增益

$$K_k = P_{xy,k|k-1} = P_{x,k|k-1} H_k^{\mathrm{T}} \in \mathbb{R}^{n\times m} \tag{5.166}$$

(6) 计算新息

$$E_k = Y_k - \hat{Y}_{k|k-1} \tag{5.167}$$

(7) 计算滤波

$$\hat{X}_k = \hat{X}_{k|k-1} + K_k E_k \tag{5.168}$$

(8) 计算滤波方差

$$P_{x,k} = (I_n - K_k H_k) P_{x,k|k-1} \in \mathbb{R}^{n\times n} \tag{5.169}$$

一个自然问题：对于时差定位，如何确定初始状态 $\hat{X}_{k-1}$、初始状态方差 $P_{x,k-1}$、状态方程的雅可比矩阵 F、状态方差 Q_x、测量方程的雅可比矩阵 H 和测量方差 Q_y？估算方差需要大量样本，当样本量不断变大时，如何快速更新 Q_x 和 Q_y？下文逐个讨论这些问题.

5.5.2　初始状态和初始状态方差

一般来说，若有足够多的测量信息，就可以通过逐点解算方法获得初始状态. 实际上，解算软件启动后无法立即获得状态滤波初值 $\hat{X}_0$，在一段时间 $\{t_0,t_1,\cdots,t_{k-1}\}$ 内需要临时弃用滤波，直到获得足够多的逐点状态估计值 $X_{\text{buffer}} = [X_0, X_1, \cdots, X_{k-1}]^{\mathrm{T}}$ 和状态滤波值 $\{\hat{X}_1, \hat{X}_1, \cdots, \hat{X}_{k-1}\} = \{FX_0, FX_1, \cdots, FX_{k-2}\}$ 为止，当获得滤波方差 $P_{x,k-1}$ 后，正式启动滤波程序. k 时刻缓存 X_{buffer} 保存了容量为 k 的逐点状态估计值，记为

$$\boldsymbol{X}_{\text{buffer}}=\begin{bmatrix}\boldsymbol{X}_{\text{buffer}}(1,:)\\ \vdots \\ \boldsymbol{X}_{\text{buffer}}(k,:)\end{bmatrix}=[\boldsymbol{X}_0,\boldsymbol{X}_1,\cdots,\boldsymbol{X}_{k-1}]^{\mathrm{T}}\in\mathbb{R}^{k\times 9} \tag{5.170}$$

设计算法时，动态内存变量用一维数组 buffer[k*9] 保存缓存数据 $\boldsymbol{X}_{\text{buffer}}$，把 $\boldsymbol{X}_{\text{buffer}}$ 定义为行向量的堆累形式可带来操作上的便利：便于内存函数 memcpy 依据索引对缓存进行快速增加、删除、修改和查看操作. 例如，行向量的堆累形式用 buffer[0], buffer[1], $\cdots$, buffer[8] 查看第 1 个状态 $\boldsymbol{X}_1$，否则，列向量的堆累形式用 buffer[0], buffer[k], $\cdots$, buffer[$9k-9$] 查看第 1 个状态，显然前者更加简洁. k 时刻缓存 $\boldsymbol{X}_{\text{predict}}$ 保存了容量为 k 的状态预报值

$$\boldsymbol{X}_{\text{predict}}=\begin{bmatrix}\boldsymbol{X}_{\text{predict}}(1,:)\\ \vdots \\ \boldsymbol{X}_{\text{predict}}(k,:)\end{bmatrix}=\begin{bmatrix}(\boldsymbol{F}\boldsymbol{X}_0)^{\mathrm{T}}\\ \vdots \\ (\boldsymbol{F}\boldsymbol{X}_{k-1})^{\mathrm{T}}\end{bmatrix}\in\mathbb{R}^{k\times 9} \tag{5.171}$$

第 i 个时刻状态的预报残差记为 $\boldsymbol{E}_i\in\mathbb{R}^{1\times 9}$，近似满足

$$\boldsymbol{E}_i=\boldsymbol{X}_{\text{buffer}}(i,:)-\boldsymbol{X}_{\text{predict}}(i,:)\sim N\left(\boldsymbol{0},\boldsymbol{P}_{x,k-1}\right)\quad(i=1,2,\cdots,k) \tag{5.172}$$

所有时刻的状态残差为

$$\boldsymbol{E}=\boldsymbol{X}_{\text{buffer}}-\boldsymbol{X}_{\text{predict}}\in\mathbb{R}^{k\times 9} \tag{5.173}$$

依大数定律，$\boldsymbol{P}_{x,k-1}$ 可以用样本协方差矩阵估计，如下

$$\boldsymbol{P}_{x,k-1}=\frac{1}{k}\boldsymbol{E}\boldsymbol{E}^{\mathrm{T}}\in\mathbb{R}^{9\times 9} \tag{5.174}$$

5.5.3 状态方程再讨论

目标的状态向量包括位置、速度和加速度等，即

$$\boldsymbol{X}=\left[x,y,z,\dot{x},\dot{y},\dot{z},\ddot{x},\ddot{y},\ddot{z}\right]^{\mathrm{T}} \tag{5.175}$$

目标的第 i 个时刻的状态向量记为

$$\boldsymbol{X}_i=\left[x_i,y_i,z_i,\dot{x}_i,\dot{y}_i,\dot{z}_i,\ddot{x}_i,\ddot{y}_i,\ddot{z}_i\right]^{\mathrm{T}} \tag{5.176}$$

以 X 方向坐标为例，若用抛物线刻画目标的轨迹，则 x 时序满足

$$\begin{cases}x=a+bt+ct^2\\ \dot{x}=b+2ct\\ \ddot{x}=2c\end{cases} \tag{5.177}$$

假定 h 是采样间隔，对于第 $k+1$ 时刻有

$$\begin{cases}\ddot{x}_{k+1}=2c,\\ \dot{x}_{k+1}=b+2c(k+1)h,\\ x_{k+1}=a+b(k+1)h+c(k+1)^2h^2,\end{cases}\quad \begin{cases}\ddot{x}_{k+1}=\ddot{x}_k\\ \dot{x}_{k+1}=\dot{x}_k+\ddot{x}_kh\\ x_{k+1}=x_k+\dot{x}_kh+\ddot{x}_kh^2/2\end{cases}\tag{5.178}$$

综上

$$\begin{bmatrix}x_{k+1}\\ \dot{x}_{k+1}\\ \ddot{x}_{k+1}\end{bmatrix}=\begin{bmatrix}1 & h & h^2/2\\ 0 & 1 & h\\ 0 & 0 & 1\end{bmatrix}\begin{bmatrix}x_k\\ \dot{x}_k\\ \ddot{x}_k\end{bmatrix}\tag{5.179}$$

同理, Y 方向和 Z 方向的坐标也满足以上公式, 所以状态转移方程为

$$\begin{bmatrix}x_{k+1}\\ y_{k+1}\\ z_{k+1}\\ \dot{x}_{k+1}\\ \dot{y}_{k+1}\\ \dot{z}_{k+1}\\ \ddot{x}_{k+1}\\ \ddot{y}_{k+1}\\ \ddot{z}_{k+1}\end{bmatrix}=\begin{bmatrix}1 & & & h & & & h^2/2 & & \\ & 1 & & & h & & & h^2/2 & \\ & & 1 & & & h & & & h^2/2\\ & & & 1 & & & h & & \\ & & & & 1 & & & h & \\ & & & & & 1 & & & h\\ & & & & & & 1 & & \\ & & & & & & & 1 & \\ & & & & & & & & 1\end{bmatrix}\begin{bmatrix}x_k\\ y_k\\ z_k\\ \dot{x}_k\\ \dot{y}_k\\ \dot{z}_k\\ \ddot{x}_k\\ \ddot{y}_k\\ \ddot{z}_k\end{bmatrix}\tag{5.180}$$

上式可以简单记为

$$\boldsymbol{X}_k=\begin{bmatrix}\boldsymbol{I}_3 & h\boldsymbol{I}_3 & h^2 2^{-1}\cdot\boldsymbol{I}_3\\ \boldsymbol{0} & \boldsymbol{I}_3 & h\boldsymbol{I}_3\\ \boldsymbol{0} & \boldsymbol{0} & \boldsymbol{I}_3\end{bmatrix}\boldsymbol{X}_{k-1}\tag{5.181}$$

或者

$$\boldsymbol{X}_k=\boldsymbol{F}\boldsymbol{X}_{k-1}\tag{5.182}$$

显然, 状态方程对 $\boldsymbol{X}_k$ 的雅可比矩阵就是 $\boldsymbol{F}$.

5.5.4 状态方差的估计

可以把(5.174)中的 $\boldsymbol{P}$ 矩阵当作状态方差 $\boldsymbol{Q}_x$ 的估计值, 下面基于非等距采样多项式建模方法给出 $\boldsymbol{Q}_x$ 的估计. 以 x 坐标为例, 假定 x 满足如下 2 阶多项式模型

$$x_t=a+bt+ct^2\tag{5.183}$$

对应的速度公式为

$$\dot{x}_t=b+2ct\tag{5.184}$$

假定 k 时刻时间缓存 $\boldsymbol{T}_{\text{buffer}}$ 保存了容量为 k 的时间 $\boldsymbol{T}_{\text{buffer}}=[t_1,\cdots,t_k]\in\mathbb{R}^{k\times1}$，另外，缓存 $\boldsymbol{x}_{\text{buffer}}$ 保存了容量为 k 的 x 的估计值 $\boldsymbol{x}_{\text{buffer}}=[x_1,\cdots,x_k]\in\mathbb{R}^{k\times1}$，假定系统非均匀采样，在每个采样时刻 t_i，有

$$x_i=a+bt_i+ct_i^2 \tag{5.185}$$

设计矩阵为

$$\boldsymbol{A}=\begin{bmatrix} t_1^0 & t_1^1 & t_1^2 \\ \vdots & \vdots & \vdots \\ t_k^0 & t_k^1 & t_k^2 \end{bmatrix} \tag{5.186}$$

待估计的 3 个参数构成的向量记为 $\boldsymbol{\beta}=[a,b,c]^{\text{T}}$，构建如下线性模型

$$\boldsymbol{x}_{\text{buffer}}=\boldsymbol{A}\boldsymbol{\beta} \tag{5.187}$$

两边同时左乘 $\boldsymbol{A}^{\text{T}}$，再左乘 $(\boldsymbol{A}^{\text{T}}\boldsymbol{A})^{-1}$，得 $\boldsymbol{\beta}$ 的最小二乘估计为

$$\hat{\boldsymbol{\beta}}=\left(\boldsymbol{A}^{\text{T}}\boldsymbol{A}\right)^{-1}\boldsymbol{A}^{\text{T}}\boldsymbol{x}_{\text{buffer}} \tag{5.188}$$

在 t_k 时刻，位置、速度和加速度为

$$\begin{cases} x_k=\left[1,t_k,t_k^2\right]\hat{\boldsymbol{\beta}} \\ \dot{x}_k=\left[0,1,2t_k\right]\hat{\boldsymbol{\beta}} \\ \ddot{x}_k=\left[0,0,2\right]\hat{\boldsymbol{\beta}} \end{cases} \tag{5.189}$$

若 $\hat{\boldsymbol{\beta}}(1),\hat{\boldsymbol{\beta}}(2),\hat{\boldsymbol{\beta}}(3)$ 表示 $\hat{\boldsymbol{\beta}}$ 的第 1，2，3 个变量，则所有时刻 $\boldsymbol{T}_{\text{buffer}}$ 对应的位置、速度、加速度的估计值为分别

$$\begin{cases} \boldsymbol{x}_{\text{fit}}=\boldsymbol{A}\hat{\boldsymbol{\beta}} \\ \dot{\boldsymbol{x}}_{\text{fit}}=\boldsymbol{A}[\hat{\boldsymbol{\beta}}(2),2\hat{\boldsymbol{\beta}}(3),0]^{\text{T}} \\ \ddot{\boldsymbol{x}}_{\text{fit}}=\boldsymbol{A}[2\hat{\boldsymbol{\beta}}(3),0,0]^{\text{T}} \end{cases} \tag{5.190}$$

同理，可以获得轨迹在 y 坐标轴方向的位置、速度和加速度的估计值，即 $\boldsymbol{y}_{\text{fit}},\dot{\boldsymbol{y}}_{\text{fit}},\ddot{\boldsymbol{y}}_{\text{fit}}$．还可以获得轨迹在 z 坐标轴方向的位置、速度和加速度的估计值，即 $\boldsymbol{z}_{\text{fit}},\dot{\boldsymbol{z}}_{\text{fit}},\ddot{\boldsymbol{z}}_{\text{fit}}$．所有方向上的位置、速度和加速度的拟合值记为

$$\boldsymbol{X}_{\text{fit}}=\left[\boldsymbol{x}_{\text{fit}},\boldsymbol{y}_{\text{fit}},\boldsymbol{z}_{\text{fit}},\dot{\boldsymbol{x}}_{\text{fit}},\dot{\boldsymbol{y}}_{\text{fit}},\dot{\boldsymbol{z}}_{\text{fit}},\ddot{\boldsymbol{x}}_{\text{fit}},\ddot{\boldsymbol{y}}_{\text{fit}},\ddot{\boldsymbol{z}}_{\text{fit}}\right] \tag{5.191}$$

将 i 时刻缓存和拟合之差记为 $\boldsymbol{E}_i\in\mathbb{R}^{1\times9}$，近似满足

$$\boldsymbol{E}_i=\boldsymbol{X}_{\text{buffer}}(i,:)-\boldsymbol{X}_{\text{fit}}(i,:)\sim N\left(\boldsymbol{0},\boldsymbol{Q}_x\right)\quad\left(i=1,2,\cdots,k\right) \tag{5.192}$$

所有时刻的缓存和拟合之差记为

$$\boldsymbol{E}=\boldsymbol{X}_{\text{buffer}}-\boldsymbol{X}_{\text{fit}}\in\mathbb{R}^{k\times 9} \tag{5.193}$$

依大数定律 $\boldsymbol{Q}_x$ 可以用样本协方差矩阵来估计，如下

$$\boldsymbol{Q}_x=\frac{1}{k}\boldsymbol{E}\boldsymbol{E}^{\mathrm{T}}\in\mathbb{R}^{9\times 9} \tag{5.194}$$

5.5.5 测量方程再讨论

下文只考虑时差测量，在滤波公式中需用到时戳，为了防止时戳和站号相互混淆，从这一节开始，约定 m 个副站的站址表示为

$$\boldsymbol{X}_{\text{station}}=\begin{bmatrix}\boldsymbol{X}_{\text{station}}(1,:)\\ \vdots\\ \boldsymbol{X}_{\text{station}}(m,:)\end{bmatrix}=\begin{bmatrix}x_{01} & y_{01} & z_{01}\\ \vdots & \vdots & \vdots\\ x_{0m} & y_{0m} & z_{0m}\end{bmatrix}\in\mathbb{R}^{m\times 3} \tag{5.195}$$

第 j 个副站的站址表示为

$$\boldsymbol{X}_{\text{station}}(j,:)=\left[x_{0j},y_{0j},z_{0j}\right]\in\mathbb{R}^{1\times 3}\quad(j=1,\cdots,m) \tag{5.196}$$

第 j 个副站与主站(即 0 号站)的时差测量方程为

$$h_j(\boldsymbol{X})=\sqrt{(x-x_{0j})^2+(y-y_{0j})^2+(z-z_{0j})^2}-\sqrt{(x-x_{00})^2+(y-y_{00})^2+(z-z_{00})^2} \tag{5.197}$$

需注意：本节中 $\boldsymbol{X}=\left[x,y,z,\dot{x},\dot{y},\dot{z},\ddot{x},\ddot{y},\ddot{z}\right]^{\mathrm{T}}$，所有时差测量值构成的测量方程向量为

$$\boldsymbol{h}(\boldsymbol{X})=\left[h_1(\boldsymbol{X}),\cdots,h_m(\boldsymbol{X})\right]^{\mathrm{T}}\in\mathbb{R}^{m\times 1} \tag{5.198}$$

测量方程向量对状态向量 $\boldsymbol{X}=\left[x,y,z,\dot{x},\dot{y},\dot{z},\ddot{x},\ddot{y},\ddot{z}\right]^{\mathrm{T}}$ 的雅可比矩阵为

$$\boldsymbol{H}=[\boldsymbol{J}_{DR},0,0]\in\mathbb{R}^{m\times 9} \tag{5.199}$$

其中 $\boldsymbol{J}_{DR}\in\mathbb{R}^{m\times 3}$ 就是测量方程对 $[x,y,z]$ 的雅可比矩阵，由于时差与速度、加速度无关，所以后面两个矩阵子块为零矩阵.

5.5.6 测量方差的估计

假定 $DR_{i,j}(i=1,\cdots,k;j=2,\cdots,m)$ 为第 i 时刻第 j 个副站与主站的时差值，缓存 $\boldsymbol{Y}_{\text{buffer}}$ 中保存了 k 个时刻的时差测量观测值，如下

$$\boldsymbol{Y}_{\text{buffer}}=\begin{bmatrix}\boldsymbol{Y}_{\text{buffer}}(1,:)\\ \vdots\\ \boldsymbol{Y}_{\text{buffer}}(k,:)\end{bmatrix}=\begin{bmatrix}DR_{1,1} & \cdots & DR_{1,m}\\ \vdots & \ddots & \vdots\\ DR_{k,1} & \cdots & DR_{k,m}\end{bmatrix}\in\mathbb{R}^{k\times m} \tag{5.200}$$

缓存 $\hat{\boldsymbol{X}}_{\text{buffer}}$ 中保存了 k 个时刻的状态滤波值，如下

$$\hat{\boldsymbol{X}}_{\text{buffer}}=\begin{bmatrix}\hat{\boldsymbol{X}}_{\text{buffer}}(1,:)\\ \vdots \\ \hat{\boldsymbol{X}}_{\text{buffer}}(k,:)\end{bmatrix}=[\hat{\boldsymbol{X}}_1,\cdots,\hat{\boldsymbol{X}}_k]^{\text{T}}\in\mathbb{R}^{k\times 9} \tag{5.201}$$

把 $\hat{\boldsymbol{X}}_{\text{buffer}}(i,:)$ 代入(5.198)测量方程 $\boldsymbol{h}(\boldsymbol{X})$ 中的 $\boldsymbol{X}$，可以预报 i 时刻的时差值

$$\boldsymbol{Y}_{\text{predict}}(i,:)=\left[h_1\left(\boldsymbol{X}_{\text{buffer}}^{\text{T}}(i,:)\right),\cdots,h_m\left(\boldsymbol{X}_{\text{buffer}}^{\text{T}}(i,:)\right)\right]^{\text{T}}\in\mathbb{R}^{1\times m} \tag{5.202}$$

所有时刻时差的预报值为

$$\boldsymbol{Y}_{\text{predict}}=\begin{bmatrix}\boldsymbol{Y}_{\text{predict}}(1,:)\\ \vdots \\ \boldsymbol{Y}_{\text{predict}}(k,:)\end{bmatrix}\in\mathbb{R}^{k\times m} \tag{5.203}$$

第 i 个时刻状态的残差为 $\boldsymbol{E}_i\in\mathbb{R}^{1\times m}$，近似满足

$$\boldsymbol{E}_i=\boldsymbol{Y}_{\text{buffer}}(i,:)-\boldsymbol{Y}_{\text{predict}}(i,:)\sim N\left(\boldsymbol{0},\boldsymbol{Q}_y\right)\quad\left(i=1,2,\cdots,k\right) \tag{5.204}$$

所有时刻的状态残差为

$$\boldsymbol{E}=\boldsymbol{Y}_{\text{buffer}}-\boldsymbol{Y}_{\text{predict}}\in\mathbb{R}^{k\times m} \tag{5.205}$$

依大数定律，$\boldsymbol{Q}_y$ 可以用样本协方差矩阵来估计，如下

$$\boldsymbol{Q}_y=\frac{1}{k}\boldsymbol{E}\boldsymbol{E}^{\text{T}}\in\mathbb{R}\in\mathbb{R}^{m\times m} \tag{5.206}$$

5.6　时差定位实用技术

5.2 节给出了时差定位的非线性参数估计概略步骤，而 5.5 节给出了时差定位的非线性滤波的基本思路. 但是真实的靶场定位任务还要考虑很多细节，包括零值注入、钟差修正、位置初始化、速度求解、最优布站和中心站选择技术等等.

5.6.1　同源零值注入

任务前，副站时钟零点相对主站零点的差异称为零值. 基带设备记录了收到目标信号时的时戳，由于零值不准确，即使不同测站到目标的距离相同，不同测站记录的时戳也是不同的. 时间偏慢的时钟需要补偿零值，偏快的时钟需要扣除零值，这个过程在任务前就要完成. 假定有 m 个副站，在零值注入前，先要确定

主站，不妨 0 号站为扣零值的主站，主站记录的时间为 $t_1^{(0)},t_2^{(0)},\cdots,t_N^{(0)}$，那么主站的零值为 0；第 i 个副站记录的时间为 $t_1^{(i)},t_2^{(i)},\cdots,t_N^{(i)}$，第 i 个副站的零值为

$$\text{zero\_value}^{(i)}=\frac{1}{N}\sum_{j=1}^{N}(t_j^{(i)}-t_j^{(0)}) \tag{5.207}$$

所有测站的零值构成的零值向量为

$$\text{zero\_value}=\left[0,\text{zero\_value}^{(1)},\text{zero\_value}^{(2)},\cdots,\text{zero\_value}^{(m)}\right] \tag{5.208}$$

5.6.2　钟差修正

任务中，不同测站时钟的差异称为钟差．钟差一般是关于时间的线性函数，第 i 个副站记录的时间为 $t_1^{(i)},t_2^{(i)},\cdots,t_n^{(i)}$，用线性函数对时间建模如下

$$t_j^{(i)}=a_i\cdot j+b_i \tag{5.209}$$

其中 a_i 可看成是震荡周期，钟差可以看成震荡周期误差．在钟差修正前，先要确定钟差基准站，不妨 2 号副站为扣钟差的基准站，那么基准站的钟差为 0，第 i 个站的钟差为

$$t_j^{(i)}-t_j^{(2)}=(a_i-a_2)\cdot j+(b_i-b_2) \tag{5.210}$$

则系数差 $(a_i-a_2),(b_i-b_2)$ 可以通过最小二乘估计获得，为了计算 $(a_i-a_2),(b_i-b_2)$，需要积累一定数量的时戳，在时间积累完成之前，认为钟差是恒定不变的，正因如此钟差频率比时间频率低得多，获得的钟差曲线呈现出阶梯状，如图 5-8 所示．

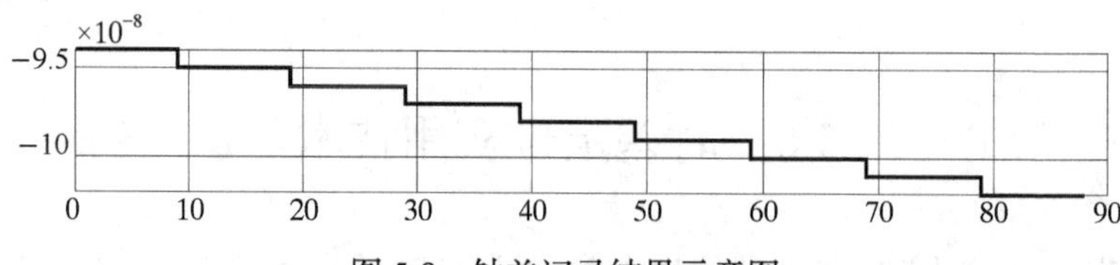

图 5-8　钟差记录结果示意图

基准站的钟差为 0，第 i 个测站的钟差为

$$\text{clock\_diff}^{(i)}=t_j^{(i)}-t_j^{(2)} \tag{5.211}$$

所有测站的钟差构成的钟差向量为

$$\text{clock\_diff}=\left[\text{clock\_diff}^{(0)},\text{clock\_diff}^{(1)},0,\text{clock\_diff}^{(3)},\cdots,\text{clock\_diff}^{(m)}\right] \tag{5.212}$$

5.6.3　时间对齐

目标周期性发射信号，这些信号序列记为 $s_1,s_2,s_3,\cdots$，其中 s_1 称为第 1 帧信

号，s_2 称为第 2 帧信号，依次类推，对应把 $1,2,3,\cdots$ 等称为帧序号. 基带设备简称基带，基带接收到目标信号后记录自身时间序列 $\boldsymbol{T}=[t_1,t_2,t_3,\cdots]$，需要注意的是：由于目标在运动，导致目标到基带的距离在改变，使得 $\boldsymbol{T}$ 并不是等间隔的. 甚者，s 和 t 可能是 1 对 1，也可能是 1 对 0 的，比如，基带可能无法跟踪到某帧信号 s_i，这种现象称为失锁. 基带设备以光纤通信、无线中继或者卫星通信的方式将时间 $\boldsymbol{T}$ 传递到计算机终端(简称终端)，终端利用 $\boldsymbol{T}$ 解算出目标的位置.

5.6.3.1 单站到达索引和保存索引

时差定位体制包含多台基带设备，它们布设在不同位置，逐点时差定位算法至少需要 4 台设备才能解算出目标位置，其中 3 台为副站基带，1 台为主站基带，简单起见，假定刚好有 4 台设备，第 i 台基带记录的时序记为

$$\boldsymbol{T}_i=[t_{i1},t_{i2},t_{i3},\cdots],\quad i=0,1,2,3 \tag{5.213}$$

失锁等原因导致信号与采样时刻无法一一对应的，不同设备的时间也不一定是一一对应的. 所以终端需要将时间序列保存在缓存中，假定缓存向量 time_buffer 的最大长度为 max_time. 基带接收到第 max_time+1 帧信号时，缓存向量将会溢出，将当前时间保存在缓存 0 号索引位置；基带接收到第 max_time+2 帧信号时，将当前时间保存在缓存 1 号索引位置，依次类推. 用 come_index 记录接收到信号的总量，称 come_index 为到达索引，并且用 save_index 记录当前时间在 time_buffer 的位置，称 save_index 为保存索引. max_time，come_index，save_index 的关系可以用下面这个带余除法公式刻画

$$\text{save\_index}=\text{mod}(\text{come\_index},\text{max\_time}) \tag{5.214}$$

也就是说 save_index 是 come_index 除以 max_time 的余数.

5.6.3.2 多站时间对齐和计算索引

多站时序 $\boldsymbol{T}_0,\boldsymbol{T}_1,\boldsymbol{T}_2,\boldsymbol{T}_3$ 用矩阵表示为

$$\boldsymbol{T}=\begin{bmatrix}\boldsymbol{T}_0\\\boldsymbol{T}_1\\\boldsymbol{T}_2\\\boldsymbol{T}_3\end{bmatrix}=\begin{bmatrix}t_{01}&t_{02}&t_{03}&\cdots\\t_{11}&t_{12}&t_{13}&\cdots\\t_{21}&t_{22}&t_{23}&\cdots\\t_{31}&t_{32}&t_{33}&\cdots\end{bmatrix} \tag{5.215}$$

尽管 $t_{0i},t_{1i},t_{2i},t_{3i}$ 有公共的下标 i，但是它们未必跟踪到目标的同一个信号 s_i，这就需要完成时间对齐工作，这也是时差定位的难点之一. 多站时间对齐的任务背景主要有：

(1) 目标未将帧序号传递给基带. 否则基带可以将时间序列与信号序列对应

保存成$(\boldsymbol{T},\boldsymbol{S})=\left[(t_0,s_{i_0}),(t_1,s_{i_1}),(t_2,s_{i_2}),\cdots\right]$，通过对比帧序号$i_0,i_1,i_2,\cdots$就可以实现时间对齐.

(2) 失锁、丢帧等原因，某个基带可能无法捕捉到某帧信号，导致时间序列比信号序列短. 比如，由于信道原因导致 1 号基带无法跟踪到第 0 帧信号s_0，此时T_1中任意时刻与s_0都无法对齐.

(3) 不同基带时间到达数据处理终端的时间不一致. 比如，基带 1 观测到第 0 帧信号s_0的时间可能保存在$\boldsymbol{T}_1$的索引位置为 0，即t_{10}；而基带 2 观测到第 0 帧信号s_0的时间可能保存在$\boldsymbol{T}_2$的索引位置为 1，即t_{21}，所以需要将t_{10}和t_{21}对齐.

终端一旦实现时间对齐，就会触发定位算法，并用 compute_index 记录缓存向量参与定位的索引，称 compute_index 为计算索引，compute_index 与 save_index 存在下列关系:

(1) 任务启动后，在缓存区 time_buffer 溢出前,

$$\text{save\_index} \geqslant \text{compute\_index} \tag{5.216}$$

(2) 在溢出瞬间 save_index=0，后续一定时间内有

$$\text{save\_index} \leqslant \text{compute\_index} \tag{5.217}$$

(3) 如果缓存区 time_buffer 太小，数据接收频率过大，导致计算不及时，有可能出现

$$\text{save\_index} \geqslant \text{compute\_index} \tag{5.218}$$

把这种现象称为套圈. 一旦发生套圈，就要将 compute_index 归零，否则可能引起计算混乱，归零的代价是将缓存区 time_buffer 中从 compute_index 到 max_time 的数据清空. 为了防止套圈，除了提高 CPU 性能外，可以参考以下几个方法:

(1) 扩大缓存空间，即加大缓存 time_buffer 的长度 max_time;

(2) 稀疏处理，收多帧算一帧，缓解计算压力，相当于间接降低数据接收频率;

(3) 多线程框架，通信线程、对齐线程、解算线程分开，否则单线程单次循环计算多包数据，可能导致计算时间过长，收包不及时，最终导致数据丢包.

简单起见，只介绍两站时间对齐算法，假定 time_buffer1, save_index1, come_index1 和 compute_index1 是第一台基带设备的缓存向量、保存索引、到达索引和计算索引. time_buffer2, save_index2, come_index2 和 compute_index2 是第二台基带设备的缓存向量、保存索引、到达索引和计算索引. 时间对齐算法的逻辑如下:

第一，对比时间大小：不妨 time_buffer1[compute_index1] > time_buffer2[compute_index2].

第二，搜索更大时间：令 compute_index2 变大，直到 compute_index2 = save_index2 或者 time_buffer1[compute_index1] <= time_buffer2[compute_index2]；有可能出现搜索到尽头也无法找到更大时间，此时索引需要回滚一步.

第三，选择最近时间：判断 time_buffer2[compute_index2]与 time_buffer2[compute_index2-1]哪个更接近 time_buffer1[compute_index1]，若为后者则 compute_index2 需要回滚一步.

第四，判断时间有效：有效时间都大于零，而且 time_buffer1[compute_index1]减去 time_buffer2[compute_index2]的绝对值小于给定阈值，才认为两台基带对齐了．比如，两站相距 30 千米，光速约为 30 万千米，对齐后时差应该小于阈值 0.1 毫秒.

5.6.4 最优中心站

中心站不同，定位精度相差很大，确定最优中心站的思路如下：

(1) GDOP 完全由目标位置和布站几何决定，但是在试验中，无法获得目标的真实位置和真实的 GDOP，只能用计算的位置和计算的 GDOP 分别代替．测量的不确定性会显著影响定位不确定性，尽管如此，却不会显著影响 GDOP 的不确定性．因此，可以在任意中心站条件下获得某个精度并不是最优的定位初值，继而利用初值计算不同中心站的 m 个 GDOP，最后选择最小 GDOP 对应测站为中心站，与传统定位算法相比，该搜索算法的代价是要计算 m 次 GDOP.

(2) 在试验任务中，若对试验区域有一定的先验，可以事先计算理论弹道对应的最优布站，以及理论弹道所在的空间区域中每个切割小区块最优中心站对应的索引．这一部分工作是在事前完成的，所以在实时任务中，无需为每个点计算 m 次 GDOP，只要搜索初值最近区块对应的最优索引即可．搜索的方法可以用距离乘法原理、边长加法原理或者邻近缓存原理等.

(3) 上述方法可以显著提高解算精度，而且利用事先的 GDOP 立方体缓解搜索最优中心站的计算压力.

5.6.5 迭代初始化

当测站数量不少于 5 时，可用平方作差法获得非线性迭代定位初值．令 R_i^2, R_0^2 作差可以消除位置平方项，得

$$\begin{cases} DR_1^2 - \|\boldsymbol{X}_{01}\|^2 + \|\boldsymbol{X}_{00}\|^2 = 2(x_{00} - x_{01})x + 2(y_{00} - y_{01})y + 2(z_{00} - z_{01})z - 2DR_1 \cdot R_0 \\ DR_2^2 - \|\boldsymbol{X}_{02}\|^2 + \|\boldsymbol{X}_{00}\|^2 = 2(x_{00} - x_{02})x + 2(y_{00} - y_{02})y + 2(z_{00} - z_{02})z - 2DR_2 \cdot R_0 \\ DR_3^2 - \|\boldsymbol{X}_{03}\|^2 + \|\boldsymbol{X}_{00}\|^2 = 2(x_{00} - x_{03})x + 2(y_{00} - y_{03})y + 2(z_{00} - z_{03})z - 2DR_3 \cdot R_0 \end{cases} \tag{5.219}$$

进一步记

$$\boldsymbol{F}=2\begin{bmatrix} x_{00}-x_{01} & y_{00}-y_{01} & z_{00}-z_{01} & -DR_1 \\ \vdots & \vdots & \vdots & \vdots \\ x_{00}-x_{0m} & y_{00}-y_{0m} & z_{00}-z_{0m} & -DR_m \end{bmatrix}\in\mathbb{R}^{m\times 4} \tag{5.220}$$

$$b_{i1}=DR_i^2-\left\|\boldsymbol{X}_{0i}\right\|^2+\left\|\boldsymbol{X}_{00}\right\|^2 \quad \left(i=1,2,\cdots,m\right) \tag{5.221}$$

则获得线性方程组

$$\begin{bmatrix} b_{11} \\ \vdots \\ b_{m1} \end{bmatrix}=\boldsymbol{F}\begin{bmatrix} x \\ y \\ z \\ R_0 \end{bmatrix} \tag{5.222}$$

式(5.222)实质是关于待估参数 x, y, z, R_1 的线性方程组，据此可以得到相应最小二乘估计

$$\begin{bmatrix} x \\ y \\ z \\ R_0 \end{bmatrix}=\left(\boldsymbol{F}^{\mathrm{T}}\boldsymbol{F}\right)^{-1}\boldsymbol{F}^{\mathrm{T}}\begin{bmatrix} b_{11} \\ \vdots \\ b_{m1} \end{bmatrix} \tag{5.223}$$

上式表明，平方作差法获得时差定位初值必须满足两个条件:

(1) 有效站不少于 5 个，如果有效站为 4，平方作差法是失效的.

(2) 不允许所有测站共面，否则 $\boldsymbol{F}$ 前三列线性相关，导致解不唯一. 若所有测站接近共面，则解不稳定，容易导致算法收敛到错误的解.

(3) 海上落点试验中，所有测站布设在海面，一般接近共面. 建议使用概略初值. 例如，0 号站的纬经高为 $\left[B_0, L_0, H_0\right]$，以 0 号站上方 h_0 为初值，初值的纬经高为 $\left[B_0, L_0, H_0+h_0\right]$，此时需要把大地坐标进一步转化为地心系坐标，依据 2.2 节得

$$\begin{cases} x_0=\left(N+H_0+h_0\right)\cos B_0\cos L_0 \\ y_0=\left(N+H_0+h_0\right)\cos B_0\sin L_0 \\ z_0=\left(N(1-e^2)+H_0+h_0\right)\sin B_0 \end{cases} \tag{5.224}$$

其中 $N=\dfrac{a}{\sqrt{1-e^2\sin^2 B_0}}$ 为卯酉圈半径，a 为地球椭球体长半轴，e 为地球椭球体偏心率.

5.6.6 频差解析求速

假定已经由时差方程获得位置向量 $\boldsymbol{X}=\left[x,y,z\right]^{\mathrm{T}}$，记 $\dot{\boldsymbol{X}}=\left[\dot{x},\dot{y},\dot{z}\right]^{\mathrm{T}}$，由(5.121)可知径向速率方程为

$$\dot{R}_i=\frac{(x-x_i^s)}{R_i}\dot{x}+\frac{(y-y_i^s)}{R_i}\dot{y}+\frac{(z-z_i^s)}{R_i}\dot{z}=l_i\dot{x}+m_i\dot{y}+n_i\dot{z}\quad\left(i=0,1,2,\cdots,m\right)\tag{5.225}$$

方程作差

$$D\dot{R}_i=(l_i-l_0)\dot{x}+(m_i-m_0)\dot{y}+(n_i-n_0)\dot{z}\quad\left(i=1,2,\cdots,m\right)\tag{5.226}$$

设观测到的频差为 $\boldsymbol{Y}_{D\dot{R}}$，测量方程 $\boldsymbol{f}_{D\dot{R}}$，且

$$\boldsymbol{Y}_{D\dot{R}}=\begin{bmatrix}y_{D\dot{R}_1}\\y_{D\dot{R}_2}\\\vdots\\y_{D\dot{R}_m}\end{bmatrix},\quad\boldsymbol{f}_{D\dot{R}}=\begin{bmatrix}D\dot{R}_1\\D\dot{R}_2\\\vdots\\D\dot{R}_m\end{bmatrix},\quad\boldsymbol{J}_{D\dot{R}}=\begin{bmatrix}l_1&m_1&n_1\\\vdots&\vdots&\vdots\\l_m&m_m&n_m\end{bmatrix}-\begin{bmatrix}l_0&m_0&n_0\\\vdots&\vdots&\vdots\\l_0&m_0&n_0\end{bmatrix}\tag{5.227}$$

于是

$$\boldsymbol{Y}_{D\dot{R}}=\boldsymbol{J}_{DR}\dot{\boldsymbol{X}}\tag{5.228}$$

$$\dot{\boldsymbol{X}}=(\boldsymbol{J}_{DR}^{\mathrm{T}}\boldsymbol{J}_{DR})^{-1}\boldsymbol{J}_{DR}^{\mathrm{T}}\boldsymbol{Y}_{D\dot{R}}\tag{5.229}$$

5.6.7 多项式滤波求速

非等距采样多项式滤波求速公式参考(5.189)第 2 个子公式, 下面给出等距采样多项式滤波求速公式. 二次多项式 $x_t=a+bt+ct^2$ 的速度的平滑-滤波-预报公式可用 $b_1+2b_2\left(n+k\right)$ 来刻画

$$\dot{x}_{n+k|n}=b_1+2b_2\left(n+k\right)h=\sum_{i=1}^{n}\dot{w}_i^{(k)}x_i\tag{5.230}$$

其中

$$\dot{w}_i^{(k)}=\frac{\begin{bmatrix}132i+120k-6n-360ik+180kn\\+360i^2k-168in^2+180i^2n+60kn^2\\-180i^2+54n^2+24n^3-360ikn-36\end{bmatrix}}{h\left(n^5-5n^3+4n\right)}\tag{5.231}$$

第 6 章　水下多基线单信标体制

相对于电磁波，声波的在水下的能量衰减速度比较慢，因此水下导航主要依靠声学定位体制. 根据基线长及视线长，水声定位系统大致可以分为短基线(Short BaseLine, SBL)定位系统、长基线(Long BaseLine, LBL)定位系统. 短基线定位系统到目标的距离从几十米到几百米，定位方式大致属于单站 RAE 定位体制. 长基线定位系统基线长度为百米到几千米，定位方式大致属于多站 $R\dot{R}$ 定位体制. 多基线定位系统包括短基线定位子系统和长基线定位子系统. 如图 6-1 所示，多基线单信标声学定位体制假定目标的唯一信标安装在几何中心，依靠该单信标与长基线、短基线定位系统进行声学信息收发交互.

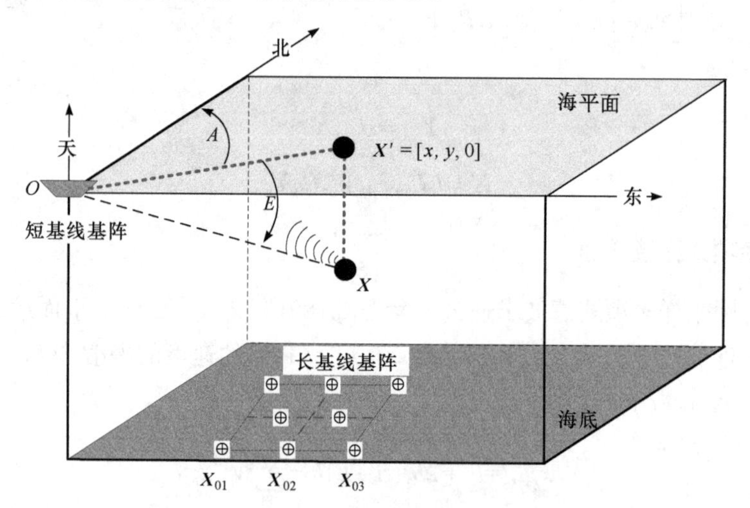

图 6-1　水下多基线单信标声学定位体制示意图

6.1　水下多基线定位系统

6.1.1　水下定位的信息流

多基线单信标声学定位体制的信息流见图 6-2.

(1) GNSS 接收机用来对测量船进行自定位，短基线定位系统一般漂浮在水面，测量船站址 $\boldsymbol{X}_{00}$ 可以直接由 GNSS 定位获取.

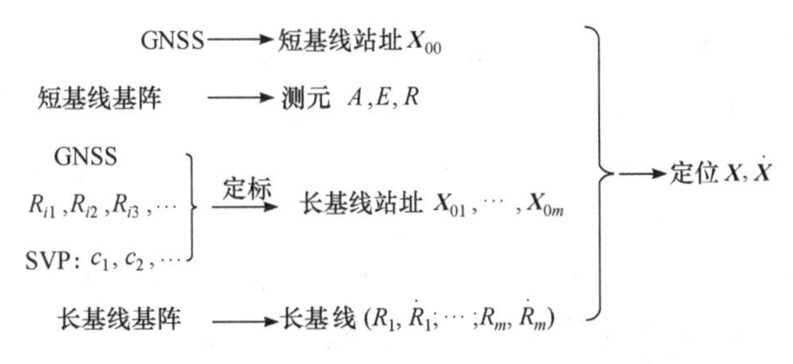

图 6-2 水下多基线单信标声学定位体制的信息流

(2) 声速梯度仪(Sound Velocity Profile, SVP)用来测量不同水深对应的声速，即 $c_1,c_2,c_3,\cdots$，声速测量在定位任务前完成. 结合水听器可以获得测量船到目标的距离 R 、方位角 A 和俯仰角 E .

(3) 几乎所有的长基线水听器都固定在水底，水底站址 $\boldsymbol{X}_{0i}\ (i=1,\cdots,m)$ 需要通过水面跑船实现站址标定. 标定的信息源包括跑船的 GNSS 自定位、跑船到第 i 个站址的距离 $R_{i1},R_{i2},R_{i3},\cdots$ 等等.

(4) 结合 SVP 和水听器获得目标到长基线站址的距离 $R_1,R_2,\cdots,R_m$，距离变化率 $\dot{R}_1,\dot{R}_2,\cdots,\dot{R}_m$.

(5) 短基线结合 $\boldsymbol{X}_{00}$ 和测元 RAE 实现水下目标位置 $\boldsymbol{X}$ 的估算，参考 6.2 节. 长基线结合 $\boldsymbol{X}_{01},\boldsymbol{X}_{02},\cdots,\boldsymbol{X}_{0m}$ 和 $\left(R_1,\dot{R}_1;R_2,\dot{R}_2;\cdots;R_m,\dot{R}_m\right)$ 实现水下目标位置 $\boldsymbol{X}$ 和速度 $\dot{\boldsymbol{X}}$ 的估算，参考 6.3 节. 结合短基线和长基线信息实现水下目标位置 $\boldsymbol{X}$ 的融合估算，参考 6.4 节. 若已知目标轨迹符合多项式约束或者样条多项约束[18-19]，则可以实现多项式约束或者样条约束的多基线定位，参考 6.5 节.

(6) 简单起见，本章假定声学通信的信标安装在被测量目标中心. 但是实际上信标经常无法安装在目标中心，多个信标 $\boldsymbol{X}_{11},\boldsymbol{X}_{12},\cdots,\boldsymbol{X}_{1n}$ 常均匀布设在圆柱形目标表面，多基线优先与最近信标通信，此条件下的定位体制称为水下多基线多信标声学定位体制，参考下一章.

(7) 航向姿态测量仪(如光纤罗经 OCTANS)用来测量 1 号信标的姿态角序列，即 $[\theta_1,\varphi_1,\gamma_1],[\theta_2,\varphi_2,\gamma_2],[\theta_3,\varphi_3,\gamma_3],\cdots$. 该信息可以用于提高水下多基线多信标声学定位的精度.

6.1.2 长基线与短基线的区别

长基线测量系统与短基线测量系统的主要区别在于:

(1) 短基线的站址是唯一的，长基线的站址不是唯一的.

(2) 短基线的站址是跟随测量船移动的，长基线的基元几乎都是固定在水底的，站址记为 $\boldsymbol{X}_{0i}\left(i=1,\cdots,m\right)$，水面测量船也可能保留一个长基线基元.

(3) 对于第 i 个时刻, 短基线的测元有三个: 距离 R 、方位角 A 和俯仰角 E , 可以构建 3 个方程, 从而实现定位. 长基线的测元包括距离和径向速率, 记为 $\left(R_1,\dot{R}_1;R_2,\dot{R}_2;\cdots;R_m,\dot{R}_m\right)$, 可以构建 $2m$ 个方程, 从而实现定位和定速.

(4) 为了提高定位精度, 需要融合多基线信息. 综合处理计算机装配了信息融合处理定位算法, 算法融合 GNSS 接收机、声速梯度仪、航向姿态测量仪、声信标、声基阵和系统误差先验信息, 实现高精度定位.

(5) 对于多信标系统, 短基线只能跟踪到唯一信标, 无法实现目标中心定位; 长基线可以跟踪到多个信标, 可以定位到目标中心.

(6) 因为短基线只能跟踪到唯一信标, 所以短基线定位的天向坐标的精度相对较高, 而东向和北向坐标误差较大; 长基线布站大致均匀散开, 所以长基线定位的东向坐标和北向坐标的精度相对较高.

6.1.3　短基线测量方程

短基线声基阵在水面附近, 可以等效为一个基元, 基元位置的"东北天"测站系坐标用 $\boldsymbol{X}_{00}=\left[x_{00},y_{00},z_{00}\right]^{\mathrm{T}}$ 表示, 短基线测量系统跟踪信标获得的测距值满足

$$R=\sqrt{\left(x-x_{00}\right)^2+\left(y-y_{00}\right)^2+\left(z-z_{00}\right)^2} \tag{6.1}$$

短基线测量系统获得的俯仰角 E 满足

$$E=\operatorname{atan}\left(\frac{z-z_{00}}{\sqrt{\left(x-x_{00}\right)^2+\left(y-y_{00}\right)^2}}\right) \tag{6.2}$$

由于反余弦的范围是 $[0,\pi]$, 如图 6-1 所示, 短基线获得的方位角是水平线到大地北的角, 范围是 $A\in[0,2\pi]$, 所以

$$A=\begin{cases}\operatorname{acos}\left(\dfrac{y-y_{00}}{\sqrt{\left(x-x_{00}\right)^2+\left(y-y_{00}\right)^2}}\right), & x-x_{00}\geqslant 0\\[2ex] 2\pi-\operatorname{acos}\left(\dfrac{y-y_{00}}{\sqrt{\left(x-x_{00}\right)^2+\left(y-y_{00}\right)^2}}\right), & x-x_{00}<0\end{cases} \tag{6.3}$$

短基线测站系各轴方向随着短基线的运动而改变, 但是在 1 千米宽的靶场, 可以假定短基线测站系与发射点测站系是近似平行的. 实际上, 如图 6-3 所示, 地球曲率引起两个坐标系的东向夹角 θ 满足

$$\theta=\alpha\approx\frac{r}{R\cdot\cos B}\text{弧度} \tag{6.4}$$

其中 r 是两个测站系原点的距离，R 是地球半径，B 是大地纬度，$R\cdot\cos B$ 相当于纬圈半径，纬度越高夹角越大. 比如，若 $B=40°$，且两个测站系原点相距 $r=1000$ 米，则

$$\theta=\alpha\approx\frac{r}{R\cdot\cos B}\approx 2\times10^{-4}\text{弧度} \tag{6.5}$$

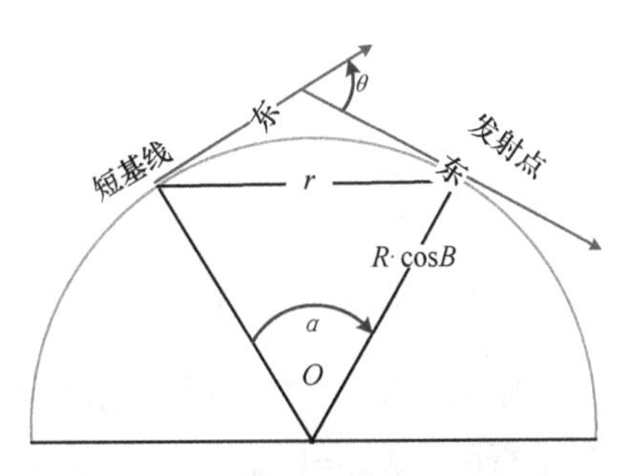

图 6-3 不同测站系的东向差异

(1) 对于长基线测量，目标到测站距离范围 $r\approx1000$ 米，不能忽略测站系不平行误差. 在一个测站系下天向坐标为 0，但是在另一个坐标系下目标的天向坐标约为

$$z\approx r\cdot\sin\frac{\theta}{2}\approx r\cdot\frac{\theta}{2}\approx\frac{r^2}{2R\cdot\cos B}=0.1 \tag{6.6}$$

(2) 对于短基线测量，目标到测站距离范围 $r\approx100$ 米，可忽略测站系不平行误差. 在一个测站系下天向坐标为 0，在另一个坐标系下目标的天向坐标约为

$$z\approx r\cdot\sin\frac{\theta}{2}\approx r\cdot\frac{\theta}{2}\approx\frac{r^2}{2R\cdot\cos B}=0.001 \tag{6.7}$$

6.1.4 长基线测量方程

假定水面有一个漂浮长基线声基元，其他 $m-1$ 个长基线声基元固定在水底，基元位置坐标用 $\boldsymbol{X}_{0i}=\left[x_{0i},y_{0i},z_{0i}\right]^{\mathrm{T}}(i=1,\cdots,m)$ 表示. 所有坐标都在发射点为原点的“东北天”测站系下表示，第 i 个基元到信标的距离为 $R_i(i=1,\cdots,m)$. 目标的位置 $\boldsymbol{X}=[x,y,z]^{\mathrm{T}}$ 是未知的，满足

$$R_i=\sqrt{\left(x-x_{0i}\right)^2+\left(y-y_{0i}\right)^2+\left(z-z_{0i}\right)^2}\quad(i=1,\cdots,m) \tag{6.8}$$

这也是长基线测量系统在无误差情况下测得的距离值. 目标的速度 $\dot{\boldsymbol{X}}=[\dot{x},\dot{y},\dot{z}]^{\mathrm{T}}$ 也是未知的，假定第 i 个基元到信标的方向余弦为

$$\left[l_i,m_i,m_i\right]=\left[\frac{x-x_{0i}}{R_i},\frac{y-y_{0i}}{R_i},\frac{z-z_{0i}}{R_i}\right] \tag{6.9}$$

则 R_i 的变化率 $\dot{R}_i$ 为

$$\dot{R}_i=l_i\dot{x}+m_i\dot{y}+m_i\dot{z}\quad(i=1,\cdots,m) \tag{6.10}$$

这也是长基线测量系统在无误差情况下测得的径向速率值.

6.2 单信标短基线定位和精度分析

6.2.1 短基线定位算法

假定短基线为原点的“东北天”测站系与发射点为原点的“东北天”测站系是平行的，$\boldsymbol{X}_{00}=\left[x_{00},y_{00},z_{00}\right]^{\mathrm{T}}$ 表示短基线的位置在发射点为原点的“东北天”测站系的坐标表示，则短基线跟踪到的信标位置 $\boldsymbol{X}=\left[x,y,z\right]^{\mathrm{T}}$ 为

$$\begin{cases}x=R\cdot\cos E\cdot\sin A+x_{00}\\y=R\cdot\cos E\cdot\cos A+y_{00}\\z=R\cdot\sin E+z_{00}\end{cases}\tag{6.11}$$

其中 R,A,E 分别表示测距、方位角、俯仰角，见(6.1), (6.3), (6.2).

需注意：以发射点为原点的“东北天”测站系(简称发射点测站系)是静止坐标系，以短基线为原点的“东北天”测站系(简称短基线测站系)是动坐标系，两个测站系不是平行的. 下面给出短基线测站系转换到发射点测站系的过程:

第一步：获得发射点的大地系坐标 $\left[B,L,H\right]$ 和地心系坐标 $\boldsymbol{X}_f=\left[x,y,z\right]^{\mathrm{T}}$:

$$\begin{cases}x=\left(N+H\right)\cos B\cos L,\\y=\left(N+H\right)\cos B\sin L,\\z=\left(N(1-e^2)+H\right)\sin B,\end{cases}\qquad N=\frac{a}{\sqrt{1-e^2\sin^2 B}}\tag{6.12}$$

第二步：获得短基线的大地系坐标 $\left[B_0,L_0,H_0\right]$ 和地心系坐标 $\boldsymbol{X}_{0d}=\left[x_{0d},y_{0d},z_{0d}\right]^{\mathrm{T}}$:

$$\begin{cases}x_{0d}=\left(N_0+H_0\right)\cos B_0\cos L_0,\\y_{0d}=\left(N_0+H_0\right)\cos B_0\sin L_0,\\z_{0d}=\left(N_0(1-e^2)+H_0\right)\sin B_0,\end{cases}\qquad N_0=\frac{a}{\sqrt{1-e^2\sin^2 B_0}}\tag{6.13}$$

第三步：获得目标在短基线为原点的测站系坐标 $\boldsymbol{X}_c=\left[x_c,y_c,z_c\right]^{\mathrm{T}}$:

$$\begin{cases}x_c=R\cdot\cos E\cdot\sin A\\y_c=R\cdot\cos E\cdot\cos A\\z_c=R\cdot\sin E\end{cases}\tag{6.14}$$

第四步：获得目标的地心系坐标，记为 $\boldsymbol{X}_d$，参考 1.4 节:

$$\boldsymbol{X}_d = \begin{bmatrix} -\sin L_0 & -\cos L_0 \cdot \sin B_0 & \cos B_0 \cdot \cos L_0 \\ \cos L_0 & -\sin L_0 \cdot \sin B_0 & \cos B_0 \cdot \sin L_0 \\ 0 & \cos B_0 & \sin B_0 \end{bmatrix} \boldsymbol{X}_c + \boldsymbol{X}_{0d} \tag{6.15}$$

记为

$$\boldsymbol{X}_d = \boldsymbol{M}(-B_0, L_0)^{\mathrm{T}} \boldsymbol{X}_c + \boldsymbol{X}_{0d} \tag{6.16}$$

第五步: 把目标坐标 $\boldsymbol{X}_d$ 转换为发射点为原点的“东北天”测站系坐标 $\boldsymbol{X}$:

$$\boldsymbol{X} = \begin{bmatrix} -\sin L & \cos L & 0 \\ -\cos L \cdot \sin B & -\sin L \cdot \sin B & \cos B \\ \cos B \cdot \cos L & \cos B \cdot \sin L & \sin B \end{bmatrix} (\boldsymbol{X}_d - \boldsymbol{X}_f) \tag{6.17}$$

记为

$$\boldsymbol{X} = \boldsymbol{M}(-B, L)(\boldsymbol{X}_d - \boldsymbol{X}_f) \tag{6.18}$$

综合(6.18), (6.16)

$$\boldsymbol{X} = \boldsymbol{M}(-B, L)\boldsymbol{M}(-B_0, L_0)^{\mathrm{T}} \boldsymbol{X}_c + \boldsymbol{M}(-B, L)(\boldsymbol{X}_{0d} - \boldsymbol{X}_f) \tag{6.19}$$

6.2.2 精度分析

若存在站址误差 $\Delta\boldsymbol{X}_{00} = [\Delta x_{00}, \Delta y_{00}, \Delta z_{00}]$ 和测量误差 $[\Delta R, \Delta A, \Delta E]$，在公式(6.11)两端取全微分得

$$\begin{cases} \Delta x = \Delta R \cdot \cos E \cdot \sin A - R \cdot \sin E \cdot \sin A \cdot \Delta E + R \cdot \cos E \cdot \cos A \cdot \Delta A + \Delta x_{00} \\ \Delta y = \Delta R \cdot \cos E \cdot \cos A - R \cdot \sin E \cdot \cos A \cdot \Delta E - R \cdot \cos E \cdot \sin A \cdot \Delta A + \Delta y_{00} \\ \Delta z = \Delta R \cdot \sin E + R \cdot \cos E \cdot \Delta E + \Delta z_{00} \end{cases} \tag{6.20}$$

若水上测量船是移动的, 一般认为站址误差属于随机误差, 随机误差无法消除; 若测量站为固定站, 一般认为站址误差属于系统误差, 可以通过多次标定直到可忽略系统误差为止. 在获取站址精度 $\sigma_{x_{00}}^2, \sigma_{y_{00}}^2, \sigma_{z_{00}}^2$ 和各测元精度 $\sigma_R^2, \sigma_A^2, \sigma_E^2$ 的条件下, 短基线定位误差为

$$\begin{cases} \sigma_x^2 = (\cos E \cos A)^2 \sigma_R^2 + (R \sin E \cos A)^2 \sigma_E^2 + (R \cos E \sin A)^2 \sigma_A^2 + \sigma_{x_{00}}^2 \\ \sigma_y^2 = (\cos E \sin A)^2 \sigma_R^2 + (R \sin E \sin A)^2 \sigma_E^2 + (R \cos E \cos A)^2 \sigma_A^2 + \sigma_{y_{00}}^2 \\ \sigma_z^2 = (\sin E)^2 \sigma_R^2 + (R \cos E)^2 \sigma_E^2 + \sigma_{z_{00}}^2 \end{cases} \tag{6.21}$$

若站址由 GNSS 获得, 则站址精度 $\sigma_{x_{00}}^2, \sigma_{y_{00}}^2, \sigma_{z_{00}}^2$ 由 GNSS 的定位精度决定. 可以通过设备使用说明书获取短基线测元精度 $\sigma_R^2, \sigma_A^2, \sigma_E^2$，也可以通过观测静止或者匀速运动的目标, 统计拟合残差获取测元精度.

6.3 单信标长基线定位和精度分析

6.3.1 长基线定位算法

第 i 个基站跟踪到信号的测距值 R_i 见(6.8), 记

$$[l_i, m_i, n_i] = \left[\frac{x_{1j} - x_{0i}}{R_i}, \frac{y_{1j} - y_{0i}}{R_i}, \frac{z_{1j} - z_{0i}}{R_i}\right] \quad (i = 1, \cdots, m) \tag{6.22}$$

则

$$\frac{\partial R_i}{\partial [x, y, z]} = [l_i, m_i, n_i] \tag{6.23}$$

最后, 测距 $R_1, \cdots, R_m$ 对 $\boldsymbol{X} = [x, y, z]^{\mathrm{T}}$ 的雅可比矩阵为

$$\boldsymbol{J}_1 = \begin{bmatrix} & \vdots & \\ l_i & m_i & n_i \\ & \vdots & \end{bmatrix} \in \mathbb{R}^{m \times 3} \tag{6.24}$$

逐点解算的实质是非线性参数估计, 最核心的步骤是计算雅可比矩阵和残差平方和, 该过程可以用符号运算命令 jacobian 和 subs 实现.

6.3.2 精度分析

算得未知参数 $\boldsymbol{X} = [x, y, z]^{\mathrm{T}}$ 后, 其定位精度用 $\boldsymbol{P}_1 = \left(\boldsymbol{J}_1^{\mathrm{T}} \boldsymbol{J}_1\right)^{-1} \in \mathbb{R}^{3 \times 3}$ 和 σ_R^2 来刻画, 其中 σ_R^2 用反算测元残差平方和来刻画, 如下

$$\sigma_R^2 = \frac{\left\| \boldsymbol{R} - \boldsymbol{R}_c \right\|^2}{m - 3} \tag{6.25}$$

若 $\boldsymbol{P}_1(i, j)$ 表示 $\boldsymbol{P}$ 矩阵第 i 行第 j 列的元素, 三个方向上的独立精度为

$$\begin{cases} \sigma_x^2 = \sigma_R^2 \cdot \boldsymbol{P}_1(1,1) \\ \sigma_y^2 = \sigma_R^2 \cdot \boldsymbol{P}_1(2,2) \\ \sigma_z^2 = \sigma_R^2 \cdot \boldsymbol{P}_1(3,3) \end{cases} \tag{6.26}$$

三个方向上的综合精度为

$$\sigma_{x,y,z}^2 = \sigma_R^2 \cdot \left[\boldsymbol{P}_1(1,1) + \boldsymbol{P}_1(2,2) + \boldsymbol{P}_1(3,3) \right] \tag{6.27}$$

6.4 单信标多基线逐点融合定位

6.4.1 多基线坐标统一

$R\dot{R}$ 测距测速体制与 RAE 定位体制融合的先决条件是两种体制的定位结果在相同坐标系下表示，其实质是要把固定坐标系转换到移动坐标系，坐标转换的过程称为坐标统一或者空间统一. 距离与坐标系的选取无关，但是方位角和俯仰角依赖坐标系. 假设长基线测距测速体制所用的坐标是发射点为原点的“东北天”测站系(简称发射点测站系)(定系)，而短基线 RAE 体制所用的坐标是短基线为原点的“东北天”测站系(简称短基线测站系)(动系).

由于发射点测站系是固定不变的，所以一般要把短基线测站系坐标转到地心系，然后转到发射点测站系，转化步骤类似(6.12)～(6.17)，但是又略有差异. 差异的关键是：融合解算的基础是雅可比矩阵，长基线的雅可比矩阵是方向向量，与平移无关，而短基线的雅可比矩阵与坐标之差有关，所以长短基线融合时，无需考虑平移. 综上，在长短基线融合解算时发射点测站系(定系)到短基线测站系(动系)的转换过程如下.

第一步：获得发射点的大地系坐标 $\left[B,L,H\right]$ 和地心系坐标 $\boldsymbol{X}_f=\left[x,y,z\right]^{\mathrm{T}}$；

$$\begin{cases}x=\left(N+H\right)\cos B\cos L,\\ y=\left(N+H\right)\cos B\sin L,\\ z=\left(N(1-e^2)+H\right)\sin B,\end{cases}\qquad N=\frac{a}{\sqrt{1-e^2\sin^2 B}} \tag{6.28}$$

第二步：长基线对目标的定位结果在发射点测站系下表示为 $\boldsymbol{X}_c=[x_c,y_c,z_c]^{\mathrm{T}}$，实质为发射点 $\boldsymbol{X}_f$ 与目标点 $\boldsymbol{X}_l$ 的差在发射点测站系下表示.

第三步：将坐标差向量 $\boldsymbol{X}_c$ 在地心系下表示为 $\boldsymbol{X}_d$

$$\boldsymbol{X}_d=\boldsymbol{M}\left(-B,L\right)^{\mathrm{T}}\boldsymbol{X}_c \tag{6.29}$$

其中

$$\boldsymbol{M}\left(-B,L\right)=\begin{bmatrix}-\sin L & \cos L & 0\\ -\cos L\cdot\sin B & -\sin L\cdot\sin B & \cos B\\ \cos B\cdot\cos L & \cos B\cdot\sin L & \sin B\end{bmatrix}$$

第四步：将 $\boldsymbol{X}_d$ 在短基线测站系下表示 $\boldsymbol{X}_c^{\mathrm{sbl}}$，短基线测站系原点的大地系坐标为 $\left[B_0,L_0,H_0\right]$，则

$$\boldsymbol{X}_c^{\mathrm{sbl}}=\boldsymbol{M}\left(-B_0,L_0\right)\boldsymbol{X}_d \tag{6.30}$$

综合(6.29), (6.30)得

$$\boldsymbol{X}_c^{\text{sbl}} = \boldsymbol{M}(-B_0, L_0)\boldsymbol{M}(-B, L)^{\text{T}}\boldsymbol{X}_c \tag{6.31}$$

$$\boldsymbol{X}_c = \boldsymbol{M}(-B, L)\boldsymbol{M}(-B_0, L_0)^{\text{T}}\boldsymbol{X}_c^{\text{sbl}} \tag{6.32}$$

6.4.2　多基线雅可比矩阵

经过坐标统一，长短基线的坐标已经在短基线测站系(动系)下表示. 多基线单信标逐点融合定位的雅可比矩阵由两部分组成，如下

$$\boldsymbol{J} = \begin{bmatrix} \boldsymbol{J}_1 \\ \boldsymbol{J}_2 \end{bmatrix} \tag{6.33}$$

其中 $\boldsymbol{J}_1$ 对应长基线的 m 个测距元，即(6.8)，所以 $\boldsymbol{J}_1 \in \mathbb{R}^{m\times 3}$，同(6.24)，满足

$$\boldsymbol{J}_1 = \begin{bmatrix} & \vdots & \\ l_i & m_i & n_i \\ & \vdots & \end{bmatrix} \in \mathbb{R}^{m\times 3} \tag{6.34}$$

另外，$\boldsymbol{J}_2$ 对应短基线的 3 个测元: 测距、方位、俯仰，即(6.1), (6.3), (6.2)，所以 $\boldsymbol{J}_2 \in \mathbb{R}^{3\times 3}$. 由(6.1)可知

$$\frac{\partial R}{\partial [x, y, z]} = [l_0, m_0, n_0] \tag{6.35}$$

其中

$$[l_0, m_0, n_0] = \left[\frac{x - x_{00}}{R}, \frac{y - y_{00}}{R}, \frac{z - z_{00}}{R}\right] \tag{6.36}$$

记

$$\begin{cases} \bar{x} = x - x_{00} \\ \bar{y} = y - y_{00} \\ \bar{z} = z - z_{00} \end{cases} \tag{6.37}$$

再记

$$[A_x, A_y, A_z] = \left[\frac{\bar{y}}{\bar{x}^2 + \bar{y}^2}, -\frac{\bar{x}}{\bar{x}^2 + \bar{y}^2}, 0\right] \tag{6.38}$$

由(6.3)可知

$$\frac{\partial A}{\partial [x, y, z]} = [A_x, A_y, A_z] \tag{6.39}$$

同理，记

$$[E_x,E_y,E_z]=\left[-\frac{1}{R^2}\cdot\frac{\bar{z}\cdot\bar{x}}{\sqrt{\bar{x}^2+\bar{y}^2}},-\frac{1}{R^2}\cdot\frac{\bar{z}\cdot\bar{y}}{\sqrt{\bar{x}^2+\bar{y}^2}},\frac{\sqrt{\bar{x}^2+\bar{y}^2}}{R^2}\right] \tag{6.40}$$

由(6.2)可知

$$\frac{\partial E}{\partial[x,y,z]}=\left[E_x,E_y,E_z\right] \tag{6.41}$$

综上

$$\boldsymbol{J}_2=\begin{bmatrix} l_0 & m_0 & n_0 \\ A_x & A_y & A_z \\ E_x & E_y & E_z \end{bmatrix} \tag{6.42}$$

6.5　多项式约束的单信标多基线定位

6.5.1　多项式约束

水下环境的误差源较多，误差幅值较大，当测元没有冗余时，长短基线解算结果扰动比较明显，无法满足任务的精度需求. 注意到水下目标运动具有一定的时序关联特性，假定这些特性可以用 CP（常位置）、CV（常速度）、CA（常加速度）或者 Jerk（常加加速度）等多项式模型刻画，通过时间冗余可获得更高的数据处理精度，下面以 Jerk 模型(3 次多项式模型)为例，给出多项式约束的长短基线定位和精度分析过程. 假定目标中心 $\boldsymbol{X}=[x,y,z]^{\mathrm{T}}$ 的 K 个时刻的轨迹用 3 次多项式模型刻画，如下

$$\begin{cases} x=a_xt^3+b_xt^2+c_xt+d_x, \\ y=a_yt^3+b_yt^2+c_yt+d_y, \quad t=h,2h,\cdots,Kh \\ z=a_zt^3+b_zt^2+c_zt+d_z, \end{cases} \tag{6.43}$$

其中$\left[a_x,b_x,c_x,d_x,a_y,b_y,c_y,d_y,a_z,b_z,c_z,d_z\right]$是未知的待估计的时序参数，可以构建包含 mK 个长基线测距方程、mK 个长基线测速方程、$3K$ 个短基线测距测角方程的非线性方程组，把未知参数记为

$$\boldsymbol{\beta}=\left[a_x,b_x,c_x,d_x,a_y,b_y,c_y,d_y,a_z,b_z,c_z,d_z\right]^{\mathrm{T}} \tag{6.44}$$

6.5.2　测距元的雅可比矩阵

在 t 时刻第 i 个测站的测距元 $R_i^{(t)}$ 为

$$R_i^{(t)}=\sqrt{\left(x-x_{0i}\right)^2+\left(y-y_{0i}\right)^2+\left(z-z_{0i}\right)^2}\quad (i=1,\cdots,m) \tag{6.45}$$

若多元函数的所有偏导数在某点的邻域内都存在，且均在该点连续，则该函数在该点可微，依据复合求导法则，对于第 t 时刻第 i 个测站的测距记为 $R_i^{(t)}$，有

$$\frac{\partial}{\partial \boldsymbol{\beta}^{\mathrm{T}}}R_i^{(t)}=\frac{\partial R_i^{(t)}}{\partial[x,y,z]}\frac{\partial[x,y,z]^{\mathrm{T}}}{\partial \boldsymbol{\beta}^{\mathrm{T}}}\in\mathbb{R}^{1\times 12} \tag{6.46}$$

依据(6.1)

$$\frac{\partial R_i^{(t)}}{\partial[x,y,z]}=[l_i,m_i,n_i]\in\mathbb{R}^{1\times 3} \tag{6.47}$$

其中 $[l_i,m_i,n_i]$ 为方向余弦，即

$$l_i=\frac{x-x_{0i}}{R_i},\quad m_i=\frac{y-y_{0i}}{R_i},\quad n_i=\frac{z-z_{0i}}{R_i} \tag{6.48}$$

依据(6.43)有

$$\frac{\partial[x,y,z]^{\mathrm{T}}}{\partial \boldsymbol{\beta}^{\mathrm{T}}}=\begin{bmatrix} t^3 & t^2 & t^1 & t^0 & & & & & & & & \\ & & & & t^3 & t^2 & t^1 & t^0 & & & & \\ & & & & & & & & t^3 & t^2 & t^1 & t^0 \end{bmatrix}\in\mathbb{R}^{3\times 12} \tag{6.49}$$

综上得

$$\frac{\partial}{\partial \boldsymbol{\beta}^{\mathrm{T}}}R_i^{(t)}=[t^3l_i,t^2l_i,t^1l_i,t^0l_i,t^3m_i,t^2m_i,t^1m_i,t^0m_i,t^3n_i,t^2n_i,t^1n_i,t^0n_i]$$

依据张量积记号有

$$\frac{\partial}{\partial \boldsymbol{\beta}^{\mathrm{T}}}R_i^{(t)}=[l_i,m_i,n_i]\otimes\left[t^3,t^2,t^1,t^0\right]\in\mathbb{R}^{1\times 12} \tag{6.50}$$

综上，测距元的雅可比矩阵记为

$$\boldsymbol{J}_R=\begin{bmatrix}\vdots \\ [l_i,m_i,n_i]\otimes\left[t^3,t^2,t^1,t^0\right] \\ \vdots\end{bmatrix}\in\mathbb{R}^{Km\times 12} \tag{6.51}$$

6.5.3　测速元的雅可比矩阵

目标中心的速度为 $[\dot{x},\dot{y},\dot{z}]$，在 t 时刻第 i 个测站的测速元 $\dot{R}_i^{(t)}$ 为

$$\dot{R}_i^{(t)}=[l_i,m_i,n_i][\dot{x},\dot{y},\dot{z}]^{\mathrm{T}} \tag{6.52}$$

依据 4.2 节和(6.10)可知

$$\frac{\partial \dot{R}_i^{(t)}}{\partial [x,y,z,\dot{x},\dot{y},\dot{z}]} = \left[\dot{l}_i,\dot{m}_i,\dot{n}_i,l_i,m_i,n_i\right] \in \mathbb{R}^{1\times 6} \tag{6.53}$$

其中

$$\dot{l}_i = \frac{\dot{x} - \dot{R}_i^{(t)} l_i}{R_i^{(t)}}, \quad \dot{m}_i = \frac{\dot{y} - \dot{R}_i^{(t)} m_i}{R_i^{(t)}}, \quad \dot{n}_i = \frac{\dot{z} - \dot{R}_i^{(t)} n_i}{R_i^{(t)}} \tag{6.54}$$

因为

$$\frac{\partial [x,y,z]^{\mathrm{T}}}{\partial \boldsymbol{\beta}^{\mathrm{T}}} = \begin{bmatrix} t^3 & t^2 & t^1 & t^0 & & & & & & & & \\ & & & & t^3 & t^2 & t^1 & t^0 & & & & \\ & & & & & & & & t^3 & t^2 & t^1 & t^0 \end{bmatrix} \in \mathbb{R}^{3\times 12}$$

$$\frac{\partial [\dot{x},\dot{y},\dot{z}]^{\mathrm{T}}}{\partial \boldsymbol{\beta}^{\mathrm{T}}} = \begin{bmatrix} 3t^2 & 2t^1 & 1t^0 & 0 & & & & & & & & \\ & & & & 3t^2 & 2t^1 & 1t^0 & 0 & & & & \\ & & & & & & & & 3t^2 & 2t^1 & 1t^0 & 0 \end{bmatrix} \in \mathbb{R}^{3\times 12}$$

依据张量积记号有

$$\begin{aligned} & \frac{\partial \dot{R}_i^{(t)}}{\partial [x,y,z,\dot{x},\dot{y},\dot{z}]} \frac{\partial [x,y,z,\dot{x},\dot{y},\dot{z}]^{\mathrm{T}}}{\partial \boldsymbol{\beta}^{\mathrm{T}}} \\ &= [t^3\dot{l}_i, t^2\dot{l}_i, t^1\dot{l}_i, t^0\dot{l}_i, t^3\dot{m}_i, t^2\dot{m}_i, t^1\dot{m}_i, t^0\dot{m}_i, t^3\dot{n}_i, t^2\dot{n}_i, t^1\dot{n}_i, t^0\dot{n}_i] \\ &\quad + [3t^2 l_i, 2t^1 l_i, t^0 l_i, 0l_i, 3t^2 m_i, 2t^1 m_i, t^0 m_i, 0m_i, 3t^2 n_i, 2t^1 n_i, t^0 n_i, 0n_i] \\ &= \left[\dot{l}_i,\dot{m}_i,\dot{n}_i\right] \otimes \left[t^3,t^2,t^1,t^0\right] + \left[l_i,m_i,n_i\right] \otimes \left[3t^2,2t^1,1,0\right] \end{aligned}$$

所以

$$\frac{\partial}{\partial \boldsymbol{\beta}^{\mathrm{T}}} \dot{R}_i^{(t)} = \left[\dot{l}_i,\dot{m}_i,\dot{n}_i\right] \otimes \left[t^3,t^2,t^1,t^0\right] + \left[l_i,m_i,n_i\right] \otimes \left[3t^2,2t^1,1,0\right] \in \mathbb{R}^{1\times 12} \tag{6.55}$$

综上，测速元的雅可比矩阵记为

$$\boldsymbol{J}_{\dot{R}} = \begin{bmatrix} \vdots \\ \left[\dot{l}_i,\dot{m}_i,\dot{n}_i\right] \otimes \left[t^3,t^2,t^1,t^0\right] + \left[l_i,m_i,n_i\right] \otimes \left[3t^2,2t^1,1,0\right] \\ \vdots \end{bmatrix} \in \mathbb{R}^{Km\times 12} \tag{6.56}$$

6.5.4 方位角的雅可比矩阵

令 $D = \sqrt{(x-x_{0i})^2 + (y-y_{0i})^2}$，则在 t 时刻第 i 个测站的方位角为

$$A_i^{(t)} = \begin{cases} \operatorname{acos}\left(\dfrac{y-y_{0i}}{D}\right), & x - x_{0i} \geqslant 0 \\ 2\pi - \operatorname{acos}\left(\dfrac{y-y_{0i}}{D}\right), & x - x_{0i} < 0 \end{cases} \tag{6.57}$$

再利用$\frac{\partial}{\partial x}\operatorname{acos}x=\frac{-1}{\sqrt{1-x^2}}$，依据(6.38)有

$$\frac{\partial A_i^{(t)}}{\partial[x,y,z]}=\left[\frac{(y-y_{0i})}{D^2},-\frac{(x-x_{0i})}{D^2},0\right]\in\mathbb{R}^{1\times3} \tag{6.58}$$

记为

$$\frac{\partial A_i^{(t)}}{\partial[x,y,z]}=\left[A_x,A_y,0\right]\in\mathbb{R}^{1\times3} \tag{6.59}$$

则

$$\frac{\partial[x,y,z]^{\mathrm{T}}}{\partial\boldsymbol{\beta}^{\mathrm{T}}}=\begin{bmatrix} t^3 & t^2 & t^1 & t^0 & & & & & & & & \\ & & & & t^3 & t^2 & t^1 & t^0 & & & & \\ & & & & & & & & t^3 & t^2 & t^1 & t^0 \end{bmatrix}\in\mathbb{R}^{3\times12} \tag{6.60}$$

$$\frac{\partial}{\partial\boldsymbol{\beta}^{\mathrm{T}}}A_i^{(t)}=\frac{\partial A_i^{(t)}}{\partial[x,y,z]}\frac{\partial[x,y,z]^{\mathrm{T}}}{\partial\boldsymbol{\beta}^{\mathrm{T}}}\in\mathbb{R}^{1\times12} \tag{6.61}$$

依据张量积记号有

$$\frac{\partial}{\partial\boldsymbol{\beta}^{\mathrm{T}}}R_i^{(t)}=\left[A_x,A_y,0\right]\otimes\left[t^3,t^2,t^1,t^0\right]\in\mathbb{R}^{1\times12} \tag{6.62}$$

所以方位角的雅可比矩阵记为

$$\boldsymbol{J}_A=\begin{bmatrix}\vdots\\ \left[A_x,A_y,0\right]\otimes\left[t^3,t^2,t^1,t^0\right]\\ \vdots\end{bmatrix}\in\mathbb{R}^{K\times12} \tag{6.63}$$

6.5.5 俯仰角的雅可比矩阵

令$D=\sqrt{(x_{1j}-x_{0i})^2+(y_{1j}-y_{0i})^2}$，则在$t$时刻第$i$个测站的俯仰角为

$$E_i^{(t)}=\operatorname{atan}\left(\frac{z-z_{0i}}{D}\right) \tag{6.64}$$

再利用$\frac{\partial}{\partial x}\operatorname{atan}x=\frac{1}{1+x^2}$，再依据(6.41)有

$$\frac{\partial E_i^{(t)}}{\partial[x,y,z]}=\frac{1}{R_i^{(t)}R_i^{(t)}}\cdot\left[-\frac{(z-z_{0i})\cdot(x-x_{0i})}{D},-\frac{(z-z_{0i})\cdot(y-y_{0i})}{D},D\right]\in\mathbb{R}^{1\times3} \tag{6.65}$$

记为

$$\frac{\partial E_i^{(t)}}{\partial[x,y,z]}=\left[E_x,E_y,E_z\right]\in\mathbb{R}^{1\times3} \tag{6.66}$$

则

$$\frac{\partial[x,y,z]^{\mathrm{T}}}{\partial\boldsymbol{\beta}^{\mathrm{T}}}=\begin{bmatrix} t^3 & t^2 & t^1 & t^0 & & & & & & & & \\ & & & & t^3 & t^2 & t^1 & t^0 & & & & \\ & & & & & & & & t^3 & t^2 & t^1 & t^0 \end{bmatrix}\in\mathbb{R}^{3\times12} \tag{6.67}$$

$$\frac{\partial}{\partial\boldsymbol{\beta}^{\mathrm{T}}}E_i^{(t)}=\frac{\partial E_i^{(t)}}{\partial[x,y,z]}\frac{\partial[x,y,z]^{\mathrm{T}}}{\partial\boldsymbol{\beta}^{\mathrm{T}}}\in\mathbb{R}^{1\times12} \tag{6.68}$$

依据张量积记号有

$$\frac{\partial}{\partial\boldsymbol{\beta}^{\mathrm{T}}}E_i^{(t)}=\left[E_x,E_y,E_z\right]\otimes\left[t^3,t^2,t^1,t^0\right]\in\mathbb{R}^{1\times12} \tag{6.69}$$

综上，俯仰角的雅可比矩阵记为

$$\boldsymbol{J}_E=\begin{bmatrix} \vdots \\ \left[E_x,E_y,E_z\right]\otimes\left[t^3,t^2,t^1,t^0\right] \\ \vdots \end{bmatrix}\in\mathbb{R}^{K\times12} \tag{6.70}$$

6.5.6　多项式约束的长-短基线定位

(1) 多项式约束的长基线测量数据融合解算的总雅可比矩阵为

$$\boldsymbol{J}_{LBL}=\begin{bmatrix}\boldsymbol{J}_R\\ \boldsymbol{J}_{\dot{R}}\end{bmatrix}\in\mathbb{R}^{2mK\times12} \tag{6.71}$$

向上观测的位置初值可设置为

$$\boldsymbol{\beta}_0=\left[0,0,0,0,0,0,0,0,0,0,0,h_0\right]^{\mathrm{T}}\in\mathbb{R}^{12\times1} \tag{6.72}$$

其中 h_0 为测站平面上方某个高度. 利用 $\boldsymbol{\beta}_0$ 代入测距-测速公式中的 $[x,y,z]$ 获得计算的长基线测距 $\boldsymbol{f}_{\mathrm{LBL},R}(\boldsymbol{\beta})$ 和计算的长基线测速 $\boldsymbol{f}_{\mathrm{LBL},\dot{R}}(\boldsymbol{\beta})$，共同构成计算向量

$$\boldsymbol{f}_{\mathrm{LBL}}(\boldsymbol{\beta})=\begin{bmatrix}\boldsymbol{f}_{\mathrm{LBL},R}(\boldsymbol{\beta})\\ \boldsymbol{f}_{\mathrm{LBL},\dot{R}}(\boldsymbol{\beta})\end{bmatrix}\in\mathbb{R}^{2mK\times1} \tag{6.73}$$

继而用观测的长基线测距 $\boldsymbol{Y}_{\mathrm{LBL},R}$，观测的测速 $\boldsymbol{Y}_{\mathrm{LBL},\dot{R}}$，共同构成测量向量

$$\boldsymbol{Y}_{\mathrm{LBL}}=\begin{bmatrix}\boldsymbol{Y}_{\mathrm{LBL},R}\\ \boldsymbol{Y}_{\mathrm{LBL},\dot{R}}\end{bmatrix}\in\mathbb{R}^{2mK\times1} \tag{6.74}$$

作差获得 OC 残差

$$\boldsymbol{e} = \boldsymbol{Y}_{\mathrm{LBL}} - \boldsymbol{f}_{\mathrm{LBL}}\left(\boldsymbol{\beta}\right) \in \mathbb{R}^{2mK \times 1} \tag{6.75}$$

目标函数为

$$F\left(\boldsymbol{\beta}\right) = \frac{1}{2}\left\|\boldsymbol{Y}_{\mathrm{LBL}} - \boldsymbol{f}_{\mathrm{LBL}}\left(\boldsymbol{\beta}\right)\right\|^2 \tag{6.76}$$

调整 s 确保目标函数下降，依下式迭代

$$\boldsymbol{\beta}_{k+1} = \boldsymbol{\beta}_k + \frac{1}{2^s}\left(\boldsymbol{J}_{\mathrm{LBL}}^{\mathrm{T}}\boldsymbol{J}_{\mathrm{LBL}}\right)^{-1}\boldsymbol{J}_{\mathrm{LBL}}^{\mathrm{T}}\boldsymbol{e} \tag{6.77}$$

最终，利用高斯-牛顿迭代可以获得 $\boldsymbol{\beta}$ 的最小二乘估计.

(2) 短基线测元的总雅可比阵，$\boldsymbol{J}_{R_0} \in \mathbb{R}^{K\times 12}$ 表示短基线测距的雅可比阵为

$$\boldsymbol{J}_{\mathrm{SBL}} = \begin{bmatrix} \boldsymbol{J}_{R_0} \\ \boldsymbol{J}_A \\ \boldsymbol{J}_E \end{bmatrix} \in \mathbb{R}^{3K \times 12}$$

(3) 多项式约束的长基线-短基线测量数据融合解算的总雅可比阵为

$$\boldsymbol{J}_{\mathrm{LBL,SBL}} = \begin{bmatrix} \boldsymbol{J}_R \\ \boldsymbol{J}_{\dot{R}} \\ \boldsymbol{J}_{R_0} \\ \boldsymbol{J}_A \\ \boldsymbol{J}_E \end{bmatrix} \in \mathbb{R}^{(2m+3)K \times 12}$$

6.5.7　精度评估

参数 $\boldsymbol{\beta} = \left[a_x, b_x, c_x, d_x, a_y, b_y, c_y, d_y, a_z, b_z, c_z, d_z\right]^{\mathrm{T}}$ 的精度用 $\boldsymbol{P} = \left(\boldsymbol{J}(\boldsymbol{\beta})^{\mathrm{T}}\boldsymbol{J}(\boldsymbol{\beta})\right)^{-1} \in \mathbb{R}^{12\times 12}$ 和 $\hat{\sigma}^2$ 来刻画，若 N 表示测量向量的总维数，则

$$\hat{\sigma}^2 = \frac{\|\boldsymbol{e}\|^2}{N-12} \tag{6.78}$$

任意时刻 t 的三个方向位置 $[x, y, z]$ 的精度为

$$\begin{cases} \sigma_{x,t}^2 = \hat{\sigma}^2 \cdot \left[t^6 \cdot \boldsymbol{P}(1,1) + t^4 \cdot \boldsymbol{P}(2,2) + t^2 \cdot \boldsymbol{P}(3,3) + 1 \cdot \boldsymbol{P}(4,4)\right] \\ \sigma_{y,t}^2 = \hat{\sigma}^2 \cdot \left[t^6 \cdot \boldsymbol{P}(5,5) + t^4 \cdot \boldsymbol{P}(6,6) + t^2 \cdot \boldsymbol{P}(7,7) + 1 \cdot \boldsymbol{P}(8,8)\right] \\ \sigma_{z,t}^2 = \hat{\sigma}^2 \cdot \left[t^6 \cdot \boldsymbol{P}(9,9) + t^4 \cdot \boldsymbol{P}(10,10) + t^2 \cdot \boldsymbol{P}(11,11) + 1 \cdot \boldsymbol{P}(12,12)\right] \end{cases} \tag{6.79}$$

所有 K 个时刻的三个方向位置 $[x, y, z]$ 综合精度为

$$\sigma_{x,y,z}^2 = \frac{1}{K}\sum_{t=1}^{K}\left(\sigma_{x,t}^2 + \sigma_{y,t}^2 + \sigma_{z,t}^2\right) \tag{6.80}$$

任意时刻 t 的三个方向速度 $\left[\dot{x},\dot{y},\dot{z}\right]$ 的精度为

$$\begin{cases}\sigma_{\dot{x},t}^2 = \hat{\sigma}^2 \cdot \left[9t^4 \cdot \boldsymbol{P}(1,1) + 4t^2 \cdot \boldsymbol{P}(2,2) + 1 \cdot \boldsymbol{P}(3,3)\right] \\ \sigma_{\dot{y},t}^2 = \hat{\sigma}^2 \cdot \left[9t^4 \cdot \boldsymbol{P}(5,5) + 4t^2 \cdot \boldsymbol{P}(6,6) + 1 \cdot \boldsymbol{P}(7,7)\right] \\ \sigma_{\dot{z},t}^2 = \hat{\sigma}^2 \cdot \left[9t^4 \cdot \boldsymbol{P}(9,9) + 4t^2 \cdot \boldsymbol{P}(10,10) + 1 \cdot \boldsymbol{P}(11,11)\right]\end{cases} \tag{6.81}$$

所有 K 个时刻的三个方向速度 $\left[\dot{x},\dot{y},\dot{z}\right]$ 综合精度为

$$\sigma_{\dot{x},\dot{y},\dot{z}}^2 = \frac{1}{K}\sum_{t=1}^{K}\left(\sigma_{\dot{x},t}^2 + \sigma_{\dot{y},t}^2 + \sigma_{\dot{z},t}^2\right) \tag{6.82}$$

6.5.8 多项式约束定位的特异性

与逐点定位相比，多项式约束的定位方法的差异如下:

(1) 逐点定位方法中，构建方程的测元必须在同一时刻，换句话说逐点定位方法要求“所有测站、所有测元看到同一个目标的同一时刻状态”，也可以认为“同一个目标在不同时刻可以看成不同目标”．但是实际试验任务中，不同测站、不同测元基本上都是看到同一个目标的“不同”时刻的状态，正因如此，时间对齐、周期同步显得尤为关键，这正是定位试验数据预处理中的重要任务.

(2) 在多项式约束的定位方法中，可以为整体弹道所有时刻统一建模，不要求不同测站的样本容量相同，不要求“所有测站、所有测元看到同一个目标的同一时刻状态”，甚至测元数据表的不同行可以任意交换．换句话说多项式约束的定位方法只要求“所有测元看到同一个目标”.

(3) 逐点定位方法常用于实时任务，获得的目标轨迹往往带有很多毛刺．而多项式约束的定位方法常用于事后任务，获得的目标轨迹往往具有光滑性.

6.6 样条约束的单信标多基线定位

6.6.1 三次标准 B 样条的性质

假定在时间区间 $[a,b]$ 上一共有 K 个采样时刻，记为

$$a = T_1 < T_2 < \cdots < T_K = b \tag{6.83}$$

在 $[a,b]$ 左侧增加左节点，比如 T_0, T_{-1}，在 $[a,b]$ 右侧增加右节点，比如 T_{K+1}, T_{k+2}，满足

$$T_{-1} < T_0 < a = T_1 < T_2 < \cdots < T_K = b < T_{K+1} < T_{K+2} \tag{6.84}$$

左节点和右节点统称为外节点，外节点的节点距一般相等，取 Δt_{out}，即

$$\Delta t_{\text{out}} = T_0 - T_{-1} = T_1 - T_0 = T_{K+1} - T_K = T_{K+2} - T_{K+1} \tag{6.85}$$

在 $[a,b]$ 上均匀地选择 N 个内节点，内节点的节点距一般相等，取 Δt_{in}，即

$$\Delta t_{\text{in}} = \frac{b-a}{N-1} = T_K - T_{K-1} = \cdots = T_2 - T_1 \tag{6.86}$$

外节点和内节点统称为节点，一共有 M 个节点. 节点也称为特征点，代表轨迹的特性，比如起点、终点、拐点等等. 不妨内外节点是等距的，即

$$\Delta t_{\text{in}} = \Delta t_{\text{out}} \tag{6.87}$$

如果节点 t 与时标 T 一一对应，则所有采样点都是节点，此时标准 B 样条建模变成插值问题，会导致严重的 Runge 现象，所以一般来说 $K \gg M$，甚至两者相差多个数量级.

三次标准 B 样条函数是非负函数，非零区间是 $[-2,2]$，如下

$$B(t) = \begin{cases} \dfrac{|t|^3}{2} - t^2 + \dfrac{2}{3}, & |t| \leqslant 1 \\ -\dfrac{1}{6}|t|^3 + t^2 - 2|t| + \dfrac{4}{3}, & 1 < |t| < 2 \end{cases} \tag{6.88}$$

假定目标中心的轨迹可以用 M 个节点为中心的三次标准 B 样条函数的组合来刻画，如下

$$\begin{cases} x = \sum\limits_{j=1}^{M} b_j^x B\left(\dfrac{t-t_j}{\Delta t_j}\right) = x(t, \boldsymbol{b}_x) \\ y = \sum\limits_{j=1}^{M} b_j^y B\left(\dfrac{t-t_j}{\Delta t_j}\right) = y(t, \boldsymbol{b}_y) \\ z = \sum\limits_{j=1}^{M} b_j^z B\left(\dfrac{t-t_j}{\Delta t_j}\right) = z(t, \boldsymbol{b}_z) \end{cases} \tag{6.89}$$

其中 Δt_j 为节点距，规则如下:

(1) 对于等距节点，外节点对应 $\Delta t_j = \Delta t_{\text{out}}$，内节点对应 $\Delta t_j = \Delta t_{\text{in}}$.

(2) 对于非等距节点，若 $t < t_j$，则 $\Delta t_j = t_j - t_{j-1}$，否则 $\Delta t_j = t_{j+1} - t_j$.

式(6.89)中的 $3M$ 个未知的组合系数记为

$$\boldsymbol{\beta} = \left[b_1^x, \cdots, b_M^x; b_1^y, \cdots, b_M^y; b_1^z, \cdots, b_M^z\right]^{\mathrm{T}} \tag{6.90}$$

如果是水下目标定位，且坐标系的原点在水底，参数初值可设为

$$\boldsymbol{\beta}_0 = [0, \cdots, 0; 0, \cdots, 0; 1, \cdots, 1]^{\mathrm{T}} \tag{6.91}$$

用样条函数建模，不仅可以防止 Runge 现象，样条拟合曲线还是光滑的，即连续可微的. 用其他函数建模有何差别呢，下面做简要分析:

(1) 高次多项式建模. 为了简化建模，经常假定目标的全程轨迹满足多项式规律，但是实际任务中，目标在不同阶段都有局部特性，导致很难用单一的多项式刻画全程轨迹，而高次多项式又可能出现 Runge 现象，例如 $f(x)=\dfrac{1}{1+9x^2}$，如图 6-4 所示，它的插值函数在两个端点处发生剧烈的抖动，造成较大的拟合误差.

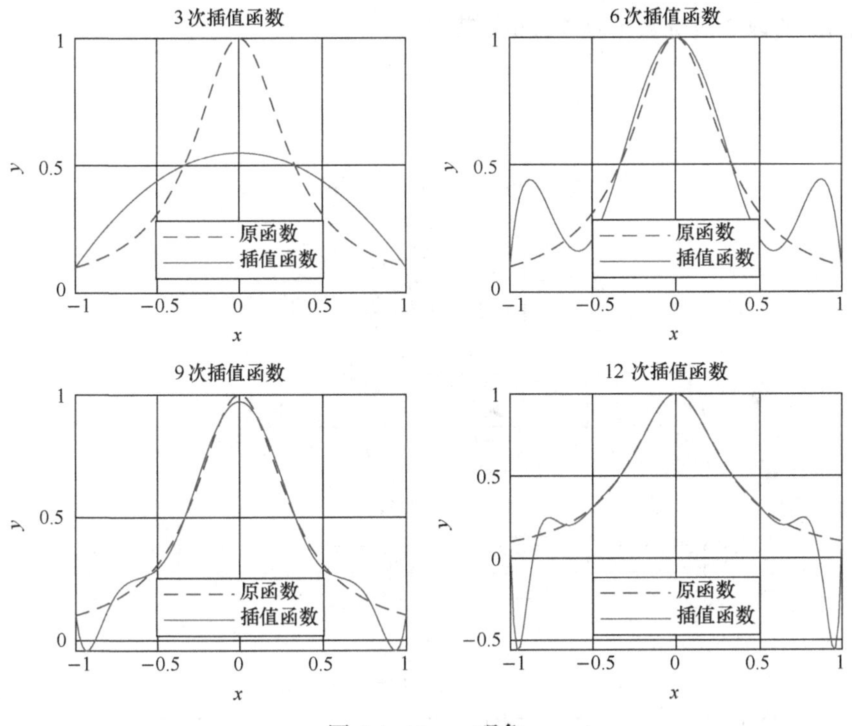

图 6-4　Runge 现象

(2) 分段线性函数建模. 一般来说，无论目标是否有高机动动作，其速度也是连续变化的，即位置的导数连续变化的，而分段线性函数是折线，其导数是跳跃非连续的，这与真实的运动场景不一致.

(3) 数据处理功能大致可划分为“实时-事后”、“拟合-插值”或者“平滑-滤波-预报”，样条拟合的数据处理方法聚焦在哪儿？因为基于样条的数据处理不可避免会下采样，所以样条方法是一种“事后”处理方法. 如果全部样本点都参与运算，那么样条拟合变成插值问题，会导致过拟合，本身没有滤波功能，更不能用于预报. 但是，通过抓取关键特征，经过下采样，在非采样点可以认为样条拟合方法具有一定的平滑和预报功能.

6.6.2　标准 B 样条函数的性质

如图 6-5 所示, 三次标准 B 样条函数具有非负性、对称性、二阶光滑性、概率规范性和截尾性.

(1) 非负性: $B(t)\geqslant 0$.

(2) 对称性: $B(t)$ 是偶函数, 相对纵轴对称, 即 $B(t)=B(-t)$.

(3) 二阶光滑性: $B(t)$ 的 2 阶导数是连续的, 记为 C^2, 因为二阶导数有曲线有折角, 所以 3 阶导数不是连续的, 其实

$$\dot{B}(t)=\begin{cases}\dfrac{1}{2}\operatorname{sign}(t)\cdot 3t^2-2t, & |t|\leqslant 1\\ -\dfrac{1}{2}\operatorname{sign}(t)\cdot t^2+2t-2\cdot\operatorname{sign}(t), & 1<|t|<2\end{cases}\tag{6.92}$$

$$\ddot{B}(t)=\begin{cases}\operatorname{sign}(t)\cdot 3t-t, & |t|\leqslant 1\\ -\operatorname{sign}(t)\cdot t+2, & 1<|t|<2\end{cases}\tag{6.93}$$

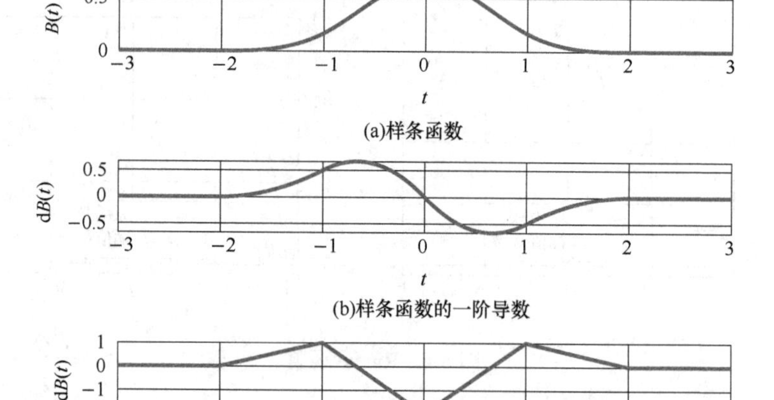

图 6-5　三次样条函数及其导数

(4) 概率规范性:

$$\int_{-2}^{2}B(t)\,\mathrm{d}t=1\tag{6.94}$$

(5) 截尾性：若 $|t| \geqslant 2$，则 $B(t)=0$，样条函数截尾设计的目的之一是抑制多项式边缘的 Runge 现象，但是会导致平滑性和预报性下降. 实际上，截尾性和延拓性是一对相互矛盾的属性，注意到当 $|t| \geqslant 2$ 时 $B(t)=0$，所以在等距采样条件下，在任意节点区间 $\left[t_j,t_{j+1}\right]$ 上，非零样条个数不超过 4，以 x 坐标为例，若 $t \in \left[t_j,t_{j+1}\right]$，则

$$x=b_{j-1}^x B\left(\frac{t-t_{j-1}}{\Delta t_j}\right)+b_j^x B\left(\frac{t-t_j}{\Delta t_j}\right)+b_{j+1}^x B\left(\frac{t-t_{j+1}}{\Delta t_j}\right)+b_{j+1}^x B\left(\frac{t-t_{j+2}}{\Delta t_j}\right) \tag{6.95}$$

这意味着起作用的基函数很少，样本点信息受限制使得平滑性和预报性变差.

6.6.3 概率样条函数及其优势

为了抑制了标准 B 样条的“截尾性”，同时保留“对称性、非负性、二阶光滑性、概率规范性”等优良特性，下面构造一种概率样条函数，记为 $B_p(t)$. 在形式上，它是期望为 0 方差为 σ^2 的正态分布密度函数，即

$$B_p(t)=\frac{1}{\sigma\sqrt{2\pi}}\mathrm{e}^{-\frac{t^2}{2\sigma^2}}, \quad t \in \mathbb{R} \tag{6.96}$$

其导数为

$$\dot{B}_p(t)=-\frac{t}{\sigma^2}\cdot\frac{1}{\sigma\sqrt{2\pi}}\mathrm{e}^{-\frac{t^2}{2\sigma^2}}, \quad t \in \mathbb{R} \tag{6.97}$$

$B_p(t)$ 的二阶泰勒展式是关于 t 的 4 次多项式

$$B_p(t)=\frac{1}{\sigma\sqrt{2\pi}}\mathrm{e}^{-\frac{t^2}{2\sigma^2}} \approx \frac{1}{\sigma\sqrt{2\pi}}\left(1-\frac{t^2}{2\sigma^2}+\frac{t^4}{8\sigma^4}\right)+o\left(\frac{t^2}{2\sigma^2}\right) \tag{6.98}$$

与三次标准 B 样条函数 $B(t)$ 相比，概率样条函数 $B_p(t)$ 的优势如下:

(1) 概率样条函数模型实质是混合高斯模型，保持了三次标准 B 样条函数的对称性、正定性、二阶光滑性，也没有显著的边缘 Runge 现象.

(2) 无穷光滑性，任意阶导数都是连续的，记为 C^∞，概率样条函数没有截断性，拟合作用可以延伸到更远，因此在同等节点数量的约束下，概率样条函数比三次标准 B 样条函数的拟合平滑性和预报性更好.

(3) 与样条函数表达式 $B(t)$ 相比，概率样条函数 $B_p(t)$ 的表达式更加简单. 因为前者是分段连续可导函数，属于 C^2，而后者是全局光滑函数，属于 C^∞.

(4) $B(t)$的曲线形态是固定的, 没有对应的尺度控制参数; $B_p(t)$的曲线形态是可变的, 有对应的尺度控制参数σ^2, σ^2越小, 曲线形态越"高瘦", 越能保持局部特性, Runge 现象越明显, 预报性能越低.

(5) 通过调整σ^2, 概率样条函数$B_p(t)$可以以任意精度逼近样条函数表达式$B(t)$. 例如, 当$\sigma=0.59$时, $B(t)$与$B_p(t)$几乎是重合的. 能否调整σ使其重合度更高呢? 一个思路是通过函数的距离来刻画$B(t)$与$B_p(t)$的相似度, 并设计算法搜索获得最优σ. $B_p(t)$与$B(t)$的距离用下式来刻画

$$d_\sigma(B_p,B)=\max_{t\in[-2,2]}\left|B_p(t)-B(t)\right| \tag{6.99}$$

$d_\sigma(B_p,B)$是关于σ的函数, 使得$d_\sigma(B_p,B)$最小的σ称为最佳标准差, 记为σ_{best}, 显然σ_{best}是存在的, 下面通过数值搜索的方法获取σ_{best}的近似值. 将$[0,1]$等分成$n=9$份, 得到$\sigma_1,\cdots,\sigma_n$, 调用数值运算命令 fminbnd 获得最小$d_{\sigma_i}(B_p,B)$对应的σ_i, 由图 6-6 可知, σ_{best}在 0.6 附近; 继续在 0.6 附近搜索, 发现σ_{best}在 0.59 附近; 进一步在 0.59 附近搜索, 发现σ_{best}在 0.5845 附近, 依次类推.

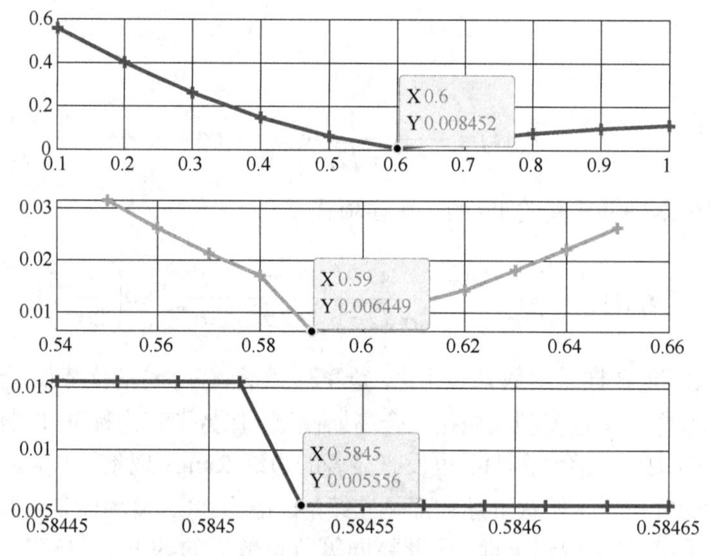

图 6-6　最优概率样条函数的搜索过程

也可以用多项式拟合数据匹配序列$\left[\sigma_1,d_{\sigma_1}(B_p,B)\right],\cdots,\left[\sigma_n,d_{\sigma_n}(B_p,B)\right]$, 得到$d_\sigma(B_p,B)$关于$\sigma$的函数$d_\sigma(B_p,B)=g(\sigma)$, 最后求$g(\sigma)$的极小值点, 就可以找到近似的$\sigma_{\text{best}}$, 对应的最优概率样条函数$B_p(t)$见图 6-7.

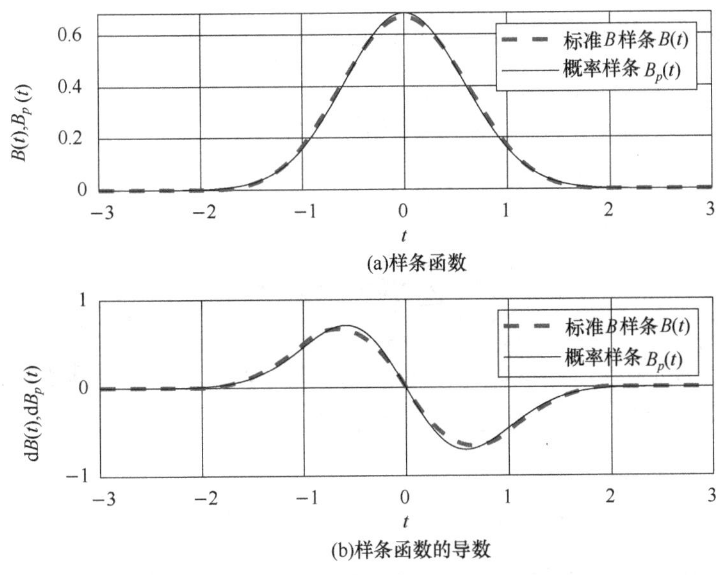

图 6-7　三次样条函数及最优概率样条函数

6.6.4　样条约束定位的基本过程

下面以测距定位为例介绍样条约束的定位算法，其中获取测距方程的雅可比矩阵是关键，测速方程、方位角方程、俯仰角方程对应的雅可比矩阵可以类似获得. 样条约束的定位算法与多项式约束的定位算法，形式上是类似的. 差别主要表现在：基函数不同、雅可比矩阵不同、初值设置不同、精度评估不同.

6.6.4.1　基函数不同

多项式约束的定位算法假定轨迹可以用 4 个基本多项式$1, t, t^2, t^3$的组合来刻画轨迹，如下

$$\begin{cases} x = a_x t^3 + b_x t^2 + c_x t + d_x, \\ y = a_y t^3 + b_y t^2 + c_y t + d_y, \quad t = h, 2h, \cdots, Kh \\ z = a_z t^3 + b_z t^2 + c_z t + d_z, \end{cases} \tag{6.100}$$

其中$\boldsymbol{\beta} = \left[a_x, b_x, c_x, d_x, a_y, b_y, c_y, d_y, a_z, b_z, c_z, d_z\right]^{\mathrm{T}}$是 12 个待估计的时序参数，基于测距方程和多项式约束定位模型的实质是包含mK个测距方程、12 个未知参数的非线性方程组，其中m是测站数量，K是样本容量.

样条约束的定位算法依赖人工选择的样条节点$t_1, t_2, \cdots, t_M$，对应的M个样条函数可记为$B\left(\dfrac{t-t_1}{\Delta t_1}\right), B\left(\dfrac{t-t_2}{\Delta t_2}\right), \cdots, B\left(\dfrac{t-t_M}{\Delta t_M}\right)$，简记为$B_1(t), B_2(t), \cdots, B_M(t)$，其中

B 可以是标准 B 样条函数 $B(t)$，也可以是概率样条 $B_p(t)$. 假定轨迹表示为如下

$$\begin{cases} x = \sum_{j=1}^{M} b_j^x B_j(t) = x(t, \boldsymbol{b}_x) \\ y = \sum_{j=1}^{M} b_j^y B_j(t) = y(t, \boldsymbol{b}_y) \\ z = \sum_{j=1}^{M} b_j^z B_j(t) = z(t, \boldsymbol{b}_z) \end{cases} \tag{6.101}$$

而 $\left[b_1^x, \cdots, b_M^x; b_1^y, \cdots, b_M^y; b_1^z, \cdots, b_M^z\right]$ 是 $3M$ 个待估计的时序参数，基于测距方程和样条约束定位模型的实质是包含 mK 个测距方程、$3M$ 个未知参数的非线性方程组.

6.6.4.2　雅可比矩阵不同

正因为基函数不同，导致雅可比矩阵也不同，但是结构类似于多项式约束的定位方法，参考(6.51), (6.56), (6.63), (6.70).

对于长基线，样条约束的定位方法的测距雅可比矩阵、测速雅可比矩阵分别为

$$\boldsymbol{J}_R = \begin{bmatrix} \vdots \\ [l_i, m_i, n_i] \otimes \left[B_1(t), B_2(t), \cdots, B_M(t)\right] \\ \vdots \end{bmatrix} \in \mathbb{R}^{Km \times 3M} \tag{6.102}$$

$$\boldsymbol{J}_{\dot{R}} = \begin{bmatrix} \vdots \\ \left[\dot{l}_i, \dot{m}_i, \dot{n}_i\right] \otimes \left[B_1(t), B_2(t), \cdots, B_M(t)\right] \\ \qquad + [l_i, m_i, n_i] \otimes \left[\dot{B}_1(t), \dot{B}_2(t), \cdots, \dot{B}_M(t)\right] \\ \vdots \end{bmatrix} \in \mathbb{R}^{Km \times 3M} \tag{6.103}$$

对于短基线，不考虑测距雅可比矩阵，则样条约束的定位方法的方位角雅可比矩阵、俯仰角雅可比矩阵分别为

$$\boldsymbol{J}_A = \begin{bmatrix} \vdots \\ \left[A_x, A_y, 0\right] \otimes \left[B_1(t), B_2(t), \cdots, B_M(t)\right] \\ \vdots \end{bmatrix} \in \mathbb{R}^{K \times 3M} \tag{6.104}$$

$$\boldsymbol{J}_E = \begin{bmatrix} \vdots \\ \left[E_x, E_y, E_z\right] \otimes \left[B_1(t), B_2(t), \cdots, B_M(t)\right] \\ \vdots \end{bmatrix} \in \mathbb{R}^{K \times 3M} \tag{6.105}$$

6.6.4.3 初值设置不同

在发射点测站系下，假定原点和测站在水下，并且向上观测目标，基于测距方程和多项式约束的定位模型的参数初值为(6.72):

$$\boldsymbol{\beta}_0 = \left[0,0,0,0,0,0,0,0,0,0,0,h_0\right]^{\mathrm{T}} \in \mathbb{R}^{12\times 1} \tag{6.106}$$

基于测距方程和样条约束定位模型的参数初值可以设置为

$$\boldsymbol{\beta}_0 = \left[0,\cdots,0;0,\cdots,0;1,\cdots,1\right]^{\mathrm{T}} \tag{6.107}$$

6.6.4.4 精度评估不同

多项式约束方法的精度评估公式参考 (6.78)～(6.82)，样条约束方法的参数 $\boldsymbol{\beta} = \left[b_1^x,\cdots,b_M^x;b_1^y,\cdots,b_M^y;b_1^z,\cdots,b_M^z\right]^{\mathrm{T}}$ 的估计精度用 $\boldsymbol{P} = \left(J(\boldsymbol{\beta})^{\mathrm{T}} J(\boldsymbol{\beta})\right)^{-1} \in \mathbb{R}^{3M\times 3M}$ 和 $\hat{\sigma}^2$ 来刻画，若 N 表示测量向量的总维数，$\boldsymbol{e}$ 为 OC 残差，则

$$\hat{\sigma}^2 = \frac{\|\boldsymbol{e}\|^2}{N-3M} \tag{6.108}$$

把样条函数简记为 $B_1,B_2,\cdots,B_M$，则在任意时刻 t，三个方向的位置精度为

$$\begin{cases} \sigma_{x,t}^2 = \hat{\sigma}^2 \cdot \sum\limits_{i=1}^{M} \boldsymbol{P}(i,i) \cdot B_i^2 \\ \sigma_{y,t}^2 = \hat{\sigma}^2 \cdot \sum\limits_{i=M+1}^{2M} \boldsymbol{P}(i,i) \cdot B_{i-M}^2 \\ \sigma_{z,t}^2 = \hat{\sigma}^2 \cdot \sum\limits_{i=2M+1}^{3M} \boldsymbol{P}(i,i) \cdot B_{i-2M}^2 \end{cases} \tag{6.109}$$

所有 K 个时刻的三个方向综合位置精度为

$$\sigma_{x,y,z}^2 = \frac{1}{K}\sum_{t=1}^{K}\left(\sigma_{x,t}^2 + \sigma_{y,t}^2 + \sigma_{z,t}^2\right) \tag{6.110}$$

在任意时刻 t，三个方向的速度精度位

$$\begin{cases} \sigma_{\dot{x},t}^2 = \hat{\sigma}^2 \cdot \sum\limits_{i=1}^{M} \boldsymbol{P}(i,i) \cdot \dot{B}_i^2 \\ \sigma_{\dot{y},t}^2 = \hat{\sigma}^2 \cdot \sum\limits_{i=M+1}^{2M} \boldsymbol{P}(i,i) \cdot \dot{B}_{i-M}^2 \\ \sigma_{\dot{z},t}^2 = \hat{\sigma}^2 \cdot \sum\limits_{i=2M+1}^{3M} \boldsymbol{P}(i,i) \cdot \dot{B}_{i-2M}^2 \end{cases} \tag{6.111}$$

所有 K 个时刻的三个方向综合速度精度为

$$\sigma_{\dot{x},\dot{y},\dot{z}}^2 = \frac{1}{K}\sum_{t=1}^{K}\left(\sigma_{\dot{x},t}^2 + \sigma_{\dot{y},t}^2 + \sigma_{\dot{z},t}^2\right) \tag{6.112}$$

6.7　弹道级融合

6.7.1　广义融合估计

以 x 轴为例，如果用两种方法都可以获得弹道，两种方法获得的弹道精度分别为 σ_1^2,σ_2^2，则弹道级广义融合公式为

$$x = \rho x_1 + (1-\rho)x_2 \tag{6.113}$$

广义融合精度为

$$\begin{aligned}\operatorname{var}(x) &= \rho^2 \operatorname{var}(x_1) + (1-\rho)^2 \operatorname{var}(x_2) \\ &= \rho^2\sigma_1^2 + (1-\rho)^2\sigma_2^2\end{aligned} \tag{6.114}$$

令

$$\frac{\partial}{\partial\rho}\operatorname{var}(x) = 2\rho\sigma_1^2 - 2(1-\rho)\sigma_2^2 = 0 \tag{6.115}$$

得

$$\rho = \frac{\sigma_2^2}{\sigma_1^2+\sigma_2^2} = \frac{\sigma_1^{-2}}{\sigma_1^{-2}+\sigma_2^{-2}},\quad 1-\rho = \frac{\sigma_1^2}{\sigma_1^2+\sigma_2^2} = \frac{\sigma_2^{-2}}{\sigma_1^{-2}+\sigma_2^{-2}} \tag{6.116}$$

6.7.2　狭义融合估计

狭义融合公式为

$$x = \frac{\sigma_2^2}{\sigma_1^2+\sigma_2^2}x_1 + \frac{\sigma_1^2}{\sigma_1^2+\sigma_2^2}x_2 \tag{6.117}$$

狭义融合精度公式为

$$\begin{aligned}\operatorname{var}(x) &= \left[\frac{\sigma_2^2}{\sigma_1^2+\sigma_2^2}\right]^2 \operatorname{var}(x_1) + \left[\frac{\sigma_1^2}{\sigma_1^2+\sigma_2^2}\right]^2 \operatorname{var}(x_2) \\ &= \left[\frac{\sigma_2^2}{\sigma_1^2+\sigma_2^2}\right]^2 \sigma_1^2 + \left[\frac{\sigma_1^2}{\sigma_1^2+\sigma_2^2}\right]^2 \sigma_2^2 \\ &= \sigma_2^2\sigma_1^2\frac{\sigma_2^2}{(\sigma_1^2+\sigma_2^2)^2} + \sigma_2^2\sigma_1^2\frac{\sigma_1^2}{(\sigma_1^2+\sigma_2^2)^2} \\ &= \frac{\sigma_2^2\sigma_1^2}{\sigma_1^2+\sigma_2^2} \leqslant \min\left\{\sigma_1^2,\sigma_2^2\right\}\end{aligned} \tag{6.118}$$

6.7.3 联合估计

可以发现，只有已知两台设备的测量精度σ_1^2,σ_2^2，才能计算出最优融合估计的加权因子ρ. 然而，在靶场数据处理中，σ_1^2,σ_2^2极有可能是未知的，此时，常用联合估计代替最优融合估计，联合估计的加权因子为$\rho=1/2$，估计参数为

$$x=\frac{1}{2}x_1+\frac{1}{2}x_2 \tag{6.119}$$

记

$$\lambda=\sigma_2/\sigma_1 \tag{6.120}$$

则联合精度公式为

$$\begin{aligned}\operatorname{var}(x)&=\frac{1}{4}\operatorname{var}(x_1)+\frac{1}{4}\operatorname{var}(x_2)\\&=\frac{1}{4}\left(\sigma_1^2+\sigma_2^2\right)=\frac{1}{4}\left(1+\lambda^2\right)\sigma_1^2\end{aligned} \tag{6.121}$$

若

$$1<\lambda<\sqrt{3} \tag{6.122}$$

则有

$$\operatorname{var}(x)=\frac{1}{4}\left(1+\lambda^2\right)\sigma_1^2<\sigma_1^2 \tag{6.123}$$

同理，若

$$1>\lambda>1/\sqrt{3} \tag{6.124}$$

则有

$$\operatorname{var}(x)=\frac{1}{4}\left(1+1/\lambda^2\right)\sigma_2^2<\sigma_2^2 \tag{6.125}$$

式(6.123)和(6.125)表明：如果λ在区间$[\sqrt{3}^{-1},\sqrt{3}]$上，就能保证联合估计的精度比高精度单设备的估计精度更高.

6.8 速度公式和精度分析

6.8.1 解析求速

假定已经由测距方程获得位置向量$\boldsymbol{X}=[x,y,z]^{\mathrm{T}}$，第$i$个基站跟踪到信标对应的方向余弦为

$$[l_i, m_i, n_i] = \left[\frac{x - x_{0i}}{R_i}, \frac{y - y_{0i}}{R_i}, \frac{z - z_{0i}}{R_i}\right] \quad (i = 1, \cdots, m) \tag{6.126}$$

跟踪测速值为

$$\dot{R}_i = l_i \dot{x} + m_i \dot{y} + n_i \dot{z} \quad (i = 1, \cdots, m) \tag{6.127}$$

记雅可比矩阵 $\boldsymbol{J}_{\dot{R}}$

$$\boldsymbol{J}_{\dot{R}} = \begin{bmatrix} & \vdots & \\ l_i & m_i & n_i \\ & \vdots & \end{bmatrix} \tag{6.128}$$

记测速方程为

$$\dot{\boldsymbol{R}} = \begin{bmatrix} & \vdots & \\ l_i & m_i & n_i \\ & \vdots & \end{bmatrix} \begin{bmatrix} \dot{x} \\ \dot{y} \\ \dot{z} \end{bmatrix} = \boldsymbol{J}\dot{\boldsymbol{X}} \tag{6.129}$$

解得

$$\dot{\boldsymbol{X}} = \left(\boldsymbol{J}^{\mathrm{T}}\boldsymbol{J}\right)^{-1} \boldsymbol{J}^{\mathrm{T}}\boldsymbol{b} \tag{6.130}$$

将 $\dot{\boldsymbol{X}} = [\dot{x}, \dot{y}, \dot{z}]^{\mathrm{T}}$ 代入(6.129)，得到径向速度的计算值 $\dot{\boldsymbol{R}}_c$，测速元精度可以用反算测元残差平方和来刻画，如下

$$\sigma_{\dot{R}}^2 = \frac{\left\|\boldsymbol{R} - \boldsymbol{R}_c\right\|^2}{m - 3} \tag{6.131}$$

速度解算值 $\dot{\boldsymbol{X}}$ 的精度用 $\boldsymbol{P}_1 = \left(\boldsymbol{J}_{\dot{R}}^{\mathrm{T}}\boldsymbol{J}_{\dot{R}}\right)^{-1} \in \mathbb{R}^{3\times 3}$ 和 $\sigma_{\dot{R}}^2$ 来刻画，$\dot{\boldsymbol{X}} = [\dot{x}, \dot{y}, \dot{z}]^{\mathrm{T}}$ 三个方向上的独立精度为

$$\begin{cases} \sigma_{\dot{x}}^2 = \sigma_{\dot{R}}^2 \cdot \boldsymbol{P}_1(1,1) \\ \sigma_{\dot{y}}^2 = \sigma_{\dot{R}}^2 \cdot \boldsymbol{P}_1(2,2) \\ \sigma_{\dot{z}}^2 = \sigma_{\dot{R}}^2 \cdot \boldsymbol{P}_1(3,3) \end{cases} \tag{6.132}$$

$\dot{\boldsymbol{X}} = [\dot{x}, \dot{y}, \dot{z}]^{\mathrm{T}}$ 三个方向上的综合精度为

$$\sigma_{\dot{x},\dot{y},\dot{z}}^2 = \sigma_{\dot{R}}^2 \cdot \left[\boldsymbol{P}_1(1,1) + \boldsymbol{P}_1(2,2) + \boldsymbol{P}_1(3,3)\right] \tag{6.133}$$

记为

$$\sigma_{\dot{X}}^2 = \mathrm{GDOP}^2 \cdot \sigma_{\dot{R}}^2 \tag{6.134}$$

6.8.2 差分求速

第 k 个序列的位置用 $\boldsymbol{X}_k=\left[x_k,y_k,z_k\right]^{\mathrm{T}}$ 表示，速度用 $\dot{\boldsymbol{X}}_k=\left[\dot{x}_k,\dot{y}_k,\dot{z}_k\right]^{\mathrm{T}}$ 表示，用差分公式解算速度

$$\dot{\boldsymbol{X}}_k=\frac{1}{h}\left[\boldsymbol{X}_k-\boldsymbol{X}_{k-1}\right] \tag{6.135}$$

简单的事后处理 3 点中心平滑公式为

$$\dot{\boldsymbol{X}}_k=\frac{1}{2h}\left[\boldsymbol{X}_{k+1}-\boldsymbol{X}_{k-1}\right] \tag{6.136}$$

以 x 方向为例，若采样周期为 h，并采用 CA 模型

$$x_k=a+b(kh)+c(kh)^2 \quad (k=-s,\cdots,0,1,\cdots,s) \tag{6.137}$$

事后处理用 $2s+1$ 中心平滑公式为

$$\hat{\dot{x}}_0=\hat{b}=\frac{1}{h}\frac{3}{s(s+1)(2s+1)}\sum_{i=-s}^{s}i\cdot x_i \tag{6.138}$$

若不同时刻 x_k 的误差相互独立，方差相同为 σ_x^2，则由 $2s+1$ 中心平滑速度的方差公式

$$\sigma_{\dot{x}}^2=\sum_{i=-s}^{s}\frac{i^2}{q_1^2h^2}\sigma^2=\sum_{i=-s}^{s}\frac{i^2}{q_1^2h^2}\sigma^2=\frac{1}{q_1h^2}\sigma^2 \tag{6.139}$$

其中

$$q_1=2\sum_{i=1}^{s}i^2=\frac{s(s+1)(2s+1)}{3} \tag{6.140}$$

第 7 章　水下多基线多信标体制

在水下小型靶场试验任务中，被测目标与测量设备的交互方式有单信标方式和多信标方式. 多信标与单信标的关键差别在于：单信标方式假定被测目标有唯一信标，而且信标安装在目标几何中心，而多信标方式假定被测几何中心无法安装信标，多个信标均匀地安装在被测目标表面，短基线及长基线与最近的信标进行通信，这给水下高精度定位带来了挑战. 本章介绍多信标条件下的高精度定位方法.

7.1　多信标多基线测量系统

7.1.1　多信标测量系统

如图 7-1 所示，与单信标体制不同，多个信标 $\boldsymbol{X}_{1i}\left(i=1,\cdots,n\right)$ 均匀分布在目标中心 $\boldsymbol{X}$ 周围的圆筒上，短基线站址为 $\boldsymbol{X}_{00}=\left[x_{00},y_{00},z_0\right]$，长基线站址为 $\boldsymbol{X}_{0i}=\left[x_{0i},y_{0i},z_{0i}\right]\left(i=1,\cdots,m\right)$，它们与最近的信标进行通信. 如图 7-2 所示，多信标体制的输入信息考虑了航向姿态测量仪(例如光纤罗经 OCTANS)，以及目标圆筒信标的安装角 θ_0，半径 r. 输出信息增加了一号信标的旋角 θ、各信标的绝对位置以及系统误差 $\left[\Delta h,\Delta c,\Delta t\right]$.

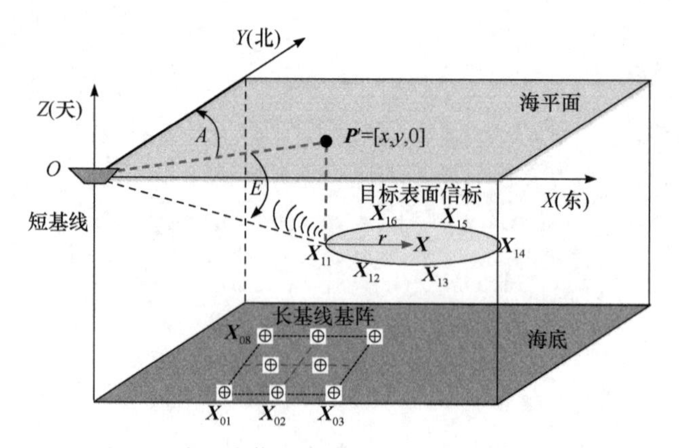

图 7-1　水下多信标多基线测量定位系统示意图

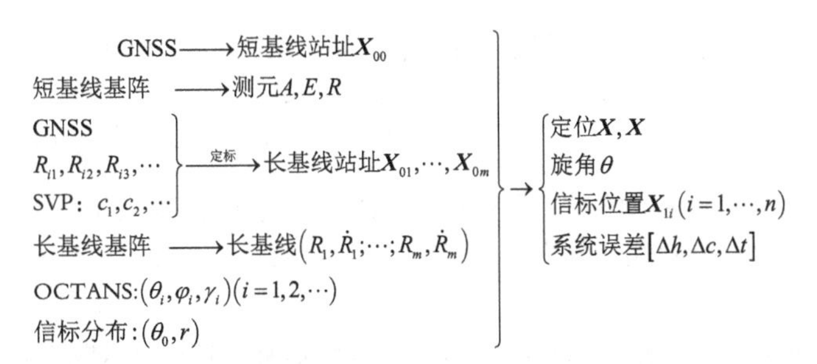

图 7-2　水下多基线多信标声学定位体制的信息流图

7.1.2　多信标测量方程

在第 6 章中，假定被测量设备能够直接观测到目标中心，或者说信标与目标中心是重合的. 但是，在很多应用场景中，被测目标中心无法与测量系统直接通信，需要在目标表面布设多个信标，从而实现目标与观测设备快速响应通信. 本章假定每个信标发出的声信号具有一定的方向性，声基阵的响应空间限定在某个圆锥体内部，如图 7-3 所示，有效响应角 t 的范围是 $t\in[\pi/3,\pi/2]$，相当于圆锥的锥角为 60 度.

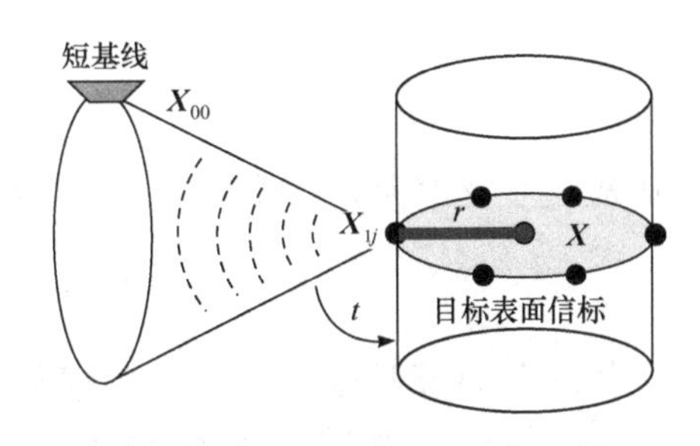

图 7-3　有效响应角示意图

假定被测目标表面均匀布设了 n 个信标，信标均匀分布在目标圆周上，目标半径为 r，相邻信标的角距为 $\theta_0=2\pi/n$，如图 7-4 所示.

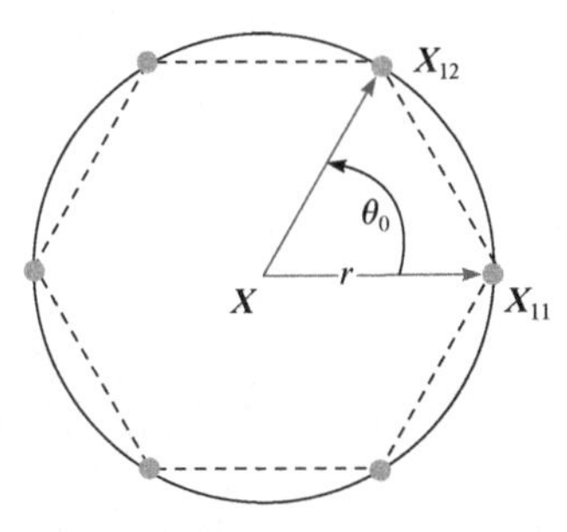

图 7-4　相邻信标的角距示意图

下文中所有坐标都在发射点为原点的“东北天”测站系下表示. 站址用 $\boldsymbol{X}_{0i}=[x_{0i},y_{0i},z_{0i}]^{\mathrm{T}}$ $(i=1,\cdots,m)$ 表示，其中 0 表示站址，i 表示第 i 个站；信标位置用 $\boldsymbol{X}_{1j}=[x_{1j},y_{1j},z_{1j}]^{\mathrm{T}}(j=1,\cdots,n)$ 表示，其中 1 表示信标，j 表示第 j 个信标. 目标中心 $\boldsymbol{X}=[x,y,z]^{\mathrm{T}}$ 是未知的，也是试验需要解算的关键参数，满足

$$\begin{cases}x_{1j}=x+r\cdot\cos((j-1)\theta_0+\theta),\\ y_{1j}=y+r\cdot\sin((j-1)\theta_0+\theta),\quad (j=1,\cdots,n)\\ z_{1j}=z\end{cases}\tag{7.1}$$

因为 1 号信标未必在目标的正东方向，所以存在未知的初始旋角 θ，表示 1

号信标相对于东向的夹角. 显然信标到目标中心的距离为常值, 即目标半径, 满足

$$r=\sqrt{(x-x_{1j})^2+(y-y_{1j})^2+(z-z_{1j})^2}\quad (j=1,\cdots,n) \tag{7.2}$$

假定包含 m 个基元的长基线声基阵固定在水底, 基元位置相当于站址, 第 i 个基元到第 j 个信标的距离为 R_{ij}，简记为 R_i，满足

$$R_i=\sqrt{(x_{1j}-x_{0i})^2+(y_{1j}-y_{0i})^2+(z_{1j}-z_{0i})^2}\quad (i=1,\cdots,m;j=1,\cdots,n) \tag{7.3}$$

这也是长基线测量系统在无误差情况下测得的距离值.

目标的速度 $\dot{\boldsymbol{X}}=[\dot{x},\dot{y},\dot{z}]^{\mathrm{T}}$ 也是未知的, 假定第 i 个基元到第 j 个信标的方向余弦为

$$[l_i,m_i,m_i]=\left[\frac{x_{1j}-x_{0i}}{R_i},\frac{y_{1j}-y_{0i}}{R_i},\frac{z_{1j}-z_{0i}}{R_i}\right] \tag{7.4}$$

则 R_{ij} 的变化率为 $\dot{R}_{ij}$，简记为 $\dot{R}_i$，满足

$$\dot{R}_i=l_i\dot{x}_{1j}+m_i\dot{y}_{1j}+m_i\dot{z}_{1j} \tag{7.5}$$

这也是长基线测量系统在无误差情况下测得的径向速率值.

短基线声基阵在水面附近, 可以等效为一个基元, 基元位置坐标用 $\boldsymbol{X}_{00}=[x_{00},y_{00},z_{00}]^{\mathrm{T}}$ 表示, 其中第一个 0 表示站址, 第二个 0 表示短基线, 跟踪到的信标记为 $\boldsymbol{X}_{1j}$，则获得的测距值类似(7.3), 满足

$$R=\sqrt{(x_{1j}-x_{00})^2+(y_{1j}-y_{00})^2+(z_{1j}-z_{00})^2} \tag{7.6}$$

短基线测量系统获得的方位角 A 满足

$$A=\begin{cases}\operatorname{acos}\left(\dfrac{y_{1j}-y_{00}}{\sqrt{(x_{1j}-x_{00})^2+(y_{1j}-y_{00})^2}}\right), & x_{1j}-x_{00}\geqslant 0\\ 2\pi-\operatorname{acos}\left(\dfrac{y_{1j}-y_{00}}{\sqrt{(x_{1j}-x_{00})^2+(y_{1j}-y_{00})^2}}\right), & x_{1j}-x_{00}<0\end{cases} \tag{7.7}$$

短基线测量系统获得的俯仰角 E 满足

$$E=\operatorname{atan}\left(\frac{z_{1j}-z_{00}}{\sqrt{(x_{1j}-x_{00})^2+(y_{1j}-y_{00})^2}}\right) \tag{7.8}$$

7.2　多信标短基线定位算法

7.2.1　目标中心补偿定位

如图 7-5 所示，海上靶场试验的目的是跟踪目标中心 $\boldsymbol{X}$，但是短基线基元 $\boldsymbol{X}_{00}$ 只能跟踪到目标表面的信标 $\boldsymbol{X}_{1j}$.

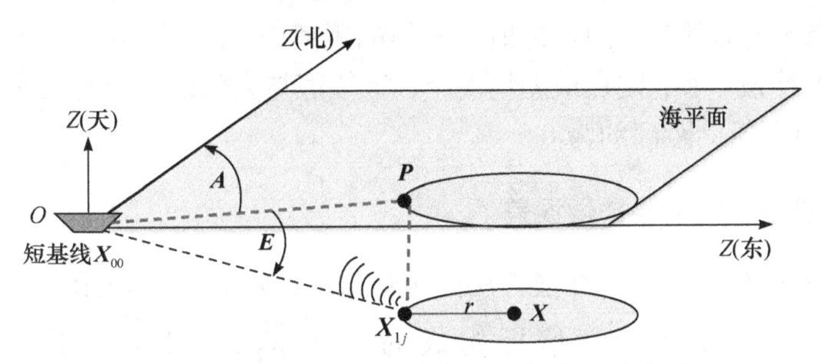

图 7-5　短基线基元、信标和目标中心示意图

假定短基线基元 $\boldsymbol{X}_{00}$ 与信标 $\boldsymbol{X}_{1j}$ 的距离最近，$\boldsymbol{P}$ 是信标 $\boldsymbol{X}_{1j}$ 在水面的投影，不妨假定四个点 $\boldsymbol{X}_{00},\boldsymbol{X}_{1j},\boldsymbol{X},\boldsymbol{P}$ 共面，且 $\boldsymbol{X}_{1j}$ 与 $\boldsymbol{X}$ 同高，可按照下式补偿目标中心 $\boldsymbol{X}$：

$$\boldsymbol{X}=\boldsymbol{X}_{1j}+r\begin{bmatrix}\sin A\\ \cos A\\ 0\end{bmatrix}\tag{7.9}$$

在实际应用中 $\boldsymbol{X}_{00},\boldsymbol{X}_{1j},\boldsymbol{X}$，$\boldsymbol{P}$ 极有可能不是共面的，使得补偿公式(7.9)得到的位置与真实位置仍然有差异. 下面分析差异性，简单起见，假定 $n=6$，$E=0$，则短基线基站与所有信标共面，由于信标是均匀分布，如图 7-6 所示. 当短基线基元与两个相邻基元 $\boldsymbol{X}_{1j},\boldsymbol{X}_{1k}$ 等距时，依据(7.9)将得到最差补偿 $\boldsymbol{X}'$. 依据正弦定理

$$\frac{R}{\sin\alpha}=\frac{r}{\sin\beta}\tag{7.10}$$

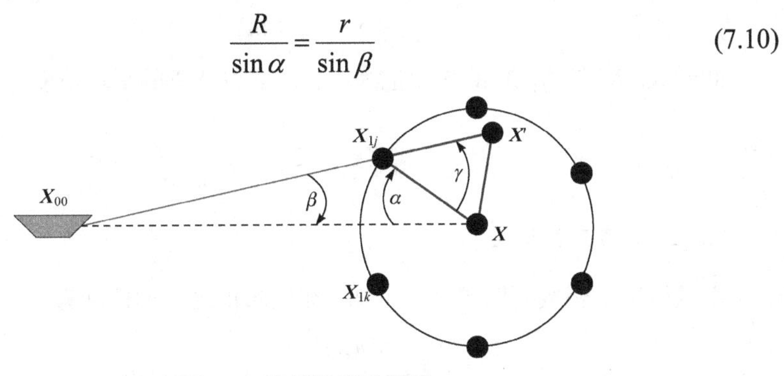

图 7-6　最差补偿示意图

$\boldsymbol{X}_{1j}\boldsymbol{X}'$ 与 $\boldsymbol{X}_{1j}\boldsymbol{X}$ 的夹角记为 $\gamma=\alpha+\beta$，考虑到 $R\gg r$，有

$$\gamma=\alpha+\beta\approx\alpha=\theta_0/2=\pi/(2n)=30° \tag{7.11}$$

所以

$$\|\boldsymbol{X}'-\boldsymbol{X}\|=2r\cdot\sin\frac{\gamma}{2}\approx 2r\cdot\sin\frac{\alpha}{2}\approx\frac{r}{2} \tag{7.12}$$

补偿公式(7.9)至少不会使得补偿后的位置远离目标中心位置, 因为:

(1) 如果不补偿半径, 则定位值与真值的距离为 r；

(2) 如果补偿半径, 则在最差情况下, 定位值与真值的距离约为 $r/2$，最好情况下定位值与真值的距离约为 0.

7.2.2　概率视角下的平均补偿误差

下面在平均意义下分析补偿方法的定位误差. 如图 7-6 所示, 在没有先验的条件下，假定信标在相邻信标构成的弧边 $\widehat{X_{1j}X_{1k}}$ 上均匀取点，即假定 $\alpha=\angle X_{00}XX_{1j}$ 在 $\left[0,\pi/(2n)\right]$ 上均匀取值. 依据(7.12)可知补偿误差为

$$\|\boldsymbol{XX}'\|=2\cdot r\cdot\sin\frac{\gamma}{2} \tag{7.13}$$

下面给出两种度量平均补偿误差的思路.

7.2.2.1　幅角取期望

假定 α 取值服从均匀分布, 密度函数为

$$f(\alpha)=\frac{2n}{\pi},\quad \alpha\in\left[0,\pi/(2n)\right] \tag{7.14}$$

则 α 的期望为

$$\alpha_1=\pi/(4n) \tag{7.15}$$

此时 $\boldsymbol{X}_{1j}\boldsymbol{X}'$ 与 $\boldsymbol{X}_{1j}\boldsymbol{X}$ 的夹角记为 γ_1，得部位修正的平均精度约为

$$E\|\boldsymbol{XX}'\|=2\cdot r\cdot\sin\frac{\gamma_1}{2} \tag{7.16}$$

7.2.2.2　偏差取期望

由随机变量函数的期望公式可知, 部位修正的平均精度为

$$E\|\boldsymbol{XX}'\|=\int_0^{\pi/(2n)}2\cdot r\cdot\sin\frac{\gamma}{2}\cdot f(\alpha)\mathrm{d}\alpha \tag{7.17}$$

其中 $f(\alpha)=\dfrac{2n}{\pi}$，注意到 β,γ 是关于 α 的函数，上式积分的结果不是显而易见的，可以用数值积分代替.

总之，从(7.13)和(7.17)可以看出，信标越多，$\dfrac{2n}{\pi}$ 就越小，平均补偿误差就越小. 为了获得高精度修正补偿，在试验前信标应该尽可能均匀布设在目标表面，而且信标的数量应该尽可能多.

7.3　多信标长基线部位补偿方法

7.3.1　通用补偿思路

若 $r=0$，则不需要估算旋角 θ. 若 $r>0$，必须估计旋角 θ，否则所有测距都有系统误差 ΔR_i，而且在扁平观测条件下有

$$\left|\Delta R_i\right| \approx r \tag{7.18}$$

若令 $r=0$，直接用单信标多测距定位算法估算得到的概略目标中心记为 $\boldsymbol{Y}$，则 $\boldsymbol{Y}$ 在实际目标中心 $\boldsymbol{X}$ 的下方. 例如，若 $\boldsymbol{X}_{0i}=[0,0,0]^{\mathrm{T}},\boldsymbol{X}_{1j}=[500,0,50]^{\mathrm{T}}$，$\left\|\boldsymbol{X}\boldsymbol{X}_{1j}\right\|=r=1$，$\boldsymbol{X}=[501,0,50]^{\mathrm{T}}$，则测量基站到目标中心的距离为 $\left\|\boldsymbol{X}_{0i}\boldsymbol{X}\right\|=\sqrt{501^2+50^2}$，测量基站到信标的距离为 $\left\|\boldsymbol{X}_{0i}\boldsymbol{X}_{1j}\right\|=\sqrt{500^2+50^2}$，两者相差 $\Delta R\approx r=1$. 此时，如果测距定位的 GDOP 为 5，则单信标定位值 $\boldsymbol{Y}$ 在目标中心 $\boldsymbol{X}$ 下方约 5 米处. 总之，单信标多测距定位误差可以用下列公式量化

$$\left\|\boldsymbol{X}-\boldsymbol{Y}\right\| \leqslant \mathrm{GDOP}\cdot r \tag{7.19}$$

公式(7.19)表明，若忽略目标半径 r 和旋角 θ，将会导致较大定位误差. 另外，钟差和声速误差也会导致无法准确估算 θ (参考下一章)，在不考虑钟差和声速误差的条件下的定位补偿思路如下：

(1) 首先不估算旋角，而是用单信标多测距定位算法获得概略目标中心位置 $\boldsymbol{Y}$；

(2) 然后在天向补偿高度 H，补偿方法见后面几个小节，补偿公式为

$$\boldsymbol{X}=\boldsymbol{Y}+\begin{bmatrix}0\\0\\H\end{bmatrix} \tag{7.20}$$

7.3.2　近似补偿公式

如图 7-7 所示, 依经验假设:

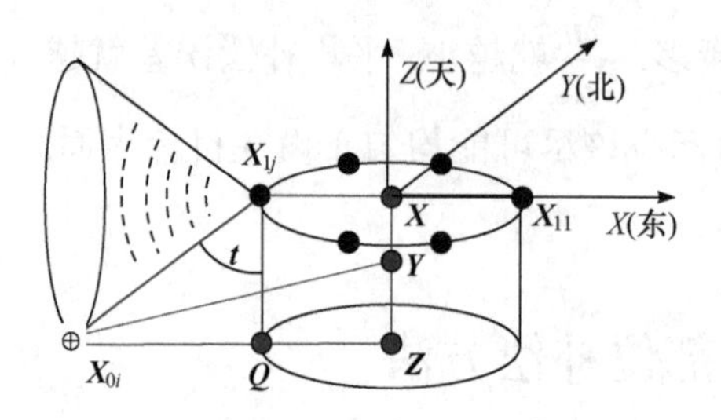

图 7-7　长基线补偿示意图

(1) 所有长基线测站大致均匀地散布在目标下方, 从而 $\boldsymbol{Y}$ 大致在 $\boldsymbol{X}$ 的正下方;

(2) $\boldsymbol{X}$ 在海底的投影为 $\boldsymbol{Z}$, $\boldsymbol{X}_{1j}$ 在海底的投影为 $\boldsymbol{Q}$, 但是 $\boldsymbol{X}_{0i}$, $\boldsymbol{Q}$, $\boldsymbol{Z}$ 三个点未必共线, 所以线段长满足

$$X_{0i}Q \geqslant X_{0i}Z - QZ \tag{7.21}$$

在上述假设下, 已知站址 $\boldsymbol{X}_{0i} = \left[x_{0i}, y_{0i}, z_{0i}\right]^{\mathrm{T}}$, 单信标多测距定位算法可获得 $\boldsymbol{Y} = [x, y, z]^{\mathrm{T}}$, 目标半径为 r, 求补偿高度 H_i, 得目标中心 $\boldsymbol{X} = [x, y, z + H_i]^{\mathrm{T}}$, 因为 $\left\|\boldsymbol{X}_{0i}\boldsymbol{X}_{1j}\right\| = R_i, YZ = \left|z - z_{0i}\right|$, 所以补偿高度 H_i 满足

$$H_i = XY = XZ - YZ = X_{1j}Q - YZ = \sqrt{R_i^2 - X_{0i}Q^2} - \left|z - z_{0i}\right| \tag{7.22}$$

可以发现获得 $X_{0i}Q$ 是补偿公式的关键, 而 $X_{0i}Q$ 是关于角度 $\angle X_{0i}QZ$ 的函数, 记 $\varphi = \angle X_{0i}QZ$, 注意到 $QZ = r$, 依据余弦定理有

$$X_{0i}Z^2 = X_{0i}Q^2 + QZ^2 - 2 \cdot X_{0i}Q \cdot QZ \cdot \cos\varphi \tag{7.23}$$

移项得

$$0 = X_{0i}Q^2 - 2 \cdot X_{0i}Q \cdot r \cdot \cos\varphi + r^2 - X_{0i}Z^2 \tag{7.24}$$

利用一元二次方程解的公式, 排除负根得

$$\begin{aligned} X_{0i}Q &= \frac{2r \cdot \cos\varphi + \sqrt{4r^2 \cdot \cos^2\varphi + 4(X_{0i}Z^2 - r^2)}}{2} \\ &= r \cdot \cos\varphi + \sqrt{r^2 \cdot \cos^2\varphi + (X_{0i}Z^2 - r^2)} \end{aligned} \tag{7.25}$$

代入(7.22)得

$$H_i(\varphi) = \sqrt{R_i^2 - \left[r \cdot \cos\varphi + \sqrt{r^2 \cdot \cos^2\varphi + (X_{0i}Z^2 - r^2)}\right]^2} - \left|z - z_{0i}\right| \tag{7.26}$$

(1) 如果 $\boldsymbol{X}_{0i}, \boldsymbol{Q}, \boldsymbol{Z}$ 共线, $\cos\varphi = -1$, 则

$$X_{0i}Q = X_{0i}Z - QZ = X_{0i}Z - r \tag{7.27}$$

其中

$$X_{0i}Z = \sqrt{\left(x - x_{0i}\right)^2 + \left(y - y_{0i}\right)^2} \tag{7.28}$$

代入(7.22)得补偿公式

$$H_i = \sqrt{R_i^2 - (X_{0i}Z - r)^2} - |z - z_{0i}| \tag{7.29}$$

(2) 如果 $\boldsymbol{X}_{0i},\boldsymbol{Q},\boldsymbol{Z}$ 不共线，则 $X_{0i}Q > X_{0i}Z - QZ$，因此(7.29)的补偿量过大. 已经假定信号锥角在$[0,\pi/n]$上取值，所以$t \in [\pi/3,\pi/2]$，在扁平布站条件下$\angle X_{0i}QZ \in [5\pi/6,\pi]$，记$[a,b]=[5\pi/6,\pi]$，下面从平均意义下分析补偿方法.

7.3.3 角度期望补偿

角度φ的取值用均匀分布刻画，密度为

$$f(\varphi)=\frac{1}{b-a}, \quad \varphi \in [a,b]=[5\pi/6,\pi] \tag{7.30}$$

则φ的期望为

$$\varphi_1 = \int_a^b \varphi \frac{1}{b-a} \mathrm{d}\varphi = \frac{a}{2}+\frac{b}{2}=\frac{11}{12}\pi \tag{7.31}$$

把(7.31)代入(7.25)，算得在平均意义下的$X_{0i}Q$

$$\overline{X_{0i}Q} = r\cdot\cos\varphi_1 + \sqrt{r^2\cdot\cos^2\varphi_1 + (X_{0i}Z^2 - r^2)} \tag{7.32}$$

考虑到$R \gg r$，而且$\sin\varphi_1$接近0，得

$$\overline{X_{0i}Q} \approx r\cdot\cos\varphi_1 + X_{0i}Z \tag{7.33}$$

代入(7.22)得平均意义下的补偿公式

$$H_i^{(1)} = \sqrt{R_i^2 - \overline{X_{0i}Q}^2} - |z - z_{0i}| \tag{7.34}$$

类似地，假定φ越靠近π的可能性越大，不妨取值用下列密度函数刻画

$$f(\varphi)=\frac{2(\varphi-a)}{(b-a)^2}, \quad \varphi \in [a,b] \tag{7.35}$$

则φ的期望为

$$\varphi_2 = \int_a^b \varphi \frac{2(\varphi-a)}{(b-a)^2} \mathrm{d}\varphi = \frac{a}{3}+\frac{2b}{3}=\frac{17}{18}\pi \tag{7.36}$$

同理再(7.32)把φ_1替换为φ_2，可得补偿公式$H_i^{(2)}$.

最后，因为基站数量$m>1$，不同基站可以算出不同H_i，依据“同等无知原则”，令

$$H = \frac{1}{m}\sum_{i=1}^{m} H_i \tag{7.37}$$

7.3.4　极大极小补偿

(1) 如果 $\boldsymbol{X}_{0i},\boldsymbol{Q},\boldsymbol{Z}$ 共线，有 $\varphi=\angle X_{0i}QZ=\pi$，依(7.22), (7.27)修正量为

$$H_b=\sqrt{R_i^2-[X_{0i}Z-r]^2}-|z-z_{0i}| \tag{7.38}$$

(2) 如果 $\boldsymbol{X}_{0i},\boldsymbol{Q},\boldsymbol{Z}$ 不共线且 $\varphi=\angle X_{0i}QZ=\dfrac{5\pi}{6}$ 时，依据(7.26)算得修正量为

$$H_a=\sqrt{R_i^2-\left[r\cdot\sqrt{3}/2+\sqrt{3r^2/4+(X_{0i}Z^2-r^2)}\right]^2}-|z-z_{0i}| \tag{7.39}$$

极大极小的平均值是一个合理的补偿，如下

$$H_i^{(3)}=\frac{H_b+H_a}{2} \tag{7.40}$$

7.3.5　角度函数数值平均补偿

利用随机变量函数的期望公式得平均补偿公式

$$H_i^{(4)}=\int_a^b f(\varphi)H_i(\varphi)\mathrm{d}\varphi \tag{7.41}$$

若把(7.35)和(7.26)代入上式，则很难得到 $H_i^{(4)}$ 的解析表达式，故将 $[a,b]=\left[\dfrac{5\pi}{6},\pi\right]$ 等分为 k 个小区间，有

$$\varphi_i=a+i\cdot\frac{b-a}{n},\quad i=1,2,\cdots,k \tag{7.42}$$

用加法代替积分得

$$\begin{aligned}H_i^{(4)}&=\sum_{i=1}^{k}f(\varphi_i)\cdot H_i(\varphi_i)\cdot\frac{b-a}{k}\\&=\sum_{i=1}^{k}\frac{2(\varphi_i-a)}{(b-a)^2}\cdot H_i(\varphi_i)\cdot\frac{b-a}{k}\\&=\sum_{i=1}^{k}\frac{2i\left(\dfrac{b-a}{k}\right)}{(b-a)^2}\cdot H_i(\varphi_i)\cdot\frac{b-a}{k}\\&=\sum_{i=1}^{k}\frac{2i}{k^2}\cdot H_i(\varphi_i)\end{aligned} \tag{7.43}$$

如果 m 个长基线基站中，有 $m-1$ 个基站布设在水底，在水面布设了第 m 个基站，此时(7.37)中水面站的权重需要变大，对应的补偿公式为

$$H = \frac{1}{m-1+a}\left(\sum_{i=1}^{m-1} H_i + aH_m\right), a > 1 \tag{7.44}$$

7.4 多信标长基线定位算法

7.4.1 无旋角长基线定位

目标中心位置 $\boldsymbol{X} = [x, y, z]^{\mathrm{T}}$ 是未知的, 如图 7-8 所示, 假定信标布设平面与 OZ 坐标轴垂直. 目标中心到 1 号信标的向量记为 $\boldsymbol{XX}_{11}$, $\boldsymbol{XX}_{11}$ 到 OX 坐标轴的角称为旋角, 记为 θ. 如果 $\theta = 0$, 即向量 $\boldsymbol{XX}_{11}$ 与正东同向, 注意到 $\theta_0 = 2\pi / n$ 是相邻信标的角距, 则第 j 个信标 $\boldsymbol{X}_{1j}$ 的坐标为

$$\begin{cases} x_{1j} = x + r \cdot \cos(j-1)\theta_0, \\ y_{1j} = y + r \cdot \sin(j-1)\theta_0, \quad (j = 1, \cdots, n) \\ z_{1j} = z \end{cases} \tag{7.45}$$

这意味着

$$\frac{\partial \left[x_{1j}, y_{1j}, z_{1j}\right]^{\mathrm{T}}}{\partial [x, y, z]} = \begin{bmatrix} 1 & & \\ & 1 & \\ & & 1 \end{bmatrix} = \boldsymbol{I}_3 \tag{7.46}$$

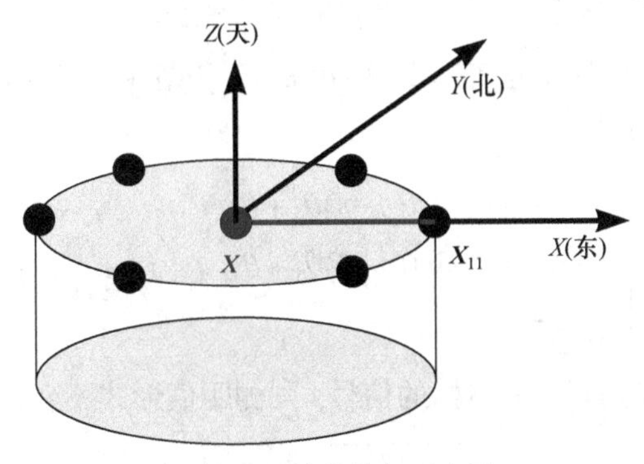

图 7-8 无旋角信标示意图

第 i 个基站跟踪到第 j 个信标的信号, 则测距值为

$$R_i = \sqrt{(x_{1j} - x_{0i})^2 + (y_{1j} - y_{0i})^2 + (z_{1j} - z_{0i})^2} \quad (i = 1, \cdots, m; j = 1, \cdots, n) \tag{7.47}$$

所以

$$\frac{\partial R_i}{\partial[x,y,z]}=\frac{\partial R_i}{\partial\left[x_{1j},y_{1j},z_{1j}\right]}\frac{\partial\left[x_{1j},y_{1j},z_{1j}\right]^{\mathrm{T}}}{\partial[x,y,z]}=\left[\frac{x_{1j}-x_{0i}}{R_i},\frac{y_{1j}-y_{0i}}{R_i},\frac{z_{1j}-z_{0i}}{R_i}\right]$$

记

$$[l_i,m_i,n_i]=\left[\frac{x_{1j}-x_{0i}}{R_i},\frac{y_{1j}-y_{0i}}{R_i},\frac{z_{1j}-z_{0i}}{R_i}\right]\quad(i=1,\cdots,m)\tag{7.48}$$

则

$$\frac{\partial R_i}{\partial[x,y,z]}=[l_i,m_i,n_i]\tag{7.49}$$

最后，测距 $R_1,\cdots,R_m$ 对 $\boldsymbol{X}=[x,y,z]^{\mathrm{T}}$ 的雅可比矩阵为

$$\boldsymbol{J}_1=\begin{bmatrix} & \vdots & \\ l_i & m_i & n_i \\ & \vdots & \end{bmatrix}\in\mathbb{R}^{m\times 3}\tag{7.50}$$

需注意：在实际应用中，m 个基站测量跟踪到的信标序列为 $\{j_1,j_1,\cdots,j_m\}$，其中信标序列可能出现重复的现象. 另外，向量 $[l_i,m_i,n_i]$ 表示第 i 个基站 $\boldsymbol{X}_{0i}$ 到第 j 个信标 $\boldsymbol{X}_{1j}$ 方向余弦，基站无法直接获得基站 $\boldsymbol{X}_{0i}$ 到被测目标中心 $\boldsymbol{X}$ 的方向余弦.

7.4.2　有旋角长基线定位

如果 1 号基站不在正东，即旋角 $\theta\neq 0$，则未知参数从 $[x,y,z]$ 扩展为 $[x,y,z,\theta]$，(7.45)扩展为

$$\begin{cases}x_{1j}=x+r\cdot\cos((j-1)\theta_0+\theta),\\ y_{1j}=y+r\cdot\sin((j-1)\theta_0+\theta),\quad(j=1,\cdots,n)\\ z_{1j}=z\end{cases}\tag{7.51}$$

第 i 个基站跟踪到第 j 个信标的信号，则测距值形式不变，如下

$$R_i=\sqrt{(x_{1j}-x_{0i})^2+(y_{1j}-y_{0i})^2+(z_{1j}-z_{0i})^2}\quad(i=1,\cdots,m;j=1,\cdots,n)\tag{7.52}$$

由(7.51)得

$$\frac{\partial\left[x_{1j},y_{1j},z_{1j}\right]^{\mathrm{T}}}{\partial[x,y,z,\theta]}=\begin{bmatrix}1&0&0&-r\cdot\sin((j-1)\theta_0+\theta)\\0&1&0&r\cdot\cos((j-1)\theta_0+\theta)\\0&0&1&0\end{bmatrix}\in\mathbb{R}^{3\times 4}\tag{7.53}$$

依据链式法则有

$$\begin{aligned}\frac{\partial R_i}{\partial[x,y,z,\theta]} &= \frac{\partial R_i}{\partial\left[x_{1j},y_{1j},z_{1j}\right]}\frac{\partial\left[x_{1j},y_{1j},z_{1j}\right]^{\mathrm{T}}}{\partial[x,y,z,\theta]} \\ &= \left[l_i,m_i,n_i\right]\begin{bmatrix}1 & 0 & 0 & -r\sin((j-1)\theta_0+\theta) \\ 0 & 1 & 0 & r\cos((j-1)\theta_0+\theta) \\ 0 & 0 & 1 & 0\end{bmatrix} \\ &= \left[l_i,m_i,n_i,-l_i\cdot r\cdot\sin((j-1)\theta_0+\theta)+m_i\cdot r\cdot\cos((j-1)\theta_0+\theta)\right]\end{aligned} \tag{7.54}$$

最后，测距 $R_1,\cdots,R_m$ 对 $[x,y,z,\theta]$ 的雅可比矩阵为

$$\boldsymbol{J}_2=\begin{bmatrix} \vdots \\ l_i,m_i,n_i,-l_i\cdot r\cdot\sin((j-1)\theta_0+\theta)+m_i\cdot r\cdot\cos((j-1)\theta_0+\theta) \\ \vdots \end{bmatrix}\in\mathbb{R}^{m\times 4} \tag{7.55}$$

需注意：如果所有基站跟踪到同一个信标，例如都跟踪到 1 号信标，则

$$\frac{\partial R_i}{\partial[x,y,z,\theta]}=\left[l_i,m_i,n_i,-l_i\cdot r\cdot\sin(\theta)+m_i\cdot r\cdot\cos(\theta)\right]\quad(i=1,\cdots,n) \tag{7.56}$$

此时，雅可比矩阵 $\boldsymbol{J}_2$ 的第 4 列可以被第 1 列和第 2 列线性表示，意味着 $\boldsymbol{J}_2$ 不满足列满秩条件，会导致非线性迭代计算过程错误. 此时，只能忽略旋角，参考 7.4.1 节“无旋角长基线定位”的定位算法. 另外，如果角度 θ 的量纲为度，而不是弧度，那么雅可比矩阵的最后一列需除以比例系数 $180/\pi$，因为

$$\operatorname{sind}(\theta)=\sin\left(\frac{\pi\theta}{180}\right) \tag{7.57}$$

7.4.3 精度分析

对比“无旋角长基线定位”与“有旋角长基线定位”，可以发现两者区别:

(1) 前者估计 3 个参数 $[x,y,z]$，后者估计 4 个参数 $[x,y,z,\theta]$.

(2) 前者的雅可比矩阵为 $\boldsymbol{J}_1\in\mathbb{R}^{m\times 3}$，后者的雅可比矩阵为 $\boldsymbol{J}_2\in\mathbb{R}^{m\times 4}$.

(3) 前者的距离计算值 $\boldsymbol{R}_c$ 依据(7.45)，后者的距离计算值 $\boldsymbol{R}_c$ 依据(7.51)，而距离公式(7.47)和(7.52)的形式相同.

(4) 两者精度有差异，分析如下:

第一，前者算得未知参数 $[x,y,z]$ 后，其精度用 $\boldsymbol{P}_1=\left(\boldsymbol{J}_1^{\mathrm{T}}\boldsymbol{J}_1\right)^{-1}\in\mathbb{R}^{3\times 3}$ 和 σ_R^2 来刻画，其中 σ_R^2 用反算测元的残差平方和来刻画，如下

$$\sigma_R^2=\frac{\left\|\boldsymbol{R}-\boldsymbol{R}_c\right\|^2}{m-3} \tag{7.58}$$

三个方向上的综合精度为

$$\sigma_{x,y,z}^2 = \sigma_R^2 \cdot \left[\boldsymbol{P}_1(1,1) + \boldsymbol{P}_1(2,2) + \boldsymbol{P}_1(3,3) \right] \tag{7.59}$$

第二，后者算得未知参数$[x,y,z,\theta]$后，其精度用$\boldsymbol{P}_2 = \left(\boldsymbol{J}_2^{\mathrm{T}}\boldsymbol{J}_2\right)^{-1} \in \mathbb{R}^{4\times4}$和$\sigma_{R\theta}^2$来刻画，其中$\sigma_{R\theta}^2$用反算测元残差平方和来刻画，如下

$$\sigma_{R\theta}^2 = \frac{\left\|\boldsymbol{R} - \boldsymbol{R}_c\right\|^2}{m-4} \tag{7.60}$$

三个方向上的综合精度为

$$\sigma_{x,y,z}^2 = \sigma_R^2 \cdot \left[\boldsymbol{P}_2(1,1) + \boldsymbol{P}_2(2,2) + \boldsymbol{P}_2(3,3) \right] \tag{7.61}$$

7.5 多信标多基线逐点融合定位

多信标多基线逐点融合定位包含两个关键步骤：坐标统一和雅可比矩阵. 其中，坐标统一过程与第 6 章完全相同，不再赘述，而迭代雅可比矩阵形式也相同，如下

$$\boldsymbol{J} = \begin{bmatrix} \boldsymbol{J}_1 \\ \boldsymbol{J}_2 \end{bmatrix} \tag{7.62}$$

其中$\boldsymbol{J}_1$对应长基线的m个测距元，即(7.3)，所以$\boldsymbol{J}_1 \in \mathbb{R}^{m\times4}$，同(7.55)，满足

$$\boldsymbol{J}_1 = \begin{bmatrix} & & \vdots & \\ l_i, & m_i, & n_i, & -l_i \cdot r \cdot s + m_i \cdot r \cdot c \\ & & \vdots & \end{bmatrix} \tag{7.63}$$

其中

$$\begin{cases} s = \sin((j-1)\theta_0 + \theta) \\ c = \cos((j-1)\theta_0 + \theta) \end{cases} \tag{7.64}$$

而j为第i个站址跟踪到的信标号. 另外，$\boldsymbol{J}_2$对应短基线的 3 个测元：测距、方位、俯仰，即(7.6)～(7.8)，所以$\boldsymbol{J}_2 \in \mathbb{R}^{3\times4}$. 由(7.6)和(7.51)可知

$$\frac{\partial R}{\partial[x,y,z,\theta]} = \left[l_0, m_0, n_0, -l_0 \cdot r \cdot s + m_0 \cdot r \cdot c\right] \tag{7.65}$$

其中

$$\left[l_0, m_0, n_0\right] = \left[\frac{x_{1j} - x_{00}}{R}, \frac{y_{1j} - y_{00}}{R}, \frac{z_{1j} - z_{00}}{R}\right] \tag{7.66}$$

记

$$\begin{cases} \bar{x} = x_{1j} - x_{00} \\ \bar{y} = y_{1j} - y_{00} \\ \bar{z} = z_{1j} - z_{00} \end{cases} \tag{7.67}$$

再记

$$\frac{\partial A}{\partial[x,y,z]} = [A_x, A_y, A_z] = \left[\frac{\bar{y}}{\bar{x}^2 + \bar{y}^2}, -\frac{\bar{x}}{\bar{x}^2 + \bar{y}^2}, 0\right] \tag{7.68}$$

由(7.7)和(7.51)可知

$$\frac{\partial A}{\partial[x,y,z,\theta]} = \left[A_x, A_y, A_z, -A_x \cdot r \cdot s + A_y \cdot r \cdot c\right] \tag{7.69}$$

最后记

$$\frac{\partial E}{\partial[x,y,z]} = [E_x, E_y, E_z] = \left[-\frac{1}{R^2} \cdot \frac{\bar{z} \cdot \bar{x}}{\sqrt{\bar{x}^2 + \bar{y}^2}}, -\frac{1}{R^2} \cdot \frac{\bar{z} \cdot \bar{y}}{\sqrt{\bar{x}^2 + \bar{y}^2}}, \frac{\sqrt{\bar{x}^2 + \bar{y}^2}}{R^2}\right] \tag{7.70}$$

由(7.8)和(7.51)可知

$$\frac{\partial E}{\partial[x,y,z,\theta]} = \left[E_x, E_y, E_z, -E_x \cdot r \cdot s + E_y \cdot r \cdot c\right] \tag{7.71}$$

综上

$$\boldsymbol{J}_2 = \begin{bmatrix} l_0, m_0, n_0, -l_{0j} \cdot r \cdot s + m_{0j} \cdot r \cdot c \\ A_x, A_y, A_z, -A_x \cdot r \cdot s + A_y \cdot r \cdot c \\ E_x, E_y, E_z, -E_x \cdot r \cdot s + E_y \cdot r \cdot c \end{bmatrix} \tag{7.72}$$

7.6 多项式约束的多信标多基线定位和精度分析

7.6.1 多项式约束的定位算法基本过程

下面以长基线测距方程为例介绍多项式约束的定位算法. 假定第 i 个测站 $\boldsymbol{X}_{0i} = \left[x_{0i}, y_{0i}, z_{0i}\right]^{\mathrm{T}}$ 跟踪到第 j 个信标 $\boldsymbol{X}_{1j} = \left[x_{1j}, y_{1j}, z_{1j}\right]^{\mathrm{T}}$, 测距方程为

$$R_i = \sqrt{\left(x_{1j} - x_{0i}\right)^2 + \left(y_{1j} - y_{0i}\right)^2 + \left(z_{1j} - z_{0i}\right)^2} \quad (i = 1, \cdots, m; j = 1, \cdots, n) \tag{7.73}$$

信标 $\boldsymbol{X}_{1j}$ 与目标中心 $\boldsymbol{X}$ 的满足

$$\begin{cases} x_{1j} = x + r \cdot \cos\left(\left(j-1\right)\theta_0 + \theta\right) \\ y_{1j} = y + r \cdot \sin\left(\left(j-1\right)\theta_0 + \theta\right) \\ z_{1j} = z \end{cases} \tag{7.74}$$

其中 $\theta_0 = 2\pi / n$ 已知，表示相邻信标的夹角；r 已知，是目标的半径；θ 未知，是东向到 1 号信标的旋角，目标中心 $\boldsymbol{X} = [x, y, z]^{\mathrm{T}}$ 的 K 个时刻的轨迹可以用 3 次多项式模型刻画，如下

$$\begin{cases} x = a_x t^3 + b_x t^2 + c_x t + d_x\,, \\ y = a_y t^3 + b_y t^2 + c_y t + d_y\,, \quad t = h, 2h, \cdots, Kh \\ z = a_z t^3 + b_z t^2 + c_z t + d_z\,, \end{cases} \tag{7.75}$$

其中 $[a_x, b_x, c_x, d_x, a_y, b_y, c_y, d_y, a_z, b_z, c_z, d_z]$ 是未知的待估计的时序参数，结合(7.73)～(7.75)可以构建包含 mK 个长基线测距方程、13 个未知参数的非线性方程组，把未知参数记为 $\boldsymbol{\beta}$，未知参数记为

$$\boldsymbol{\beta} = \left[a_x, b_x, c_x, d_x, a_y, b_y, c_y, d_y, a_z, b_z, c_z, d_z, \theta\right]^{\mathrm{T}} \in \mathbb{R}^{13\times 1} \tag{7.76}$$

把 mK 个测距方程记为

$$\boldsymbol{f}\left(\boldsymbol{\beta}\right) = \left[R_1^{(1)}, \cdots, R_m^{(1)}; \cdots; R_1^{(K)}, \cdots, R_m^{(K)}\right]^{\mathrm{T}} \in \mathbb{R}^{mK\times 1} \tag{7.77}$$

把 m 个测站在 K 个时刻测量到的距离记为

$$\boldsymbol{Y} = \left[y_{R_1}^{(1)}, \cdots, y_{R_m}^{(1)}; \cdots; y_{R_1}^{(K)}, \cdots, y_{R_m}^{(K)}\right]^{\mathrm{T}} \in \mathbb{R}^{mK\times 1} \tag{7.78}$$

于是非线性方程组可以表示为

$$\boldsymbol{Y} = \boldsymbol{f}\left(\boldsymbol{\beta}\right) \tag{7.79}$$

由于测量存在误差，观测值与测量值的残差必然非零，记为

$$\boldsymbol{e} = \boldsymbol{Y} - \boldsymbol{f}\left(\boldsymbol{\beta}\right) \tag{7.80}$$

构建如下目标函数

$$F\left(\boldsymbol{\beta}\right) = \frac{1}{2}\left\|\boldsymbol{Y} - \boldsymbol{f}\left(\boldsymbol{\beta}\right)\right\|^2 \tag{7.81}$$

式(7.81)中加入系数 $\frac{1}{2}$ 是为了后续推导方便，利用高斯-牛顿迭代法可以获得 $\boldsymbol{\beta}$ 的最小二乘估计，估计过程可以概括为三个关键步骤：①初始化；②迭代；③跳出.

(1) 初始化: 对于水下目标, 若坐标系的原点在水底, h_0 为目标发射点高程, 参数初值可设置为

$$\boldsymbol{\beta}_0=\left[0,0,0,0,0,0,0,0,0,0,0,h_0,0\right]^{\mathrm{T}} \tag{7.82}$$

(2) 迭代: 高斯-牛顿迭代的关键步骤是获得方程 $\boldsymbol{f}(\boldsymbol{\beta})$ 对参数 $\boldsymbol{\beta}$ 的梯度矩阵 $\boldsymbol{J}$, 参考后续公式(7.90)等, 计算过程可抽象为

$$\boldsymbol{J}=\frac{\partial}{\partial \boldsymbol{\beta}^{\mathrm{T}}}\boldsymbol{f}(\boldsymbol{\beta})\in\mathbb{R}^{mK\times 13} \tag{7.83}$$

依下式迭代

$$\boldsymbol{\beta}_{k+1}=\boldsymbol{\beta}_k+\frac{1}{2^s}\left(\boldsymbol{J}^{\mathrm{T}}\boldsymbol{J}\right)^{-1}\boldsymbol{J}^{\mathrm{T}}\boldsymbol{e} \tag{7.84}$$

其中 $s=0$, 如果 $F(\boldsymbol{\beta}_{k+1})\geqslant F(\boldsymbol{\beta}_k)$, 则令 s 加一, 若 s 达到上限 $s_{\max}$ 且 $F(\boldsymbol{\beta}_{k+1})\geqslant F(\boldsymbol{\beta}_k)$, 则跳出迭代.

(3) 跳出: 如果 $\left|F(\boldsymbol{\beta}_{k+1})-F(\boldsymbol{\beta}_k)\right|$ 小于精度下限 $\varepsilon_{\min}$, 或者 s 达到上限 $k_{\max}$, 则跳出迭代.

7.6.2 测距元的雅可比矩阵

对于 t 时刻, 第 i 个测站的测距记为 $R_i^{(t)}$, 有

$$\frac{\partial}{\partial \boldsymbol{\beta}^{\mathrm{T}}}R_i^{(t)}=\frac{\partial R_i^{(t)}}{\partial[x,y,z,\theta]}\frac{\partial[x,y,z,\theta]^{\mathrm{T}}}{\partial \boldsymbol{\beta}^{\mathrm{T}}}\in\mathbb{R}^{1\times 13} \tag{7.85}$$

记

$$s=\sin((j-1)\theta_0+\theta),\quad c=\cos((j-1)\theta_0+\theta) \tag{7.86}$$

依据(7.54)有

$$\frac{\partial R_i^{(t)}}{\partial[x,y,z,\theta]}=\left[l_i,m_i,n_i,-l_i\cdot r\cdot s+m_i\cdot r\cdot c\right]\in\mathbb{R}^{1\times 4} \tag{7.87}$$

依据(7.75)有

$$\frac{\partial[x,y,z,\theta]^{\mathrm{T}}}{\partial \boldsymbol{\beta}^{\mathrm{T}}}=\begin{bmatrix} t^3 & t^2 & t^1 & t^0 &&&&&&&&& \\ &&&& t^3 & t^2 & t^1 & t^0 &&&&& \\ &&&&&&&& t^3 & t^2 & t^1 & t^0 & \\ &&&&&&&&&&&& 1 \end{bmatrix}\in\mathbb{R}^{4\times 13} \tag{7.88}$$

得

$$\frac{\partial}{\partial \boldsymbol{\beta}^{\mathrm{T}}} R_i^{(t)} = [t^3 l_i, t^2 l_i, t^1 l_i, t^0 l_i, t^3 m_i, t^2 m_i, t^1 m_i, t^0 m_i, t^3 n_i, t^2 n_i, t^1 n_i, t^0 n_i, -l_i \cdot r \cdot s + m_i \cdot r \cdot c]$$

依据张量积记号有

$$\frac{\partial}{\partial \boldsymbol{\beta}^{\mathrm{T}}} R_i^{(t)} = \left[\left[l_i, m_i, n_i\right] \otimes \left[t^3, t^2, t^1, t^0\right], -l_i \cdot r \cdot s + m_i \cdot r \cdot c\right] \in \mathbb{R}^{1\times 13} \tag{7.89}$$

综上，测距元的雅可比矩阵记为

$$\boldsymbol{J}_R = \begin{bmatrix} \vdots \\ \left[l_i, \quad m_i, \quad n_i\right] \otimes \left[t^3, \quad t^2, \quad t^1, \quad t^0\right], -l_i \cdot r \cdot s + m_i \cdot r \cdot c \\ \vdots \end{bmatrix} \in \mathbb{R}^{Km\times 13} \tag{7.90}$$

7.6.3　方位角的雅可比矩阵

令 $D = \sqrt{(x_{1j} - x_{0i})^2 + (y_{1j} - y_{0i})^2}$，则在 t 时刻，第 i 个测站的方位角为

$$A_i^{(t)} = \begin{cases} \operatorname{acos}\left(\dfrac{y_{1j} - y_{0i}}{D}\right), & x_{1j} - x_{0i} \geqslant 0 \\ 2\pi - \operatorname{acos}\left(\dfrac{y_{1j} - y_{0i}}{D}\right), & x_{1j} - x_{0i} < 0 \end{cases} \tag{7.91}$$

记 $s = \sin((j-1)\theta_0 + \theta), c = \cos((j-1)\theta_0 + \theta)$，再利用 $\dfrac{\partial}{\partial x}\operatorname{acos} x = -\dfrac{1}{\sqrt{1-x^2}}$，并依据(7.91)有

$$\begin{aligned} \frac{\partial A_i^{(t)}}{\partial[x,y,z,\theta]} &= \frac{\partial A_i^{(t)}}{\partial\left[x_{1j}, y_{1j}, z_{1j}\right]} \frac{\partial\left[x_{1j}, y_{1j}, z_{1j}\right]^{\mathrm{T}}}{\partial[x,y,z,\theta]} \\ &= \begin{bmatrix} \dfrac{(y_{1j} - y_{0i})}{D^2} & \dfrac{-(x_{1j} - x_{0i})}{D^2} & 0 \end{bmatrix} \begin{bmatrix} 1 & 0 & 0 & -r\cdot s \\ 0 & 1 & 0 & r\cdot c \\ 0 & 0 & 1 & 0 \end{bmatrix} \\ &= \begin{bmatrix} \dfrac{(y_{1j} - y_{0i})}{D^2} & \dfrac{-(x_{1j} - x_{0i})}{D^2} & 0 & \dfrac{(y_{1j} - y_{0i})}{D^2} r\cdot s + \dfrac{(x_{1j} - x_{0i})}{D^2} r \cdot c \end{bmatrix} \in \mathbb{R}^{1\times 4} \end{aligned} \tag{7.92}$$

把上式记为

$$\frac{\partial A_i^{(t)}}{\partial[x,y,z,\theta]} = \left[A_x, A_y, 0, -A_x \cdot r \cdot s + A_y \cdot r \cdot c\right] \in \mathbb{R}^{1\times 4} \tag{7.93}$$

依据(7.75)有

$$\frac{\partial[x,y,z,\theta]^{\mathrm{T}}}{\partial\boldsymbol{\beta}^{\mathrm{T}}}=\begin{bmatrix} t^3 & t^2 & t^1 & t^0 & & & & & & & & & \\ & & & & t^3 & t^2 & t^1 & t^0 & & & & & \\ & & & & & & & & t^3 & t^2 & t^1 & t^0 & \\ & & & & & & & & & & & & 1 \end{bmatrix}\in\mathbb{R}^{4\times 13} \tag{7.94}$$

$$\frac{\partial}{\partial\boldsymbol{\beta}^{\mathrm{T}}}A_i^{(t)}=\frac{\partial A_i^{(t)}}{\partial[x,y,z,\theta]}\frac{\partial[x,y,z,\theta]^{\mathrm{T}}}{\partial\boldsymbol{\beta}^{\mathrm{T}}}\in\mathbb{R}^{1\times 13} \tag{7.95}$$

依据张量积记号有

$$\frac{\partial}{\partial\boldsymbol{\beta}^{\mathrm{T}}}R_i^{(t)}=\left[\left[A_x,A_y,0\right]\otimes\left[t^3,t^2,t^1,t^0\right],-A_x\cdot r\cdot s+A_y\cdot r\cdot c\right]\in\mathbb{R}^{1\times 13} \tag{7.96}$$

综上，方位角的雅可比矩阵记为

$$\boldsymbol{J}_A=\begin{bmatrix} \vdots \\ \left[A_x,A_y,0\right]\otimes\left[t^3,t^2,t^1,t^0\right],-A_x\cdot r\cdot s+A_y\cdot r\cdot c \\ \vdots \end{bmatrix}\in\mathbb{R}^{K\times 13} \tag{7.97}$$

7.6.4 俯仰角的雅可比矩阵

在 t 时刻，第 i 个测站的俯仰角为

$$E_i^{(t)}=\operatorname{atan}\left(\frac{z_{1j}-z_{0i}}{D}\right) \tag{7.98}$$

记

$$\left[E_x,E_y,E_z\right]=\frac{1}{R_i^{(t)}R_i^{(t)}}\cdot\left[-\frac{(z_{1j}-z_{0i})\cdot(x_{1j}-x_{0i})}{D},-\frac{(z_{1j}-z_{0i})\cdot(y_{1j}-y_{0i})}{D},D\right] \tag{7.99}$$

利用 $\frac{\partial}{\partial x}\operatorname{atan}x=\frac{1}{1+x^2}$，再依据(7.91)有

$$\begin{aligned}\frac{\partial E_i^{(t)}}{\partial[x,y,z,\theta]}&=\frac{\partial E_i^{(t)}}{\partial\left[x_{1j},y_{1j},z_{1j}\right]}\frac{\partial\left[x_{1j},y_{1j},z_{1j}\right]^{\mathrm{T}}}{\partial[x,y,z,\theta]}\\&=\left[E_x,E_y,E_z\right]\begin{bmatrix}1&0&0&-r\cdot s\\0&1&0&r\cdot c\\0&0&1&0\end{bmatrix}\\&=\left[E_x,E_y,E_z,-E_x\cdot r\cdot s+E_y\cdot r\cdot c\right]\in\mathbb{R}^{1\times 4}\end{aligned} \tag{7.100}$$

依据(7.75)有

$$\frac{\partial[x,y,z,\theta]^{\mathrm{T}}}{\partial\boldsymbol{\beta}^{\mathrm{T}}}=\begin{bmatrix} t^3 & t^2 & t^1 & t^0 & & & & & & & & & \\ & & & & t^3 & t^2 & t^1 & t^0 & & & & & \\ & & & & & & & & t^3 & t^2 & t^1 & t^0 & \\ & & & & & & & & & & & & 1 \end{bmatrix}\in\mathbb{R}^{4\times13} \tag{7.101}$$

$$\frac{\partial}{\partial\boldsymbol{\beta}^{\mathrm{T}}}E_i^{(t)}=\frac{\partial E_i^{(t)}}{\partial[x,y,z,\theta]}\frac{\partial[x,y,z,\theta]^{\mathrm{T}}}{\partial\boldsymbol{\beta}^{\mathrm{T}}}\in\mathbb{R}^{1\times13} \tag{7.102}$$

依据张量积记号有

$$\frac{\partial}{\partial\boldsymbol{\beta}^{\mathrm{T}}}E_i^{(t)}=\Big[\big[E_x,E_y,E_z\big]\otimes\big[t^3,t^2,t^1,t^0\big],-A_x\cdot r\cdot s+A_y\cdot r\cdot c\Big]\in\mathbb{R}^{1\times13} \tag{7.103}$$

综上, 俯仰角的雅可比矩阵记为

$$\boldsymbol{J}_E=\begin{bmatrix} \vdots \\ \big[E_x,E_y,E_z\big]\otimes\big[t^3,t^2,t^1,t^0\big],-E_x\cdot r\cdot s+E_y\cdot r\cdot c \\ \vdots \end{bmatrix}\in\mathbb{R}^{K\times13} \tag{7.104}$$

7.6.5　测速元的雅可比矩阵

假定θ为常值, 则目标中心的速度$[\dot{x},\dot{y},\dot{z}]$与信标速度$\big[\dot{x}_{1j},\dot{y}_{1j},\dot{z}_{1j}\big]$相同, 在$t$时刻, 第$i$个测站的测速元记为$R_i^{(t)}$, 则

$$\dot{R}_i^{(t)}=[l_i,m_i,n_i]\big[\dot{x}_{1j},\dot{y}_{1j},\dot{z}_{1j}\big]^{\mathrm{T}} \tag{7.105}$$

其中

$$l_i=\frac{x_{1j}-x_{00}}{R_i},\quad m_i=\frac{y_{1j}-y_{00}}{R_i},\quad n_i=\frac{z_{1j}-z_{00}}{R_i} \tag{7.106}$$

且

$$\begin{cases} x_{1j}=x+r\cdot\cos\big((j-1)\theta_0+\theta\big)=x+r\cdot c \\ y_{1j}=y+r\cdot\sin\big((j-1)\theta_0+\theta\big)=y+r\cdot s \\ z_{1j}=z \end{cases} \tag{7.107}$$

需注意: 速度项$\dot{x}_{1j}$与θ无关, 下列不等式成立:

$$\frac{\partial\dot{R}_i^{(t)}}{\partial\big[\dot{x}_{1j},\dot{y}_{1j},\dot{z}_{1j}\big]}\frac{\partial\big[\dot{x}_{1j},\dot{y}_{1j},\dot{z}_{1j}\big]^{\mathrm{T}}}{\partial[x,y,z,\theta]}\neq\frac{\partial\dot{R}_i^{(t)}}{\partial\big[\dot{x}_{1j},\dot{y}_{1j},\dot{z}_{1j},\theta\big]}\frac{\partial\big[\dot{x}_{1j},\dot{y}_{1j},\dot{z}_{1j},\theta\big]^{\mathrm{T}}}{\partial[x,y,z,\theta]}$$

但是有

$$\frac{\partial \dot{R}_i^{(t)}}{\partial\left[x_{1j}, y_{1j}, z_{1j}, \dot{x}_{1j}, \dot{y}_{1j}, \dot{z}_{1j}\right]} = \left[\dot{l}_i, \dot{m}_i, \dot{n}_i, l_i, m_i, n_i\right] \in \mathbb{R}^{1\times 6} \tag{7.108}$$

其中

$$\dot{l}_i = \frac{\dot{x} - \dot{R}_i^{(t)} l_i}{R_i^{(t)}}, \quad \dot{m}_i = \frac{\dot{y} - \dot{R}_i^{(t)} m_i}{R_i^{(t)}}, \quad \dot{n}_i = \frac{\dot{z} - \dot{R}_i^{(t)} n_i}{R_i^{(t)}} \tag{7.109}$$

因为

$$\frac{\partial\left[x_{1j}, y_{1j}, z_{1j}\right]^{\mathrm{T}}}{\partial \boldsymbol{\beta}^{\mathrm{T}}} = \begin{bmatrix} t^3 & t^2 & t^1 & t^0 & & & & & & & & & -r\cdot s \\ & & & & t^3 & t^2 & t^1 & t^0 & & & & & r\cdot c \\ & & & & & & & & t^3 & t^2 & t^1 & t^0 & 0 \end{bmatrix} \in \mathbb{R}^{3\times 13} \tag{7.110}$$

$$\frac{\partial\left[\dot{x}_{1j}, \dot{y}_{1j}, \dot{z}_{1j}\right]^{\mathrm{T}}}{\partial \boldsymbol{\beta}^{\mathrm{T}}} = \begin{bmatrix} 3t^2 & 2t^1 & 1 & 0 & & & & & & & & & 0 \\ & & & & 3t^2 & 2t^1 & 1 & 0 & & & & & 0 \\ & & & & & & & & 3t^2 & 2t^1 & 1 & 0 & 0 \end{bmatrix} \in \mathbb{R}^{3\times 13} \tag{7.111}$$

所以，结合(7.108), (7.111)，依据张量积记号有

$$\begin{aligned}
\frac{\partial}{\partial \boldsymbol{\beta}^{\mathrm{T}}} \dot{R}_i^{(t)} &= \frac{\partial \dot{R}_i^{(t)}}{\partial\left[x_{1j}, y_{1j}, z_{1j}, \dot{x}_{1j}, \dot{y}_{1j}, \dot{z}_{1j}\right]} \frac{\partial\left[x_{1j}, y_{1j}, z_{1j}, \dot{x}_{1j}, \dot{y}_{1j}, \dot{z}_{1j}\right]^{\mathrm{T}}}{\partial\left[\boldsymbol{\beta}^{\mathrm{T}}\right]} \\
&= [t^3\dot{l}_i, t^2\dot{l}_i, t^1\dot{l}_i, t^0\dot{l}_i, t^3\dot{m}_i, t^2\dot{m}_i, t^1\dot{m}_i, t^0\dot{m}_i, t^3\dot{n}_i, t^2\dot{n}_i, t^1\dot{n}_i, t^0\dot{n}_i, -\dot{l}_i\cdot r\cdot \mathrm{s} + \dot{m}_i\cdot r\cdot c] \\
&\quad + [3t^2 l_i, 2t^1 l_i, t^0 l_i, 0 l_i, 3t^2 m_i, 2t^1 m_i, t^0 m_i, 0 m_i, 3t^2 n_i, 2t^1 n_i, t^0 n_i, 0 n_i, 0] \\
&= [[\dot{l}_i, \dot{m}_i, \dot{n}_i]\otimes[t^3, t^2, t^1, t^0], -\dot{l}_i\cdot r\cdot \mathrm{s} + \dot{m}_i\cdot r\cdot c] \\
&\quad + [[l_i, m_i, n_i]\otimes[3t^2, 2t^1, 1, 0], 0] \\
&= [[\dot{l}_i, \dot{m}_i, \dot{n}_i]\otimes[t^3, t^2, t^1, t^0] + [l_i, m_i, n_i]\otimes[3t^2, 2t^1, 1, 0], -\dot{l}_i\cdot r\cdot s + \dot{m}_i\cdot r\cdot c]
\end{aligned}$$

从而

$$\begin{aligned}
\frac{\partial}{\partial \boldsymbol{\beta}^{\mathrm{T}}} \dot{R}_i^{(t)} = [[\dot{l}_i, \dot{m}_i, \dot{n}_i]\otimes[t^3, t^2, t^1, t^0] \\
+ [l_i, m_i, n_i]\otimes[3t^2, 2t^1, 1, 0], -\dot{l}_i\cdot r\cdot s + \dot{m}_i\cdot r\cdot c] \in \mathbb{R}^{1\times 13}
\end{aligned} \tag{7.112}$$

综上，测速元的雅可比矩阵记为

$$
\boldsymbol{J}_{\dot{R}} = \begin{bmatrix} \vdots \\ [\dot{l}_i, \dot{m}_i, \dot{n}_i] \otimes [t^3, t^2, t^1, t^0] \\ \qquad + [l_i, m_i, n_i] \otimes [3t^2, 2t^1, 1, 0], -\dot{l}_i \cdot r \cdot s + \dot{m}_i \cdot r \cdot c \\ \vdots \end{bmatrix} \in \mathbb{R}^{Km \times 13} \quad (7.113)
$$

7.6.6　多项式约束的长短基线定位

(1) 多项式约束的长基线测量数据融合解算的总雅可比阵为

$$
\boldsymbol{J}_{\mathrm{LBL}} = \begin{bmatrix} \boldsymbol{J}_R \\ \boldsymbol{J}_{\dot{R}} \end{bmatrix} \in \mathbb{R}^{2mK \times 13} \quad (7.114)
$$

(2) 若 $\boldsymbol{J}_{R_s} \in \mathbb{R}^{K \times 13}$ 表示短基线测距的雅可比阵，则短基线测元的总雅可比阵为

$$
\boldsymbol{J}_{\mathrm{SBL}} = \begin{bmatrix} \boldsymbol{J}_{R_s} \\ \boldsymbol{J}_A \\ \boldsymbol{J}_E \end{bmatrix} \in \mathbb{R}^{3K \times 13} \quad (7.115)
$$

(3) 多项式约束的长基线-短基线测量数据融合解算的总雅可比阵为

$$
\boldsymbol{J}_{\mathrm{LBL,SBL}} = \begin{bmatrix} \boldsymbol{J}_R \\ \boldsymbol{J}_{\dot{R}} \\ \boldsymbol{J}_{R_s} \\ \boldsymbol{J}_A \\ \boldsymbol{J}_E \end{bmatrix} \in \mathbb{R}^{(2m+3)K \times 13} \quad (7.116)
$$

给定位置初值

$$
\boldsymbol{\beta}_0 = \left[0,0,0,0,0,0,0,0,0,0,0,h_0,0\right]^{\mathrm{T}} \in \mathbb{R}^{13 \times 1} \quad (7.117)
$$

利用 $\boldsymbol{\beta}_0$ 代入测距-测速-测角公式中的 $\left[x, y, z\right]$ 获得计算的长基线测距-测速 $\boldsymbol{f}_{\mathrm{LBL}}\left(\boldsymbol{\beta}\right)$、短基线测距-方位角-俯仰角 $\boldsymbol{f}_{\mathrm{SBL}}\left(\boldsymbol{\beta}\right)$，共同构成计算向量

$$
\boldsymbol{f}_{\mathrm{LBL,SBL}}\left(\boldsymbol{\beta}\right) = \begin{bmatrix} \boldsymbol{f}_{\mathrm{LBL}}\left(\boldsymbol{\beta}\right) \\ \boldsymbol{f}_{\mathrm{SBL}}\left(\boldsymbol{\beta}\right) \end{bmatrix} \in \mathbb{R}^{(2m+3)K \times 1} \quad (7.118)
$$

继而用观测的长基线测距-测速 $\boldsymbol{Y}_{\mathrm{LBL}}$、短基线测距-方位角-俯仰角 $\boldsymbol{Y}_{\mathrm{SBL}}$，共同构成测量向量

$$\boldsymbol{Y}_{\text{LBL,SBL}} = \begin{bmatrix} \boldsymbol{Y}_{\text{LBL}} \\ \boldsymbol{Y}_{\text{SBL}} \end{bmatrix} \in \mathbb{R}^{(2m+3)K\times 1} \tag{7.119}$$

作差获得 OC 残差

$$\boldsymbol{e} = \boldsymbol{Y}_{\text{LBL,SBL}} - \boldsymbol{f}_{\text{LBL,SBL}}(\boldsymbol{\beta}) \in \mathbb{R}^{(2m+3)K\times 1} \tag{7.120}$$

依下式迭代

$$\boldsymbol{\beta}_{k+1} = \boldsymbol{\beta}_k + \frac{1}{2^s}\left(\boldsymbol{J}_{\text{LBL,SBL}}^{\text{T}}\boldsymbol{J}_{\text{LBL,SBL}}\right)^{-1}\boldsymbol{J}_{\text{LBL,SBL}}^{\text{T}}\boldsymbol{e} \tag{7.121}$$

同理，若 $\boldsymbol{f}_{\text{LBL,SBL}}(\boldsymbol{\beta}),\boldsymbol{Y}_{\text{LBL,SBL}},\boldsymbol{J}_{\text{LBL,SBL}}$ 分别用 $\boldsymbol{f}_{\text{LBL}}(\boldsymbol{\beta}),\boldsymbol{Y}_{\text{LBL}},\boldsymbol{J}_{\text{LBL}}$ 代替，可以得到多项式约束的长基线定位方法；若 $\boldsymbol{f}_{\text{LBL,SBL}}(\boldsymbol{\beta}),\boldsymbol{Y}_{\text{LBL,SBL}},\boldsymbol{J}_{\text{LBL,SBL}}$ 分别用 $\boldsymbol{f}_{\text{SBL}}(\boldsymbol{\beta}),\boldsymbol{Y}_{\text{SBL}},\boldsymbol{J}_{\text{SBL}}$ 代替，可以得到多项式约束的短基线定位方法.

7.6.7 多项式约束的弹道精度评估

参数 $\boldsymbol{\beta} = \left[a_x,b_x,c_x,d_x,a_y,b_y,c_y,d_y,a_z,b_z,c_z,d_z,\theta\right]^{\text{T}}$ 的精度用 $\boldsymbol{P} = \left(\boldsymbol{J}^{\text{T}}\boldsymbol{J}\right)^{-1} \in \mathbb{R}^{13\times 13}$ 和 $\hat{\sigma}^2$ 来刻画，若 N 表示测量向量的总维数，$\boldsymbol{e}$ 为 OC 残差，则

$$\hat{\sigma}^2 = \frac{\|\boldsymbol{e}\|^2}{N-13} \tag{7.122}$$

任意时刻 t 的三个方向位置 $[x,y,z]$ 的精度为

$$\begin{cases} \sigma_{x,t}^2 = \hat{\sigma}^2 \cdot \left[t^6 \cdot \boldsymbol{P}(1,1) + t^4 \cdot \boldsymbol{P}(2,2) + t^2 \cdot \boldsymbol{P}(3,3) + 1 \cdot \boldsymbol{P}(4,4)\right] \\ \sigma_{y,t}^2 = \hat{\sigma}^2 \cdot \left[t^6 \cdot \boldsymbol{P}(5,5) + t^4 \cdot \boldsymbol{P}(6,6) + t^2 \cdot \boldsymbol{P}(7,7) + 1 \cdot \boldsymbol{P}(8,8)\right] \\ \sigma_{z,t}^2 = \hat{\sigma}^2 \cdot \left[t^6 \cdot \boldsymbol{P}(9,9) + t^4 \cdot \boldsymbol{P}(10,10) + t^2 \cdot \boldsymbol{P}(11,11) + 1 \cdot \boldsymbol{P}(12,12)\right] \end{cases} \tag{7.123}$$

所有 K 个时刻的三个方向位置 $[x,y,z]$ 综合精度为

$$\sigma_{x,y,z}^2 = \frac{1}{K}\sum_{t=1}^{K}\left(\sigma_{x,t}^2 + \sigma_{y,t}^2 + \sigma_{z,t}^2\right) \tag{7.124}$$

任意时刻 t 的三个方向速度 $[\dot{x},\dot{y},\dot{z}]$ 的精度为

$$\begin{cases} \sigma_{\dot{x},t}^2 = \hat{\sigma}^2 \cdot \left[9t^4 \cdot \boldsymbol{P}(1,1) + 4t^2 \cdot \boldsymbol{P}(2,2) + 1 \cdot \boldsymbol{P}(3,3)\right] \\ \sigma_{\dot{y},t}^2 = \hat{\sigma}^2 \cdot \left[9t^4 \cdot \boldsymbol{P}(5,5) + 4t^2 \cdot \boldsymbol{P}(6,6) + 1 \cdot \boldsymbol{P}(7,7)\right] \\ \sigma_{\dot{z},t}^2 = \hat{\sigma}^2 \cdot \left[9t^4 \cdot \boldsymbol{P}(9,9) + 4t^2 \cdot \boldsymbol{P}(10,10) + 1 \cdot \boldsymbol{P}(11,11)\right] \end{cases} \tag{7.125}$$

所有 K 个时刻的三个方向速度 $[\dot{x},\dot{y},\dot{z}]$ 综合精度为

$$\sigma_{\dot{x},\dot{y},\dot{z}}^2=\frac{1}{K}\sum_{t=1}^{K}\left(\sigma_{\dot{x},t}^2+\sigma_{\dot{y},t}^2+\sigma_{\dot{z},t}^2\right) \tag{7.126}$$

7.7　样条约束的多信标多基线定位

样条基函数与第 6 章相同, 为三次标准 B 样条函数或者概率型样条函数, 如下

$$B(t)=\begin{cases}\dfrac{|t|^3}{2}-t^2+\dfrac{2}{3}, & |t|\leqslant 1\\ -\dfrac{1}{6}|t|^3+t^2-2|t|+\dfrac{4}{3}, & 1<|t|<2\end{cases} \tag{7.127}$$

$$B(t)=\frac{1}{\sigma\sqrt{2\pi}}\mathrm{e}^{-\frac{t^2}{2\sigma^2}},\quad \sigma=0.5845,\quad t\in\mathbb{R} \tag{7.128}$$

在不同特征点上的样条函数简记为 $B_1(t),B_2(t),\cdots,B_M(t)$, 多信标定位算法假定轨迹可以用 M 个样条函数的组合来刻画, 其中 B 可以是标准 B 样条函数, 也可以是概率样条函数, 组合如下

$$\begin{cases}x=\sum\limits_{j=1}^{M}b_j^x B_j(t)=x(t,\boldsymbol{b}_x)\\ y=\sum\limits_{j=1}^{M}b_j^y B_j(t)=y(t,\boldsymbol{b}_y)\\ z=\sum\limits_{j=1}^{M}b_j^z B_j(t)=z(t,\boldsymbol{b}_z)\end{cases} \tag{7.129}$$

与单信标体制不同的是, 多信标体制增加了未知旋角 θ, 未知参数个数从 $3M$ 变为 $3M+1$, 如下

$$\boldsymbol{\beta}=\left[b_1^x,\cdots,b_M^x;b_1^y,\cdots,b_M^y;b_1^z,\cdots,b_M^z;\theta\right]^{\mathrm{T}}\in\mathbb{R}^{(3M+1)\times 1} \tag{7.130}$$

7.7.1　测距元的雅可比矩阵

对于 t 时刻, 第 i 个测站的测距记为 $R_i^{(t)}$, 有

$$\frac{\partial}{\partial\boldsymbol{\beta}^{\mathrm{T}}}R_i^{(t)}=\frac{\partial R_i^{(t)}}{\partial[x,y,z,\theta]}\frac{\partial[x,y,z,\theta]^{\mathrm{T}}}{\partial\boldsymbol{\beta}^{\mathrm{T}}}\in\mathbb{R}^{1\times(3M+1)} \tag{7.131}$$

记

$$s=\sin((j-1)\theta_0+\theta),\quad c=\cos((j-1)\theta_0+\theta) \tag{7.132}$$

依据(7.54)有

$$\begin{aligned}\frac{\partial R_i^{(t)}}{\partial[x,y,z,\theta]}&=\frac{\partial R_i^{(t)}}{\partial\left[x_{1j},y_{1j},z_{1j}\right]}\frac{\partial\left[x_{1j},y_{1j},z_{1j}\right]^{\mathrm{T}}}{\partial[x,y,z,\theta]}\\&=\left[l_i,m_i,n_i,-l_i\cdot r\cdot s+m_i\cdot r\cdot c\right]\in\mathbb{R}^{1\times 4}\end{aligned} \tag{7.133}$$

若记

$$B_j=B(t_j),\quad \dot{B}_j=\dot{B}(t_j) \tag{7.134}$$

则依据(7.129)有

$$\frac{\partial[x,y,z,\theta]^{\mathrm{T}}}{\partial\boldsymbol{\beta}^{\mathrm{T}}}=\begin{bmatrix}B_1,\cdots,B_M & & & \\ & B_1,\cdots,B_M & & \\ & & B_1,\cdots,B_M & \\ & & & 1\end{bmatrix}\in\mathbb{R}^{4\times(3M+1)} \tag{7.135}$$

综上三式得

$$\frac{\partial}{\partial\boldsymbol{\beta}^{\mathrm{T}}}R_i^{(t)}=[l_iB_1,\cdots,l_iB_M;m_iB_1,\cdots,m_iB_M;n_iB_1,\cdots,n_iB_M;-l_i\cdot r\cdot s+m_i\cdot r\cdot c]$$

依据张量积记号有

$$\frac{\partial}{\partial\boldsymbol{\beta}^{\mathrm{T}}}R_i^{(t)}=\left[\left[l_i,m_i,n_i\right]\otimes\left[B_1,\cdots,B_M\right],-l_i\cdot r\cdot s+m_i\cdot r\cdot c\right]\in\mathbb{R}^{1\times(3M+1)} \tag{7.136}$$

综上，测距元的雅可比矩阵为

$$\boldsymbol{J}_R=\begin{bmatrix}\vdots\\ \left[l_i,m_i,n_i\right]\otimes\left[B_1,\cdots,B_M\right],-l_i\cdot r\cdot s+m_i\cdot r\cdot c\\ \vdots\end{bmatrix}\in\mathbb{R}^{Km\times(3M+1)} \tag{7.137}$$

7.7.2 方位角的雅可比矩阵

类似于(7.96)可得

$$\frac{\partial}{\partial\boldsymbol{\beta}^{\mathrm{T}}}R_i^{(t)}=\left[\left[A_x,A_y,0\right]\otimes\left[B_1,\cdots,B_M\right],-A_x\cdot r\cdot s+A_y\cdot r\cdot c\right]\in\mathbb{R}^{1\times(3M+1)} \tag{7.138}$$

且

$$\boldsymbol{J}_A=\begin{bmatrix}\vdots\\ \left[A_x,A_y,0\right]\otimes\left[B_1,\cdots,B_M\right],-A_x\cdot r\cdot s+A_y\cdot r\cdot c\\ \vdots\end{bmatrix} \tag{7.139}$$

7.7.3 俯仰角的雅可比矩阵

类似于(7.103)可得

$$\frac{\partial}{\partial \boldsymbol{\beta}^{\mathrm{T}}} E_i^{(t)} = \left[\left[E_x, E_y, E_z \right] \otimes \left[B_1, \cdots, B_M \right], -A_x \cdot r \cdot s + A_y \cdot r \cdot c \right] \tag{7.140}$$

且

$$\boldsymbol{J}_E = \begin{bmatrix} \vdots \\ \left[E_x, E_y, E_z \right] \otimes \left[B_1, \cdots, B_M \right], -E_x \cdot r \cdot s + E_y \cdot r \cdot c \\ \vdots \end{bmatrix} \tag{7.141}$$

7.7.4 测速元的雅可比矩阵

类似于(7.112)可得

$$\frac{\partial}{\partial \boldsymbol{\beta}^{\mathrm{T}}} \dot{R}_i^{(t)} = \left[[l_i, m_i, n_i] \otimes \left[B_1 + \dot{B}_1, \cdots, B_M + \dot{B}_M \right], -l_i \cdot r \cdot s + m_i \cdot r \cdot c \right] \in \mathbb{R}^{1\times(3M+1)} \tag{7.142}$$

且

$$\boldsymbol{J}_{\dot{R}} = \begin{bmatrix} \vdots \\ [l_i, m_i, n_i] \otimes \left[B_1 + \dot{B}_1, \cdots, B_M + \dot{B}_M \right], -l_i \cdot r \cdot s + m_i \cdot r \cdot c \\ \vdots \end{bmatrix} \tag{7.143}$$

第 8 章　水下长基线系统误差辨识

在水下靶场试验任务中，由于环境和设备原因，存在多种系统误差，比如测时误差、声速误差、折射误差等等. 在测站数量有限的条件下，能够辨识的系统误差也是有限的，很难把所有系统误差都辨识出来，因此需对系统误差分类，并且量化分析不同误差对测量的影响. 对不同误差进行排序，找到关键系统误差，最后设计参数估计方法，同时估算目标状态和系统误差. 本章介绍水下长基线定位任务中的系统误差辨识方法.

8.1　定位精度因子分析

水下多信标长基线测距定位体制的精度可以用下式概括

$$\|\Delta \boldsymbol{X}\| = \mathrm{GDOP} \cdot \frac{\left\|\boldsymbol{R} - \hat{\boldsymbol{R}}(\theta, x, y, z, \boldsymbol{s}, \boldsymbol{\varepsilon})\right\|}{\sqrt{n-(n_s+3)}} \tag{8.1}$$

其中 3 表示位置向量的维数，n_s 是系统误差的维数，n_s+3 是待估参数的总维数; $\Delta \boldsymbol{X}$ 是目标位置 $\boldsymbol{X}=[x,y,z]^{\mathrm{T}}$ 的定位误差，$\boldsymbol{R}$ 是长基线测量的多站距离向量，$\hat{\boldsymbol{R}}$ 是依据模型计算的距离向量，所以 $\boldsymbol{R}-\hat{\boldsymbol{R}}(\theta,x,y,z,\boldsymbol{s},\boldsymbol{\varepsilon})$ 也称为 OC 残差; GDOP 是雅可比矩阵决定的观测几何因子，θ 是多信标体的旋角，$\boldsymbol{s}$ 是测量的系统误差向量，$\boldsymbol{\varepsilon}$ 是测量随机误差向量. 如假定系统误差对测距的影响可以用等效距离误差向量来刻画，并且记为 $\boldsymbol{R}_s$，则系统误差和随机误差对精度的影响得以分离，如下

$$\|\Delta \boldsymbol{X}\| = \mathrm{GDOP} \cdot \frac{\|\boldsymbol{R}_s + \boldsymbol{\varepsilon}\|}{\sqrt{n-k}} \tag{8.2}$$

不同信息对定位精度的影响不同:

(1) 测站数量 m. 一般来说，测站越多，GDOP 就越小，定位精度就越高. 测量方程数量等于多站测距向量的维数. 一般来说增加一个方程可多估计一个未知参数，如果要同时完成定位和系统误差估算，那么方程数 m 必须不少于被估计系统误差参数的个数 n_s 与定位参数个数之和，即

$$m \geqslant n_s + 3 \tag{8.3}$$

(2) 待估参数的维数 n_s+3. 一般来说建模越精细, 待估参数就越多, 计算量就越大, 定位精度往往表现出先变好后变差的现象. 当参数过多, 尽管拟合残差幅值变小, 但是可能导致雅可比矩阵的严重病态, 从而导致误差估算和定位精度都变差. 因此尽量降低 $\boldsymbol{s}$ 的维数是提高系统误差精度和定位精度的另一个关键因素, 也是本章的分析重点.

(3) 几何精度因子GDOP. 在测站数量 m 确定的条件下, GDOP 的表达式为

$$\mathrm{GDOP}=\sqrt{\mathrm{tr}(\boldsymbol{J}^{\mathrm{T}}\boldsymbol{J})^{-1}} \tag{8.4}$$

对于长基线测距定位, $\boldsymbol{J}$ 是方向余弦矩阵. GDOP 越小意味着定位精度越高. 比如, 在圆锥构型下, GDOP 取极小值 $3/\sqrt{m}$, $\boldsymbol{J}$ 满足

$$\boldsymbol{J}^{\mathrm{T}}\boldsymbol{J}=\frac{m}{3}\boldsymbol{I} \tag{8.5}$$

(4) 弹道先验. 可以把先验等效为新的测量信息, 丰富准确的先验信息可以提高弹道建模的准确性, 也可以减少待估参数的数量, 所以先验越多定位精度就越高. 被测目标的运动轨迹往往满足一定的时序规律, 该规律可以用特定模型来刻画. 比如, 若已知弹道可以用 $p-1$ 次多项式来刻画, 那么弹道的各方向的坐标可以用 p 个参数来刻画, 3 个方向只需要 $3p$ 个参数来刻画. 如果每个时刻有 m 个测量方程, 共有 K 个观测采样时刻, 就可以得到 Km 个方程. 一般来说, 如果 $Km\gg 3p$, 先验约束的事后定位方法可以同时完成目标定位和估算系统误差, 剩余的冗余度还可以抑制随机误差对定位精度的影响.

8.2　声学定位误差等效量化分析

8.2.1　测时系统误差 ΔR_{I}

测时系统误差也称为钟差, 常指由系统换能器和各级电路共同作用造成的滤波延迟. 在主动测量中, 目标发射信号, 经过时间 t, 站址接收到声信号, 若 c 为声速, 则目标与站址的距离为

$$R=ct \tag{8.6}$$

试验前, 通过零值修正, 测站时钟与目标时钟的零点可以认为是相同的. 试验中, 目标与测站存在钟差 Δt, 由此导致的距离误差为 ΔR, 则(8.6)可写为

$$R+\Delta R=c\left(t+\Delta t\right) \tag{8.7}$$

记测时系统误差的等效测距误差为 ΔR_{I}, 则有

$$\Delta R_{\mathrm{I}}=c\cdot\Delta t \tag{8.8}$$

8.2.2 声速系统误差 ΔR_{II}

受环境因素影响, 水中声速表现为深度、温度、盐度的综合函数. 试验前, 声速梯度仪用来测量不同水深对应的声速, 即 $c_1, c_2, c_3, \cdots$, 依此得到平均声速 c. 试验中与试验前的平均声速存在时空变异性, 产生声速系统误差 Δc, 由此导致的距离误差也记为 ΔR, 则

$$R + \Delta R = (c + \Delta c) \cdot t \tag{8.9}$$

记声速系统误差的等效测距误差为 ΔR_{II}, 则有

$$\Delta R_{\text{II}} = \Delta c \cdot t \approx \Delta c \cdot \frac{R}{c} \tag{8.10}$$

若同时存在测时系统误差与声速系统误差, 且时间误差为 Δt, 声速误差为 Δc, 合并 ΔR_{I} 和 ΔR_{II} 为 ΔR, 则有

$$R + \Delta R = (c + \Delta c)(t + \Delta t) \tag{8.11}$$

展开可得

$$\Delta R = c \cdot \Delta t + t \cdot \Delta c + \Delta c \cdot \Delta t \tag{8.12}$$

忽略高阶项 $\Delta c \cdot \Delta t$, 有

$$\Delta R = \Delta t \cdot c + \Delta c \cdot t = \Delta R_{\text{I}} + \Delta R_{\text{II}} \tag{8.13}$$

上式表明: 测时误差引起的测距误差 ΔR_{I} 与目标的距离无关; 但是, 声速误差 ΔR_{II} 引起的测距误差随测距变大而变大, 所以如果不同测站到目标距离有显著差异, 那么不同测站 ΔR_{II} 的差异也较大.

8.2.3 折射系统误差 ΔR_{III}

下文中所有坐标都在发射点为原点的 "东北天" 测站系下表示. 第 $i\ (i=1,\cdots,m)$ 个测站的坐标记为 $\boldsymbol{X}_{0i} = [x_{0i}, y_{0i}, z_{0i}]^{\text{T}}$, 其中 "0" 表示站址, i 表示站址号. 第 $j\ (j=1,\cdots,n)$ 个信标的坐标记为 $\boldsymbol{X}_{1j} = [x_{1j}, y_{1j}, z_{1j}]^{\text{T}}$, 其中 "1" 表示信标, j 表示信标号.

水下环境的不均匀性会改变声波传播路径, 形成折射现象. 假定目标的位置为 $\boldsymbol{X} = [x, y, z]^{\text{T}}$, 直线距离为 $\sqrt{(x-x_{0i})^2 + (y-y_{0i})^2 + (z-z_{0i})^2}$, 实际折射路径长为 R_i, 可得等效折射系统误差 ΔR_{III},

$$\Delta R_{\text{III}} = R_i - \|\boldsymbol{X} - \boldsymbol{X}_{0i}\| = R_i - \sqrt{(x-x_{0i})^2 + (y-y_{0i})^2 + (z-z_{0i})^2} \tag{8.14}$$

如图 8-1 所示，不同水深的声速是有差异的. 如图 8-2 所示，声速剖面的不同水层高度分别为 $h_1,h_2,h_3,\cdots$，对应的声波掠射角为 $\alpha_1,\alpha_2,\alpha_3,\cdots$，对应的声波的速率为 $c_1,c_2,c_3,\cdots$，折射遵循斯涅尔(Snell)定律，如下

$$\frac{\cos\alpha_1}{c_1}=\frac{\cos\alpha_2}{c_2}=\cdots=\frac{\cos\alpha_j}{c_j}=\cdots \tag{8.15}$$

折射定律表明: 水越深，声速 c 越小，余弦 $\cos\alpha$ 就越小，对应的掠射角 α 也就越大.

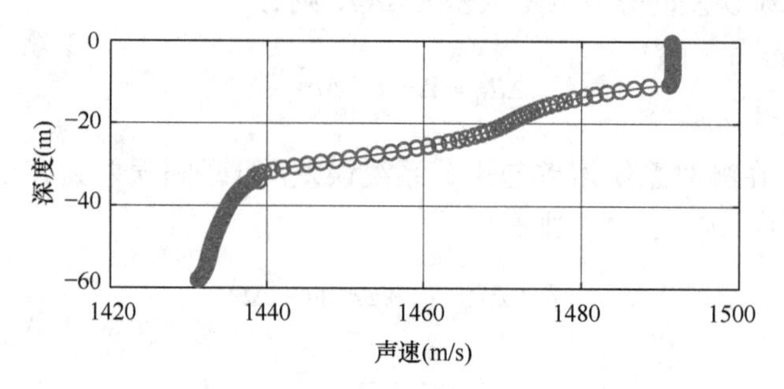

图 8-1　水声剖面图

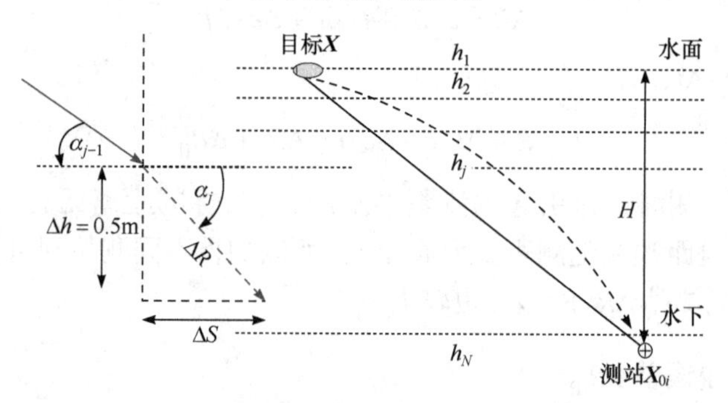

图 8-2　声波折射示意图

若第 i 个长基线测站的时差测量值为 t_i，在(8.14)中目标 $\boldsymbol{X}$ 到基元 $\boldsymbol{X}_i$ 的折射路径长(不是直线距离)可表示为

$$R_i=c\cdot t_i \tag{8.16}$$

其中 c 为水下声速. 如果已经获得声速剖面 $\{(h_1,c_1),(h_2,c_2),\cdots,(h_i,c_i),\cdots,(h_N,c_N)\}$，公式(8.16)中的声速 c 可通过加权声速法算得，如下

$$c=\frac{1}{H}\sum_{j=1}^{N-1}\frac{\left(c_j+c_{j+1}\right)\left(h_{j+1}-h_j\right)}{2} \tag{8.17}$$

其中H为总水深, 见图 8-2, h_j为第j层水深, c_j为第j层的声速值. 特别地, 如果$h_{j+1}-h_j\equiv h, H=(N-1)h$, 则

$$c=\frac{1}{2(N-1)}\sum_{j=1}^{N-1}\left(c_j+c_{j+1}\right)\approx\frac{1}{N}\sum_{j=1}^{N}c_j=\overline{c} \tag{8.18}$$

声速剖面仪可以测得介质分层的水深和声速, 用(h_i,c_i)表示, 所有声速剖面数据为$\{(h_1,c_1),(h_2,c_2),\cdots,(h_i,c_i),\cdots\}$, 声速测量精度记为$\sigma_c$, 比如$\sigma_c=0.05$米/秒. 若已知初始掠射角余弦$\cos\alpha_1$和垂直距离$H$, 可以通过算法获得折射路径、折线总长度$R$和水平距离$S$, 下面给出两个分析折射误差的关键算法.

8.2.3.1 折射路程算法

已知初始掠射角余弦$\cos\alpha_1$和垂直距离$H=\sum h_i$, 可以计算水平折射距离$S=\sum\Delta S_i$和总折射距离$R=\sum R_i$.

第一步: 计算三角函数

$$\sin\alpha_i=\sqrt{1-\cos^2\alpha_i},\quad \cot\alpha_i=\frac{\cos\alpha_i}{\sin\alpha_i} \tag{8.19}$$

第二步: 计算水平增量

$$\Delta S_i=\Delta h_i\cdot\cot\alpha_i \tag{8.20}$$

第三步: 计算路径增量

$$\Delta R_i=\frac{\Delta h_i}{\sin\alpha_i} \tag{8.21}$$

第四步: 掠射角余弦更新

$$\cos\alpha_{i+1}=c_{i+1}\frac{\cos\alpha_i}{c_i} \tag{8.22}$$

回到第一步, 直到遍历所有分层.

第五步: 计算水平距离和折射距离

$$S=\sum\Delta S_i,\quad R=\sum R_i \tag{8.23}$$

如果H很小, 分层较少, 那么公式(8.22)可能导致两个矛盾:

(1) $\cos\alpha_{i+1}>1$(余弦大于 1);

(2) $R>S+H$(弧边大于直角边之和).

8.2.3.2 掠射角余弦算法

注意到折射所经过的水平距离是关于初始掠射角余弦 $\cos\alpha_1$ 的单调递增函数，若已知水平距离 S 和垂直距离 H，可以通过二分算法获得折射路径、折线总长度 $R=\sum R_i$、掠射角余弦 $\cos\alpha_1$.

第一步: 取初值 $\cos\alpha_0=\dfrac{S}{\sqrt{H^2+S^2}}$.

第二步: 确定掠射角余弦的有效范围, 比如 $\left[a,b\right]=\left[\cos\alpha_0,0.999\right]$.

第三步: 令 $\cos\alpha_1=\dfrac{a+b}{2}$，用“折射路程算法”推算水平距离 S_1 和折射距离 R.

第四步: 如果 $S_1>S$，则掠射角余弦的有效范围上界更新为 $b\leftarrow\dfrac{a+b}{2}$; 否则, 掠射角余弦的有效范围下界更新为 $a\leftarrow\dfrac{a+b}{2}$. 若 ε 为给定精度, 且 $b-a<\varepsilon$，则退出循环, 否则回到第三步.

二分法算得掠射角余弦 $\cos\alpha_1$ 和折射距离 $R=\sum R_i$ 的迭代次数非常高, 效率非常低. 如果 H 很小, 分层较少, 那么算法可能导致两个矛盾:

(1) 弧边小于直角边;

(2) 算法可能不收敛.

8.2.4 静态站址误差 ΔR_{IV}

长基线第 i 个测站的距离公式为

$$R_i=\sqrt{(x-x_{0i})^2+(y-y_{0i})^2+(z-z_{0i})^2} \tag{8.24}$$

假定站址 $\boldsymbol{X}_{0i}=\left[x_{0i},y_{0i},z_{0i}\right]^{\mathrm{T}}$ 是已知的，且固定不动，则站址误差 $[\Delta x_i,\Delta y_i,\Delta z_i]$ 可以认为是常值系统误差, 该常值误差包含三个方向, 想要同时估算三个分量比较困难, 对于长基线定位, 由于目标离测站较远, 使得方向余弦 $[l_i,m_i,n_i]=\left[\dfrac{x-x_{0i}}{R_i},\dfrac{y-y_{0i}}{R_i},\dfrac{z-z_{0i}}{R_i}\right]$ 的变化很小, 所以可以把站址误差等效到测距误差 ΔR_{IV}，如下

$$\Delta R_{\text{IV}}=[l_i,m_i,n_i]^{\mathrm{T}}[\Delta x_{0i},\Delta y_{0i},\Delta z_{0i}] \tag{8.25}$$

此时, 可以把估计 $[\Delta x_{0i},\Delta y_{0i},\Delta z_{0i}]$ 的问题转化为估计 ΔR_{IV} 的问题, 待估参数

从 3 个变成了 1 个，参数减少可以提高参数估计的稳健性. 需要注意的是：由于方向余弦是单位向量，站址误差引起等效测距误差不会大于站址误差本身，因为

$$\left|\Delta R_{\mathrm{IV}}\right| \leqslant \left\|\left[l_i, m_i, n_i\right]\right\| \cdot \left\|\left[\Delta x_{0i}, \Delta y_{0i}, \Delta z_{0i}\right]\right\| = \left\|\left[\Delta x_{0i}, \Delta y_{0i}, \Delta z_{0i}\right]\right\| \tag{8.26}$$

8.2.5　动站址误差 ΔR_{V}

站址定标可以是被动的，被动跟踪方式无需在目标上加装合作信标，因而能够大大提高试验效率. 但是，从发出探测信号到收到返回信号时，移动站已经行进了一段距离. 水下声速相对光速来说幅值较小，约 1500 米/秒，使得水下被动跟踪必须考虑站址移动引起的误差.

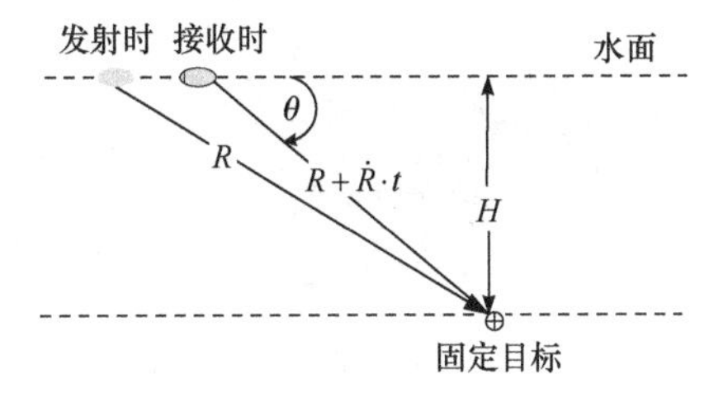

图 8-3　动站址误差示意图

如图 8-3 所示，在被动非同步声速定位体制中，移动站的速率为 v，径向速率为 $\dot{R}$，从发出信号到回收信号经过了时长为 t，去程距离为 R，回程距离为 $R+\dot{R}\cdot t$，满足

$$R+\left(R+\dot{R}\cdot t\right)=c\cdot t \tag{8.27}$$

记 $\Delta t=t/2$，得

$$R=\left(c-\dot{R}\right)\cdot \Delta t \tag{8.28}$$

所以站址移动引起的系统误差 ΔR_{V} 为

$$\Delta R_{\mathrm{V}}=-\dot{R}\cdot \Delta t \approx -\dot{R}\cdot \frac{R}{c} \tag{8.29}$$

对于 ΔR_{V}，可以得到如下结论：

(1) 假定水面测量船绕水下固定目标做圆周运动，则 $\dot{R}=0$，$\Delta R_{\mathrm{V}}=0$，无需考虑动站址误差.

(2) 假定测量船运动方向穿过目标顶部水面. 当测量船靠近目标时，$\left|\Delta R_{\mathrm{V}}\right|$ 逐渐变小(因为 $\left|\dot{R}\right|$ 减小)，特别地，如果测量船在目标顶部水面，则 $\dot{R}=0$. 当测量船远离目标时，$\left|\Delta R_{\mathrm{V}}\right|$ 逐渐变大(因为 $\left|\dot{R}\right|$ 增大)，特别地，若测量船与目标的距离远大于目标水深，则 $\dot{R}\approx v$.

(3) 假定 $\dot{R}$ 为常值，声速误差 $\Delta R_{\mathrm{II}}=\dfrac{R}{c}\Delta c$ 与动态站址误差 $\Delta R_{\mathrm{V}}=-\dfrac{R}{c}\cdot \dot{R}$ 是线性相关的，因为两者都与 R/c 成比例，两者无法同时准确估算，因此下文把 ΔR_{II} 和 ΔR_{V} 合并为 ΔR_{II}，不再考虑动站址误差.

8.2.6 等效量化的意义

系统误差等效量化对长基线定标有指导意义, 参考表 8-1.

表 8-1 主导系统误差及其特点

主导误差	等效测距误差特点
ΔR_{I} 测时误差	常值
ΔR_{IV} 静站址误差	常值
ΔR_{II} 声速误差	随距离变远而变大
ΔR_{III} 折射误差	随掠射角变小而变大, 随距离变远而变大
ΔR_{V} 动站址误差	随站址速度变大而变大

(1) 定标跑船轨迹优选圆形. 若所有站址共圆, 且目标在过圆心的垂线上, 可以相互抵消水平方向上的系统误差.

(2) 定标跑船半径不宜过大. 否则, 等效折射误差 ΔR_{III} 就可能占主导, 进而导致站址定标不准确, 最后使得试验时等效静态站址误差 ΔR_{IV} 过大.

(3) 定标跑船地点优先温差小的区域. 比如, 在浅海进行海上试验时, 由于风浪对海水充分搅拌, 使得水介质均匀分布, 声速变化范围极小, 几乎可以忽略折射误差 ΔR_{III} 和站址误差 ΔR_{IV} .

8.2.7 综合误差模型

不同测量条件下, 占据主导地位的系统误差是不同的, 系统误差的特点也不同, 如表 8-1 所示, 将系统误差引起的等效测距误差分为以下几类:

第一类: 常值系统误差 s_1, 比如等效测时误差 ΔR_{I}, 任意条件下, 测时系统误差可以看成是常值系统误差; 远距离条件下等效站址误差 ΔR_{IV} 也可以看成是常值系统误差, 合并误差后获得的测量模型为

$$R = d + s_1 \tag{8.30}$$

其中 d 是站址到目标的几何距离, 即

$$d = \sqrt{(x - x_{0i})^2 + (y - y_{0i})^2 + (z - z_{0i})^2} \tag{8.31}$$

第二类: 随距离变化的系统误差 s_2, 比如等效声速误差 ΔR_{II}, 合并误差后获得的模型为

$$R = d + s_2 d \tag{8.32}$$

第三类: 随距离和掠射角变化的系统误差 s_3, 如折射系统误差 ΔR_{III}, 若目标在浅水域垂直上升, 则掠射角主要由天向坐标 $z-z_{0i}$ 决定, 合并误差后获得的模型为

$$R = d + s_3 \frac{d}{z - z_{0i}} \tag{8.33}$$

第四类: 随径向速率变化的系统误差 s_4, 如动站址误差 ΔR_{V}, 合并误差后获得的测距为

$$R = d + s_4 \dot{R} \tag{8.34}$$

综上, 得到如下等效系统误差模型

$$R = (1 + s_2 + s_3 (z - z_{0i})^{-1}) d + s_1 + s_4 \dot{R} \tag{8.35}$$

8.3 单信标长基线系统误差修正

8.3.1 逐点单信标系统误差修正方法

简单起见, 又不失一般性, 暂时忽略折射误差、静态站址误差和动站址误差, 仅考虑测时误差和测速误差, 得如下系统误差模型

$$R_i = (1 + s_2) d_i + s_1 \tag{8.36}$$

其中 d_i 表示测站 $\boldsymbol{X}_i = [x_i, y_i, z_i]^{\text{T}}$ 到目标 $\boldsymbol{X} = [x, y, z]^{\text{T}}$ 的距离

$$d_i = \sqrt{(x - x_{0i})^2 + (y - y_{0i})^2 + (z - z_{0i})^2} \tag{8.37}$$

记站址到目标的方向余弦为

$$[l_i, m_i, n_i] = \left[\frac{x - x_{0i}}{d_i}, \frac{y - y_{0i}}{d_i}, \frac{z - z_{0i}}{d_i} \right] \tag{8.38}$$

公式(8.36)包含 5 个未知参数, 即 3 个位置参数 $[x, y, z]$, 2 个系统误差参数 $[s_1, s_2]$, 记所有未知参数为

$$\boldsymbol{\beta} = [x, y, z, s_1, s_2]^{\text{T}} \tag{8.39}$$

测距对 $\boldsymbol{\beta}$ 的梯度为

$$\frac{\partial}{\partial \boldsymbol{\beta}^{\text{T}}} R_i = [(1 + s_2) l_i, (1 + s_2) m_i, (1 + s_2) n_i, 1, d_i] \in \mathbb{R}^{1 \times 5} \tag{8.40}$$

如果有 m 个测站, 则雅可比矩阵为

$$\boldsymbol{J}=\frac{\partial}{\partial\boldsymbol{\beta}^{\mathrm{T}}}[\cdots,R_i,\cdots]=\begin{bmatrix} & & \vdots & & \\ (1+s_2)l_i, & (1+s_2)m_i, & (1+s_2)n_i, & 1, & d_i \\ & & \vdots & & \end{bmatrix}\in\mathbb{R}^{m\times5} \tag{8.41}$$

若 $m\geqslant5$，可依据雅可比矩阵，利用高斯-牛顿迭代法同时估算位置参数 $[x,y,z]$ 和误差参数 $[s_1,s_2]$，否则需用增加其他先验信息才能同时估算出位置参数和误差参数.

8.3.2　多项式约束的单信标系统误差修正方法

如果 $m<5$，则无法通过(8.41)同时估算位置参数 $[x,y,z]$ 和误差参数 $[s_1,s_2]$. 但是，如果在某个时窗 $[t_{\mathrm{begin}},t_{\mathrm{end}}]$ 内采样足够多，那么通过多项式约束的方法同时估算位置参数 $[x,y,z]$ 和误差参数 $[s_1,s_2]$.

简单起见，又不失一般性，暂时忽略高阶多项式，假定目标中心 $\boldsymbol{X}=[x,y,z]^{\mathrm{T}}$ 在时窗 $[t_{\mathrm{begin}},t_{\mathrm{end}}]$ 的 K 个时刻的轨迹可以用 1 次多项式模型刻画，如下

$$\begin{cases} x=a_xt+b_x, \\ y=a_yt+b_y, \quad (t=h,2h,\cdots,Kh) \\ z=a_zt+b_z \end{cases} \tag{8.42}$$

其中 $[a_x,b_x,a_y,b_y,a_z,b_z]$ 是未知的待估计时序参数，结合(8.36)可以构建包含 mK 个测距方程、$6+2$ 个未知参数的非线性方程组，其中 6 表示多项式参数数量，2 表示系统误差数量，把 8 个未知参数记为

$$\boldsymbol{\beta}=\left[a_x,b_x,a_y,b_y,a_z,b_z,s_1,s_2\right]^{\mathrm{T}} \tag{8.43}$$

对于 t 时刻，第 i 个测站的测距为 $R_i^{(t)}=(1+s_2)d_t+s_1$，有

$$\frac{\partial}{\partial\boldsymbol{\beta}^{\mathrm{T}}}R_i^{(t)}=\frac{\partial R_i^{(t)}}{\partial[x,y,z,s_1,s_2]}\frac{\partial[x,y,z,s_1,s_2]^{\mathrm{T}}}{\partial\boldsymbol{\beta}^{\mathrm{T}}}\in\mathbb{R}^{1\times8} \quad (i=1,\cdots,n) \tag{8.44}$$

对于 t 时刻，方向余弦记为

$$\left[l_i^{(t)},m_i^{(t)},n_i^{(t)}\right]=\left[\frac{x^{(t)}-x_{0i}}{d_i^{(t)}},\frac{y^{(t)}-y_{0i}}{d_i^{(t)}},\frac{z^{(t)}-z_{0i}}{d_i^{(t)}}\right] \tag{8.45}$$

依据(8.40)有

$$\frac{\partial R_i^{(t)}}{\partial[x,y,z,s_1,s_2]}=\left[(1+s_2)l_i^{(t)},(1+s_2)m_i^{(t)},(1+s_2)n_i^{(t)},1,d_i^{(t)}\right] \tag{8.46}$$

又因为

$$\frac{\partial\left[x,y,z,s_1,s_2\right]^{\mathrm{T}}}{\partial\boldsymbol{\beta}^{\mathrm{T}}}=\begin{bmatrix} t & 1 & & & & & & \\ & & t & 1 & & & & \\ & & & & t & 1 & & \\ & & & & & & 1 & \\ & & & & & & & 1 \end{bmatrix}\in\mathbb{R}^{5\times 8} \tag{8.47}$$

综上三式得

$$\frac{\partial}{\partial\boldsymbol{\beta}^{\mathrm{T}}}R_i^{(t)}=[t(1+s_2)l_i^{(t)},(1+s_2)l_i^{(t)},t(1+s_2)m_i^{(t)},(1+s_2)m_i^{(t)},t(1+s_2)n_i^{(t)},(1+s_2)n_i^{(t)},1,d_i^{(t)}]$$

依据张量积记号有

$$\frac{\partial}{\partial\boldsymbol{\beta}^{\mathrm{T}}}R_i^{(t)}=\left[(1+s_2)\left[l_i^{(t)},m_i^{(t)},n_i^{(t)}\right]\otimes[t,1],1,d_i^{(t)}\right]\in\mathbb{R}^{1\times 8} \tag{8.48}$$

综上，测距元的雅可比矩阵记为

$$\boldsymbol{J}=\begin{bmatrix} \vdots \\ (1+s_2)\left[l_i^{(t)},m_i^{(t)},n_i^{(t)}\right]\otimes[t,1],1,d_i^{(t)} \\ \vdots \end{bmatrix}\in\mathbb{R}^{Km\times 8} \tag{8.49}$$

若 $Km\geqslant 8$，可依据雅可比矩阵，利用高斯-牛顿迭代法同时估算位置参数 $\left[a_x,b_x,a_y,b_y,a_z,b_z\right]$ 和误差参数 $\left[s_1,s_2\right]$，继而依据(8.42)估算出不同时刻的位置 $\left[x^{(t)},y^{(t)},z^{(t)}\right](t=h,2h,\cdots,Kh)$. 该方法既可以用于事后处理，也可以用于准实时处理，准实时导致的时延由时窗 $[t_{\text{begin}},t_{\text{end}}]$ 的宽度 $t_{\text{end}}-t_{\text{begin}}$ 决定.

8.3.3 样条约束的单信标系统误差修正方法

样条约束的系统误差修正方法通常用于事后处理. 假定目标中心 $\boldsymbol{X}=[x,y,z]^{\mathrm{T}}$ 在试验时窗 $[t_{\text{begin}},t_{\text{end}}]$ 的 K 个时刻的轨迹可以用样条的组合来约束. 样条基函数与前两章相同，为三次标准 B 样条函数或者概率型样条函数，如下

$$B(t)=\begin{cases} \dfrac{|t|^3}{2}-t^2+\dfrac{2}{3}, & |t|\leqslant 1 \\ -\dfrac{1}{6}|t|^3+t^2-2|t|+\dfrac{4}{3}, & 1<|t|<2 \end{cases} \tag{8.50}$$

$$B(t)=\frac{1}{\sigma\sqrt{2\pi}}\mathrm{e}^{-\frac{t^2}{2\sigma^2}},\quad \sigma=0.5845,\quad t\in\mathbb{R} \tag{8.51}$$

在不同特征点上的样条函数简记为 $B_1(t),B_2(t),\cdots,B_M(t)$，则

$$
\begin{cases}
x=\sum_{j=1}^{M} b_j^x B_j(t)=x\left(t,\boldsymbol{b}_x\right), \\
y=\sum_{j=1}^{M} b_j^y B_j(t)=y\left(t,\boldsymbol{b}_y\right), \quad \left(t=h,2h,\cdots,Kh\right) \\
z=\sum_{j=1}^{M} b_j^z B_j(t)=z\left(t,\boldsymbol{b}_z\right)
\end{cases} \tag{8.52}
$$

其中$\left[b_1^x,\cdots,b_M^x;b_1^y,\cdots,b_M^y;b_1^z,\cdots,b_M^z\right]$是未知的待估计样条参数，结合(8.36)可以构建包含mK个测距方程、$3M+2$个未知参数的非线性方程组，把未知参数记为

$$
\boldsymbol{\beta}=\left[b_1^x,\cdots,b_M^x;b_1^y,\cdots,b_M^y;b_1^z,\cdots,b_M^z,s_1,s_2\right]^{\mathrm{T}} \tag{8.53}
$$

对于t时刻，第i个测站的测距为$R_i^{(t)}=(1+s_2)d_t+s_1$，有

$$
\frac{\partial}{\partial \boldsymbol{\beta}^{\mathrm{T}}} R_i^{(t)}=\frac{\partial R_i^{(t)}}{\partial\left[x,y,z,s_1,s_2\right]}\frac{\partial\left[x,y,z,s_1,s_2\right]^{\mathrm{T}}}{\partial \boldsymbol{\beta}^{\mathrm{T}}}\in \mathbb{R}^{1\times(3M+2)} \tag{8.54}
$$

依据(8.40)有

$$
\frac{\partial R_i^{(t)}}{\partial\left[x,y,z,s_1,s_2\right]}=\left[(1+s_2)l_i^{(t)},(1+s_2)m_i^{(t)},\ (1+s_2)n_i^{(t)},\ 1,\ d_i^{(t)}\right]\in \mathbb{R}^{1\times 5} \tag{8.55}
$$

依据(8.52)有

$$
\frac{\partial\left[x,y,z,s_1,s_2\right]^{\mathrm{T}}}{\partial \boldsymbol{\beta}^{\mathrm{T}}}=\begin{bmatrix}
B_1,\cdots,B_M & & & & \\
 & B_1,\cdots,B_M & & & \\
 & & B_1,\cdots,B_M & & \\
 & & & 1 & \\
 & & & & 1
\end{bmatrix}\in \mathbb{R}^{5\times(3M+2)} \tag{8.56}
$$

类似于(8.49)，依据张量积记号有

$$
\frac{\partial}{\partial \boldsymbol{\beta}^{\mathrm{T}}} R_i^{(t)}=\left[(1+s_2)\left[l_i^{(t)},m_i^{(t)},n_i^{(t)}\right]\otimes\left[B_1,\cdots,B_M\right],1,d_i^{(t)}\right]\in \mathbb{R}^{1\times(3M+2)} \tag{8.57}
$$

综上，测距元的雅可比矩阵记为

$$
\boldsymbol{J}=\begin{bmatrix}
\vdots \\
(1+s_2)\left[l_i^{(t)},m_i^{(t)},n_i^{(t)}\right]\otimes\left[B_1,\cdots,B_M\right],\quad 1,\quad d_i^{(t)} \\
\vdots
\end{bmatrix}\in \mathbb{R}^{mK\times(3M+2)} \tag{8.58}
$$

若$mK\geqslant 3M+2$，可依据雅可比矩阵，利用高斯-牛顿迭代法同时估算样条系

数$\left[b_1^x,\cdots,b_M^x;b_1^y,\cdots,b_M^y;b_1^z,\cdots,b_M^z\right]$和误差参数$\left[s_1,s_2\right]$，继而估算出不同时刻的位置$\left[x^{(t)},y^{(t)},z^{(t)}\right](t=h,2h,\cdots,Kh)$.

8.4 多信标长基线系统误差修正

8.4.1 逐点多信标系统误差修正方法

假定被测目标表面均匀布设了n个信标，信标均匀分布在圆周上，目标半径为r，相邻信标的角距为$\theta_0=2\pi/n$，1号信标相对于东向的夹角记为θ，信标与目标中心关系参考公式(7.1)～(7.3). 本节仍然忽略折射误差、静态站址误差和动态站址误差，仅考虑测时误差和测速误差，得如下系统误差模型

$$R_i=(1+s_2)d_i+s_1 \tag{8.59}$$

其中d_i表示测站$\boldsymbol{X}_{0i}=\left[x_{0i},y_{0i},z_{0i}\right]^{\mathrm{T}}(i=1,\cdots,m)$到信标$\boldsymbol{X}_{1j}=[x_{1j},y_{1j},z_{1j}]^{\mathrm{T}}$ $(j=1,\cdots,n)$的距离

$$d_i=\sqrt{(x_{1j}-x_{0i})^2+(y_{1j}-y_{0i})^2+(z_{1j}-z_{0i})^2}\quad(i=1,\cdots,m;j=1,\cdots,n) \tag{8.60}$$

记站址到信标的方向余弦为

$$[l_i,m_i,m_i]=\left[\frac{x_{1j}-x_{0i}}{R_i},\frac{y_{1j}-y_{0i}}{R_i},\frac{z_{1j}-z_{0i}}{R_i}\right] \tag{8.61}$$

式(8.59)包含6个未知参数，即3个位置参数$[x,y,z]$，1个旋角参数θ，2个系统误差参数$[s_1,s_2]$，记所有未知参数为

$$\boldsymbol{\beta}=\left[x,y,z,\theta,s_1,s_2\right]^{\mathrm{T}} \tag{8.62}$$

若记

$$\begin{cases}s=\sin((j-1)\theta_0+\theta),\quad c=\cos((j-1)\theta_0+\theta)\\ [\tilde{l}_i,\tilde{m}_i,\tilde{n}_i]=[(1+s_2)l_i,(1+s_2)m_i,(1+s_2)n_i]\end{cases} \tag{8.63}$$

则公式(8.36)对$\boldsymbol{\beta}$的梯度为

$$\frac{\partial}{\partial\boldsymbol{\beta}^{\mathrm{T}}}R_i=\left[\tilde{l}_i,\tilde{m}_i,\tilde{n}_i,-\tilde{l}_i\cdot r\cdot s+\tilde{m}_i\cdot r\cdot c,1,d_i\right]\in\mathbb{R}^{1\times6} \tag{8.64}$$

测距总雅可比矩阵为

$$
\boldsymbol{J}=\frac{\partial}{\partial \boldsymbol{\beta}^{\mathrm{T}}}[\ldots,R_i,\ldots]=\begin{bmatrix} \vdots \\ \tilde{l}_i,\tilde{m}_i,\tilde{n}_i,-\tilde{l}_i\cdot r\cdot s+\tilde{m}_i\cdot r\cdot c,1,d_i \\ \vdots \end{bmatrix}\in\mathbb{R}^{m\times 6} \tag{8.65}
$$

若 $m\geqslant 6$，可依据雅可比矩阵，利用高斯-牛顿迭代法同时估算位置参数 $[x,y,z]$、旋角参数 θ 和误差参数 $[s_1,s_2]$，否则需用增加其他先验信息用以同时估算位置参数和误差参数.

8.4.2　多项式约束的多信标系统误差修正方法

如果 $m<6$，则无法通过(8.41)同时估算位置参数 $[x,y,z]$、旋角参数 θ 和误差参数 $[s_1,s_2]$. 但是，如果先验表明在某个时窗 $[t_{\text{begin}},t_{\text{end}}]$ 内可以用多项式刻画目标的轨迹，那么可以用多项式约束的方法估算位置参数 $[x,y,z]$ 和误差参数 $[s_1,s_2]$.

简单起见，又不失一般性，暂时忽略高阶多项式，假定目标中心 $\boldsymbol{X}=[x,y,z]$ 在时窗 $[t_{\text{begin}},t_{\text{end}}]$ 的 K 个时刻的轨迹可以用 1 次多项式模型刻画，如下

$$
\begin{cases} x=a_x t+b_x, \\ y=a_y t+b_y, \quad (t=h,2h,\cdots,Kh) \\ z=a_z t+b_z \end{cases} \tag{8.66}
$$

其中 $[a_x,b_x,a_y,b_y,a_z,b_z]$ 是待估计的多项式参数，结合(8.36)可以构建包含 mK 个测距方程、$6+1+2$ 个未知参数的非线性方程组，其中 6 表示多项式参数数量，1 表示旋角，2 表示系统误差数量，把 9 个未知参数记为

$$
\boldsymbol{\beta}=\left[a_x,b_x,a_y,b_y,a_z,b_z,\theta,s_1,s_2\right]^{\mathrm{T}} \tag{8.67}
$$

对于 t 时刻，第 i 个测站的测距为 $R_i^{(t)}=(1+s_2)d_t+s_1$，有

$$
\frac{\partial}{\partial \boldsymbol{\beta}^{\mathrm{T}}}R_i^{(t)}=\frac{\partial R_i^{(t)}}{\partial[x,y,z,\theta,s_1,s_2]}\frac{\partial[x,y,z,\theta,s_1,s_2]^{\mathrm{T}}}{\partial \boldsymbol{\beta}^{\mathrm{T}}}\in\mathbb{R}^{1\times 9} \tag{8.68}
$$

对于 t 时刻，方向余弦记为

$$
\left[l_i^{(t)},m_i^{(t)},n_i^{(t)}\right]=\left[\frac{x_{1j}^{(t)}-x_{0i}}{d_i^{(t)}},\frac{y_{1j}^{(t)}-y_{0i}}{d_i^{(t)}},\frac{z_{1j}^{(t)}-z_{0i}}{d_i^{(t)}}\right] \tag{8.69}
$$

依据(8.64)有

$$\frac{\partial R_i^{(t)}}{\partial\left[x,y,z,\theta,s_1,s_2\right]}=\left[\tilde{l}_i^{(t)},\tilde{m}_i^{(t)},\tilde{n}_i^{(t)},-\tilde{l}_i^{(t)}\cdot r\cdot s+\tilde{m}_i^{(t)}\cdot r\cdot c,1,d_i^{(t)}\right]\in\mathbb{R}^{1\times 6} \tag{8.70}$$

又因为

$$\frac{\partial\left[x,y,z,\theta,s_1,s_2\right]^{\mathrm{T}}}{\partial\boldsymbol{\beta}^{\mathrm{T}}}=\begin{bmatrix} t & 1 & & & & & & & \\ & & t & 1 & & & & & \\ & & & & t & 1 & & & \\ & & & & & & 1 & & \\ & & & & & & & 1 & \\ & & & & & & & & 1 \end{bmatrix}\in\mathbb{R}^{6\times 9} \tag{8.71}$$

综上三式得

$$\frac{\partial}{\partial\boldsymbol{\beta}^{\mathrm{T}}}R_i^{(t)}=[t\tilde{l}_i^{(t)},\tilde{l}_i^{(t)},t\tilde{m}_i^{(t)},\tilde{m}_i^{(t)},t\tilde{n}_i^{(t)},\tilde{n}_i^{(t)},-\tilde{l}_i^{(t)}\cdot r\cdot s+\tilde{m}_i^{(t)}\cdot r\cdot c,1,d_i^{(t)}]$$

依据张量积记号有

$$\frac{\partial}{\partial\boldsymbol{\beta}^{\mathrm{T}}}R_i^{(t)}=\left[\left[\tilde{l}_i^{(t)},\tilde{m}_i^{(t)},\tilde{n}_i^{(t)}\right]\otimes[t,1],-\tilde{l}_i^{(t)}\cdot r\cdot s+\tilde{m}_i^{(t)}\cdot r\cdot c,1,d_i^{(t)}\right]\in\mathbb{R}^{1\times 9} \tag{8.72}$$

综上，测距元的雅可比矩阵记为

$$\boldsymbol{J}=\begin{bmatrix} \vdots \\ \left[\tilde{l}_i^{(t)},\tilde{m}_i^{(t)},\tilde{n}_i^{(t)}\right]\otimes[t,1],-\tilde{l}_i^{(t)}\cdot r\cdot s+\tilde{m}_i^{(t)}\cdot r\cdot c,1,d_i^{(t)} \\ \vdots \end{bmatrix}\in\mathbb{R}^{Km\times 9} \tag{8.73}$$

若 $Km\geqslant 9$，可依据雅可比矩阵，利用高斯-牛顿迭代法同时估算多项式系数 $\left[a_x,b_x,a_y,b_y,a_z,b_z\right]$、旋角参数 θ 和误差参数 $\left[s_1,s_2\right]$，继而估算出不同时刻的位置 $\left[x^{(t)},y^{(t)},z^{(t)}\right](t=h,2h,\cdots,Kh)$. 该方法既可以用于事后处理，也可以用于准实时处理，准实时的时间周期由时窗 $\left[t_{\text{begin}},t_{\text{end}}\right]$ 决定.

8.4.3 样条约束的多信标系统误差修正方法

与样条约束的单信标系统误差修正方法类似，样条约束的多信标系统误差修正方法通常用于事后处理. 样条基函数与 8.3 节相同，为三次标准 B 样条函数或者概率型样条函数. 在不同特征点上的样条函数简记为 $B_1(t),B_2(t),\cdots,B_M(t)$，则

$$
\begin{cases}
x = \sum_{j=1}^{M} b_j^x B_j(t) = x(t, \boldsymbol{b}_x), \\
y = \sum_{j=1}^{M} b_j^y B_j(t) = y(t, \boldsymbol{b}_y), \quad (t = h, 2h, \cdots, Kh) \\
z = \sum_{j=1}^{M} b_j^z B_j(t) = z(t, \boldsymbol{b}_z)
\end{cases}
\tag{8.74}
$$

其中$\left[b_1^x,\cdots,b_M^x;b_1^y,\cdots,b_M^y;b_1^z,\cdots,b_M^z\right]$是待估计的样条参数，结合(8.36)可以构建包含$mK$个测距方程、$3M+1+2$个未知参数的非线性方程组，1 表示旋角，其中 2 表示系统误差的数量，把$3M+3$个未知参数记为

$$
\boldsymbol{\beta} = \left[b_1^x,\cdots,b_M^x;b_1^y,\cdots,b_M^y;b_1^z,\cdots,b_M^z,\theta,s_1,s_2\right]^{\mathrm{T}} \tag{8.75}
$$

对于t时刻，第i个测站的测距为$R_i^{(t)} = (1+s_2)d_t + s_1$，有

$$
\frac{\partial}{\partial \boldsymbol{\beta}^{\mathrm{T}}} R_i^{(t)} = \frac{\partial R_i^{(t)}}{\partial [x,y,z,\theta,s_1,s_2]} \frac{\partial [x,y,z,\theta,s_1,s_2]^{\mathrm{T}}}{\partial \boldsymbol{\beta}^{\mathrm{T}}} \in \mathbb{R}^{1\times(3M+3)} \tag{8.76}
$$

依据(8.70)有

$$
\frac{\partial R_i^{(t)}}{\partial [x,y,z,\theta,s_1,s_2]} = \left[\tilde{l}_i^{(t)}, \tilde{m}_i^{(t)}, \tilde{n}_i^{(t)}, -\tilde{l}_i^{(t)} \cdot r \cdot s + \tilde{m}_i^{(t)} \cdot r \cdot c, 1, d_i^{(t)}\right] \in \mathbb{R}^{1\times 6} \tag{8.77}
$$

而且

$$
\frac{\partial [x,y,z,\theta,s_1,s_2]^{\mathrm{T}}}{\partial \boldsymbol{\beta}^{\mathrm{T}}} = \begin{bmatrix}
B_1,\cdots,B_M & & & & & \\
& B_1,\cdots,B_M & & & & \\
& & B_1,\cdots,B_M & & & \\
& & & 1 & & \\
& & & & 1 & \\
& & & & & 1
\end{bmatrix} \in \mathbb{R}^{6\times(3M+3)}
\tag{8.78}
$$

综上三式得

$$
\frac{\partial}{\partial \boldsymbol{\beta}^{\mathrm{T}}} R_i^{(t)} = [\cdots, B_j \tilde{l}_i^{(t)}, \cdots; \cdots, B_j \tilde{m}_i^{(t)}, \cdots; \cdots, B_j \tilde{n}_i^{(t)}, \cdots; -\tilde{l}_i^{(t)} \cdot r \cdot s + \tilde{m}_i^{(t)} \cdot r \cdot c, 1, d_i^{(t)}]
$$

类似于(8.72)，依据张量积记号有

$$
\frac{\partial}{\partial \boldsymbol{\beta}^{\mathrm{T}}} R_i^{(t)} = \left[\left[\tilde{l}_i^{(t)}, \tilde{m}_i^{(t)}, \tilde{n}_i^{(t)}\right] \otimes [B_1,\cdots,B_M], -\tilde{l}_i^{(t)} \cdot r \cdot s + \tilde{m}_i^{(t)} \cdot r \cdot c, 1, d_i^{(t)}\right] \in \mathbb{R}^{1\times(3M+3)}
\tag{8.79}
$$

综上，测距元的雅可比矩阵记为

$$\boldsymbol{J}=\begin{bmatrix} \vdots \\ \left[\tilde{l}_i^{(t)},\tilde{m}_i^{(t)},\tilde{n}_i^{(t)}\right]\otimes\left[B_1,\cdots,B_M\right],-\tilde{l}_i^{(t)}\cdot r\cdot s+\tilde{m}_i^{(t)}\cdot r\cdot c,1,d_i^{(t)} \\ \vdots \end{bmatrix}\in\mathbb{R}^{Km\times(3M+3)} \tag{8.80}$$

若 $Km\geqslant 3M+3$，可依据雅可比矩阵，利用高斯-牛顿迭代法同时估算样条参数 $\left[b_1^x,\cdots,b_M^x;b_1^y,\cdots,b_M^y;b_1^z,\cdots,b_M^z\right]$、旋角参数 θ 和误差参数 $\left[s_1,s_2\right]$，继而估算出不同时刻的位置 $\left[x^{(t)},y^{(t)},z^{(t)}\right](t=h,2h,\cdots,Kh)$.

8.5 模型选择和变量选择

8.5.1 模型的选择

测量数据处理最有效的手段是把数据处理问题转化为回归分析问题研究，这样做可以很好地利用近代回归分析的研究成果，更重要的是能够提高数据精度. 同一数据的处理，可以转化为不同的回归模型，例如第 6～8 章都用到了多项式约束模型和样条约束模型，多项式模型又分高阶多项式模型和低阶多项式模型，样条约束模型又分为标准 B 样条模型和概率样条模型. 不同的模型，对数据处理精度、计算复杂度有何影响？如何选择最终的数学模型？这是本节要回答的问题.

假设对 t_i 时刻的真值 $f(t_i)$ 进行测量，得到测量数据 $(t_i,y_i)(i=1,2,\cdots,K)$，测量数据模型为

$$\begin{cases} y_i=f(t_i)+e_i, & i=1,2,\cdots,K \\ e_i\sim N(0,\sigma^2), & \mathrm{E}(e_ie_j)=\delta_{ij}\cdot\sigma^2 \end{cases} \tag{8.81}$$

其中 e_i 是均值为 0，标准差为 σ 的正态随机观测误差. 令

$$\boldsymbol{Y}=\begin{bmatrix} y_1 \\ y_2 \\ \vdots \\ y_K \end{bmatrix},\quad \boldsymbol{f}=\begin{bmatrix} f(t_1) \\ f(t_2) \\ \vdots \\ f(t_K) \end{bmatrix},\quad \boldsymbol{e}=\begin{bmatrix} e_1 \\ e_2 \\ \vdots \\ e_K \end{bmatrix} \tag{8.82}$$

根据(8.81)可得

$$\boldsymbol{Y}=\boldsymbol{f}+\boldsymbol{e},\quad \boldsymbol{e}\sim N(0,\sigma^2\boldsymbol{I}) \tag{8.83}$$

再假设有一组包含 M 个线性无关的基函数的基底为 $\left[\phi_1(t),\phi_2(t),\cdots,\phi_M(t)\right]$，$\boldsymbol{f}$ 满足

$$\boldsymbol{f}(t)=\sum_{j=1}^{M}\beta_j\phi_j(t)+\boldsymbol{b}(t) \tag{8.84}$$

称 $\boldsymbol{b}(t)$ 为这组基函数的建模误差. 令

$$\begin{cases}\boldsymbol{X}=\left[x_{ij}\right]_{m\times N}, \quad x_{ij}=\phi_j(t_i)\\ \boldsymbol{\beta}=\left[\beta_1,\beta_2,\cdots,\beta_M\right]^{\mathrm{T}}\\ \boldsymbol{b}=\left[b(t_1),b(t_2),\cdots,b(t_i)\right]^{\mathrm{T}}\end{cases}$$

式(8.83)和(8.84)可写为

$$\boldsymbol{f}=\boldsymbol{X\beta}+\boldsymbol{b} \tag{8.85}$$

$$\boldsymbol{Y}=\boldsymbol{X\beta}+\boldsymbol{b}+\boldsymbol{e}, \quad \boldsymbol{e}\sim N\left(0,\sigma^2\boldsymbol{I}\right) \tag{8.86}$$

再令最小二乘估计和投影矩阵如下

$$\begin{cases}\hat{\boldsymbol{\beta}}=\left(\boldsymbol{X}^{\mathrm{T}}\boldsymbol{X}\right)^{-1}\boldsymbol{X}^{\mathrm{T}}\boldsymbol{Y}\\ \boldsymbol{H}_{\boldsymbol{X}}=\boldsymbol{X}\left(\boldsymbol{X}^{\mathrm{T}}\boldsymbol{X}\right)^{-1}\boldsymbol{X}^{\mathrm{T}}\end{cases} \tag{8.87}$$

根据等式(8.85)～(8.87)，得

$$\hat{\boldsymbol{\beta}}=\left(\boldsymbol{X}^{\mathrm{T}}\boldsymbol{X}\right)^{-1}\boldsymbol{X}^{\mathrm{T}}\boldsymbol{Y}=\boldsymbol{\beta}+\left(\boldsymbol{X}^{\mathrm{T}}\boldsymbol{X}\right)^{-1}\boldsymbol{X}^{\mathrm{T}}\boldsymbol{b}+\left(\boldsymbol{X}^{\mathrm{T}}\boldsymbol{X}\right)^{-1}\boldsymbol{X}^{\mathrm{T}}\boldsymbol{e} \tag{8.88}$$

所以

$$\begin{aligned}\boldsymbol{f}-\boldsymbol{X}\hat{\boldsymbol{\beta}}&=\boldsymbol{X\beta}+\boldsymbol{b}-\boldsymbol{X}\left(\boldsymbol{\beta}+\left(\boldsymbol{X}^{\mathrm{T}}\boldsymbol{X}\right)^{-1}\boldsymbol{X}^{\mathrm{T}}\boldsymbol{b}+\left(\boldsymbol{X}^{\mathrm{T}}\boldsymbol{X}\right)^{-1}\boldsymbol{X}^{\mathrm{T}}\boldsymbol{e}\right)\\&=\left(\boldsymbol{I}-\boldsymbol{H}_{\boldsymbol{X}}\right)\boldsymbol{b}-\boldsymbol{H}_{\boldsymbol{X}}\boldsymbol{e}\end{aligned} \tag{8.89}$$

若把 $\boldsymbol{X}\hat{\boldsymbol{\beta}}$ 当作 $\boldsymbol{f}$ 的估计，则在平均意义下估计误差为

$$\mathrm{E}\left\|\boldsymbol{f}-\boldsymbol{X}\hat{\boldsymbol{\beta}}\right\|^2=\left\|\left(\boldsymbol{I}-\boldsymbol{H}_{\boldsymbol{X}}\right)\boldsymbol{b}\right\|^2+M\sigma^2 \tag{8.90}$$

根据(8.85)，有

$$\left\|\left(\boldsymbol{I}-\boldsymbol{H}_{\boldsymbol{X}}\right)\boldsymbol{b}\right\|^2=\left\|\left(\boldsymbol{I}-\boldsymbol{H}_{\boldsymbol{X}}\right)\left(\boldsymbol{f}-\boldsymbol{X\beta}\right)\right\|^2=\left\|\left(\boldsymbol{I}-\boldsymbol{H}_{\boldsymbol{X}}\right)\boldsymbol{f}\right\|^2 \tag{8.91}$$

因此, 将(8.91)代入(8.90)可得

$$\mathrm{E}\left\|X\hat{\beta}-f\right\|^2=\left\|(I-H_X)f\right\|^2+M\sigma^2 \tag{8.92}$$

上式意味着: 参数的数量 M 越大, 则 $\left\|(I-H_X)f\right\|^2$ 越小, 但是 $M\sigma^2$ 越大, 所以从平均意义上来说, 随着 M 的变大, 建模精度 $\mathrm{E}\left\|X\hat{\beta}-f\right\|^2$ 先变好后变差. 若增加一个参数时, $\mathrm{E}\left\|X\hat{\beta}-f\right\|^2$ 的减小量居然小于 σ^2, 那么就没有必要增加该参数了.

应用的难点在于: 估计真值 f 和方差 σ^2 都是未知的, 能否找到一个统计量量化 $\left\|(I-H_X)f\right\|^2+M\sigma^2$, 下面尝试用残差平方和来刻画.

在平均意义下, OC 残差满足

$$\begin{aligned}\mathrm{E}\left\|Y-X\hat{\beta}\right\|^2&=\mathrm{E}\left\|(f+e)-X\left(X^{\mathrm{T}}X\right)^{-1}X^{\mathrm{T}}(f+e)\right\|^2\\&=\left\|(I-H_X)f\right\|^2+\mathrm{E}\left\|(I-H_X)e\right\|^2\\&=\left\|(I-H_X)f\right\|^2+(K-M)\sigma^2\end{aligned} \tag{8.93}$$

因此(8.92)可写为

$$\mathrm{E}\left\|f-X\hat{\beta}\right\|^2=\mathrm{E}\left\|Y-X\hat{\beta}\right\|^2+(2M-K)\sigma^2 \tag{8.94}$$

由于 $Y-X\hat{\beta}$ 的分布式是未知的, 所以用统计量代替统计量的期望, 即用下列量化指标刻画拟合精度

$$D=\left\|Y-X\hat{\beta}\right\|^2+(2M-K)\sigma^2 \tag{8.95}$$

若 σ^2 是未知的, 则用样本方差 $\dfrac{\left\|Y-X\hat{\beta}\right\|^2}{K-M}$ 代替之, 此时有

$$D=\frac{M}{K-M}\cdot\left\|Y-X\hat{\beta}\right\|^2=\left(\frac{K}{K-M}-1\right)\cdot\left\|Y-X\hat{\beta}\right\|^2 \tag{8.96}$$

基于(8.96)可以得到下列结论:

(1) 参数个数 M 越大, $\left\|Y-X\hat{\beta}\right\|^2$ 越小, 但是 $\dfrac{K}{K-M}$ 越大, 所以 D 先变小后变大;

(2) 在参数个数 M 固定的情况下, 基函数与数据特性越吻合, 则拟合能力越强, D 越小;

(3) 参数个数 M 和设计矩阵 $\boldsymbol{X}$ 有不同选项的情况下, D 越小对应的模型越好.

需注意的是: 本节假定可以直接对坐标进行观测, 但是实际试验中只能观测到坐标的函数, 如何将模型选择应用于非线性系统建模, 需后续继续完善.

8.5.2 变量的选择

记 $\boldsymbol{X}=[\boldsymbol{X}_1,\cdots,\boldsymbol{X}_n],\boldsymbol{\beta}=[\beta_1,\cdots,\beta_n]^{\mathrm{T}}$, 则 $\boldsymbol{X\beta}=\sum_{i=1}^{n}\boldsymbol{X}_i\beta_i$. 这里我们考虑的问题是: 若 $\boldsymbol{X}_i\beta_i$ 接近于0, 则可剔除 $\boldsymbol{X}_i\beta_i$, 这与单纯判断 β_i 是否接近于0是有差异的. 记

$$\begin{cases}\boldsymbol{X}=[\boldsymbol{X}_1,\cdots,\boldsymbol{X}_n], & \boldsymbol{X}_P=[\boldsymbol{X}_1,\cdots,\boldsymbol{X}_p], \quad \boldsymbol{X}_R=[\boldsymbol{X}_{p+1},\cdots,\boldsymbol{X}_n]\\ \boldsymbol{\beta}=[\beta_1,\cdots,\beta_n]^{\mathrm{T}}, & \boldsymbol{\beta}_P=[\beta_1,\cdots,\beta_p]^{\mathrm{T}}, \quad \boldsymbol{\beta}_R=[\beta_{p+1},\cdots,\beta_n]^{\mathrm{T}}\end{cases} \tag{8.97}$$

分别称如下两个模型为全模型与选模型:

$$\begin{cases}\boldsymbol{Y}=\boldsymbol{X\beta}+\boldsymbol{e}=\boldsymbol{X}_P\boldsymbol{\beta}_P+\boldsymbol{X}_R\boldsymbol{\beta}_R+\boldsymbol{e}, \quad \boldsymbol{e}\sim N(0,\sigma^2\boldsymbol{I}_m)\\ \boldsymbol{Y}=\boldsymbol{X}_P\boldsymbol{\beta}_P+\tilde{\boldsymbol{e}}, \quad \boldsymbol{e}\sim N(\boldsymbol{X}_R\boldsymbol{\beta}_R,\sigma^2\boldsymbol{I}_m)\end{cases} \tag{8.98}$$

(1) 对于全模型, $\boldsymbol{\beta}$ 的最小二乘估计为

$$\begin{bmatrix}\hat{\boldsymbol{\beta}}_P\\ \hat{\boldsymbol{\beta}}_R\end{bmatrix}=\hat{\boldsymbol{\beta}}=(\boldsymbol{X}^{\mathrm{T}}\boldsymbol{X})^{-1}\boldsymbol{X}^{\mathrm{T}}\boldsymbol{Y} \tag{8.99}$$

建模均方误差为

$$\mathrm{E}\left\|\boldsymbol{X}\hat{\boldsymbol{\beta}}-\boldsymbol{X\beta}\right\|^2=n\sigma^2 \tag{8.100}$$

若记两个投影矩阵 $\boldsymbol{H}_P,\boldsymbol{H}_R$ 和两个剩余互投影矩阵 $\boldsymbol{X}_{RR},\boldsymbol{X}_{PP}$ 分别为

$$\begin{cases}\boldsymbol{H}_P=\boldsymbol{X}_P(\boldsymbol{X}_P^{\mathrm{T}}\boldsymbol{X}_P)^{-1}\boldsymbol{X}_P^{\mathrm{T}}, \quad \boldsymbol{H}_R=\boldsymbol{X}_R(\boldsymbol{X}_R^{\mathrm{T}}\boldsymbol{X}_R)^{-1}\boldsymbol{X}_R^{\mathrm{T}}\\ \boldsymbol{X}_{RR}=(\boldsymbol{I}-\boldsymbol{H}_P)\boldsymbol{X}_R, \quad \boldsymbol{X}_{PP}=(\boldsymbol{I}-\boldsymbol{H}_R)\boldsymbol{X}_P\end{cases} \tag{8.101}$$

则利用分块矩阵求逆公式 $\left(\boldsymbol{A}-\boldsymbol{BD}^{-1}\boldsymbol{C}\right)^{-1}=\boldsymbol{A}^{-1}+\boldsymbol{A}^{-1}\boldsymbol{B}\left(\boldsymbol{D}-\boldsymbol{CA}^{-1}\boldsymbol{B}\right)^{-1}\boldsymbol{CA}^{-1}$, 可得

$$\begin{cases}\hat{\boldsymbol{\beta}}_P=(\boldsymbol{X}_{PP}^{\mathrm{T}}\boldsymbol{X}_{PP})^{-1}\boldsymbol{X}_{PP}^{\mathrm{T}}\boldsymbol{Y}=\boldsymbol{\beta}_P+(\boldsymbol{X}_{PP}^{\mathrm{T}}\boldsymbol{X}_{PP})^{-1}\boldsymbol{X}_{PP}^{\mathrm{T}}\boldsymbol{e}\sim N(\boldsymbol{\beta}_P,\sigma^2(\boldsymbol{X}_{PP}^{\mathrm{T}}\boldsymbol{X}_{PP})^{-1})\\ \hat{\boldsymbol{\beta}}_R=(\boldsymbol{X}_{RR}^{\mathrm{T}}\boldsymbol{X}_{RR})^{-1}\boldsymbol{X}_{RR}^{\mathrm{T}}\boldsymbol{Y}=\boldsymbol{\beta}_R+(\boldsymbol{X}_{RR}^{\mathrm{T}}\boldsymbol{X}_{RR})^{-1}\boldsymbol{X}_{RR}^{\mathrm{T}}\boldsymbol{e}\sim N(\boldsymbol{\beta}_R,\sigma^2(\boldsymbol{X}_{RR}^{\mathrm{T}}\boldsymbol{X}_{RR})^{-1})\\ \hat{\boldsymbol{\beta}}=(\boldsymbol{X}^{\mathrm{T}}\boldsymbol{X})^{-1}\boldsymbol{X}^{\mathrm{T}}\boldsymbol{Y}=\boldsymbol{\beta}+(\boldsymbol{X}^{\mathrm{T}}\boldsymbol{X})^{-1}\boldsymbol{X}^{\mathrm{T}}\boldsymbol{e}\sim N(\boldsymbol{\beta},\sigma^2(\boldsymbol{X}^{\mathrm{T}}\boldsymbol{X})^{-1})\end{cases} \tag{8.102}$$

(2) 对于选模型, $\boldsymbol{\beta}_P$ 的最小二乘估计为

$$\tilde{\boldsymbol{\beta}}_P = (\boldsymbol{X}_P^{\mathrm{T}}\boldsymbol{X}_P)^{-1}\boldsymbol{X}_P^{\mathrm{T}}\boldsymbol{Y} = \boldsymbol{\beta}_P + (\boldsymbol{X}_P^{\mathrm{T}}\boldsymbol{X}_P)^{-1}\boldsymbol{X}_R^{\mathrm{T}}\boldsymbol{\beta}_R + (\boldsymbol{X}_P^{\mathrm{T}}\boldsymbol{X}_P)^{-1}\boldsymbol{X}_P^{\mathrm{T}}\boldsymbol{e} \sim N(\boldsymbol{\beta}_P + (\boldsymbol{X}_P^{\mathrm{T}}\boldsymbol{X}_P)^{-1}\boldsymbol{X}_R^{\mathrm{T}}\boldsymbol{\beta}_R, \sigma^2(\boldsymbol{X}_P^{\mathrm{T}}\boldsymbol{X}_P)^{-1}) \tag{8.103}$$

建模均方误差为

$$\mathrm{E}\left\|\boldsymbol{X}_P\tilde{\boldsymbol{\beta}}_P - \boldsymbol{X}\boldsymbol{\beta}\right\|^2 = \left\|\boldsymbol{X}_{RR}\boldsymbol{\beta}_R\right\|^2 + p\sigma^2 \tag{8.104}$$

(3) 对于全模型和选模型，$\boldsymbol{X}\hat{\boldsymbol{\beta}}$ 是真值 $\boldsymbol{X}\boldsymbol{\beta}$ 的无偏估计，偏差为 0，方差为 $n\sigma^2$，$\boldsymbol{X}_P\tilde{\boldsymbol{\beta}}_P$ 是真值 $\boldsymbol{X}\boldsymbol{\beta}$ 的有偏估计，偏差为 $\left\|\boldsymbol{X}_{RR}\boldsymbol{\beta}_R\right\|^2$，方差为 $p\sigma^2$.

(3.1) 当 $(n-p)\sigma^2 > \left\|\boldsymbol{X}_{RR}\boldsymbol{\beta}_R\right\|^2$ 时有

$$\mathrm{E}\left\|\boldsymbol{X}\hat{\boldsymbol{\beta}} - \boldsymbol{X}\boldsymbol{\beta}\right\|^2 = n\sigma^2 > \left\|\boldsymbol{X}_{RR}\boldsymbol{\beta}_R\right\|^2 + p\sigma^2 = \mathrm{E}\left\|\boldsymbol{X}_P\tilde{\boldsymbol{\beta}}_P - \boldsymbol{X}\boldsymbol{\beta}\right\|^2 \tag{8.105}$$

此时选模型更好.

(3.2) 当 $(n-p)\sigma^2 < \left\|\boldsymbol{X}_{RR}\boldsymbol{\beta}_R\right\|^2$ 时有

$$\mathrm{E}\left\|\boldsymbol{X}\hat{\boldsymbol{\beta}} - \boldsymbol{X}\boldsymbol{\beta}\right\|^2 < \mathrm{E}\left\|\boldsymbol{X}_P\tilde{\boldsymbol{\beta}}_P - \boldsymbol{X}\boldsymbol{\beta}\right\|^2 \tag{8.106}$$

此时全模型更好.

(4) 若 σ^2 和 $\boldsymbol{\beta}_R$ 是未知的，注意到 $\hat{\sigma}^2 = \left\|\boldsymbol{Y} - \boldsymbol{X}\hat{\boldsymbol{\beta}}\right\|^2/(m-n)$ 满足 $\mathrm{E}(\hat{\sigma}^2)=\sigma^2$，且

$$\begin{aligned}\mathrm{E}\left\|\boldsymbol{X}_{RR}\hat{\boldsymbol{\beta}}_R\right\|^2 &= \mathrm{E}\left\|\boldsymbol{X}_{RR}(\boldsymbol{\beta}_R + (\boldsymbol{X}_{RR}^{\mathrm{T}}\boldsymbol{X}_{RR})^{-1}\boldsymbol{X}_{RR}^{\mathrm{T}}\boldsymbol{e})\right\|^2 = \mathrm{E}\left\|\boldsymbol{X}_{RR}\boldsymbol{\beta}_R + \boldsymbol{X}_{RR}(\boldsymbol{X}_{RR}^{\mathrm{T}}\boldsymbol{X}_{RR})^{-1}\boldsymbol{X}_{RR}^{\mathrm{T}}\boldsymbol{e}\right\|^2\\ &= \left\|\boldsymbol{X}_{RR}\boldsymbol{\beta}_R\right\|^2 + \sigma^2\mathrm{trace}(\boldsymbol{X}_{RR}(\boldsymbol{X}_{RR}^{\mathrm{T}}\boldsymbol{X}_{RR})^{-1}\boldsymbol{X}_{RR}^{\mathrm{T}}) = \left\|\boldsymbol{X}_{RR}\boldsymbol{\beta}_R\right\|^2 + (n-p)\sigma^2\end{aligned}$$

此时分别用 $\hat{\sigma}^2$ 代替 σ^2，用 $\left\|\boldsymbol{X}_{RR}\hat{\boldsymbol{\beta}}_R\right\|^2 + \hat{\sigma}^2(n-p)$ 代替 $\left\|\boldsymbol{X}_{RR}\boldsymbol{\beta}_R\right\|^2$，这个替代过程是合理的. 得到如下更优的判断选模型的准则:

(4.1) 当 $2(n-p)\hat{\sigma}^2 > \left\|\boldsymbol{X}_{RR}\hat{\boldsymbol{\beta}}_R\right\|^2$ 时，选模型更好.

(4.2) 当 $2(n-p)\hat{\sigma}^2 < \left\|\boldsymbol{X}_{RR}\hat{\boldsymbol{\beta}}_R\right\|^2$ 时，全模型更好.

8.5.3 两个等价指标

上述模型选择的准则就是要让 $\left\|\boldsymbol{X}_{RR}\hat{\boldsymbol{\beta}}_R\right\|^2 - (2p-n)\hat{\sigma}^2$ 尽可能小，所以更一般地，在所有选模型中，构建如下模型优选量化指标，称为 J_p 指标

$$J_p = \left\|\boldsymbol{X}_{RR}\hat{\boldsymbol{\beta}}_R\right\|^2 + (n-2p)\hat{\sigma}^2 \tag{8.107}$$

如果某种选模型使得 J_P 最小, 则该模型最好.

需注意: 全模型是选模型的一个特例, 全模型的 J_p 指标为 $J_p = n\hat{\sigma}^2$. 对于确定的 p, 有 C_n^p 种选模型, 当 n 很大时, 筛选的计算量非常大.

计算 J_p 时, $\boldsymbol{X}_{RR}$ 的计算量很大, 于是构建如下完全等价的模型优选量化指标, 称为 C_p 指标:

$$C_p = \left\| \boldsymbol{Y} - \boldsymbol{X}_P \tilde{\boldsymbol{\beta}}_P \right\|^2 + (2p - m)\hat{\sigma}^2 \tag{8.108}$$

实际上,

$$\begin{aligned}
\left\| \boldsymbol{Y} - \boldsymbol{X}_P \tilde{\boldsymbol{\beta}}_P \right\|^2 &= \left\| \boldsymbol{Y} - \boldsymbol{X}\hat{\boldsymbol{\beta}} + \boldsymbol{X}\hat{\boldsymbol{\beta}} - \boldsymbol{X}_P \tilde{\boldsymbol{\beta}}_P \right\|^2 \\
&= \left\| \boldsymbol{Y} - \boldsymbol{X}\hat{\boldsymbol{\beta}} \right\|^2 + \left\| \boldsymbol{X}\hat{\boldsymbol{\beta}} - \boldsymbol{X}_P \tilde{\boldsymbol{\beta}}_P \right\|^2 + 2\left(\boldsymbol{Y} - \boldsymbol{X}\hat{\boldsymbol{\beta}} \right)^{\mathrm{T}} \left(\boldsymbol{X}\hat{\boldsymbol{\beta}} - \boldsymbol{X}_P \tilde{\boldsymbol{\beta}}_P \right) \\
&= \left\| \boldsymbol{Y} - \boldsymbol{X}\hat{\boldsymbol{\beta}} \right\|^2 + \left\| \boldsymbol{X}\hat{\boldsymbol{\beta}} - \boldsymbol{X}_P \tilde{\boldsymbol{\beta}}_P \right\|^2 = \left\| \boldsymbol{Y} - \boldsymbol{X}\hat{\boldsymbol{\beta}} \right\|^2 + \left\| \boldsymbol{X}_{RR} \hat{\boldsymbol{\beta}}_R \right\|^2
\end{aligned}$$

所以

$$\begin{aligned}
J_p &= \left\| \boldsymbol{X}_{RR} \hat{\boldsymbol{\beta}}_R \right\|^2 + (2p - n)\hat{\sigma}^2 = \left\| \boldsymbol{Y} - \boldsymbol{X}_P \tilde{\boldsymbol{\beta}}_P \right\|^2 - \left\| \boldsymbol{Y} - \boldsymbol{X}\hat{\boldsymbol{\beta}} \right\|^2 + (2p - n)\hat{\sigma}^2 \\
&= \left\| \boldsymbol{Y} - \boldsymbol{X}_P \tilde{\boldsymbol{\beta}}_P \right\|^2 - (m - n)\hat{\sigma}^2 + (2p - n)\hat{\sigma}^2 = \left\| \boldsymbol{Y} - \boldsymbol{X}_P \tilde{\boldsymbol{\beta}}_P \right\|^2 + (2p - m)\hat{\sigma}^2 = C_p
\end{aligned}$$

实际上, 公式(8.108)中的指标 C_p 是公式(8.95)中指标 D 的特例.

第 9 章　遥测实时数据处理

靶场测量设备大致可分为外测设备和遥测设备. 外测设备在弹体以外运行, 而遥测设备加载在弹体自身的平台上. 运载体依据本体传感器数据对本体的状态和参数进行判断的过程, 称为遥测. 本体传感器包括加速度计、陀螺仪、卫星导航接收机等. 遥测的对立面为外测, 外测设备在被测量目标体外, 包括连续波雷达、脉冲雷达、光电经纬仪、导弹相机等等. 需注意卫星定位的测站实质是卫星, 也在运载体外, 从这个视角看, 卫星定位也可以看成是外测. 但是, 从地面站视角看, 卫星定位接收机固定在弹上, 所以卫星定位多数情况被当作遥测.

9.1　遥测数据和实时处理任务

9.1.1　遥测数据

本体传感器测量到的遥测数据可通过本体存储方式或者无线电转发方式传递到地面.

(1) 本体存储方式， 测量到的数据存储在本体固态硬盘, 随残骸坠入地表, 通过打捞、提取、解密、拼接、截取、分路、量纲还原、频谱分析等过程得到遥测数据. 本体寄存器数据常用于事后数据处理.

(2) 无线电转发方式, 测量到的数据以固定频率, 实时传递到地面统一测控车, 测控车接收到的单帧数据容量比较大, 达几兆, 需要按不同方式处理. 无线电转发既有实时处理需求, 也有事后处理需求.

实时处理周期较短, 测控车从原始遥测帧挑取重要的参数, 如位控指令、计算机字指令、参数和计算机字弹道等, 组成新的容量小得多的挑点帧, 传送至指挥控制中心, 遥测实时解算软件实时处理上述挑点帧, 处理结果将作为指显和安控的依据.

事后处理的周期依需求而定, 如一个星期、半个月不等. 事后数据处理要求处理所有的模拟量、数字量、计算机字、高速串口、视频引导等遥测帧数据, 依此拼接成完整的指令曲线、参数曲线、弹道曲线和视频数据等.

在遥测实时数据处理任务中, 除了数据处理, 遥测数据处理任务还包括一些隐形的业务处理，实现信息分发、试验信息显示、系统监管、指显服务器、安控服务器之间的业务交互，相关的业务处理包括：网络通信、数据收发、多线程处理等. 任务中，弹道处理、遥测弹道引导和落点预报是任务难点.

9.1.2 处理进程和线程

进程(Process)是一个具有独立功能的程序(软件). 进程作为构成系统的基本单位，不仅是系统内部独立运行的实体，而且是独立竞争资源的基本实体. 线程(Pthread)常被称作轻权进程(Light-weight Process). 它是在进程中被分出的更小的独立的操作系统的调度单位. 线程拥有自己的标识、寄存器、私有堆栈、优先级、信号掩码、错误代码变量. 多线程数据处理具有两大特点：第一，线程之间共享所在进程的全局变量和内存. 第二，多线程并发运行，导致软件调试难以逐步跟踪.

信号(Signal)是软中断信号的简称，也可称作软中断. 它是一种进程间通信的机制，用来通知进程发生了异步事件. 进程之间可以通过系统调用发送软中断信号. 操作系统核心也可以向用户进程发送软中断信号. 多功能卡是一种专外设备，又称为“双工/时统/中断卡”. 该产品应用于计算机内的总线插槽，能够接收外时统和中断信号，向系统提供同步时间和频率，支持双工热备份等功能.

弹上自定位测量设备的数据实时下发到指控中心，遥测数据实时处理软件的主要任务是对其中的挑点帧进行实时处理和显示，并给出安控策略. 软件数据处理的周期性严格遵守靶场时统的中断控制信号，该信号由多功能卡提供. 遥测实时数据处理软件实时接收测量信息，然后按照预先设定的方案选优顺序进行参数、指令、弹道等计算，再对弹道数据进行外推计算得到数字引导信息，为设备引导、安控决策及指挥显示提供数据源. 数据处理软件部件的主要软件单元有：方案优选、初始常值、系统配置、数据拆包、数据接收、参数处理、指令处理、弹道处理、数据打包、结束处理等. 如图 9-1 所示，遥测数据实时处理软件依据多线程多目标机制运行：

(1) 软件进程：软件开启后，完成初始化工作，包括数据计算相关变量初始化、网络传输相关变量初始化、线程操作相关变量初始化等等.

(2) 主控线程：实时获取软件进程的状态，包括挂起、解挂等，需实时上报本线程状态.

(3) 多功能卡线程：实时获得中断控制信号，跨线程发出处理驱动信号，需实时上报本线程状态.

(4) 网络信息接收线程：创建及绑定套接字，加入多播，实时接收主干网数据流，调用解析函数筛选有效数据，需实时上报本线程状态.

(5) 指令、参数和弹道处理线程：等待多功能卡线程提供的处理信号驱动，区分目标，调用计算函数，广播发送解算结果，需实时上报本线程状态.

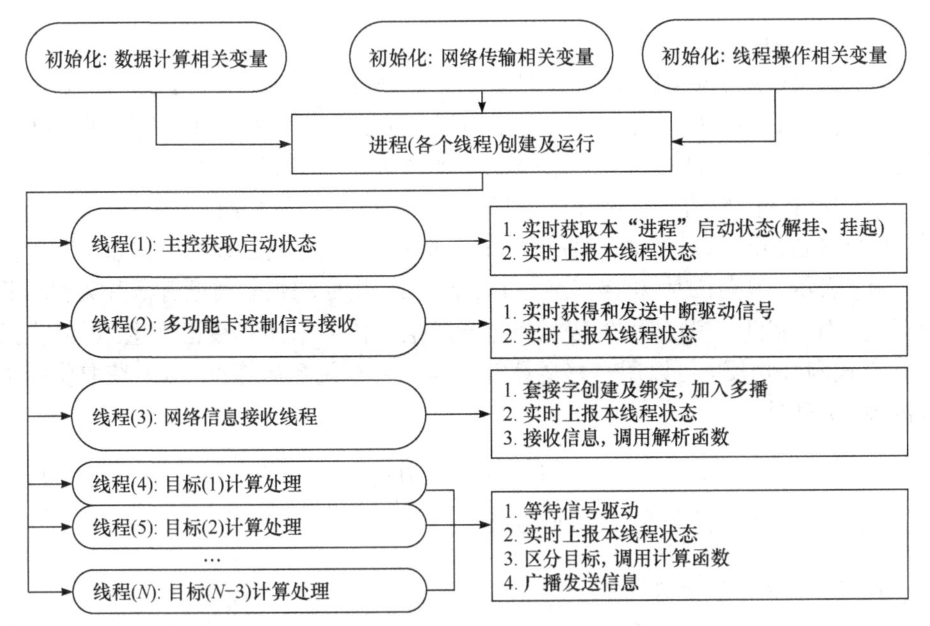

图 9-1 多线程视角下的遥测实时数据处理过程

9.2 指 令 处 理

指令是控制目标状态的关键信号, 例如. 各级点火、各级自毁、时统零点等等. 指令主要包括位控指令、计算机字指令等. 前者用字节的一个位(bit)表示指令, 后者用 4 个字(Byte)表示指令发生的时间, 时间单位比较小, 比如毫秒或者 0.01 毫秒. 指令处理主要分为以下三个模块:

(1) 指令发生判别模块, 该模块依据指令连续发生条件, 判别指令是否发生.

(2) 指令漏判处理模块, 该模块依据时序关系, 补充漏判的指令.

(3) 指令误判处理模块, 该模块依据连续发生条件和时序关系, 剔除误判的指令.

9.2.1 位控指令处理

9.2.1.1 位控指令的取值

位控指令配置表记录了不同指令编号、指令名称、路号、位号等等. 具体地:

(1) 指令编号是指令标识, 一般用 2 位数字表示, 位控型指令标识范围事先约定好.

(2) 指令名称一般与指令标识一一对应, 习惯用拼音首字母表示, 首字母重复的，约定用其他字母代替.

(3) 路号，挑点帧的总帧长 N 是事先约定好的. 挑点帧实质上是一个长度为 N 的字符数组，记为 A. 路号也称为字节号，就是挑点帧中该指令组出现的位置，其范围是 1 至 N 中的某个整数，用 i 表示，那么 A[i-1]就保存了该位控指令的状态.

(4) 位号，位控指令存储在遥测挑点帧的字节中. 指令组 A[i-1]占用一个字节，包含 8 位(bit)，每一位可以保存一个位控指令. 位号就是该指令在该字节中位置，用 j 表示，其范围是 0 至 7 中的某个整数. 指令的判断类型有跃升类型和跃降类型. 对于跃升类型，用 0 表示指令未发生，用 1 表示指令已发生；跃降类型判断方式刚好相反. 可以用右移运算符 “>>” 、与关系运算符 “&” 获取位控指令的值，表达式为

$$(A[i-1] >> j) \ \& \ 0X01 \tag{9.1}$$

其中 0X01 是 16 进制整数，即 00000001.

9.2.1.2 位控指令的误判

误判是位控指令数据处理的一种错误. 通信过程存在噪声，可能导致数据出现错误，即指令没有发生，取值却为 1. 连续帧策略可以防止噪声导致的指令误判. 此时需要用到几个特殊变量：连续帧计数器 counter 记录该指令取值等于 1 的连续次数，连续帧计数器大于等于连续帧数 threshold(相当于阈值)，即

$$\text{counter} \geqslant \text{threshold} \tag{9.2}$$

则判断该指令确实发生，记录指令发生的时间，并传送至指显系统. 需要注意的是网络故障延迟导致接收的遥测数据周期可能不固定，若本帧时间与上帧时间差过大，则连续帧计数器要清零.

当前帧时间 time 记录在挑点帧中，则指令发生的时间为

$$\text{time} - T^*(\text{threshold} - 1) \tag{9.3}$$

其中 T 为挑点帧周期. 实际上时间是连续的，而记录的时间是离散的，建议用下述公式确定指令发生的时间

$$\text{time} - T^*(\text{threshold} - 1/2) \tag{9.4}$$

9.2.1.3 位控指令的漏判

误判的对立面是漏判. 导弹指令满足时序关系，若这种关系被破坏了，就用理论值代替计算值. 例如导弹指令一般满足一定的时序关系：弹射点火、尾罩分离、一级发动机点火、外头罩分离、二级发动机点火、一二级分离等等. 若一二级分离已经发生，则二级发动机点火必然发生，若二级发动机点火已经被漏判，

则用理论点火时间代替实际点火时间. 另外, 指令一般不会发生第二次, 所以指令一旦发生, 取值始终为 1.

9.2.2 计算机字指令处理

9.2.2.1 大小端模式

计算机字指令也称为特征点指令[13-15], 存储在遥测挑点帧中, 占用 4 个字节. 计算机字指令配置表记录了不同指令编号、指令名称、参数位置、理论发生时间、最大负偏差、最大正偏差、连续帧判断数. 具体地:

(1) 指令编号是指令标识, 一般用 3 位数字表示, 计算机字指令的标识范围事先约定.

(2) 指令名称一般与指令标识一一对应, 一般用拼音首字母表示, 首字母重复的, 约定用其他字母代替.

(3) 参数位置为遥测挑点帧存储位置的首个字节号, 其范围是 1 至 N 中的某个整数, 用 i 表示, 其中 N 是挑点帧的长度.

(4) 导弹设计部门会给出计算机字理论发生时间 time、最大负偏差 delta1、最大正偏差 delta 2. 计算机字指令 time 与理论发生时间 time0 作差, 若连续 3 帧在最大负偏和最大正偏之间, 即下式成立, 则认为特征点发生了:

$$-\text{delta1} \leqslant \text{time} - \text{time0} \leqslant \text{delta 2} \tag{9.5}$$

计算机字指令实质是一个浮点数值, 表示指令发生的时间. 依据计算机字的位置, 即字节号 i, 可以从挑点帧数组 A 中取出计算机字指令对应的二进制表示, 所以后续需要将该二进制数据转化为十进制数据. 无论是单精度数据 float, 还是双精度数据 double, 数据结构都分为三个部分:

(1) 符号位(Sign): 0 代表为正, 1 代表为负.

(2) 指数位(Exponent): 用于存储科学记数法中的指数数据, 并且采用移位存储.

(3) 尾数部分(Mantissa): 其中单精度的存储方式如图 9-2 所示.

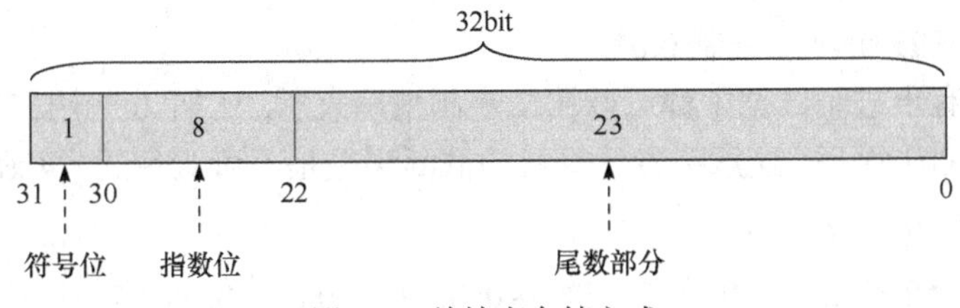

图 9-2 单精度存储方式

双精度的存储方式如图 9-3 所示.

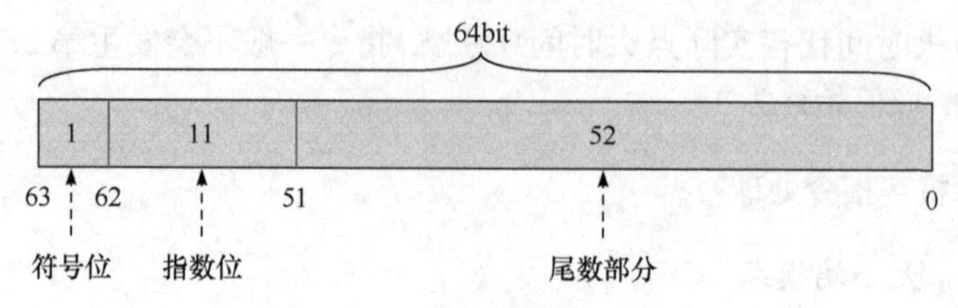

图 9-3　双精度存储方式

计算机存储中的数字采用科学记数法, 形式为

$$1.\mathrm{xxxx} * 2^n \tag{9.6}$$

二进制表示没有 1 的对应位置, 即小数点前面默认为 1. 以 8.25 为例, 在计算机存储中, 8.25 用二进制表示为 1000.01, 采用科学记数法表示为$1.00001 * 2^3$. 此时符号位为 0; 指数位为 3, 在指数位中指数范围为−127～128, 采用移位存储, 即 n 对应的移位存储为 $n+127$, 例如 3 对应的移位存储为 3+127=130, 用二进制为 1000 0010; 二进制的尾数首位必然是 1, 舍去后尾数部分为 00001, 不满 23 位后面用 0 补充, 故用二进制表示 8.25 如图 9-4 所示.

图 9-4　单精度二进制的存储方式举例

9.2.2.2　十进制与二进制

十进制整数表示成二进制用除 2 取余法, 例如, 十进制 7 等于二进制 0111, 因为

$$7 = 1 * 2^2 + 1 * 2^1 + 1 * 2^0 \tag{9.7}$$

十进制小数表示成二进制用乘 2 法, 例如

$$\begin{cases} 0.25 * 2 = 0.5 \to 0 \\ 0.5 * 2 = 1 \to 1 \end{cases} \tag{9.8}$$

所以十进制 0.25 等于二进制 0.01.

不是所有十进制数据中都可以用二进制精确表示, 比如 0.3 用二进制表示为 0.01001 且 1001 循环. 这意味着计算机的截断误差是不可避免的, 实际上

$$\begin{cases} 0.3 * 2 = 0.6 \to 0 \\ 0.6 * 2 = 1.2 \to 1; 0.2 * 2 = 0.4 \to 0; 0.4 * 2 = 0.8 \to 0; 0.8 * 2 = 1.6 \to 1 \\ 0.6 * 2 = 1.2 \to 1; 0.2 * 2 = 0.4 \to 0; 0.4 * 2 = 0.8 \to 0; 0.8 * 2 = 1.6 \to 1 \\ \qquad \vdots \end{cases} \tag{9.9}$$

9.2.2.3 大小端模式

数据在内存中的存放方式一般来说由 CPU 架构决定，有大端模式和小端模式. 比如 X86、ARM 等芯片一般采用小端模式，网络字节一般采用大端模式.

大端模式: 数据的高位在前(左)、低位在后(右). 比如，内存 byte buff[2]中保存了 16 进制数据 0X12，即 0001 0010. 大端模式下，索引号更小的内存，即低字节 buff[0]，保存了高位数据 0X1；索引号更大的内存，即高字节 buff[1]，保存了低位数据 0X2. 再如，四个字节的 int 型数据 0XE6846C4E，在大端模式下保存为: E6 84 6C 4E. 这样的存储模式类似于把数据当作字符串顺序处理: 地址由小向大增加，而数据从高位往低位存放，符合从左到右的阅读习惯.

小端模式: 数据的高位在后(右)、低位在前(左). 比如，内存 byte buff[2]中保存了 16 进制数据 0X12，即 0010 0001. 小端模式下，索引号更小的内存，即低字节 buff[0]，保存了低位数据 0X2；索引号更大的内存，即高字节 buff[1]，保存了低位数据 0X1. 这种存储模式将地址的高低和数据位权有效地结合起来. 再如，四个字节的 int 型数据 0XE6846C4E，在小端模式下保存为: 4E 6C 84 E6.

两种模式各有优点: 大端模式高位在前，便于判断正负和大小；另外，小端模式低位在前，CPU 做数值运算时依次从内存中先取高位数据再取低位数据，计算更加高效.

在 VS 和 QT 开发环境中，无需判断数值的大小端模式，直接用命令 memset 与 memcpy 实现数据的存与取，回避了大小端模式判断和进制的转换.

9.2.2.4 高维低维数组互换

二维数组与多维时序数据的形态保持一致，所以它的优点是与直观一致，一行对应一个样本，一列对应一个变量. 缺点是 C 语言环境中定义二维数组时必须确定列数，不方便扩展. 比如矩阵乘法，二维矩阵无法定义列数不确定的矩阵乘法，此时必须用到动态内存申请与释放，依赖 new/delete 或者 malloc/free 等命令.

相反地，一维数组与多维时序数组的形态不一致，所以它的缺点是与直观不一致，优点是避免了二维数组对列数的约束，便于扩展. 比如矩阵乘法，二维矩阵无法定义列数不确定的矩阵乘法，但是用一维数组可以回避这个问题. 对于数据量不确定的工程问题，可以事先定义一个容量足够大的一维变量，无需 new/delete 和 malloc/free 等命令，免去动态内存申请与释放的繁琐.

二维数组与一维数组是可以相互转化的: 二维数组拉直就成为一维数组；一维数组折叠就成为二维数组. 二维数组与一维数组可以相互赋值和取值. 比如，对于二维数组 A[2][3]和一维数组 B[2*3]，可以用下列方式完成赋值

$$B[i*3+j] = A[i][j] \tag{9.10}$$

$$\text{memcpy(B+i*3+j,}\quad \text{A+i*3+j,}\quad \text{sizeof(B[0]))} \tag{9.11}$$

$$\text{memcpy(\&B[i*3+j],}\quad \text{\&A[i][j],}\quad \text{sizeof(B[0]))} \tag{9.12}$$

$$\text{memcpy(B+i*3+j,}\quad \text{A[i]+j,}\quad \text{sizeof(B[0]))} \tag{9.13}$$

9.3 参 数 处 理

9.3.1.1 参数的类型

遥测参数包括控制系统电压参数、平台稳定回路力矩电流、平台电压量、压力参数、伺服系统遥测参数、测量系统参数、过载参数、相对行程参数、热流参数、振动参数、冲击参数、噪声参数、温度参数、动态间隙参数、计算机字等等. 依据采样率, 可将体遥参数分为速变参数和缓变参数, 实时处理挑选部分关键参数送往指挥中心、发射中心及测控中心进行处理并显示, 以供指控及试验人员实时监控, 作为实时指挥决策的依据.

按照信号连续/离散形式, 遥测参数分为模拟信号和数字信号. 在导弹系统中常用的一种脉冲幅值调制形式(PAM), 即脉冲模拟调制, 其产生的信号就是模拟信号; 另一种是脉冲编码调制(PCM)的, 即脉冲数字调制, 其产生的信号就是编码数字信号. 模拟信号用连续变化的电平幅度来表示参数; 而数字信号是以离散的二进制编码的分层值大小来表示参数. 模拟量参数和数字量参数的处理方法基本是固定的, 遥测参数处理要求中会明确对应的模拟量参数表和数字量参数表及其对应的处理方法. 模拟量参数和数字量参数分布在从测站设备传来的挑点帧中.

9.3.1.2 参数的处理

参数处理需要对遥测参数表中的固定数量的数字量逐一计算, 有关数据来源于遥测参数系数表和遥测挑点帧, 在遥测参数表中找出相应参数的系数, 从遥测参数挑点帧中读取所有参数, 按(9.14), (9.15)进行参数计算.

若本帧数据有效, 则将遥测参数数据结构中的内容复制到遥测参数缓冲区中; 若出现无效帧, 则清空遥测参数缓冲区. 由于有些特征点参数值存在连续多帧判断问题, 因此必须保留一个多帧缓冲区. 在复制内容到遥测缓冲区前, 先将左端挤出, 再把后续帧全部左移一帧, 最后把最新帧保存在右端.

通过如下计算公式来获取不同模拟量参数处理结果

$$Y = a + bu + cu^2 \tag{9.14}$$

其中 Y 是遥测测量值, 若 D 是信号码值的十进制数值, 则 u 是当量与 D 的乘积, 参数 a,b,c 根据试验前的校准参数来确定.

通过如下计算公式来获取数字量参数处理结果

$$Y = Y_0 + (D - D_0)K \tag{9.15}$$

其中 Y 是信号物理量, Y_0 是信号物理量零位数值, D 是信号码值的十进制数值, D_0 是信号十进制数值零位值, K 是当量. 参数表以及各参数的 Y_0, D_0, K 数据以数据文件的方式存放在硬盘中.

9.4 弹道处理

弹道处理是遥测实时数据处理的难点, 最原始的遥测弹道获取方法参考第 10 章卫星导航体制和第 11 章惯性导航体制. 一般只能从挑点帧中获得惯性系下的弹道坐标, 比如发射惯性系弹道, 而指控中心需要的是具有空间几何意义的非惯性坐标弹道, 比如发射系弹道, 所以遥测实时弹道处理关键在于: 惯性系与非惯性系的相互转化.

9.4.1 坐标转换的通用公式

旧坐标系记为 $O_1 - X_1Y_1Z_1$, 新坐标系记为 $O_2 - X_2Y_2Z_2$. 旧的坐标系经过一次旋转、一次平移变成了新的坐标系. 如图 9-5 所示, 设 O_1, O_2 分别是旧、新坐标系的原点, 两个原点 O_1, O_2 到空间任意一点 O_3 的向量分别为 $\overrightarrow{O_1O_3}, \overrightarrow{O_2O_3}$, 满足 $\overrightarrow{O_1O_3} = \overrightarrow{O_1O_2} + \overrightarrow{O_2O_3}$. 点 O_3 在旧、新坐标系下的坐标分别为 $\boldsymbol{X}_1, \boldsymbol{X}_2$. $\overrightarrow{O_1O_2}$ 在旧坐标系下的坐标为 $\boldsymbol{X}_0$, 从旧坐标系到新坐标系的旋转矩阵记为 $\boldsymbol{M}$. 需要注意的是: 坐标系转换与坐标转换互为逆过程, 空间中一个点在旧坐标系的坐标经过一次反向平移, 再经过一次反向旋转就变成了该点在新坐标系下坐标, 见(9.16).

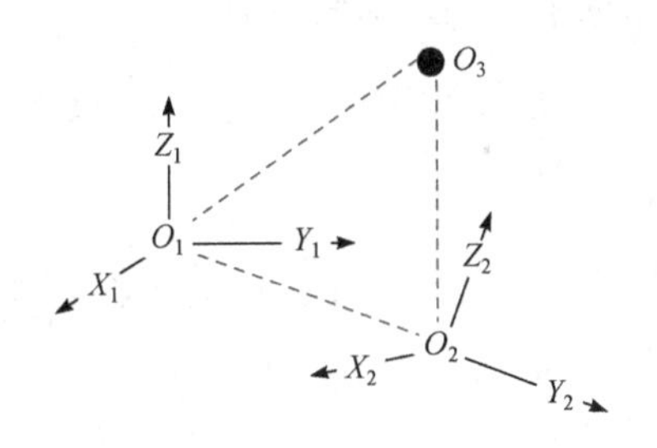

图 9-5 新旧坐标系的转换

$$\boldsymbol{X}_2 = \boldsymbol{M}^{-1}(\boldsymbol{X}_1 - \boldsymbol{X}_0) \tag{9.16}$$

或者

$$\boldsymbol{X}_1 = \boldsymbol{M}\boldsymbol{X}_2 + \boldsymbol{X}_0 \tag{9.17}$$

上式可以概括为

$$\boldsymbol{X}_{旧} = \boldsymbol{M}\boldsymbol{X}_{新} + \boldsymbol{X}_{0旧} \tag{9.18}$$

实际上, 可以用矩阵论的过渡矩阵来验证. 如果旧、新坐标系的原点相同, 则 $\boldsymbol{X}_0=\boldsymbol{0}$, 那么(9.17)就变成传统的坐标转换公式. 设 $[\boldsymbol{\alpha}_1,\boldsymbol{\alpha}_2,\boldsymbol{\alpha}_3],[\boldsymbol{\beta}_1,\boldsymbol{\beta}_2,\boldsymbol{\beta}_3]$ 分别是旧、新坐标系的标准正交基, 因为坐标系转换与坐标转换互为逆过程, 所以 $\boldsymbol{M}$ 实质就是 $[\boldsymbol{\alpha}_1,\boldsymbol{\alpha}_2,\boldsymbol{\alpha}_3]$ 到 $[\boldsymbol{\beta}_1,\boldsymbol{\beta}_2,\boldsymbol{\beta}_3]$ 的过渡矩阵, 从而

$$[\boldsymbol{\beta}_1,\boldsymbol{\beta}_2,\boldsymbol{\beta}_3]=[\boldsymbol{\alpha}_1,\boldsymbol{\alpha}_2,\boldsymbol{\alpha}_3]\boldsymbol{M} \tag{9.19}$$

需注意:

(1) 区别坐标变换(9.17)和基变换(9.19). 前者把新坐标变回旧坐标, $\boldsymbol{M}$ 在左; 后者把旧坐标系变为新坐标系, $\boldsymbol{M}$ 在右, 对于三维空间由(9.19)得

$$\boldsymbol{M}=[\boldsymbol{\alpha}_1,\boldsymbol{\alpha}_2,\boldsymbol{\alpha}_3]^{\mathrm{T}}[\boldsymbol{\beta}_1,\boldsymbol{\beta}_2,\boldsymbol{\beta}_3] \tag{9.20}$$

(2) 坐标转换(9.17)中, $\boldsymbol{M}$ 和 $\boldsymbol{X}_0$ 的计算是关键, 其中 $\boldsymbol{M}$ 一般与大地经度 L、大地纬度 B、导弹射向 A 有关. 因

$$\begin{cases}\overrightarrow{O_1O_2}=[\boldsymbol{\alpha}_1,\boldsymbol{\alpha}_2,\boldsymbol{\alpha}_3]\boldsymbol{X}_0\\ \overrightarrow{O_1O_3}=[\boldsymbol{\alpha}_1,\boldsymbol{\alpha}_2,\boldsymbol{\alpha}_3]\boldsymbol{X}_1\\ \overrightarrow{O_2O_3}=[\boldsymbol{\beta}_1,\boldsymbol{\beta}_2,\boldsymbol{\beta}_3]\boldsymbol{X}_2\end{cases} \tag{9.21}$$

故依据平行四边形法则有

$$\overrightarrow{O_1O_2}+\overrightarrow{O_2O_3}=\overrightarrow{O_1O_3} \tag{9.22}$$

即

$$[\boldsymbol{\alpha}_1,\boldsymbol{\alpha}_2,\boldsymbol{\alpha}_3]\boldsymbol{X}_0+[\boldsymbol{\beta}_1,\boldsymbol{\beta}_2,\boldsymbol{\beta}_3]\boldsymbol{X}_2=[\boldsymbol{\alpha}_1,\boldsymbol{\alpha}_2,\boldsymbol{\alpha}_3]\boldsymbol{X}_1 \tag{9.23}$$

处理后得

$$[\boldsymbol{\alpha}_1,\boldsymbol{\alpha}_2,\boldsymbol{\alpha}_3]^{\mathrm{T}}[\boldsymbol{\beta}_1,\boldsymbol{\beta}_2,\boldsymbol{\beta}_3]\boldsymbol{X}_2=\boldsymbol{X}_1-\boldsymbol{X}_0 \tag{9.24}$$

从而(9.17)得证, 并且得到对偶公式如下

$$\begin{cases}\boldsymbol{X}_1=\boldsymbol{M}\boldsymbol{X}_2+\boldsymbol{X}_0\\ \boldsymbol{X}_2=\boldsymbol{M}^{-1}(\boldsymbol{X}_1-\boldsymbol{X}_0)\end{cases} \tag{9.25}$$

9.4.2　纬心系与发惯系的转换

下面所有的分析都忽略地球的公转. 坐标系大致分为惯性系和非惯性系, 惯性系的原点和坐标轴固定不变. 但是飞行器的定位结果往往都是相对地表而言的, 而地球始终保持自转, 以发射系、地心系和测站系为代表的非惯性系, 跟随地球

自转, 定位结果有明确的"东北天"方向意义, 而惯性系适合理论分析, 但是很难找到明确的"东北天"方向意义. 遥测数据的弹道一般是在惯性系下表示, 而指显信息平台需要的是发射系或者地心系的弹道.

如图 9-6 所示, 下面给出三种坐标系的定义.

(1) 发射系: 原点 O' 在发射点, OX 轴平行于参考椭球面, 从发射点指向被打击目标; OY 轴与重力的方向相反. 发射系不是惯性系, 与地球固连, 随地球自转而运动. 可以发现,"北天东"测站系就是射向为 0 度的发射系.

(2) 发惯系: 发惯系就是发射时刻 T_0 的发射系, 且发射系是惯性系, 原点和坐标轴不随地球自转而运动.

(3) 纬心系: 原点 O''' 在发射点所在的纬圈圆心, 称为纬心, OZ 轴平行地轴指北, OY 轴与子午圈平行, 从纬心指向发射点. 尽管纬心系的原点不改变, 但是 OX 轴、OY 轴随地球自转而运动, 因此纬心系不是惯性系. 纬心系是为了推导方便引入的过渡性的非惯性坐标系.

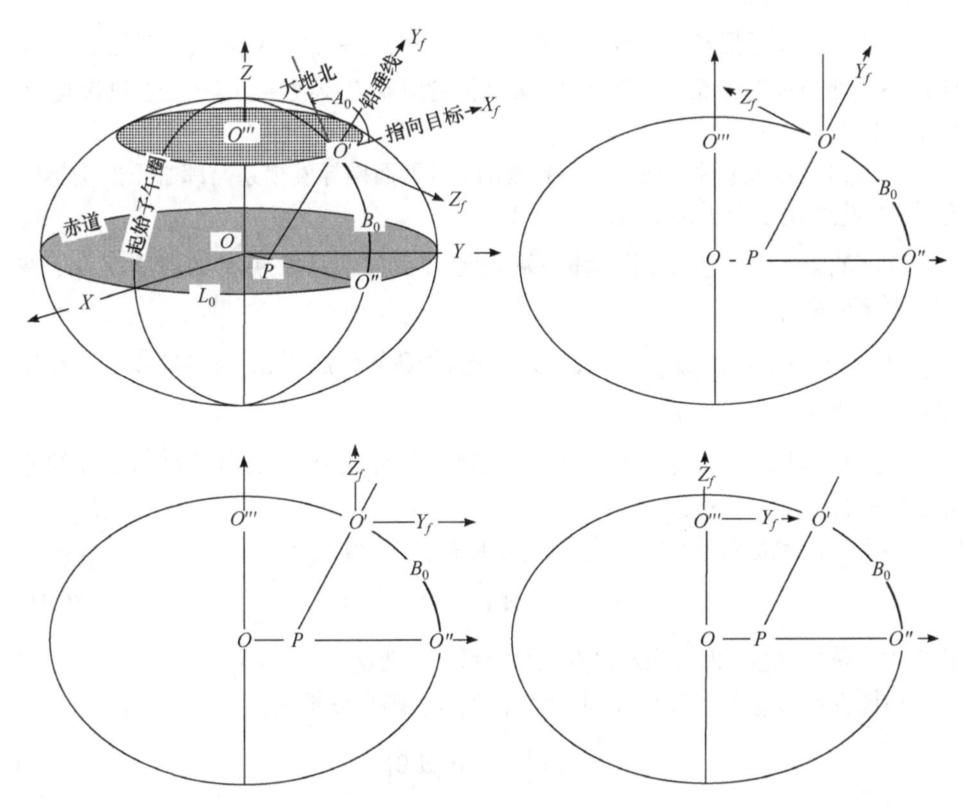

图 9-6 发射系到纬心系

发射系原点称为旧发射点, 如图 9-6 左上子图所示, 设$\left[L,B,H\right]$为旧发射点O'的经度、纬度、高程. 若$H=0$, 则发射系原点在地球标准椭球体上. 发射系的OX轴平行于椭圆球面, 并且垂直于铅垂线, 从发射原点指向被打击目标, A为天文射击方位角, 即OX轴到大地北的到角.

下面三个步骤可以将发射系$O'\text{-}X_fY_fZ_f$变换成纬心系$O'''\text{-}X_wY_wZ_w$:

首先, 将发射系绕OY轴逆时针转$A+\dfrac{\pi}{2}$角, 使得OZ指北, OX指向纸面向外(见图 9-6 的右上子图).

其次, 绕OX逆时针转$2\pi-B$角, 使得OZ平行地球自转轴, OY平行赤道面(见图 9-6 的左下子图), 发射系$O'\text{-}X_fY_fZ_f$与纬心系$O'''\text{-}X_wY_wZ_w$的三坐标轴平行.

最后, 将坐标系原点从O'平移至纬圈心O''', 发射系$O'\text{-}X_fY_fZ_f$与纬心系$O'''\text{-}X_wY_wZ_w$完全重合.

上述三个步骤把发射系$O'\text{-}X_fY_fZ_f$变换成纬心系$O'''\text{-}X_wY_wZ_w$, 对比第 1 章, 将地心系变换成测站系, 或者第 12 章, 将发射系变换成纬心系, 三者过程类似, 细节不同.

把发惯系看成新系, 把纬心系看成旧系, 下面推导发惯系与纬心系的坐标转化公式, 先给出三个坐标记号:

(1) $\boldsymbol{X}_{w0}=\left[x_{w0},y_{w0},z_{w0}\right]^{\mathrm{T}}$: 纬心系原点$O'''$到发惯系原点$O'$的向量$\overrightarrow{O'''O'}$, 在纬心系下的坐标.

(2) $\boldsymbol{X}_{fg}=\left[x_{fg},y_{fg},z_{fg}\right]^{\mathrm{T}}$: 发惯系原点$O'$到导弹质心$M$的向量$\overrightarrow{O'M}$, 在发惯系下的坐标——新坐标.

(3) $\boldsymbol{X}_{w}=\left[x_{w},y_{w},z_{w}\right]^{\mathrm{T}}$: 纬心系原点$O'''$到导弹质心$M$的向量$\overrightarrow{O'''M}$, 在纬心系下的坐标——旧坐标.

因为发惯系是新系, 纬心系是旧系, 依据(9.17)得

$$\boldsymbol{X}_w=\boldsymbol{M}\boldsymbol{X}_{fg}+\boldsymbol{X}_{w0} \tag{9.26}$$

其中$\boldsymbol{X}_{w0}$是平移量, 也就是发射点在纬心系下的坐标.

由图 9-6 的右下子图可知, 若酉半径为N, 则平移量$\boldsymbol{X}_{w0}$为

$$\boldsymbol{X}_{w0}=\left[0,N\cos B,0\right]^{\mathrm{T}} \tag{9.27}$$

由图 9-6 的右上子图、左下子图可知, (9.26)中的正交矩阵$\boldsymbol{M}=\boldsymbol{M}\left(B,A\right)$可以用两次旋转来描述:

$$M(B,A)=M_x(2\pi-B)M_y\left(\frac{\pi}{2}+A\right)=\begin{bmatrix}-\sin A & 0 & -\cos A\\ -\sin B\cos A & \cos B & \sin B\sin A\\ \cos B\cos A & \sin B & -\cos B\sin A\end{bmatrix} \tag{9.28}$$

实际上，绕轴旋转的表达式为

$$M_x(\theta)=\begin{bmatrix}1 & 0 & 0\\ 0 & \cos\theta & \sin\theta\\ 0 & -\sin\theta & \cos\theta\end{bmatrix},\quad M_y(\theta)=\begin{bmatrix}\cos\theta & 0 & -\sin\theta\\ 0 & 1 & 0\\ \sin\theta & 0 & \cos\theta\end{bmatrix} \tag{9.29}$$

绕 OY 轴过程的坐标转换参考图 9-7，注意 Y 轴坐标不改变.

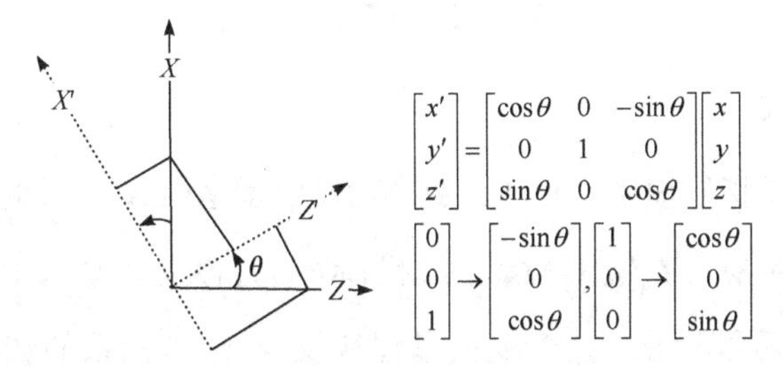

图 9-7 绕 OY 轴旋转过程

绕 OX 轴过程的坐标转换参考图 9-8，注意 X 轴坐标不改变.

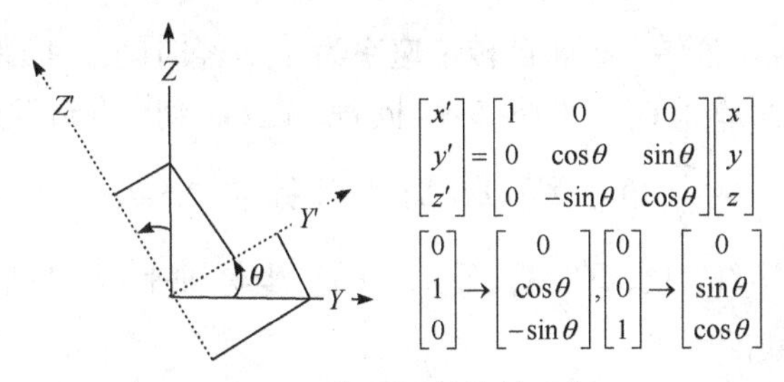

图 9-8 绕 OX 轴旋转过程

综合图 9-7 和图 9-8 可得

$$\begin{cases}M_x(2\pi-B)=\begin{bmatrix}1 & 0 & 0\\ 0 & \cos B & -\sin B\\ 0 & \sin B & \cos B\end{bmatrix}\\ M_y\left(\dfrac{\pi}{2}+A\right)=\begin{bmatrix}-\sin A & 0 & -\cos A\\ 0 & 1 & 0\\ \cos A & 0 & -\sin A\end{bmatrix}\end{cases} \tag{9.30}$$

实际上,

$$
\begin{aligned}
\boldsymbol{M}(B,A) &= \boldsymbol{M}_x(2\pi - B)\boldsymbol{M}_y\left(\frac{\pi}{2}+A\right) \\
&= \begin{bmatrix} 1 & 0 & 0 \\ 0 & \cos B & -\sin B \\ 0 & \sin B & \cos B \end{bmatrix}\begin{bmatrix} -\sin A & 0 & -\cos A \\ 0 & 1 & 0 \\ \cos A & 0 & -\sin A \end{bmatrix} \\
&= \begin{bmatrix} -\sin A & 0 & -\cos A \\ -\sin B\cos A & \cos B & \sin B_0 \sin A \\ \cos B\cos A & \sin B & -\cos B_0 \sin A \end{bmatrix}
\end{aligned}
$$

由(9.26)得纬心系转发惯系的公式, 实质为旧系转新系公式

$$\boldsymbol{X}_{fg} = \boldsymbol{M}^{\mathrm{T}}(B,A)\left[\boldsymbol{X}_w - \boldsymbol{X}_{w0}\right] \tag{9.31}$$

9.4.3 位置转换公式

本节的目的是要将发惯系坐标 $\boldsymbol{X}_{fg}$ 变换为发射系坐标 $\boldsymbol{X}_{t,f}$ ，即公式

$$\boldsymbol{X}_{t,f} = \boldsymbol{M}^{\mathrm{T}}\boldsymbol{M}_z(\omega_e t)\boldsymbol{M}\boldsymbol{X}_{fg} + \boldsymbol{M}^{\mathrm{T}}\left[\boldsymbol{M}_z(\omega_e t)\boldsymbol{X}_{w0} - \boldsymbol{X}_{t,w0}\right] \tag{9.32}$$

其中各符号的意义后续给出, 这个变换过程涉及 4 个坐标系的转换过程, 概括如下:

$$O'\text{-}X_f Y_f Z_f \overset{(9.26)}{\Longrightarrow} O'''\text{-}X_w Y_w Z_w \overset{(9.36)}{\Longrightarrow} O'''\text{-}X_{t,w} Y_{t,w} Z_{t,w} \overset{(9.31)}{\Longrightarrow} O'_t\text{-}X_{t,f} Y_{t,f} Z_{t,f} \tag{9.33}$$

假定不考虑地球公转, 地球自转角速率为 ω_e ，经时间 t ，旧发射点 O' 绕地轴旋转角度达 $\omega_e t$ ，便成了 O'_t ，见图 9-9. 同理, 在 t 时刻, 将新发射系先后依次绕 OY 轴逆时针转 $A+\dfrac{\pi}{2}$ 角、绕 OX 轴逆时针转 $2\pi - B$ 角, 使得新发射系 $O'_t\text{-}X_{t,f}Y_{t,f}Z_{t,f}$ 与新纬心系 $O'''\text{-}X_{t,w}Y_{t,w}Z_{t,w}$ 的三坐标轴平行, 然后将 O'_t 平移至纬心 O''' ，两坐标系重合.

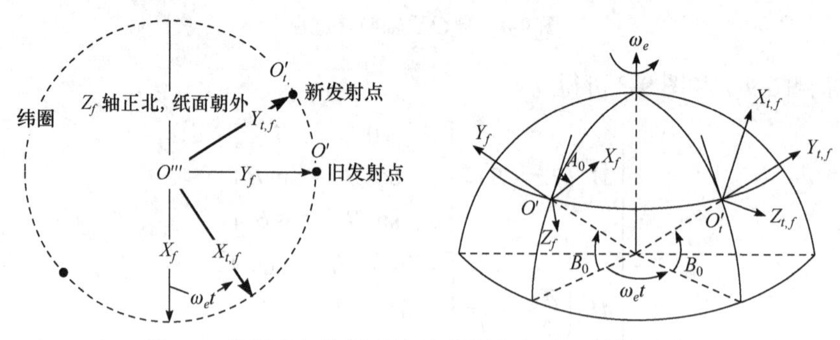

图 9-9 发惯系与发射系的平面视图(左)和立体视图(右)

新纬心系、旧纬心系的原点重合，OZ 轴平行，OX 轴和 OY 轴相差一个夹角 $\omega_e t$. 对于时间 t，先给出三个坐标记号：

(1) $\boldsymbol{X}_{t,w0}=\left[x_{t,w0},y_{t,w0},z_{t,w0}\right]^{\mathrm{T}}$：新纬心系原点 O''' 到新发射系原点 O_t' 的向量 $\overrightarrow{O'''O_t'}$ 在新纬心系下的坐标.

(2) $\boldsymbol{X}_{t,f}=\left[x_{t,f},y_{t,f},z_{t,f}\right]^{\mathrm{T}}$：新发射系原点 O_t' 到导弹质心 M 的向量 $\overrightarrow{O_t'M}$ 在新发射系下的坐标.

(3) $\boldsymbol{X}_{t,w}=\left[x_{t,w},y_{t,w},z_{t,w}\right]^{\mathrm{T}}$：新纬心系原点 O''' 到导弹质心 M 的向量 $\overrightarrow{O'''M}$ 在新纬心系下的坐标.

类似于(9.26)得到新发射系到新纬心系的转换公式

$$\boldsymbol{X}_{t,w}=\boldsymbol{M}\boldsymbol{X}_{t,f}+\boldsymbol{X}_{t,w0} \tag{9.34}$$

其中正交矩阵 $\boldsymbol{M}=\boldsymbol{M}(B,A)$ 同(9.28)，而平移量为

$$\boldsymbol{X}_{t,w0}=\boldsymbol{X}_{w0}=\left[0,N\cos B,0\right]^{\mathrm{T}} \tag{9.35}$$

从图 9-9 可以发现，旧纬心系绕 OZ 轴逆时针旋转 $\omega_e t$ 角度，就可以与新纬心系重合，故

$$\boldsymbol{X}_{t,w}=\boldsymbol{M}_z(\omega_e t)\boldsymbol{X}_w \tag{9.36}$$

其中

$$\boldsymbol{M}_z(\omega_e t)=\begin{bmatrix}\cos\omega_e t & \sin\omega_e t & 0\\ -\sin\omega_e t & \cos\omega_e t & 0\\ 0 & 0 & 1\end{bmatrix} \tag{9.37}$$

转换公式可以通过图 9-10 推导获得，注意 Z 轴坐标不改变.

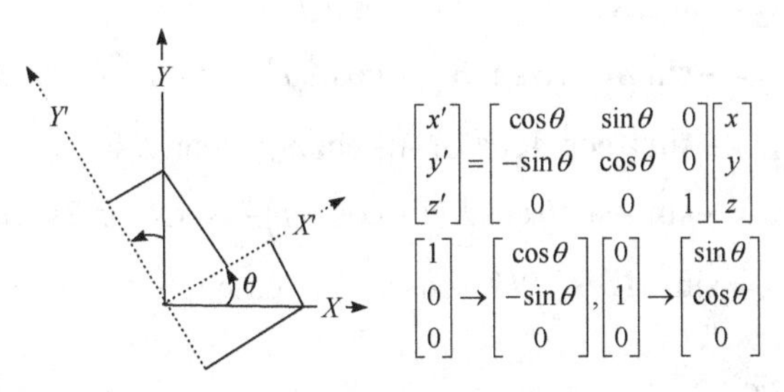

图 9-10 绕 OZ 轴旋转过程

旧发射系就是发惯系；新发射系就是当前发射系. 前者是惯性系，后者与地球固连，是非惯性系. $\boldsymbol{X}_{fg}$ 实际上就是目标在发惯系下的坐标，$\boldsymbol{X}_{t,f}$ 是目标在新发射系下的坐标，则利用(9.26), (9.34)和(9.36)得

$$\boldsymbol{X}_{t,f}=\boldsymbol{M}^{\mathrm{T}}\left\{\boldsymbol{M}_z(\omega_e t)\left[\boldsymbol{M}\boldsymbol{X}_{fg}+\boldsymbol{X}_{w0}\right]-\boldsymbol{X}_{t,w0}\right\} \tag{9.38}$$

实际上 $\boldsymbol{M}\boldsymbol{X}_{t,f}+\boldsymbol{X}_{t,w0}=\boldsymbol{X}_{t,w}=\boldsymbol{M}_z(\omega_e t)\left[\boldsymbol{M}\boldsymbol{X}_{fg}+\boldsymbol{X}_{w0}\right]$，移项整理可得(9.38)，这就是发惯系转发射系的公式. 平移旋转形式为

$$\boldsymbol{X}_{t,f}=\boldsymbol{M}^{\mathrm{T}}\boldsymbol{M}_z(\omega_e t)\boldsymbol{M}\boldsymbol{X}_{fg}+\boldsymbol{M}^{\mathrm{T}}\left[\boldsymbol{M}_z(\omega_e t)\boldsymbol{X}_{w0}-\boldsymbol{X}_{t,w0}\right] \tag{9.39}$$

可以用符号计算仿真软件验证：平移量 $\boldsymbol{M}^{\mathrm{T}}\left[\boldsymbol{M}_z(\omega_e t)\boldsymbol{X}_{w0}-\boldsymbol{X}_{t,w0}\right]$中 3 个元素可以用下式表示

$$\begin{aligned}
&\boldsymbol{M}^{\mathrm{T}}\left[\boldsymbol{M}_z(\omega_e t)\boldsymbol{X}_{w0}-\boldsymbol{X}_{t,w0}\right]=\boldsymbol{M}^{\mathrm{T}}\left[\boldsymbol{M}_z(\omega_e t)-\boldsymbol{I}\right]\boldsymbol{X}_{w0}\\
&=N\cos B\begin{bmatrix}-\sin A & 0 & -\cos A\\ -\sin B\cos A & \cos B & \sin B\sin A\\ \cos B\cos A & \sin B & -\cos B\sin A\end{bmatrix}^{\mathrm{T}}\begin{bmatrix}\sin\omega_e t\\ \cos\omega_e t-1\\ 0\end{bmatrix}\\
&=N\cos B\begin{bmatrix}-\sin A\sin\omega_e t-\cos A\sin B(\cos\omega_e t-1)\\ \cos B_0(\cos\omega_e t-1)\\ \sin A\sin B(\cos\omega_e t-1)-\cos A\sin\omega_e t\end{bmatrix}
\end{aligned} \tag{9.40}$$

可以用符号计算仿真软件验证：旋转量 $\boldsymbol{M}^{\mathrm{T}}\boldsymbol{M}_z(\omega_e t)\boldsymbol{M}$ 中 9 个元素可以用下式表示

$$\begin{cases}
M_{11}=\cos^2 A\cos^2 B(1-\cos\omega_e t)+\cos\omega_e t\\
M_{12}=\cos A\sin B\cos B(1-\cos\omega_e t)-\sin A\cos B\sin\omega_e t\\
M_{13}=-\sin A\cos A\cos^2 B(1-\cos\omega_e t)-\sin B\sin\omega_e t\\
M_{21}=\cos A\sin B\cos B(1-\cos\omega_e t)+\sin A\cos B\sin\omega_e t\\
M_{22}=\sin^2 B(1-\cos\omega_e t)+\cos\omega_e t\\
M_{23}=-\sin A\cos B\sin B(1-\cos\omega_e t)+\cos A\cos B\sin\omega_e t\\
M_{31}=-\sin A\cos A\cos^2 B(1-\cos\omega_e t)+\sin B\sin\omega_e t\\
M_{32}=-\sin A\sin B\cos B(1-\cos\omega_e t)-\cos A\cos B\sin\omega_e t\\
M_{33}=\sin^2 A\cos^2 B(1-\cos\omega_e t)+\cos\omega_e t
\end{cases} \tag{9.41}$$

9.4.4 速度转换公式

利用全微分公式，在(9.39)两边同时取微分得速度转换公式如下

$$\dot{\boldsymbol{X}}_{t,f}=\boldsymbol{M}^{\mathrm{T}}\boldsymbol{M}_z(\omega_e t)\boldsymbol{M}\dot{\boldsymbol{X}}_{fg}+\boldsymbol{M}^{\mathrm{T}}\dot{\boldsymbol{M}}_z(\omega_e t)\boldsymbol{M}\left(\boldsymbol{X}_{fg}+\boldsymbol{M}^{\mathrm{T}}\boldsymbol{X}_{t,w0}\right) \tag{9.42}$$

实际上

$$
\begin{aligned}
\dot{\boldsymbol{X}}_{t,f} &= \frac{\mathrm{d}}{\mathrm{d}t}\boldsymbol{M}^{\mathrm{T}}\boldsymbol{M}_z(\omega_e t)\boldsymbol{M}\boldsymbol{X}_{fg} + \boldsymbol{M}^{\mathrm{T}}\left[\boldsymbol{M}_z(\omega_e t)\boldsymbol{X}_{w0} - \boldsymbol{X}_{t,w0}\right] \\
&= \left(\boldsymbol{M}^{\mathrm{T}}\boldsymbol{M}_z(\omega_e t)\boldsymbol{M}\dot{\boldsymbol{X}}_{fg} + \boldsymbol{M}^{\mathrm{T}}\dot{\boldsymbol{M}}_z(\omega_e t)\boldsymbol{M}\boldsymbol{X}_{fg}\right) + \boldsymbol{M}^{\mathrm{T}}\dot{\boldsymbol{M}}_z(\omega_e t)\boldsymbol{X}_{t,w0} \\
&= \boldsymbol{M}^{\mathrm{T}}\boldsymbol{M}_z(\omega_e t)\boldsymbol{M}\dot{\boldsymbol{X}}_{fg} + \boldsymbol{M}^{\mathrm{T}}\dot{\boldsymbol{M}}_z(\omega_e t)\boldsymbol{M}\left(\boldsymbol{X}_{fg} + \boldsymbol{M}^{\mathrm{T}}\boldsymbol{X}_{t,w0}\right)
\end{aligned}
$$

其中

$$
\dot{\boldsymbol{M}}_z(\omega_e t) = \frac{\mathrm{d}\boldsymbol{M}_z^{\mathrm{T}}(\omega_e t)}{\mathrm{d}t} = \omega_e \begin{bmatrix} -\sin\omega_e t & -\cos\omega_e t & 0 \\ \cos\omega_e t & -\sin\omega_e t & 0 \\ 0 & 0 & 0 \end{bmatrix} \tag{9.43}
$$

公式(9.42)对应的物理意义有:

(1) $\boldsymbol{X}_{fg} + \boldsymbol{M}^{\mathrm{T}}\boldsymbol{X}_{t,w0}$是纬心系原点到目标的向量在发射惯性系下的坐标;

(2) 绝对速度等于牵连速度与相对速度之和 $\boldsymbol{v}_a = \boldsymbol{v}_e + \boldsymbol{v}_r$，所以 $-\boldsymbol{M}^{\mathrm{T}}\dot{\boldsymbol{M}}_z(\omega_e t)\boldsymbol{M}\left(\boldsymbol{X}_{fg} + \boldsymbol{M}^{\mathrm{T}}\boldsymbol{X}_{t,w0}\right)$是牵连速度在发射系下的坐标表示;

(3) $\boldsymbol{M}^{\mathrm{T}}\boldsymbol{M}_z(\omega_e t)\boldsymbol{M}\dot{\boldsymbol{X}}_{fg}$是绝对速度在发射系下的坐标表示.

发射系速度转发惯系速度的公式为

$$
\dot{\boldsymbol{X}}_{fg} = \boldsymbol{M}^{\mathrm{T}}\boldsymbol{M}_z(\omega_e t)\boldsymbol{M}\dot{\boldsymbol{X}}_{t,f} - \boldsymbol{M}^{\mathrm{T}}\boldsymbol{M}_z(\omega_e t)\dot{\boldsymbol{M}}_z(\omega_e t)\boldsymbol{M}\left(\boldsymbol{X}_{fg} + \boldsymbol{M}^{\mathrm{T}}\boldsymbol{X}_{t,w0}\right) \tag{9.44}
$$

公式(9.44)对应的物理意义有:

(1) 因为发惯系的原点是静止的, 所以$\dot{\boldsymbol{X}}_{fg}$是目标相对发惯系的绝对速度;

(2) 因为发射系的原点随地球自转而运动, 所以$\dot{\boldsymbol{X}}_{t,f}$是目标相对发射系的相对速度;

(3) 绝对速度等于牵连速度与相对速度之和, 所以$-\boldsymbol{M}^{\mathrm{T}}\boldsymbol{M}_z(\omega_e t)\dot{\boldsymbol{M}}_z(\omega_e t)\boldsymbol{M}\left(\boldsymbol{X}_{fg} + \boldsymbol{M}^{\mathrm{T}}\boldsymbol{X}_{t,w0}\right)$是牵连速度在发惯系下的坐标表示.

假定$\overrightarrow{O_{fg}M}, \overrightarrow{O_{fg}O_f}, \overrightarrow{O_f M}$分别表示发惯系原点到目标、发惯系原点到发射系原点、发射系原点到目标的向量, 则有

$$
\overrightarrow{O_{fg}M} = \overrightarrow{O_{fg}O_f} + \overrightarrow{O_f M} \tag{9.45}
$$

两边取微分

$$
\frac{\mathrm{d}}{\mathrm{d}t}\overrightarrow{O_{fg}M} = \frac{\mathrm{d}}{\mathrm{d}t}\overrightarrow{O_{fg}O_f} + \frac{\mathrm{d}}{\mathrm{d}t}\overrightarrow{O_f M} \tag{9.46}
$$

一个易错点: 上式不能理解为“绝对速度等于牵连速度与相对速度之和$\boldsymbol{v}_a = \boldsymbol{v}_e + \boldsymbol{v}_r$”, 因为$\frac{\mathrm{d}}{\mathrm{d}t}\overrightarrow{O_{fg}O_f}$不是牵连速度, $\frac{\mathrm{d}}{\mathrm{d}t}\overrightarrow{O_f M}$也不是相对速度, 相对位置

$X_{t,f}$ 在动坐标系下的坐标微分 $\dot{X}_{t,f}$ 才是相对速度.

9.4.5　弹道引导公式

弹道引导就是对弹道进行短时间预报的过程. 预报的原因主要有两方面:

(1) 数据有延迟, 比如延迟两帧, 也就是说接收到的数据实际上两帧以前的数据, 为了显示当前数据, 需要预报两帧时长.

(2) 指控中心有安控需求, 当预报弹道脱离限定区域时, 就需要安控介入. 引导弹道一般在地心系下表示, 而遥测弹道一般在发射惯性系下表示, 所以需要将发惯系坐标转换为发射系坐标, 再把发射系坐标转换为地心系坐标. 引导公式的重点是预报公式, 在等间隔采样条件下, 多项式预报公式完全由权系数决定, 而权系数又由建模复杂度(阶数) d 、历史数据窗宽 p 和预报时长 f 决定, 以 y 轴坐标为例, 预报公式为

$$\hat{y}_{p+f|p}=\sum_{i=1}^{p} w_i y_i = \boldsymbol{w}\cdot\boldsymbol{y} \tag{9.47}$$

零阶预报权公式为

$$w_i=\frac{1}{p},\quad i=1,\cdots,p \tag{9.48}$$

一阶预报权公式为

$$w_i=\frac{-2p^2+(6i-6f)p-6i+6f-12if+2}{p^3-p} \tag{9.49}$$

二阶预报权公式为

$$w_i=\frac{\begin{bmatrix}180f^2i^2+(-180p-180)f^2i+(30p^2+90p+60)f^2\\ +(180p-180)fi^2+(132-168p^2)fi+(24p^3+54p^2-6p-36)f\\ +(30p^2-90p+60)i^2+(-24p^3+54p^2+6n-36)i+3p^4-15p^2+12\end{bmatrix}}{p^5-5p^3+4p} \tag{9.50}$$

第 10 章　卫星定位体制

弹上卫星接收机可实现自定位，所以弹上卫星定位常被当作遥测手段. 卫星定位体制和第 5 章的时差定位体制大致都属于无源定位体制. 从最原始的测量方程看，形式上是完全相同的，所以都要求至少 4 个测站才能完成定位. 从观测几何看，两者是相似的，但是测站的视角是相反的. 时差定位体制的测站布设在地面，站址经常是接近共面的，被观测目标在站址上方，目标与站址距离达几千米到百千米. 如图 10-1 所示，卫星定位体制的测站在卫星，站址构成立体，被观测目标在站址下方. 两者的测量方程的结构相同，受布站几何的约束，对应的算法有一定的差异.

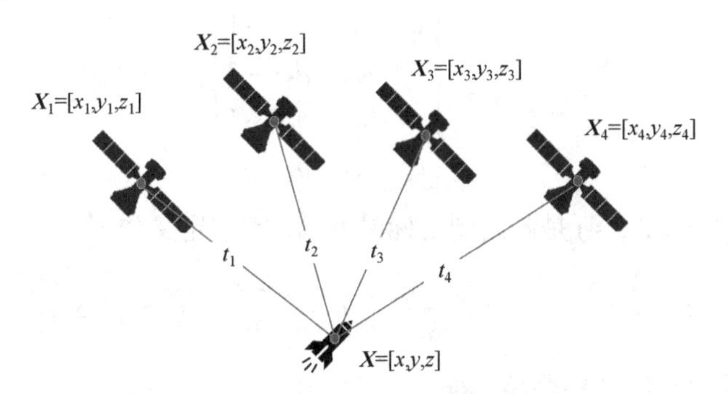

图 10-1　卫星单点定位观测几何示意图

10.1　单点定位原理

10.1.1　四元二次方程组

在卫星定位中，可以获得卫星自身时刻 t_i 和位置 $[x_i, y_i, z_i]$，卫星到目标的测距方程的表达式为[3,11]

$$c(t-t_i)=\sqrt{(x-x_i)^2+(y-y_i)^2+(z-z_i)^2} \quad (i=1,2,3,4) \tag{10.1}$$

其中 t 是目标接收到电文的时刻，c 是光速，一般把乘积 ct 和 ct_i 当作变量，分情况讨论如下:

(1) 如果只有三颗可见星，即目标可以同时接收到三站的时间 t_1,t_2,t_3，那么即使有钟差, 也只能相信 t, 此时可以通过三元二次方程组实现定位, 定位原理同第 3 章.

(2) 如果有四颗可见星, 即目标可以同时接收到四站的时间 t_1,t_2,t_3,t_4, 可以把 t 当作未知参数, 解如下四元二次方程组

$$\begin{cases} ct_1 = ct - \sqrt{(x-x_1)^2+(y-y_1)^2+(z-z_1)^2} \\ ct_2 = ct - \sqrt{(x-x_2)^2+(y-y_2)^2+(z-z_2)^2} \\ ct_3 = ct - \sqrt{(x-x_3)^2+(y-y_3)^2+(z-z_3)^2} \\ ct_4 = ct - \sqrt{(x-x_4)^2+(y-y_4)^2+(z-z_4)^2} \end{cases} \tag{10.2}$$

由于光速 c 很大, 为 299792458m/s, 为了防止雅可比矩阵中出现绝对占优列, 一般把 ct 看成一个整体, 所以(10.2)的未知量有 4 个: $[x,y,z,ct]$, 已知量有 16 个: $[ct_i,x_i,y_i,z_i](i=1,2,3,4)$. 方程组(10.2)对应 $[x,y,z,ct]$ 的雅可比矩阵为

$$\boldsymbol{J}_t = -\begin{bmatrix} l_1 & m_1 & n_1 & -1 \\ l_2 & m_2 & n_2 & -1 \\ l_3 & m_3 & n_3 & -1 \\ l_4 & m_4 & n_4 & -1 \end{bmatrix} \tag{10.3}$$

其中 $[l_i,m_i,n_i](i=1,2,3,4)$ 是测站到目标的方向向量, 定义如下

$$l_i = \frac{x-x_i}{R_i}, \quad m_i = \frac{y-y_i}{R_i}, \quad n_i = \frac{z-z_i}{R_i} \quad (i=1,2,3,4) \tag{10.4}$$

而 R_i 为测站到目标的几何距离, 即

$$R_i = \sqrt{(x-x_i)^2+(y-y_i)^2+(z-z_i)^2} \quad (i=1,2,3,4) \tag{10.5}$$

10.1.2　非线性迭代算法

四元二次方程组(10.2)可以用非线性最小二乘求解, 求解过程包括三个关键步骤:

(1) 给出 $[x,y,z,ct]$ 的初值, 在地心系下, 向下观测位置初值可设置为 $[0,0,0]$, 把 $\frac{1}{4}\sum_{i=1}^{4} ct_i$ 当作接收机时间 ct 的初值, 所以概略初值为 $\left[0,0,0,\frac{1}{4}\sum_{i=1}^{4} ct_i\right]$, 因为 $[0,0,0]$ 与真值 $[x,y,z]$ 在卫星平面同侧, 即下方, 所以初值 $[0,0,0]$ 经过迭代必然收敛到真值 $[x,y,z]$;

(2) 给出迭代公式, 常用高斯-牛顿迭代公式, 当残差平方和不降反增时需要减小迭代步长;

(3) 给出迭代结束判据，依据残差平方和减小值是否小于迭代精度作为迭代结束判据.

10.1.3 未知的站址

在公式(10.2)中，站址$\left[x_i, y_i, z_i\right](i=1,2,3,4)$需要从星历中转换过来. 事实上，卫星导航系统的地面监控站通过测定卫星所发射的信号来确定卫星的运行轨道，然后推算出轨道参数，再将这些轨道参数上传给卫星，并让卫星转播给定位软件. 在理想无摄动条件下，卫星的开普勒轨道参数(也称轨道根数)总共包含 6 个，即$[a,e,f,i,\Omega,\omega]$，分别为卫星轨道长半轴a、卫星轨道偏心率e、卫星真近点角f、卫星轨道倾角i、升交点赤经Ω、近地点角距ω，其中a和e决定了轨道的形态，f决定了卫星相对于轨道的位置，$\left[i,\Omega,\omega\right]$决定了轨道相对于赤道面的姿态. 具体地，可以如下理解这 6 个参数:

(1) 轨道半长轴a：如所示图 10-2，卫星轨道所在平面称为轨道平面，轨道平面通过地球的中心. 轨道半长轴是卫星轨道近地点和远地点连线的一半.

(2) 偏心率e：如图 10-2 所示，若长半轴为a，短半轴为b，则偏心率为

$$e=\sqrt{\frac{a^2-b^2}{a^2}} \tag{10.6}$$

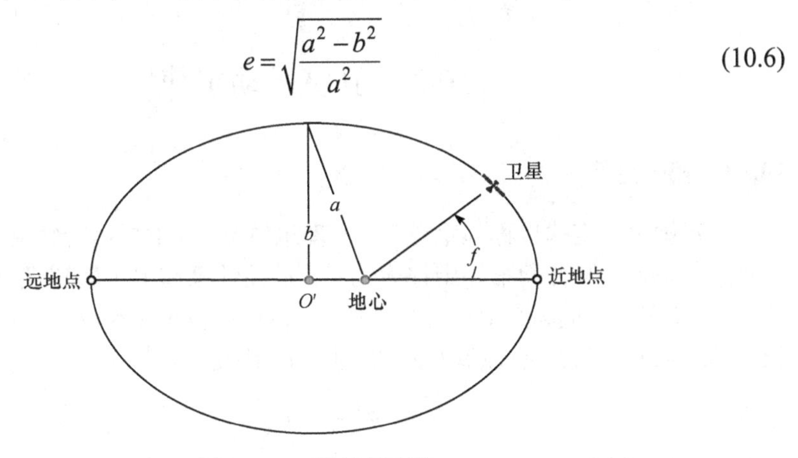

图 10-2 卫星运行轨道

(3) 真近点角f：如图 10-2 所示，真近点角确定卫星相对轨道的位置. 卫星绕地球逆时针运动，地心到近地点的射线记为射线 1、地心到卫星的射线记为射线 2，射线 1 到射线 2 的角称为真近点角.

如图 10-3 所示，地球绕着太阳公转的轨道平面称为黄道面(Ecliptic Plane)，地球赤道所在的平面称为赤道面(Equatorial Plane). 赤道面与公转轨道的两个交点分别称为春分点、秋分点.

(4) 轨道倾角i：如图 10-4 所示，轨道倾角是卫星轨道平面与赤道平面的夹

角. 若 $i=0$, 则卫星沿赤道平面运行, 称为赤道轨道; 若 $i=\pi/2$, 则卫星沿子午圈运行, 称为极轨道.

(5) 升交点赤经 Ω: 如图 10-4 所示, 卫星轨道与赤道面相交于两点, 其中卫星从南向北越过赤道面时, 卫星轨道与赤道面的交点称为升交点. 从春分点到升交点的弧距称为升交点赤经.

(6) 近地点角距 ω: 如图 10-4 所示, 从升交点到近地点的角距称为近地点角距.

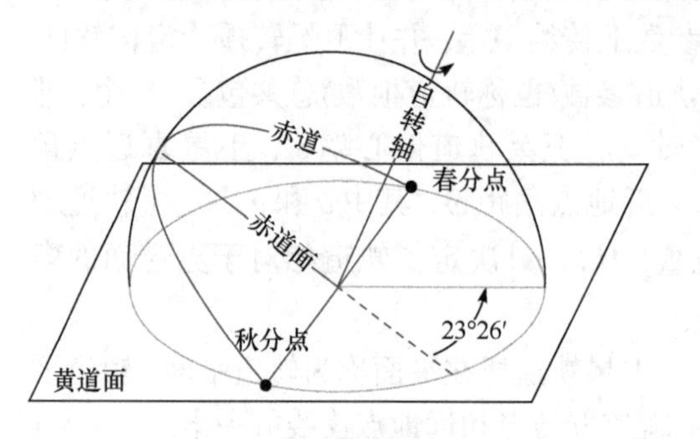

图 10-3　黄道面和赤道面

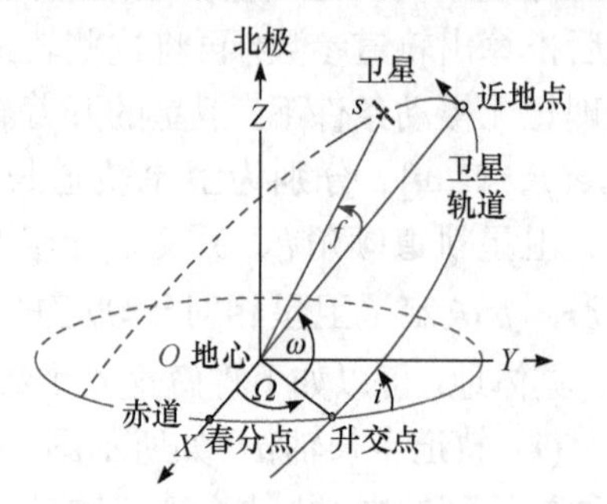

图 10-4　轨道根数

10.2　卫星运动定律

10.2.1　第一定律

开普勒第一定律也称为轨道定律: 理想情况下, 卫星运行轨道是以地球中心为焦点的椭圆. 开普勒第一定律表明: 赤道惯性系和卫星轨道惯性系原点重合. 如图 10-2 所示, 椭圆为卫星运行轨道. 地球中心位于焦点 O 上. a 为卫星轨道的长半轴, b 为短半轴. 偏心率为 e, 焦距为 c, 满足

$$a^2=b^2+c^2 \tag{10.7}$$

10.2.2　第二定律

开普勒第二定律也称为面积定律: 理想情况下, 卫星向径在单位时间内扫过的面积相等. 开普勒第二定律表明: 结合开普勒第三定律以及卫星的地心距 r 可以算出卫星速率 v. 如图 10-5 所示, 两块扇形面积 S_{AOB}, S_{COD} 分别表示向径在两段相等时间间隔内扫过的面积, 则有

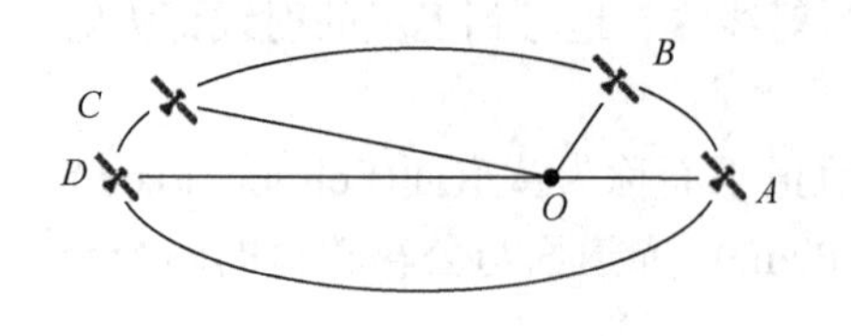

图 10-5　面积定理

$$S_{AOB}=S_{COD} \tag{10.8}$$

在短时 Δt 内有

$$\Delta S = \frac{1}{2}\Delta t\left|\boldsymbol{r}\times\boldsymbol{v}\right| \tag{10.9}$$

其中 $\boldsymbol{r}$ 为位置矢量, $\boldsymbol{v}$ 为速度矢量, 有

$$\frac{\Delta S}{\Delta t} = \frac{1}{2}\left|\boldsymbol{r}\times\boldsymbol{v}\right| \tag{10.10}$$

若轨道周期为 T, 因轨道面积为 πab, 故

$$\frac{\Delta S}{\Delta t} = \frac{\pi ab}{T} \tag{10.11}$$

10.2.3 第三定律

开普勒第三定律也称为调和定律: 理想情况下, 卫星绕地球运动周期的平方 T^2 与其轨道长半轴的立方 a^3 成正比, 比例系数称为开普勒常量, 记为 k. 记地球质量为 M, 引力常数为 G, 则地球引力常数为 $\mu = GM$, 且

$$\frac{a^3}{T^2} = \frac{GM}{4\pi^2} = \frac{\mu}{4\pi^2} = k \tag{10.12}$$

记 n 为平均角速率, 则有

$$n = \frac{2\pi}{T} = \sqrt{\frac{\mu}{a^3}} \tag{10.13}$$

10.3 时间到空间的转换

假定真近点角 $f_0 = 0$ 对应时刻 t_0, 可以由时差 $t - t_0$ 确定平近点角 M 、外辅圆角 E 、真近点角 f 、地心距 r 、速率 v, 相关的概念见后续小节, 思路如下

$$\left.\begin{array}{l} t \xrightarrow{\text{平近点角公式}} M = \dfrac{2\pi}{T}(t - t_0) \\ \text{外辅圆角}E \xrightarrow{\text{地心距公式}} r = a[1 - e\cdot\cos E] \end{array}\right\} \xrightarrow{\text{开普勒公式}} E = M + e\cdot\sin E$$

$$\downarrow \tag{10.14}$$

$$\to \begin{cases} \xrightarrow{\text{活力公式}} v^2 = 2\dfrac{\mu}{r} - \dfrac{\mu}{a} \\ \xrightarrow{\text{真近点角公式}} \tan\dfrac{f}{2} = \sqrt{\dfrac{1+e}{1-e}}\tan\dfrac{E}{2} \to f = 2\cdot \mathrm{atan}\left(\sqrt{\dfrac{1+e}{1-e}}\tan\dfrac{E}{2}\right) \end{cases}$$

对应的公式有开普勒方程、真近点角公式、地心距公式和活力公式, 这些公

式是“轨道根数”与“轨道坐标”互相转换的依据.

10.3.1 地心距公式

如图 10-6 所示, 在已知外辅圆角 E (也称为偏近点角)的条件下, 可以利用地心距公式计算地心距 r . 卫星 S 至地心 O 的距离为 r

$$r = a\left[1 - e\cos E\right] \tag{10.15}$$

实际上, 在图 10-6 中, 虚线表示半径为 a 的外辅圆, 因 $S' = [a\cos E, a\sin E]$, 从而由椭圆的参数坐标公式可知 $S = [a\cos E, b\sin E]$, 故

$$SP = b\sin E \tag{10.16}$$

继而

$$\begin{aligned} r^2 &= OP^2 + SP^2 = \left(O'P\text{-}O'O\right)^2 + \left(b\sin E\right)^2 \\ &= \left(a\cos E - c\right)^2 + \left(b\sin E\right)^2 = \left(a\cos E - ae\right)^2 + \left(a^2 - c^2\right)\sin^2 E \\ &= a^2\left[\left(\cos E - e\right)^2 + \left(1 - e^2\right)\sin^2 E\right] \\ &= a^2\left[\left(\cos^2 E + e^2 - 2e\cos E\right) + \left(\sin^2 E - e^2\sin^2 E\right)\right] \\ &= a^2\left[1 + e^2\cos^2 E - 2e\cos E\right] = a^2\left[1 - e\cos E\right]^2 \end{aligned} \tag{10.17}$$

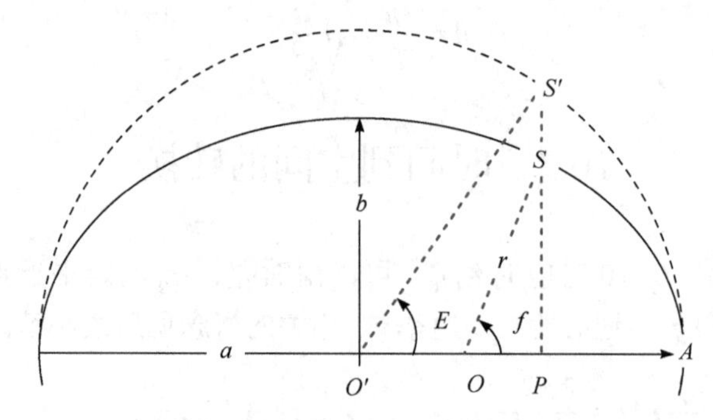

图 10-6 偏近点角 E 和真近点角 f

10.3.2 开普勒方程

在已知时差 $t - t_0$ 的条件下, 可以利用开普勒方程计算偏近点角 E. 如图 10-6 所示, 设卫星过近地点 P 时刻为 t_0, 对应真近点角 $f_0 = 0$. 卫星过 S 时刻为 t, 对应真近点角 f, 记 M 为时差 $t - t_0$ 内卫星扫过的角度, 即平近点角, 则有

$$M = n(t - t_0) = \sqrt{\frac{\mu}{a^3}}(t - t_0) \tag{10.18}$$

椭圆是到焦点$(c,0)$和准线$x=\dfrac{a^2}{c}$的距离之比为e的点集，再由图 10-6 可知$O=[c,0]$，$OP=r\cdot\cos f$，所以

$$\frac{r}{\frac{a^2}{c}-(r\cdot\cos f+c)}=e \tag{10.19}$$

去掉分母，提取r，得椭圆的极坐标方程

$$r=\frac{b^2}{a}\frac{1}{1+e\cdot\cos f}=e\frac{b^2}{c}\frac{1}{1+e\cdot\cos f} \tag{10.20}$$

其中$\dfrac{b^2}{a}$的几何意义是半通径，即焦点$(c,0)$到椭圆上点$\left(c,\dfrac{b^2}{a}\right)$的距离，$\dfrac{b^2}{c}$的几何意义是焦准距，即焦点$(c,0)$到同侧准线$x=\dfrac{a^2}{c}$的距离.

如图 10-7 所示，在时间微元Δt内矢径扫过的面积为

$$\frac{\pi ab}{T}\Delta t=|\boldsymbol{r}\times\boldsymbol{v}|\Delta t=\Delta S=\frac{1}{2}r^2\Delta f \tag{10.21}$$

假定$f_0=0$对应t_0，f对应t，则上式两边积分得

$$\frac{\pi ab}{T}(t-t_0)=\frac{1}{2}\int_0^f r^2\mathrm{d}f \tag{10.22}$$

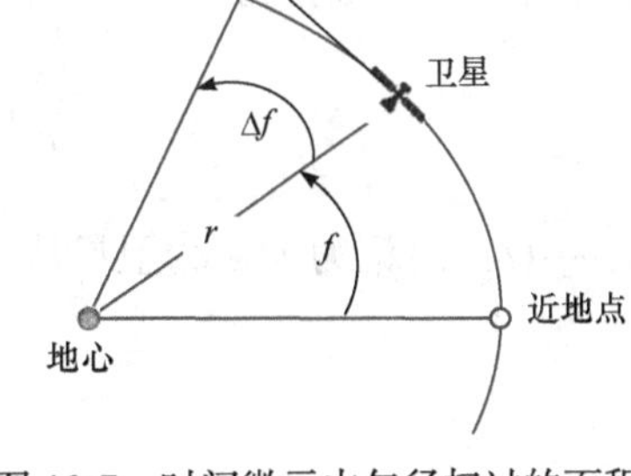

图 10-7　时间微元内矢径扫过的面积

把(10.20)代入(10.22)得

$$\frac{\pi ab}{T}(t-t_0)=\frac{1}{2}b^2\int_0^f\frac{b^2}{a^2}\frac{1}{(1+e\cos f)^2}\mathrm{d}f \tag{10.23}$$

比较极坐标方程式(10.20)$r=\dfrac{b^2}{a}\dfrac{1}{1+e\cos f}$和地心距公式(10.15)$r=a[1-e\cos E]$，得

$$\frac{b^2}{a}\frac{1}{1+e\cos f}=r=a[1-e\cos E] \tag{10.24}$$

两边微分得

$$\frac{b^2}{a}\frac{\sin f}{(1+e\cos f)^2}\mathrm{d}f=a\sin E\mathrm{d}E \tag{10.25}$$

即

$$\frac{b^2}{a^2}\frac{1}{\left(1+e\cos f\right)^2}\mathrm{d}f=\frac{\sin E}{\sin f}\mathrm{d}E \tag{10.26}$$

由图 10-6、公式(10.16) $SP=b\sin E$ 、地心距公式(10.15) $r=a\left[1-e\cos E\right]$ 可知

$$\frac{\sin E}{\sin f}=\frac{SP/b}{SP/r}=\frac{r}{b}=\frac{a\left[1-e\cos E\right]}{b} \tag{10.27}$$

代入(10.26)得

$$\frac{b^2}{a^2}\frac{1}{\left(1+e\cos f\right)^2}\mathrm{d}f=\frac{a\left[1-e\cos E\right]}{b}\mathrm{d}E \tag{10.28}$$

再代入(10.23)得

$$\frac{\pi ab}{T}\left(t-t_0\right)=\frac{b^2}{2}\int_0^E\left(\frac{a\left[1-e\cos E\right]}{b}\right)\mathrm{d}E=\frac{ab}{2}\left(E-e\sin E\right) \tag{10.29}$$

整理得开普勒方程为

$$\frac{2\pi}{T}\left(t-t_0\right)=\left(E-e\sin E\right) \tag{10.30}$$

把 $\frac{2\pi}{T}\left(t-t_0\right)$ 记为 M，为卫星从 t_0 时刻到 t 时刻扫过的角度，称为平近点角，得

$$E=M+e\cdot\sin E \tag{10.31}$$

结合第三定律(10.13)得 $M=n(t-t_0)=\sqrt{\frac{\mu}{a^3}}(t-t_0)$ 继而可得时间与偏近点角的关系

$$E=\sqrt{\frac{\mu}{a^3}}(t-t_0)+e\cdot\sin E \tag{10.32}$$

10.3.3 活力公式

后续活力公式(10.45) $v^2=\frac{2\mu}{r}-\frac{\mu}{a}$ 表明：在已知地心距 r 的条件下，可以利用活力公式计算速率 v. 掠过近地点后，卫星的地心引力小于圆周运动需要的向心力，所以卫星将远离地心，速率将变小. 如图 10-8 所示，依据轨道定律，地球在卫星轨道平面的焦点上，卫星轨道平面有一个以地心为原点以轨道平面为 OXY 平面的轨道坐标系(简称轨道系)，在该坐标系下，卫星轨道 $\boldsymbol{r}$ 的坐标表示为 $\left[\xi,\eta,0\right]^{\mathrm{T}}$，且满足

$$\frac{(\xi+c)^2}{a^2}+\frac{\eta^2}{b^2}=1 \tag{10.33}$$

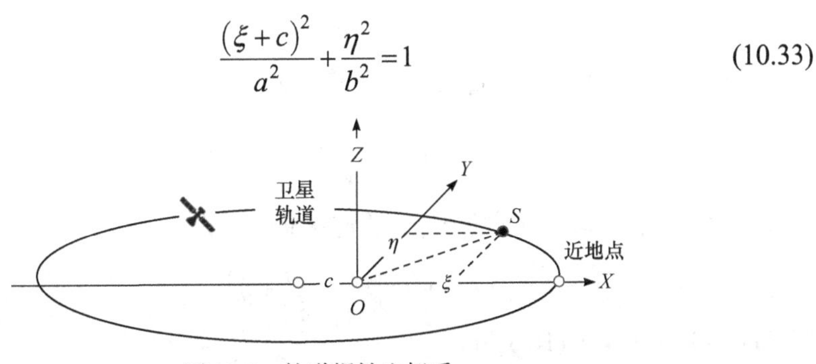

图 10-8 轨道惯性坐标系

记

$$r=\|\boldsymbol{r}\|=\sqrt{\xi^2+\eta^2} \tag{10.34}$$

万有引力定律表明

$$\ddot{\boldsymbol{r}}=-\frac{\mu}{\|\boldsymbol{r}\|^3}\boldsymbol{r} \tag{10.35}$$

分量形式为

$$\begin{cases}\ddot{\xi}+\dfrac{\mu}{r^3}\xi=0\\ \ddot{\eta}+\dfrac{\mu}{r^3}\eta=0\end{cases} \tag{10.36}$$

ξ,η 的极坐标为

$$\begin{cases}\xi=r\cos\theta\\ \eta=r\sin\theta\end{cases} \tag{10.37}$$

依据第三定律(10.13) $n=\dfrac{2\pi}{T}=\sqrt{\dfrac{\mu}{a^3}}$ 有

$$T=\sqrt{a^3/k}=2\pi\sqrt{a^3/\mu} \tag{10.38}$$

当卫星轨道为圆形时，$e=0,\ a=b=R+h$，其中 R 为地球半径，h 为卫星高，得

$$T=2\pi\sqrt{(R+h)^3/\mu} \tag{10.39}$$

可知卫星轨道高度越高，绕地球一周的时间越长．由(10.38), (10.39)可知，只要圆轨道和椭圆轨道满足 $R+h=a$，则两个轨道同周期．径向速率 v_r 是矢径长 r 对时间 t 的导数，即

$$v_r = \dot{r} \tag{10.40}$$

径向速率 v_r 也是速度 $\boldsymbol{v} = \dot{\boldsymbol{r}}$ 在矢径 $\boldsymbol{r}$ 上的投影，故

$$v_r = \dot{r} = \frac{\boldsymbol{r}^{\mathrm{T}}}{r}\dot{\boldsymbol{r}} = \frac{\xi}{r}\dot{\xi} + \frac{\eta}{r}\dot{\eta} \tag{10.41}$$

速度 $\boldsymbol{v}$ 就是矢径 $\boldsymbol{r}$ 对时间 t 的导数，故速率 v 的平方为

$$v^2 = \|\dot{\boldsymbol{r}}\|^2 = \dot{\xi}^2 + \dot{\eta}^2 \tag{10.42}$$

综合(10.41), (10.42), (10.36)得

$$\frac{\mathrm{d}}{\mathrm{d}t}v^2 = -2\frac{\mu}{r^2}\dot{r} \tag{10.43}$$

即距离越小，速率越大，实际上

$$\frac{\mathrm{d}}{\mathrm{d}t}v^2 = \frac{\mathrm{d}}{\mathrm{d}t}(\dot{\xi}^2 + \dot{\eta}^2) = 2(\dot{\xi}\ddot{\xi} + \dot{\eta}\ddot{\eta}) = -2\left(\dot{\xi}\frac{\mu}{r^3}\xi + \dot{\eta}\frac{\mu}{r^3}\eta\right) = -2\frac{\mu}{r^2}\dot{r} \tag{10.44}$$

公式(10.43)两边积分得活力公式

$$v^2 = \frac{2\mu}{r} - \frac{\mu}{a} \tag{10.45}$$

实际上，设

$$v^2 = \frac{2\mu}{r} + C \tag{10.46}$$

其中 C 为不定积分常值. 依据开普勒第二定律：面积变化率为常值

$$|\boldsymbol{r} \times \boldsymbol{v}| = 2\Delta S / \Delta t = 2\pi ab / T \tag{10.47}$$

开普勒第三定律表明 $T = 2\pi\sqrt{a^3/\mu}$，故

$$|\boldsymbol{r} \times \boldsymbol{v}| = \frac{2\pi ab}{T} = \frac{a\sqrt{a^2 - a^2e^2}\sqrt{\mu}}{\sqrt{a^3}} = \sqrt{\mu a(1-e^2)} \tag{10.48}$$

在近地点有 $\boldsymbol{r} \perp \boldsymbol{v}$，$r = a - c$，$r = a(1-e)$，由(10.48)可得面积率公式

$$|\boldsymbol{r} \times \boldsymbol{v}| = rv = \sqrt{\mu a(1-e^2)} \tag{10.49}$$

所以由(10.49)和(10.46)得

$$\begin{aligned} C &= v^2 - \frac{2\mu}{r} = \frac{\mu a(1-e^2)}{r^2} - \frac{2\mu}{r} = \mu\left(\frac{a(1-e^2)}{r^2} - \frac{2}{r}\right) \\ &= \mu\left(\frac{a(1-e^2) - 2a(1-e)}{a^2(1-e)^2}\right) = \frac{-\mu}{a} \end{aligned} \tag{10.50}$$

10.3.4 真近点角公式

在已知偏近点角 E 的条件下，可以利用真近点角公式计算真近点角 f．设真近点角为 f，则

$$\tan\frac{f}{2}=\sqrt{\frac{1+e}{1-e}}\tan\frac{E}{2} \tag{10.51}$$

实际上，由图 10-6 可知

$$\begin{aligned}\tan\frac{f}{2}&=\frac{\sin f}{\cos f+1}=\frac{r\sin f}{r\cos f+r}=\frac{SP}{O'P-O'O+r}\\&=\frac{b\sin E}{a\cos E-c+a[1-e\cos E]}=\frac{\sqrt{a^2-c^2}\sin E}{(a-c)[1+\cos E]}=\sqrt{\frac{1+e}{1-e}}\tan\frac{E}{2}\end{aligned} \tag{10.52}$$

10.4 站址的获取

卫星的轨道根数总共包含 6 个要素，记为$[a,e,f,i,\Omega,\omega]$，分别为卫星轨道长半轴、卫星轨道偏心率、卫星真近点角、卫星轨道倾角、升交点赤经、近地点角距．卫星的轨道坐标总共包含 6 个：$[x,y,z,\dot{x},\dot{y},\dot{z}]$，分别为 x 轴坐标、y 轴坐标、z 轴坐标、x 轴速度、y 轴速度、z 轴速度．

10.4.1 "轨道根数"转"轨道坐标"

(1) 依据平近点角公式(10.18) $M=n(t-t_0)$ 和给定时间 t 计算平近点角 M；

(2) 依据开普勒公式(10.31) $E=M+e\cdot\sin E$ 迭代计算偏近点角 E；

(3) 依据地心距公式(10.15) $r=a[1-e\cos E]$ 计算地心距 r；

(4) 依据真近点角公式(10.51) $\tan\frac{f}{2}=\sqrt{\frac{1+e}{1-e}}\tan\frac{E}{2}$ 真近点角 f；

(5) 计算轨道系坐标：原点在地心，OX 轴指向轨道近地点，OY 轴平行于短轴，

$$\boldsymbol{X}'=\begin{bmatrix}\xi\\\eta\\0\end{bmatrix}=\begin{bmatrix}OP\\SP\\0\end{bmatrix}=\begin{bmatrix}a\cos E-c\\b\sin E\\0\end{bmatrix}=\begin{bmatrix}r\cos f\\r\sin f\\0\end{bmatrix} \tag{10.53}$$

(6) 计算春分点地心系坐标，春分点地心系与地固系的原点相同，OZ 轴也相同，原点在地心，OX 轴指向春分点，OZ 轴平行地轴，如图 10-9 和图 10-10 所示，可以通过三次旋转将春分点地心系变成轨道系．该过程类似于 1.4 节中地心系到测站系的转换过程．

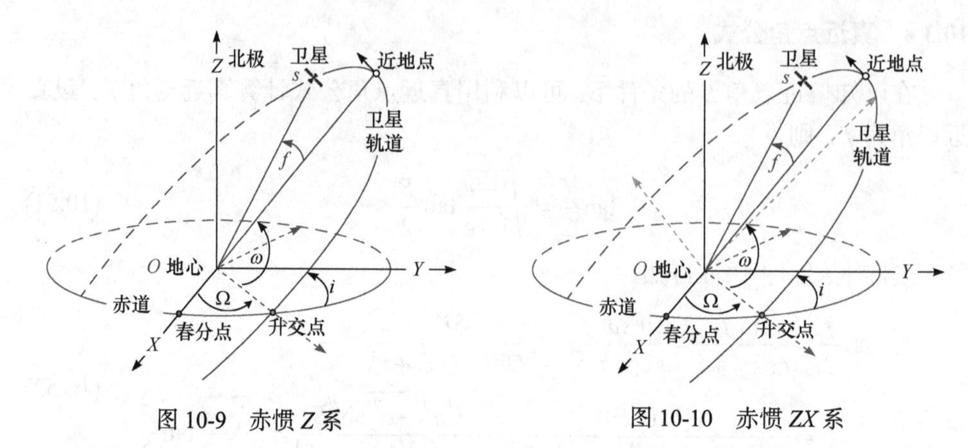

图 10-9　赤惯 Z 系　　　　图 10-10　赤惯 ZX 系

第一步: 将春分点地心系坐标绕 OZ 轴逆时针旋转升交点赤经 Ω，得“赤惯 Z 系”(使得 OX 轴指向升交点);

第二步: 将“赤惯 Z 系”绕 OX 轴逆时针旋转轨道倾角 i，得“赤惯 ZX 系”(使得“赤惯 ZX 系”的 OZ 轴与轨道系坐标的 OZ 轴重合);

第三步: 将“赤惯 ZX 系”绕 OZ 轴逆时针旋转近地点角距 ω，得“赤惯 ZXZ 系”(使得“赤惯 ZXZ 系”与轨道系重合).

若 $\boldsymbol{X}=\left[x,y,z\right]^{\mathrm{T}}$ 为卫星在春分点地心系下的坐标，$\boldsymbol{X}'=\left[x',y',z'\right]^{\mathrm{T}}$ 为卫星在轨道系下的坐标，类似于第 1 章公式(1.40)，则上述过程可以用如下旋转矩阵描述

$$\boldsymbol{X}'=M\left(\omega,i,\Omega\right)\boldsymbol{X} \tag{10.54}$$

其中

$$\boldsymbol{M}\left(\omega,i,\Omega\right)=\boldsymbol{M}_z\left(\omega\right)\boldsymbol{M}_x\left(i\right)\boldsymbol{M}_z\left(\Omega\right) \tag{10.55}$$

其中

$$\boldsymbol{M}_x\left(\theta\right)=\begin{bmatrix}1 & 0 & 0\\ 0 & \cos\theta & \sin\theta\\ 0 & -\sin\theta & \cos\theta\end{bmatrix},\quad \boldsymbol{M}_z\left(\theta\right)=\begin{bmatrix}\cos\theta & \sin\theta & 0\\ -\sin\theta & \cos\theta & 0\\ 0 & 0 & 1\end{bmatrix} \tag{10.56}$$

旋转的逆矩阵就是反向旋转，故

$$\boldsymbol{X}=\boldsymbol{M}\left(-\Omega,-i,-\omega\right)\boldsymbol{X}' \tag{10.57}$$

称 $u=\omega+f$ 为卫星纬度幅角，结合符号运算、(10.53)和(10.57)可以验证下式成立

$$\boldsymbol{X}=\begin{bmatrix}x\\ y\\ z\end{bmatrix}=r\begin{bmatrix}\cos\Omega\cos u-\sin\Omega\sin u\cos i\\ \sin\Omega\cos u+\cos\Omega\sin u\cos i\\ \sin\left(u\right)\sin i\end{bmatrix} \tag{10.58}$$

(7) 依据活力公式(10.45)计算速率

$$v^2=\mu\left(\frac{2}{r}-\frac{1}{a}\right) \tag{10.59}$$

(8) 依据开普勒第二定律的推论(10.48)计算卫星位置为 $\boldsymbol{r}$ 、速度为 $\boldsymbol{v}$ 的外积的模，即面积率

$$|\boldsymbol{r}\times\boldsymbol{v}|=\sqrt{\mu a\left(1-e^2\right)} \tag{10.60}$$

(9) 记 $\boldsymbol{r}$ 到 $\boldsymbol{v}$ 的角 $\varphi\in[0,\pi]$，见图 10-11，依据(10.60)、活力公式 $v^2=\mu\left(\frac{2}{r}-\frac{1}{a}\right)$ 和地心距公式 $r=a[1-e\cos E]$ 得

$$\sin^2\varphi=\frac{|\boldsymbol{r}\times\boldsymbol{v}|^2}{r^2\cdot v^2}=\frac{\mu a\left(1-e^2\right)}{a^2[1-e\cos E]^2\cdot\mu\left(\frac{2}{r}-\frac{1}{a}\right)}=\frac{\left(1-e^2\right)}{[1-e\cos E]^2\cdot\left(\frac{2a}{r}-1\right)}$$

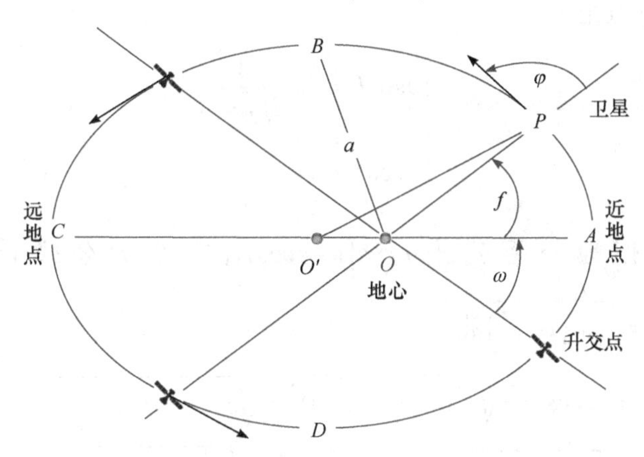

图 10-11　卫星纬度幅角

(9.1) 当卫星在近地点 A 时，$E=0$，$\varphi=\pi/2$;

(9.2) 当卫星在轨道短轴端点 B 或者 D 时，$|\sin\varphi|$ 最大，但是 $\varphi<\pi/2$;

(9.3) 当卫星在远地点 C 时，r 最长 $r=a+c$，$\varphi=\pi/2$.

注意到 $\varphi\in[0,\pi]$，但是反余弦值域为 $[-\pi/2,\pi/2]$，结合图 10-11、偏近点角 E，得

$$\varphi=\begin{cases}\pi-\operatorname{asin}\left(\dfrac{|\boldsymbol{r}\times\boldsymbol{v}|}{r\cdot v}\right), & E\in[0,\pi/2]\cup[\pi,3\pi/2]\\ \operatorname{asin}\left(\dfrac{|\boldsymbol{r}\times\boldsymbol{v}|}{r\cdot v}\right), & E\in[\pi/2,\pi]\cup[3\pi/2,2\pi]\end{cases} \tag{10.61}$$

(10) 结合图 10-11 可知, 地心到升交点的向量到速度向量的角为

$$u' = \varphi + u = \varphi + \omega + f \tag{10.62}$$

其中 u 为卫星纬度幅角, 所以类似由于(10.58)得速度计算公式为

$$\boldsymbol{v} = \begin{bmatrix} \dot{x} \\ \dot{y} \\ \dot{z} \end{bmatrix} = v \begin{bmatrix} \cos\Omega\cos u' - \sin\Omega\sin u'\cos i \\ \sin\Omega\cos u' + \cos\Omega\sin u'\cos i \\ \sin u'\sin i \end{bmatrix} \tag{10.63}$$

10.4.2 “轨道坐标”转“轨道根数”

(1) 依据活力公式(10.45)求半长轴

$$a = \frac{\mu r}{2\mu - r v^2} \tag{10.64}$$

其中速率公式为 $v = \sqrt{\dot{x}^2 + \dot{y}^2 + \dot{z}^2}$.

(2) 求偏近点角 E

$$\begin{cases} e\sin E = \boldsymbol{r}\cdot\boldsymbol{v}\sqrt{\dfrac{1}{\mu a}} \\ e\cos E = 1 - \dfrac{r}{a} \end{cases} \tag{10.65}$$

实际上, 依据地心距公式 $r = a[1 - e\cos E]$ 、活力公式 $v^2 = \dfrac{2\mu}{r} - \dfrac{\mu}{a}$ 和 $rv\sin\varphi = |\boldsymbol{r}\times\boldsymbol{v}| = \sqrt{\mu a(1-e^2)}$ 得

$$\begin{aligned}
\boldsymbol{r}\cdot\boldsymbol{v} = rv\cos\varphi &= \sqrt{r^2v^2 - (rv\sin\varphi)^2} = \sqrt{r^2v^2 - \mu a(1-e^2)} \\
&= \sqrt{r^2\mu\left(\frac{2}{r} - \frac{1}{a}\right) - \mu a(1-e^2)} = \sqrt{\mu a\left[\frac{2ar - r^2}{a^2} - (1-e^2)\right]} \\
&= \sqrt{\mu a\left[\frac{2aa[1-e\cos E] - a^2[1-e\cos E]^2}{a^2} - (1-e^2)\right]} \\
&= \sqrt{\mu a\left[2[1-e\cos E] - [1-e\cos E]^2 - (1-e^2)\right]} \\
&= \sqrt{\mu a\left[[2-2e\cos E] - \left[1+e^2\cos^2 E - 2e\cos E\right] - (1-e^2)\right]} \\
&= \sqrt{\mu a\left[1 - e^2\cos^2 E - (1-e^2)\right]} \\
&= \sqrt{\mu a\left[e^2\sin^2 E\right]}
\end{aligned}$$

(3) 依据开普勒公式(10.31) $E = M + e \cdot \sin E$ 和偏近点角公式(10.32)求时差

$$t - t_0 = \sqrt{\frac{a^3}{\mu}}\left(E - e\sin E\right) \tag{10.66}$$

(4) 依据平近点角公式(10.18)求 t 时刻的平近点角

$$M = n(t - t_0) = \sqrt{\frac{\mu}{a^3}}(t - t_0) \tag{10.67}$$

(5) 求轨道倾角 i，依据面积率公式(10.49) $|\boldsymbol{r} \times \boldsymbol{v}| = \sqrt{\mu a\left(1 - e^2\right)}$，在春分点地心坐标系下有

$$\cos i = \frac{x\dot{y} - y\dot{x}}{\sqrt{\mu a\left(1 - e^2\right)}} \tag{10.68}$$

实际上, 注意到 $[x, y, z]$ 春分点地心系下坐标, 依据外积定义式有

$$\boldsymbol{r} \times \boldsymbol{v} = \begin{vmatrix} \boldsymbol{i} & \boldsymbol{j} & \boldsymbol{k} \\ x & y & z \\ \dot{x} & \dot{y} & \dot{z} \end{vmatrix} = \left[y\dot{z} - z\dot{x}, z\dot{x} - x\dot{z}, x\dot{y} - y\dot{x}\right]^{\mathrm{T}} \tag{10.69}$$

所以 $x\dot{y} - y\dot{x}$ 是 $\boldsymbol{r} \times \boldsymbol{v}$ 在赤道面法向上的投影. 如图 10-12 所示, $\overrightarrow{OP} = \boldsymbol{r} \times \boldsymbol{v}$ 在春分点地心系的 OXY 平面的投影为 OQ，得

$$\angle POQ = \frac{\pi}{2} - i \tag{10.70}$$

春分点地心系的 OXY 平面就是赤道面, 故结合面积率 $|\boldsymbol{r} \times \boldsymbol{v}| = \sqrt{\mu a\left(1 - e^2\right)}$ 和图 10-12, 可知(10.68)成立.

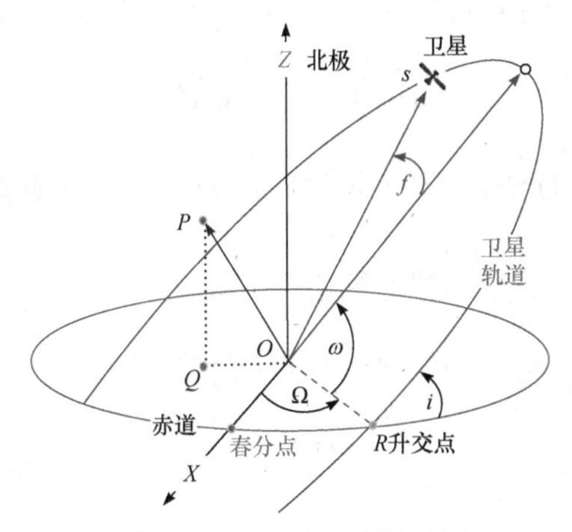

图 10-12 $\boldsymbol{r} \times \boldsymbol{v}$ 的投影示意图

(6) 升交点赤经 Ω，如图 10-12 所示，$OR \perp OP, OR \perp PQ$，所以 $OR \perp OQ$，所以

$$\angle XOQ = \frac{\pi}{2} - \Omega \tag{10.71}$$

OQ 长为 $D = \sin i \sqrt{\mu a\left(1-e^2\right)}$，所以投影长在 OX 轴、OY 轴上的分量分别为

$$\begin{cases} y\dot{z} - z\dot{y} = \cos\left(\dfrac{\pi}{2} - \Omega\right) = \sin\Omega \\ z\dot{x} - x\dot{z} = -\sin\left(\dfrac{\pi}{2} - \Omega\right) = -\cos\Omega \end{cases} \tag{10.72}$$

即

$$\begin{cases} \sin\Omega = \dfrac{y\dot{z} - z\dot{y}}{D} \\ \cos\Omega = -\dfrac{z\dot{x} - x\dot{z}}{D} \end{cases} \tag{10.73}$$

与第 1 章地心系转大地系公式类似，若升交点赤经范围限定在 $\Omega \in \left(-\pi, \pi\right]$，那么需要用 $y\dot{z} - z\dot{y}, z\dot{x} - x\dot{z}$ 综合判断的范围

$$\Omega = \operatorname{atan}\left(\frac{y\dot{z} - z\dot{y}}{x\dot{z} - z\dot{x}}\right) + \begin{cases} 0, & x\dot{z} - z\dot{x} > 0, y\dot{z} - z\dot{y} > 0 \\ \pi, & x\dot{z} - z\dot{x} < 0, y\dot{z} - z\dot{y} > 0 \\ -\pi, & x\dot{z} - z\dot{x} < 0, y\dot{z} - z\dot{y} < 0 \\ 0, & x\dot{z} - z\dot{x} > 0, y\dot{z} - z\dot{y} < 0 \end{cases} \tag{10.74}$$

(7) 依据(10.51)近地点角距 ω，t_0 时刻卫星真近点角 f 表达式为

$$\tan\frac{f}{2} = \sqrt{\frac{1+e}{1-e}} \tan\frac{E}{2} \tag{10.75}$$

由于 f, E 同象限，t_0 时刻卫星纬度幅角为 $u = \omega + f$，由位置坐标旋转公式可知

$$\begin{cases} \sin u = \dfrac{z}{r\sin i} \\ \cos u = \dfrac{y}{r}\sin\Omega + \dfrac{x}{r}\cos\Omega \end{cases} \tag{10.76}$$

$$\omega = u - f \tag{10.77}$$

10.5 系统误差及差分定位

10.5.1 等效测距误差

卫星定位中的主要系统误差包括钟差和大气差等. 钟差主要由不同时钟的零值和震荡周期差异所致, 主要包括接收机钟差和卫星钟差, 两个钟差对应的等效测距误差分别记为 $\Delta R_{\mathrm{I}}, \Delta R_{\mathrm{II}}$. 大气差主要包括电离层误差和对流层误差, 电离层是指地球上空距地面高度在 50 千米至 1000 千米之间的大气层, 对流层是指从地面向上约 40 千米范围内的大气底层. 大气差导致的等效测距误差记为 ΔR_{III}. 记测量方程(10.1)中的伪距 $c(t-t_i)$ 为 ρ_i, 记几何距离 $\sqrt{(x-x_i)^2+(y-y_i)^2+(z-z_i)^2}$ 为 R_i, 则有

$$\rho_i = R_i + \Delta R_{\mathrm{I},i} + \Delta R_{\mathrm{II},i} + \Delta R_{\mathrm{III},i} \quad (i=1,2,3,4) \tag{10.78}$$

10.5.2 差分定位

依靠硬冗余的方式, 数据差分可显著抑制系统误差, 从而得到更高精度的定位. 伪距可以通过时间差算得, 也可以通过相位差算得, 对于第 i 颗可见星, 有

$$\rho_i = c(t-t_i) = \lambda\left(\frac{\phi}{2\pi} - \frac{\phi_i}{2\pi}\right) \tag{10.79}$$

其中 c 是光速, λ 是波长, t_i, ϕ_i 是信号从卫星出发的时刻和相位, t, ϕ 是信号到达接收机的时刻和相位. 对应地, 差分定位有: 伪距差分(Real Time Distance, RTD)和载波相位差分(Real Time Kinematic, RTK).

RTD 是应用最广的一种差分. 如图 10-13 所示, 在基准站 $\boldsymbol{X}_0$ 上, 观测所有卫星, 根据基准站已知坐标和各卫星的坐标, 求出每颗卫星到基准站的几何距离.

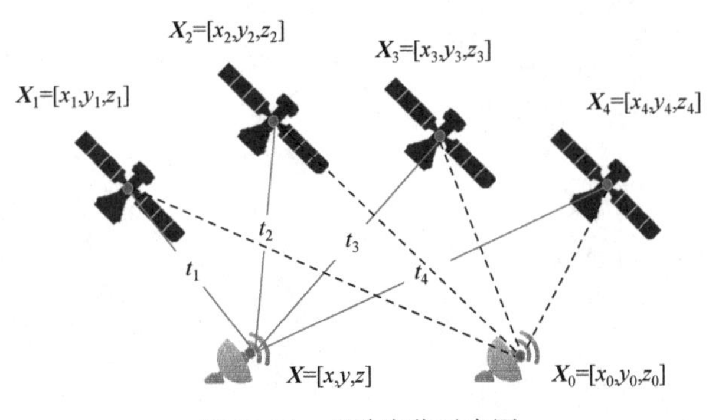

图 10-13 差分定位示意图

再与测得的伪距比较，得出伪距修正项，将其传输至用户接收机. 伪距差分定位可使定位精度达到米级. 伪距差分定位需要一个站址已知的基准站，站址为 $\boldsymbol{X}_0$，基准站与被定位目标 $\boldsymbol{X}$ 的距离较小，而且基准站安装了卫星定位接收机. 因为基准站的站址已知，所以可以通过测量值与计算值作差计算等效距离误差 $\Delta R_{\mathrm{I}}^{\boldsymbol{X}_0}+\Delta R_{\mathrm{II}}^{\boldsymbol{X}_0}+\Delta R_{\mathrm{III}}^{\boldsymbol{X}_0}$. 假定地面基准站和被测目标的时钟相同，则 $\Delta R_{\mathrm{I}}^{\boldsymbol{X}_0}=\Delta R_{\mathrm{I}}^{\boldsymbol{X}}$. 又因为基准站距离被定位目标较近，所以可以认为卫星 $\boldsymbol{X}_i\,(i=1,2,3,4)$ 到被定位目标 $\boldsymbol{X}$ 的等效距离误差满足

$$\Delta R_{\mathrm{I},i}^{\boldsymbol{X}}+\Delta R_{\mathrm{II},i}^{\boldsymbol{X}}+\Delta R_{\mathrm{III},i}^{\boldsymbol{X}}\approx\Delta R_{\mathrm{I},i}^{\boldsymbol{X}_0}+\Delta R_{\mathrm{II},i}^{\boldsymbol{X}_0}+\Delta R_{\mathrm{III},i}^{\boldsymbol{X}_0} \tag{10.80}$$

因此，若用户接收机可接收到基准站发出的等效距离修正项，就可以修正钟差和大气差，从而提高定位精度.

RTK 是实时处理载波相位观测量的差分方法. 将基准站采集的载波相位发给用户接收机，再通过载波差分定位解算坐标. 载波相位差分定位可使定位精度达到厘米级. 载波相位差分又可细分为单差、双差和三差. 单差也称为站间差，可以显著抑制星钟差和大气差 $\Delta R_{\mathrm{II}}+\Delta R_{\mathrm{III}}$；双差也称为站间-星间差，还可以显著抑制接收机钟差 ΔR_{III}；三差也称为站间-星间-历元差，由于在跟踪观测中测站对于各个卫星的整周模糊度是不变的，所以经过站间、星间、历元之间三差后消去了整周模糊度差，但是由于三次求差使得方程数量减少过多，对计算不利，所以实际工作中多采用双差方程进行解算.

第 11 章　捷联惯导体制

惯性导航是一种常见的遥测定位体制. 与卫星导航相比, 惯性导航有劣势也有优势. 一方面, 卫星导航精度高(导航精度几乎不受时间的影响)、功能多(可实时提供时间、位置、速度、姿态等信息)、连续性差(易受电磁、高楼干扰、水下地下不可用). 另一方面, 惯性导航具有完全自主、保密性强、可靠性高、无需通视、连续性强、无电磁波传播等特点, 还具有全天候和机动灵活特性, 但是需要初始对准, 导航误差随时间后移而显著增大.

11.1　框架与坐标

11.1.1　惯导算法框架

最常见的遥测惯性传感器包括加速度计、陀螺仪等, 依据惯性元器件完成导航的方法称为惯性导航方法, 简称惯性导航、惯导. 陀螺仪可以获得采样周期内的角增量 $\Delta\theta_x,\Delta\theta_y,\Delta\theta_z$, 加速度计可以获得采样周期内的速度增量 $\left[\Delta v_x,\Delta v_y,\Delta v_z\right]$, 角增量和速度增量都在本体坐标系下表示. 本章用 $[\cdot]_1$ 表示当前时刻的信息, 用 $[\cdot]_0$ 表示上一时刻信息, 结合初始姿态 $[\theta,\gamma,\psi]_0$、初始速度 $\left[v_x,v_y,v_z\right]_0$ 和初始位置 $[L,\lambda,h]_0$, 依据角增量和速度增量给出当前时刻弹体姿态 $[\theta,\gamma,\psi]_1$、速度 $\left[v_x,v_y,v_z\right]_1$ 和位置 $[L,\lambda,h]_1$ 的惯性导航算法. 本章的内容可以用下述公式概括

$$\begin{Bmatrix}[\theta,\gamma,\psi]_0 \\ \left[v_x,v_y,v_z\right]_0 \\ [L,\lambda,h]_0\end{Bmatrix}+\begin{Bmatrix}\left[\Delta\theta_x,\Delta\theta_y,\Delta\theta_z\right]_1 \\ \left[\Delta v_x,\Delta v_y,\Delta v_z\right]_1\end{Bmatrix}\Rightarrow\begin{Bmatrix}[\theta,\gamma,\psi]_1 \\ \left[v_x,v_y,v_z\right]_1 \\ [L,\lambda,h]_1\end{Bmatrix} \tag{11.1}$$

需注意: 本章只关注捷联惯导系统(Strapdown Inertial Navigation System, SINS). 与很多专著[12,16,17]不同, 本章刻意回避了四元数理论, 通篇只依赖基本的矩阵乘法规则, 目的是防止四元数干扰惯导理论的主线. 从效果上看, 舍去四元数理论可显著降低理论的篇幅、减少仿真代码量、保证惯导理论的连贯性, 代价是略微牺牲变换合成的效率. 实际上, 与矩阵乘法相比, 四元数乘法确实可以降低坐标系变换合成的计算量, 两者计算复杂度比值约为 27:16, 但四元数乘法规则与普通矩阵乘法存在较大差异, 容易造成理解陷阱. 而且, 坐标变换时,

$\boldsymbol{r}^i = \boldsymbol{C}_b^i \boldsymbol{r}^b$ 和 $\boldsymbol{r}^i = \boldsymbol{Q}_b^i \circ \boldsymbol{r}^b \circ \boldsymbol{Q}_i^b$ (其中 $\circ$ 表示四元数乘法)的计算复杂度有显著差异, 比值约为 9:32, 导致坐标变换时不得不重新启用方向余弦矩阵. 从这个视角看: 方向余弦矩阵是不可或缺的, 而四元数不是. 如图 11-1 所示, 本章的结构如下:

11.1 节引入四种惯导算法所需的坐标系: 地惯系、地心系、地理系和本体系.

11.2 节介绍姿态的表示工具, 即方向余弦矩阵、等效旋转矢量和欧拉角.

11.3 节建立角速度与等效旋转矢量的关系, 继而导出等效旋转矢量微分方程的近似公式——Bortz 方程, 它是圆锥补偿算法的基础.

11.4 节基于 Bortz 方程给出二子样线性近似补偿公式: 圆锥补偿公式、旋转补偿公式和划船补偿公式.

11.5 节介绍与标准地球模型相关的参数计算方法: 酉半径、子午半径、大地坐标变化率、自转角速度、地速角速度和重力加速度, 这些量是导航算法依赖的重要信息.

11.6 节介绍有害加速度和比力加速度的积分项, 这是后续速度更新算法的依据.

11.7 节基于动力学分析、运动学分析和二子样线性近似补偿公式, 给出姿态、速度和位置的惯导更新算法.

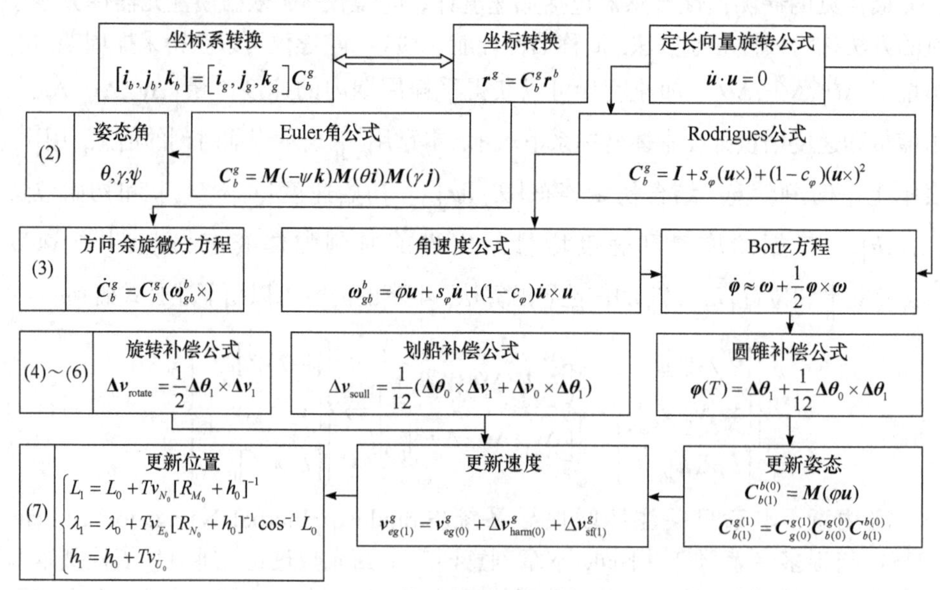

图 11-1　惯性导航的理论框架图

11.1.2　四个常用坐标系

表 11-1 列举了四种 SINS 常用的坐标系: 地惯系(Earth-Centered Inertial, ECI)、地心系(Earth-Centered Earth Fixed, ECEF)、地理系(Geographic)和本体系(Body).

表 11-1 不同坐标系的定义

坐标系	记号	原点	X 轴	Y 轴	Z 轴	XY 平面	别称
地惯系	i	地心	E0	E90	N90	赤道面	惯性系
地心系	e	地心	E0	E90	N90	赤道面	地固系
地理系	g	质心	东	北	天	水平面	测站系、导航系
本体系	b	质心	右	前	上	体平面	载体系

需注意:

(1) 地惯系与地心系同原点，地心系绕地惯系定速旋转，角速度为地球自转角速度.

(2) 地理系与本体系同原点，地理系相对地心系可能有平动、转动.

(3) 地理系的各坐标轴与导航方向紧密关联，所以也称为导航系. 在外测系统中，常把地理系称为测站系，坐标轴指向有时为“北天东”，通过轮换变成“东北天”指向.

(4) 本体系实际是发射系的推广，发射系与“北天东”测站系相差一个射向，而本体系与“北天东”测站系相差一个航向角、一个俯仰角和一个滚动角.

(1) 地惯系: 如图 11-2 所示, 地心 O_e 为原点, X 轴从地心指向某“固定时刻”的本初子午线与赤道的交点(记为 E0), Y 轴从地心指向 90 度经线与赤道的交点(记为 E90), X 轴从地心指向北极点(记为 N90). 地惯系的坐标轴指向是固定不变的, 尽管地球在自转, 但是地惯系不会随地球自转而转动.

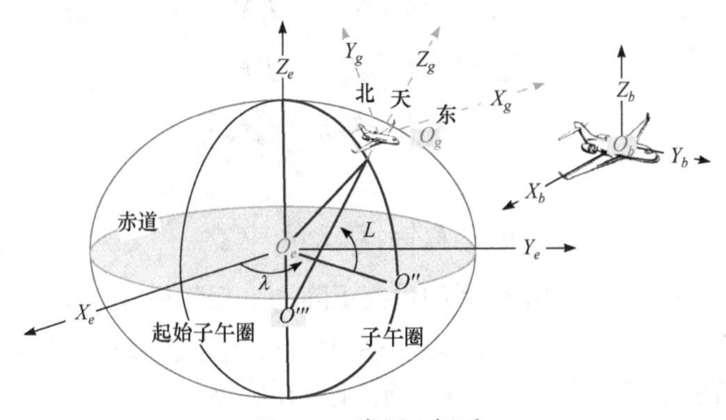

图 11-2 常用坐标系

(2) 地心系: 又称为“E0-E90-N90”地心系. 把地惯系中的“固定时刻”变为“当前时刻”, 地惯系就变成了地心系, 也称为“地固系”. 地心系与地球固连, 随地球自转而转动. 也就是说地心系相对地惯系旋转, 转动角速度就是地球的自转角速度.

(3) 地理系: 又称为“东北天”导航系(Navigation), 实质是一种特殊的“测站系”. 原点为载体质心 O_g, X 轴平行水平面指东, Y 轴平行水平面指北, Z 轴垂直水平面指天.

(4) 本体系: 如 262 页图 11-3 所示, 又称为“右前上”或者“横纵立”载体坐标系，也称为“载体系”．原点为载体质心 O_g，Y 轴平行载体前后，X 轴平行目标两翼指向右，Z 轴垂直两翼和前后指向目标顶部.

11.2　姿态的表示

11.2.1　方向余弦矩阵

若用 $[\boldsymbol{i}_b,\boldsymbol{j}_b,\boldsymbol{k}_b]$ 分别表示本体系三轴对应的标准正交基，而用 $[\boldsymbol{i}_g,\boldsymbol{j}_g,\boldsymbol{k}_g]$ 表示地理系三轴对应的标准正交基，因 $[\boldsymbol{i}_g,\boldsymbol{j}_g,\boldsymbol{k}_g]$ 是正交矩阵，故 $[\boldsymbol{i}_b,\boldsymbol{j}_b,\boldsymbol{k}_b]=[\boldsymbol{i}_g,\boldsymbol{j}_g,\boldsymbol{k}_g][\boldsymbol{i}_g,\boldsymbol{j}_g,\boldsymbol{k}_g]^{\mathrm{T}}[\boldsymbol{i}_b,\boldsymbol{j}_b,\boldsymbol{k}_b]$，即

$$[\boldsymbol{i}_b,\boldsymbol{j}_b,\boldsymbol{k}_b]=[\boldsymbol{i}_g,\boldsymbol{j}_g,\boldsymbol{k}_g]\begin{bmatrix}\boldsymbol{i}_g^{\mathrm{T}}\boldsymbol{i}_b & \boldsymbol{i}_g^{\mathrm{T}}\boldsymbol{j}_b & \boldsymbol{i}_g^{\mathrm{T}}\boldsymbol{k}_b\\ \boldsymbol{j}_g^{\mathrm{T}}\boldsymbol{i}_b & \boldsymbol{j}_g^{\mathrm{T}}\boldsymbol{j}_b & \boldsymbol{j}_g^{\mathrm{T}}\boldsymbol{k}_b\\ \boldsymbol{k}_g^{\mathrm{T}}\boldsymbol{i}_b & \boldsymbol{k}_g^{\mathrm{T}}\boldsymbol{j}_b & \boldsymbol{k}_g^{\mathrm{T}}\boldsymbol{k}_b\end{bmatrix} \tag{11.2}$$

记

$$\boldsymbol{C}_b^g=\begin{bmatrix}\boldsymbol{i}_g^{\mathrm{T}}\boldsymbol{i}_b & \boldsymbol{i}_g^{\mathrm{T}}\boldsymbol{j}_b & \boldsymbol{i}_g^{\mathrm{T}}\boldsymbol{k}_b\\ \boldsymbol{j}_g^{\mathrm{T}}\boldsymbol{i}_b & \boldsymbol{j}_g^{\mathrm{T}}\boldsymbol{j}_b & \boldsymbol{j}_g^{\mathrm{T}}\boldsymbol{k}_b\\ \boldsymbol{k}_g^{\mathrm{T}}\boldsymbol{i}_b & \boldsymbol{k}_g^{\mathrm{T}}\boldsymbol{j}_b & \boldsymbol{k}_g^{\mathrm{T}}\boldsymbol{k}_b\end{bmatrix} \tag{11.3}$$

则

$$[\boldsymbol{i}_b,\boldsymbol{j}_b,\boldsymbol{k}_b]=[\boldsymbol{i}_g,\boldsymbol{j}_g,\boldsymbol{k}_g]\boldsymbol{C}_b^g \tag{11.4}$$

也就是说 $\boldsymbol{C}_b^g$ 是从地理系到本体系的过渡矩阵(注: 矩阵在后，基向量在前). 若任意三维自由矢量 $\boldsymbol{r}$ 在地理系和本体系下的坐标分别为 $\boldsymbol{r}^g$ 和 $\boldsymbol{r}^b$，则从本体系到地理系的坐标旋转变换公式(注: 矩阵在前，坐标在后)为

$$\boldsymbol{r}^g=\boldsymbol{C}_b^g\boldsymbol{r}^b \tag{11.5}$$

需注意: 点向量的坐标变换需要平移和旋转完成，而自由向量的坐标变换只需旋转. $\boldsymbol{C}_b^g$ 的上标可以看成是分子，下标可以看成是分母，所以基向量 $\boldsymbol{i}_b,\boldsymbol{j}_b,\boldsymbol{k}_b$ 和 $\boldsymbol{i}_g,\boldsymbol{j}_g,\boldsymbol{k}_g$ 的坐标系标签在下标，自由向量 $\boldsymbol{r}^b$ 和 $\boldsymbol{r}^g$ 的坐标系标签为上标.

$\boldsymbol{C}_b^g$ 把地理系基向量 $[\boldsymbol{i}_g,\boldsymbol{j}_g,\boldsymbol{k}_g]$ 变为本体系的基向量 $[\boldsymbol{i}_b,\boldsymbol{j}_b,\boldsymbol{k}_b]$；相反地，$\boldsymbol{C}_b^g$ 把本体系的坐标 $\boldsymbol{r}^b$ 变为地理系的坐标 $\boldsymbol{r}^g$. 基变换 $[\boldsymbol{i}_b,\boldsymbol{j}_b,\boldsymbol{k}_b]=[\boldsymbol{i}_g,\boldsymbol{j}_g,\boldsymbol{k}_g]\boldsymbol{C}_b^g$ 和坐标变换 $\boldsymbol{r}^g=\boldsymbol{C}_b^g\boldsymbol{r}^b$ 互为逆过程. 由于矩阵 $\boldsymbol{C}_b^g$ 中的每一个元素表示两个坐标轴之间夹角的余弦值，比如 $\boldsymbol{i}_g^{\mathrm{T}}\boldsymbol{i}_b$ 表示坐标轴 O_bX_b 与 O_gX_g 夹角的余弦值，因此又称 $\boldsymbol{C}_b^g$ 为

方向余弦矩阵(Direction Cosine Matrix).

11.2.2 等效旋转矢量

方向余弦矩阵$\boldsymbol{C}_b^g$为正交矩阵, 其几何意义为旋转, 即坐标$\boldsymbol{r}^b$经旋转变换$\boldsymbol{C}_b^g$变成坐标$\boldsymbol{r}^g$, 旋转变换可以用“单位转轴$\boldsymbol{u}$+转角φ”唯一表示, 合成后的向量记为

$$\boldsymbol{\varphi} = \varphi \boldsymbol{u} \tag{11.6}$$

称之为等效旋转矢量(Rotation Vector). 记$\boldsymbol{u} = [x, y, z]^{\mathrm{T}}$的外积算子为

$$(\boldsymbol{u}\times) = \begin{bmatrix} 0 & -z & y \\ z & 0 & -x \\ -y & x & 0 \end{bmatrix} \tag{11.7}$$

罗德里格斯(Rodrigues)公式通过外积算子$(\boldsymbol{u}\times)$, 刻画了$\boldsymbol{\varphi} = \varphi \boldsymbol{u}$到$\boldsymbol{C}_b^g$的转换公式, 如下

$$\boldsymbol{C}_b^g = \boldsymbol{I} + \sin\varphi (\boldsymbol{u}\times) + (1 - \cos\varphi)(\boldsymbol{u}\times)^2 \tag{11.8}$$

记上式为

$$\boldsymbol{C}_b^g = \boldsymbol{M}(\varphi \boldsymbol{u}) \tag{11.9}$$

特别地, 若分别取$\boldsymbol{i} = [1, 0, 0]^{\mathrm{T}}$, $\boldsymbol{j} = [0, 1, 0]^{\mathrm{T}}$和$\boldsymbol{k} = [0, 0, 1]^{\mathrm{T}}$, 记

$$\begin{cases} c_\psi = \cos\psi, & c_\theta = \cos\theta, & c_\gamma = \cos\gamma \\ s_\psi = \sin\psi, & s_\theta = \sin\theta, & s_\gamma = \sin\gamma \end{cases} \tag{11.10}$$

结合符号运算可以验证三种基本绕轴旋转矩阵为

$$\boldsymbol{M}(\theta \boldsymbol{i}) = \begin{bmatrix} 1 & 0 & 0 \\ 0 & c_\theta & -s_\theta \\ 0 & s_\theta & c_\theta \end{bmatrix}, \quad \boldsymbol{M}(\gamma \boldsymbol{j}) = \begin{bmatrix} c_\gamma & 0 & s_\gamma \\ 0 & 1 & 0 \\ -s_\gamma & 0 & c_\gamma \end{bmatrix}, \quad \boldsymbol{M}(\psi \boldsymbol{k}) = \begin{bmatrix} c_\psi & -s_\psi & 0 \\ s_\psi & c_\psi & 0 \\ 0 & 0 & 1 \end{bmatrix} \tag{11.11}$$

且依据(11.9)求得

$$\boldsymbol{C}_b^g = \begin{bmatrix} (\cos\varphi - 1)(y^2 + z^2) + 1 & -z\sin\varphi - xy(\cos\varphi - 1) & y\sin\varphi - xz(\cos\varphi - 1) \\ z\sin\varphi - xy(\cos\varphi - 1) & (\cos\varphi - 1)(x^2 + z^2) + 1 & -x\sin\varphi - yz(\cos\varphi - 1) \\ -y\sin\varphi - xz(\cos\varphi - 1) & x\sin\varphi - yz(\cos\varphi - 1) & (\cos\varphi - 1)(x^2 + y^2) + 1 \end{bmatrix} \tag{11.12}$$

对比第 1 章、第 9 章的绕轴旋转公式, 可发现角度相差一个负号, 正好是坐标变换与基变换的差别. 而且罗德里格斯旋转公式更抽象, 更具有推广性.

11.2.3　欧拉角

11.2.2 节表明: 任何旋转可以用等效旋转矢量唯一表示. 这一节将表明: 任何旋转可经过三次绕轴转动完成.

如图 11-3 所示, 本体系的 X 轴、Y 轴和 Z 轴称为横轴、纵轴和立轴. 可以用俯仰角 θ、横滚角 γ 和方位角 ψ 描述飞机的姿态: 水平线是纵轴在水平面上的投影, 水平线与纵轴决定的平面称为纵轴对称面.

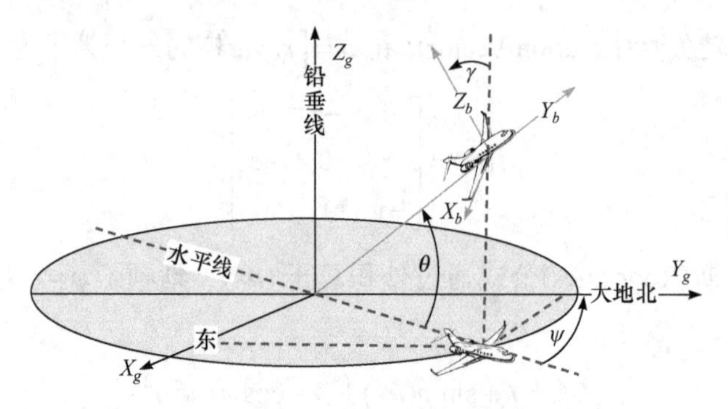

图 11-3　本体系和欧拉角

(1) 俯仰角 θ: 逆着 OX_b 轴(右翼)的视角, 水平线到飞机纵轴的角, 角度范围 $[-\pi/2,\pi/2]$.

(2) 滚动角 γ: 逆着 OY_b 轴(机头)的视角, 铅垂线到飞机立轴的角, 角度范围 $(-\pi,\pi]$.

(3) 航向角 ψ: 逆着 OZ_b 轴(立轴)的视角, 水平线到当地北向的角, 角度范围 $[0,2\pi)$.

注意区别夹角和到角: 夹角的范围是 $[0,\pi)$, 无符号; 到角有符号, 逆时针为正号, 顺时针为负号, 本章的角度均采用到角的概念. 具体地, 俯仰角抬头为正, 偏航角左偏为正. 有些文献规定: 偏航角右偏为正, 导致本章公式(11.16), (11.17)有符号差异.

俯仰角也称为高低角或纵摇角; 航向角也称为方位角或偏航角.

注意区别外测与遥测符号: **外测系统常用 $[\boldsymbol{B},\boldsymbol{L},\boldsymbol{H},\boldsymbol{A},\boldsymbol{E}]$ 分别表示纬度、经度、高程、方位角、俯仰角; 遥测系统常用 $[\boldsymbol{L},\boldsymbol{\lambda},\boldsymbol{h},\boldsymbol{\psi},\boldsymbol{\theta}]$ 分别代替**.

把 $[\theta,\gamma,\psi]$ 称为 “123” 姿态角, 并且记为

$$\mathrm{Att}=[\theta,\gamma,\psi] \tag{11.13}$$

把 $[\psi,\theta,\gamma]$ 称为 “312” 欧拉角, 并且记为

$$\mathrm{Eul}=[\psi,\theta,\gamma] \tag{11.14}$$

其中数字 1、2 和 3 分别表示 X 轴、Y 轴和 Z 轴.

欧拉角向量的几何意义: 地理系先绕 Z 轴顺时针旋转 ψ , 此时 "北" 变成了 "偏前", "偏前" 与 "正前" 相差一个俯仰角; 再逆时针绕 X 轴旋转角度 θ , 此时 "偏前" 变成了 "正前"; 最后逆时针绕 Y 轴旋转 γ , 则地理系变成了本体系.

在上述 "312" 旋转过程中, 只有第一次是顺时针的, 正因为转角为负号, 为了保持正号, 有文献将航向角的反向定义为航向角.

坐标系旋转过程正好是坐标旋转的逆过程, 可以用下式描述

$$\left[\boldsymbol{i}_b,\boldsymbol{j}_b,\boldsymbol{k}_b\right]=\left[\boldsymbol{i}_g,\boldsymbol{j}_g,\boldsymbol{k}_g\right]\boldsymbol{C}_b^g=\left[\boldsymbol{i}_g,\boldsymbol{j}_g,\boldsymbol{k}_g\right]\boldsymbol{M}(-\psi\boldsymbol{k})\boldsymbol{M}(\theta\boldsymbol{i})\boldsymbol{M}(\gamma\boldsymbol{j}) \tag{11.15}$$

利用式(11.11), 结合符号运算代码得

$$\boldsymbol{C}_b^g=\boldsymbol{M}(-\psi\boldsymbol{k})\boldsymbol{M}(\theta\boldsymbol{i})\boldsymbol{M}(\gamma\boldsymbol{j})=\begin{bmatrix} c_\psi c_\gamma+s_\psi s_\theta s_\gamma & s_\psi c_\theta & c_\psi s_\gamma-s_\psi s_\theta c_\gamma \\ -s_\psi c_\gamma+c_\psi s_\theta s_\gamma & c_\psi c_\theta & -s_\psi s_\gamma-c_\psi s_\theta c_\gamma \\ -c_\theta s_\gamma & s_\theta & c_\theta c_\gamma \end{bmatrix} \tag{11.16}$$

11.2.4 转换公式

图 11-4 给出了方向余弦矩阵 $\boldsymbol{C}_g^b$ 、等效旋转矢量 $\varphi\boldsymbol{u}=\varphi[x,y,z]^{\mathrm{T}}$ 和欧拉角 $[\psi,\theta,\gamma]$ 之间的转化关系, 其中方向余弦矩阵 $\boldsymbol{C}_g^b$ 起中介作用.

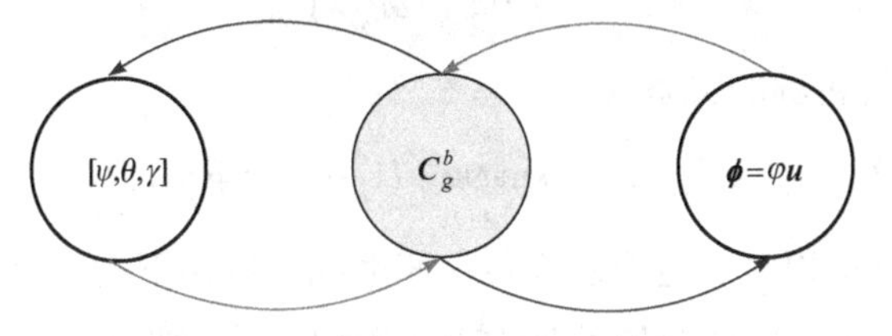

图 11-4 旋转工具的相互转换

11.2.4.1 欧拉角与方向余弦矩阵互转

(1) 从 "312" 欧拉角到方向余弦矩阵转换公式同(11.16).

(2) 依据(11.16), 从方向余弦矩阵到欧拉角的公式为

$$\begin{cases}\theta=\operatorname{asin}(C_{32}) \\ \gamma=-\operatorname{atan2}(C_{31},C_{33}) \\ \psi=+\operatorname{atan2}(C_{12},C_{22})\end{cases} \tag{11.17}$$

11.2.4.2 等效旋转矢量与方向余弦矩阵互转

(1) 从等效旋转矢量到方向余弦矩阵的公式同(11.12).

(2) 从方向余弦矩阵到等效旋转矢量的过程如下:

由(11.12)可得 $\boldsymbol{C}_b^g$ 对角元求和为

$$C_{11}+C_{22}+C_{33}=2\cos\varphi+1 \tag{11.18}$$

再由非对角线元素, 可得

$$\begin{cases}2x\sin\varphi=C_{32}-C_{23}\\2y\sin\varphi=C_{13}-C_{31}\\2z\sin\varphi=C_{21}-C_{12}\end{cases} \tag{11.19}$$

解得

$$\varphi=\operatorname{acos}([C_{11}+C_{22}+C_{33}-1]/2),\quad x=\frac{C_{32}-C_{23}}{2\sin\varphi},\quad y=\frac{C_{13}-C_{31}}{2\sin\varphi},\quad z=\frac{C_{21}-C_{12}}{2\sin\varphi} \tag{11.20}$$

该公式在 11.7 节用于求解目标姿态.

11.3　等效旋转矢量的微分公式

本节的思路如下:

(1) 无论是定轴旋转, 还是变轴旋转, 方向余弦矩阵的微分公式都满足

$$\dot{\boldsymbol{C}}_b^g=\boldsymbol{C}_b^g(\boldsymbol{\omega}_{gb}^b\times) \tag{11.21}$$

依此导出角速度与转轴的关系式

$$\boldsymbol{\omega}_{gb}^b=\dot{\varphi}\boldsymbol{u}+\sin\varphi\dot{\boldsymbol{u}}+(1-\cos\varphi)\dot{\boldsymbol{u}}\times\boldsymbol{u} \tag{11.22}$$

其中 $\boldsymbol{\omega}_{gb}^b$ 表示本体系相对于地理系旋转角速度在本体系下的坐标表示.

(2) 导出两个等效旋转矢量微分方程的近似公式, 即 Bortz 方程

$$\dot{\boldsymbol{\varphi}}\approx\boldsymbol{\omega}+\frac{1}{2}\boldsymbol{\varphi}\times\boldsymbol{\omega} \tag{11.23}$$

依此得到等效旋转矢量的微分与角增量的关系式

$$\dot{\boldsymbol{\varphi}}(t)=\boldsymbol{\omega}(t)+\frac{1}{2}\Delta\boldsymbol{\theta}(t)\times\boldsymbol{\omega}(t) \tag{11.24}$$

其中 $\Delta\boldsymbol{\theta}(t)$ 是短时间 $[t_{m-1},t]$ 内的角增量, 为

$$\Delta\boldsymbol{\theta}(t)=\int_{t_{m-1}}^{t}\boldsymbol{\omega}(\tau)\mathrm{d}\tau \tag{11.25}$$

对比(11.23)和(11.24)可知: 两者的差异在 $\boldsymbol{\varphi}(t)$ 和 $\Delta\boldsymbol{\theta}(t)$, 对于定轴转动两者当然是相等的, 前者是等效旋转矢量, 等于转角乘以转轴; 后者是角增量, 等于角

速度的积分. 因为陀螺仪可以测量到角增量, 所以惯性导航算法用(11.24), 而不是 Bortz 方程(11.23).

11.3.1 方向余弦矩阵的微分公式

11.3.1.1 定轴旋转

依据(11.4) $\left[\boldsymbol{i}_b,\boldsymbol{j}_b,\boldsymbol{k}_b\right]=\left[\boldsymbol{i}_g,\boldsymbol{j}_g,\boldsymbol{k}_g\right]\boldsymbol{C}_b^g$, 地理系旋转后成为本体系. 对应地, 依据(11.5) $\boldsymbol{r}^g=\boldsymbol{C}_b^g\boldsymbol{r}^b$, 本体系坐标旋转后成为地理系坐标. 假定旋转是定轴转动, 转轴为 $\boldsymbol{u}$, 转角为 φ, 角速度为 $\omega=\dot{\varphi}$, 则

$$\boldsymbol{\omega}=\dot{\varphi}\boldsymbol{u}=\omega\boldsymbol{u} \tag{11.26}$$

依据(11.7)和 $(\boldsymbol{u}\times)^2=\boldsymbol{u}\boldsymbol{u}^{\mathrm{T}}-\boldsymbol{I}$, 有

$$(\boldsymbol{u}\times)^3=-(\boldsymbol{u}\times) \tag{11.27}$$

对于定轴转动, $\dot{\boldsymbol{u}}=\boldsymbol{0}$, 再结合罗德里格斯公式(11.8) $\boldsymbol{C}_b^g=\boldsymbol{I}+\sin\varphi(\boldsymbol{u}\times)+(1-\cos\varphi)(\boldsymbol{u}\times)^2$, 得

$$\begin{aligned}
\dot{\boldsymbol{C}}_b^g&=\frac{\mathrm{d}}{\mathrm{d}t}\left(\boldsymbol{I}+\sin\varphi(\boldsymbol{u}\times)+(1-\cos\varphi)(\boldsymbol{u}\times)^2\right)\\
&=\cos\varphi\dot{\varphi}(\boldsymbol{u}\times)+\sin\varphi\dot{\varphi}(\boldsymbol{u}\times)^2\\
&=\dot{\varphi}(\boldsymbol{u}\times)+\sin\varphi\dot{\varphi}(\boldsymbol{u}\times)^2-(1-\cos\varphi)\dot{\varphi}(\boldsymbol{u}\times)\\
&=\left(\boldsymbol{I}+\sin\varphi(\boldsymbol{u}\times)+(1-\cos\varphi)(\boldsymbol{u}\times)^2\right)\dot{\varphi}(\boldsymbol{u}\times)=\boldsymbol{C}_b^g(\boldsymbol{\omega}\times)
\end{aligned} \tag{11.28}$$

即

$$\dot{\boldsymbol{C}}_b^g=\boldsymbol{C}_b^g(\boldsymbol{\omega}\times) \tag{11.29}$$

11.3.1.2 变轴旋转

若本体系相对于地理系的转轴 $\boldsymbol{u}$ 是时变的, 则(11.26) $\boldsymbol{\omega}=\dot{\varphi}\boldsymbol{u}=\omega\boldsymbol{u}$ 不再成立. 假设 g 系与 b 系原点固连, 与地理系"固连"的矢量在地理系中坐标为 $\boldsymbol{r}^g$, 在本体系中坐标为 $\boldsymbol{r}^b$, 依据(11.5) $\boldsymbol{r}^g=\boldsymbol{C}_b^g\boldsymbol{r}^b$, 由全微分公式得

$$\dot{\boldsymbol{r}}^g=\boldsymbol{C}_b^g\dot{\boldsymbol{r}}^b+\dot{\boldsymbol{C}}_b^g\boldsymbol{r}^b \tag{11.30}$$

记本体系相对于地理系的角速度在本体系的坐标为 $\boldsymbol{\omega}_{gb}^b$, 根据第 12 章的速度合成公式(也称为柯氏定理), 有

$$\dot{\boldsymbol{r}}^g=\boldsymbol{\omega}_{gb}^b\times\boldsymbol{r}^b+\dot{\boldsymbol{r}}^b \tag{11.31}$$

注意到 $\boldsymbol{r}^g$ 是与本体系"固连"的矢量, 故 $\dot{\boldsymbol{r}}^g=\boldsymbol{0}$, 从而

$$\dot{\boldsymbol{r}}^b = -\boldsymbol{\omega}_{gb}^b \times \boldsymbol{r}^b \tag{11.32}$$

代入(11.30)得

$$\dot{\boldsymbol{C}}_b^g \boldsymbol{r}^b = \boldsymbol{C}_b^g (\boldsymbol{\omega}_{gb}^b \times) \boldsymbol{r}^b \tag{11.33}$$

由 $\boldsymbol{r}^b$ 的任意性可得

$$\dot{\boldsymbol{C}}_b^g = \boldsymbol{C}_b^g (\boldsymbol{\omega}_{gb}^b \times) \tag{11.34}$$

由(11.29)和(11.34)可知, 无论是定轴旋转还是变轴旋转, 方向余弦的微分方程表达式是一致的. 调换(11.34)中 b 和 g 的位置得

$$\dot{\boldsymbol{C}}_g^b = \boldsymbol{C}_g^b (\boldsymbol{\omega}_{bg}^g \times) \tag{11.35}$$

再利用旋转的正交性 $\boldsymbol{C}_g^b = \left(\boldsymbol{C}_g^b\right)^{\mathrm{T}}$ 和外积的反对称性 $\left((\boldsymbol{\omega}_{bg}^g \times)\right)^{\mathrm{T}} = -(\boldsymbol{\omega}_{bg}^g \times)$ 得

$$\boldsymbol{C}_b^g (\boldsymbol{\omega}_{gb}^b \times) = \dot{\boldsymbol{C}}_b^g = \left(\dot{\boldsymbol{C}}_g^b\right)^{\mathrm{T}} = \left(\boldsymbol{C}_g^b (\boldsymbol{\omega}_{bg}^g \times)\right)^{\mathrm{T}} = -(\boldsymbol{\omega}_{bg}^g \times) \boldsymbol{C}_b^g = (\boldsymbol{\omega}_{gb}^g \times) \boldsymbol{C}_b^g \tag{11.36}$$

上式左乘 $\boldsymbol{C}_g^b$ 或者右乘 $\boldsymbol{C}_b^g$ 得外积算子的变换公式

$$\begin{cases} (\boldsymbol{\omega}_{gb}^b \times) = \boldsymbol{C}_g^b (\boldsymbol{\omega}_{gb}^g \times) \boldsymbol{C}_b^g \\ (\boldsymbol{\omega}_{gb}^g \times) = \boldsymbol{C}_b^g (\boldsymbol{\omega}_{gb}^b \times) \boldsymbol{C}_g^b \end{cases} \tag{11.37}$$

代入(11.34)得

$$\dot{\boldsymbol{C}}_b^g = \boldsymbol{C}_b^g (\boldsymbol{\omega}_{gb}^b \times) = (\boldsymbol{\omega}_{gb}^g \times) \boldsymbol{C}_b^g \tag{11.38}$$

把上述公式称为“两反公式”, 第一反是指旋转矩阵与角速度外积算子左右对调, 第二反是指本体系与地理系的坐标对调. 若把本体系和地理系换成其他坐标系(比如地惯系和地心系), 上述公式仍然成立. 注意区别 $(\boldsymbol{\omega}_{gb}^b \times) = \boldsymbol{C}_g^b (\boldsymbol{\omega}_{gb}^g \times) \boldsymbol{C}_b^g$ 和 $\boldsymbol{\omega}_{gb}^b = \boldsymbol{C}_g^b \boldsymbol{\omega}_{gb}^g$. 前者是外积算子变换公式, 后者是坐标变换公式.

11.3.2 角速度与转轴的关系

依据 $\dot{\boldsymbol{u}} \perp \boldsymbol{u}$, 即固定长度的矢量与其变化率是相互垂直的, 记为

$$\dot{\boldsymbol{u}}^{\mathrm{T}} \boldsymbol{u} = 0 \tag{11.39}$$

结合符号运算可以验证

$$\boldsymbol{v} \boldsymbol{u}^{\mathrm{T}} - (\boldsymbol{u} \times)(\boldsymbol{v} \times) = \boldsymbol{u}^{\mathrm{T}} \boldsymbol{v} \cdot \boldsymbol{I} \tag{11.40}$$

且

$$([\boldsymbol{u} \times \boldsymbol{v}] \times) = (\boldsymbol{u} \times)(\boldsymbol{v} \times) - (\boldsymbol{v} \times)(\boldsymbol{u} \times) \tag{11.41}$$

由(11.39), (11.40)得

$$\dot{\boldsymbol{u}}\boldsymbol{u}^{\mathrm{T}}-(\boldsymbol{u}\times)(\dot{\boldsymbol{u}}\times)=\left(\dot{\boldsymbol{u}}^{\mathrm{T}}\boldsymbol{u}\right)\boldsymbol{I}=\boldsymbol{0} \tag{11.42}$$

从而

$$\dot{\boldsymbol{u}}\boldsymbol{u}^{\mathrm{T}}=(\boldsymbol{u}\times)(\dot{\boldsymbol{u}}\times) \tag{11.43}$$

继而

$$\begin{cases}\dot{\boldsymbol{u}}\boldsymbol{u}^{\mathrm{T}}+\boldsymbol{u}\dot{\boldsymbol{u}}^{\mathrm{T}}=(\boldsymbol{u}\times)(\dot{\boldsymbol{u}}\times)+(\dot{\boldsymbol{u}}\times)(\boldsymbol{u}\times)\\ \dot{\boldsymbol{u}}\boldsymbol{u}^{\mathrm{T}}-\boldsymbol{u}\dot{\boldsymbol{u}}^{\mathrm{T}}=-\left[(\dot{\boldsymbol{u}}\times)(\boldsymbol{u}\times)-(\boldsymbol{u}\times)(\dot{\boldsymbol{u}}\times)\right]\end{cases} \tag{11.44}$$

由(11.43)和矩阵乘法结合律得

$$\begin{cases}(\boldsymbol{u}\times)\left[(\dot{\boldsymbol{u}}\times)(\boldsymbol{u}\times)\right]=(\boldsymbol{u}\times)\left[\boldsymbol{u}\dot{\boldsymbol{u}}^{\mathrm{T}}\right]=\left[(\boldsymbol{u}\times)\boldsymbol{u}\right]\dot{\boldsymbol{u}}^{\mathrm{T}}=\boldsymbol{0}\\ (\dot{\boldsymbol{u}}\times)\left[(\boldsymbol{u}\times)(\dot{\boldsymbol{u}}\times)\right]=(\dot{\boldsymbol{u}}\times)\left[\dot{\boldsymbol{u}}\boldsymbol{u}^{\mathrm{T}}\right]=\left[(\dot{\boldsymbol{u}}\times)\dot{\boldsymbol{u}}\right]\boldsymbol{u}^{\mathrm{T}}=\boldsymbol{0}\end{cases} \tag{11.45}$$

记

$$a=\sin\varphi,\quad b=\cos\varphi,\quad c=(1-\cos\varphi),\quad \ddot{\boldsymbol{U}}=\frac{\mathrm{d}}{\mathrm{d}t}(\boldsymbol{u}\times)^2 \tag{11.46}$$

依据罗德里格斯旋转公式(11.8) $\boldsymbol{C}_b^g=\boldsymbol{I}+\sin\varphi(\boldsymbol{u}\times)+(1-\cos\varphi)(\boldsymbol{u}\times)^2=\boldsymbol{I}+a(\boldsymbol{u}\times)+c(\boldsymbol{u}\times)^2$ 得

$$\dot{\boldsymbol{C}}_b^g=\frac{\mathrm{d}}{\mathrm{d}t}\left(\boldsymbol{I}+\sin\varphi(\boldsymbol{u}\times)+(1-\cos\varphi)(\boldsymbol{u}\times)^2\right)=b\dot{\varphi}(\boldsymbol{u}\times)+a(\dot{\boldsymbol{u}}\times)+a\dot{\varphi}(\boldsymbol{u}\times)^2+c\ddot{\boldsymbol{U}} \tag{11.47}$$

因为(11.38) $\dot{\boldsymbol{C}}_b^g=\boldsymbol{C}_b^g(\boldsymbol{\omega}_{gb}^b\times)$，得

$$\left(\boldsymbol{\omega}_{gb}^b\times\right)=\boldsymbol{C}_g^b\dot{\boldsymbol{C}}_b^g=\left[\boldsymbol{I}+a(-\boldsymbol{u}\times)+c(-\boldsymbol{u}\times)^2\right]\left[b\dot{\varphi}(\boldsymbol{u}\times)+a(\dot{\boldsymbol{u}}\times)+a\dot{\varphi}(\boldsymbol{u}\times)^2+c\ddot{\boldsymbol{U}}\right] \tag{11.48}$$

利用

$$\begin{cases}(\boldsymbol{u}\times)^2=\boldsymbol{u}\boldsymbol{u}^{\mathrm{T}}-\boldsymbol{I}\\ (\boldsymbol{u}\times)^3=-(\boldsymbol{u}\times)\\ (\boldsymbol{u}\times)^4=-(\boldsymbol{u}\times)^2\\ \ddot{\boldsymbol{U}}=\mathrm{d}(\boldsymbol{u}\times)^2/\mathrm{d}t=(\dot{\boldsymbol{u}}\times)(\boldsymbol{u}\times)+(\boldsymbol{u}\times)(\dot{\boldsymbol{u}}\times)\end{cases} \tag{11.49}$$

合并同类项后得

$$\boldsymbol{\omega}_{gb}^b=\dot{\varphi}\boldsymbol{u}+\sin\varphi\dot{\boldsymbol{u}}+(1-\cos\varphi)\dot{\boldsymbol{u}}\times\boldsymbol{u} \tag{11.50}$$

角速度公式(11.50)刻画了角速度与旋转矢量的关系，另外有：

(1) 角速度公式与罗德里格斯公式(11.8)的第二项、第三项系数完全相同.

(2) 因为本体系与地理系的原点固连, 所以转轴 $\boldsymbol{u}$ 只可能有角速度, 且 $\dot{\boldsymbol{u}},\boldsymbol{u},\dot{\boldsymbol{u}}\times\boldsymbol{u}$ 相互正交.

11.3.3 等效旋转矢量的微分公式

可推导得等效旋转矢量的微分公式如下

$$\dot{\boldsymbol{\varphi}}=\boldsymbol{\omega}+\frac{1}{2}\boldsymbol{\varphi}\times\boldsymbol{\omega}+\frac{2\cos+\varphi\cos\varphi-2}{2\varphi^2(\cos\varphi-1)}(\boldsymbol{\varphi}\times)^2\boldsymbol{\omega} \tag{11.51}$$

短时内 $\varphi\approx 0$, 注意到系数是关于小量 φ 的函数, 借助泰勒展式命令得 Bortz 方程(11.23):

$$\dot{\boldsymbol{\varphi}}\approx\boldsymbol{\omega}+\frac{1}{2}\boldsymbol{\varphi}\times\boldsymbol{\omega}+\frac{1}{12}(\boldsymbol{\varphi}\times)^2\boldsymbol{\omega}\approx\boldsymbol{\omega}+\frac{1}{2}\boldsymbol{\varphi}\times\boldsymbol{\omega} \tag{11.52}$$

由 (11.22) $\boldsymbol{\omega}=\boldsymbol{\omega}_{gb}^{b}=\dot{\varphi}\boldsymbol{u}+\sin\varphi\dot{\boldsymbol{u}}+(1-\cos\varphi)\dot{\boldsymbol{u}}\times\boldsymbol{u}$ 可知: 短时内 $\varphi\approx 0$, 若 $\tau\in[t_{m-1},t]$, 则 $\boldsymbol{\omega}(\tau)$ 与 $\boldsymbol{\varphi}$ 是几乎平行的, $\boldsymbol{\varphi}\times\boldsymbol{\omega}$ 相对 $\boldsymbol{\omega}$ 来说是小量, 记 $\Delta\boldsymbol{\theta}(\tau)=\int_{t_{m-1}}^{t}\boldsymbol{\omega}(\tau)\mathrm{d}\tau$, 对(11.52)积分得

$$\begin{aligned}
\boldsymbol{\varphi}(t)&\approx\boldsymbol{\varphi}(t_{m-1})+\int_{t_{m-1}}^{t}\left[\boldsymbol{\omega}(\tau)+\frac{1}{2}\boldsymbol{\varphi}(\tau)\times\boldsymbol{\omega}(\tau)\right]\mathrm{d}\tau\\
&=\boldsymbol{\varphi}(t_{m-1})+\Delta\boldsymbol{\theta}(t)+\frac{1}{2}\int_{t_{m-1}}^{t}\boldsymbol{\varphi}(\tau)\times\boldsymbol{\omega}(\tau)\mathrm{d}\tau\\
&\approx\boldsymbol{\varphi}(t_{m-1})+\Delta\boldsymbol{\theta}(t)+\frac{1}{2}\int_{t_{m-1}}^{t}\left[\boldsymbol{\varphi}(t_{m-1})+\Delta\boldsymbol{\theta}(\tau)+\frac{1}{2}\int_{t_{m-1}}^{\tau}\boldsymbol{\varphi}(\tau_1)\times\boldsymbol{\omega}(\tau_1)\mathrm{d}\tau_1\right]\times\boldsymbol{\omega}(\tau)\mathrm{d}\tau\\
&\approx\boldsymbol{\varphi}(t_{m-1})+\Delta\boldsymbol{\theta}(t)+\frac{1}{2}\left[\boldsymbol{\varphi}(t_{m-1})\times\Delta\boldsymbol{\theta}(t)\right]+\frac{1}{2}\int_{t_{m-1}}^{t}\Delta\boldsymbol{\theta}(\tau)\times\boldsymbol{\omega}(\tau)\mathrm{d}\tau
\end{aligned}$$

假定 $\boldsymbol{\varphi}(t_{m-1})=\boldsymbol{0}$, 则

$$\boldsymbol{\varphi}(t)\approx\Delta\boldsymbol{\theta}(t)+\frac{1}{2}\int_{t_{m-1}}^{t}\Delta\boldsymbol{\theta}(\tau)\times\boldsymbol{\omega}(\tau)\mathrm{d}\tau \tag{11.53}$$

称 $\frac{1}{2}\int_{t_{m-1}}^{t}\Delta\boldsymbol{\theta}(\tau_1)\times\boldsymbol{\omega}(\tau_1)\mathrm{d}\tau_1$ 为转动不可交换误差的修正量, 再求导得等效旋转矢量微分方程(11.24) $\dot{\boldsymbol{\varphi}}(t)=\boldsymbol{\omega}(t)+\frac{1}{2}\Delta\boldsymbol{\theta}(t)\times\boldsymbol{\omega}(t)$, 也是圆锥补偿公式的基础.

11.4 三种补偿公式

在线性约束下, 对状态进行低阶泰勒展开, 可获得本节三个补偿公式, 圆锥补偿公式可用于后续仿真生成角增量, 旋转补偿公式和划船补偿公式用于后续计

算比力速度增量，思路如下：

(1) 依据三阶泰勒展式，用圆锥补偿公式刻画旋转矢量增量与角增量的关系，如下

$$\boldsymbol{\varphi}(T)=\Delta\boldsymbol{\theta}_m+\frac{1}{12}\Delta\boldsymbol{\theta}_{m-1}\times\Delta\boldsymbol{\theta}_m \tag{11.54}$$

(2) 依据角增量和速度增量线性约束，给出旋转补偿公式

$$\Delta\boldsymbol{v}_{\text{rotate}(m)}^{b(m-1)}=\frac{1}{2}\Delta\boldsymbol{\theta}_m\times\Delta\boldsymbol{v}_m \tag{11.55}$$

(3) 依据角增量和速度增量线性约束，给出划船补偿公式

$$\Delta\boldsymbol{v}_{\text{scull}(m)}^{b(m-1)}=\frac{1}{12}(\Delta\boldsymbol{\theta}_{m-1}\times\Delta\boldsymbol{v}_m+\Delta\boldsymbol{v}_{m-1}\times\Delta\boldsymbol{\theta}_m) \tag{11.56}$$

11.4.1 圆锥补偿公式

时间区间$[t_{m-1},t_m]=[0,T]$内，假定

$$\boldsymbol{\varphi}(0)=\mathbf{0} \tag{11.57}$$

且在$[t_{m-2},t_{m-1}]=[-T,0]$和$[t_{m-1},t_m]=[0,T]$内，角速度$\boldsymbol{\omega}(t)$是关于时间t的线性函数，即

$$\boldsymbol{\omega}(t)=\boldsymbol{a}+\boldsymbol{b}t \tag{11.58}$$

则两个角增量为

$$\begin{cases}\Delta\boldsymbol{\theta}_{m-1}=\displaystyle\int_{-T}^{0}\boldsymbol{\omega}(t)\mathrm{d}t=\boldsymbol{a}t+\frac{1}{2}\boldsymbol{b}t^2\Big|_{-T}^{0}=T\boldsymbol{a}-\frac{T^2}{2}\boldsymbol{b}\\ \Delta\boldsymbol{\theta}_m=\displaystyle\int_{0}^{T}\boldsymbol{\omega}(t)\mathrm{d}t=\boldsymbol{a}t+\frac{1}{2}\boldsymbol{b}t^2\Big|_{0}^{T}=T\boldsymbol{a}+\frac{T^2}{2}\boldsymbol{b}\end{cases} \tag{11.59}$$

解得

$$\begin{cases}\boldsymbol{a}=\dfrac{1}{2T}(\Delta\boldsymbol{\theta}_m+\Delta\boldsymbol{\theta}_{m-1})\\ \boldsymbol{b}=\dfrac{1}{T^2}(\Delta\boldsymbol{\theta}_m-\Delta\boldsymbol{\theta}_{m-1})\end{cases} \tag{11.60}$$

记

$$\boldsymbol{\beta}(t)=\Delta\boldsymbol{\theta}(t)\times\boldsymbol{\omega}(t) \tag{11.61}$$

在短时内，对(11.25) $\Delta\boldsymbol{\theta}(t)=\int_{t_{m-1}}^{t}\boldsymbol{\omega}(\tau)\mathrm{d}\tau$ 求导得 $\Delta\dot{\boldsymbol{\theta}}(t)=\boldsymbol{\omega}(t)$，依据(11.61), (11.58)得

$$\begin{cases}\dot{\boldsymbol{\beta}}(t)=\Delta\dot{\boldsymbol{\theta}}(t)\times\boldsymbol{\omega}(t)+\Delta\boldsymbol{\theta}(t)\times\dot{\boldsymbol{\omega}}(t)=\boldsymbol{\omega}(t)\times\boldsymbol{\omega}(t)+\Delta\boldsymbol{\theta}(t)\times\dot{\boldsymbol{\omega}}(t)=\Delta\boldsymbol{\theta}(t)\times\boldsymbol{b}\\ \ddot{\boldsymbol{\beta}}(t)=\Delta\dot{\boldsymbol{\theta}}(t)\times\boldsymbol{b}=\boldsymbol{\omega}(t)\times\boldsymbol{b}\end{cases}\tag{11.62}$$

且

$$\boldsymbol{\beta}(0)=\boldsymbol{0},\quad \dot{\boldsymbol{\beta}}(0)=\boldsymbol{0},\quad \ddot{\boldsymbol{\beta}}(0)=\boldsymbol{a}\times\boldsymbol{b}\tag{11.63}$$

结合(11.24) $\dot{\boldsymbol{\varphi}}(t)\approx\boldsymbol{\omega}(t)+\dfrac{1}{2}\Delta\boldsymbol{\theta}(t)\times\boldsymbol{\omega}(t)$, (11.58)和(11.61), 得

$$\begin{cases}\boldsymbol{\varphi}(0)=\boldsymbol{0}\\ \dot{\boldsymbol{\varphi}}(0)=\boldsymbol{\omega}(0)+\dfrac{1}{2}\boldsymbol{\beta}(0)=\boldsymbol{\omega}(0)=\boldsymbol{a}\\ \ddot{\boldsymbol{\varphi}}(0)=\dot{\boldsymbol{\omega}}(0)+\dfrac{1}{2}\dot{\boldsymbol{\beta}}(0)=\dot{\boldsymbol{\omega}}(0)=\boldsymbol{b}\\ \dddot{\boldsymbol{\varphi}}(0)=\ddot{\boldsymbol{\omega}}(0)+\dfrac{1}{2}\ddot{\boldsymbol{\beta}}(0)=\dfrac{1}{2}\ddot{\boldsymbol{\beta}}(0)=\dfrac{1}{2}\boldsymbol{a}\times\boldsymbol{b}\end{cases}\tag{11.64}$$

结合(11.60), (11.64), 令 $\boldsymbol{\varphi}(t)$ 在 $t=0$ 处取三阶泰勒展开式为

$$\begin{aligned}\boldsymbol{\varphi}(T)&\approx\boldsymbol{\varphi}(0)+T\dot{\boldsymbol{\varphi}}(0)+\frac{T^2}{2!}\ddot{\boldsymbol{\varphi}}(0)+\frac{T^3}{3!}\dddot{\boldsymbol{\varphi}}(0)=T\boldsymbol{a}+\frac{T^2}{2}\boldsymbol{b}+\frac{T^3}{12}\boldsymbol{a}\times\boldsymbol{b}\\ &=T\frac{1}{2T}(\Delta\boldsymbol{\theta}_m+\Delta\boldsymbol{\theta}_{m-1})+\frac{T^2}{2}\frac{1}{T^2}(\Delta\boldsymbol{\theta}_m-\Delta\boldsymbol{\theta}_{m-1})\\ &\quad+\frac{T^3}{12}\frac{1}{2T}(\Delta\boldsymbol{\theta}_m+\Delta\boldsymbol{\theta}_{m-1})\times\frac{1}{T^2}(\Delta\boldsymbol{\theta}_m-\Delta\boldsymbol{\theta}_{m-1})\\ &=\Delta\boldsymbol{\theta}_m+\frac{1}{24}(\Delta\boldsymbol{\theta}_{m-1}\times\Delta\boldsymbol{\theta}_m-\Delta\boldsymbol{\theta}_m\times\Delta\boldsymbol{\theta}_{m-1})\\ &=\Delta\boldsymbol{\theta}_m+\frac{1}{12}\Delta\boldsymbol{\theta}_{m-1}\times\Delta\boldsymbol{\theta}_m\end{aligned}\tag{11.65}$$

11.4.2　旋转补偿公式

比力加速度为绝对加速度与引力加速度之差, 实质为某个三维向量函数, 记为 $\boldsymbol{f}$, 称 $\left[\int_{t_{m-1}}^{t_m}\boldsymbol{\omega}(t)\mathrm{d}t\right]\times\left[\int_{t_{m-1}}^{t_m}\boldsymbol{f}(t)\mathrm{d}t\right]$ 为旋转补偿, 记为 $\Delta\boldsymbol{v}_{\mathrm{rotate}(m)}^{b(m-1)}$, 若再记

$$\begin{cases}\Delta\boldsymbol{\theta}_m=\displaystyle\int_{t_{m-1}}^{t_m}\boldsymbol{\omega}(t)\mathrm{d}t\\ \Delta\boldsymbol{v}_m=\displaystyle\int_{t_{m-1}}^{t_m}\boldsymbol{f}(t)\mathrm{d}t\end{cases}\tag{11.66}$$

则旋转补偿公式为

$$\Delta \boldsymbol{v}_{\text{rotate}(m)}^{b(m-1)} = \frac{1}{2}\Delta \boldsymbol{\theta}_m \times \Delta \boldsymbol{v}_m \tag{11.67}$$

11.4.3　划船补偿公式

在时间区间 $[t_{m-1}, t_m] = [0, T]$ 内，称 $\frac{1}{2}\int_{t_{m-1}}^{t_m} [\Delta\boldsymbol{\theta}(t)\times\boldsymbol{f}(t)+\Delta\boldsymbol{v}(t)\times\boldsymbol{\omega}(t)]\mathrm{d}t$ 为划船补偿，假定

$$\boldsymbol{\varphi}(0) = \boldsymbol{0} \tag{11.68}$$

且在 $[t_{m-2}, t_{m-1}] = [-T, 0]$ 和 $[t_{m-1}, t_m] = [0, T]$ 内，角速度 $\boldsymbol{\omega}(t)$ 和比力加速度 $\boldsymbol{f}(t)$ 为时间 t 的线性函数，即

$$\boldsymbol{\omega}(t) = \boldsymbol{a} + \boldsymbol{b}t, \quad \boldsymbol{f}(t) = \boldsymbol{A} + \boldsymbol{B}t \tag{11.69}$$

则两个角增量、两个速度增量分别为

$$\begin{cases} \Delta\boldsymbol{\theta}_m = \int_{t_{m-2}}^{t_{m-1}} \boldsymbol{\omega}(\tau)\mathrm{d}\tau = T\boldsymbol{a} - \frac{T^2}{2}\boldsymbol{b}, \quad \Delta\boldsymbol{\theta}_m = \int_{t_{m-1}}^{t_m} \boldsymbol{\omega}(\tau)\mathrm{d}\tau = T\boldsymbol{a} + \frac{T^2}{2}\boldsymbol{b} \\ \Delta\boldsymbol{v}_{m-1} = \int_{t_{m-2}}^{t_{m-1}} \boldsymbol{f}(\tau)\mathrm{d}\tau = T\boldsymbol{A} - \frac{T^2}{2}\boldsymbol{B}, \quad \Delta\boldsymbol{v}_m = \int_{t_{m-1}}^{t_m} \boldsymbol{f}(\tau)\mathrm{d}\tau = T\boldsymbol{A} + \frac{T^2}{2}\boldsymbol{B} \end{cases} \tag{11.70}$$

解得

$$\begin{cases} \boldsymbol{a} = \frac{1}{2T}(\Delta\boldsymbol{\theta}_m + \Delta\boldsymbol{\theta}_{m-1}), \\ \boldsymbol{b} = \frac{1}{T^2}(\Delta\boldsymbol{\theta}_m - \Delta\boldsymbol{\theta}_{m-1}), \end{cases} \quad \begin{cases} \boldsymbol{A} = \frac{1}{2T}(\Delta\boldsymbol{v}_m + \Delta\boldsymbol{v}_{m-1}) \\ \boldsymbol{B} = \frac{1}{T^2}(\Delta\boldsymbol{v}_m - \Delta\boldsymbol{v}_{m-1}) \end{cases} \tag{11.71}$$

所以

$$\begin{aligned} \Delta\boldsymbol{v}_{\text{scull}(m)}^{b(m-1)} &= \frac{1}{2}\int_{t_{m-1}}^{t_m} \Delta\boldsymbol{\theta}(t)\times\boldsymbol{f}(t) + \Delta\boldsymbol{v}(t)\times\boldsymbol{\omega}(t)\mathrm{d}t \\ &= \frac{1}{2}\int_0^T \left[\boldsymbol{a}t + \frac{1}{2}\boldsymbol{b}t^2\right]\times[\boldsymbol{A}+\boldsymbol{B}t] + \left[\boldsymbol{A}t + \frac{1}{2}\boldsymbol{B}t^2\right]\times[\boldsymbol{a}+\boldsymbol{b}t]\mathrm{d}t \\ &= \frac{1}{2}\int_0^T \frac{1}{2}(\boldsymbol{a}\times\boldsymbol{B} + \boldsymbol{A}\times\boldsymbol{b})t^2\,\mathrm{d}t = (\boldsymbol{a}\times\boldsymbol{B}+\boldsymbol{A}\times\boldsymbol{b})\frac{T^3}{12} \\ &= \big((\Delta\boldsymbol{\theta}_m + \Delta\boldsymbol{\theta}_{m-1})\times(\Delta\boldsymbol{v}_m - \Delta\boldsymbol{v}_{m-1}) + (\Delta\boldsymbol{v}_m + \Delta\boldsymbol{v}_{m-1})\times(\Delta\boldsymbol{\theta}_m - \Delta\boldsymbol{\theta}_{m-1})\big)\frac{1}{24} \\ &= \big(-\Delta\boldsymbol{\theta}_m\times\Delta\boldsymbol{v}_{m-1} + \Delta\boldsymbol{\theta}_{m-1}\times\Delta\boldsymbol{v}_m - \Delta\boldsymbol{v}_m\times\Delta\boldsymbol{\theta}_{m-1} + \Delta\boldsymbol{v}_{m-1}\times\Delta\boldsymbol{\theta}_m\big)\frac{1}{24} \\ &= \frac{1}{12}(\Delta\boldsymbol{\theta}_{m-1}\times\Delta\boldsymbol{v}_m + \Delta\boldsymbol{v}_{m-1}\times\Delta\boldsymbol{\theta}_m) \end{aligned} \tag{11.72}$$

11.5 地球参数

11.5.1 法截线曲率半径

如图 11-5 所示, 经过自转轴 OZ_e 的平面称为子午面, 子午面与参考椭球面的交线 $O'O''$ 称为子午线, 子午线也称为经线, 零度经线也称为本初子午线、起始子午圈. 子午线上点 O' 的法线 $O'O'''$ 交自转轴于点 O''', $O'O'''$ 的长度称为酉半径, 记为 R_N, 过 $O'O'''$ 的平面称为法截面, 法截面与子午面之间的夹角记为 ψ, 相当于射向或者偏航角, 法截面与椭球的交线(虚线)称为法截线. 当法截面与子午面重合时, $\psi=0$, 此时法截线即为子午圈, 子午圈在点 O' 处的曲率半径称为子午半径, 记为 R_M. 当法截面与子午面垂直时, $\psi=\pi/2$, 此时法截线称为卯酉圈. 曲率半径是弧长增量 ds 对弧度增量 dα 的极限, 依据 1.4 节, 可得法截线曲率半径

$$R_\psi=\frac{R_N}{1+e'^2(\cos\psi\cos L)^2} \tag{11.73}$$

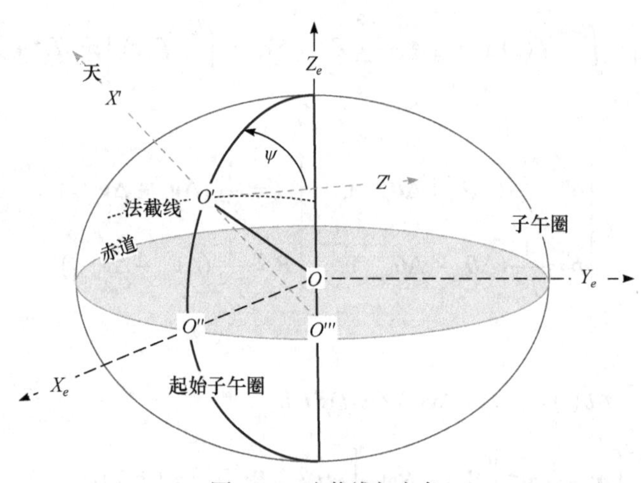

图 11-5 法截线与夹角

(1) 当$\psi=\dfrac{\pi}{2}$时, 法截线称为卯酉圈 $O'O'''$, 酉半径为

$$R_N=\frac{a}{\sqrt{1-e^2\sin^2 L}} \tag{11.74}$$

(2) 当$\psi=0$时, 法截线即为子午圈, 子午半径为

$$R_M=\frac{R_N}{1+e'^2\cos^2 L} \tag{11.75}$$

满足

$$R_N \geqslant R_M \tag{11.76}$$

11.5.2 大地坐标变化率

与外测体制不同，惯导体制中目标的位置用纬度 L、经度 λ 和高程 h 来刻画，目标相对地球的速度 $\boldsymbol{v}_{eg}^{g}$ 在“东北天”地理系的坐标为东向速度 v_E、北向速度 v_N 和天向速度 v_U. 下面给出 $[v_E, v_N, v_U]$ 到 $[\dot{L}, \dot{\lambda}, \dot{h}]$ 的转化公式.

如图 11-6 所示，若目标在旋转椭球表面 O' 点处，高度为 $h=0$. 地理坐标系为 $O'X_gY_gZ_g$：O' 点为原点，X_g 轴平行于纬圈切线指东，Y_g 轴平行于经圈切线指北，Z_g 轴平行于法线指天.

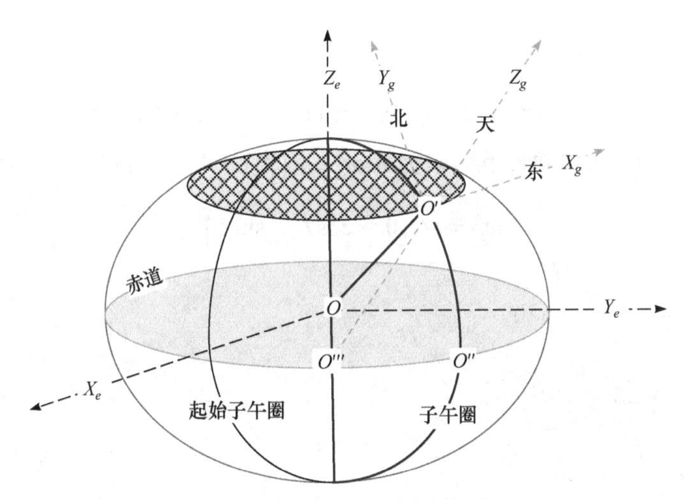

图 11-6 目标速度的大地坐标

O' 的纬圈半径为 $R_N \cos L$，东向速度 v_E 只会引起经度的变化，规律为

$$v_E = \dot{\lambda} R_N \cos L \tag{11.77}$$

O' 处经圈曲率半径为子午圈半径 R_M，v_N 只会引起纬度的变化，规律为

$$v_N = \dot{L} R_M \tag{11.78}$$

若目标在旋转椭球表面上 O' 点处上方，高度为 h，则东向速度、北向速度分别为

$$v_E = \dot{\lambda}\left(R_N + h\right)\cos L \tag{11.79}$$

$$v_N = \dot{L}\left(R_M + h\right) \tag{11.80}$$

考虑到天向速度 v_z 仅引起地理高度 h 变化，速度 $\boldsymbol{v}_{eg}^{g}$ 与大地坐标 $\left[L, \lambda, h\right]$ 之间

的关系为

$$\begin{bmatrix} \dot{L} \\ \dot{\lambda} \\ \dot{h} \end{bmatrix} = \begin{bmatrix} v_N[R_M + h]^{-1} \\ v_E[(R_N + h)\cos L]^{-1} \\ v_U \end{bmatrix} \tag{11.81}$$

11.5.3　角度变换率

地理系相对于地惯系的角速度 $\boldsymbol{\omega}_{ig}^{g}$ 可以分解成自转角速度 $\boldsymbol{\omega}_{ie}^{g}$ 和地速角速度 $\boldsymbol{\omega}_{eg}^{g}$，如下

$$\boldsymbol{\omega}_{ig}^{g} = \boldsymbol{\omega}_{ie}^{g} + \boldsymbol{\omega}_{eg}^{g} \tag{11.82}$$

11.5.3.1　自转角速度

如图 11-7 所示，不考虑地球公转，地球相对惯性系的自转角速度大小为 ω_{ie}，方向与地轴平行，在地理系下的坐标为 $\boldsymbol{\omega}_{ie}^{g}$，因为 $\boldsymbol{\omega}_{ie}^{g}$ 与 Y_g 轴和 Z_g 轴共面，所以

$$\boldsymbol{\omega}_{ie}^{g} = \omega_{ei}\left[0,\quad \cos L,\quad \sin L\right]^{\mathrm{T}} \tag{11.83}$$

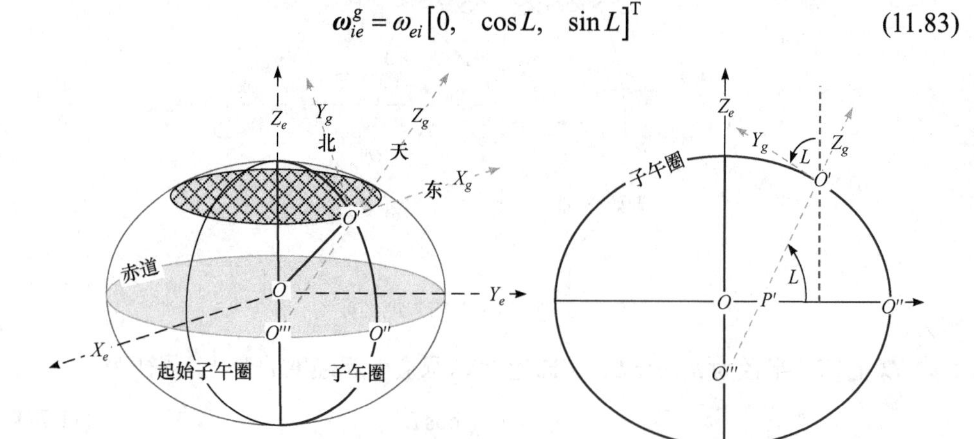

图 11-7　地理系到地心系

11.5.3.2　地速角速度

下面给出因为目标运动导致地理系相对地心系的角速度 $\boldsymbol{\omega}_{eg}^{g}$．如图 11-7 所示，地理系经“323”转动变为地心系，方向余弦矩阵为 $\boldsymbol{C}_{e}^{g}$：

(1) 首先，地理系先绕 Z_g 轴转动 $-\pi/2$，使得 X_g 轴指南，使得 Y_g 轴指东；

(2) 其次，绕 Y_g 轴转动 $-(\pi/2-L)$ (注意：顺着 Y_g 轴方向看，则转动 $\pi/2-L$)，

使得 Z_g 轴与 Z_e 轴同向, 平行地轴;

(3) 最后, 绕 Z_g 轴转动 $-\lambda$, 使得地理系与地心系相应坐标轴平行. 依据等效旋转矢量公式(11.11), 结合符号运算可以验证, 过渡矩阵 $\boldsymbol{C}_e^g$ 为

$$\begin{aligned}\boldsymbol{C}_e^g &= \boldsymbol{M}\left(-\frac{\pi}{2}\boldsymbol{k}\right)\boldsymbol{M}\left(\left(L-\frac{\pi}{2}\right)\boldsymbol{j}\right)\boldsymbol{M}(-\lambda\boldsymbol{k}) \\ &= \begin{bmatrix} -\sin\lambda & \cos\lambda & 0 \\ -\sin L\cos\lambda & -\sin L\sin\lambda & \cos L \\ \cos L\cos\lambda & \cos L\sin\lambda & \sin L \end{bmatrix}\end{aligned} \tag{11.84}$$

转置得

$$\boldsymbol{C}_g^e = \begin{bmatrix} -\sin\lambda & -\sin L\cos\lambda & \cos L\cos\lambda \\ \cos\lambda & -\sin L\sin\lambda & \cos L\sin\lambda \\ 0 & \cos L & \sin L \end{bmatrix} \tag{11.85}$$

结合符号运算可验证, 微分得

$$\begin{aligned}\dot{\boldsymbol{C}}_g^e &= \begin{bmatrix} -\sin\lambda & -\sin L\cos\lambda & \cos L\cos\lambda \\ \cos\lambda & -\sin L\sin\lambda & \cos L\sin\lambda \\ 0 & \cos L & \sin L \end{bmatrix}\begin{bmatrix} 0 & -\dot{\lambda}\sin L & \dot{\lambda}\cos L \\ \dot{\lambda}\sin L & 0 & \dot{L} \\ -\dot{\lambda}\cos L & -\dot{L} & 0 \end{bmatrix} \\ &= \boldsymbol{C}_g^e\left(\begin{bmatrix} -\dot{L} \\ \dot{\lambda}\cos L \\ \dot{\lambda}\sin L \end{bmatrix}\times\right)\end{aligned} \tag{11.86}$$

类似于(11.35), 得载体线速度引起的旋转角速度

$$\boldsymbol{\omega}_{eg}^g = \left[-\dot{L},\quad \dot{\lambda}\cos L,\quad \dot{\lambda}\sin L\right]^{\mathrm{T}} \tag{11.87}$$

把 (11.81) $\left[\dot{L},\dot{\lambda},\dot{h}\right]=\left[v_N[R_M+h]^{-1}, v_E[(R_N+h)\cos L]^{-1}, v_U\right]$ 前两个分量代入(11.87)得

$$\boldsymbol{\omega}_{eg}^g = \left[-\frac{v_N}{R_M+h}, \frac{v_E}{R_N+h}, \frac{v_E}{R_N+h}\tan L\right]^{\mathrm{T}} \tag{11.88}$$

11.5.4 重力加速度公式

本小节的目的是要获得纬度为 L 海拔为 h 处的近似重力公式

$$g(L,h) = g_a(1+\beta\sin^2 L-\beta_1\sin^2 2L)-\beta_2 h \tag{11.89}$$

其中 g_a 是赤道重力，g_b 是极点重力，$\beta = g_b g_a^{-1} - 1$，β_1 和 β_2 见(11.98)和(11.101).

11.5.4.1　地面重力公式

地球引力加速度 $\boldsymbol{G}$ 可以分解为重力加速度 $\boldsymbol{g}$ 和自转所需的向心加速度 $\boldsymbol{G}'$. $\boldsymbol{G}$ 指向地心，$\boldsymbol{g}$ 沿垂线向下，$\boldsymbol{G}'$ 指向纬圈中心 O_1.

$$\boldsymbol{G} = \boldsymbol{g} + \boldsymbol{G}' = \boldsymbol{g} + (\boldsymbol{\omega}_{ie}\times)^2 \boldsymbol{r} \tag{11.90}$$

在第 12 章中会继续讨论引力加速度、重力加速度、向心加速度，注意差异:

(1) 在第 12 章中，$(\boldsymbol{\omega}_{ie}\times)^2 \boldsymbol{r}$ 就是牵连加速度，为目标跟随地球自转提供向心力.

(2) 在第 12 章中，$\boldsymbol{g}$ 表示引力加速度，这里 $\boldsymbol{g}$ 表示重力加速度.

(3) 在第 12 章中，通过球谐公式获得引力加速度公式，本小节要获得的是重力加速度公式.

(4) 在第 12 章中，落点预报方法利用球体模型直接计算重力加速度 $\boldsymbol{g}$，本章利用椭球体模型计算重力加速度的大小 g_L. 采用 WGS-84 坐标系地球参数，旋转椭球体表面纬度为 L 时重力加速度公式为

$$g_L = \frac{a g_a \cos^2 L + b g_b \sin^2 L}{\sqrt{a^2 \cos^2 L + b^2 \sin^2 L}} \tag{11.91}$$

其中，a 和 b 分别为旋转椭球的长半轴和短半轴，g_a 和 g_b 分别为赤道重力和极点重力，且

$$\begin{cases} g_a \approx \dfrac{\mu}{ab}\left(1 - \dfrac{3}{2}m - \dfrac{3}{7}mf\right) \approx 9.779994324952437 \\ g_b \approx \dfrac{\mu}{a^2}\left(1 + m + \dfrac{6}{7}mf\right) \approx 9.832405077043632 \end{cases} \tag{11.92}$$

其中，f 为旋转椭球扁率，地球偏心率 $e = 0.081819190842552$，则

$$f = (a-b)/a = 1 - \sqrt{1-e^2} \approx e^2/2 = 1/298.257 \tag{11.93}$$

μ 为地心引力常数

$$\mu = GM = 3.986004418 \times 10^{14}\,\mathrm{m^3/s^2} \tag{11.94}$$

m 为赤道上的离心力与重力加速度的比值，表达式为

$$m = \frac{\omega_{ie}^2 a}{g_a} \approx 1/288 \tag{11.95}$$

ω_{ie} 为地球自转角速率

$$\omega_{ie} = 0.00007292115 \tag{11.96}$$

基于(11.92)得

$$\beta=\frac{g_b}{g_a}-1\approx\frac{(1-f)\left(1+m+\frac{6}{7}mf\right)}{1-\frac{3}{2}m-\frac{3}{7}mf}-1=0.005358973180995\approx 1/189 \tag{11.97}$$

将 $g_b=(1+\beta)g_a$ 和 $b=(1-f)a$ 代入(11.91), 记 $x=(2f-f^2)\sin^2 L$ ，依据 $\frac{1}{\sqrt{1-x}}$ 泰勒展式, 得到关于 β 和 f 的级数形式

$$g_L\approx g_a\left[1+\beta\sin^2 L-\left(\beta f+\frac{1}{2}f^2\right)\frac{\sin^2 2L}{4}\right]$$

记

$$\beta_1=\frac{1}{8}(2\beta f+f^2)\approx 5.897078501044213\times 10^{-6} \tag{11.98}$$

得

$$g_L=g_a(1+\beta\sin^2 L-\beta_1\sin^2 2L) \tag{11.99}$$

11.5.4.2 高空重力公式

由于引力与重力相差很小, 忽略两者区别. 重力随海拔高度 h 增加而减小, 不妨将地球近似成球形且质量集中在地心, 地球对高度为 h 的质点的引力加速度为

$$g_F=\frac{\mu}{(R+h)^2} \tag{11.100}$$

记

$$\beta_2=2\frac{\mu}{(R+h)^3}=3.072460023730221\times 10^{-6} \tag{11.101}$$

在(11.100)两边取微分得

$$\mathrm{d}g_F=-2\frac{\mu}{(R+h)^3}\mathrm{d}h=-\beta_2\mathrm{d}h \tag{11.102}$$

公式(11.102)表明在地球表面附近高度每升高 1m, 引力加速度约减小 3e−6m/s^2. 综上, 纬度为 L 、海拔为 h 处时的近似重力公式为(11.89), 复述如下

$$g(L,h)=g_L-\beta_2 h=g_a(1+\beta\sin^2 L-\beta_1\sin^2 2L)-\beta_2 h \tag{11.103}$$

11.6　加速度分析

11.6.1　加速度动力学分析

记地心系原点到地理系原点的矢径记为 $\boldsymbol{r}$. 在惯性系下, 比力 $\boldsymbol{f}$ (Specific Force, SF)为绝对加速度 $\ddot{\boldsymbol{r}}$ 与引力加速度 $\boldsymbol{G}$ 之差, 即

$$\boldsymbol{f}=\ddot{\boldsymbol{r}}-\boldsymbol{G} \tag{11.104}$$

其中 $\boldsymbol{G}$ 可依据(11.90)分解为重力加速度 $\boldsymbol{g}$ 及向心力加速度 $\boldsymbol{G}'=(\boldsymbol{\omega}_{ie}\times)^2\boldsymbol{r}$, 而 $\boldsymbol{\omega}_{ie}$ 是地球自转角速度, 综上有

$$\ddot{\boldsymbol{r}}=\boldsymbol{f}+\boldsymbol{G}=\boldsymbol{f}+\boldsymbol{g}+(\boldsymbol{\omega}_{ie}\times)^2\boldsymbol{r} \tag{11.105}$$

11.6.2　惯导比力方程

注意到地心系和地惯系的原点相同. 若 $[\boldsymbol{i},\boldsymbol{j},\boldsymbol{k}]$ 是坐标系的标准正交基, 向量 $\boldsymbol{r}$ 可表示为

$$\boldsymbol{r}=x\boldsymbol{i}+y\boldsymbol{j}+z\boldsymbol{k} \tag{11.106}$$

向量的导数为

$$\frac{\mathrm{d}}{\mathrm{d}t}\boldsymbol{r}=\left(\dot{x}\boldsymbol{i}+\dot{y}\boldsymbol{j}+\dot{z}\boldsymbol{k}\right)+\left(x\dot{\boldsymbol{i}}+y\dot{\boldsymbol{j}}+z\dot{\boldsymbol{k}}\right) \tag{11.107}$$

设地心系相对地惯系的角速度为 $\boldsymbol{\omega}_{ie}$, 若 $\left.\frac{\mathrm{d}}{\mathrm{d}t}\boldsymbol{r}\right|_i$, $\left.\frac{\mathrm{d}}{\mathrm{d}t}\boldsymbol{r}\right|_e$, $\left.\frac{\mathrm{d}}{\mathrm{d}t}\boldsymbol{r}\right|_g$ 分别表示向量 $\boldsymbol{r}$ 在地惯系、地心系、地理系中坐标的导数, 载体相对地心的位置矢量为 $\boldsymbol{r}$, 根据第 12 章的速度合成公式(也称柯氏定理)有

$$\left.\frac{\mathrm{d}}{\mathrm{d}t}\boldsymbol{r}\right|_i=\left.\frac{\mathrm{d}}{\mathrm{d}t}\boldsymbol{r}\right|_e+\boldsymbol{\omega}_{ie}\times\boldsymbol{r} \tag{11.108}$$

上式表明: 绝对速度等于载体相对地心系的速度 $\boldsymbol{v}_{eg}=\left.\frac{\mathrm{d}}{\mathrm{d}t}\boldsymbol{r}\right|_e$ 与牵连速度 $\boldsymbol{\omega}_{ie}\times\boldsymbol{r}$ 之和. 把上式记为

$$\left.\frac{\mathrm{d}}{\mathrm{d}t}\boldsymbol{r}\right|_i=\boldsymbol{v}_{eg}+\boldsymbol{\omega}_{ie}\times\boldsymbol{r} \tag{11.109}$$

同理, 依据柯氏定理有

$$\left.\frac{\mathrm{d}}{\mathrm{d}t}\boldsymbol{v}_{eg}\right|_i=\left.\frac{\mathrm{d}}{\mathrm{d}t}\boldsymbol{v}_{eg}\right|_m+\boldsymbol{\omega}_{im}\times\boldsymbol{v}_{eg}=\left.\frac{\mathrm{d}}{\mathrm{d}t}\boldsymbol{v}_{eg}\right|_m+[\boldsymbol{\omega}_{ie}+\boldsymbol{\omega}_{em}]\times\boldsymbol{v}_{eg} \tag{11.110}$$

其中 m 系可以是地惯系、地心系、地理系，注意到 $\boldsymbol{\omega}_{ie}$ 是常量，对(11.109)微分得

$$\left.\frac{\mathrm{d}^2}{\mathrm{d}t^2}\boldsymbol{r}\right|_i=\left.\frac{\mathrm{d}}{\mathrm{d}t}\boldsymbol{v}_{eg}\right|_i+\boldsymbol{\omega}_{ie}\times\left.\frac{\mathrm{d}}{\mathrm{d}t}\boldsymbol{r}\right|_i \tag{11.111}$$

把(11.109)和(11.110)代入(11.111)得

$$\left.\frac{\mathrm{d}^2}{\mathrm{d}t^2}\boldsymbol{r}\right|_i=\left.\frac{\mathrm{d}}{\mathrm{d}t}\boldsymbol{v}_{eg}\right|_m+[2\boldsymbol{\omega}_{ie}+\boldsymbol{\omega}_{em}]\times\boldsymbol{v}_{eg}+\boldsymbol{\omega}_{ie}\times[\boldsymbol{\omega}_{ie}\times\boldsymbol{r}] \tag{11.112}$$

记

$$\left.\frac{\mathrm{d}}{\mathrm{d}t}\boldsymbol{v}_{eg}\right|_m=\dot{\boldsymbol{v}}_{eg} \tag{11.113}$$

(1) 若 m 系为地理系，则

$$\left.\frac{\mathrm{d}^2}{\mathrm{d}t^2}\boldsymbol{r}\right|_i=\dot{\boldsymbol{v}}_{eg}+\left[2\boldsymbol{\omega}_{ie}+\boldsymbol{\omega}_{eg}\right]\times\boldsymbol{v}_{eg}+\boldsymbol{\omega}_{ie}\times[\boldsymbol{\omega}_{ie}\times\boldsymbol{r}] \tag{11.114}$$

(2) 若 m 系为地心系(这就是第 12 章落点预报情形)，绝对加速度分解为"相对加速度 $\dot{\boldsymbol{v}}_{eg}$、柯氏加速度 $2\boldsymbol{\omega}_{ie}\times\boldsymbol{v}_{eg}$、牵连加速度 $\boldsymbol{\omega}_{ie}\times[\boldsymbol{\omega}_{ie}\times\boldsymbol{r}]$"，即

$$\left.\frac{\mathrm{d}^2}{\mathrm{d}t^2}\boldsymbol{r}\right|_i=\dot{\boldsymbol{v}}_{eg}+2\boldsymbol{\omega}_{ie}\times\boldsymbol{v}_{eg}+\boldsymbol{\omega}_{ie}\times[\boldsymbol{\omega}_{ie}\times\boldsymbol{r}] \tag{11.115}$$

(3) 若 m 系为地惯系，则

$$\left.\frac{\mathrm{d}^2}{\mathrm{d}t^2}\boldsymbol{r}\right|_i=\dot{\boldsymbol{v}}_{eg}+\boldsymbol{\omega}_{ie}\times\boldsymbol{v}_{eg}+\boldsymbol{\omega}_{ie}\times[\boldsymbol{\omega}_{ie}\times\boldsymbol{r}] \tag{11.116}$$

下文假定 m 系就是地理系，结合(11.105) $\ddot{\boldsymbol{r}}=\boldsymbol{f}+\boldsymbol{G}=\boldsymbol{f}+\boldsymbol{g}+(\boldsymbol{\omega}_{ie}\times)^2\boldsymbol{r}$，得如下比力方程

$$\boldsymbol{f}+\boldsymbol{g}+(\boldsymbol{\omega}_{ie}\times)^2\boldsymbol{r}=\ddot{\boldsymbol{r}}=\left.\frac{\mathrm{d}^2}{\mathrm{d}t^2}\boldsymbol{r}\right|_i=\dot{\boldsymbol{v}}_{eg}+[2\boldsymbol{\omega}_{ie}+\boldsymbol{\omega}_{eg}]\times\boldsymbol{v}_{eg}+\boldsymbol{\omega}_{ie}\times[\boldsymbol{\omega}_{ie}\times\boldsymbol{r}] \tag{11.117}$$

即

$$\dot{\boldsymbol{v}}_{eg}=\boldsymbol{f}+\boldsymbol{g}-\left[2\boldsymbol{\omega}_{ie}+\boldsymbol{\omega}_{eg}\right]\times\boldsymbol{v}_{eg} \tag{11.118}$$

其中 $\boldsymbol{v}_{eg}$ 是载体相对地球的速度，称为地速；比力 $\boldsymbol{f}$ 可由加速度计测得；$\boldsymbol{g}$ 是重力

加速度，称 $\boldsymbol{g}-(2\boldsymbol{\omega}_{ie}+\boldsymbol{\omega}_{eg})\times\boldsymbol{v}_{eg}$ 为有害加速度，有害加速度主要由地球参数决定；$\boldsymbol{\omega}_{ie}$ 是由地球自转引起的角速度，即地球自转角速度；$\boldsymbol{\omega}_{eg}$ 是由载体姿态机动引起角速度，本章总是假定：在时间 $[t_{m-2},t_{m-1}]=[-T,0]$ 和 $[t_{m-1},t_m]=[0,T]$ 内，角速度 $\boldsymbol{\omega}$ 和比力 $\boldsymbol{f}$ 为时间 t 的线性函数

$$\begin{cases}\boldsymbol{\omega}(t)=\boldsymbol{a}+\boldsymbol{b}t\\ \boldsymbol{f}(t)=\boldsymbol{A}+\boldsymbol{B}t\end{cases} \tag{11.119}$$

11.6.3 有害加速度积分

由于加速度计和陀螺仪与载体平台固连，所以 $\boldsymbol{f}$ 和 $\boldsymbol{\omega}_{ig}$ 可在本体系下直接读取，分别记为 $\boldsymbol{f}^b$ 和 $\boldsymbol{\omega}_{ig}^b$. 但是地理系的"东北天"空间意义更明确，更适合导航算法，(11.118)可表示为

$$\dot{\boldsymbol{v}}_{eg}^g=\boldsymbol{C}_b^g\boldsymbol{f}^b+\boldsymbol{g}^g-\left[2\boldsymbol{\omega}_{ie}^g+\boldsymbol{\omega}_{eg}^g\right]\times\boldsymbol{v}_{eg}^g \tag{11.120}$$

加上时间戳 t，得

$$\dot{\boldsymbol{v}}_{eg}^g(t)=\boldsymbol{C}_b^g(t)\boldsymbol{f}^b(t)+\boldsymbol{g}^g(t)-\left[2\boldsymbol{\omega}_{ie}^g(t)+\boldsymbol{\omega}_{eg}^g(t)\right]\times\boldsymbol{v}_{eg}^g(t) \tag{11.121}$$

简洁起见，$(m-1)$ 和 (m) 分别表示时刻 t_{m-1} 和 t_m，上式积分可分解为"比力速度增量 $\Delta\boldsymbol{v}_{sf(m)}^g$、有害速度增量 $\Delta\boldsymbol{v}_{\text{harm}(m)}^g$"之和，即

$$\begin{aligned}\boldsymbol{v}_{eg(m)}^g-\boldsymbol{v}_{eg(m-1)}^g&=\left[\int_{t_{m-1}}^{t_m}\boldsymbol{C}_b^g(t)\boldsymbol{f}^b(t)\mathrm{d}t\right]+\left[\int_{t_{m-1}}^{t_m}\boldsymbol{g}^g(t)-\left[2\boldsymbol{\omega}_{ie}^g(t)+\boldsymbol{\omega}_{en}^g(t)\right]\times\boldsymbol{v}_{eg}^g(t)\mathrm{d}t\right]\\&=\Delta\boldsymbol{v}_{sf(m)}^g+\Delta\boldsymbol{v}_{\text{harm}(m)}^g\end{aligned}$$

其中 $\Delta\boldsymbol{v}_{sf(m)}^g$ 代表载体的速度机动，整理得

$$\boldsymbol{v}_{eg(m)}^g=\boldsymbol{v}_{eg(m-1)}^g+\Delta\boldsymbol{v}_{sf(m)}^g+\Delta\boldsymbol{v}_{\text{harm}(m)}^g \tag{11.122}$$

在时间 $[t_{m-1},t_m]=[0,T]$ 内，相对地球半径，载体运动距离很小，所以 $L,\lambda,R_M,R_N,\boldsymbol{\omega}_{ie}^g,\boldsymbol{\omega}_{eg}^g,\boldsymbol{v}_{eg}^g,\boldsymbol{g}^g$ 的变化都很小，因此有害加速度可以近似为

$$\Delta\boldsymbol{v}_{\text{harm}(m)}^g\approx T\left\{\boldsymbol{g}_{(m-1)}^g-\left[2\boldsymbol{\omega}_{ie(m-1)}^g+\boldsymbol{\omega}_{eg(m-1)}^g\right]\times\boldsymbol{v}_{eg(m-1)}^g\right\} \tag{11.123}$$

在时间 $[t_{m-1},t_m]=[0,T]$ 内，尤其是机动情况下，即使 T 很小，姿态 $\boldsymbol{C}_b^g(t)$ 和比力 $\boldsymbol{f}^b(t)$ 的变化可能很大，所以 $\Delta\boldsymbol{v}_{sf(m)}^g$ 的计算不能像(11.123)一样近似，计算方法见后.

11.6.4 比力加速度积分

若转动量φ是小量，则$\sin\varphi\approx\varphi, 1-\cos\varphi\approx\varphi^2$，从而罗德里格斯公式可近似为

$$\boldsymbol{C}_b^g=\boldsymbol{I}+\sin\varphi(\boldsymbol{u}\times)+(1-\cos\varphi)(\boldsymbol{u}\times)^2\approx\boldsymbol{I}+\varphi(\boldsymbol{u}\times) \tag{11.124}$$

假设与$\boldsymbol{C}_{g(m-1)}^{g(t)}$相对应的等效旋转矢量为$-\Delta\boldsymbol{\theta}_{ig}^g(t)$；与$\boldsymbol{C}_{b(t)}^{b(m-1)}$相对应的等效旋转矢量为$\Delta\boldsymbol{\theta}_{ib}^b(t)$，按照链式法则，有

$$\begin{aligned}
\Delta\boldsymbol{v}_{sf(m)}^g&=\int_{t_{m-1}}^{t_m}\boldsymbol{C}_{g(m-1)}^{g(t)}\boldsymbol{C}_{b(m-1)}^{g(m-1)}\boldsymbol{C}_{b(t)}^{b(m-1)}\boldsymbol{f}^b(t)\mathrm{d}t\\
&\approx\int_{t_{m-1}}^{t_m}\left[\boldsymbol{I}-(\Delta\boldsymbol{\theta}_{ig}^g(t)\times)\right]\boldsymbol{C}_{b(m-1)}^{g(m-1)}\left[\boldsymbol{I}+(\Delta\boldsymbol{\theta}_{ib}^b(t)\times)\right]\boldsymbol{f}^b(t)\mathrm{d}t\\
&\approx\int_{t_{m-1}}^{t_m}\boldsymbol{C}_{b(m-1)}^{g(m-1)}\boldsymbol{f}^b(t)+\boldsymbol{C}_{b(m-1)}^{g(m-1)}\left(\Delta\boldsymbol{\theta}_{ib}^b(t)\times\right)\boldsymbol{f}^b(t)-\left(\Delta\boldsymbol{\theta}_{ig}^g(t)\times\right)\left[\boldsymbol{C}_{b(m-1)}^{g(m-1)}\boldsymbol{f}^b(t)\right]\mathrm{d}t\\
&=\boldsymbol{C}_{b(m-1)}^{g(m-1)}\int_{t_{m-1}}^{t_m}\boldsymbol{f}^b(t)\mathrm{d}t+\boldsymbol{C}_{b(m-1)}^{g(m-1)}\int_{t_{m-1}}^{t_m}\left(\Delta\boldsymbol{\theta}_{ib}^b(t)\times\right)\boldsymbol{f}^b(t)\mathrm{d}t\\
&\quad-\int_{t_{m-1}}^{t_m}\left(\Delta\boldsymbol{\theta}_{ig}^g(t)\times\right)\left[\boldsymbol{C}_{b(m-1)}^{g(m-1)}\boldsymbol{f}^b(t)\right]\mathrm{d}t\triangleq\Delta\boldsymbol{v}_{sf,\mathrm{I}}^g+\Delta\boldsymbol{v}_{sf,\mathrm{II}}^g-\Delta\boldsymbol{v}_{sf,\mathrm{III}}^g
\end{aligned} \tag{11.125}$$

分别称末位三个积分项为第 I、第 II 和第 III 积分项，其中第 I 积分项是主要积分项，第 II、III 积分项比较复杂，需要用到补偿公式.

11.6.4.1 第 I 积分项

第 I 积分项可以近似为

$$\Delta\boldsymbol{v}_{sf,\mathrm{I}}^g=\frac{T}{2}\boldsymbol{C}_{b(m-1)}^{g(m-1)}(\Delta\boldsymbol{v}_m+\Delta\boldsymbol{v}_{m-1})\approx\boldsymbol{C}_{b(m-1)}^{g(m-1)}\Delta\boldsymbol{v}_m \tag{11.126}$$

其中$\Delta\boldsymbol{v}_{m-1}$和$\Delta\boldsymbol{v}_m$分别是时间段$[t_{m-2},t_{m-1}]=[-T,0]$和$[t_{m-1},t_m]=[0,T]$内比力速度的增量，而$\boldsymbol{C}_{b(m-1)}^{g(m-1)}$更新的依据是(11.141). 实际上，因$T$很小，在$[-T,0]$和$[0,T]$内，假定比力$\boldsymbol{f}^b(t)$满足线性模型，即$\boldsymbol{f}(t)=\boldsymbol{A}+\boldsymbol{B}t$，然后依据(11.71)可得第一项积分$\Delta\boldsymbol{v}_{sf,\mathrm{I}}^g$.

11.6.4.2 第 II 积分项

时间段$[t_{m-1},t]$内，$\Delta\boldsymbol{\theta}_{ib}^b(t)$是载体系的角增量，$\Delta\boldsymbol{v}^b(t)$是比力速度增量，因

$$\begin{aligned}
\frac{\mathrm{d}\left[\Delta\boldsymbol{\theta}_{ib}^b(t)\times\Delta\boldsymbol{v}_{sf}^b(t)\right]}{\mathrm{d}t}&=\boldsymbol{\omega}_{ib}^b(t)\times\Delta\boldsymbol{v}_{sf}^b(t)+\Delta\boldsymbol{\theta}_{ib}^b(t)\times\boldsymbol{f}^b(t)\\
&=-\Delta\boldsymbol{v}_{sf}^b(t)\times\boldsymbol{\omega}_{ib}^b(t)-\Delta\boldsymbol{\theta}_{ib}^b(t)\times\boldsymbol{f}^b(t)+2\Delta\boldsymbol{\theta}_{ib}^b(t)\times\boldsymbol{f}^b(t)
\end{aligned} \tag{11.127}$$

可得

$$\Delta\boldsymbol{\theta}_{ib}^{b}(t)\times\boldsymbol{f}^{b}(t)=\frac{1}{2}\frac{\mathrm{d}\left[\Delta\boldsymbol{\theta}_{ib}^{b}(t)\times\Delta\boldsymbol{v}_{sf}^{b}(t)\right]}{\mathrm{d}t}+\frac{1}{2}\left[\Delta\boldsymbol{\theta}_{ib}^{b}(t)\times\boldsymbol{f}^{b}(t)+\Delta\boldsymbol{v}_{sf}^{b}(t)\times\boldsymbol{\omega}_{ib}^{b}(t)\right] \tag{11.128}$$

所以

$$\int_{t_{m-1}}^{t_m}\Delta\boldsymbol{\theta}_{ib}^{b}(t)\times\boldsymbol{f}^{b}(t)\mathrm{d}t=\frac{1}{2}\Delta\boldsymbol{\theta}_{ib}^{b}(t_m)\times\Delta\boldsymbol{v}_{sf}^{b}(t_m)+\frac{1}{2}\int_{t_{m-1}}^{t_m}\Delta\boldsymbol{\theta}_{ib}^{b}(t)\times\boldsymbol{f}^{b}(t)+\Delta\boldsymbol{v}_{sf}^{b}(t)\times\boldsymbol{\omega}_{ib}^{b}(t)\mathrm{d}t \tag{11.129}$$

记 $\Delta\boldsymbol{\theta}_m=\Delta\boldsymbol{\theta}_{ib}^{b}(t_m),\Delta\boldsymbol{v}_m=\Delta\boldsymbol{v}_{sf}^{b}(t_m)$，则 $\Delta\boldsymbol{v}_{\text{rotate}(m)}^{b(m-1)}=\frac{1}{2}\Delta\boldsymbol{\theta}_{ib}^{b}(t_m)\times\Delta\boldsymbol{v}_{sf}^{b}(t_m)$ 恰好为旋转补偿公式，$\Delta\boldsymbol{v}_{\text{scull}(m)}^{b(m-1)}=\frac{1}{2}\int_{t_{m-1}}^{t_m}\Delta\boldsymbol{\theta}_{ib}^{b}(t)\times\boldsymbol{f}^{b}(t)+\Delta\boldsymbol{v}_{sf}^{b}(t)\times\boldsymbol{\omega}_{ib}^{b}(t)\mathrm{d}t$ 恰好为划船误差补偿公式，依据(11.67)得旋转补偿量

$$\Delta\boldsymbol{v}_{\text{rotate}(m)}^{b(m-1)}=\frac{1}{2}\Delta\boldsymbol{\theta}_{ib}^{b}(t_m)\times\Delta\boldsymbol{v}_{sf}^{b}(t_m)=\frac{1}{2}\Delta\boldsymbol{\theta}_m\times\Delta\boldsymbol{v}_m \tag{11.130}$$

依据(11.56)得划船误差补偿量为

$$\Delta\boldsymbol{v}_{\text{scull}(m)}^{b(m-1)}=\frac{1}{12}(\Delta\boldsymbol{\theta}_{m-1}\times\Delta\boldsymbol{v}_m+\Delta\boldsymbol{v}_{m-1}\times\Delta\boldsymbol{\theta}_m) \tag{11.131}$$

结合(11.129)～(11.131)，第 II 积分项为

$$\Delta\boldsymbol{v}_{sf,\text{II}}^{g}=\frac{1}{2}\Delta\boldsymbol{\theta}_m\times\Delta\boldsymbol{v}_m+\frac{1}{12}(\Delta\boldsymbol{\theta}_{m-1}\times\Delta\boldsymbol{v}_m+\Delta\boldsymbol{v}_{m-1}\times\Delta\boldsymbol{\theta}_m) \tag{11.132}$$

11.6.4.3 第 III 项积分

类似于(11.132)，第 III 项积分为

$$\int_{t_{m-1}}^{t_m}\left(\Delta\boldsymbol{\theta}_{ig}^{g}(t)\times\right)\left[\boldsymbol{C}_{b(m-1)}^{g(m-1)}\boldsymbol{f}^{b}(t)\right]\mathrm{d}t=\frac{1}{2}\Delta\boldsymbol{\theta}_m'\times\Delta\boldsymbol{v}_m'+\frac{1}{12}(\Delta\boldsymbol{\theta}_{m-1}'\times\Delta\boldsymbol{v}_m'+\Delta\boldsymbol{v}_{m-1}'\times\Delta\boldsymbol{\theta}_m') \tag{11.133}$$

其中

$$\begin{cases}\Delta\boldsymbol{\theta}_{m-1}'=\int_{t_{m-2}}^{t_{m-1}}\boldsymbol{\omega}_{ig}^{g}(\tau)\mathrm{d}\tau, \quad \Delta\boldsymbol{\theta}_m'=\int_{t_{m-1}}^{t_m}\boldsymbol{\omega}_{ig}^{g}(\tau)\mathrm{d}\tau \\ \Delta\boldsymbol{v}_{m-1}'=\int_{t_{m-2}}^{t_{m-1}}\boldsymbol{C}_{b(m-1)}^{g(m-1)}\boldsymbol{f}^{b}(\tau)\mathrm{d}\tau=\boldsymbol{C}_{b(m-1)}^{g(m-1)}\Delta\boldsymbol{v}_{m-1} \\ \Delta\boldsymbol{v}_m'=\int_{t_{m-1}}^{t_m}\boldsymbol{C}_{b(m-1)}^{g(m-1)}\boldsymbol{f}^{b}(\tau)\mathrm{d}\tau=\boldsymbol{C}_{b(m-1)}^{g(m-1)}\Delta\boldsymbol{v}_m\end{cases} \tag{11.134}$$

注意到(11.82)中 $\boldsymbol{\omega}_{ig}^{g}(\tau)$ 依赖地速 $\boldsymbol{v}_{eg}^{g}$，尽管地速 $\boldsymbol{v}_{eg}^{g}$ 是未知的, 但是 $\boldsymbol{\omega}_{ig}^{g}(\tau)$ 变化很小, 故假定

$$\Delta\boldsymbol{\theta}_{m-1}' = \Delta\boldsymbol{\theta}_m' = \Delta\boldsymbol{\theta} = T\boldsymbol{\omega}_{ig}^{g}\left(t_{m-1}\right) \tag{11.135}$$

从而

$$\begin{aligned}
&\int_{t_{m-1}}^{t_m}\left(\Delta\boldsymbol{\theta}_{ig}^{g}(t)\times\right)\left[\boldsymbol{C}_{b(m-1)}^{g(m-1)}\boldsymbol{f}^{b}(t)\right]\mathrm{d}t \\
&=\frac{1}{2}(\Delta\boldsymbol{\theta}\times)\boldsymbol{C}_{b(m-1)}^{g(m-1)}\Delta\boldsymbol{v}_m+\frac{1}{12}((\Delta\boldsymbol{\theta}\times)\boldsymbol{C}_{b(m-1)}^{g(m-1)}\Delta\boldsymbol{v}_m+(\boldsymbol{C}_{b(m-1)}^{g(m-1)}\Delta\boldsymbol{v}_{m-1})\times\Delta\boldsymbol{\theta}) \\
&=\frac{1}{2}(\Delta\boldsymbol{\theta}\times)\boldsymbol{C}_{b(m-1)}^{g(m-1)}\Delta\boldsymbol{v}_m+\frac{1}{12}((\Delta\boldsymbol{\theta}\times)\boldsymbol{C}_{b(m-1)}^{g(m-1)}\Delta\boldsymbol{v}_m-(\Delta\boldsymbol{\theta}\times)\boldsymbol{C}_{b(m-1)}^{g(m-1)}\Delta\boldsymbol{v}_{m-1}) \\
&=\frac{1}{2}(\Delta\boldsymbol{\theta}\times)\boldsymbol{C}_{b(m-1)}^{g(m-1)}\Delta\boldsymbol{v}_m+\frac{1}{12}\Delta\boldsymbol{\theta}\times\boldsymbol{C}_{b(m-1)}^{g(m-1)}(\Delta\boldsymbol{v}_m-\Delta\boldsymbol{v}_{m-1}) \\
&=\frac{1}{12}(\Delta\boldsymbol{\theta}\times)\boldsymbol{C}_{b(m-1)}^{g(m-1)}\left[7\Delta\boldsymbol{v}_m-\Delta\boldsymbol{v}_{m-1}\right]=\frac{1}{12}\left(T\boldsymbol{\omega}_{ig}^{g}(t_{m-1})\times\right)\boldsymbol{C}_{b(m-1)}^{g(m-1)}\left[7\Delta\boldsymbol{v}_m-\Delta\boldsymbol{v}_{m-1}\right]
\end{aligned} \tag{11.136}$$

其中不同时刻速度增量中, 7 显著大于 1, 所以有

$$\Delta\boldsymbol{v}_{sf,\mathrm{III}}^{g} \approx \frac{T}{2}\left(\boldsymbol{\omega}_{ig}^{g}(t_{m-1})\times\right)\boldsymbol{C}_{b(m-1)}^{g(m-1)}\Delta\boldsymbol{v}_m \tag{11.137}$$

11.7 惯性导航算法

惯性导航的主要任务是依据测量信息估算目标状态. 把时刻 t_{m-1} 称为过去, 把时刻 t_m 称为现在. 测量元件主要包括陀螺仪和加速度计, 由于测量元件装载在载体平台, 所以测元在本体系下表示.

(1) 目标的状态主要包括姿态、位置和速度. 姿态是指本体系相对于地理系的俯仰角、滚动角和方位角, 即 $[\theta,\gamma,\psi]$. 速度, 也称为地速或者视速度, 是指地理系相对于地心系的速度在地理系下的坐标, 包括东向速度、北向速度和天向速度, 即 $\boldsymbol{v}_{eg}^{g}=[V_E,V_N,V_U]$. 位置是指地理系相对于地心系的大地纬度、经度和高程, 即 $[L,\lambda,h]$.

(2) 加速度计可以测量本体系相对于地惯系的比力在本体系下的坐标, 即 $\boldsymbol{f}^{b}$，它是有害加速度以外的加速度. 经常地, 加速度计可测得从过去到现在的比力速度增量.

(3) 陀螺仪可以测量本体系相对于地惯系的角速度在本体系下的坐标, 即

$\boldsymbol{\omega}_{ib}^{b}$. 经常地, 陀螺仪可测得从过去 t_{m-1} 到现在 t_m 的欧拉角(姿态角)增量 $\Delta\boldsymbol{\theta}=\left[\Delta\theta,\Delta\gamma,\Delta\psi\right]$, 依据角增量算得方向余弦矩阵 $C_{b(m)}^{b(m-1)}$, 从而算得等效旋转矢量 $\varphi\boldsymbol{u}$.

11.7.1 姿态更新

再次强调坐标系的变换与坐标的变换互逆. 一方面, $\left[\boldsymbol{i}_b,\boldsymbol{j}_b,\boldsymbol{k}_b\right]=\left[\boldsymbol{i}_g,\boldsymbol{j}_g,\boldsymbol{k}_g\right]\boldsymbol{C}_b^g$ 表示地理系到本体系的坐标系变换; 另一方面, $\boldsymbol{r}^g=\boldsymbol{C}_b^g\boldsymbol{r}^b$ 是本体系到地理系的坐标变换.

11.7.1.1 导航系姿态: 过去到现在

用 $\boldsymbol{\omega}_{ig}^{g}$ 表示地理系相对于地惯系的角速度, 坐标在地理系下表示, 满足

$$\boldsymbol{\omega}_{ig}^{g}=\boldsymbol{\omega}_{ie}^{g}+\boldsymbol{\omega}_{eg}^{g} \tag{11.138}$$

其中 $\boldsymbol{\omega}_{ie}^{g}$ 参考(11.83), $\boldsymbol{\omega}_{eg}^{g}$ 参考(11.88). 由于 $\boldsymbol{\omega}_{ig}^{g}$ 是小量, 因此可以认为 $\boldsymbol{C}_{g(m-1)}^{g(m)}$ 表示 t_m 时刻地理系相对于 t_{m-1} 时刻地理系的“定轴”旋转, 设 $T=t_m-t_{m-1}$, $T\boldsymbol{\omega}_{ig(m)}^{g}$ 可以通过计算机计算获取, φ 是 $T\boldsymbol{\omega}_{ig(m)}^{g}$ 的大小, $\boldsymbol{u}_{ig(m)}^{g}$ 是 $T\boldsymbol{\omega}_{ig(m)}^{g}$ 的方向, 则

$$\boldsymbol{C}_{g(m-1)}^{g(m)}=(\boldsymbol{C}_{g(m)}^{g(m-1)})^{\mathrm{T}}=\boldsymbol{M}^{\mathrm{T}}\left(T\boldsymbol{\omega}_{ig(m)}^{g}\right)=\boldsymbol{M}\left(-\varphi\boldsymbol{u}_{ig(m)}^{g}\right) \tag{11.139}$$

11.7.1.2 本体系姿态: 现在到过去

用 $\boldsymbol{C}_{b(m)}^{b(m-1)}$ 表示 t_{m-1} 时刻本体系相对于 t_m 时刻本体系的“变轴”旋转, t_{m-1} 时刻到 t_m 时刻的角增量 $\Delta\boldsymbol{\theta}_m$ 可以通过陀螺仪获取, φ 是 $\Delta\boldsymbol{\theta}_m$ 的大小, $\boldsymbol{u}$ 是 $\Delta\boldsymbol{\theta}_m$ 的方向, 有

$$\boldsymbol{C}_{b(m)}^{b(m-1)}=\boldsymbol{M}(\varphi\boldsymbol{u}) \tag{11.140}$$

11.7.1.3 从本体系到导航系

用 $\boldsymbol{C}_{b(m-1)}^{g(m-1)}$ 表示 t_{m-1} 时刻地理系相对于本体系的旋转, 则根据链式规则, t_m 时刻地理系相对于本体系的姿态 $\boldsymbol{C}_{b(m)}^{g(m)}$ 满足

$$\boldsymbol{C}_{b(m)}^{g(m)}=\boldsymbol{C}_{g(m-1)}^{g(m)}\boldsymbol{C}_{b(m-1)}^{g(m-1)}\boldsymbol{C}_{b(m)}^{b(m-1)} \tag{11.141}$$

其中 $\boldsymbol{C}_{g(m-1)}^{g(m)}$ 源于(11.139), $\boldsymbol{C}_{b(m-1)}^{g(m-1)}$ 源于 t_{m-1} 时刻的计算结果, $\boldsymbol{C}_{b(m)}^{b(m-1)}$ 源于(11.140).

基于依据(11.17)把方向余弦$\boldsymbol{C}_{b(m)}^{g(m)}$变成欧拉角$[\theta,\gamma,\psi]$，也就是$t_m$时刻的姿态，复述如下

$$\begin{cases}\theta=\operatorname{asin}(C_{32})\\ \gamma=-\operatorname{atan2}(C_{31},C_{33})\\ \psi=-\operatorname{atan2}(C_{12},C_{22})\end{cases}\tag{11.142}$$

11.7.2 速度更新

载体相对地球的加速度公式为

$$\dot{\boldsymbol{v}}_{eg}=\left[\boldsymbol{g}-(2\boldsymbol{\omega}_{ie}+\boldsymbol{\omega}_{eg})\times\boldsymbol{v}_{eg}\right]+\boldsymbol{f}\tag{11.143}$$

其中$\boldsymbol{g}-(2\boldsymbol{\omega}_{ie}+\boldsymbol{\omega}_{eg})\times\boldsymbol{v}_{eg}$为有害加速度，$\boldsymbol{f}$是加速度计测量的比力加速度. 时间$[t_{m-1},t_m]=[0,T]$内，依据(11.122)积分得地速

$$\boldsymbol{v}_{eg(m)}^{g}=\boldsymbol{v}_{eg(m-1)}^{g}+\Delta\boldsymbol{v}_{\text{harm}(m)}^{g}+\Delta\boldsymbol{v}_{sf(m)}^{g}\tag{11.144}$$

依据(11.123)有害加速度可以近似为

$$\Delta\boldsymbol{v}_{\text{harm}(m)}^{g}\approx T\left\{\boldsymbol{g}_{(m-1)}^{g}-\left[2\boldsymbol{\omega}_{ie(m-1)}^{g}+\boldsymbol{\omega}_{eg(m-1)}^{g}\right]\times\boldsymbol{v}_{eg(m-1)}^{g}\right\}\tag{11.145}$$

依(11.125), (11.126), (11.132), (11.137)，比力速度可以近似为

$$\Delta\boldsymbol{v}_{sf(m)}^{g}=\Delta\boldsymbol{v}_{sf,\text{I}}^{g}+\Delta\boldsymbol{v}_{sf,\text{II}}^{g}-\Delta\boldsymbol{v}_{sf,\text{III}}^{g}\tag{11.146}$$

11.7.3 位置更新

假定在采样时间$[t_{m-1},t_m]$内，“东北天”速度$[v_E,v_N,v_U]$都满足线性关系，已知$v(t_{m-1}),v(t_m)$，依据平滑公式有

$$v(t_{m-1/2})=v(t_{m-1})+\frac{v(t_m)-v(t_{m-1})}{2}=\frac{v(t_{m-1})+v(t_m)}{2}\tag{11.147}$$

其中x为v_E,v_N或者v_U. 相对酉半径R_N和子午半径R_M来说，高程h是小量，而且R_N, R_M和L的变化比$[v_E,v_N,v_U]$的变化慢得多，因此$[h,R_N,R_M]$只用上一时刻的值. 对(11.81)一阶数值积分，得纬经高$[L,\lambda,h]$的迭代更新为

$$\begin{cases}L_m=L_{m-1}+Tv_{N(m-1/2)}[R_{M(m-1)}+h_{(m-1)}]^{-1}\\ \lambda_m=\lambda_{m-1}+Tv_{E(m-1/2)}[R_{N(m-1)}+h_{(m-1)}]^{-1}a\cos L_{(m-1)}\\ h_m=h_{m-1}+Tv_{U(m-1/2)}\end{cases}\tag{11.148}$$

第 12 章　动力学预报技术

在导弹试验任务中，弹头和弹体残骸的预报是安控工作的关键环节．本章介绍落点预报所需的坐标转换、动力学模型、大气模型、一维插值、二维插值、龙格-库塔(Runge-Kutta)数值算法．在实时落点预报中，可将导弹被动段的运动视为质点运动，并把关机点(或头体分离点)时刻的位置和速度当作弹道方程的初值，而位置与速度等运动向量一般在发射坐标系下表示．实时落点预报的实质是基于动力学微分方程的数值积分．

12.1　落点预报坐标转换

本节的重点是获得大地坐标系、地心坐标系和发射坐标系之间的转换关系：(12.1), (12.2), (12.7)和(12.10)．下文中，地心大地坐标系简称“大地系”，地心空间直角坐标系简称“地心系”，发射坐标系简称“发射系”．在目标落点预报中，目标位置和速度一般在发射系下表示的，但是目标发射点信息一般在大地系下表示的，地球自转角速度与自转轴平行，引力指向地心，重力沿地面垂线向下，故需要给出发射系、大地系和地心系等坐标系下的转换公式．

12.1.1　大地系转地心系

设目标点 M 的大地系坐标为 $[B, L, H]$，简称“纬经高”，其中 B 为纬度、L 为经度、H 为大地高．把地球看成是标准椭球体，地球长半轴为 a，短半轴为 b，偏心率为 e．$N = a/\sqrt{1-e^2\sin^2 B}$ 为导弹 M 弹下点 O' 的对应的卯酉圈半径，设 M 的地心系坐标为 $[x, y, z]^{\mathrm{T}}$，依据 1.3 节得

$$\begin{cases} x = (N+H)\cos B\cos L \\ y = (N+H)\cos B\sin L \\ z = \left(N\left(1-e^2\right)+H\right)\sin B \end{cases} \tag{12.1}$$

12.1.2　地心系转大地系

依据 1.3 节，经度 L 的计算公式为

$$L = \operatorname{atan}\left(y/x\right) + \begin{cases} 0, & x>0, y \geqslant 0 \\ \pi, & x<0, y \geqslant 0 \\ -\pi, & x<0, y<0 \\ 0, & x>0, y<0 \end{cases} \tag{12.2}$$

纬度 B 和高程 H 可以通过 fsolve 迭代计算获得. 迭代初值为

$$\begin{cases} B = \operatorname{atan}\left(z/\sqrt{x^2+y^2}\right) \\ H = z/\sin B - N\left(1-e^2\right), \end{cases} \tag{12.3}$$

12.1.3 发射系转地心系

假设 $[L,B,H]$ 为发射系原点的经度、纬度、高程, 发射系原点简称射点. 方便起见, 不妨假设 $H=0$, 此时, 发射系原点 O' 在标准椭球体上. 发射系的 $O'X_f$ 轴从发射原点 O' 指向被打击目标 $\boldsymbol{X}$, A 为射击方位角, 简称射向, 即发射系的 $O'X_f$ 轴到大地北向的角, $O'Y_f$ 垂直水平面指向天, $O'\text{-}X_fY_fZ_f$ 构成右手系. 对于发射系有两个需要注意的细节:

(1) $O'X_f$ 和 $O'Z_f$ 平行于水平面, 若 $H=0$, 则与水平面共面.

(2) 射向不是夹角, 而是到角, 规定: 逆时针为正向, 顺时针为负向. 逆着 OY_f 轴看, 从 $O'X_f$ 到大地北向的角为射向, 即 $O'X_f$ 逆时针旋转到大地北向所旋转的角度.

方便起见, 给出几个记号:

(1) $\boldsymbol{X}_{d0}=\left[z_{d0},z_{d0},z_{d0}\right]^{\mathrm{T}}$: 地心 O 到射点 O' 的向量 $\overrightarrow{OO'}$ 在地心系的坐标.

(2) $\boldsymbol{X}_f=\left[x_f,y_f,z_f\right]^{\mathrm{T}}$: 射点 O' 到弹心 $\boldsymbol{X}$ 的向量 $\overrightarrow{O'X}$ 在发射系中的坐标.

(3) $\boldsymbol{X}_d=\left[z_d,z_d,z_d\right]^{\mathrm{T}}$: 地心 O 到弹心 $\boldsymbol{X}$ 的向量 $\overrightarrow{OX}$ 在地心系中的坐标.

发射系到地心系的变换过程可以经过 “213” 旋转来刻画, 即依次绕 “YXZ” 轴完成:

首先, 将发射系 $O'\text{-}X_fY_fZ_f$ 绕 $O'Y_f$ 轴逆时针转 $A+\dfrac{\pi}{2}$ 角使得 $O'Z_f$ 指北, $O'X_f$ 指向纸面向外, 见图 12-1 的右上子图.

其次, 绕 $O'X_f$ 逆时针转 $2\pi-B$ 角, 使得 $O'Z_f$ 平行地球自转轴, $O'Y_f$ 平行赤道面, 见图 12-1 的左下子图.

最后, 绕 $O'Z_f$ 轴逆时针转 $\dfrac{\pi}{2}-L$ 角, 使得发射系 $O'\text{-}X_fY_fZ_f$ 与地心系

$O\text{-}X_dY_dZ_d$ 的三个坐标轴平行，见图 12-1 的右下子图，并且平移发射点 O' 到地心 O，使得两坐标系重合．将上述过程用旋转矩阵和平移向量来描述，因为坐标系转换与坐标转换互为逆过程，所以

$$\boldsymbol{X}_d = \boldsymbol{M}(L,B,A)\boldsymbol{X}_f + \boldsymbol{X}_{d0} \tag{12.4}$$

其中

$$\boldsymbol{M}(L,B,A) = \boldsymbol{M}_z\left(\frac{\pi}{2}-L\right)\boldsymbol{M}_x(2\pi - B)\boldsymbol{M}_y\left(\frac{\pi}{2}+A\right) \tag{12.5}$$

其中旋转矩阵参考 1.4 节和 9.4 节，表达式为

$$\boldsymbol{M}_x(\theta) = \begin{bmatrix} 1 & 0 & 0 \\ 0 & \cos\theta & \sin\theta \\ 0 & -\sin\theta & \cos\theta \end{bmatrix}, \quad \boldsymbol{M}_y(\theta) = \begin{bmatrix} \cos\theta & 0 & -\sin\theta \\ 0 & 1 & 0 \\ \sin\theta & 0 & \cos\theta \end{bmatrix}$$

$$\boldsymbol{M}_z(\theta) = \begin{bmatrix} \cos\theta & \sin\theta & 0 \\ -\sin\theta & \cos\theta & 0 \\ 0 & 0 & 1 \end{bmatrix}$$

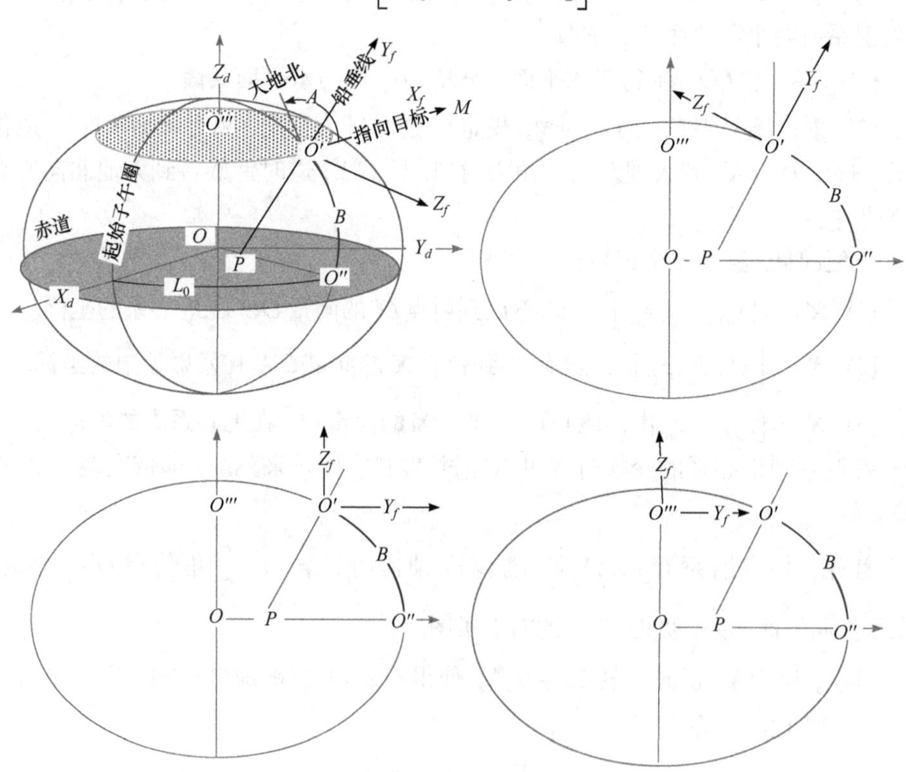

图 12-1　发射系到地心系的变换过程

综上

$$\begin{cases} \boldsymbol{M}_x(2\pi - B) = \begin{bmatrix} 1 & 0 & 0 \\ 0 & \cos B & -\sin B \\ 0 & \sin B & \cos B \end{bmatrix} \\ \boldsymbol{M}_y\left(\dfrac{\pi}{2} + A\right) = \begin{bmatrix} -\sin A & 0 & -\cos A \\ 0 & 1 & 0 \\ \cos A & 0 & -\sin A \end{bmatrix} \\ \boldsymbol{M}_z\left(\dfrac{\pi}{2} - L\right) = \begin{bmatrix} \sin L & \cos L & 0 \\ -\cos L & \sin L & 0 \\ 0 & 0 & 1 \end{bmatrix} \end{cases} \tag{12.6}$$

且

$$\begin{aligned} &\boldsymbol{M}(L,B,A) \\ &= \begin{bmatrix} -\sin A\sin L - \cos A\cos L\sin B & \cos B\cos L & \cos L\sin A\sin B - \cos A\sin L \\ \cos L\sin A - \cos A\sin B\sin L & \cos B\sin L & \cos A\cos L + \sin A\sin B\sin L \\ \cos A\cos B & \sin B & -\cos B\sin A \end{bmatrix} \end{aligned} \tag{12.7}$$

比如，当经度 $L = 0$ 时，有

$$\boldsymbol{M}(0,B,A) = \begin{bmatrix} -\sin A & 0 & -\cos A \\ -\sin B\cos A & \cos B & \sin B\sin A \\ \cos B\cos A & \sin B & -\cos B\sin A \end{bmatrix} \tag{12.8}$$

又如，当射向 $A = 0$ 时，有

$$\boldsymbol{M}(L,B,0) = \begin{bmatrix} -\cos L\sin B & \cos B\cos L & -\sin L \\ -\sin B\sin L & \cos B\sin L & \cos L \\ \cos B & \sin B & 0 \end{bmatrix} \tag{12.9}$$

实际上“北天东”测站坐标系就是“射向为零”的发射系，这解释了为何公式(12.9)与第 1 章的 $\boldsymbol{M}$ 矩阵相差一个列轮换.

12.1.4 地心系转发射系

由公式(12.4)可得地心系到发射系的坐标转换公式

$$\boldsymbol{X}_f = \boldsymbol{M}^{\mathrm{T}}(L,B,A)\left[\boldsymbol{X}_d - \boldsymbol{X}_{d0}\right] \tag{12.10}$$

12.2　导弹动力学模型

本节的重点是获得加速度合成公式(12.36)、牵连力公式(12.38)、柯氏加速度公式(12.39).

12.2.1　向量合成公式

如图 12-2 所示，称惯性系为定系，记为 $O\text{-}XYZ$；称发射系为动系，记为 $O'\text{-}X'Y'Z'$. 动系的三个基本列向量为 $[\boldsymbol{i}',\boldsymbol{j}',\boldsymbol{k}']$，定系原点 O 到目标 M 点的向量记为 $\overrightarrow{OM}=\boldsymbol{r}$，它在动系中的坐标表示为

$$\overrightarrow{OM}=\boldsymbol{r}=x\boldsymbol{i}'+y\boldsymbol{j}'+z\boldsymbol{k}' \tag{12.11}$$

动系原点 O' 到目标 M 点的向量记为 $\overrightarrow{O'M}=\boldsymbol{r}'$，它在动系中的坐标表示为

$$\overrightarrow{O'M}=\boldsymbol{r}'=x'\boldsymbol{i}'+y'\boldsymbol{j}'+z'\boldsymbol{k}' \tag{12.12}$$

定系原点 O 到动系原点 O' 的向量 $\overrightarrow{OO'}=\boldsymbol{r}_{O'}$，在动系中的坐标表示为

$$\overrightarrow{OO'}=\boldsymbol{r}_{O'}=x'_O\boldsymbol{i}'+z'_O\boldsymbol{j}'+z'_O\boldsymbol{k}' \tag{12.13}$$

由平行四边形法则有

$$\boldsymbol{r}=\boldsymbol{r}_{O'}+\boldsymbol{r}' \tag{12.14}$$

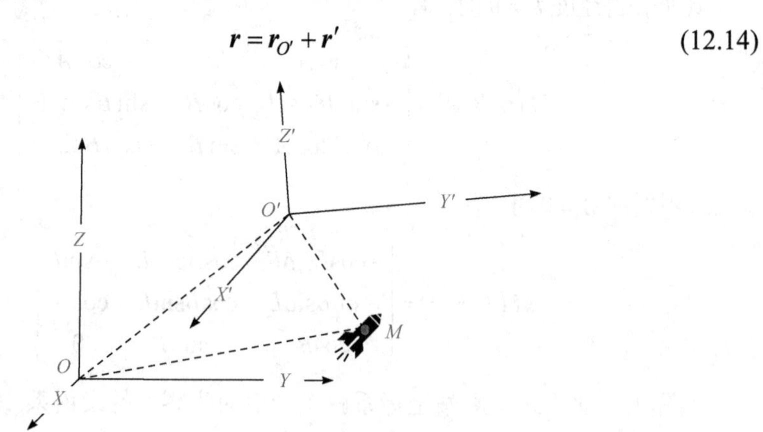

图 12-2　向量合成

12.2.2　速度合成公式

对 $\boldsymbol{r}$ 求微分，依据乘法的微分公式得

$$\dot{\boldsymbol{r}}=\dot{\boldsymbol{r}}_{O'}+\dot{\boldsymbol{r}}'=\dot{\boldsymbol{r}}_{O'}+\left(x'\dot{\boldsymbol{i}}'+y'\dot{\boldsymbol{j}}'+z'\dot{\boldsymbol{k}}'\right)+\left(\dot{x}'\boldsymbol{i}'+\dot{y}'\boldsymbol{j}'+\dot{z}'\boldsymbol{k}'\right) \tag{12.15}$$

由 11.2 节可知, 固定长度的矢量与其变化率是相互垂直的, 设 $\boldsymbol{\omega}$ 为动系的旋转轴, 则 $[\boldsymbol{i}',\mathrm{d}\boldsymbol{i}',\boldsymbol{\omega}]$ 构成右手系, 见图 12-3, 得:

(1) $\mathrm{d}\boldsymbol{i}'$ 的方向与 $\boldsymbol{\omega}\times\boldsymbol{i}'$ 平行;

(2) 若 $\boldsymbol{\omega}$ 与 $\boldsymbol{i}'$ 的夹角为 θ, 则 $\mathrm{d}\boldsymbol{i}'$ 的长度为 $\|\mathrm{d}\boldsymbol{i}'\|=\sin\theta\|\boldsymbol{\omega}\|\mathrm{d}t$, 从而

$$\|\dot{\boldsymbol{i}}'\|\mathrm{d}t=\|\mathrm{d}\boldsymbol{i}'\|=\sin\theta\|\boldsymbol{\omega}\|\mathrm{d}t=\|\boldsymbol{\omega}\times\boldsymbol{i}'\|\mathrm{d}t \tag{12.16}$$

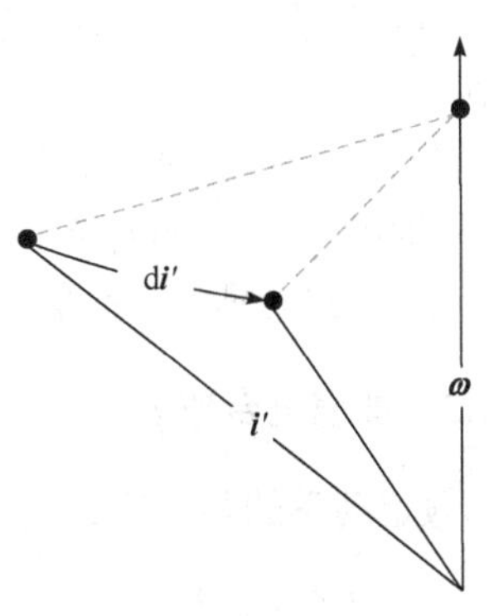

图 12-3 绕轴旋转

综上可知

$$\dot{\boldsymbol{i}}'=\boldsymbol{\omega}\times\boldsymbol{i}' \tag{12.17}$$

同理

$$\dot{\boldsymbol{j}}'=\boldsymbol{w}\times\dot{\boldsymbol{j}}',\quad \dot{\boldsymbol{k}}'=\boldsymbol{\omega}\times\dot{\boldsymbol{k}}' \tag{12.18}$$

由公式(12.17), (12.18)可知

$$x'\dot{\boldsymbol{i}}'+y'\dot{\boldsymbol{j}}'+z'\dot{\boldsymbol{k}}'=\boldsymbol{\omega}\times\boldsymbol{r}' \tag{12.19}$$

由公式(12.15), (12.19)可知

$$\dot{\boldsymbol{r}}=\dot{\boldsymbol{r}}_{O'}+(\boldsymbol{\omega}\times\boldsymbol{r}')+(\dot{x}'\boldsymbol{i}'+\dot{y}'\boldsymbol{j}'+\dot{z}'\boldsymbol{k}') \tag{12.20}$$

记

$$\begin{cases}\boldsymbol{v}_a\triangleq\dot{\boldsymbol{r}}\\ \boldsymbol{v}_r\triangleq\dot{x}'\boldsymbol{i}'+\dot{y}'\boldsymbol{j}'+\dot{z}'\boldsymbol{k}'\\ \boldsymbol{v}_e\triangleq\dot{\boldsymbol{r}}_{O'}+\boldsymbol{\omega}\times\boldsymbol{r}'\end{cases} \tag{12.21}$$

分别称 $[\boldsymbol{v}_a,\boldsymbol{v}_r,\boldsymbol{v}_e]$ 为绝对速度、相对速度和牵连速度, $\dot{\boldsymbol{r}}_{O'}$ 为平动牵连, $\boldsymbol{\omega}\times\boldsymbol{r}'$ 为转动牵连, 综上

$$\boldsymbol{v}_a=\boldsymbol{v}_r+\boldsymbol{v}_e \tag{12.22}$$

$\boldsymbol{v}_e$ 的物理意义: 与动系固连的点 M' (与目标点 M 的位置重合), 相对动系原点 O' 不做任何相对运动, 在动系下坐标固定不变, 但是动系本身相对定系原点 O 平动或转动, 导致 $\boldsymbol{v}_e$ 非零, 所以 $\boldsymbol{v}_e$ 实质是固连点 M' 相对定系原点 O 的速度. 例如, 如果动系相对 O 做速度为 $\boldsymbol{v}_0$ 的平动, 则 $\boldsymbol{i}',\boldsymbol{j}',\boldsymbol{k}'$ 不改变, 则

$$\boldsymbol{v}_e=\dot{\boldsymbol{r}}_{O'}+\boldsymbol{0}=\boldsymbol{v}_0 \tag{12.23}$$

同理, 如果动系绕过 O 的轴做匀角速度为 $\boldsymbol{\omega}$ 的转动, 则

$$\boldsymbol{v}_e=\boldsymbol{0}+\boldsymbol{\omega}\times\boldsymbol{r}'=\boldsymbol{\omega}\times\boldsymbol{r}' \tag{12.24}$$

相对位置的导数未必是相对速度，相对速度的导数未必是相对加速度，具体地:

(1) 因为(12.15)中的 $\dot{\boldsymbol{r}}'$ 包含了转动牵连速度，所以它不是目标点 M 相对于原点 O' 的相对速度，而 $\boldsymbol{v}_r \triangleq \dot{x}'\boldsymbol{i}' + \dot{y}'\boldsymbol{j}' + \dot{z}'\boldsymbol{k}'$ 才是相对速度.

(2) 下文同理，$\ddot{\boldsymbol{r}}'$ 不是相对加速度，$\boldsymbol{a}_r$ 才是相对加速度.

12.2.3　加速度合成公式

假定动系的角速度 $\boldsymbol{\omega}$ 为定值，对 $\dot{\boldsymbol{r}}$ 求微分，依据微分公式(12.15), (12.20)得

$$\begin{aligned}\ddot{\boldsymbol{r}} &= \ddot{\boldsymbol{r}}_{O'} + \ddot{\boldsymbol{r}}' \\ &= \ddot{\boldsymbol{r}}_{O'} + \left(\dot{x}'\dot{\boldsymbol{i}}' + \dot{y}'\dot{\boldsymbol{j}}' + \dot{z}'\dot{\boldsymbol{k}}'\right) + \left(\ddot{x}'\boldsymbol{i}' + \ddot{y}'\boldsymbol{j}' + \ddot{z}'\boldsymbol{k}'\right) + \boldsymbol{\omega}\times\dot{\boldsymbol{r}}' \\ &= \ddot{\boldsymbol{r}}_{O'} + \boldsymbol{\omega}\times\left(\dot{x}'\boldsymbol{i}' + \dot{y}'\boldsymbol{j}' + \dot{z}'\boldsymbol{k}'\right) + \left(\ddot{x}'\boldsymbol{i}' + y'\boldsymbol{j}' + \ddot{z}'\boldsymbol{k}'\right) + \boldsymbol{\omega}\times\left(\boldsymbol{v}_r + \boldsymbol{\omega}\times\boldsymbol{r}'\right) \\ &= \left(\ddot{x}'\boldsymbol{i}' + \ddot{y}'\boldsymbol{j}' + \ddot{z}'\boldsymbol{k}'\right) + \ddot{\boldsymbol{r}}_{O'} + \boldsymbol{\omega}\times\left(\boldsymbol{\omega}\times\boldsymbol{r}'\right) + 2\boldsymbol{\omega}\times\boldsymbol{v}_r\end{aligned} \tag{12.25}$$

记

$$\begin{cases}\boldsymbol{a}_a \triangleq \ddot{\boldsymbol{r}} \\ \boldsymbol{a}_r \triangleq \left(\ddot{x}'\boldsymbol{i}' + \ddot{y}'\boldsymbol{j}' + \ddot{z}'\boldsymbol{k}'\right) \\ \boldsymbol{a}_e \triangleq \ddot{\boldsymbol{r}}_{O'} + \boldsymbol{\omega}\times\left(\boldsymbol{\omega}\times\boldsymbol{r}'\right) \\ \boldsymbol{a}_c \triangleq 2\boldsymbol{\omega}\times\boldsymbol{v}_r\end{cases} \tag{12.26}$$

分别称 $\left[\boldsymbol{a}_a, \boldsymbol{a}_r, \boldsymbol{a}_e, \boldsymbol{a}_c\right]$ 为绝对加速度、相对加速度、牵连加速度和柯氏加速度，综上

$$\boldsymbol{a}_a = \boldsymbol{a}_r + \boldsymbol{a}_e + \boldsymbol{a}_c \tag{12.27}$$

物理意义: 由于 M' 和动系固连，所以坐标固定不变，所以 $\boldsymbol{a}_e$ 实质是固连点 M' 相对定系原点的加速度. 例如，如果动系相对 O 做加速度为 $\boldsymbol{a}_0$ 的平动，则 $\boldsymbol{i}', \boldsymbol{j}', \boldsymbol{k}'$ 不改变，$\boldsymbol{\omega} = \boldsymbol{0}$，故

$$\begin{cases}\boldsymbol{a}_c = \boldsymbol{0} \\ \boldsymbol{a}_e = \ddot{\boldsymbol{r}}_{O'} + \boldsymbol{0} = \boldsymbol{a}_0\end{cases} \tag{12.28}$$

同理，如果动系绕过 O 的轴做匀角速度为 $\boldsymbol{\omega}$ 的转动，$\boldsymbol{a}_0 = \boldsymbol{0}$，则

$$\begin{cases}\boldsymbol{a}_e = \ddot{\boldsymbol{r}}_{O'} + \boldsymbol{\omega}\times\left(\boldsymbol{\omega}\times\boldsymbol{r}'\right) = \boldsymbol{\omega}\times\left(\boldsymbol{\omega}\times\boldsymbol{r}_{O'}\right) + \boldsymbol{\omega}\times\left(\boldsymbol{\omega}\times\boldsymbol{r}'\right) = \boldsymbol{\omega}\times\left(\boldsymbol{\omega}\times\boldsymbol{r}\right) \\ \boldsymbol{a}_c = 2\boldsymbol{\omega}\times\boldsymbol{v}_r\end{cases} \tag{12.29}$$

12.2.4　导弹加速度公式

对于任意向量 $\boldsymbol{r}$，约定 r 是向量 $\boldsymbol{r}$ 的长度，$\boldsymbol{r}^0$ 是向量 $\boldsymbol{r}$ 的单位向量，即

$$\boldsymbol{r} = r\boldsymbol{r}^0 \tag{12.30}$$

假定导弹发射点的经纬高为$\left[L_0, B_0, H_0\right]$，下文所有矢量都在发射系下表示. 导弹相对发射系运动, 发射系随地球自转, 自转角速度为$\boldsymbol{\omega}$，忽略地球公转.

设$\boldsymbol{r} = x\boldsymbol{i} + y\boldsymbol{j} + z\boldsymbol{k}$为导弹质心$M$到地心$O$的矢量，$\boldsymbol{r}_0$是地心$O$到发射点$O'$的向量，$\boldsymbol{r}'$是$O'$到导弹$M$的向量, 则

$$\boldsymbol{r} = \boldsymbol{r}_0 + \boldsymbol{r}' \tag{12.31}$$

若发射系的三个基本向量为$\boldsymbol{i}', \boldsymbol{j}', \boldsymbol{k}'$，则

$$\boldsymbol{r}' = x'\boldsymbol{i}' + y'\boldsymbol{j}' + z'\boldsymbol{k}' \tag{12.32}$$

$\boldsymbol{v}_r$和$\boldsymbol{a}_r$是导弹M相对于发射点O'的相对速度和相对加速度, 即

$$\boldsymbol{v}_r = \begin{bmatrix} \dot{x}' \\ \dot{y}' \\ \dot{z}' \end{bmatrix}, \quad \boldsymbol{a}_r = \begin{bmatrix} \ddot{x}' \\ \ddot{y}' \\ \ddot{z}' \end{bmatrix} \tag{12.33}$$

由公式(12.27)可知: 惯性系下的绝对加速度$\boldsymbol{a}_a$合成公式为

$$\boldsymbol{a}_a = \boldsymbol{a}_r + \boldsymbol{a}_e + \boldsymbol{a}_c \tag{12.34}$$

其中$\boldsymbol{a}_r$是导弹相对于发射点的相对加速度，$\boldsymbol{a}_e$是由于地球自转引起的牵连加速，$\boldsymbol{a}_c$是由地球自转与导弹运动耦合引起柯氏加速度.

由动力学分析可知: 惯性系下的绝对加速度$\boldsymbol{a}_a$合成公式为[20]

$$\boldsymbol{a}_a = \boldsymbol{a}_J + \boldsymbol{g} + \boldsymbol{a}_d \tag{12.35}$$

其中$\boldsymbol{a}_J$为燃料机动力加速度，$\boldsymbol{g}$为地球引力加速度，$\boldsymbol{a}_d$为空气阻力加速度. 地面静止目标与地心系固连, 受力可以分解为重力$\boldsymbol{g}_1$和牵连力$\boldsymbol{a}_e$. 重力$\boldsymbol{g}_1$与地面压力相互抵消，$\boldsymbol{a}_e = \boldsymbol{\omega} \times \left(\boldsymbol{\omega} \times \boldsymbol{r}\right)$用于提供目标随地球自转所需向心力.

综合公式(12.34)和(12.35), 得目标相对发射系的相对加速度$\boldsymbol{a}_r$为

$$\boldsymbol{a}_r = \boldsymbol{a}_J - \boldsymbol{a}_e - \boldsymbol{a}_c + \boldsymbol{g} + \boldsymbol{a}_d \tag{12.36}$$

需注意:

(1) 导弹燃料机动力$\boldsymbol{a}_J$: 本章只考虑弹头或者一、二、三级残骸的状态, 此时不考虑弹体动力, 故

$$\boldsymbol{a}_J = \boldsymbol{0} \tag{12.37}$$

(2) 地球自转引起的牵连加速$\boldsymbol{a}_e$: 导弹离地心的距离r越大, 则$\boldsymbol{a}_e$越大; $\boldsymbol{r}$与$\boldsymbol{\omega}$的夹角越接近 90 度, 则$\boldsymbol{a}_e$越大

$$\boldsymbol{a}_e = \boldsymbol{\omega} \times \left(\boldsymbol{\omega} \times \boldsymbol{r}\right) \tag{12.38}$$

(3) 由地球自转与导弹运动耦合引起柯氏加速度$\boldsymbol{a}_c$: 相对速度$\boldsymbol{v}_r$越大, 则$\boldsymbol{a}_c$

越大; $\boldsymbol{v}_r$ 与 $\boldsymbol{\omega}$ 越正交, 则 $\boldsymbol{a}_c$ 越大, 如下

$$\boldsymbol{a}_c = 2\boldsymbol{\omega} \times \boldsymbol{v}_r \tag{12.39}$$

(4) 地球引力加速度 $\boldsymbol{g}$ 和空气阻力加速度 $\boldsymbol{a}_d$ 的是分析难点, 分别在接下来两节介绍.

12.3 引力加速度模型

若把地球近似为球体, 依据万有引力定律, $\boldsymbol{g}$ 近似为

$$\boldsymbol{g} = -\frac{GM}{r^3}\boldsymbol{r} \tag{12.40}$$

其中 G 是万有引力常数, M 是地球质量.

12.3.1 引力分解公式

若把地球近似为椭球, 见图 12-4, 其中 ϕ 是导弹质心的地心纬度, L 是经度, $J_2 = 1.08263 \times 10^{-3}$ 为二阶球谐函数系数(也称为地球形状动力学系数), $GM = 3.986004418 \times 10^{14}\,\mathrm{m}^3/\mathrm{s}^2$ 为万有引力常数与地球质量之积, $a = 6378137$ 米为地球长半轴, 地心半径 $r = OO'$, 则 $\boldsymbol{g}$ 对应的引力势函数近似为

$$U(r,\phi,L) = \frac{GM}{r}\left[1 + \frac{J_2 a^2}{2r^2}\left(1 - 3\sin^2\phi\right)\right] \tag{12.41}$$

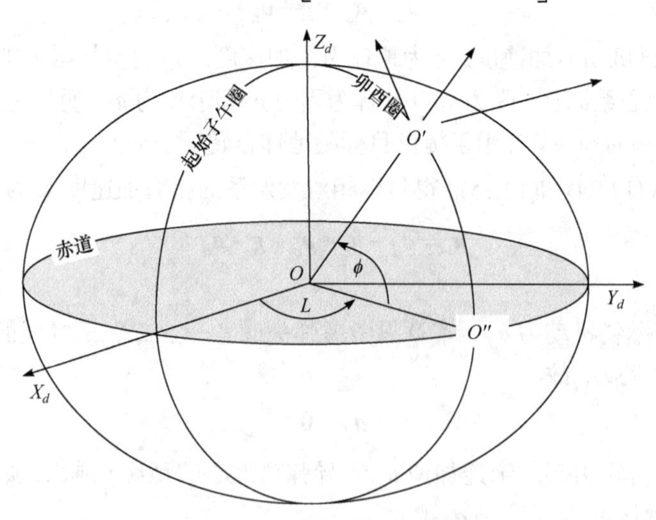

图 12-4 地球椭球体和发射点

引力势函数 $U(r,\phi,L)$ 在任意方向上的偏导数为引力加速度在该方向的投影分量

$$\begin{cases} g_e = \dfrac{\partial U}{r\cos\phi\partial L} = 0 \\ g_n = \dfrac{\partial U}{r\partial\phi} = -\dfrac{GM}{r^2}\left[\dfrac{3J_2a^2}{2r^2}\sin 2\phi\right] \\ g_r = \dfrac{\partial U}{\partial r} = -\dfrac{GM}{r^2}\left[1+\dfrac{3J_2a^2}{2r^2}\left(1-3\sin^2\phi\right)\right] \end{cases} \tag{12.42}$$

引力被正交分解为

$$\boldsymbol{g} = \boldsymbol{g}_e + \boldsymbol{g}_n + \boldsymbol{g}_r \tag{12.43}$$

其中 $\boldsymbol{g}_e$ 是偏东分量，$\boldsymbol{g}_n$ 为偏北分量，$\boldsymbol{g}_r$ 为偏天分量. 公式(12.43)的分解不是“正东-正北-正天”分解，因为地心半径 r 从地心指向导弹，酉半径 N 垂直于地球椭球面. 对应地，地心纬度 ϕ 和大地纬度 B 是有区别的.

$\boldsymbol{g}_n$ 在 $\boldsymbol{r}$ 和 $\boldsymbol{\omega}$ 方向上的分量为

$$\begin{cases} g_{nr} = g_n \tan\phi \\ g_{nw} = g_n / \cos\phi \end{cases} \tag{12.44}$$

记

$$f_m = GM, \quad J = \frac{3J_2}{2}, \quad \mu = GMa^2J \tag{12.45}$$

分别称为地球引力常数、一阶扁率系数、地球扁率系数. 因 $\boldsymbol{g}$ 与 $[\boldsymbol{r},\boldsymbol{\omega}]$ 共面，故

$$\boldsymbol{g} = g_{r,\text{total}}\boldsymbol{r}^0 + g_{\omega,\text{total}}\boldsymbol{\omega}^0 \tag{12.46}$$

依据在 $\boldsymbol{r}$ 和 $\boldsymbol{\omega}$ 方向上的总分量分别为

$$\begin{cases} g_{r,\text{total}} = g_r - g_{nr} = -\dfrac{f_m}{r^2} + \dfrac{\mu}{r^4}(5\sin^2\phi - 1) \\ g_{\omega,\text{total}} = g_{nw} = \dfrac{-2GM}{r^2}\left[\dfrac{J_2a^2}{r^2}\sin\phi\right] = -\dfrac{2\mu}{r^4}\sin\phi \end{cases} \tag{12.47}$$

其中 $[\sin\phi,\cos\phi]$ 可以分别用内积和外积求解，依据图 12-5 有

$$\sin\phi = \frac{|\boldsymbol{r}\cdot\boldsymbol{\omega}|}{r\omega} \tag{12.48}$$

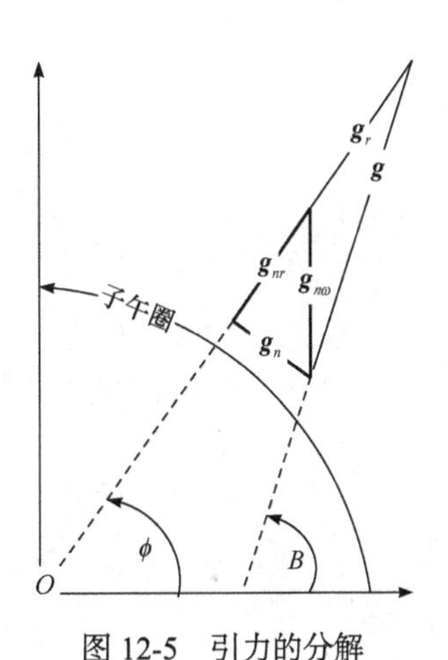

图 12-5 引力的分解

$$\cos\phi = \frac{\|\boldsymbol{r}\times\boldsymbol{\omega}\|}{r\omega} \tag{12.49}$$

但是两个公式中的 $\boldsymbol{r}$ 是未知的, 因此需要进一步求解, 见下一小节.

12.3.2　地心距公式

为了计算公式(12.48)中的 ϕ, 需要获得 $\boldsymbol{r}$ 和 $\boldsymbol{\omega}$ 在发射系的坐标. 注意到

$$\boldsymbol{r} = \boldsymbol{r}_0 + \boldsymbol{r}' \tag{12.50}$$

其中 $\boldsymbol{r}_0$ 是地心到发射点的向量, $\boldsymbol{r}'$ 是发射点到目标的向量, 后者已经在发射系下表示. 综上, 必须获得 $\boldsymbol{r}_0$ 和 $\boldsymbol{\omega}$ 在发射系下的坐标.

如图 12-6 所示, 已知发射坐标系原点为 $[L_0, B_0, H_0]$、导弹射向角为 A_0、地球自转角速度大小为 ω. 若发射点海拔高为 $H_0 = 0$, 发射点 O' 的地心纬度为 ϕ_0. 由几何分析(1.3 节)可知 $O'P = (1-e^2)O'Q$, 又因为 $OP = O'''Q$, 故

$$\tan\phi_0 = \frac{O'P}{OP} = \frac{(1-e^2)O'Q}{O'''Q} = (1-e^2)\tan B_0 \tag{12.51}$$

得

$$\phi_0 = \operatorname{atan}\left((1-e^2)\tan B_0\right) \tag{12.52}$$

设发射点的地心半径为 r_0, 把 $[\xi,\eta] = [r_0\cos\phi_0, r_0\sin\phi_0]$ 代入地球参考椭圆方程 $\frac{\xi^2}{a^2} + \frac{\eta^2}{b^2} = 1$ 得

$$r_0 = \frac{b}{\sqrt{1-e^2\cos^2\phi_0}} \tag{12.53}$$

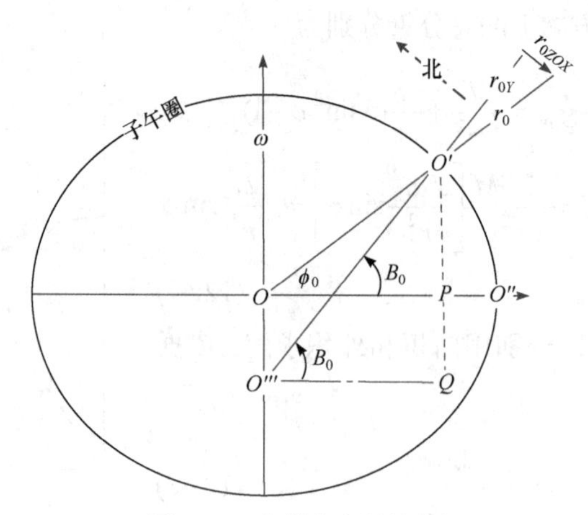

图 12-6　发射点向量的分解

12.3.3 发射点坐标

由图 12-6 可知，$\boldsymbol{r}_0$ 在发射坐标系的 Y 轴(天向)分量为

$$r_{0Y} = r_0 \cos(B_0 - \phi_0) \tag{12.54}$$

$\boldsymbol{r}_0$ 在发射坐标系的 ZOX 平面分量指向大地北的反向

$$r_{0ZOX} = r_0 \sin(B_0 - \phi_0) \tag{12.55}$$

结合图 12-6 和图 12-7，按照射向的定义，$\boldsymbol{r}_0$ 在发射坐标系的 X,Z 轴分量分别为

$$\begin{cases} r_{0X} = -r_0 \sin(B_0 - \phi_0)\cos A_0 \\ r_{0Z} = r_0 \sin(B_0 - \phi_0)\sin A_0 \end{cases} \tag{12.56}$$

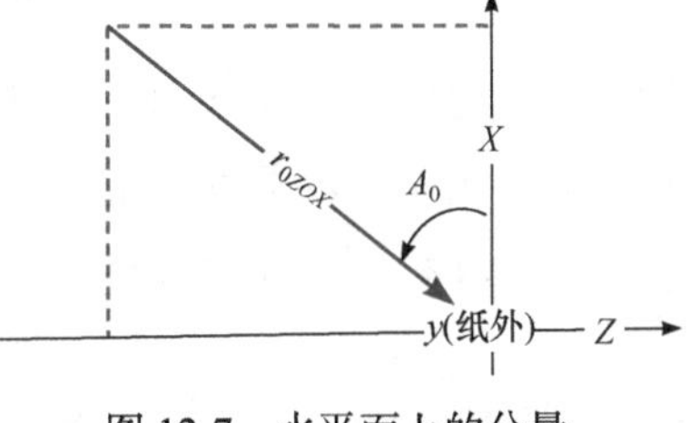

图 12-7 水平面上的分量

故 $\boldsymbol{r}_0$ 在发射系的坐标为

$$\boldsymbol{r}_0 = \begin{bmatrix} -r_0 \sin(B_0 - \phi_0)\cos A_0 \\ r_0 \cos(B_0 - \phi_0) \\ r_0 \sin(B_0 - \phi_0)\sin A_0 \end{bmatrix} \tag{12.57}$$

12.3.4 角速度坐标

由图 12-6 可知，$\boldsymbol{\omega}$ 在发射系的 Y 轴分量为

$$\omega_Y = \omega \sin(B_0) \tag{12.58}$$

$\boldsymbol{\omega}$ 在发射系的 XOZ 平面分量指向大地北

$$\omega_{XOZ} = \omega \cos(B_0) \tag{12.59}$$

故 $\boldsymbol{\omega}$ 在发射系的 X,Z 轴分量分别为

$$\begin{cases} \omega_X = \omega \cos(B_0)\cos A_0 \\ \omega_Z = -\omega \cos(B_0)\sin A_0 \end{cases} \tag{12.60}$$

故 $\boldsymbol{\omega}$ 在发射系的坐标为

$$\boldsymbol{\omega} = \begin{bmatrix} \omega \cos(B_0)\cos A_0 \\ \omega \sin(B_0) \\ -\omega \cos(B_0)\sin A_0 \end{bmatrix} \tag{12.61}$$

由于 $\boldsymbol{r}_0$ 在发射坐标系的 ZOX 平面分量指向大地北的反向，故(12.56)，(12.60)符号相反.

若发射点海拔高 $H_0 \neq 0$，则地心到发射点的向量公式(12.57)变为

$$\boldsymbol{r}_0 = \begin{bmatrix} -r_0 \sin(B_0 - \phi_0)\cos A_0 \\ r_0 \cos(B_0 - \phi_0) \\ r_0 \sin(B_0 - \phi_0)\sin A_0 \end{bmatrix} + \begin{bmatrix} 0 \\ H_0 \\ 0 \end{bmatrix} \tag{12.62}$$

12.4　阻力加速度和大气建模

导弹速度越大, 则气动阻力加速度 $\boldsymbol{a}_d$ 反向越大; 空气密度越大, 则 $\boldsymbol{a}_d$ 越大, 可得

$$\boldsymbol{a}_d = -\frac{1}{2}\rho\frac{CS}{m}v_r\boldsymbol{v}_r \tag{12.63}$$

其中 ρ 是空气密度, C 是阻力系数, S 是弹头参考面积, m 是导弹质量. 若地球平均半径为 $\overline{r}_0 = 6356.766\text{km}$, 海平面大气密度为 $\rho_0 = 1.225\text{kg}/\text{m}^3$, 压强为 $p_0 = 101325\text{Pa}$, 温度的单位为K, 则几何高度 z 与地势高度 h 的满足

$$\begin{cases} z = r - R \\ h = z/(1 + z/\overline{r}_0) \end{cases} \tag{12.64}$$

其中 R (单位是 km)为弹下点到地心的距离, 计算公式见(12.53), 若 B 为目标所在地心纬度, 则

$$R = \frac{b}{\sqrt{1 - e^2\cos^2 B}} \tag{12.65}$$

12.4.1　大气参数经验公式

依据几何高度的分层值和公式(12.64)获得地势高度 h, 再用分段拟合的方法, 得到温度 T 、压强 p 、密度 ρ 满足的表达式.

(1) $0 < z < 11.0191\text{km}$

$$\begin{cases} W = 1 - h/44.3308 \\ T = 288.15W \\ p = p_0 W^{5.2559} \\ \rho = \rho_0 W^{4.2559} \end{cases} \tag{12.66}$$

(2) $11.0191\text{km} < z < 20.0631\text{km}$

$$\begin{cases} W = e^{(14.9647 - h)/6.3416} \\ T = 216.650 \\ p = p_0(1.1953\text{e}-1)W \\ \rho = \rho_0(1.5898\text{e}-1)W \end{cases} \tag{12.67}$$

(3) $20.063.1\text{km} < z < 32.1619\text{km}$

$$\begin{cases} W = 1 + (h - 24.9021)/221.552 \\ T = 221.552W \\ p = p_0(2.5158\text{e}-2)W^{-34.1629} \\ \rho = \rho_0(3.2722\text{e}-2)W^{-35.1629} \end{cases} \tag{12.68}$$

(4) $32.1619\text{km} < z < 47.3501\text{km}$

$$\begin{cases} W = 1 + (h - 39.7499)/89.4107 \\ T = 250.350W \\ p = p_0(2.8338\text{e}-3)W^{-12.2011} \\ \rho = \rho_0(3.2618\,\text{e}-3)W^{-13.2011} \end{cases} \tag{12.69}$$

(5) $47.3501\text{km} < z < 51.4125\text{km}$

$$\begin{cases} W = e^{(48.6252-h)/7.9223} \\ T = 270.650 \\ p = p_0(8.9155\text{e}-4)W \\ \rho = \rho_0(9.4920\text{e}-4)W \end{cases} \tag{12.70}$$

(6) $51.4125\text{km} < z < 71.802\text{km}$

$$\begin{cases} W = 1 - (h - 59.4390)/88.2218 \\ T = 247.021W \\ p = p_0(2.1671\text{e}-4)W^{12.2011} \\ \rho = \rho_0(2.5280\text{e}-4)W^{11.2011} \end{cases} \tag{12.71}$$

(7) $71.802\text{km} < z < 86\text{km}$

$$\begin{cases} W = 1 - (h - 78.0303)/100.2950 \\ T = 200.590W \\ p = p_0(1.2274\text{e}-5)W^{17.0816} \\ \rho = \rho_0(1.7632\text{e}-5)W^{16.0816} \end{cases} \tag{12.72}$$

(8) $86\text{km} < z < 91\text{km}$

$$\begin{cases} W = e^{(87.2848-h)/5.4700} \\ T = 186.8700 \\ p = p_0((2.2730 + 1.042\text{e}-3)\text{e}-6)W \\ \rho = \rho_0(3.6411\text{e}-6)W \end{cases} \tag{12.73}$$

音速 v_s 和引力 g 加速度满足

$$\begin{cases} v_s = 20.0468\sqrt{T(K^0)} \\ g = g_0\left(\dfrac{\overline{r}_0}{\overline{r}_0 + z}\right)^2 \end{cases} \tag{12.74}$$

其中 $g_0 = 9.80665$，$\overline{r}_0$ 是地球平均半径，z 是几何高度，见(12.64).

12.4.2　大气参数插值公式

由公式(12.63)可知：大气阻力是关于大气密度 ρ 与导弹相对速度 $\boldsymbol{v}_r$ 的函数，可以用一维插值方法对大气密度 ρ 和声速 v_s 建模. 阻力系数 C 是关于几何高度和马赫数的二元函数，可以用双线性插值对阻力系数 C 建模.

已知直线上两个点 $[x_1, x_2]$，对应的函数值为 $[f(x_1), f(x_2)]$，插值点为 x，若

$$x = \lambda x_1 + (1-\lambda)x_2, \quad \lambda = \frac{x_2 - x}{x_2 - x_1} \tag{12.75}$$

则一维插值公式为

$$f(x) = \lambda f(x_1) + (1-\lambda) f(x_2) \tag{12.76}$$

由图 12-8 可知，当真值函数下凸时，插值在真值上方；相反，当真值函数上凸时，插值在真值下方. 若 $\lambda \in [0,1]$，称上述公式为内插公式，否则为外插公式.

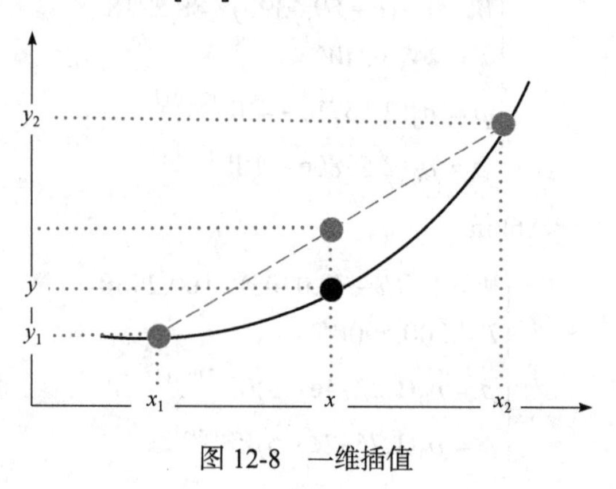

图 12-8　一维插值

如图 12-9 所示，已知平面上四个点

$$[Q_{11}(x_1, y_1), Q_{12}(x_1, y_2), Q_{21}(x_2, y_1), Q_{22}(x_2, y_2)] \tag{12.77}$$

对应的函数值为 $[f(Q_{11}), f(Q_{12}), f(Q_{21}), f(Q_{22})]$，插值点为 $P = (x, y)$. 若

$$x = \lambda x_1 + (1-\lambda)x_2, \quad \lambda = \frac{x_2 - x}{x_2 - x_1} \tag{12.78}$$

则令

$$R_1=[x,y_1],\quad R_2=[x,y_2] \tag{12.79}$$

$$\begin{cases} f(R_1)=\lambda f(Q_{11})+(1-\lambda)f(Q_{21}) \\ f(R_2)=\lambda f(Q_{12})+(1-\lambda)f(Q_{22}) \end{cases} \tag{12.80}$$

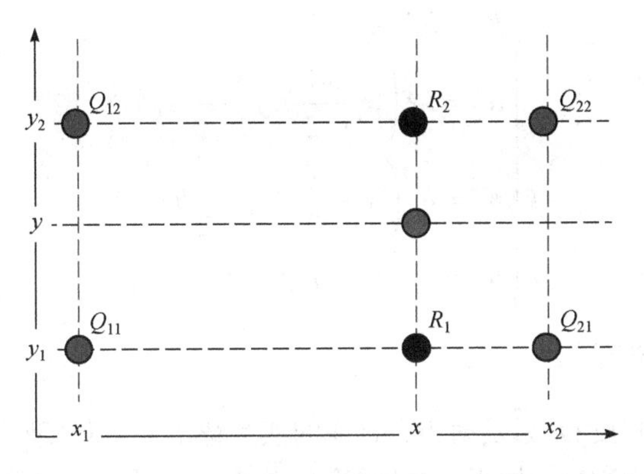

图 12-9 二维插值

若

$$y=\alpha y_1+(1-\alpha)y_2,\quad \alpha=\frac{y_2-y}{y_2-y_1} \tag{12.81}$$

则令

$$f(P)=\alpha f(R_1)+(1-\alpha)f(R_2) \tag{12.82}$$

综上

$$f(P)=[\lambda,1-\lambda]\begin{bmatrix} f(Q_{11}) & f(Q_{12}) \\ f(Q_{21}) & f(Q_{22}) \end{bmatrix}\begin{bmatrix} \alpha \\ 1-\alpha \end{bmatrix} \tag{12.83}$$

12.5 导弹落点预报和评估模型

12.5.1 数值积分公式

龙格-库塔(Runge-Kutta)方法是一种在工程上应用广泛的高精度单步算法. 假设多维函数向量 $\boldsymbol{y}$ 的微分方程为

$$\dot{\boldsymbol{y}}=\boldsymbol{f}(\boldsymbol{x},\boldsymbol{y}) \tag{12.84}$$

若 h 为步长, $\boldsymbol{K}_i=\boldsymbol{f}(\boldsymbol{x}_i,\boldsymbol{y}_i)$ 为微分值, 即 $p=4$, 四阶龙格-库塔公式的局部

截断误差是 $O\left(h^5\right)$，其表达式为

$$\boldsymbol{y}_{i+1}=\boldsymbol{y}_i+\frac{1}{6}\left(\boldsymbol{K}_1+2\boldsymbol{K}_2+2\boldsymbol{K}_3+\boldsymbol{K}_4\right) \tag{12.85}$$

其中

$$\begin{cases}\boldsymbol{K}_1=h\boldsymbol{f}\left(\boldsymbol{x}_i,\boldsymbol{y}_i\right)\\ \boldsymbol{K}_2=h\boldsymbol{f}\left(\boldsymbol{x}_i+\dfrac{1}{2}h,\boldsymbol{y}_i+\dfrac{1}{2}\boldsymbol{K}_1\right)\\ \boldsymbol{K}_3=h\boldsymbol{f}\left(\boldsymbol{x}_i+\dfrac{1}{2}h,\boldsymbol{y}_i+\dfrac{1}{2}h\boldsymbol{K}_2\right)\\ \boldsymbol{K}_4=h\boldsymbol{f}\left(\boldsymbol{x}_i+h,\boldsymbol{y}_i+h\boldsymbol{K}_3\right)\end{cases} \tag{12.86}$$

12.5.2　预报精度评估

如图 12-10 假设 O' 为发射点，导弹的实际落点 C' 相对理论落点 C 之差称为落点偏差．平面 $OO'C$ 称为射面，过理论落点 C 的切平面称为散布平面，射面与散布平面相交的直线称为纵向，记为 L，射程增加的方向为正向，与纵向垂直的方向称为横向，记为 H，若 V 为铅垂线向上，则 HLV 构成右手系．落点偏差一般分解为纵向偏差和横向偏差，前者是沿 L 方向的偏差分量，后者沿 H 方向的偏差分量．

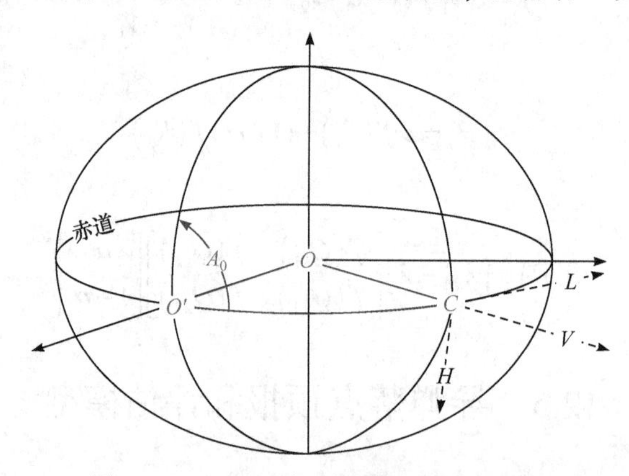

图 12-10　地心坐标系和落点散布坐标系

需注意：符号 H,L 和 V 被复用了，H 曾用于表示海拔高，L 曾用于表示经度，V 曾用于表示速率．

下面定义两种新的坐标系：

(1) 落点测站系．原点在理论落点 C，X 轴指向大地北，Y 轴指向天．X 轴到大地北向的角为零．落点测站系是一个特殊的“北天东”测站系．

(2) 落点散布系．原点在理论落点 C，X 轴平行 L 轴，Y 轴指向天．X 轴到

大地北向的角为 A_1. 落点散布系指向为“纵立横”是一个特殊的发射系.

已知发射点 O' 的经纬高 $\left[B_0,L_0,H_0\right]$ 和射击方位角 A_0，依据公式(12.1)计算发射点 O' 在地心系中的坐标 $\boldsymbol{X}_{0d}$

$$\boldsymbol{X}_{0d}=\begin{bmatrix}\left(N+H_0\right)\cos B_0\cos L_0\\ \left(N+H_0\right)\cos B_0\sin L_0\\ \left[N(1-e^2)+H_0\right]\sin B_0\end{bmatrix},\quad N=\frac{a}{\sqrt{1-e^2\sin^2 B_0}} \tag{12.87}$$

已知理论落点 C 在发射系下的坐标 $\boldsymbol{X}_{10}$，依据(12.1)计算理论落点 C 在地心系下的坐标 $\boldsymbol{X}_{1d}$，依据(12.4)可得

$$\boldsymbol{X}_{1d}=\boldsymbol{M}\left(L_0,B_0,A_0\right)\boldsymbol{X}_{10}+\boldsymbol{X}_{0d} \tag{12.88}$$

再依据公式(12.2)和迭代法计算理论落点 C 的经纬高 $\left[B_1,L_1,H_1\right]$. 若发射点 O' 在落点测站系中的坐标记为 $\boldsymbol{X}_{01}$，发射点 O' 在地心系中的坐标 $\boldsymbol{X}_{0d}$，则类似于(12.4)可得

$$\boldsymbol{X}_{0d}=\boldsymbol{M}\left(L_1,B_1,0\right)\boldsymbol{X}_{01}+\boldsymbol{X}_{1d} \tag{12.89}$$

故

$$\boldsymbol{X}_{01}=\boldsymbol{M}^{\mathrm{T}}\left(L_1,B_1,0\right)\left(\boldsymbol{X}_{0d}-\boldsymbol{X}_{1d}\right) \tag{12.90}$$

记 $A_{反}$ 为向量 $\overrightarrow{CO'}$ 在散布平面的投影(与 L 轴的反向)到大地北(即落点测量坐标系 X 轴)的方位角, 记 $\boldsymbol{X}_{01}$ 的 x 分量和 z 分量分别为 x_{01} 和 z_{01}，则方位角为

$$A_{反}=\mathrm{atan2d}\left(z_{01},x_{01}\right) \tag{12.91}$$

射向 A_1 为落点散布系 X 轴(L 轴)到落点测站系 X 轴(大地北)的夹角,

$$A_1=A_{反}+180^{\circ} \tag{12.92}$$

已知实际落点 C' 的经纬高 $\left[B_2,L_2,H_2\right]$，依据公式(12.1)实际落点 C' 在地心系中的坐标 $\boldsymbol{X}_{2d}$

$$\boldsymbol{X}_{2d}=\begin{bmatrix}\left(N_2+H_2\right)\cos B_2\cos L_2\\ \left(N_2+H_2\right)\cos B_2\sin L_2\\ \left[N_2\left(1-e^2\right)+H_2\right]\sin B_2\end{bmatrix},\quad N_2=\frac{a}{\sqrt{1-e^2\sin^2 B_2}} \tag{12.93}$$

记实际落点 C' 在落点散布系中的坐标 $\boldsymbol{X}_{21}$，则实际落点 C' 在地心系中的坐标 $\boldsymbol{X}_{2d}$ 满足

$$\boldsymbol{X}_{2d}=\boldsymbol{M}\left(L_1,B_1,A_1\right)\boldsymbol{X}_{21}+\boldsymbol{X}_{1d} \tag{12.94}$$

故

$$\boldsymbol{X}_{21}=\boldsymbol{M}^{\mathrm{T}}\left(L_1,B_1,A_1\right)\left(\boldsymbol{X}_{2d}-\boldsymbol{X}_{1d}\right) \tag{12.95}$$

则纵向和横向落点偏差定义为 $\boldsymbol{X}_{21}$ 的 x 分量和 z 分量，即

$$\Delta L=x_{21},\quad \Delta H=z_{21} \tag{12.96}$$

综上，得到如下预报精度评估算法，其中获得射向 A_1 是算法关键：

步骤 1：依据(12.87)计算发射点 O' 在地心系中的坐标 $\boldsymbol{X}_{0d}$.

步骤 2：依据(12.88)计算理论落点 C 在地心系中的坐标 $\boldsymbol{X}_{1d}$.

步骤 3：依据(12.90)计算发射点 O' 在落点测站系的坐标 $\boldsymbol{X}_{01}$.

步骤 4：依据(12.91), (12.92)计算方位角 $A_{反}$ 和射向 A_1 .

步骤 5：依据(12.95)计算实际落点 C' 在落点散布坐标系中的坐标 $\boldsymbol{X}_{21}$.

步骤 6：依据(12.96)计算纵向落点偏差 ΔL 和横向落点偏差 ΔH .

12.6　落点预报算法设计

12.6.1　导弹落点预报算法

导弹的状态矢量 $\boldsymbol{X}$ 包括导弹相对于发射系下的相对位置 $\boldsymbol{r}'=[x,y,z]^{\mathrm{T}}$ 和相对速度 $\dot{\boldsymbol{r}}'=[\dot{x},\dot{y},\dot{z}]^{\mathrm{T}}$ ，即

$$\boldsymbol{X}=\begin{bmatrix}\boldsymbol{r}'\\ \dot{\boldsymbol{r}}'\end{bmatrix} \tag{12.97}$$

三子级分离瞬间的位置 $\boldsymbol{r}_0'$ 与速度 $\dot{\boldsymbol{r}}_0'$ 作为初始状态，即

$$\boldsymbol{X}_0=\begin{bmatrix}\boldsymbol{r}_0'\\ \dot{\boldsymbol{r}}_0'\end{bmatrix} \tag{12.98}$$

状态的微分方程为

$$\dot{\boldsymbol{X}}=\begin{bmatrix}\dot{\boldsymbol{r}}'\\ \boldsymbol{a}_r\end{bmatrix} \tag{12.99}$$

其中 $\boldsymbol{a}_r$ 源于公式(12.36) $\boldsymbol{a}_r=\boldsymbol{a}_J-\boldsymbol{a}_e-\boldsymbol{a}_c+\boldsymbol{g}+\boldsymbol{a}_d$. 数值积分法的输入条件包括：发射点纬度 B_0 、经度 L_0 、高程 H_0 、射向 A_0 、导弹质量 m 、有效截面积 S 、初始相对位置 $\boldsymbol{r}_0'$ 、初始相对速度 $\dot{\boldsymbol{r}}_0'$ 、预判弹道落点海拔 H_1 、积分步长 h 、积分时长 t .

步骤 1：依据(12.1)求发射系原点在地心系的坐标 $\boldsymbol{X}_{d0}$.

步骤 2: 依据公式(12.51)求发射点的地心纬度ϕ_0.

步骤 3: 依据公式(12.57)求地心到发射点的矢量$\boldsymbol{r}_0$在发射系的坐标.

步骤 4: 依据公式(12.61)求自转角速度$\boldsymbol{\omega}$在发射系的坐标.

步骤 5: 依据公式(12.31)求导弹质心到地心的矢量$\boldsymbol{r}$在发射系的坐标.

步骤 6: 依据公式(12.38)求牵连加速度$\boldsymbol{a}_e$在发射系的坐标.

步骤 7: 依据公式(12.39)求柯氏加速度$\boldsymbol{a}_c$在发射系的坐标.

步骤 8: 依据公式(12.48), (12.49)求导弹的地心纬度正弦和余弦$[\sin\phi, \cos\phi]$.

步骤 9: 依据公式(12.46)求引力加速度$\boldsymbol{g}$在发射系的坐标.

步骤 10: 依据公式(12.65), (12.64)计算导弹到地心的连线与椭球体相交点对应的地心半径R和几何高度$z = r - R$.

步骤 11: 依据大气数据和公式(12.64)求几何高度z对应的大气密度ρ和声速v_s.

步骤 12: 依据阻力系数表和公式(12.82)求几何高度z对应，马赫数v_r / v_s对应的阻力系数C.

步骤 13: 依据公式(12.63)求大气阻力系数$\boldsymbol{a}_d$.

步骤 14: 依据公式(12.36)计算加速度$\boldsymbol{a}_r$在发射系的坐标.

步骤 15: 依据公式(12.85)计算弹道在下一时刻$t_{i+1} = t_i + h$的状态.

步骤 16: 依据公式(12.4)求状态对应的地心系坐标$\boldsymbol{X}_d$.

步骤 17: 依据公式(12.2), (12.3)和迭代算法求状态大地坐标$[L, B, H]$.

步骤 18: 若$H > H_1$，状态更新，令$i = i + 1$并返回步骤 5. 否则，执行落点评估算法.

12.6.2 快速高效评估算法

若初值不断更新, 预报结果也可以不断更新, 最终的预报结果可以参考如下两个模型完成.

(1) 最新预报模型: 模型利用新的预报值代替旧的预报值, 实时计算方差, 并把标准差当作精度范围.

(2) 椭圆预报模型: 将过去的预报值加权平均, 实时计算预报均值和预报方差, 并把均值作为最终预报值, 标准差作为精度范围.

无论用哪种模型, 都要实时计算均值和方差, 由于预报值数量未知, 需事先申请一块足够大的缓存或者临时申请动态内存保存所有预报数据. 若能做到递归更新, 那么无论是时间复杂度和空间复杂度都能大大降低, 其中均值和方差的快速更新算法成为关键.

在工程实践中, 随机向量的概率密度函数往往是未知的, 因此均值和方差需要用近似方法求解出来. 若可以获得随机向量的大量观测值, 则均值和方差可以

分别用样本均值和样本方差代替. 记所有 n 个预报结果为

$$\boldsymbol{X}_n = \left[\boldsymbol{x}_1, \cdots, \boldsymbol{x}_n\right] \in \mathbb{R}^{3\times n} \tag{12.100}$$

称矩阵 $\boldsymbol{X} \in \mathbb{R}^{m\times n}$ 为 $\boldsymbol{x}$ 的样本矩阵, 称下式为 $\boldsymbol{X}$ 的均值向量

$$\overline{\boldsymbol{X}}_n = \frac{1}{n}\sum_{i=1}^{n} \boldsymbol{x}_i \in \mathbb{R}^{m\times 1} \tag{12.101}$$

若 $\boldsymbol{1} \in \mathbb{R}^n$ 是 n 维全 1 向量, 称则称下式为 $\boldsymbol{X}$ 的样本方差

$$\boldsymbol{S}_n = \frac{1}{n}\left(\boldsymbol{X}_n - \overline{\boldsymbol{x}}_n \boldsymbol{1}^{\mathrm{T}}\right)\left(\boldsymbol{X}_n - \overline{\boldsymbol{x}}_n \boldsymbol{1}^{\mathrm{T}}\right)^{\mathrm{T}} \in \mathbb{R}^{m\times m} \tag{12.102}$$

可以验证, 下式成立

$$\boldsymbol{S}_n = \frac{1}{n}\boldsymbol{X}_n \boldsymbol{X}_n^{\mathrm{T}} - \overline{\boldsymbol{x}}_n \overline{\boldsymbol{x}}_n^{\mathrm{T}} \tag{12.103}$$

$\dfrac{1}{n}\boldsymbol{X}_n \boldsymbol{X}_n^{\mathrm{T}}$ 是 $\boldsymbol{X}_n$ 的二阶样本原点矩, 满足

$$\frac{1}{n}\boldsymbol{X}_n \boldsymbol{X}_n^{\mathrm{T}} = \frac{1}{n}\sum_{i=1}^{n} \boldsymbol{x}_i \boldsymbol{x}_i^{\mathrm{T}} \tag{12.104}$$

故

$$\boldsymbol{S}_n = \overline{\boldsymbol{X}_n \boldsymbol{X}_n^{\mathrm{T}}} - \overline{\boldsymbol{x}}_n \overline{\boldsymbol{x}}_n^{\mathrm{T}} \tag{12.105}$$

已知 $\boldsymbol{X}_n$ 的均值 $\overline{\boldsymbol{x}}_n$、二阶原点矩 $\overline{\boldsymbol{X}_n \boldsymbol{X}_n^{\mathrm{T}}}$, 则递归更新公式为

$$\begin{cases} \overline{\boldsymbol{x}}_{n+1} = \dfrac{n}{n+1}\overline{\boldsymbol{x}}_n + \dfrac{1}{n+1}\boldsymbol{x}_{n+1} \\ \overline{\boldsymbol{X}_{n+1} \boldsymbol{X}_{n+1}^{\mathrm{T}}} = \dfrac{n}{n+1}\overline{\boldsymbol{X}_n \boldsymbol{X}_n^{\mathrm{T}}} + \dfrac{1}{n+1}\boldsymbol{x}_{n+1}\boldsymbol{x}_{n+1}^{\mathrm{T}} \end{cases} \tag{12.106}$$

因此可得方差的递归公式

$$\boldsymbol{S}_{n+1} = \overline{\boldsymbol{X}_{n+1} \boldsymbol{X}_{n+1}^{\mathrm{T}}} - \overline{\boldsymbol{x}}_{n+1} \overline{\boldsymbol{x}}_{n+1}^{\mathrm{T}} \tag{12.107}$$

第 13 章　运动学预报技术

传统弹道数据处理方法常通过查表的方式给出特定多项式阶、特定样本数、特定预报时间的加权系数. 与传统方法不同, 本章给出更一般的任意多项式阶、任意样本数、任意预报时间的加权系数, 并分析加权系数的求和特性和递归特性. 本章结构如下: 首先, 介绍试验任务中的毛刺和失锁现象, 以及针对现象的平滑、滤波与预报任务. 其次, 推导基于零次多项式、一次多项式、二次多项式、范德蒙德(Vandermonde)多项式的平滑、滤波、预报公式; 接着, 基于仿真软件的符号运算功能化简矩阵的逆运算和积运算; 最后, 讨论纵向和横向递归公式, 给出任意阶数、任意样本数、任意预报时间的拟合系数规律. 需要强调的是, 如果矩阵的阶数和元素均为确定的数字, 求逆通常是简单的. 如果矩阵阶数及样本数是符号, 则元素是关于阶数及样本数的函数, 所以其逆运算是困难的. 本章探讨了在不对符号赋值的情况下获得逆运算的通用性表达式, 可为运动学轨迹预报的深入分析提供理论依据.

13.1　数据质量与处理任务

13.1.1　毛刺和失锁

随机误差公理表明“误差存在于一切测量当中”. 受随机误差因素影响, 物理量的观测值绕真值随机抖动, 把这种观测现象称之为毛刺. 某些时刻, 观测设备无法锁定被观测目标, 观测值恒定不变, 把这种观测现象称之为失锁. 毛刺和失锁的区别主要有: ①毛刺几乎在任意时刻都会发生, 带毛刺的观测值接近真值. ②失锁偶尔发生, 发生后可能成片出现, 失锁的观测值与真值几乎没有关联. 如图 13-1 所示, 若某飞行器固定不动, 其位置坐标为$[x,y,z]$、速度坐标为$[\dot{x},\dot{y},\dot{z}]$, 位置和速度都是待测物理量, 可用多台连续波雷达组合测量该物理量. 第i台雷达站的站址坐标为$[x_i,y_i,z_i]$, 飞行器到该雷达站的距离为R_1,R_2,R_3, 径向速率是距离对时间的导数, 三个径向速率为$\dot{R}_1,\dot{R}_2,\dot{R}_3$, 距离和径向速率满足

$$R_i=\sqrt{(x-x_i)^2+(y-y_i)^2+(z-z_i)^2}\quad(i=1,2,3)\tag{13.1}$$

$$\dot{R}_i=\frac{x_j-x}{R_i}\dot{x}+\frac{y_j-y}{R_i}\dot{y}+\frac{z_j-z}{R_i}\dot{z}\quad(i=1,2,3)\tag{13.2}$$

理论推导和真实的靶场试验存在两个矛盾:

(1) 理论上, 目标是静止的, 所以距离 R_1, R_2, R_3 都应该为常值. 但实际上, 如图 13-1 左子图所示, 观测到的距离一直在常值周围抖动, 另外, 第 2 台雷达在第 43 个时刻还出现失锁现象.

(2) 理论上, 因为目标是静止的, 所以径向速率 $\dot{R}_1, \dot{R}_2, \dot{R}_3$ 都应该为零. 实际上, 如图 13-1 右子图所示, 观测到的径向速率一直在 0 周围抖动.

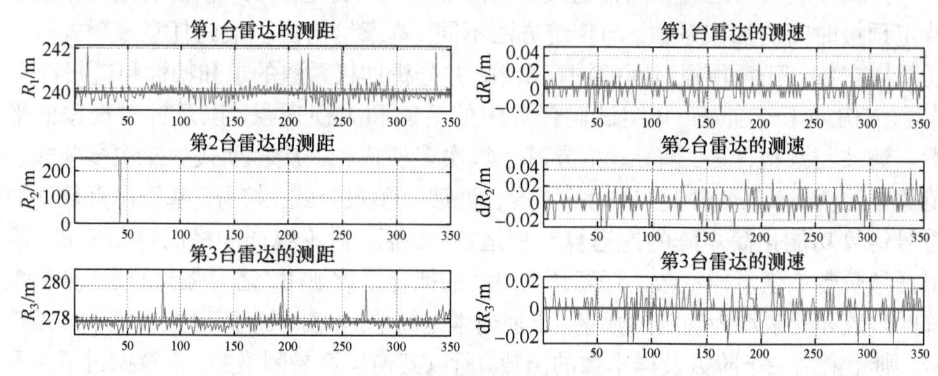

图 13-1　静态试验中的毛刺和失锁现象

动态试验中, 目标的位置和速度是连续变化的, 其曲线表现出一定的平滑性, 也就是说定位参数不会出现明显的随机抖动特性, 而测距、测速、测角等测元是定位参数的连续函数, 这意味着测元曲线也应该是光滑的. 然而, 靶场中的测元参数往往不是光滑的, 甚至会出现失锁现象. 如图 13-2 所示, 测距雷达跟踪到某目标的径向速率, 可以发现: 在 122 秒～174 秒区间上, 测元曲线有很多毛刺; 在 63 秒～74 秒等区间上, 测元曲线出现失锁现象. 面对毛刺和失锁, 本章将给出于多项式的数据处理方法, 目的是将毛刺变得光滑, 并且补齐失锁测元, 最终快速地完成平滑、滤波和预报.

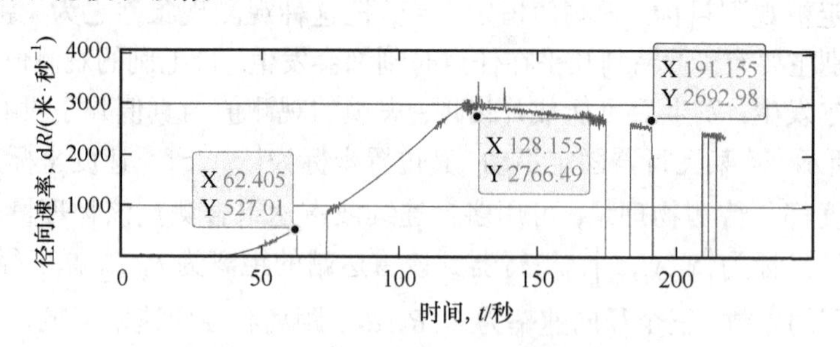

图 13-2　动态试验中的毛刺和失锁现象

13.1.2　平滑、滤波和预报

为了应对毛刺和失锁, 将基于多项式的数据处理功能划分为平滑、滤波和预报. 滤波也称为实时处理, 常用于实时优化显示和指挥控制; 平滑也称为内插、事后处理, 常用于事后回放; 预报也称为外推、预报、事前处理, 常用于野点剔除、轨迹引导和落点预报.

如图 13-3 所示, 时间戳为 $\{\cdots,t_{n-2},t_{n-1},t_n,t_{n+1},t_{n+2},\cdots\}$, 其中 t_n 表示当前时刻, $\{\cdots,t_{n-2},t_{n-1}\}$ 为过去时刻, $\{t_{n+1},t_{n+2},\cdots\}$ 为未来时刻. 记某目标参数为 x, 目标参数可以是弹道, 如位置 x,y,z 或者速度 $\dot{x},\dot{y},\dot{z}$, 也可以是测元, 比如测距 R 、测速 $\dot{R}$ 、方位角 A 或者俯仰角 E. 当前信息记为 x_n, 过去信息为

$$\boldsymbol{X}_{n-1}=\left[\cdots,x_{n-2},x_{n-1}\right]^{\mathrm{T}} \tag{13.3}$$

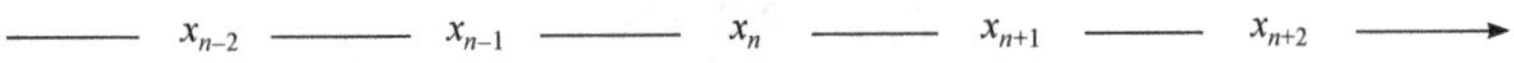

$$\text{———}\; x_{n-2} \;\text{———}\; x_{n-1} \;\text{———}\; x_n \;\text{———}\; x_{n+1} \;\text{———}\; x_{n+2} \;\longrightarrow$$

图 13-3 信息流的时间视图

当前信息与过去信息合并后得

$$\boldsymbol{X}_{n}=\left[\cdots,x_{n-2},x_{n-1},x_n\right]^{\mathrm{T}} \tag{13.4}$$

滤波就是利用 $\boldsymbol{X}_n$ 计算当前的状态 x_n, 计算值记为 $x_{n+0|n}$, 竖线后表示能够获得信息对应的时刻, 竖线前表示待计算量对应的时刻; 平滑就是利用 $\boldsymbol{X}_n$ 计算过去第 k 个时刻的状态 x_{n-k}, 计算值记为 $x_{n-k|n}$; 预报就是利用 $\boldsymbol{X}_n$ 计算未来第 k 个时刻的状态 x_{n+k}, 计算值记为 $x_{n+k|n}$. 总之, 把平滑、滤波和预报统称为估计, 统一记为

$$x_{n+k|n}=\begin{cases}\text{平滑}, & k<0\\ \text{滤波}, & k=0\\ \text{预报}, & k>0\end{cases} \tag{13.5}$$

13.2 零阶多项式模型

在静态试验中, 常用零阶多项式模型对目标参数建模.

13.2.1 系数

理想情况下, 假定观测量 x 满足如下零阶多项式模型

$$x=b_0 \tag{13.6}$$

该模型只有一个未知参数 b_0, n 个测量值 $x_1,x_2,\cdots,x_n$ 满足

$$\begin{bmatrix} x_1 \\ \vdots \\ x_n \end{bmatrix} = \begin{bmatrix} 1 \\ \vdots \\ 1 \end{bmatrix} b_0 \tag{13.7}$$

由于存在测量误差, 公式(13.7)一般是矛盾方程组, 在公式(13.7)两边同时左乘$\left[1,\cdots,1\right]$, 得

$$\sum_{i=1}^{n} x_i = nb_0 \tag{13.8}$$

从而得到未知参数 b_0 的估计值

$$\hat{b}_0 = \overline{x} \triangleq \frac{1}{n}\sum_{i=1}^{n} x_i \tag{13.9}$$

为了减少符号使用量, 下文约定: 在不引起歧义的情况下, 状态 x 及其估计 $\hat{x}$ 统一用 x 表示, 未知参数 b_0 及其估计量 $\hat{b}_0$ 统一用 b_0 表示.

13.2.2 滤波、平滑和预报

零阶多项式 x 不随时间而变化, 所以对于任意时刻位置状态估计公式都满足

$$x_{n+k|n} = \hat{b}_0 = \overline{x} \tag{13.10}$$

对应的速度状态公式为

$$\dot{x}_{n+k|n} = 0 \tag{13.11}$$

在参数估计中, 样本均值 $\overline{x}$ 和样本方差 S^2 起着关键的作用, 定义为

$$\begin{cases} \overline{x} = \dfrac{1}{n}\sum\limits_{i=1}^{n} x_i \\ S^2 = \dfrac{1}{n-1}\sum\limits_{i=1}^{n} (x_i - \overline{x})^2 \end{cases} \tag{13.12}$$

另外, 静态数据处理理论常用到多元正态分布的变换公式: 若多维随机向量满足 $\boldsymbol{\xi} \sim N\left(\boldsymbol{\mu}, \boldsymbol{\Sigma}^2\right)$, 且 $\boldsymbol{A}, \boldsymbol{B}$ 为常量, 则

$$\boldsymbol{A\xi} + \boldsymbol{B} \sim N\left(\boldsymbol{A\mu} + \boldsymbol{B}, \boldsymbol{A\Sigma}^2 \boldsymbol{A}^{\mathrm{T}}\right) \tag{13.13}$$

定理 13.1 若观测数据 $x_1, x_2, \cdots, x_n$ 是独立同正态分布的, 期望为 μ, 方差为 σ^2, 样本均值为 $\overline{x}$, 样本方差为 S^2, 则 $\overline{x}, S^2$ 相互独立, 且满足:

(1)

$$\overline{x} \sim N\left(\mu, \frac{1}{n}\sigma^2\right) \tag{13.14}$$

(2)

$$\left(n-1\right)\frac{S^2}{\sigma^2}\sim\chi^2\left(n-1\right) \tag{13.15}$$

(3)

$$\frac{\sqrt{n}\left(\overline{x}-\mu\right)}{S}\sim t\left(n-1\right) \tag{13.16}$$

从定理中可以获得以下结论:

(1) 公式(13.14)表明, 可以利用样本均值$\overline{x}$估计期望μ, 估计的方差为$\frac{1}{n}\sigma^2$, 数据容量n越大, 估计方差越小, 估计精度越高.

(2) 给定显著性水平的条件下, 可以基于公式(13.15), (13.16)完成区间估计、假设检验和试验数据容量n的设计.

13.2.3 中心平滑公式

中心平滑公式是平滑公式的特例, 记$n=2s+1,k=-s$, 由公式(13.10), (13.12)得

$$x_{n+k|n}=\frac{1}{2s+1}\left(x_1+x_2+\cdots+x_{s-1}+x_s+x_{s+1}+\cdots+x_{2s+1}\right) \tag{13.17}$$

例如, 当$s=5$时, 得到

$$\boldsymbol{w}=\frac{1}{11}[1,1,1,1,1,1,1,1,1,1,1]^{\mathrm{T}} \tag{13.18}$$

13.3 一阶多项式模型

在爬升、平飞和俯冲等挂飞试验中, 常用一次多项式模型建模.

13.3.1 系数

假定观测量x满足如下一阶多项式模型

$$x=b_0+b_1t \tag{13.19}$$

该模型有两个未知参数$\left[b_0,b_1\right]$, n个测量值$x_1,x_2,\cdots,x_n$满足

$$\begin{bmatrix}x_1\\ \vdots\\ x_n\end{bmatrix}=\begin{bmatrix}1 & t_1\\ \vdots & \vdots\\ 1 & t_n\end{bmatrix}\begin{bmatrix}b_0\\ b_1\end{bmatrix} \tag{13.20}$$

公式(13.20)一般是矛盾方程组，在公式(13.20)两边同时左乘$\begin{bmatrix} 1 & \cdots & 1 \\ t_1 & \cdots & t_n \end{bmatrix}$，得

$$\begin{bmatrix} n\overline{x} \\ \sum_{i=1}^{n} t_i x_i \end{bmatrix} = \begin{bmatrix} n & n\overline{t} \\ n\overline{t} & \sum_{i=1}^{n} t_i^2 \end{bmatrix} \begin{bmatrix} b_0 \\ b_1 \end{bmatrix} \tag{13.21}$$

其中

$$\begin{cases} \overline{x} = \dfrac{1}{n}\sum_{i=1}^{n} x_i \\ \overline{t} = \dfrac{1}{n}\sum_{i=1}^{n} t_i \end{cases} \tag{13.22}$$

利用“两换一除”原理求二阶矩阵的逆，可得未知参数$[b_1, b_0]$的估计值

$$\begin{bmatrix} b_0 \\ b_1 \end{bmatrix} = \begin{bmatrix} n & n\overline{t} \\ n\overline{t} & \sum_{i=1}^{n} t_i^2 \end{bmatrix}^{-1} \begin{bmatrix} n\overline{x} \\ \sum_{i=1}^{n} t_i x_i \end{bmatrix} = \frac{1}{n\sum_{i=1}^{n} t_i^2 - n^2\overline{t}^2} \begin{bmatrix} \sum_{i=1}^{n} t_i^2 & -n\overline{t} \\ -n\overline{t} & n \end{bmatrix} \begin{bmatrix} n\overline{x} \\ \sum_{i=1}^{n} t_i x_i \end{bmatrix} \tag{13.23}$$

整理得

$$\begin{cases} b_1 = \dfrac{n\sum_{i=1}^{n} t_i x_i - n^2\overline{t}\,\overline{x}}{n\sum_{i=1}^{n} t_i^2 - n^2\overline{t}^2} = \dfrac{\frac{1}{n}\sum_{i=1}^{n} t_i x_i - \overline{t}\,\overline{x}}{\frac{1}{n}\sum_{i=1}^{n} t_i^2 - \overline{t}^2} = \dfrac{\frac{1}{n}\sum_{i=1}^{n} (t_i - \overline{t})(x_i - \overline{x})}{\frac{1}{n}\sum_{i=1}^{n} (t_i - \overline{t})^2} = \dfrac{\mathrm{Cov}(t, x)}{\mathrm{Cov}(t, t)} \\ b_0 = \dfrac{n\overline{x}\sum_{i=1}^{n} t_i^2 - n\overline{t}\sum_{i=1}^{n} t_i x_i}{n\sum_{i=1}^{n} t_i^2 - n^2\overline{t}^2} = \dfrac{n\overline{x}\left(\sum_{i=1}^{n} t_i^2 - n\overline{t}^2\right) - n\overline{t}\left(\sum_{i=1}^{n} t_i x_i - n\overline{t}\,\overline{x}\right)}{n\sum_{i=1}^{n} t_i^2 - n^2\overline{t}^2} = \overline{x} - \overline{t} \cdot b_1 \end{cases} \tag{13.24}$$

公式(13.24)表明，从统计角度来说，b_0 是平均偏移量，而 b_1 是样本协方差的比值；图 13-4 表明，从几何角度来说，b_0 相当于直线截距，b_1 相当于直线的斜率.

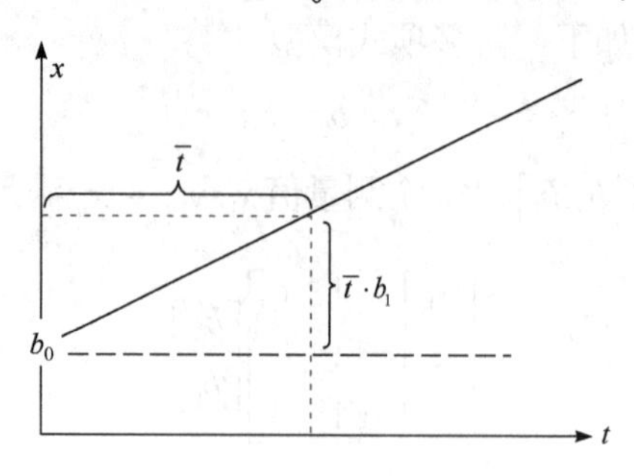

图 13-4　多项式参数的几何意义

当采样时间间隔为固定值时, 平滑、滤波和预报公式非常简洁. 若无特别说明, 下文总是记采样间距为 h, 则 $t_i = ih$, 且

$$x_i = b_0 + b_1 \cdot ih, \quad i = 1,2,3,\cdots,n,\cdots \tag{13.25}$$

$$\boldsymbol{A} \triangleq \begin{bmatrix} 1 & 1h \\ \vdots & \vdots \\ 1 & nh \end{bmatrix} = \begin{bmatrix} 1 & 1 \\ \vdots & \vdots \\ 1 & n \end{bmatrix} \begin{bmatrix} 1 & \\ & h \end{bmatrix} \tag{13.26}$$

利用求和公式

$$\begin{cases} \sum_{i=1}^{n} i = \mathrm{C}_{n+1}^{2} = \dfrac{n(n+1)}{2} \\ \sum_{i=1}^{n} i^2 = \mathrm{C}_{n+1}^{2} + 2\mathrm{C}_{n+1}^{3} = \dfrac{n(n+1)(2n+1)}{6} \end{cases} \tag{13.27}$$

再利用符号求和工具求逆矩阵, 可以解得

$$\begin{bmatrix} b_0 \\ b_1 h \end{bmatrix} = \begin{bmatrix} \dfrac{-2(2n+1)}{-n^2+n} & \dfrac{6}{-n^2+n} \\ \dfrac{6}{-n^2+n} & \dfrac{-12}{-n^3+n} \end{bmatrix} \begin{bmatrix} \sum_{i=1}^{n} x_i \\ \sum_{i=1}^{n} i \cdot x_i \end{bmatrix} \tag{13.28}$$

整理得

$$\begin{cases} b_0 = \sum_{i=1}^{n} \dfrac{4n+2-6i}{n^2-n} x_i \\ b_1 h = \sum_{i=1}^{n} \dfrac{12i-6n-6}{n^3-n} x_i \end{cases} \tag{13.29}$$

若记

$$\begin{cases} w_{b_0,i} = \dfrac{4n+2-6i}{n^2-n} \\ w_{b_1,i} = \dfrac{12i-6n-6}{n^3-n} \end{cases} \tag{13.30}$$

则有

$$\begin{cases} b_0 = \sum_{i=1}^{n} w_{b_0,i} x_i \\ b_1 h = \sum_{i=1}^{n} w_{b_1,i} x_i \end{cases} \tag{13.31}$$

可以验证

$$\begin{cases} \sum_{i=1}^{n} w_{b_0,i} = 1 \\ \sum_{i=1}^{n} w_{b_1,i} = 0 \end{cases} \tag{13.32}$$

可以得到如下结论:

(1) 公式(13.31)表明, 待估参数是观测数据的加权之和;

(2) 公式(13.32)表明, 截距的加权系数之和等于 1, 斜率的加权系数之和等于 0.

13.3.2 滤波

一阶多项式模型的滤波公式为

$$x_{n|n} = b_0 + b_1 t_n \tag{13.33}$$

等时间间隔观测条件下, $t_n = nh$, 由公式(13.30), (13.31)得

$$\begin{aligned} x_{n|n} &= b_0 + b_1 t_n = \sum_{i=1}^{n}\left[w_{b_0,i} \cdot x_i + n \cdot w_{b_1,i} \cdot x_i \right] \\ &= \sum_{i=1}^{n}\left[\frac{4n+2-6i}{n^2-n} + \frac{12i-6n-6}{n^3-n} \cdot n \right] \cdot x_i = \sum_{i=1}^{n} \frac{6i-2n-2}{n^2+n} x_i \end{aligned} \tag{13.34}$$

将上式简记为

$$x_{n|n} = \sum_{i=1}^{n} w_i^{\text{filter}} x_i, \quad w_i^{\text{filter}} = \frac{6i-2n-2}{n^2+n} \tag{13.35}$$

例如, $n=3$ 时, 有

$$x_{3|3} = -\frac{1}{6}x_1 + \frac{2}{6}x_2 + \frac{5}{6}x_3 \tag{13.36}$$

又如, $n=4$ 时, 有

$$x_{4|4} = -\frac{2}{10}x_1 + \frac{1}{10}x_2 + \frac{4}{10}x_3 + \frac{7}{10}x_4 \tag{13.37}$$

固定窗宽 n, 增加新数据 x_{n+1}, 同时剔除旧数据 x_1, 样本均值的滑窗公式为

$$\overline{x}_{n+1|n+1} = \overline{x}_{n|n} + \frac{1}{n}\left(x_{n+1} - x_1 \right) \tag{13.38}$$

下一时刻的滤波滑窗公式为

$$x_{n+1|n+1} = x_{n|n} - \frac{6}{n+1}\overline{x}_{n+1|n+1} - \frac{2[2-n]}{n^2+n}x_1 + \frac{4}{n}x_{n+1} \tag{13.39}$$

实际上

$$\begin{aligned}
x_{n+1|n+1} &= \sum_{i=1}^{n}\frac{2[3i-n-1]}{n^2+n}x_{i+1} = \sum_{i=1}^{n}\frac{2[3(i+1)-n-1]}{n^2+n}x_{i+1} - \sum_{i=1}^{n}\frac{6}{n^2+n}x_{i+1} \\
&= \sum_{i=2}^{n+1}\frac{2[3i-n-1]}{n(n+1)}x_i - \sum_{i=1}^{n}\frac{6}{n^2+n}x_{i+1} \\
&= \sum_{i=1}^{n}\frac{2[3i-n-1]}{n(n+1)}x_i - \sum_{i=1}^{n}\frac{6}{n^2+n}x_{i+1} - \frac{2[2-n]}{n^2+n}x_1 + \frac{4}{n}x_{n+1} \\
&= \sum_{i=1}^{n}w_i^{\text{filter}}x_i - \sum_{i=1}^{n}\frac{6}{n^2+n}x_{i+1} - w_1^{\text{filter}}x_1 + \frac{4}{n}x_{n+1} \\
&= x_{n|n} - \frac{6}{n+1}\overline{x}_{n+1|n+1} - w_1^{\text{filter}}x_1 + \frac{4}{n}x_{n+1}
\end{aligned}$$

可以得到如下结论:

(1) 滤波公式(13.35)表明, 滤波是数据的加权之和.

(2) 滤波权系数之和等于 1, 滤波与采样时间间隔 h 无关. 实际上, 因为 b_0 的权系数之和等于 1, b_1 的权系数之和等于 0, 所以滤波权系数之和等于 1.

(3) 滤波的滑窗公式(13.39)可以优化算法的存储量和计算量, 参考表 13-1.

表 13-1 传统方法和滑窗方法的性能对比

方法	存储变量	存储量	计算量	滑窗运算更优条件
传统	$w_1,\cdots,w_n$ $x_1,\cdots,x_n$	$2n$	n 次乘法; $n-1$ 次加法	(1) $2n \geqslant 3+(n+1)$, 即 $n \geqslant 4$, 则滑窗存储更优 (2) $n+(n-1) \geqslant 9$, 即 $n \geqslant 5$, 则滑窗计算更优
滑窗	$w_1, x_{n\|n}, \overline{x}_{n\|n}$ $x_1,\cdots,x_n,x_{n+1}$	$3+(n+1)$	均值更新 1 次减法, 1 次加法; 滤波更新 4 次乘法, 3 次加法	

13.3.3 平滑和预报

一阶多项式模型的 k 步平滑/预报公式为

$$x_{n+k|n} = b_0 + b_1 t_{n+k} \tag{13.40}$$

若$k<0$，称上述公式为平滑公式；若$k>0$，称上述公式为预报公式. 等时间间隔观测条件下$t_{n+k}=(n+k)h$，由公式(13.30), (13.31)得

$$\begin{aligned}x_{n+k|n}&=b_0+b_1t_{n+k}=\sum_{i=1}^{n}\left[w_{b_0,i}\cdot x_i+(n+k)\cdot w_{b_1,i}\cdot x_i\right]\\&=\sum_{i=1}^{n}\left[\frac{4n+2-6i}{n^2-n}+\frac{12i-6n-6}{n^3-n}\cdot(n+k)\right]\cdot x_i\\&=\sum_{i=1}^{n}\frac{-2n^2+(6i-6k)n-6i+6k-12ik+2}{n^3-n}x_i\end{aligned} \tag{13.41}$$

记为

$$x_{n+k|n}=\sum_{i=1}^{n}w_i^{(k)}x_i,\quad w_i^{(k)}=\frac{-2n^2+(6i-6k)n-6i+6k-12ik+2}{(n-1)n(n+1)} \tag{13.42}$$

例如，$n=3,k=-1$时，有

$$x_{2|3}=\frac{1}{3}x_1+\frac{1}{3}x_2+\frac{1}{3}x_3 \tag{13.43}$$

又如，$n=4,k=-1$时，有

$$x_{3|4}=\frac{1}{10}x_1+\frac{2}{10}x_2+\frac{3}{10}x_3+\frac{4}{10}x_4 \tag{13.44}$$

例如，$n=3,k=1$时，有

$$x_{4|3}=-\frac{2}{3}x_1+\frac{1}{3}x_2+\frac{4}{3}x_3 \tag{13.45}$$

又如，$n=4,k=1$时，有

$$x_{5|4}=-\frac{1}{2}x_1+0x_2+\frac{1}{2}x_3+x_4 \tag{13.46}$$

固定窗宽n，增加新数据x_{n+1}，剔除旧数据x_n，样本均值的递归公式为

$$\overline{x}_{n+1|n+1}=\overline{x}_{n|n}+\frac{1}{n}(x_{n+1}-x_1) \tag{13.47}$$

下一时刻的平滑/预报公式为

$$x_{n+1+k|n+1}=x_{n+k|n}-\frac{6(n-1+k)}{(n-1)(n+1)}\overline{x}_{n+1|n+1}-w_1x_1+\frac{4(n-1)+6k}{(n-1)n}x_{n+1} \tag{13.48}$$

可以发现公式(13.39)是公式(13.48)在$k=0$时的特例. 实际上,

$$
\begin{aligned}
x_{n+1+k|n+1} &= \sum_{i=1}^{n} \frac{2\left[\left(3i-(n+1)\right)(n-1)+3k\left(2i-(n+1)\right)\right]}{(n-1)n(n+1)} x_{i+1} \\
&= \sum_{i=1}^{n} \frac{2\left[\left(3(i+1)-(n+1)\right)(n-1)+3k\left(2(i+1)-(n+1)\right)\right]}{(n-1)n(n+1)} x_{i+1} \\
&\quad - \sum_{i=1}^{n} \frac{6(n-1)+6k}{(n-1)n(n+1)} x_{i+1} \\
&= \sum_{i=2}^{n+1} \frac{2\left[\left(3i-(n+1)\right)(n-1)+3k\left(2i-(n+1)\right)\right]}{(n-1)n(n+1)} x_i - \frac{6(n-1+k)}{(n-1)(n+1)} \overline{x}_{n+1|n+1} \\
&= \sum_{i=1}^{n} \frac{2\left[\left(3i-(n+1)\right)(n-1)+3k\left(2i-(n+1)\right)\right]}{(n-1)n(n+1)} x_i - \frac{6(n-1+k)}{(n-1)(n+1)} \overline{x}_{n+1|n+1} \\
&\quad - w_1 x_1 + \frac{2\left[2(n-1)+3k\right]}{(n-1)n} x_{n+1} \\
&= x_{n-k|n} - \frac{6(n-1+k)}{(n-1)(n+1)} \overline{x}_{n+1|n+1} - w_1 x_1 + \frac{4(n-1)+6k}{(n-1)n} x_{n+1}
\end{aligned}
$$

13.3.4 中心平滑公式

中心平滑公式是平滑公式的特例，即 $n = 2s+1, k = -s$，由(13.42)得

$$
x_{s+1|2s+1} = \sum_{i=1}^{n} w_i x_i, \quad w_i = \frac{1}{2s+1} \tag{13.49}
$$

例如，当 $s = 5$ 时，得到

$$
\boldsymbol{w} = \frac{1}{11}[\,1,1,1,1,1,1,1,1,1,1,1]^{\mathrm{T}} \tag{13.50}
$$

可以发现：零阶多项式模型和一阶多项式模型的中心平滑公式，即(13.17)和(13.49)，是一样的，但是与二阶多项式模型的中心平滑公式(13.83)却是不一样的.

13.3.5 小结

可以发现平滑-滤波-预报公式完全由多项式模型的阶数(Degree)、过去窗宽 n (Past)和未来步数 k (Future)决定，推广至一般的平滑-滤波-预报公式，称之为DPF(Degree-Past-Future)公式或者广义预报公式. 分三种情况：① $k<0$ 表示 DPF 平滑；② $k=0$ 表示 DPF 滤波；③ $k>0$ 表示 DPF 预报.

一次多项式 $x_t = b_0 + b_1 t$ 的位置 DPF 平滑-滤波-预报公式与 k 有关，与采样周期 h 无关，同公式(13.42)

$$x_{n+k|n}=\sum_{i=1}^{n}w_i^{(k)}x_i,\quad w_i^{(k)}=\frac{-2n^2+(6i-6k)n-6i+6k-12ik+2}{n^3-n} \tag{13.51}$$

特别地，中心平滑公式同(13.49)

$$x_{s+1|2s+1}=\sum_{i=1}^{n}w_i^{(k)}x_i,\quad w_i^{(k)}=\frac{1}{2s+1} \tag{13.52}$$

速度的 DPF 平滑-滤波-预报公式与 k 和采样周期 h 都有关，可以用 b_1 来刻画，类似公式(13.29)，

$$\dot{x}_{n+k|n}=b_1=\frac{1}{h}\sum_{i=1}^{n}\frac{12i-6n-6}{n^3-n}x_i=\sum_{i=1}^{n}\dot{w}_i^{(k)}y_i,\quad \dot{w}_i^{(k)}=\frac{1}{h}\frac{12i-6n-6}{n^3-n} \tag{13.53}$$

样本均值的递归公式同公式(13.47)

$$\bar{x}_{n+1|n+1}=\bar{x}_{n|n}+\frac{1}{n}\left(x_{n+1}-x_1\right) \tag{13.54}$$

DPF 的滑窗公式同(13.48)

$$x_{n+1+k|n+1}=x_{n+k|n}-\frac{6(n-1+k)}{(n-1)(n+1)}\bar{x}_{n+1|n+1}-w_1x_1+\frac{4(n-1)+6k}{(n-1)n}x_{n+1} \tag{13.55}$$

13.4　二阶多项式模型

在弹道数据处理中，二阶多项式模型可以用来刻画目标的匀加速运动过程.

13.4.1　系数

假定观测量 x 满足如下二阶多项式模型

$$x=b_0+b_1t+b_1t^2 \tag{13.56}$$

该模型有三个未知参数 $\left[b_0,b_1,b_2\right]$，n 个测量值 $x_1,x_2,\cdots,x_n$ 满足

$$\begin{bmatrix}x_1\\ \vdots\\ x_n\end{bmatrix}=\begin{bmatrix}1 & t_1 & t_1^2\\ \vdots & \vdots & \vdots\\ 1 & t_n & t_n^2\end{bmatrix}\begin{bmatrix}b_0\\ b_1\\ b_2\end{bmatrix} \tag{13.57}$$

简单起见，假定等时间间隔观测，即

$$t_i=ih \tag{13.58}$$

公式(13.56)和(13.57)变为

$$x_i = b_0 + b_1 ih + b_2 i^2 h^2 = \left[1, i, i^2\right]\left[b_0, b_1 h, b_2 h^2\right]^{\mathrm{T}} \tag{13.59}$$

$$\begin{bmatrix} x_1 \\ \vdots \\ x_n \end{bmatrix} = \begin{bmatrix} 1 & 1 & 1^2 \\ \vdots & \vdots & \vdots \\ 1 & n & n^2 \end{bmatrix} \begin{bmatrix} b_0 \\ b_1 h \\ b_2 h^2 \end{bmatrix} \tag{13.60}$$

公式(13.60)一般是矛盾方程组，在公式(13.60)两边同时左乘$\begin{bmatrix} 1 & 1 & 1^2 \\ \vdots & \vdots & \vdots \\ 1 & n & n^2 \end{bmatrix}^{\mathrm{T}}$，得

$$\begin{bmatrix} n\overline{x} \\ \sum\limits_{i=1}^{n} i x_i \\ \sum\limits_{i=1}^{n} i^2 x_i \end{bmatrix} = \begin{bmatrix} n & \sum\limits_{i=1}^{n} i & \sum\limits_{i=1}^{n} i^2 \\ \sum\limits_{i=1}^{n} i & \sum\limits_{i=1}^{n} i^2 & \sum\limits_{i=1}^{n} i^3 \\ \sum\limits_{i=1}^{n} i^2 & \sum\limits_{i=1}^{n} i^3 & \sum\limits_{i=1}^{n} i^4 \end{bmatrix} \begin{bmatrix} b_0 \\ b_1 h \\ b_2 h^2 \end{bmatrix} \tag{13.61}$$

注意到

$$\begin{cases} \sum\limits_{i=1}^{n} i = \mathrm{C}_{n+1}^{2} = \dfrac{n(n+1)}{2} \\ \sum\limits_{i=1}^{n} i^2 = \mathrm{C}_{n+1}^{2} + 2\mathrm{C}_{n+1}^{3} = \dfrac{n(n+1)(2n+1)}{6} \\ \sum\limits_{j=1}^{n} j^3 = \mathrm{C}_{n+1}^{2} + 6\mathrm{C}_{n+1}^{3} + 6\mathrm{C}_{n+1}^{4} = \dfrac{n^2(n+1)^2}{4} \\ \sum\limits_{j=1}^{n} j^4 = \mathrm{C}_{n+1}^{2} + 14\mathrm{C}_{n+1}^{3} + 36\mathrm{C}_{n+1}^{4} + 24\mathrm{C}_{n+1}^{5} = \dfrac{n(n+1)(6n^3+9n^2+n-1)}{30} \end{cases} \tag{13.62}$$

得

$$\begin{bmatrix} \sum\limits_{i=1}^{n} x_i \\ \sum\limits_{i=1}^{n} i x_i \\ \sum\limits_{i=1}^{n} i^2 x_i \end{bmatrix} = \begin{bmatrix} n & \dfrac{(n+1)n}{2} & \dfrac{n(n+1)(2n+1)}{6} \\ \dfrac{(n+1)n}{2} & \dfrac{n(n+1)(2n+1)}{6} & \dfrac{(n+1)^2 n^2}{4} \\ \dfrac{n(n+1)(2n+1)^2}{6} & \dfrac{(n+1)^2 n^2}{4} & \dfrac{n(n+1)\left(6n^3+9n^2+n-1\right)}{30} \end{bmatrix} \begin{bmatrix} b_0 \\ b_1 h \\ b_2 h^2 \end{bmatrix} \tag{13.63}$$

利用符号运算软件计算可得

$$\begin{bmatrix} b_0 \\ b_1 h \\ b_2 h^2 \end{bmatrix} = \begin{bmatrix} \dfrac{9n^2+9n+6}{n\left(n^2-3n+2\right)} & \dfrac{-36n-18}{n\left(n^2-3n+2\right)} & \dfrac{30}{n\left(n^2-3n+2\right)} \\ \dfrac{-36n-18}{n\left(n^2-3n+2\right)} & \dfrac{192n^2+360n+132}{n\left(n^4-5n^2+4\right)} & \dfrac{-180}{n\left(n^3-n^2-4n+4\right)} \\ \dfrac{30}{n\left(n^2-3n+2\right)} & \dfrac{-180}{n\left(n^3-n^2-4n+4\right)} & \dfrac{180}{n\left(n^4-5n^2+4\right)} \end{bmatrix} \begin{bmatrix} \sum_{i=1}^{n} x_i \\ \sum_{i=1}^{n} i x_i \\ \sum_{i=1}^{n} i^2 x_i \end{bmatrix} \tag{13.64}$$

记

$$\begin{cases} w_{b_0,i} = \dfrac{9n^2+(9-36i)n+30i^2-18i+6}{n^3-3n^2+2n} \\ w_{b_1,i} = \dfrac{(192i-126)n^2-36n^3+(-180i^2+360i-126)n-180i^2+132i-36}{n^5-5n^3+4n} \\ w_{b_2,i} = \dfrac{30n^2+(90-180i)n+180i^2-180i+60}{n^5-5n^3+4n} \end{cases} \tag{13.65}$$

则有

$$\begin{cases} b_0 = \sum_{i=1}^{n} w_{b_0,i} x_i \\ b_1 h = \sum_{i=1}^{n} w_{b_1,i} x_i \\ b_2 h^2 = \sum_{i=1}^{n} w_{b_2,i} x_i \end{cases} \tag{13.66}$$

可以验证

$$\begin{cases} \sum_{i=1}^{n} w_{b_0,i} = 1 \\ \sum_{i=1}^{n} w_{b_1,i} = 0 \\ \sum_{i=1}^{n} w_{b_2,i} = 0 \end{cases} \tag{13.67}$$

13.4.2 滤波

二阶多项式模型的滤波公式为

$$
\begin{aligned}
x_{n|n} &= b_0 + b_1 t_n + b_2 t_n^2 \\
&= \sum_{i=1}^{n}\left[w_{b_0,i}\cdot x_i + n\cdot w_{b_1,i}\cdot x_i + n^2\cdot w_{b_2,i}\cdot x_i \right] \\
&= \sum_{i=1}^{n}\left[\frac{3n^2+(9-24i)n+30i^2-18i+6}{n^3+3n^2+2n} \right]\cdot x_i
\end{aligned}
$$

上式可以简写成

$$
x_{n|n}=\sum_{i=1}^{n} w_i^{\text{filter}} x_i,\quad w_i^{\text{filter}}=\frac{3n^2+(9-24i)n+30i^2-18i+6}{n^3+3n^2+2n} \tag{13.68}
$$

例如，$n=3$时，有

$$
x_{3|3}=0x_1+0x_2+1x_3 \tag{13.69}
$$

又如，$n=4$时，有

$$
x_{4|4}=\frac{1}{20}x_1-\frac{3}{20}x_2+\frac{3}{20}x_3+\frac{19}{20}x_4 \tag{13.70}
$$

固定窗宽n，增加新数据x_{n+1}，剔除旧数据x_1，样本均值的滑窗公式为

$$
\overline{x}_{n+1|n+1}=\overline{x}_{n|n}+\frac{1}{n}\left(x_{n+1}-x_1\right) \tag{13.71}
$$

记

$$
\overline{ix}_{n|n}=\frac{\sum_{i=1}^{n} i x_i}{\sum_{i=1}^{n} i} \tag{13.72}
$$

则

$$
\sum_{i=1}^{n} i x_{i+1}=\sum_{i=2}^{n+1}(i-1)x_i=\sum_{i=1}^{n}(i-1)x_i+nx_{n+1}=\sum_{i=1}^{n} i x_i-\sum_{i=1}^{n} x_i+nx_{n+1} \tag{13.73}
$$

从而

$$
\overline{ix}_{n+1|n+1}=\overline{ix}_{n|n}+\frac{2}{n+1}\left(-\overline{x}_{n|n}+x_{n+1}\right) \tag{13.74}
$$

下一时刻的滤波滑窗公式为

$$
x_{n+1|n+1}=x_{n|n}-w_1^{\text{filter}}x_1+w_n^{\text{filter}}x_{n+1}+\frac{3(8n-4)}{(n+2)(n+1)}\overline{x}_{n+1|n+1}-\frac{30}{(n+2)}\overline{ix}_{n+1|n+1} \tag{13.75}
$$

其中

$$\begin{cases} w_n^{\text{filter}} = \dfrac{3\left[(n+2)-(8n+6)+10(n+1)\right]}{(n+2)n} = \dfrac{9}{n} \\ w_1^{\text{filter}} = \dfrac{3\left[n^2-5n+6\right]}{(n+2)(n+1)n} \end{cases} \tag{13.76}$$

实际上

$$\begin{aligned} & x_{n+1|n+1} \\ & = \sum_{i=1}^{n} \frac{3\left[(n+2)(n+1)-(8n+6)i+10i^2\right]}{(n+2)(n+1)n} x_{i+1} \\ & = \sum_{i=1}^{n} \frac{3\left[(n+2)(n+1)-(8n+6)(i+1)+10(i+1)^2\right]}{(n+2)(n+1)n} x_{i+1} + 3\sum_{i=1}^{n} \frac{(8n+6)-10(2i+1)}{(n+2)(n+1)n} x_{i+1} \\ & = \sum_{i=2}^{n+1} \frac{3\left[(n+2)(n+1)-(8n+6)i+10i^2\right]}{(n+2)(n+1)n} x_i + 3\sum_{i=1}^{n} \frac{(8n-4)-20i}{(n+2)(n+1)n} x_{i+1} \\ & = \sum_{i=1}^{n} w_i^{\text{filter}} x_i - w_1^{\text{filter}} x_1 + w_n^{\text{filter}} x_{n+1} + 3\sum_{i=1}^{n} \frac{(8n-4)}{(n+2)(n+1)n} x_{i+1} - \sum_{i=1}^{n} \frac{60i}{(n+2)(n+1)n} x_{i+1} \\ & = \hat{x}_{n|n} - w_1^{\text{filter}} x_1 + w_n^{\text{filter}} x_{n+1} + \frac{3(8n-4)}{(n+2)(n+1)} \overline{x}_{n+1|n+1} - \frac{30}{(n+2)} \overline{ix}_{n+1|n+1} \end{aligned}$$

13.4.3　平滑和预报

二阶多项式模型的 k 步平滑/预报公式为

$$x_{n+k|n} = b_0 + b_1 t_{n+k} + b_1 t_{n+k}^2 \tag{13.77}$$

若 $k<0$，称上述公式为平滑公式；若 $k>0$，称上述公式为预报公式. 等时观测下 $t_{n+k} = (n+k)h$，由公式(13.65), (13.66)得

$$\begin{aligned} x_{n+k|n} &= b_0 + b_1 t_{n+k} + b_1 t_{n+k}^2 \\ &= \sum_{i=1}^{n} \left[w_{b_0,i} \cdot x_i + (n+k) \cdot w_{b_1,i} \cdot x_i + (n+k)^2 \cdot w_{b_1,i} \cdot x_i \right] \triangleq \sum_{i=1}^{n} w_i^{(k)} x_i \end{aligned} \tag{13.78}$$

其中

$$w_i^{(k)} = \frac{\begin{bmatrix} 180k^2i^2 + (-180n-180)k^2 i + (30n^2+90n+60)k^2 \\ +(180n-180)ki^2 + (132-168n^2)ki + (24n^3+54n^2-6n-36)k \\ +(30n^2-90n+60)i^2 + (-24n^3+54n^2+6n-36)i + 3n^4 - 15n^2 + 12 \end{bmatrix}}{n^5 - 5n^3 + 4n} \tag{13.79}$$

可以发现

$$w_i^{\text{filter}} = w_i^{(0)} \tag{13.80}$$

例如，$n=3,k=1$时，一步预报公式为

$$x_{4|3} = 1x_1 - 3x_2 + 3x_3 \tag{13.81}$$

又如，$n=4,k=1$时，一步预报公式为

$$x_{5|4} = \frac{3}{4}x_1 - \frac{5}{4}x_2 - \frac{3}{4}x_3 + \frac{9}{4}x_4 \tag{13.82}$$

可以得到如下结论:

(1) 滤波与预报都是当前及过去数据的加权之和，权系数的和等于 1.

(2) 等时观测下，平滑、滤波和预报算法都非常简洁，都是历史观测值的加权之和. 参数的估计值与采样周期h无关，只与n,k,i有关.

13.4.4 中心平滑公式

中心平滑公式是平滑公式的特例，即$n=2s+1, k=-s$，由公式(13.79)得

$$w_i^{(k)} = \frac{(30i-21)s - 6s^2 - 15i^2 + 30i - 18}{8s^3 + 12s^2 - 2s - 3} \tag{13.83}$$

例如，$n=11,k=-5$时，中心平滑公式的加权系数为

$$\frac{1}{429}[-36,\ 9,\ 44,\ 69,\ 84,\ 89,\ 84,\ 69,\ 44,\ 9,\ -36] \tag{13.84}$$

13.4.5 小结

平滑-滤波-预报公式完全由多项式模型的阶数(Degree)、过去窗宽n (Past)和未来步数k (Future)决定，推广至一般的平滑-滤波-预报公式，称之为 DPF(Degree-Past-Future)公式或者广义预报公式. 分三种情况：① $k<0$表示 DPF 平滑；② $k=0$表示 DPF 滤波；③ $k>0$表示 DPF 预报.

二次多项式$x_t = b_0 + b_1 t + b_2 t^2$的位置 DPF 公式与$k$有关，与采样周期$h$无关，同公式(13.78)

$$x_{n+k|n} = \sum_{i=1}^{n} w_i^{(k)} x_i \tag{13.85}$$

其中

$$w_i^{(k)}=\frac{\begin{bmatrix}180k^2i^2+(-180n-180)k^2i+(30n^2+90n+60)k^2\\+(180n-180)ki^2+(132-168n^2)ki+(24n^3+54n^2-6n-36)k\\+(30n^2-90n+60)i^2+(-24n^3+54n^2+6n-36)i+3n^4-15n^2+12\end{bmatrix}}{n^5-5n^3+4n} \tag{13.86}$$

特别地，中心平滑公式同(13.83)

$$x_{s+1|2s+1}=\sum_{i=1}^{n}w_i^{(k)}x_i,\quad w_i^{(k)}=\frac{(30i-21)s-6s^2-15i^2+30i-18}{8s^3+12s^2-2s-3} \tag{13.87}$$

速度的 DPF 公式与 k 和采样周期 h 都有关，可以用 $b_1+2b_2(n+k)$ 来刻画，类似公式(13.65)

$$\dot{x}_{n+k|n}=b_1+2b_2(n+k)h=\sum_{i=1}^{n}\dot{w}_i^{(k)}x_i \tag{13.88}$$

其中

$$\dot{w}_i^{(k)}=\frac{\begin{bmatrix}132i+120k-6n-360ik+180kn\\+360i^2k-168in^2+180i^2n+60kn^2\\-180i^2+54n^2+24n^3-360ikn-36\end{bmatrix}}{h(n^5-5n^3+4n)} \tag{13.89}$$

二阶多项式模型的 DPF 的滑窗公式比较复杂，暂未给出.

13.5　中心平滑的精度分析

中心平滑在事后及准实时处理中发挥着重要的作用，下面再次讨论其性质. 弹道的状态主要包括位置、速度和加速度. 如果测量采样频率足够高，则中心平滑公式可以用于准实时数据处理. 例如，弹道采样频率为 $f=50$ Hz，采样周期为 $h=20$ 毫秒，用 $2s+1=21$ 点平滑公式求解位置、速度和加速度，则会导致 $hs=0.2$ 秒的解算延迟，这对于准实时指挥显示系统来说是可以接受的. 下面给出 $p=2s+1$ 时中心平滑公式的位置、速度、加速度公式及其精度公式.

13.5.1　一阶中心平滑

假定具有 $2s+1$ 个点的位置序列为 $\{x_{-s},\cdots,x_{-1},x_0,x_1,\cdots,x_s\}$，位置和速度满足

$$\begin{cases} x_t = b_0 + b_1 t + b_2 t^2 \\ \dot{x}_t = b_1 + 2b_2 t \end{cases} \tag{13.90}$$

当 $t=0$ 时有

$$\begin{cases} x_0 = b_0 \\ \dot{x}_0 = b_1 \end{cases} \tag{13.91}$$

上式表明，系数 b_0, b_1 可以用于表示时刻 $t=0$ 的位置 x_0 和速度 $\dot{x}_0$. 同理对于离散采样系统，有

$$x_i = b_0 + b_1 ih = [1, i]\begin{bmatrix} b_0 \\ b_1 h \end{bmatrix} \tag{13.92}$$

故

$$\begin{bmatrix} x_{-s} \\ \vdots \\ x_{-1} \\ x_0 \\ x_1 \\ \vdots \\ x_s \end{bmatrix} = \begin{bmatrix} 1 & -s \\ \vdots & \vdots \\ 1 & -1 \\ 1 & 0 \\ 1 & 1 \\ \vdots & \vdots \\ 1 & s \end{bmatrix} \begin{bmatrix} b_0 \\ b_1 h \end{bmatrix} \tag{13.93}$$

两边同时左乘 $\begin{bmatrix} 1 & \cdots & 1 & 1 & 1 & \cdots & 1 \\ -s & \cdots & -1 & 0 & 1 & \cdots & s \end{bmatrix}$，得

$$\begin{bmatrix} \sum_{i=-s}^{s} x_i \\ \sum_{i=-s}^{s} i x_i \end{bmatrix} = \begin{bmatrix} n & 0 \\ 0 & \sum_{i=-s}^{s} i^2 \end{bmatrix} \begin{bmatrix} b_0 \\ b_1 h \end{bmatrix} \tag{13.94}$$

解得

$$\begin{cases} x_0 = b_0 = \dfrac{1}{n}\sum_{i=-s}^{s} x_i \\ \dot{x}_0 = b_1 = \dfrac{\sum_{i=-s}^{s} i x_i}{h\sum_{i=-s}^{s} i^2} \end{cases} \tag{13.95}$$

上式中，可以把 0 推广到任意的 k，即

$$\begin{cases} x_k = \dfrac{1}{n}\sum\limits_{i=-s}^{s} x_{k+i} \\ \dot{x}_k = \dfrac{\sum\limits_{i=-s}^{s} i x_{k+i}}{h\sum\limits_{i=-s}^{s} i^2} \end{cases} \tag{13.96}$$

位置、速度的权系数为

$$\begin{cases} w_i = \dfrac{1}{n}, \\ \dot{w}_i = \dfrac{i}{hq_1}, \end{cases} \quad i = -s,\cdots,-1,0,1,\cdots,s \tag{13.97}$$

其中

$$q_1 = \sum_{i=-s}^{s} i^2 = \frac{s(s+1)(2s+1)}{3} \tag{13.98}$$

则

$$\begin{cases} x_k = \sum\limits_{i=-s}^{s} w_i x_{k+i} \\ \dot{x}_k = \sum\limits_{i=-s}^{s} \dot{w}_i x_{k+i} \end{cases} \tag{13.99}$$

且

$$\begin{cases} \sum\limits_{i=-s}^{s} w_i = 1 \\ \sum\limits_{i=-s}^{s} \dot{w}_i = 0 \end{cases} \tag{13.100}$$

上述推导结果实际上是公式(13.51), (13.53)在 $k=-s$ 时的特例.

13.5.2　二阶中心平滑

弹道的状态主要包括位置、速度和加速度. 假定具有 $2s+1$ 个点的位置序列为 $\{x_{-s},\cdots,x_{-1},x_0,x_1,\cdots,x_s\}$，位置、速度和加速度满足

$$\begin{cases} x_t = b_0 + b_1 t + b_2 t^2 \\ \dot{x}_t = b_1 + 2b_2 t \\ \ddot{x}_t = 2b_2 \end{cases} \tag{13.101}$$

当$t=0$时有

$$\begin{cases} x_0 = b_0 \\ \dot{x}_0 = b_1 \\ \ddot{x}_0 = 2b_2 \end{cases} \tag{13.102}$$

上式表明，系数$b_0, b_1, 2b_2$可以用于表示$t=0$时刻的位置、速度和加速度. 同理对于离散采样系统，有

$$x_i = b_0 + b_1 ih + b_2 i^2 h^2 = \left[1, i, i^2\right]\left[b_0, b_1 h, b_2 h^2\right]^{\mathrm{T}} \tag{13.103}$$

故

$$\begin{bmatrix} x_{-s} \\ \vdots \\ x_{-1} \\ x_0 \\ x_1 \\ \vdots \\ x_s \end{bmatrix} = \begin{bmatrix} 1 & -s & (-s)^2 \\ \vdots & \vdots & \vdots \\ 1 & -1 & (-1)^2 \\ 1 & 0 & 0^2 \\ 1 & 1 & 1^2 \\ \vdots & \vdots & \vdots \\ 1 & s & s^2 \end{bmatrix} \begin{bmatrix} b_0 \\ b_1 h \\ b_2 h^2 \end{bmatrix} \tag{13.104}$$

两边同时左乘$\begin{bmatrix} 1 & \cdots & 1 & 1 & 1 & \cdots & 1 \\ -s & \cdots & -1 & 0 & 1 & \cdots & s \\ (-s)^2 & \cdots & (-1)^2 & 0^2 & 1^2 & \cdots & s^2 \end{bmatrix}$，得

$$\begin{bmatrix} \sum_{i=-s}^{s} x_i \\ \sum_{i=-s}^{s} i x_i \\ \sum_{i=-s}^{s} i^2 x_i \end{bmatrix} = \begin{bmatrix} n & 0 & \sum_{i=-s}^{s} i^2 \\ 0 & \sum_{i=-s}^{s} i^2 & 0 \\ \sum_{i=-s}^{s} i^2 & 0 & \sum_{i=-s}^{s} i^4 \end{bmatrix} \begin{bmatrix} b_0 \\ b_1 h \\ b_2 h^2 \end{bmatrix} \tag{13.105}$$

若记

$$\begin{cases} q_1 = 2\sum_{i=1}^{s} i^2 = \dfrac{s(s+1)(2s+1)}{3} \\ q_2 = 2\sum_{j=1}^{s} i^4 = \dfrac{s(2s+1)(s+1)(3s^2+3s-1)}{15} \end{cases} \tag{13.106}$$

则上式可记为

$$\begin{bmatrix} \sum_{i=-s}^{s} x_i \\ \sum_{i=-s}^{s} i x_i \\ \sum_{i=-s}^{s} i^2 x_i \end{bmatrix} = \begin{bmatrix} n & 0 & q_1 \\ 0 & q_1 & 0 \\ q_1 & 0 & q_2 \end{bmatrix} \begin{bmatrix} b_0 \\ b_1 h \\ b_2 h^2 \end{bmatrix} \tag{13.107}$$

上式可转化为

$$\begin{cases} n\overline{x} = nb_0 + q_1 b_2 h^2 \\ \sum_{i=-s}^{s} i x_i = q_1 b_1 h \\ \sum_{i=-s}^{s} i^2 x_i = q_1 b_0 + q_2 b_2 h^2 \end{cases} \tag{13.108}$$

利用克拉默法则，解得

$$\begin{cases} x_0 = b_0 = \det\begin{bmatrix} \sum_{i=-s}^{s} x_i & q_1 \\ \sum_{i=-s}^{s} i^2 x_i & q_2 \end{bmatrix} \Bigg/ \det\begin{bmatrix} n & q_1 \\ q_1 & q_2 \end{bmatrix} = \sum_{i=-s}^{s} \dfrac{(q_2 - q_1 i^2)}{nq_2 - q_1^2} x_i \\ \dot{x}_0 = b_1 = \dfrac{\sum_{i=-s}^{s} i x_i}{q_1 h} = \sum_{i=-s}^{s} \dfrac{i}{q_1 h} x_i \\ \ddot{x}_0 = 2b_2 = \dfrac{2}{h^2} \det\begin{bmatrix} n & \sum_{i=-s}^{s} x_i \\ q_1 & \sum_{i=-s}^{s} i^2 x_i \end{bmatrix} \Bigg/ \det\begin{bmatrix} n & q_1 \\ q_1 & q_2 \end{bmatrix} = \sum_{i=-s}^{s} \dfrac{ni^2 - q_1}{nq_2 - q_1^2} x_i \end{cases} \tag{13.109}$$

若记

$$\begin{cases} w_i = \dfrac{(q_2 - q_1 i^2)}{nq_2 - q_1^2} = \dfrac{15i^2 - 9s^2 - 9s + 3}{8s^3 + 12s^2 - 2s - 3}, \\ \dot{w}_i = \dfrac{i}{q_1 h} = \dfrac{3i}{hs(2s+1)(s+1)}, \\ \ddot{w}_i = \dfrac{ni^2 - q_1}{nq_2 - q_1^2} = \dfrac{2}{h^2} \dfrac{-(-45i^2 + 15s^2 + 15s)}{s(8s^4 + 20s^3 + 10s^2 - 5s - 3)}, \end{cases} \quad i = -s, \cdots, -1, 0, 1, \cdots, s \tag{13.110}$$

则可以得到中心平滑公式

$$\begin{cases} x_0 = \sum_{i=-s}^{s} w_i x_i \\ \dot{x}_0 = \sum_{i=-s}^{s} \dot{w}_i x_i \\ \ddot{x}_0 = \dfrac{2}{h^2} \sum_{i=-s}^{s} \ddot{w}_i x_i \end{cases} \tag{13.111}$$

上式可以把0推广到任意的k，即

$$\begin{cases} x_k = \sum_{i=-s}^{s} w_i x_{k+i} \\ \dot{x}_k = \sum_{i=-s}^{s} \dot{w}_i x_{k+i} \\ \ddot{x}_k = \sum_{i=-s}^{s} \ddot{w}_i x_{k+i} \end{cases} \tag{13.112}$$

权系数满足

$$\begin{cases} \sum_{i=-s}^{s} w_i = 1 \\ \sum_{i=-s}^{s} \dot{w}_i = 0 \\ \sum_{i=-s}^{s} \ddot{w}_i = 0 \end{cases} \tag{13.113}$$

实际上

$$\sum_{i=-s}^{s} w_i = \frac{1}{nq_2 - q_1^2} \sum_{i=-s}^{s} (q_2 - q_1 i^2) = \frac{1}{nq_2 - q_1^2} \left(nq_2 - q_1 \sum_{i=-s}^{s} i^2 \right) = 1 \tag{13.114}$$

$$\sum_{i=-s}^{s} \dot{w}_i = \frac{3}{nq_2 - q_1^2} \sum_{i=-s}^{s} i = 0 \tag{13.115}$$

$$\sum_{i=-s}^{s} \ddot{w}_i = \frac{2}{h^2} \frac{1}{nq_2 - q_1^2} \sum_{i=-s}^{s} \left(ni^2 - q_1 \right) = \frac{1}{nq_2 - q_1^2} \left\{ \left(\sum_{i=-s}^{s} ni^2 \right) - nq_1 \right\} = 0 \tag{13.116}$$

上述推导结果(13.110)实际上是公式(13.86), (13.89)在$k = -s$时的特例.

13.5.3 中心平滑的精度分析

若不同时刻 x_k 的误差相互独立，方差相同为 σ^2，则由(13.110)可知位置、速度和加速度的方差公式[5-7]

$$\begin{cases}\sigma_x^2 = \dfrac{\sum\limits_{i=-s}^{s} q_2^2 + q_1^2 i^4 - 2(q_1 q_2 i^2)}{\left(nq_2 - q_1^2\right)^2}\sigma^2 = \dfrac{nq_2^2 - q_1^2 q_2}{\left(nq_2 - q_1^2\right)^2}\sigma^2 = \dfrac{q_2}{nq_2 - q_1^2}\sigma^2 \\ \sigma_{\dot{x}}^2 = \sum\limits_{i=-s}^{s} \dfrac{i^2}{q_1^2 h^2}\sigma^2 = \sum\limits_{i=-s}^{s} \dfrac{i^2}{q_1^2 h^2}\sigma^2 = \dfrac{1}{q_1 h^2}\sigma^2 \\ \sigma_{\ddot{x}}^2 = \left(\dfrac{2}{h^2}\right)^2 \dfrac{\sum\limits_{i=-s}^{s}\left(n^2 i^4 + q_1^2 - 2ni^2 q_1\right)}{\left(nq_2 - q_1^2\right)^2}\sigma^2 = \left(\dfrac{2}{h^2}\right)^2 \dfrac{n^2 q_2 - nq_1^2}{\left(nq_2 - q_1^2\right)^2}\sigma^2 = \left(\dfrac{2}{h^2}\right)^2 \dfrac{n\sigma^2}{nq_2 - q_1^2}\end{cases} \tag{13.117}$$

速度标准差近似公式为

$$\begin{cases}\sigma_x = \sqrt{\dfrac{q_2}{nq_2 - q_1^2}}\sigma \approx \sqrt{\dfrac{9s^2 + 9s - 3}{8s^3 + 12s^2 - 2s - 3}}\sigma \approx O\left(\dfrac{\sigma}{\sqrt{s}}\right) \\ \sigma_{\dot{x}} = \dfrac{1}{h\sqrt{q_1}}\sigma = \dfrac{1}{h\sqrt{\dfrac{s(s+1)(2s+1)}{3}}}\sigma \approx O\left(\dfrac{1}{s\sqrt{s}}\dfrac{\sigma}{h}\right) \\ \sigma_{\ddot{x}} = \dfrac{2}{h^2}\sqrt{\dfrac{n}{nq_2 - q_1^2}}\sigma = \dfrac{2}{h^2}\sqrt{\dfrac{45}{s(8s^4 + 20s^3 + 10s^2 - 5s - 3)}}\sigma \approx O\left(\dfrac{5\sigma}{h^2 s^2\sqrt{s}}\right)\end{cases} \tag{13.118}$$

例如，如果定位精度为 $\sigma = 1$ 米，采样频率为 1000，则只要窗宽为 $2s + 1 = 31$，则中心平滑定速精度可达

$$\begin{aligned}\sigma_{\dot{x}_0} &= \frac{1}{h}\cdot\sqrt{\frac{3}{2s^3 + 3s^2 + s}}\cdot\sigma \\ &= 1000\cdot\sqrt{\frac{3}{2\times 15^3 + 3\times 15^2 + 15}}\cdot 1 \\ &\approx 20.0805\end{aligned}$$

公式(13.118) $\sigma_x = O\left(\frac{\sigma}{\sqrt{s}}\right)$ 表明：位置精度与采样频率无关，与平滑宽度有关，且越宽越好；$\sigma_{\dot{x}} \approx O\left(\frac{1}{s\sqrt{s}}\frac{\sigma}{h}\right)$ 和 $\sigma_{\ddot{x}} \approx O\left(\frac{5\sigma}{h^2 s^2 \sqrt{s}}\right)$ 表明：如果固定样本容量，那么采样频率越高，中心平滑定速、定加速度精度越低. 相反，固定定位时间区段 $[-sh, sh]$ 的长度，采样频率越高，样本容量 $2s+1$ 越大，中心平滑定速、定加速度精度越高.

13.6 n−1 阶多项式模型

13.6.1 系数

假定观测量 x 满足如下 $n-1$ 阶多项式模型

$$x_t = b_0 + b_1 t + \cdots + b_{n-1} t^{n-1} \tag{13.119}$$

时序观测值组成的列向量记为 $\boldsymbol{x} = [x_1, \cdots, x_n]^{\mathrm{T}}$. 简单起见，假定系统等间隔采样，且时间间距为 $h=1$，则在第 i 个时刻有

$$x_i = b_0 + b_1 i + \cdots + b_{n-1} i^{n-1} \tag{13.120}$$

多项式的阶为 n，故 $n \times n$ 的设计矩阵为

$$\boldsymbol{A} = \begin{bmatrix} 1^0 & 1^1 & \cdots & 1^{n-1} \\ 2^0 & 2^1 & \cdots & 2^{n-1} \\ \vdots & \vdots & & \vdots \\ n^0 & n^1 & \cdots & n^{n-1} \end{bmatrix} \tag{13.121}$$

待估计的 n 个参数构成的向量记为 $\boldsymbol{\beta} = [b_0, b_1, \cdots, b_{n-1}]^{\mathrm{T}}$，构建如下线性模型：

$$\boldsymbol{x} = \boldsymbol{A\beta} \tag{13.122}$$

公式(13.122)两边同时左乘 $\boldsymbol{A}^{-1}$，得 $\boldsymbol{\beta}$ 的估计为

$$\boldsymbol{\beta} = \boldsymbol{A}^{-1}\boldsymbol{x} \tag{13.123}$$

13.6.2 逆矩阵 $\boldsymbol{A}^{-1}$ 的计算

估计 $\boldsymbol{\beta}$ 的计算复杂度主要集中在 $\boldsymbol{A}^{-1}$，用伴随矩阵法求逆矩阵过程如下：

(1) 计算 $\boldsymbol{A}$ 的行列式 $|\boldsymbol{A}|$；

(2) 计算 $\boldsymbol{A}$ 的伴随矩阵 $\boldsymbol{A}^*$；

(3) 计算 $\boldsymbol{A}$ 的逆矩阵 $\boldsymbol{A}^{-1}=\frac{1}{|\boldsymbol{A}|}\boldsymbol{A}^{*\mathrm{T}}$.

显然 $\boldsymbol{A}$ 是一个 n 阶范德蒙德矩阵, 且

$$|\boldsymbol{A}|=\begin{vmatrix}1 & 1 & \cdots & 1\\ t_1 & t_2 & \cdots & t_n\\ t_1^2 & t_2^2 & \cdots & t_n^2\\ \vdots & \vdots & & \vdots\\ t_1^{n-1} & t_2^{n-1} & \cdots & t_n^{n-1}\end{vmatrix}=\prod_{1\leqslant j<i\leqslant n}(t_i-t_j) \tag{13.124}$$

特别地, 当 $t_i=i$ 时, 有

$$|\boldsymbol{A}|=1!2!3!\cdots(n-1)! \tag{13.125}$$

实际上, 当 $n=2$ 时, 有

$$\begin{vmatrix}1 & 1\\ t_1 & t_2\end{vmatrix}=t_2-t_1$$

假设结论对 $n-1$ 阶成立, 从最后一行开始, 每一行依次减去上一行的 t_1 倍, 得

$$\begin{vmatrix}1 & 1 & \cdots & 1\\ 0 & t_2-t_1 & \cdots & t_n-t_1\\ 0 & t_2(t_2-t_1) & \cdots & t_n(t_n-t_1)\\ \vdots & \vdots & & \vdots\\ 0 & {t_2}^{n-2}(t_2-t_1) & \cdots & {t_n}^{n-2}(t_n-t_1)\end{vmatrix}$$

然后按第 1 列展开, 并依次提取各列元素的公因子, 得

$$|\boldsymbol{A}|=(t_n-t_1)(t_{n-1}-t_1)\cdots(t_3-t_1)(t_2-t_1)\begin{vmatrix}1 & 1 & \cdots & 1\\ t_2 & t_3 & \cdots & t_n\\ t_2^2 & t_3^2 & \cdots & t_n^2\\ \vdots & \vdots & & \vdots\\ t_2^{n-2} & t_3^{n-2} & \cdots & t_n^{n-2}\end{vmatrix}$$

上式右端的行列式是 $n-1$ 阶范德蒙德行列式, 由归纳假设(13.124)得证.

13.6.3 Lagrange 内插多项式求逆矩阵

下面给出基于 Lagrange 内插多项式的范德蒙德矩阵的逆矩阵公式. 令 $\boldsymbol{B}=\left[b_{ij}\right]$ 代表范德蒙德矩阵 $\boldsymbol{A}$ 的逆矩阵, 即 $\boldsymbol{BA}=\boldsymbol{I}$, 即对于 $1\leqslant i,k\leqslant n$,

$$\sum_{j=1}^{n} b_{ij} a_{jk} = \sum_{j=1}^{n} b_{ij} t_k^{j-1} = \delta_{ik} = \begin{cases} 1, & i = k \\ 0, & i \neq k \end{cases} \tag{13.126}$$

在 $t_1, t_2, \cdots, t_n$ 中去掉 t_i 得 $n-1$ 次 Lagrange 多项式为

$$L_i(t) = \frac{(t-t_1)\cdots(t-t_{i-1})(t-t_{i+1})\cdots(t-t_n)}{(t_i-t_1)\cdots(t_i-t_{i-1})(t_i-t_{i+1})\cdots(t_i-t_n)} \tag{13.127}$$

因为

$$L_i(x_k) = \delta_{ik} = \begin{cases} 1, & i = k \\ 0, & i \neq k \end{cases} \tag{13.128}$$

由(13.126), (13.128)可知 $n-1$ 次多项式 $\sum_{j=1}^{n} b_{ij} t^{j-1}$ 与 $L_i(t)$ 有 n 个根 $t_1, t_2, \cdots, t_n$，意味着

$$\frac{(t-t_1)\cdots(t-t_{i-1})(t-t_{i+1})\cdots(t-t_n)}{(t_i-t_1)\cdots(t_i-t_{i-1})(t_i-t_{i+1})\cdots(t_i-t_n)} = L_i(t) = \sum_{j=1}^{n} b_{ij} t^{j-1} \tag{13.129}$$

令 $r = n - j$，依据根与系数关系(韦达定理), 有

$$b_{ij} = (-1)^r \sum_{\substack{1 \leqslant p_1 < \cdots < p_r \\ p_1, \cdots, p_r \neq i}} \frac{t_{p_1} t_{p_2} \cdots t_{p_r}}{(t_i-t_1)\cdots(t_i-t_{i-1})(t_i-t_{i+1})\cdots(t_i-t_n)} \tag{13.130}$$

13.7 DPF 的快速算法

前面给出了 0 阶、1 阶、2 阶、$n-1$ 阶多项式的 DPF 表达式, 下面给出任意 m 阶多项式的 DPF 表达式. 需要注意的是 $m < n$. 利用 DPF 快速算法简化数据处理的步骤, 可极大降低弹道解算软件在算法设计和算法测试的压力.

13.7.1 DPF 算法分析

假定观测量 x 满足如下 m 阶多项式模型

$$x = b_0 + b_1 t + \ldots + b_1 t^m \tag{13.131}$$

时序观测值组成的列向量记为 $\boldsymbol{X} = [x_1, \cdots, x_n]^{\mathrm{T}}$. 简单起见, 假定系统等时间间隔采样, 样本间距为 $h = 1$, 多项式的阶为 m, 故由时间构成 $n \times m$ 的设计矩阵为

$$\boldsymbol{A}_m = \begin{bmatrix} 1^0 & 1^1 & \cdots & 1^m \\ 2^0 & 2^1 & \cdots & 2^m \\ \vdots & \vdots & & \vdots \\ n^0 & n^1 & \cdots & n^m \end{bmatrix} \tag{13.132}$$

待估计的 m 个参数构成的向量记为 $\boldsymbol{\beta}_m = \left[b_0, b_1, \cdots, b_m\right]^{\mathrm{T}}$，构建如下线性模型:

$$\boldsymbol{X} = \boldsymbol{A}_m \boldsymbol{\beta}_m \tag{13.133}$$

公式(13.133)两边同时左乘 $\boldsymbol{A}_m^{\mathrm{T}}$，再左乘 $\left(\boldsymbol{A}_m^{\mathrm{T}} \boldsymbol{A}_m\right)^{-1}$，得 $\boldsymbol{\beta}_m$ 的最小二乘估计

$$\boldsymbol{\beta}_m = \left(\boldsymbol{A}_m^{\mathrm{T}} \boldsymbol{A}_m\right)^{-1} \boldsymbol{A}_m^{\mathrm{T}} \boldsymbol{X} \tag{13.134}$$

其中

$$\left(\boldsymbol{A}_m^{\mathrm{T}} \boldsymbol{A}_m\right)^{-1} = \begin{bmatrix} \sum_{i=1}^{n} i^0 & \sum_{i=1}^{n} i^1 & \cdots & \sum_{i=1}^{n} i^m \\ \sum_{i=1}^{n} i^1 & \sum_{i=1}^{n} i^2 & \cdots & \sum_{i=1}^{n} i^{m+1} \\ \vdots & \vdots & & \vdots \\ \sum_{i=1}^{n} i^m & \sum_{i=1}^{n} i^{m+1} & \cdots & \sum_{i=1}^{n} i^{2m} \end{bmatrix}^{-1} \tag{13.135}$$

记幂和公式为

$$S_k = \sum_{i=1}^{n} i^k \tag{13.136}$$

则

$$S_k = \frac{1}{k+1}\left(n^{k+1} + \sum_{i=2}^{k+1} (-1)^i \mathrm{C}_{k+1}^i S_{k+1-i}\right) \tag{13.137}$$

公式(13.137)的意义在于，给定任意具体的数字 k，依据(13.137)可获得幂和. 显然当 $k = 0,1,2,3,4$ 时，有

$$\begin{cases} S_0 = n \\ S_1 = \sum_{i=1}^{n} i = \mathrm{C}_{n+1}^2 = \dfrac{n(n+1)}{2} \\ S_2 = \sum_{i=1}^{n} i^2 = \mathrm{C}_{n+1}^2 + 2\mathrm{C}_{n+1}^3 = \dfrac{n(n+1)(2n+1)}{6} \\ S_3 = \sum_{j=1}^{n} j^3 = \mathrm{C}_{n+1}^2 + 6\mathrm{C}_{n+1}^3 + 6\mathrm{C}_{n+1}^4 = \dfrac{n^2(n+1)^2}{4} \end{cases}$$

实际上，由二项公式可得

$$\begin{aligned}n^{k+1}-(n-1)^{k+1}&=n^{k+1}-(\mathrm{C}_{k+1}^{0}n^{k+1}-\mathrm{C}_{k+1}^{1}n^{k}+\cdots+(-1)^{k+1}\mathrm{C}_{k+1}^{k+1}n^{0})\\&=\mathrm{C}_{k+1}^{1}n^{k}-\mathrm{C}_{k+1}^{2}n^{k-1}+\cdots+(-1)^{k}\mathrm{C}_{k+1}^{k+1}n^{0}\end{aligned}\tag{13.138}$$

遍历 n 可得

$$\begin{aligned}1^{k+1}-0^{k+1}&=\mathrm{C}_{k+1}^{1}1^{k}-\mathrm{C}_{k+1}^{2}1^{k-1}+\cdots+(-1)^{k}\mathrm{C}_{k+1}^{k+1}1^{0}\\2^{k+1}-1^{k+1}&=\mathrm{C}_{k+1}^{1}2^{k}-\mathrm{C}_{k+1}^{2}2^{k-1}+\cdots+(-1)^{k}\mathrm{C}_{k+1}^{k+1}2^{0}\\3^{k+1}-2^{k+1}&=\mathrm{C}_{k+1}^{1}3^{k}-\mathrm{C}_{k+1}^{2}3^{k-1}+\cdots+(-1)^{k}\mathrm{C}_{k+1}^{k+1}3^{0}\\&\vdots\\n^{k+1}-(n-1)^{k+1}&=\mathrm{C}_{k+1}^{1}n^{k}-\mathrm{C}_{k+1}^{2}n^{k-1}+\cdots+(-1)^{k}\mathrm{C}_{k+1}^{k+1}n^{0}\end{aligned}\tag{13.139}$$

假设 $1,2,\cdots,k-1$ 时，幂和公式(13.137)成立，累加(13.139)可得

$$n^{k+1}=\mathrm{C}_{k+1}^{1}S_{k}-\mathrm{C}_{k+1}^{2}S_{k-1}+\cdots+(-1)^{k}\mathrm{C}_{k+1}^{k+1}S_{0}\tag{13.140}$$

移项整理得

$$S_{k}=\frac{1}{k+1}\left(n^{k+1}+\sum_{i=2}^{k+1}(-1)^{i}\mathrm{C}_{k+1}^{i}S_{k+1-i}\right)\tag{13.141}$$

依据伴随矩阵求逆法，可以从理论上获得 $(\boldsymbol{A}_m^{\mathrm{T}}\boldsymbol{A}_m)^{-1}$ 和 $\boldsymbol{\beta}_m=(\boldsymbol{A}_m^{\mathrm{T}}\boldsymbol{A}_m)^{-1}\boldsymbol{A}_m^{\mathrm{T}}\boldsymbol{X}$ 中每个元素关于 $[n,m]$ 的解析表达式，但是表达式非常复杂，困难根源是：$(\boldsymbol{A}_m^{\mathrm{T}}\boldsymbol{A}_m)^{-1}$ 的阶数 m 不是给定的数字，而是一个符号. 能否用投影递归的方式获得解析表达式？下面进行尝试.

13.7.2 逆矩阵的递归公式

记

$$\begin{cases}\boldsymbol{t}_m=\left[1^m,\cdots,n^m\right]^{\mathrm{T}},\\\boldsymbol{A}_m=\left[\boldsymbol{A}_{m-1},\boldsymbol{t}_m\right],\\\boldsymbol{P}_m=(\boldsymbol{A}_m^{\mathrm{T}}\boldsymbol{A}_m)^{-1},\end{cases}\quad\begin{cases}\boldsymbol{H}_m=\boldsymbol{A}_m(\boldsymbol{A}_m^{\mathrm{T}}\boldsymbol{A}_m)^{-1}\boldsymbol{A}_m^{\mathrm{T}}\\\boldsymbol{d}_m=\left(\boldsymbol{I}_n-\boldsymbol{H}_{m-1}\right)\boldsymbol{t}_m\\\boldsymbol{\alpha}_m=(\boldsymbol{A}_{m-1}^{\mathrm{T}}\boldsymbol{A}_{m-1})^{-1}\boldsymbol{A}_{m-1}^{\mathrm{T}}\boldsymbol{t}_m\end{cases}\tag{13.142}$$

$\boldsymbol{t}_m$ 是 $\boldsymbol{A}_m$ 的最后一列，$\boldsymbol{H}_m$ 是 $\boldsymbol{A}_m$ 上的投影矩阵，$\boldsymbol{d}_m$ 是 $\boldsymbol{t}_m$ 在 $\boldsymbol{A}_m$ 上的补投影，$\boldsymbol{\alpha}_m$ 是 $\boldsymbol{t}_m$ 在 $\boldsymbol{A}_m$ 上的表示系数，则有

$$\boldsymbol{P}_m=\begin{bmatrix}\boldsymbol{P}_{m-1}&\boldsymbol{0}\\\boldsymbol{0}^{\mathrm{T}}&0\end{bmatrix}+\|\boldsymbol{d}_m\|^{2}\begin{bmatrix}\boldsymbol{\alpha}_m\\-1\end{bmatrix}\begin{bmatrix}\boldsymbol{\alpha}_m\\-1\end{bmatrix}^{\mathrm{T}}\tag{13.143}$$

实际上，利用初等行变换可以验证 Duncan-Guttman 公式

$$\begin{bmatrix} A & B \\ C & D \end{bmatrix}^{-1} = \begin{bmatrix} A^{-1} + A^{-1}B\left(D - CA^{-1}B\right)^{-1}CA^{-1} & -A^{-1}B\left(D - CA^{-1}B\right)^{-1} \\ -\left(D - CA^{-1}B\right)^{-1}CA^{-1} & \left(D - CA^{-1}B\right)^{-1} \end{bmatrix} \tag{13.144}$$

得

$$\begin{aligned} P_m = (A_m^{\mathrm{T}} A_m)^{-1} &= \begin{bmatrix} P_{m-1}^{-1} & A_{m-1}^{\mathrm{T}} t_m \\ t_m^{\mathrm{T}} A_{m-1} & t_m^{\mathrm{T}} t_m \end{bmatrix}^{-1} \\ &= \begin{bmatrix} P_{m-1} + P_{m-1} A_{m-1}^{\mathrm{T}} t_m \|d_m\|^{-2} t_m^{\mathrm{T}} A_{m-1} P_{m-1} & -P_{m-1} A_{m-1}^{\mathrm{T}} t_m \|d_m\|^{-2} \\ -\|d_m\|^{-2} t_m^{\mathrm{T}} A_{m-1} P_{m-1} & \|d_m\|^{-2} \end{bmatrix}^{-1} \\ &= \begin{bmatrix} P_{m-1} & \mathbf{0} \\ \mathbf{0}^{\mathrm{T}} & 0 \end{bmatrix} + \|d_m\|^{-2} \begin{bmatrix} \alpha_m \alpha_m^{\mathrm{T}} & -\alpha_m \\ -\alpha_m^{\mathrm{T}} & 1 \end{bmatrix} = \begin{bmatrix} P_{m-1} & \mathbf{0} \\ \mathbf{0}^{\mathrm{T}} & 0 \end{bmatrix} + \|d_m\|^{-2} \begin{bmatrix} \alpha_m \\ -1 \end{bmatrix} \begin{bmatrix} \alpha_m \\ -1 \end{bmatrix}^{\mathrm{T}} \end{aligned}$$

13.7.3　投影的递归公式

如图 13-5 所示可以把投影变换 H_{m-1} 看成 $[x,y,z] \to [x,0,0]$，把投影变换 H_m 看成 $[x,y,z] \to [x,y,0]$，把投影变换 $\|d_m\|^{-2} d_m d_m^{\mathrm{T}}$ 看成 $[x,y,z] \to [0,y,0]$. 所以

$$H_m = H_{m-1} + \|d_m\|^{-2} d_m d_m^{\mathrm{T}} \tag{13.145}$$

实际上

$$\begin{aligned} H_m &= A_m P_m A_m^{\mathrm{T}} \\ &= [A_{m-1}, t_m] \left(\begin{bmatrix} P_{m-1} & \mathbf{0} \\ \mathbf{0}^{\mathrm{T}} & 0 \end{bmatrix} + \|d_m\|^{2} \begin{bmatrix} \alpha_m \\ -1 \end{bmatrix} \begin{bmatrix} \alpha_m \\ -1 \end{bmatrix}^{\mathrm{T}} \right) [A_{m-1}, t_m]^{\mathrm{T}} \\ &= A_{m-1} P_{m-1} A_{m-1}^{\mathrm{T}} + \|d_m\|^{2} [A_{m-1}, t_m] \begin{bmatrix} \alpha_m \\ -1 \end{bmatrix} \begin{bmatrix} \alpha_m \\ -1 \end{bmatrix}^{\mathrm{T}} [A_{m-1}, t_m]^{\mathrm{T}} = H_{m-1} + \|d_m\|^{-2} d_m d_m^{\mathrm{T}} \end{aligned}$$

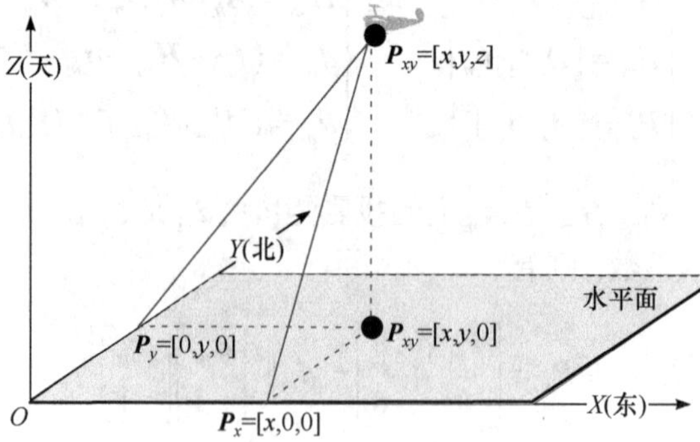

图 13-5　投影示意图

13.7.4 参数的递归公式

参数估计的递归公式大致分为两种：一种是增加数据容量引起的递归(设计矩阵变高)，另一种是增加模型复杂度引起的递归(设计矩阵变宽). 前者又称为递归最小二乘，对应参数 $\boldsymbol{\beta}_m$ 与 $\boldsymbol{\beta}_{m-1}$ 维数相同；而后者实质是变量扩维，对应参数 $\boldsymbol{\beta}_m$ 比 $\boldsymbol{\beta}_{m-1}$ 高一维，这一节专指后者. 参数估计的递归公式为

$$\boldsymbol{\beta}_m=\begin{bmatrix}\boldsymbol{\beta}_{m-1}\\0\end{bmatrix}+\begin{bmatrix}\Delta\boldsymbol{\beta}_{m-1}\\\hat{\beta}_m\end{bmatrix} \tag{13.146}$$

其中 $\Delta\boldsymbol{\beta}_{m-1}=\|\boldsymbol{d}_m\|^{-2}\boldsymbol{\alpha}_m\boldsymbol{d}_m^{\mathrm{T}}\boldsymbol{X},\hat{\beta}_m=\|\boldsymbol{d}_m\|^{-2}\boldsymbol{d}_m^{\mathrm{T}}\boldsymbol{X}$，注意 $\boldsymbol{d}_m^{\mathrm{T}}\boldsymbol{X}$ 是数字. 实际上依据(13.143)得

$$\begin{aligned}\boldsymbol{\beta}_m&=(\boldsymbol{A}_m^{\mathrm{T}}\boldsymbol{A}_m)^{-1}\boldsymbol{A}_m^{\mathrm{T}}\boldsymbol{X}\\&=\begin{bmatrix}\boldsymbol{P}_{m-1}&\boldsymbol{0}\\\boldsymbol{0}^{\mathrm{T}}&0\end{bmatrix}\left[\boldsymbol{A}_{m-1},\boldsymbol{t}_m\right]^{\mathrm{T}}\boldsymbol{X}+\|\boldsymbol{d}_m\|^{-2}\begin{bmatrix}\boldsymbol{\alpha}_m\\-1\end{bmatrix}\begin{bmatrix}\boldsymbol{\alpha}_m\\-1\end{bmatrix}^{\mathrm{T}}\left[\boldsymbol{A}_{m-1},\boldsymbol{t}_m\right]^{\mathrm{T}}\boldsymbol{X}\\&=\begin{bmatrix}\boldsymbol{\beta}_{m-1}\\0\end{bmatrix}+\|\boldsymbol{d}_m\|^{-2}\begin{bmatrix}\boldsymbol{\alpha}_m\\-1\end{bmatrix}\boldsymbol{t}_m^{\mathrm{T}}\left[\boldsymbol{H}_{m-1}-\boldsymbol{I}_n\right]^{\mathrm{T}}\boldsymbol{X}\\&=\begin{bmatrix}\boldsymbol{\beta}_{m-1}\\0\end{bmatrix}-\|\boldsymbol{d}_m\|^{-2}\boldsymbol{d}_m^{\mathrm{T}}\boldsymbol{X}\begin{bmatrix}\boldsymbol{\alpha}_m\\-1\end{bmatrix}\\&=\begin{bmatrix}\boldsymbol{\beta}_{m-1}\\0\end{bmatrix}+\begin{bmatrix}\Delta\boldsymbol{\beta}_{m-1}\\\hat{\beta}_m\end{bmatrix}\end{aligned}$$

由表 13-2 可以发现，当 m 和 n 大于 2 时，参数的递归运算比非递归运算更快.

表 13-2 非递归运算和递归运算的计算量对比

非递归运算		递归运算	
运算步骤	乘法计算量	运算步骤	乘法计算量
$\boldsymbol{A}_m^{\mathrm{T}}\boldsymbol{A}_m$	$n(m+1)^2$	$\boldsymbol{\alpha}_m=(\boldsymbol{A}_{m-1}^{\mathrm{T}}\boldsymbol{A}_{m-1})^{-1}\boldsymbol{A}_{m-1}^{\mathrm{T}}\boldsymbol{t}_m$	nm
$(\boldsymbol{A}_m^{\mathrm{T}}\boldsymbol{A}_m)^{-1}$	$\frac{1}{3}m(m+1)(2m+1)$	$\boldsymbol{d}_m=(\boldsymbol{I}_n-\boldsymbol{H}_{m-1})\boldsymbol{t}_m$	n^2
$(\boldsymbol{A}_m^{\mathrm{T}}\boldsymbol{A}_m)^{-1}\boldsymbol{A}_m^{\mathrm{T}}$	$n(m+1)^2$	$\boldsymbol{P}_m=\begin{bmatrix}\boldsymbol{P}_{m-1}&\boldsymbol{0}\\\boldsymbol{0}^{\mathrm{T}}&0\end{bmatrix}+\|\boldsymbol{d}_m\|^2\begin{bmatrix}\boldsymbol{\alpha}_m\\-1\end{bmatrix}\begin{bmatrix}\boldsymbol{\alpha}_m\\-1\end{bmatrix}^{\mathrm{T}}$	m^2
$(\boldsymbol{A}_m^{\mathrm{T}}\boldsymbol{A}_m)^{-1}\boldsymbol{A}_m^{\mathrm{T}}\boldsymbol{X}$	$n(m+1)$	$\Delta\boldsymbol{\beta}_{m-1}=-\|\boldsymbol{d}_m\|^{-2}\boldsymbol{\alpha}_m\boldsymbol{d}_m^{\mathrm{T}}\boldsymbol{X}$	$m+n$
		$\hat{\beta}_m=\|\boldsymbol{d}_m\|^{-2}\boldsymbol{d}_m^{\mathrm{T}}\boldsymbol{X}$	n
总计(忽略低阶) $O\left(2nm^2+\frac{2}{3}m^3\right)$		总计(忽略低阶) $O(m^2+n^2)$	

13.7.5 计算复杂度分析

基于最小二乘估计 $\boldsymbol{\beta}_m = (\boldsymbol{A}_m^{\mathrm{T}}\boldsymbol{A}_m)^{-1}\boldsymbol{A}_m^{\mathrm{T}}\boldsymbol{X}$ 给出 DPF 公式

$$x_{n+k|n} = \boldsymbol{t}_{n+k}^{\mathrm{T}}\boldsymbol{\beta}_m \tag{13.147}$$

其中 $\boldsymbol{t}_{n+k}^{\mathrm{T}} = [(n+k)^0, (n+k)^1, \cdots, (n+k)^m]$，$k<0$ 表示平滑，$k=0$ 表示滤波，$k>0$ 表示预报. 可以发现，当采集到的数据 $\boldsymbol{X}_n = [x_1, x_2, \cdots, x_n]$ 更新为 $\boldsymbol{X}_{n+1} = [x_2, x_3, \cdots, x_{n+1}]$，需要增加新数据 x_{n+1} 对 $\boldsymbol{A}_m$ 和 $\boldsymbol{\beta}_m$ 的影响，同时剔除旧数据 x_1 对 $\boldsymbol{A}_m$ 和 $\boldsymbol{\beta}_m$ 的影响. 例如，滤波公式为

$$x_{n|n} = \boldsymbol{t}_n^{\mathrm{T}}\boldsymbol{\beta}_m \tag{13.148}$$

又如，一步预报公式为

$$x_{n+1|n} = \boldsymbol{t}_{n+1}^{\mathrm{T}}\boldsymbol{\beta}_m \tag{13.149}$$

再如，当 $n=2s+1, k=-s$ 时，中心平滑预报公式为

$$x_{s+1|2s+1} = [(s+1)^0, (s+1)^1, \cdots, (s+1)^m]\boldsymbol{\beta}_m \tag{13.150}$$

但是, DPF 的统一公式为

$$x_{n+k|n} = \sum_{i=1}^{n} w_i(m,n,k)x_i \tag{13.151}$$

公式(13.151)只需计算一次加权系数 $w_i(m,n,k), i=1,\cdots,n$，其中权系数 $w_i(m,n,k)$ 依赖三个因子：阶数 m，历史窗宽 n，未来窗宽 k，权系数向量为

$$\boldsymbol{w}(m,n,k) = [w_1(m,n,k), \cdots, w_n(m,n,k)] = \boldsymbol{t}_{n+k}^{\mathrm{T}}(\boldsymbol{A}_m^{\mathrm{T}}\boldsymbol{A}_m)^{-1}\boldsymbol{A}_m^{\mathrm{T}} \tag{13.152}$$

当采集到的数据 $\boldsymbol{X}_n = [x_1, x_2, \cdots, x_n]$ 更新为 $\boldsymbol{X}_{n+1} = [x_2, x_3, \cdots, x_{n+1}]$，最小二乘估计 $\boldsymbol{\beta}_m = (\boldsymbol{A}_m^{\mathrm{T}}\boldsymbol{A}_m)^{-1}\boldsymbol{A}_m^{\mathrm{T}}\boldsymbol{X}$ 需要不断更新 $\boldsymbol{A}_m$ 和 $\boldsymbol{\beta}_m$，但是 DPF 公式不用一直更新 $\boldsymbol{A}_m$ 和 $\boldsymbol{\beta}_m$，只需将 $x_{n+k|n} = \sum_{i=1}^{n} w_i(m,n,k)x_i$ 变为

$$x_{n+k+1|n+1} = \sum_{i=2}^{n+1} w_{i-1}(m,n,k)x_i \tag{13.153}$$

DPF 任务之前，$\boldsymbol{w}(m,n,k)$ 只需一次初始化，乘法运算量有：

(1) $\boldsymbol{A}_m^{\mathrm{T}}\boldsymbol{A}_m$ 包括 $n(m+1)^2$ 次乘法(初始化)；

(2) $(\boldsymbol{A}_m^{\mathrm{T}}\boldsymbol{A}_m)^{-1}$需要计算$\frac{1}{3}m(m+1)(2m+1)$次乘法(初始化);

(3) $(\boldsymbol{A}_m^{\mathrm{T}}\boldsymbol{A}_m)^{-1}\boldsymbol{A}_m^{\mathrm{T}}$需要$n(m+1)^2$次乘法(初始化);

(4) $\boldsymbol{w}(m,n,k)=\boldsymbol{t}_{n+k}^{\mathrm{T}}(\boldsymbol{A}_m^{\mathrm{T}}\boldsymbol{A}_m)^{-1}\boldsymbol{A}_m^{\mathrm{T}}$次$(m+1)$乘法(初始化).

13.7.6 DPF 的权和定理

定理 13.2 对于任意正整数对(m,n,k), 记$(\boldsymbol{A}_m^{\mathrm{T}}\boldsymbol{A}_m)^{-1}\boldsymbol{A}_m^{\mathrm{T}}$的每一行求和构成的向量记为$\left[\sum_{j=1}^{n}w_{b_0,j}(m,n,k),\cdots,\sum_{j=1}^{n}w_{b_m,j}(m,n,k)\right]$, 记$\mathbf{1}=[1,\cdots,1]^{\mathrm{T}}$, 则满足

$$\begin{bmatrix}\sum_{j=1}^{n}w_{b_0,j}(m,n,k)\\ \vdots\\ \sum_{j=1}^{n}w_{b_m,j}(m,n,k)\end{bmatrix}=(\boldsymbol{A}_m^{\mathrm{T}}\boldsymbol{A}_m)^{-1}\boldsymbol{A}_m^{\mathrm{T}}\mathbf{1}=\begin{bmatrix}1\\0\\ \vdots\\0\end{bmatrix}\tag{13.154}$$

证明 下面用归纳法证明, $m=0,1,2$时, 前面已经验证结论正确, 记当阶数为m时, 把$\boldsymbol{A}$记为$\boldsymbol{A}_m$, 且最后一列为$\boldsymbol{t}_m$, 则$\boldsymbol{A}_m$可以拆开为

$$\boldsymbol{A}_m=[\boldsymbol{A}_{m-1},\boldsymbol{t}_m],\quad \boldsymbol{t}_m=\begin{bmatrix}\boldsymbol{t}_{m-1}\\ n^m\end{bmatrix}=\begin{bmatrix}1^m\\ \vdots\\ (n-1)^m\\ n^m\end{bmatrix}\tag{13.155}$$

再利用(13.142)得

$$\|\boldsymbol{d}_m\|^{-2}\boldsymbol{t}_m^{\mathrm{T}}\boldsymbol{A}_{m-1}\boldsymbol{P}_{m-1}=\|(\boldsymbol{I}_n-\boldsymbol{H}_{m-1})\boldsymbol{t}_m\|^{-2}\boldsymbol{t}_m^{\mathrm{T}}\boldsymbol{A}_{m-1}(\boldsymbol{A}_{m-1}^{\mathrm{T}}\boldsymbol{A}_{m-1})^{-1}\tag{13.156}$$

所以

$$\begin{aligned}\begin{bmatrix}\sum_{j=1}^{n}w_{b_0,j}(m,n,k)\\ \vdots\\ \sum_{j=1}^{n}w_{b_m,j}(m,n,k)\end{bmatrix}&=(\boldsymbol{A}_m^{\mathrm{T}}\boldsymbol{A}_m)^{-1}\boldsymbol{A}_m^{\mathrm{T}}1\\ &=\left(\begin{bmatrix}\boldsymbol{P}_{m-1}&\mathbf{0}\\ \mathbf{0}^{\mathrm{T}}&0\end{bmatrix}+\|\boldsymbol{d}_m\|^2\begin{bmatrix}\boldsymbol{\alpha}_m\\-1\end{bmatrix}\begin{bmatrix}\boldsymbol{\alpha}_m\\-1\end{bmatrix}^{\mathrm{T}}\right)[\boldsymbol{A}_{m-1},\boldsymbol{t}_m]^{\mathrm{T}}\mathbf{1}\end{aligned}$$

$$=\begin{bmatrix} \boldsymbol{P}_{m-1} & \boldsymbol{0} \\ \boldsymbol{0}^{\mathrm{T}} & 0 \end{bmatrix}\left[\boldsymbol{A}_{m-1},\boldsymbol{t}_m\right]^{\mathrm{T}}\begin{bmatrix} 1 \\ \vdots \\ 1 \end{bmatrix}+\left\|\boldsymbol{d}_m\right\|^2\begin{bmatrix} \boldsymbol{\alpha}_m \\ -1 \end{bmatrix}\begin{bmatrix} \boldsymbol{\alpha}_m \\ -1 \end{bmatrix}^{\mathrm{T}}\left[\boldsymbol{A}_{m-1},\boldsymbol{t}_m\right]^{\mathrm{T}}\boldsymbol{1}$$

$$\overset{\text{归纳}}{=}\begin{bmatrix} 1 \\ \boldsymbol{0} \end{bmatrix}+\left\|\boldsymbol{d}_m\right\|^2\begin{bmatrix} \boldsymbol{\alpha}_m \\ -1 \end{bmatrix}\left(\boldsymbol{\alpha}_m^{\mathrm{T}}\boldsymbol{A}_{m-1}^{\mathrm{T}}-\boldsymbol{t}_m^{\mathrm{T}}\right)\boldsymbol{1}$$

$$=\begin{bmatrix} 1 \\ \boldsymbol{0} \end{bmatrix}+\left\|\boldsymbol{d}_m\right\|^2\begin{bmatrix} \boldsymbol{\alpha}_m \\ -1 \end{bmatrix}\left(\boldsymbol{t}_m^{\mathrm{T}}\boldsymbol{A}_{m-1}\boldsymbol{P}_{m-1}\boldsymbol{A}_{m-1}^{\mathrm{T}}-\boldsymbol{t}_m^{\mathrm{T}}\right)\boldsymbol{1}$$

$$=\begin{bmatrix} 1 \\ \boldsymbol{0} \end{bmatrix}+\left\|\boldsymbol{d}_m\right\|^2\begin{bmatrix} \boldsymbol{\alpha}_m \\ -1 \end{bmatrix}\boldsymbol{t}_m^{\mathrm{T}}\left(\boldsymbol{A}_{m-1}\boldsymbol{P}_{m-1}\boldsymbol{A}_{m-1}^{\mathrm{T}}-\boldsymbol{I}_n\right)\boldsymbol{1}$$

$$=\begin{bmatrix} 1 \\ \boldsymbol{0} \end{bmatrix}+\left\|\boldsymbol{d}_m\right\|^2\begin{bmatrix} \boldsymbol{\alpha}_m \\ -1 \end{bmatrix}\boldsymbol{t}_m^{\mathrm{T}}\left(\boldsymbol{H}_{m-1}-\boldsymbol{I}_n\right)\boldsymbol{1}$$

$$=\begin{bmatrix} 1 \\ \boldsymbol{0} \end{bmatrix}+\begin{bmatrix} 0 \\ \boldsymbol{0} \end{bmatrix}=\begin{bmatrix} 1 \\ \boldsymbol{0} \end{bmatrix}$$

上述证明中用到了

$$\left(\boldsymbol{H}_m-\boldsymbol{I}_n\right)\boldsymbol{1}=\boldsymbol{0} \tag{13.157}$$

实际上，$\boldsymbol{H}_m=\boldsymbol{A}_m(\boldsymbol{A}_m^{\mathrm{T}}\boldsymbol{A}_m)^{-1}\boldsymbol{A}_m^{\mathrm{T}}$ 是投影矩阵，而 $\boldsymbol{A}_m$ 的第 1 列正好是全 1 列 $\boldsymbol{1}$，所以 $\left(\boldsymbol{H}_m-\boldsymbol{I}_n\right)\boldsymbol{1}=\boldsymbol{H}_m\boldsymbol{1}-\boldsymbol{I}_n\boldsymbol{1}=\boldsymbol{1}-\boldsymbol{1}=\boldsymbol{0}$. 而且，只要基函数包含常数列，那么公式(13.157)就成立. 严格地说，利用公式(13.142), (13.145), 以及归纳法可知

$$\begin{aligned}
&\left(\boldsymbol{H}_m-\boldsymbol{I}_n\right)\boldsymbol{1}=\left(\boldsymbol{H}_{m-1}+\left\|\boldsymbol{d}_m\right\|^{-2}\boldsymbol{d}_m\boldsymbol{d}_m^{\mathrm{T}}\right)\boldsymbol{1}-\boldsymbol{I}_n\boldsymbol{1}\\
&=\left(\boldsymbol{H}_{m-1}\boldsymbol{1}+\left\|\boldsymbol{d}_m\right\|^{-2}\boldsymbol{d}_m\boldsymbol{d}_m^{\mathrm{T}}\boldsymbol{1}\right)-\boldsymbol{I}_n\boldsymbol{1}\\
&=\left(\boldsymbol{H}_{m-1}\boldsymbol{1}-\boldsymbol{I}_n\boldsymbol{1}+\left\|\boldsymbol{d}_m\right\|^{-2}\left(\boldsymbol{I}_n-\boldsymbol{H}_{m-1}\right)\boldsymbol{t}_m\boldsymbol{t}_m^{\mathrm{T}}\left(\boldsymbol{I}_n-\boldsymbol{H}_{m-1}\right)\boldsymbol{1}\right)\\
&=\left(\boldsymbol{I}_n-\left\|\boldsymbol{d}_m\right\|^{-2}\left(\boldsymbol{I}_n-\boldsymbol{H}_{m-1}\right)\boldsymbol{t}_m\boldsymbol{t}_m^{\mathrm{T}}\right)\left(\boldsymbol{H}_{m-1}-\boldsymbol{I}_n\right)\boldsymbol{1}\\
&\overset{\text{归纳}}{=}\left(\boldsymbol{I}_n-\left\|\boldsymbol{d}_m\right\|^{-2}\left(\boldsymbol{I}_n-\boldsymbol{H}_{m-1}\right)\boldsymbol{t}_m\boldsymbol{t}_m^{\mathrm{T}}\right)\boldsymbol{0}=\boldsymbol{0}
\end{aligned} \tag{13.158}$$

定理 13.3 对于任意 (m,n,k)，DPF-位置公式、DPF-速度公式的权系数满足

$$\begin{cases} \displaystyle\sum_{i=1}^{n} w_i(m,n,k)=1 \\ \displaystyle\sum_{i=1}^{n} \dot{w}_i(m,n,k)=0 \end{cases} \tag{13.159}$$

此定理的意义：解释了多项式数据处理的加权实质；另外，在工程实践中可以用于检查权值设置是否正确.

证明 (1) 先证 DPF-位置公式 $\sum_{i=1}^{n} w_i(m,n,k)=1$，利用(13.142)得

$$
\begin{aligned}
x_{n+k|n} &= \boldsymbol{t}_{n+k}^{\mathrm{T}}(\boldsymbol{A}_m^{\mathrm{T}}\boldsymbol{A}_m)^{-1}\boldsymbol{A}_m^{\mathrm{T}}\boldsymbol{X} \\
&= \boldsymbol{t}_{n+k}^{\mathrm{T}}(\boldsymbol{A}_m^{\mathrm{T}}\boldsymbol{A}_m)^{-1}\boldsymbol{A}_m^{\mathrm{T}}\boldsymbol{X} \\
&\Rightarrow [w_1(m,n,k),\cdots,w_n(m,n,k)] = \boldsymbol{t}_{n+k}^{\mathrm{T}}(\boldsymbol{A}_m^{\mathrm{T}}\boldsymbol{A}_m)^{-1}\boldsymbol{A}_m^{\mathrm{T}} \\
&\Rightarrow \sum_{i=1}^{n} w_i(m,n,k) = \boldsymbol{t}_{n+k}^{\mathrm{T}}(\boldsymbol{A}_m^{\mathrm{T}}\boldsymbol{A}_m)^{-1}\boldsymbol{A}_m^{\mathrm{T}}\mathbf{1} \\
&= [(n+k)^0,(n+k)^1,\cdots,(n+k)^m]\left[\sum_{i=1}^{n} w_{b_0}(m,n,k),\sum_{i=1}^{n} w_{b_2}(m,n,k),\cdots\right]^{\mathrm{T}} \\
&= [(n+k)^0,(n+k)^1,\cdots,(n+k)^m][1,0,\cdots]^{\mathrm{T}} = 1
\end{aligned}
$$

(2) 再证 DPF-速度公式 $\sum_{i=1}^{n} \dot{w}_i(m,n,k)=0$，利用(13.142)得

$$
\begin{aligned}
\dot{x}_{n+k|n} &= \dot{\boldsymbol{t}}_{n+k}^{\mathrm{T}}(\boldsymbol{A}_m^{\mathrm{T}}\boldsymbol{A}_m)^{-1}\boldsymbol{A}_m^{\mathrm{T}}\boldsymbol{X} \\
&\Rightarrow [\dot{w}_1(m,n,k),\cdots,\dot{w}_n(m,n,k)] = \dot{\boldsymbol{t}}_{n+k}^{\mathrm{T}}(\boldsymbol{A}_m^{\mathrm{T}}\boldsymbol{A}_m)^{-1}\boldsymbol{A}_m^{\mathrm{T}} \\
&\Rightarrow \sum_{i=1}^{n} \dot{w}_i(m,n,k) = \dot{\boldsymbol{t}}_{n+k}^{\mathrm{T}}(\boldsymbol{A}_m^{\mathrm{T}}\boldsymbol{A}_m)^{-1}\boldsymbol{A}_m^{\mathrm{T}}\mathbf{1} \\
&= [0,(n+k)^0,\cdots,(n+k)^{m\text{-}1}]\left[\sum_{i=1}^{n} w_{b_0}(m,n,k),\sum_{i=1}^{n} w_{b_1}(m,n,k),\cdots\right]^{\mathrm{T}} \\
&= [0,(n+k)^1,\cdots,(n+k)^m][1,0,\cdots]^{\mathrm{T}} = 0
\end{aligned}
$$

13.8 建模不变性

13.8.1 试验任务的不确定性

靶场算法库必须考虑不同基函数建模对量纲、起点、周期、顺序的敏感性. 当算法库对量纲、起点和周期不敏感时, 称算法库具有量纲不变性、起点不变性和周期不变性. 靶场对这些不变性具有强烈的应用需求. 理论上常假定量纲为 $u=1$秒，时间起点为 $t_0=0$秒，采样周期为 $h=1$秒，缓存数据中的时间值和测量值存储是升序的, 而现实靶场几乎不满足这四个假定:

(1) 量纲未必为 $u=1$秒，比如大多时候量纲为 1 秒, 有时用小时、毫秒、纳秒和 6.25 纳秒等等.

(2) 时间起点未必为 $t_0=0$秒，有时 t_0 为目标发射时刻, 有时 t_0 为 2000 年 1 月 1 日 0 时 0 分 0 秒, 有时 t_0 为当年 1 月 1 日 0 时 0 分 0 秒, 等等.

(3) 采样周期未必为 $h=1$秒，有时 $h=1$秒，有时 $h=16$秒，有时 $h=1/92$秒，有时 $h=4.069$秒，等等.

(4) 缓存数据中的时间值和测量值存储未必是升序的，比如时间缓存数据可能形态为

$$[t_0,t_1,t_2,t_3,t_4]\to[t_5,t_1,t_2,t_3,t_4]\to[t_6,t_5,t_2,t_3,t_4]\to[t_7,t_6,t_5,t_3,t_4] \tag{13.160}$$

即使在不确定性条件下，算法库也应该给出正确的计算结果.

13.8.2 不变性的数学内涵

在前面的分析中，我们对时间做了如下三个假定：量纲为 $u=1$秒，时间起点为 $t_0=0$秒，采样周期为 $h=1$秒．基于多项式基 $\boldsymbol{f}(t)=\left[t^0,t^1,t^2,\cdots,t^m\right]$，得到 n 个样本对应的设计矩阵为

$$\boldsymbol{A}=\begin{bmatrix} 1^0 & 1^1 & \cdots & 1^m \\ 2^0 & 2^1 & \cdots & 2^m \\ \vdots & \vdots & & \vdots \\ n^0 & n^1 & \cdots & n^m \end{bmatrix} \tag{13.161}$$

对应 n 个测量值 $\boldsymbol{x}_n=\left[x_1,x_2,\cdots,x_n\right]^{\mathrm{T}}$，继而得到估计的系数

$$\boldsymbol{\beta}=(\boldsymbol{A}^{\mathrm{T}}\boldsymbol{A})^{-1}\boldsymbol{A}^{\mathrm{T}}\boldsymbol{x}_n \tag{13.162}$$

取定时刻 $t_{n+k}=n+k$ 实现平滑 $(k<0)$、滤波 $(k=0)$ 和预报 $(k>0)$

$$x_{n+k|n}=\left[1,n+k,\cdots,(n+k)^m\right]\boldsymbol{\beta} \tag{13.163}$$

现在假定量纲为 u，时间起点为 t_0，采样时间间隔为 h．基于多项式基 $\boldsymbol{f}(t)=\left[t^0,t^1,t^2,\cdots,t^m\right]$，得到 n 个样本对应的设计矩阵为

$$\boldsymbol{A}(u,t_0,h)=\begin{bmatrix} [u(1h+t_0)]^0 & [u(1h+t_0)]^1 & \cdots & [u(1h+t_0)]^m \\ [u(2h+t_0)]^0 & [u(2h+t_0)]^1 & \cdots & [u(2h+t_0)]^m \\ \vdots & \vdots & & \vdots \\ [u(nh+t_0)]^0 & [u(nh+t_0)]^1 & \cdots & [u(nh+t_0)]^m \end{bmatrix} \tag{13.164}$$

得到估计系数

$$\hat{\boldsymbol{\beta}}(u,t_0,h)=(\boldsymbol{A}(u,t_0,h)^{\mathrm{T}}\boldsymbol{A}(u,t_0,h))^{-1}\boldsymbol{A}(u,t_0,h)^{\mathrm{T}}\boldsymbol{x}_n \tag{13.165}$$

对于时刻 $t_{n+k}=u(n+k)h+t_0$ 实现平滑 $(k<0)$、滤波 $(k=0)$ 和预报 $(k>0)$

$$x_{n+k|n}(u,t_0,h)=\left[t_{n+k}^0,t_{n+k}^1,\cdots,t_{n+k}^m\right]\boldsymbol{\beta}(u,t_0,h) \tag{13.166}$$

遗留的问题是:

(1) 公式(13.163)与公式(13.166)是否相等, 即下式是否成立

$$x_{n+k|n}=x_{n+k|n}(u,t_0,h) \tag{13.167}$$

如果成立, 则称多项式基具有量纲不变性、起点不变性和周期不变性.

(2) 如果建模不用多项式基 $\boldsymbol{f}(t)=\left[t^0,t^1,t^2,\cdots,t^m\right]$, 而是其他基函数, 比如三角多项式 $\boldsymbol{g}(t)=\left[1,\cos(2t),\sin(2t)\right]$、混合多项式 $\boldsymbol{h}(t)=\left[1,t,t^2,\cos(2t),\sin(2t)\right]$、样条函数 $\boldsymbol{B}(t)=\left[\boldsymbol{B}_1(t),\boldsymbol{B}_2(t),\cdots,\boldsymbol{B}_M(t)\right]$, 是否还具有量纲不变性、起点不变性和周期不变性?

13.8.3 若干不变性

定理 13.4 多项式基具有量纲不变性、起点不变性和周期不变性.

具体地, 以下命题成立:

(1) 若基函数等价, 则设计矩阵等价. 矩阵 $\boldsymbol{A}$ 与 $\boldsymbol{B}$ 列等价是指它们的列向量组可以相互线性表示. 而函数向量 $\boldsymbol{g}(t)=\left[g_1(t),\cdots,g_k(t)\right]$ 与 $\boldsymbol{f}(t)=\left[f_1(t),\cdots,f_k(t)\right]$ 等价是指存在可逆矩阵 $\boldsymbol{C}=\begin{bmatrix}c_{11}&\cdots&c_{1k}\\ \vdots&\ddots&\vdots\\ c_{k1}&\cdots&c_{kk}\end{bmatrix}\in\mathbb{R}^{k\times k}$ 使得

$$\boldsymbol{f}(t)=\boldsymbol{g}(t)\boldsymbol{C} \tag{13.168}$$

设 $\boldsymbol{f}(t)$ 和 $\boldsymbol{g}(t)$ 对应的设计矩阵分别为 $\boldsymbol{A}\in\mathbb{R}^{n\times k}$ 和 $\boldsymbol{B}\in\mathbb{R}^{n\times k}$, 具体地

$$\boldsymbol{A}=\begin{bmatrix}f_1(t_1)&\cdots&f_k(t_1)\\ \vdots&\ddots&\vdots\\ f_1(t_n)&\cdots&f_k(t_n)\end{bmatrix},\quad \boldsymbol{B}=\begin{bmatrix}g_1(t_1)&\cdots&g_k(t_1)\\ \vdots&\ddots&\vdots\\ g_1(t_n)&\cdots&g_k(t_n)\end{bmatrix} \tag{13.169}$$

注意到 $\boldsymbol{A}$ 和 $\boldsymbol{B}$ 的第 i 行恰好分别是 $\boldsymbol{f}(t)$ 和 $\boldsymbol{g}(t)$ 取值为 t_i 的行向量, 所以如果 $\boldsymbol{g}(t)=\boldsymbol{f}(t)\boldsymbol{C}$, 则必然有 $\boldsymbol{B}=\boldsymbol{AC}$, 所以 $\boldsymbol{A}$ 的列向量组可以被 $\boldsymbol{B}$ 的列向量组线性表示, 又因为 $\boldsymbol{C}$ 是可逆矩阵, 所以 $\boldsymbol{BC}^{-1}=\boldsymbol{A}$, 即 $\boldsymbol{B}$ 的列向量组可以被 $\boldsymbol{A}$ 的列向量组线性表示, $\boldsymbol{A}$ 与 $\boldsymbol{B}$ 可以相互线性表示说明 $\boldsymbol{A}$ 与 $\boldsymbol{B}$ 等价.

(2) 若设计矩阵列等价, 则列投影矩阵相同. $\boldsymbol{A}$ 与 $\boldsymbol{B}$ 是两个等价的设计矩阵, 故存在可逆矩阵 $\boldsymbol{C}$ 使得 $\boldsymbol{B}=\boldsymbol{AC}$. $\boldsymbol{A}$ 上列投影矩阵为 $\boldsymbol{H}_A=\boldsymbol{A}(\boldsymbol{A}^{\mathrm{T}}\boldsymbol{A})^{-1}\boldsymbol{A}^{\mathrm{T}}$, $\boldsymbol{B}$ 上列投影矩阵为 $\boldsymbol{H}_B=\boldsymbol{B}(\boldsymbol{B}^{\mathrm{T}}\boldsymbol{B})^{-1}\boldsymbol{B}^{\mathrm{T}}$, 则列投影矩阵相同是指 $\boldsymbol{H}_A=\boldsymbol{H}_B$, 实际上

$$\begin{aligned}\boldsymbol{H}_B&=\boldsymbol{B}(\boldsymbol{B}^{\mathrm{T}}\boldsymbol{B})^{-1}\boldsymbol{B}^{\mathrm{T}}=(\boldsymbol{AC})((\boldsymbol{AC})^{\mathrm{T}}(\boldsymbol{AC}))^{-1}(\boldsymbol{AC})^{\mathrm{T}}\\&=\boldsymbol{ACC}^{-1}(\boldsymbol{A}^{\mathrm{T}}\boldsymbol{A})^{-1}(\boldsymbol{C}^{\mathrm{T}})^{-1}\boldsymbol{C}^{\mathrm{T}}\boldsymbol{A}^{\mathrm{T}}=\boldsymbol{A}(\boldsymbol{A}^{\mathrm{T}}\boldsymbol{A})^{-1}\boldsymbol{A}^{\mathrm{T}}=\boldsymbol{H}_A\end{aligned} \tag{13.170}$$

(3) 平滑-滤波都是观测在设计矩阵上的投影. 对于任意基函数 $\boldsymbol{f}(t)$，设计矩阵为 $\boldsymbol{A}$，基于模型 $\boldsymbol{x}_n=\boldsymbol{A\beta}$，利用最小二乘法估算得 $\hat{\boldsymbol{\beta}}=(\boldsymbol{A}^{\mathrm{T}}\boldsymbol{A})^{-1}\boldsymbol{A}^{\mathrm{T}}\boldsymbol{x}_n$. 对应 $n-1$ 个时刻 $t_1,\cdots,t_{n-1}<t_n$，其平滑值为

$$\begin{cases}x_{1|n}=[f_1(t_1),\cdots,f_k(t_1)](\boldsymbol{A}^{\mathrm{T}}\boldsymbol{A})^{-1}\boldsymbol{A}^{\mathrm{T}}\boldsymbol{x}_n\\ \qquad\vdots\\ x_{n-2|n}=[f_1(t_{n-2}),\cdots,f_k(t_{n-2})](\boldsymbol{A}^{\mathrm{T}}\boldsymbol{A})^{-1}\boldsymbol{A}^{\mathrm{T}}\boldsymbol{x}_n\\ x_{n-1|n}=[f_1(t_{n-1}),\cdots,f_k(t_{n-1})](\boldsymbol{A}^{\mathrm{T}}\boldsymbol{A})^{-1}\boldsymbol{A}^{\mathrm{T}}\boldsymbol{x}_n\end{cases}$$

对应时刻 t_n，其滤波值为

$$x_{n|n}=[f_1(t_n),\cdots,f_k(t_n)](\boldsymbol{A}^{\mathrm{T}}\boldsymbol{A})^{-1}\boldsymbol{A}^{\mathrm{T}}\boldsymbol{x}_n$$

两者合并得

$$\begin{cases}x_{1|n}=[f_1(t_1),\cdots,f_k(t_1)](\boldsymbol{A}^{\mathrm{T}}\boldsymbol{A})^{-1}\boldsymbol{A}^{\mathrm{T}}\boldsymbol{x}_n\\ \qquad\vdots\\ x_{n-2|n}=[f_1(t_{n-2}),\cdots,f_k(t_{n-2})](\boldsymbol{A}^{\mathrm{T}}\boldsymbol{A})^{-1}\boldsymbol{A}^{\mathrm{T}}\boldsymbol{x}_n\\ x_{n-1|n}=[f_1(t_{n-1}),\cdots,f_k(t_{n-1})](\boldsymbol{A}^{\mathrm{T}}\boldsymbol{A})^{-1}\boldsymbol{A}^{\mathrm{T}}\boldsymbol{x}_n\\ x_{n|n}=[f_1(t_n),\cdots,f_k(t_n)](\boldsymbol{A}^{\mathrm{T}}\boldsymbol{A})^{-1}\boldsymbol{A}^{\mathrm{T}}\boldsymbol{x}_n\end{cases}$$

依据(13.169)，上式可以记为 $\boldsymbol{x}_{n|n}=\boldsymbol{A}(\boldsymbol{A}^{\mathrm{T}}\boldsymbol{A})^{-1}\boldsymbol{A}^{\mathrm{T}}\boldsymbol{x}_n$，即

$$\boldsymbol{x}_{n|n}=\boldsymbol{H}_A\boldsymbol{x}_n \tag{13.171}$$

所以说平滑和滤波的几何实质是观测量在设计矩阵 $\boldsymbol{A}$ 上的投影 $\boldsymbol{H}_A\boldsymbol{x}_n$.

(4) 基于多项式的平滑-滤波具有量纲不变性和起点不变性. 记 m 阶标准多项式基函数的量纲等于 1，起点等于 0，表达式为 $\boldsymbol{f}(t)=\left[t^0,t^1,t^2,\cdots,t^m\right]$. 另一组 m 阶多项式基函数的量纲等于 u，起点等于 t_0，表达式为 $\boldsymbol{g}(t)=\left[[u(t+t_0)]^0,[u(t+t_0)]^1,[u(t+t_0)]^2,\cdots,[u(t+t_0)]^m\right]$. 因为

$$\boldsymbol{g}(t)=\boldsymbol{f}(t)\begin{bmatrix}1 & ut_0 & u^2\mathrm{C}_2^0t_0^{2-0} & u^3\mathrm{C}_3^0t_0^{3-0} & \cdots\\ 0 & u & u^2\mathrm{C}_2^1t_0^{2-1} & u^3\mathrm{C}_3^1t_0^{3-1} & \cdots\\ 0 & 0 & u^2\mathrm{C}_2^2t_0^{2-2} & u^3\mathrm{C}_3^2t_0^{3-2} & \cdots\\ 0 & 0 & 0 & u^3\mathrm{C}_3^3t_0^{3-3} & \cdots\\ \vdots & \vdots & \vdots & \vdots & \end{bmatrix}\triangleq\boldsymbol{f}(t)\boldsymbol{C} \tag{13.172}$$

显然 $\boldsymbol{C}$ 是上三角可逆矩阵，所以 $\boldsymbol{g}(t)$ 与 $\boldsymbol{f}(t)$ 等价. $\boldsymbol{f}(t)$ 对应的设计矩阵为

$$
\boldsymbol{A}=\begin{bmatrix} 1^0 & 1^1 & \cdots & 1^m \\ 2^0 & 2^1 & \cdots & 2^m \\ \vdots & \vdots & & \vdots \\ n^0 & n^1 & \cdots & n^m \end{bmatrix} \tag{13.173}
$$

$\boldsymbol{g}(t)$ 对应的设计矩阵为

$$
\boldsymbol{B}=\begin{bmatrix} [u(1+t_0)]^0 & [u(1+t_0)]^1 & \cdots & [u(1+t_0)]^m \\ [u(2+t_0)]^0 & [u(2+t_0)]^1 & \cdots & [u(2+t_0)]^m \\ \vdots & \vdots & & \vdots \\ [u(n+t_0)]^0 & [u(n+t_0)]^1 & \cdots & [u(n+t_0)]^m \end{bmatrix} \tag{13.174}
$$

(5) 基于多项式的平滑-滤波具有周期不变性. $\boldsymbol{g}(t)$ 对应的采样周期等于 h，对应的设计矩阵为

$$
\tilde{\boldsymbol{B}}=\begin{bmatrix} [u(1h+t_0)]^0 & [u(1h+t_0)]^1 & \cdots & [u(1h+t_0)]^m \\ [u(2h+t_0)]^0 & [u(2h+t_0)]^1 & \cdots & [u(2h+t_0)]^m \\ \vdots & \vdots & & \vdots \\ [u(nh+t_0)]^0 & [u(nh+t_0)]^1 & \cdots & [u(nh+t_0)]^m \end{bmatrix} \tag{13.175}
$$

因为 $u(th+t_0)=uh(t+t_0/h)$，可以把 uh 看成新的量纲记为 $\tilde{u}$，把 t_0/h 看成新的起点，记为 $\tilde{t}_0$，所以把周期不同问题看成是量纲不同、起点不同问题的特例，依据命题(4)基于多项式的平滑-滤波具有周期不变性，即基于(13.173)和(13.175)所得的平滑和滤波完全相同，即 $\boldsymbol{H}_{\boldsymbol{A}}\boldsymbol{x}_n=\boldsymbol{H}_{\boldsymbol{B}}\boldsymbol{x}_n$.

(6) 基于多项式的平滑-滤波-预报具有周期不变性. 因为

$$
\boldsymbol{g}(t)=\boldsymbol{f}(t)\begin{bmatrix} 1 & ut_0 & u^2\mathrm{C}_2^0t_0^{2-0} & u^3\mathrm{C}_3^0t_0^{3-0}\cdots \\ 0 & u & u^2\mathrm{C}_2^1t_0^{2-1} & u^3\mathrm{C}_3^1t_0^{3-1}\cdots \\ 0 & 0 & u^2\mathrm{C}_2^2t_0^{2-2} & u^3\mathrm{C}_3^2t_0^{3-2}\cdots \\ 0 & 0 & 0 & u^3\mathrm{C}_3^3t_0^{3-3}\cdots \\ \vdots & \vdots & \vdots & \vdots \end{bmatrix}\triangleq \boldsymbol{f}(t)\boldsymbol{C}
$$

所以

$$
\boldsymbol{B}=\boldsymbol{A}\boldsymbol{C}
$$

基函数 $\boldsymbol{g}(t)$ 对应的平滑-滤波-预报记为 $x_{n+k|n}^{g}$，基函数 $\boldsymbol{f}(t)$ 对应的平滑-滤波-预报记为 $x_{n+k|n}^{f}$，所以

$$
\begin{aligned}
x_{n+k|n}^{g} &= \boldsymbol{H}_A \boldsymbol{x}_n [g_1(t_{n+k}),\cdots,g_k(t_{n+k})](\boldsymbol{B}^{\mathrm{T}}\boldsymbol{B})^{-1}\boldsymbol{B}^{\mathrm{T}}\boldsymbol{x}_n \\
&= [f_1(t_{n+k}),\cdots,f_k(t_{n+k})]\boldsymbol{C}((\boldsymbol{AC})^{\mathrm{T}}(\boldsymbol{AC}))^{-1}(\boldsymbol{AC})^{\mathrm{T}}\boldsymbol{x}_n \\
&= [f_1(t_{n+k}),\cdots,f_k(t_{n+k})]\boldsymbol{C}\boldsymbol{C}^{-1}(\boldsymbol{A}^{\mathrm{T}}\boldsymbol{A})^{-1}(\boldsymbol{C}^{\mathrm{T}})^{-1}\boldsymbol{C}^{\mathrm{T}}\boldsymbol{A}\boldsymbol{x}_n \\
&= [f_1(t_{n+k}),\cdots,f_k(t_{n+k})](\boldsymbol{A}^{\mathrm{T}}\boldsymbol{A})^{-1}\boldsymbol{A}^{\mathrm{T}}\boldsymbol{x}_n = x_{n+k|n}^{f}
\end{aligned}
$$

13.8.4　不变性的反例

需注意:

(1) 由公式(13.53)和(13.89)可知, 多项式模型用于求解速度不具备周期不变性.

(2) 非多项式基是否也满足量纲不变性、起点不变性和周期不变性? 结论是不确定, 例如三角多项式基 $\boldsymbol{f}(t)=\left[1,\cos(t),\sin(t)\right]$ 与 $\boldsymbol{g}(t)=\left[1,\cos(t+t_0),\sin(t+t_0)\right]$ 可以相互线性表示, 说明三角多项式基具有起点不变性. 但是, $\boldsymbol{f}(t)=\left[1,\cos(t),\sin(t)\right]$ 与 $\boldsymbol{g}(t)=\left[1,\cos(2t),\sin(2t)\right]$ 无法相互线性表示, 说明三角多项式基不具有量纲不变性.

13.9　滑 窗 公 式

对于模型 $\boldsymbol{X}=\boldsymbol{A\beta}$ 和参数估计公式 $\hat{\boldsymbol{\beta}}=(\boldsymbol{A}^{\mathrm{T}}\boldsymbol{A})^{-1}\boldsymbol{A}^{\mathrm{T}}\boldsymbol{X}$. 若采样时间间隔不是均匀的, 无法使用 DPF 平滑-滤波-预报公式, 可以用滑窗公式先计算 $\boldsymbol{\beta}$, 然后计算平滑-滤波-预报.

随着时间的推移, 监控数据不断累积, 从 $\boldsymbol{X}_n=\left[x_1,\cdots,x_{n-1},x_n\right]^{\mathrm{T}}$ 变为 $\boldsymbol{X}_{n+1}=\left[x_1,\cdots,x_n,x_{n+1}\right]^{\mathrm{T}}$. 如何及时增加新数据 x_{n+1} 对 $\boldsymbol{\beta}$ 和 $x_{n+k|n}$ 的影响, 这就是增量(Incremental)问题. 如何剔除旧数据 x_1 对 $\boldsymbol{\beta}$ 和 $x_{n+k|n}$ 的影响, 这就是减量(Decremental)问题. 增量问题和减量问题是对偶的, 统一称为自适应(Adaptive)或者滑动窗(Moving-window)问题.

13.9.1　逆的增量公式

注意区别公式(13.176) $\boldsymbol{A}_n=\begin{bmatrix}\boldsymbol{A}_{n-1}\\ \boldsymbol{t}_n\end{bmatrix}\in\mathbb{R}^{n\times m}$ 和公式(13.142) $\boldsymbol{A}_m=\left[\boldsymbol{A}_{m-1},\boldsymbol{t}_m\right]\in\mathbb{R}^{n\times m}$. 其中 $\boldsymbol{A}_n=\boldsymbol{A}_m\in\mathbb{R}^{n\times m}$, $\boldsymbol{A}_n$ 强调 $\boldsymbol{A}$ 有 n 行, $\boldsymbol{A}_m$ 强调 $\boldsymbol{A}$ 有 m 列, $\boldsymbol{t}_n=\left[t_n^0,t_n^1,\cdots,t_n^m\right]$ 是 $\boldsymbol{A}$ 的第 n 个行向量, $\boldsymbol{t}_m=\left[t_1^m,t_2^m,\cdots,t_{n+1}^m\right]^{\mathrm{T}}$ 是 $\boldsymbol{A}$ 的第 m 个列向量. $\boldsymbol{A}_n$ 称为 $\boldsymbol{A}_{n-1}$ 的行扩张(表示时刻增加了, 采样变多了), $\boldsymbol{A}_m$ 称为 $\boldsymbol{A}_{m-1}$ 的列扩张(表示基向量增加了, 建模变得更加精细了).

加入新数据 x_n 和设计向量 $\boldsymbol{t}_n$ (行向量), 记

$$\boldsymbol{A}_n = \begin{bmatrix} \boldsymbol{A}_{n-1} \\ \boldsymbol{t}_n \end{bmatrix}, \quad \boldsymbol{X}_n = \begin{bmatrix} \boldsymbol{X}_{n-1} \\ x_n \end{bmatrix} \tag{13.176}$$

所以

$$\boldsymbol{A}_n^{\mathrm{T}} \boldsymbol{A}_n = \begin{bmatrix} \boldsymbol{A}_{n-1} \\ \boldsymbol{t}_n \end{bmatrix}^{\mathrm{T}} \begin{bmatrix} \boldsymbol{A}_{n-1} \\ \boldsymbol{t}_n \end{bmatrix} = \boldsymbol{A}_{n-1}^{\mathrm{T}} \boldsymbol{A}_{n-1} + \boldsymbol{t}_n^{\mathrm{T}} \boldsymbol{t}_n \tag{13.177}$$

依据 Duncan-Guttman 的推论公式[1,2,4]

$$(\boldsymbol{A} + \boldsymbol{BDC})^{-1} = \boldsymbol{A}^{-1} - \boldsymbol{A}^{-1}\boldsymbol{B}\left(\boldsymbol{D}^{-1} + \boldsymbol{C}\boldsymbol{A}^{-1}\boldsymbol{B}\right)^{-1} \boldsymbol{C}\boldsymbol{A}^{-1} \tag{13.178}$$

得

$$\begin{aligned}
\left(\boldsymbol{A}_n^{\mathrm{T}} \boldsymbol{A}_n\right)^{-1} &= \left(\boldsymbol{A}_{n-1}^{\mathrm{T}} \boldsymbol{A}_{n-1} + \boldsymbol{t}_n^{\mathrm{T}} \boldsymbol{t}_n\right)^{-1} \\
&= \left(\boldsymbol{A}_{n-1}^{\mathrm{T}} \boldsymbol{A}_{n-1}\right)^{-1} - \left(\boldsymbol{A}_{n-1}^{\mathrm{T}} \boldsymbol{A}_{n-1}\right)^{-1} \boldsymbol{t}_n^{\mathrm{T}} \left(1 + \boldsymbol{t}_n \left(\boldsymbol{A}_{n-1}^{\mathrm{T}} \boldsymbol{A}_{n-1}\right)^{-1} \boldsymbol{t}_n^{\mathrm{T}}\right)^{-1} \boldsymbol{t}_n \left(\boldsymbol{A}_{n-1}^{\mathrm{T}} \boldsymbol{A}_{n-1}\right)^{-1} \\
&= \left[\boldsymbol{I} - \left(\boldsymbol{A}_{n-1}^{\mathrm{T}} \boldsymbol{A}_{n-1}\right)^{-1} \boldsymbol{t}_n^{\mathrm{T}} \left(1 + \boldsymbol{t}_n \left(\boldsymbol{A}_{n-1}^{\mathrm{T}} \boldsymbol{A}_{n-1}\right)^{-1} \boldsymbol{t}_n^{\mathrm{T}}\right)^{-1} \boldsymbol{t}_n\right] \left(\boldsymbol{A}_{n-1}^{\mathrm{T}} \boldsymbol{A}_{n-1}\right)^{-1}
\end{aligned}$$

记两个临时变量“方差”和“增益”分别为

$$\begin{cases} \lambda_n = \boldsymbol{t}_n (\boldsymbol{A}_{n-1}^{\mathrm{T}} \boldsymbol{A}_{n-1})^{-1} \boldsymbol{t}_n^{\mathrm{T}} \\ \boldsymbol{K}_n = (\boldsymbol{A}_{n-1}^{\mathrm{T}} \boldsymbol{A}_{n-1})^{-1} \boldsymbol{t}_n^{\mathrm{T}} \left(1 + \lambda_n\right)^{-1} \end{cases} \tag{13.179}$$

得

$$\left(\boldsymbol{A}_n^{\mathrm{T}} \boldsymbol{A}_n\right)^{-1} = \left[\boldsymbol{I} - \boldsymbol{K}_n \boldsymbol{t}_n\right] \left(\boldsymbol{A}_{n-1}^{\mathrm{T}} \boldsymbol{A}_{n-1}\right)^{-1} \tag{13.180}$$

13.9.2 参数的增量公式

因为

$$\begin{aligned}
\boldsymbol{\beta}_n &= \left(\boldsymbol{A}_n^{\mathrm{T}} \boldsymbol{A}_n\right)^{-1} \boldsymbol{A}_n^{\mathrm{T}} \boldsymbol{X}_n \\
&= \left[\boldsymbol{I} - \boldsymbol{K}_n \boldsymbol{t}_n\right] \left(\boldsymbol{A}_{n-1}^{\mathrm{T}} \boldsymbol{A}_{n-1}\right)^{-1} \left(\boldsymbol{A}_{n-1}^{\mathrm{T}} \boldsymbol{X}_{n-1} + \boldsymbol{t}_n^{\mathrm{T}} x_n\right) \\
&= \left[\boldsymbol{I} - \boldsymbol{K}_n \boldsymbol{t}_n\right] \left(\left(\boldsymbol{A}_{n-1}^{\mathrm{T}} \boldsymbol{A}_{n-1}\right)^{-1} \boldsymbol{A}_{n-1}^{\mathrm{T}} \boldsymbol{X}_{n-1} + \left(\boldsymbol{A}_{n-1}^{\mathrm{T}} \boldsymbol{A}_{n-1}\right)^{-1} \boldsymbol{t}_n^{\mathrm{T}} x_n\right) \\
&= \left[\boldsymbol{I} - \boldsymbol{K}_n \boldsymbol{t}_n\right] \left(\boldsymbol{\beta}_{n-1} + \left(\boldsymbol{A}_{n-1}^{\mathrm{T}} \boldsymbol{A}_{n-1}\right)^{-1} \boldsymbol{t}_n^{\mathrm{T}} x_n\right) \\
&= \left[\boldsymbol{\beta}_{n-1} - \boldsymbol{K}_n \boldsymbol{t}_n \boldsymbol{\beta}_{n-1}\right] + \left[\boldsymbol{I} - \boldsymbol{K}_n \boldsymbol{t}_n\right] \left(\boldsymbol{A}_{n-1}^{\mathrm{T}} \boldsymbol{A}_{n-1}\right)^{-1} \boldsymbol{t}_n^{\mathrm{T}} x_n \\
&= \boldsymbol{\beta}_{n-1} + \left[\boldsymbol{I} - \boldsymbol{K}_n \boldsymbol{t}_n\right] \left(\boldsymbol{A}_{n-1}^{\mathrm{T}} \boldsymbol{A}_{n-1}\right)^{-1} \boldsymbol{t}_n^{\mathrm{T}} x_n - \boldsymbol{K}_n \boldsymbol{t}_n \boldsymbol{\beta}_{n-1}
\end{aligned}$$

结合 $\boldsymbol{K}_n = (\boldsymbol{A}_{n-1}^{\mathrm{T}}\boldsymbol{A}_{n-1})^{-1}\boldsymbol{t}_n^{\mathrm{T}}(1+\lambda_n)^{-1}, \lambda_n = \boldsymbol{t}_n(\boldsymbol{A}_{n-1}^{\mathrm{T}}\boldsymbol{A}_{n-1})^{-1}\boldsymbol{t}_n^{\mathrm{T}}$，得

$$
\begin{aligned}
\boldsymbol{\beta}_n &= \boldsymbol{\beta}_{n-1} + \left[\boldsymbol{I} - (\boldsymbol{A}_{n-1}^{\mathrm{T}}\boldsymbol{A}_{n-1})^{-1}\boldsymbol{t}_n^{\mathrm{T}}(1+\lambda_n)^{-1}\boldsymbol{t}_n\right]\left(\boldsymbol{A}_{n-1}^{\mathrm{T}}\boldsymbol{A}_{n-1}\right)^{-1}\boldsymbol{t}_n^{\mathrm{T}}x_n - \boldsymbol{K}_n\boldsymbol{t}_n\boldsymbol{\beta}_{n-1} \\
&= \boldsymbol{\beta}_{n-1} + \left[\left(\boldsymbol{A}_{n-1}^{\mathrm{T}}\boldsymbol{A}_{n-1}\right)^{-1}\boldsymbol{t}_n^{\mathrm{T}} - (\boldsymbol{A}_{n-1}^{\mathrm{T}}\boldsymbol{A}_{n-1})^{-1}\boldsymbol{t}_n^{\mathrm{T}}(1+\lambda_n)^{-1}\boldsymbol{t}_n\left(\boldsymbol{A}_{n-1}^{\mathrm{T}}\boldsymbol{A}_{n-1}\right)^{-1}\boldsymbol{t}_n^{\mathrm{T}}\right]x_n - \boldsymbol{K}_n\boldsymbol{t}_n\boldsymbol{\beta}_{n-1} \\
&= \boldsymbol{\beta}_{n-1} + \left(\boldsymbol{A}_{n-1}^{\mathrm{T}}\boldsymbol{A}_{n-1}\right)^{-1}\boldsymbol{t}_n^{\mathrm{T}}\left[1 - (1+\lambda_n)^{-1}\boldsymbol{t}_n\left(\boldsymbol{A}_{n-1}^{\mathrm{T}}\boldsymbol{A}_{n-1}\right)^{-1}\boldsymbol{t}_n^{\mathrm{T}}\right]x_n - \boldsymbol{K}_n\boldsymbol{t}_n\boldsymbol{\beta}_{n-1} \\
&= \boldsymbol{\beta}_{n-1} + \left(\boldsymbol{A}_{n-1}^{\mathrm{T}}\boldsymbol{A}_{n-1}\right)^{-1}\boldsymbol{t}_n^{\mathrm{T}}\left[1 - (1+\lambda_n)^{-1}\lambda_n\right]x_n - \boldsymbol{K}_n\boldsymbol{t}_n\boldsymbol{\beta}_{n-1} \\
&= \boldsymbol{\beta}_{n-1} + \left(\boldsymbol{A}_{n-1}^{\mathrm{T}}\boldsymbol{A}_{n-1}\right)^{-1}\boldsymbol{t}_n^{\mathrm{T}}(1+\lambda_n)^{-1}x_n - \boldsymbol{K}_n\boldsymbol{t}_n\boldsymbol{\beta}_{n-1} \\
&= \boldsymbol{\beta}_{n-1} + \boldsymbol{K}_n x_n - \boldsymbol{K}_n\boldsymbol{t}_n\boldsymbol{\beta}_{n-1} \\
&= \boldsymbol{\beta}_{n-1} + \boldsymbol{K}_n\left(x_n - \boldsymbol{t}_n\boldsymbol{\beta}_{n-1}\right)
\end{aligned}
$$

记“输出一步预报”为

$$x_{n|n-1} = \boldsymbol{t}_n\boldsymbol{\beta}_{n-1} \tag{13.181}$$

记“新息”为

$$e_n = x_n - x_{n|n-1} \tag{13.182}$$

最终得

$$\boldsymbol{\beta}_n = \boldsymbol{\beta}_{n-1} + \boldsymbol{K}_n e_n \tag{13.183}$$

13.9.3　逆的减量公式

剔除旧数据 x_1 和设计向量 $\boldsymbol{t}_1$(行向量)，记

$$\boldsymbol{A}_n = \begin{bmatrix}\boldsymbol{t}_1 \\ \boldsymbol{A}_{2:n}\end{bmatrix}, \quad \boldsymbol{X}_n = \begin{bmatrix}x_1 \\ \boldsymbol{X}_{2:n}\end{bmatrix} \tag{13.184}$$

则

$$\boldsymbol{A}_n^{\mathrm{T}}\boldsymbol{A}_n = \begin{bmatrix}\boldsymbol{t}_1 \\ \boldsymbol{A}_{2:n}\end{bmatrix}^{\mathrm{T}}\begin{bmatrix}\boldsymbol{t}_1 \\ \boldsymbol{A}_{2:n}\end{bmatrix} = \boldsymbol{t}_1^{\mathrm{T}}\boldsymbol{t}_1 + \boldsymbol{A}_{2:n}^{\mathrm{T}}\boldsymbol{A}_{2:n} \tag{13.185}$$

依据 Duncan-Guttman 的推论公式

$$\left(\boldsymbol{A} - \boldsymbol{BDC}\right)^{-1} = \boldsymbol{A}^{-1} + \boldsymbol{A}^{-1}\boldsymbol{B}\left(\boldsymbol{D}^{-1} - \boldsymbol{CA}^{-1}\boldsymbol{B}\right)^{-1}\boldsymbol{CA}^{-1} \tag{13.186}$$

得

$$\begin{aligned}\left(\boldsymbol{A}_{2:n}^{\mathrm{T}}\boldsymbol{A}_{2:n}\right)^{-1}&=\left(\boldsymbol{A}_n^{\mathrm{T}}\boldsymbol{A}_n-\boldsymbol{t}_1^{\mathrm{T}}\boldsymbol{t}_1\right)^{-1}\\&=\left(\boldsymbol{A}_n^{\mathrm{T}}\boldsymbol{A}_n\right)^{-1}+\left(\boldsymbol{A}_n^{\mathrm{T}}\boldsymbol{A}_n\right)^{-1}\boldsymbol{t}_1^{\mathrm{T}}\left(1-\boldsymbol{t}_1\left(\boldsymbol{A}_n^{\mathrm{T}}\boldsymbol{A}_n\right)^{-1}\boldsymbol{t}_1^{\mathrm{T}}\right)^{-1}\boldsymbol{t}_1\left(\boldsymbol{A}_n^{\mathrm{T}}\boldsymbol{A}_n\right)^{-1}\\&=\left[\boldsymbol{I}+\left(\boldsymbol{A}_n^{\mathrm{T}}\boldsymbol{A}_n\right)^{-1}\boldsymbol{t}_1^{\mathrm{T}}\left(1-\boldsymbol{t}_1\left(\boldsymbol{A}_n^{\mathrm{T}}\boldsymbol{A}_n\right)^{-1}\boldsymbol{t}_1^{\mathrm{T}}\right)^{-1}\boldsymbol{t}_1\right]\left(\boldsymbol{A}_n^{\mathrm{T}}\boldsymbol{A}_n\right)^{-1}\end{aligned}$$

记两个临时变量的“方差”和“增益”分别为

$$\begin{cases}\lambda_1=\boldsymbol{t}_1(\boldsymbol{A}_n^{\mathrm{T}}\boldsymbol{A}_n)^{-1}\boldsymbol{t}_1^{\mathrm{T}}\\\boldsymbol{K}_1=(\boldsymbol{A}_n^{\mathrm{T}}\boldsymbol{A}_n)^{-1}\boldsymbol{t}_1^{\mathrm{T}}\left(1-\lambda_1\right)^{-1}\end{cases}\tag{13.187}$$

得

$$\left(\boldsymbol{A}_{2:n}^{\mathrm{T}}\boldsymbol{A}_{2:n}\right)^{-1}=\left[\boldsymbol{I}+\boldsymbol{K}_1\boldsymbol{t}_1\right]\left(\boldsymbol{A}_n^{\mathrm{T}}\boldsymbol{A}_n\right)^{-1}\tag{13.188}$$

13.9.4 参数的减量公式

因为

$$\begin{aligned}\boldsymbol{\beta}_{2:n}&=\left(\boldsymbol{A}_{2:n}^{\mathrm{T}}\boldsymbol{A}_{2:n}\right)^{-1}\boldsymbol{A}_{2:n}^{\mathrm{T}}\boldsymbol{X}_{2:n}\\&=\left[\boldsymbol{I}+\boldsymbol{K}_1\boldsymbol{t}_1\right]\left(\boldsymbol{A}_n^{\mathrm{T}}\boldsymbol{A}_n\right)^{-1}\left(\boldsymbol{A}_n^{\mathrm{T}}\boldsymbol{X}_n-\boldsymbol{t}_1^{\mathrm{T}}x_1\right)\\&=\left[\boldsymbol{I}+\boldsymbol{K}_1\boldsymbol{t}_1\right]\left(\left(\boldsymbol{A}_n^{\mathrm{T}}\boldsymbol{A}_n\right)^{-1}\boldsymbol{A}_n^{\mathrm{T}}\boldsymbol{X}_n-\left(\boldsymbol{A}_n^{\mathrm{T}}\boldsymbol{A}_n\right)^{-1}\boldsymbol{t}_1^{\mathrm{T}}x_1\right)\\&=\left[\boldsymbol{I}+\boldsymbol{K}_1\boldsymbol{t}_1\right]\left(\boldsymbol{\beta}_n-\left(\boldsymbol{A}_n^{\mathrm{T}}\boldsymbol{A}_n\right)^{-1}\boldsymbol{t}_1^{\mathrm{T}}x_1\right)\\&=\left[\boldsymbol{\beta}_n+\boldsymbol{K}_1\boldsymbol{t}_1\boldsymbol{\beta}_n\right]+\left[\boldsymbol{I}+\boldsymbol{K}_1\boldsymbol{t}_1\right]\left(\boldsymbol{A}_n^{\mathrm{T}}\boldsymbol{A}_n\right)^{-1}\boldsymbol{t}_1^{\mathrm{T}}x_1\\&=\boldsymbol{\beta}_n+\left[\boldsymbol{I}+\boldsymbol{K}_1\boldsymbol{t}_1\right]\left(\boldsymbol{A}_n^{\mathrm{T}}\boldsymbol{A}_n\right)^{-1}\boldsymbol{t}_1^{\mathrm{T}}x_1-\boldsymbol{K}_1\boldsymbol{t}_1\boldsymbol{\beta}_n\end{aligned}$$

结合 $\boldsymbol{K}_1=(\boldsymbol{A}_n^{\mathrm{T}}\boldsymbol{A}_n)^{-1}\boldsymbol{t}_1^{\mathrm{T}}\left(1-\lambda_1\right)^{-1},\lambda_1=\boldsymbol{t}_1(\boldsymbol{A}_n^{\mathrm{T}}\boldsymbol{A}_n)^{-1}\boldsymbol{t}_1^{\mathrm{T}}$，得

$$\begin{aligned}\boldsymbol{\beta}_{2:n}&=\boldsymbol{\beta}_n+\left[\boldsymbol{I}+(\boldsymbol{A}_n^{\mathrm{T}}\boldsymbol{A}_n)^{-1}\boldsymbol{t}_1^{\mathrm{T}}\left(1-\lambda_1\right)^{-1}\boldsymbol{t}_1\right]\left(\boldsymbol{A}_n^{\mathrm{T}}\boldsymbol{A}_n\right)^{-1}\boldsymbol{t}_1^{\mathrm{T}}x_1-\boldsymbol{K}_1\boldsymbol{t}_1\boldsymbol{\beta}_n\\&=\boldsymbol{\beta}_n+\left[\left(\boldsymbol{A}_n^{\mathrm{T}}\boldsymbol{A}_n\right)^{-1}\boldsymbol{t}_1^{\mathrm{T}}+(\boldsymbol{A}_n^{\mathrm{T}}\boldsymbol{A}_n)^{-1}\boldsymbol{t}_1^{\mathrm{T}}\left(1-\lambda_1\right)^{-1}\boldsymbol{t}_1\left(\boldsymbol{A}_n^{\mathrm{T}}\boldsymbol{A}_n\right)^{-1}\boldsymbol{t}_1^{\mathrm{T}}\right]x_1-\boldsymbol{K}_1\boldsymbol{t}_1\boldsymbol{\beta}_n\\&=\boldsymbol{\beta}_n+\left(\boldsymbol{A}_n^{\mathrm{T}}\boldsymbol{A}_n\right)^{-1}\boldsymbol{t}_1^{\mathrm{T}}\left[1+\left(1-\lambda_1\right)^{-1}\lambda_1\right]x_1-\boldsymbol{K}_1\boldsymbol{t}_1\boldsymbol{\beta}_n\end{aligned}$$

$$= \boldsymbol{\beta}_n + \left(\boldsymbol{A}_n^{\mathrm{T}}\boldsymbol{A}_n\right)^{-1}\boldsymbol{t}_1^{\mathrm{T}}\left(1-\lambda_1\right)^{-1}x_1 - \boldsymbol{K}_1\boldsymbol{t}_1\boldsymbol{\beta}_n$$
$$= \boldsymbol{\beta}_n + \boldsymbol{K}_1 x_1 - \boldsymbol{K}_1\boldsymbol{t}_1\boldsymbol{\beta}_n$$
$$= \boldsymbol{\beta}_n + \boldsymbol{K}_1\left(x_1 - \boldsymbol{t}_1\boldsymbol{\beta}_n\right)$$

记“输出一步平滑”为

$$x_{1|n} = \boldsymbol{t}_1\boldsymbol{\beta}_n \tag{13.189}$$

记“新息”为

$$e_1 = x_1 - x_{1|n} \tag{13.190}$$

最终得

$$\boldsymbol{\beta}_{2:n} = \boldsymbol{\beta}_n - \boldsymbol{K}_1 e_1 \tag{13.191}$$

13.9.5 计算复杂度分析

依据上述分析, 可以获得如下滑窗平滑-滤波-预报算法:

第一步: 选定(m,n), 积累n个数据, 依据下式初始化

$$\boldsymbol{P}_{n-1} = \left(\boldsymbol{A}_{n-1}^{\mathrm{T}}\boldsymbol{A}_{n-1}\right)^{-1} \tag{13.192}$$

$$\boldsymbol{\beta}_{n-1} = \left(\boldsymbol{A}_{n-1}^{\mathrm{T}}\boldsymbol{A}_{n-1}\right)^{-1}\boldsymbol{A}_{n-1}^{\mathrm{T}}\boldsymbol{X}_{n-1} \tag{13.193}$$

综合(13.191), (13.183), 参数的滑窗更新公式为

$$\boldsymbol{\beta}_{2:n} = \boldsymbol{\beta}_{n-1} + \boldsymbol{K}_n e_n - \boldsymbol{K}_1 e_1 \tag{13.194}$$

第二步: 增量算法,

依据公式(13.179)计算$\lambda_n, \boldsymbol{K}_n$;

依据公式(13.180)计算$\left(\boldsymbol{A}_n^{\mathrm{T}}\boldsymbol{A}_n\right)^{-1}$;

依据公式(13.181)计算$x_{n|n-1}$;

依据公式(13.182)计算e_n;

依据公式(13.183)计算$\boldsymbol{\beta}_n$;

第三步: 减量算法,

依据公式(13.187)计算$\lambda_1, \boldsymbol{K}_1$;

依据公式(13.188)计算$\left(\boldsymbol{A}_{2:n}^{\mathrm{T}}\boldsymbol{A}_{2:n}\right)^{-1}$;

依据公式(13.189)计算$x_{1|n}$;

依据公式(13.190)计算e_1;

依据公式(13.191)计算 $\boldsymbol{\beta}_{2:n}$；

第四步：平滑-滤波-预报算法，选定 k，依据下式计算平滑-滤波-预报

$$x_{n+k|2:n}=\boldsymbol{t}_{n+k}\boldsymbol{\beta}_{2:n},\boldsymbol{t}_{n+k}=\left[t_{n+k}^{0},t_{n+k}^{1},\cdots,t_{n+k}^{m}\right] \tag{13.195}$$

如表 13-3 所示，如果不考虑初始化，可以发现：当 m 或者 n 很大时，参数的递归运算比传统运算效率更高，计算量的比值为 $O(4m^2):O\left(2nm^2+\dfrac{2}{3}m^3\right)$.

表 13-3 传统运算和滑窗运算 $\boldsymbol{\beta}$ 的计算量对比

传统运算		滑窗运算	
运算步骤	乘法计算量	运算步骤	乘法计算量
$\boldsymbol{A}_n^{\mathrm{T}}\boldsymbol{A}_n$	$n(m+1)^2$	$\lambda_n,\boldsymbol{K}_n$，$\lambda_1,\boldsymbol{K}_1$	$2(m+1)^2$
$(\boldsymbol{A}_n^{\mathrm{T}}\boldsymbol{A}_n)^{-1}$	$\frac{1}{3}m(m+1)(2m+1)$	$\left(\boldsymbol{A}_n^{\mathrm{T}}\boldsymbol{A}_n\right)^{-1}$，$\left(\boldsymbol{A}_{2:n}^{\mathrm{T}}\boldsymbol{A}_{2:n}\right)^{-1}$	$2(m+1)^2$
$(\boldsymbol{A}_n^{\mathrm{T}}\boldsymbol{A}_n)^{-1}\boldsymbol{A}_n^{\mathrm{T}}$	$n(m+1)^2$	$x_{n\|n-1}$，$x_{1\|n}$	$2(m+1)$
$(\boldsymbol{A}_n^{\mathrm{T}}\boldsymbol{A}_n)^{-1}\boldsymbol{A}_n^{\mathrm{T}}\boldsymbol{X}$	$n(m+1)$	$\boldsymbol{\beta}_n$，$\boldsymbol{\beta}_{2:n}$	$2(m+1)$
总计(忽略低阶) $O\left(2nm^2+\frac{2}{3}m^3\right)$		总计(忽略低阶) $O(4m^2)$	

参 考 文 献

[1] 何章鸣, 王炯琦, 周海银, 邢琰, 王大轶. 数据驱动的非预期故障诊断理论及应用[M]. 北京: 科学出版社, 2017.

[2] 何章鸣, 周萱影, 王炯琦. 数据建模与分析[M]. 北京: 科学出版社, 2021.

[3] 谢钢. GPS 原理与接收机设计[M]. 北京:科学出版社, 2017.

[4] 吴孟达, 李兵, 汪文浩. 高等工程数学[M]. 北京: 科学出版社, 2004.

[5] 郭军海. 弹道测量数据融合技术[M]. 北京: 国防工业出版社, 2012.

[6] 刘利生. 外测数据事后处理[M]. 北京: 国防工业出版社, 2000.

[7] 刘利生. 外弹道测量精度分析与评定[M]. 北京: 国防工业出版社, 2010.

[8] 郭福成, 樊昀, 周一宇, 周彩银, 李强. 空间电子侦察定位原理[M]. 北京: 国防工业出版社, 2012.

[9] 姜秋喜. 网络雷达对抗系统导论[M]. 北京: 国防工业出版社, 2010.

[10] 陈以恩. 遥测数据处理[M]. 北京: 国防工业出版社, 2002.

[11] 杨嘉墀. 航天器轨道动力学与控制[M]. 北京: 中国宇航出版社, 2001.

[12] 吴杰, 安雪滢, 郑伟. 飞行器定位与导航技术[M]. 北京: 国防工业出版社, 2015.

[13] 诺曼・莫里森. 跟踪滤波工程: 高斯-牛顿及多项式滤波[M]. 姜秋喜, 译. 北京: 国防工业出版社, 2015.

[14] Simon D. 最优状态估计: 卡尔曼,H_∞及非线性滤波[M]. 张勇刚, 等译. 北京: 国防工业出版社, 2013.

[15] Bate D M, Watts D G. 非线性回归分析及其应用[M]. 韦博成, 等译. 北京: 中国统计出版社, 1997.

[16] 秦永元. 惯性导航[M]. 2 版. 北京: 科学出版社, 2014.

[17] 严恭敏, 翁浚. 捷联惯导算法与组合导航原理. 西安: 西北工业大学出版社, 2019.

[18] 王正明, 易东云. 测量数据建模与参数估计[M]. 长沙: 国防科技大学出版社, 1996.

[19] 王正明. 弹道跟踪数据的校准与评估[M]. 长沙: 国防科技大学出版社, 1999.

[20] 张毅, 杨辉耀, 李俊莉. 弹道导弹弹道学[M]. 长沙: 国防科技大学出版社, 1999.

[21] 薛树强, 杨元喜, 陈武, 党亚民. 正交三角函数导出的最小 GDOP 定位构型解集[J]. 武汉大学学报: 信息科学版, 2014, 39(7): 6.